U0228378

《电化学丛书》编委会

"十二五"国家重点图书

国家科学技术学术著作出版基金资助出版

化学工业出版社出版基金资助出版

电/化/学/丛/书

固态电化学

Solid state electrochemistry

杨 勇 主编

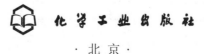

化学工业出版社

·北京·

固态电化学学科是一门新兴的交叉学科,它主要关注固体中电化学反应过程及其相关材料构效关系。本书主要介绍固态电化学所涉及的物理、化学与材料相关的基础理论知识,实验研究方法,体系应用及其今后发展趋势。全书共分为12章,内容包括固态电极/电解质材料合成方法(包括相关的实验方法和技术)、固态材料结构分析、固态材料中的缺陷化学、固态电子结构与电子电导、固态离子输运过程及其特性、无机离子导体材料、聚合物电解质、离子嵌入脱出反应、氧离子导体及混合导体、材料物理与化学性质的计算机模拟、固态电化学研究方法(包括一些新型的表征技术等)。

本书可供相关学科科研与技术研发的科研工作者与工程技术人员参考,也可作为高校化学、物理、材料、化工、能源、环境等学科本科生或研究生的教学参考书。

图书在版编目（CIP）数据

固态电化学/杨勇主编. —北京：化学工业出版社，
2016.8（2018.8 重印）
（电化学丛书）
ISBN 978-7-122-27603-2

Ⅰ.①固…　Ⅱ.①杨…　Ⅲ.①电化学　Ⅳ.①O646

中国版本图书馆 CIP 数据核字（2016）第 158878 号

责任编辑：成荣霞　　　　　　　　　文字编辑：李　玥
责任校对：宋　玮　　　　　　　　　装帧设计：刘丽华

出版发行：化学工业出版社（北京市东城区青年湖南街 13 号　邮政编码 100011）
印　　刷：三河市延风印装有限公司
装　　订：三河市胜利装订厂
710mm×1000mm　1/16　印张 29　字数 596 千字　　2018 年 8 月北京第 1 版第 3 次印刷

购书咨询：010-64518888（传真：010-64519686）　　售后服务：010-64518899
网　　址：http://www.cip.com.cn
凡购买本书,如有缺损质量问题,本社销售中心负责调换。

定　　价：168.00 元　　　　　　　　　　　　　　　　版权所有　违者必究

序

  《电化学丛书》的策划与出版，可以说是电化学科学大好发展形势下的"有识之举"，其中包括如下两个方面的意义。

  首先，从基础学科的发展看，电化学一般被认为是隶属物理化学（二级学科）的一门三级学科，其发展重点往往从属物理化学的发展重点。例如，电化学发展早期从属原子分子学说的发展（如法拉第定律和电化学当量）；19世纪起则依附化学热力学的发展而着重电化学热力学的发展（如能斯特公式和电解质理论）。20世纪40年代后，"电极过程动力学"异军突起，曾领风骚四五十年。约从20世纪80年代起，形势又有新的变化：一方面是固体物理理论和第一性原理计算方法的更广泛应用与取得实用性成果；另一方面是对具有各种特殊功能的新材料的迫切要求与大量新材料的制备合成。一门以综合材料学基本理论、实验方法与计算方法为基础的电化学新学科似乎正在形成。在《电化学丛书》的选题中，显然也反映了这一重大形势发展。

  其次，电化学从诞生初期起就是一门与实际紧密结合的学科，这一学科在解决当代人类持续性发展"世纪性难题"（能源与环境）征途中重要性位置的提升和受到期待之热切，的确令人印象深刻。可以不夸张地说，从历史发展看，电化学当今所受到的重视是空前的。探讨如何利用这一大好形势发展电化学在各方面的应用，以及结合应用研究发展学科，应该是《电化学丛书》不容推脱的任务。另一方面，尽管形势大好，我仍然期望各位编委在介绍和讨论发展电化学科学和技术以解决人类持续发展难题时，要有大家风度，即对电化学科学和技术的优点、特点、难点和缺点的介绍要"面面俱到"，切不可"卖瓜的只说瓜甜"，反而贻笑大方。

  《电化学丛书》的编撰和发行还反映了电化学科学发展形势大好的另一重要方面，即我国电化学人才发展之兴旺。丛书各分册均由该领域学有专攻的科学家执笔。可以期望：各分册将不仅能在较高水平上梳理各分支学科的框架与发展，同时也将提供较系统的材料，供读者了解我国学者的工作与取得的成就。

  总之，我热切希望《电化学丛书》的策划与出版将使我国电化学科学书籍跃进至新的水平。

查全性

（中国科学院院士）

二○一○年夏于珞珈山

前　言

固体电极/电解质材料是电化学科学与工程研究与应用的基本构成单元，认识这些固态电极/电解质材料的合成、物理化学特性及其所发生的基础物理化学过程是深入开展相关电化学基础研究与应用研究的重要前提条件。例如化学电源（亦称电池，含原电池、蓄电池及燃料电池等）是电化学科学与工程研究的核心内容，它主要涉及电化学的能源储存与转换过程，不仅可以是一种大规模能源的提供装置，同时也是易于携带的能源系统，因此在人们日常生活与工作中得到大规模的应用。尤其是在移动信息系统、绿色能源交通工具及其可再生能源利用（如太阳能与风能的调峰储存利用）起到关键性的作用。然而高性能电池的发展，需要建立在坚实的基础与应用基础研究工作的基础上。

固态电化学学科是一门新兴的学科，它主要是关注固体中电化学反应过程及其相关材料结构与性能的关系的一门学科，涉及多个学科的基础知识和研究方法，是一门典型的交叉学科。例如固态电化学就涉及材料固态物理、固态化学、材料科学与表面科学等多个学科的基础理论知识和研究方法，与物理学中固态离子学有着许多类似与相通之处。本书主要介绍固态电化学所涉及物理、化学相关的基础理论知识，实验研究方法，体系应用及其今后发展趋势。全书共分为 12 章，第 1 章介绍固态电化学的发展历史及其综合性的参考文献。第 2 章介绍固态电极/电解质材料合成方法（包括相关的实验方法和技术）。第 3 章介绍固体材料分析的基础知识，如晶体的对称、结构与 X 射线分析表征的基本知识。第 4 章介绍与固态电化学密切相关的缺陷化学知识，包括点缺陷的基本原理（形成、分类及表示方法）、缺陷浓度的影响因素、缺陷的迁移和离子扩散、缺陷表征方法。第 5 章介绍固态电子结构（如能带结构）与电子电导的理论基础知识。第 6 章介绍固态离子输运过程及其特性，主要介绍有关固态扩散的类型、特点及其机制，侧重在概念的描述、分析及其实验测量方法。第 7 章介绍与固态电化学应用密切相关的几种无机类阳离子（Li^+，Na^+，H^+）与超离子导体材料。第 8 章介绍聚合物电解质的基础（如材料组成、结构、性质及其应用）等方面的知识。第 9 章介绍了离子嵌入脱出反应的基本原理和在锂离子电池方面的应用，特别是锂离子在过渡金属化合物和碳材料中嵌入脱出的热力学和动力学过程。第 10 章介绍高温氧离子导体及其混合导体基础与应用。第 11 章介绍锂离子电池电极材料的物理和电化学性质的计算机模拟知识。第 12 章主要介绍在固态电化学研究中常用的一些电化学方法与物理表征技术，尤其近年发展较快的固体核磁共振谱技术等。全书的分工如下：第 1，6 章由杨勇负责撰写；第 2 章由李益孝、陈慧鑫负责撰写；第 3 章由宓锦校负责撰写；第 4 章由龚正良、朱昌宝负责撰写；第 5，11 章由朱梓忠、吴顺情负责撰写；第 7 章由龚正良、王大为负责撰写；第 10 章由龚正良负责撰写；第 8 章由路密负责撰写；第 9 章由张忠如负责撰写；第 12 章由杨勇组织撰写，李劼、王嗣慧、吴晓彪、冀亚娟、林杰、陈慧鑫、钟贵明、王大为、刘豪东等参与撰写。杨勇负责全书的规划、协调及大部分章节的修改统稿，其中施志聪、程琥、卞锋菊、郑时尧、吴珏、郑碧珠、张建华等参与撰写、修改或资料整理。

本书能够顺利出版，得益于杨裕生院士、李永舫院士与南开大学陈军教授对本书的大力推荐，感谢国家科学技术学术著作出版基金的资助，感谢化学工业出版社的支持以及相关工作人员的辛勤付出，笔者对此表示深深地致谢。借此机会，也深深感谢我的研究生导师林祖赓教授以及厦门大学电化学研究所的各位前辈老师与同事们对我的长期教导、培养与帮助，感谢许多前辈、朋友们在我教学科研的不同阶段所给予的提携、关怀、指点与帮助。感谢我课题组已经毕业的 60 余名博士后、博士/硕士研究生及目前在学的 20 余名研究生对课题组研究工作成果的贡献与付出，因而使得我能够在化学电源及其固态电化学学科开展广泛的涉猎与探索。感谢家人对我在业余时间专注于教学科研工作的支持与理解。本书部分素材取自我在厦门大学物理化学专业开设的"固态电化学导论"课程内容，同时，在过去 30 余年里所在课题组的研究工作得到国家自然科学基金委、科技部、总装备部以及厦门大学的大力支持和慷慨相助，使得我们能够对相关学科与科研领域有更为深刻的认识与见解，从而希望通过这本书的出版将这些粗浅的见解、积累与文献总结与广大读者分享。

由于固态电化学仍处于早期的发展阶段，许多理论模型与实验方法仍在不断地发展与完善阶段。尽管我们希望尽力为读者呈现这一新兴学科的基本概貌及其发展趋势，但由于学识有限，加上高校的教学科研工作繁忙，常疲惫于不同角色的转换中，书中难免有疏漏与不妥之处，还希望书籍出版后得到相关专家与读者的批评指正。

杨 勇

2016.10

目　录

第 4 章　缺陷化学基础及其应用

第5章 固态电子结构和电子电导基础

第 8 章　聚合物电解质

第9章　嵌脱反应与锂离子电池

第10章　氧离子导体及其应用

第 11 章 锂离子电池电极材料的理论模拟

第 12 章 固态电极/电解质材料的表征技术

第**1**章
绪　论

　　现代电化学科学的基础理论、研究方法及电化学技术的应用近年来发展非常迅速，如电化学相关技术已发展并应用拓展到许多高技术领域（如电子信息、可再生能源利用与生物医药等领域），同时在学科发展与应用的过程中，也融合了许多学科领域的知识与内涵而将电化学科学与技术研究领域进一步拓宽与加深。在这些发展中，化学电源，或者称能源电化学（即传统的电池领域，如锂离子电池和燃料电池）近二十年的发展特别引人注目，甚至在某种程度上也带动了电化学科学与技术的复兴与发展。

　　化学电源体系（如不同的原电池、蓄电池及燃料电池体系，单电池与电池组等）的发展与多个学科及工程技术（如化学、物理科学、材料科学、电子学及化学工程）的发展密切相关，其所牵涉的科学与技术问题是一类典型的学科交叉问题。但追根溯源，化学电源体系毕竟是一种电化学反应体系，是一种化学能向电能的转化或是化学能与电能之间的可逆转化过程，本质上是发生在固态电极体相内部或在电极/电解质界面的电化学过程。若能深入开展这些体系相关的材料与电化学过程研究，对新型电化学体系的开拓，促进现有化学电源体系的持续发展将具有重要的指导意义。

　　我们知道化学电源（电池）作为一个能源转化与储存装置，其性能参数包括比能量、比功率、循环寿命和安全性等等。而化学电源的这些性能除了与电化学体系特点有关外，与电池材料（含电极、电解质及隔膜材料）的发展密切相关，甚至可以认为一代新型电极材料支撑一代新型化学电源的发展。这其中包括新型材料的制备方法及其合成技术研究，电极/电解质材料的模拟设计，材料（微）结构与性能的构效关系与规律，材料结构表征方法［尤其是原位（in-situ）方法］的运用与发展研究等，同时也包括从时间、空间对相应电极过程的深入理解与表征，其中又包括了对相应电子/离子/分子传输过程的认识与理解。

　　例如在高能锂离子电池及镍金属氢化物电池体系，电极反应过程中均包含了在固态电极体相及其表/界面的离子/电子传输-交换过程及其相互耦合的过程（如

Li^+ 与 H^+ 的传输过程）。而在直接甲醇燃料电池工作时，在所使用的质子交换膜中就包括了质子与水或 H_2、O_2 及甲醇的共同传输过程。这些基本的离子、电子、分子传输过程及其传输机理对电池电化学性能（尤其是电极动力学过程）有着至关重要的影响。因此准确认识固态电极（材料）的离子/电子输运-交换过程及其耦合机理，尤其是在多尺度层次上研究与认识不同材料中离子/电子输运-交换过程及其耦合机理非常重要，理解材料的结构（尤其是微结构）对这些过程的影响或是材料结构与性能的构效关系等非常重要。而上面所述的许多问题的解析都离不开固态电化学的理论和方法。

固态电化学应该是关注固体中电化学反应过程及其相关材料结构与性能关系的一门学科，在物理学领域也有一个相对应的学科——固态离子学。目前这两个学科并无严格的区分，而且固态离子学在国际学术界的影响似乎更大些（每两年均有相应的国际固态离子学会议召开，有专门的刊物如《Solid State Ionics》《Ionics》等，我国每两年也会固定召开一次全国固态离子学年会）。固态电化学学科虽然已有一份专门的刊物《J. Solid State Electrochemistry》，但影响相对较小。正如许多物理与化学学科的差别一样，如固态物理与固态化学虽然有些相似，但差别仍在。与固态离子学相比，可认为固态电化学研究应更强调固态电极材料的合成、结构分析及固态电极内部或是固态电极/电解质固-固界面的电化学反应过程，固态电极材料（微）结构及固体电解质中离子-电子输运过程对电化学反应过程的影响机制等。

固态电化学的起源与发展可以追溯到法拉第时代，法拉第（Faraday）最先发现最早的固体电解质 PbF_2、Ag_2S 具有很奇特的离子电导性能，如 1838 年法拉第在实验中将其串联进放置电灯的闭合电路[2]，加热电解质，则灯变亮，冷却电解质，则灯变暗。进一步的实验测量表明，PbF_2 的电导率在 20℃时为 10^{-7} S/cm，400℃时为 1S/cm，后者的电导率已经和普通导体相当。以后人们又陆续发现掺 Y_2O_3 的 ZrO_2 以及 AgI 具有良好的离子电导率等。20 世纪 70 年代发现室温下能够快速导通 Na^+ 的快离子导体（即 NaSICON, Na super-ionic conductor），使得 Na-S 电池具有商业化的价值。在固体电解质这条研究主线上，现在已经发现多种导通不同阴阳离子的导体。除了无机固体电解质以外，有机聚合物电解质的发现也为燃料电池及锂离子电池的发展奠定了重要的基础。

除了固体电解质这条研究线路外，以混合导体为特征的电极材料的发展也为固态电化学的发展提供了一个重要的领域。如在 19 世纪，人们就已经发现具有层状结构的碳材料可以插入不同的物种，例如利用浓硫酸对石墨材料进行氧化时，除了产生大量氧化石墨碎片（类似于腐殖酸类的化合物）外，残余的石墨也会带不同的颜色（据认为在石墨中共嵌入了 HSO_4^- 等离子）。在锂离子电池出现之前的 20 世纪 70 年代，最早人们发现了通过气相法制备的嵌锂石墨化合物[3]及其在电化学条件下所发生的石墨的电化学嵌脱型反应（electrochemical intercalation process）[4]，在这里石墨应是一种电子良导体。但随后发展的氧化物型正极材料也可以作为良好的离子嵌脱型材料，并且这些氧化物其实也是一种混合导体。再后来人们发现即便是类似于绝缘体的 $LiFePO_4$ 或者 Li_2FeSiO_4 等聚阴离子的化合物也可以作为嵌脱锂的电极材料以及所谓转换型（conversion-type）反应的电极材料。已有大量的研究结果表明：锂离子电池电极材料的性能（容量、倍率及循环稳定性）均和材料的结构及离子在材料内部的扩散过程密切相关。正是因为对这些材料开展了广泛的固态电化学研究，才使得锂离子电池材料研发更有针对性和方向性，同时也使锂离子电池的性能得到迅速提高。在固体氧化物燃料电池领域，固态电化学的重要性也是不言而喻的，除了需要高离子电导率的固体电解质材料外，选择与调控气-固-固三相界面的固态电化学过程对于发展高性能的固体氧化物燃料电池非常重要。

除了在化学电源（蓄电池及燃料电池）中应用外，固态电化学的理论知识与方法在其它领域如固态电化学传感器、电致变色器件、金属腐蚀与防护、太阳电池及光电转化等领域也有重要的作用与地位。

作者在考虑撰写本书之前，已从 2001 年开始在厦门大学化学系为电化学方向的研究生开设"固态电化学导论"课程多年，2011 年起又和龚正良博士一起在厦门大学能源学院开设"能源材料化学"的课程。在准备课程教学的过程中，深感系统介绍这方面知识的书甚少，当时主要参考已有的参考书[1,7~9]，此后国际上又陆续出版了一些相应的专著[5,6,10~18]，但国内到目前为止尚未见到类似的参考书。考虑到国内能源电化学发展的需要，有关研究者及相关学科的研究生、高年级的本科生掌握与了解固态电化学知识及其实验方法是非常重要及必要的，也非常需要这样一本中文的教学参考书或工具书。在开展有关电化学能源材料研究的过程中，我们和厦门大学物理系朱梓忠教授课题组、材料学院宓锦校教授课题组开展了多层次的合作，如共同承担国家基金委重点项目及国家重点基础研究计划（973 计划）课题等，使得我们的研究工作更加深入与全面，同时也为我们合作撰写此书奠定了很好的基础。本书力图从固态电化学的观点出发，介绍固态电化学所涉及的基础理论知识、实验研究方法、体系应用及今后的发展趋势。本书主要包括以下内容。

第 1 章绪论，该章主要介绍固态电化学的发展历史及各章主要内容。

第 2 章固态电极/电解质材料制备方法与技术，该章介绍电极/电解质材料制备的常用方法，与常规化学合成分类所不同的是，按反应物状态及反应发生的介质分为气相、液相和固相制备方法。气相法主要介绍化学气相沉积法和磁控溅射法；液相法总结了溶胶凝胶法、水热和溶剂热法、共沉淀法以及熔盐生长法；固相法归纳了粉末固相法、燃烧法以及机械合金法。通过固态电极/电解质材料的制备实例，阐述各种方法在制备该类材料中的特点、优势及适用范围。同时，考虑到现有电池制造工艺中侧重球形电极材料的使用，本章特别介绍了球形颗粒的制备方法。另外本章简要归纳了材料制备方法中常用的高温技术、气氛控制以及分离纯化技术，并特别介绍实验中应用这些技术时的注意事项、可能遇到的问题以及可能的解决方案。

第 3 章固态材料结构基础，该章主要介绍晶体的对称、结构与 X 射线分析表征的基本知识。在晶体学方面概括介绍了有关晶体的对称、空间格子类型、点群和空间群等基本知识，重点介绍了 30 余种典型晶体结构（如尖晶石型）和与锂离子电池材料相关的常见晶体结构（如层状钴酸锂）类型。在衍射方面，内容主要涉及 X 射线衍射技术在锂离子电池材料物相和结构分析中的基本方法和原理，包括倒易格子、衍射条件和空间群确定等方面的基本知识，同时还着重介绍了它的主要应用，如物相鉴定、结构分析的基本方法、相关程序和数据库。最后还介绍了 Rietveld 结构精修、CIF 文件格式及理论 XRD 图谱计算等知识。文中穿插介绍了一些实际应用范例，如晶胞参数指标化、结构与晶体形貌的关系、X 射线衍射强度与样品取向的关系、晶粒大小测定等知识。

第 4 章缺陷化学基础及其应用，固态材料的电化学性质（如电化学反应过程中的电子传输与离子扩散）与固体缺陷（如点缺陷）有着十分密切的关系。缺陷化学知识在理解材料电化学性能、预测输运特性以及指导实验设计等方面具有十分重要的理论与实际意义。在第 3 章固态材料结构基础的基础上，本章主要介绍与固态电化学密切相关的缺陷化学知识，包括点缺陷的基本原理（形成、分类及表示方法）、缺陷浓度的影响因素、缺陷的迁移和离子扩散、缺陷表征方法。在此基础上，通过锂离子电池电极材料的研究实例介绍缺陷结构影响固态材料电化学性质的作用机制。

第 5 章固态电子结构和电子电导基础，本章主要介绍固态电子结构的基本概念以及电导的理论基础，讨论了典型的锂离子电池电极材料的能带结构。重点在于通过材料的能带结构和玻尔兹曼方程讨论重要的锂离子电池电极材料的电子电导。鉴于电子电导对锂离子电池性能的重要性，也将讨论电极材料的电导与材料的碳包覆以及纳米颗粒化之间的关系。理论基础的内容主要包括：能带结构的理论基础，金属、半导体、绝缘体的能带，轨道相互作用的图像，费米能级，电子状态密度，电子的有效质量，弹道输运以及玻尔兹曼方程等。

第 6 章固态离子输运过程及其特性，固态扩散是固态电化学的重要概念及研究内容，本章主要介绍固态扩散的类型、特点及机制，侧重概念的描述、分析及实验测量方法。固态扩散包括：自扩散、互扩散、缺陷扩散、化学扩散。扩散机制包括：直接间隙机理、直接交换及环形机理、空位机理、推填机理与复合机理（如间隙-取代机理）等。

第 7 章无机固体电解质材料及其应用，本章主要介绍与固态电化学应用密切相关的几类阳离子（Li^+、Na^+、H^+）超离子导体无机材料，包括应用于全固态锂离子电池的锂超离子导体材料，用于高温钠-硫电池的钠超离子导体材料和应用于固体氧化物燃料电池、氢传感器、制氢和氢分离等领域的质子导体材料。重点讨论与无机固体电解质离子电导密切相关的材料组成与结构特性及离子传输机制。分析总结一些重要无机固体电解质材料的发展历程及结构和性能，并探讨其中的缺陷化学及离子传导机制。简要介绍各类无机固体电解质材料的重要应用及其发展所面临的问题和挑战。

第 8 章聚合物电解质，具有离子导电能力的聚合物电解质由于可直接替换隔膜，构成的蓄电池具有很好的循环稳定性及安全性，因此备受人们关注，本章开始以最简单的聚合物-盐体系（即聚乙烯氧化物 PEO-LiClO$_4$）盐络合物为例，重点介绍聚合物电解质的结构、组成、性质、制备工艺和应用。在此基础上，介绍了聚电解质、离子橡胶（polymer-in-salt）和新型聚合物电解质的设计原理、导电机理及合成方法。为了改善聚合物电解质的导电能力，适应不同应用领域对聚合物电解质性能的要求，还介绍了凝胶型和增塑型聚合物电解质的制备工艺、导电机理及电化学性能，同时也介绍了聚合物电解质在锂电池、电容器、燃料电池、染料敏化太阳能电池等领域的应用及前景。

第 9 章固态嵌脱反应与锂离子电池，该章主要介绍了嵌入脱出反应的基本原理和在锂离子电池方面的应用，特别是锂离子在过渡金属化合物和碳材料中嵌入脱出的热力学和动力学过程。这些过程的研究非常重要，关系到锂离子电池的能量密度、功率密度及循环寿命等。在热力学方面，基于近似的点阵气体模型，介绍了锂离子嵌入脱出过程中所涉及的相变等热力学过程；在动力学方面，介绍了嵌入化合物中的离子扩散，阐明锂离子扩散机制和化合物晶体结构之间的复杂性，并对锂离子扩散系数测定的电化学方法进行了介绍和比较；最后重点对几种常见电极材料的嵌脱锂过程进行了介绍和分析。

第 10 章氧离子导体及其应用，高温氧离子及离子-电子混合导体材料在固态电化学装置，如固体氧化物燃料电池、膜反应器、氧传感器、高温电解反应器等中有着十分广泛的应用。本章主要介绍一些重要的氧离子导体材料及它们的应用。重点分析比较不同材料的结构特性、氧离子传导和电子传输机制，包括具有高氧离子电导的萤石结构材料、钙钛矿结构材料钼酸镧基氧化物及磷灰石。在分析与氧离子迁移相关的缺陷化学机理的基础上，探讨影响氧化物材料氧离子导电的结构和热力学因素。简要介绍氧离子及离子-电子混合导体材料在高温固态电化学装置中的一些应用实例，并探讨不同应用对氧离子导体材料的性能要求。

第 11 章锂离子电池电极材料的理论模拟，本章将主要介绍锂离子电池电极材料的物理和电化学性质的计算机模拟。首先简要介绍目前计算机模拟所基于的主要基本方程，即密度泛函理论的 Kohn-Sham 方程和分子动力学方程。之后讨论这些基本方程在锂离子电池中的应用，主要包括：充放电电压平台的计算，电极材料的结构稳定性和相对稳定性，同质异形体，电极材料中的离子迁移，电极材料的结构预测方法等。

第 12 章固态电极/电解质材料的表征技术，本章主要介绍在固态电化学研究中常用的一些电化学方法与物理表征技术，再介绍一些现代物理表征技术，包括光子衍射技术、显微技术、热分析技术、微分电化学质谱技术、固体核磁共振波谱技术、扫描微探针技术、原位红外和拉曼光谱技术等，不仅简要地介绍了实验原理、方法特点，而且针对电化学体系来构筑或者原位应用这些谱学表征技术，并且选用部分作者所在实验室的研究实例进行介绍。

当然，固态电化学研究的内容与体系远不止本书所描述的范围，而且由于作者们的理论和实践水平有限，对相关内容的阐述与分析也难免有不当之处。平时教学科研任务繁重，能静下心来认真思考、分析总结拙著的时间不多。因此本书内容可能略显粗糙，仅能算是"抛砖引玉"，希望读者们多提宝贵意见。

参 考 文 献

[1] Bruce P，et al. Solid state electrochemistry. New York：Cambridge University Press, 1995.

[2] Faraday M. Philos Trans R Soc. London. London：Richard and J Taylor, 1838.

[3] Guerard D，Herold A. Intercalation of lithium into graphite and other carbons. Carbon，1975，13：337.

[4] Besenhard J O. The electrochemical preparation and properties of ionic alkalic metal- and NR_4-graphite intercalation compounds in organic electrolytes. Carbon，1976，14：111.

[5] Kharton V V，et al. Solid state electrochemistry I：fundamentals, materials and their applications. Weinheim：Wiley-VCH, 2009.

[6] Kharton V V，et al. Solid state electrochemistry II：electrodes, interfaces and ceramic membranes. Weinheim：Wiley-VCH, 2011.

[7] Tetsuido Kudo, Kazuo Fueki, et al. Solid state ionics. Tokyo：Kodansha & VCH, 1990.

[8] Gellings P J, Bouwmeester H J M，et al. The CRC handbook of solid state electrochemistry. London：CRC Press, 1996.

[9] Elliott S R. The physics and chemistry of solids. Chichester：John Wiley & Sons, 1998.

[10] Maier J. Physical chemistry of ionic materials：ions and electrons in solids. Chichester：J Wiley Press, 2004.

[11] Mehrer H. Diffusion in Solids. Berlin：Springer, 2007.

[12] Smart L E, Moore E A. Solid state chemistry：an introduction. Third edition. Taylor & Francis. Florida：Boca Raton, 2005.

[13] 杨勇. 固态电化学∥吴辉煌. 21 世纪化学丛书——电化学. 北京：化学工业出版社, 2004.

[14] 张克立. 固态无机化学. 武汉：武汉大学出版社, 2005.

[15] 冯端，师昌绪，刘治国. 材料科学导论——融贯的论述. 北京：化学工业出版社, 2002.

[16] Linford R，Schlindwein W. Medical application of solid state ionics. Solid State Ionics, 2006, 177：1559.

[17] 李泓. 锂离子电池基础科学问题（XV）——总结和展望. 储能科学与技术, 2015, 4 (17)：306.

[18] Dudney N J, West W C, Nanda J. Handbook of solid state batteries. Singapore：World Scientific, 2015.

第2章
固态电极/电解质材料制备方法与技术

　　固态电极和电解质材料是研究与发展固态电化学学科的重要源泉和基础，一种材料的组分与结构对材料的电化学性能有着至关重要的影响，而材料的制备方法与技术则决定了目标合成材料的组分和结构能否实现。一般而言，物质的化学成分决定材料的本征特性，当材料的化学组成固定时，其化学本征特性几乎不受外界因素的影响，因而化学成分是决定材料性能的内在因素。但是除此之外，材料的物理化学性能（如电化学性能）的发挥还受限于材料的晶相、原子/离子的局域结构甚至形貌等结构因素（以下简称材料的显微组织结构）。这里的显微组织结构包括了物相的种类、数量及它们之间的界面以及每种物相的形貌、几何排列，晶体界面与缺陷等。显微组织结构是电极和电解质材料性能发挥的外在因素。一种材料的显微组织结构在很大程度上具有多样性和不确定性，通过工艺路线的调控，可以改变材料的显微组织结构，从而影响材料的性能。例如，将电极材料制备成纳米级的颗粒可以通过缩短电化学反应过程中的传质路径而极大地提高电极材料的倍率充放电性能；而以这些纳米级的小颗粒构筑成微米级的多孔类球形的二次颗粒，又可以在保持电极良好倍率性能的条件下提高电极材料的堆积密度和加工性能。总之，制备方法和技术可以在不改变固态电极和电解质本征特性的前提下，通过构筑特定的显微组织结构，创造出能使材料性能在某些方面得到某种程度发挥的外在因素，从而实现固态电极或电解质材料的性能，满足人们的需求。

　　本章采用相-相转变的思路，介绍气-固相、液-固相、固-固相转变的固态材料合成方法及其技术，同时也总结分析一些材料制备过程中所需的重要实验技术。

2.1 气相制备法

2.1.1 化学气相沉积法

2.1.1.1 化学气相沉积法的原理及概述

化学气相沉积（CVD）法是一种利用气态物质在气-固界面上发生分解与化合反应并生成固态沉积物的技术。它是一种用途广泛的薄膜材料技术，可以制备几乎所有固体材料的涂层、粉末、纤维和微型元器件。根据反应的激发方式分类可以分为热致 CVD、等离子体 CVD 和光诱导 CVD 等；也可根据反应室压力分为常压 CVD 与低压 CVD 等；根据反应温度分类可以分为高温 CVD、中温 CVD、低温 CVD 等；根据源物质类型分类可以分为金属有机化合物法（MOCVD）、氯化物 CVD、氢化物 CVD 等[1]。

化学气相沉积法的原料、产物和反应类型必须具备一定的特性与条件才能进行：反应原料必须是气态或易于气化的液体或固体；反应的副产物必须能以气相的方式与产物分离开来；反应类型常见的有热分解反应、化学转移反应等。

化学气相沉积法具有以下特点：①保形性，即沉积产物覆盖在基底上，不会破坏原基底的形状。根据这一特点，CVD 法适合应用于具有特殊形貌的电极材料的表面包覆处理。②CVD 法在沉积生成晶体或粉末状物质时可控性强，可以用来生产纳米粉体及其复合材料或者具有特殊形貌的材料。例如采用 CVD 法，以 Au 为催化剂、SiH_4 为硅源，通过控制硅烷的流量，可以制备出一种新的一维硅纳米材料，即竹节状硅纳米管[2]。

2.1.1.2 化学气相沉积法的常见化学反应类型

（1）热分解反应　热分解反应是利用相应元素的有机化合物、卤化物以及氢化物等加热易分解的特点，在固体材料基底表面沉积成膜。适合 CVD 热分解的原料通常是ⅣB族、ⅢB族和ⅤB族的一些低周期元素的气态化合物，如 CH_4、SiH_4、SiI_4、PH_3 等[3]。利用硅烷（SiH_4）在较低温度下分解可直接在基底上沉积出固态的硅薄膜，同时还可以在硅烷气源中掺入相应元素的化合物，通过控制气体混合比，直接热分解合金膜，举例如下。

氢化物热分解：
$$SiH_4 \xrightarrow{\triangle} Si + 2H_2$$

混合气体热分解：
$$0.95SiH_4 + 0.05GeH_4 \xrightarrow{\triangle} Ge_{0.05}Si_{0.95} + 2H_2$$

卤化物热分解：
$$SiI_4 \xrightarrow{\triangle} Si + 2I_2$$

有机化合物分解：
$$Ni(CO)_4 \xrightarrow{\triangle} Ni + 4CO$$

（2）还原反应　还原反应是利用氢气或者单质金属等的还原反应，在基底上沉积成膜。氢还原反应是一种重要的工艺方法，可制备硅薄膜，该反应式为：

$$SiCl_4 + 2H_2 \xrightarrow{\triangle} Si + 4HCl$$

（3）氧化反应　　氧化反应是在反应过程中，同时通入氧气，利用沉积元素的氧化反应沉积出相应于该元素的氧化物薄膜。例如：

$$SiH_4 + O_2 \xrightarrow{\triangle} SiO_2 + 2H_2$$

（4）化学合成反应　　化学合成反应主要是由两种或两种以上源物质在反应器内反应沉积在基底表面形成所需物质的薄膜。例如：

$$3SiCl_4 + 4NH_3 \xrightarrow{\triangle} Si_3N_4 + 12HCl$$

（5）化学输送（转移）反应　　某些固体物质会在高温（T_1）下升华气化、分解，然后在沉积反应器温度较低（T_2、T_3……）的位置重新反应沉积生成薄膜、晶体或者粉末等形式的产物，这就是化学输送（转移）反应。在气相沉积输送过程中，由于反应器中不同温区之间的温度差异，不同沉积位置形成的晶体颗粒大小不同[4]。如较早的"炼丹术"就是 HgS 的化学气相沉积反应：

$$2HgS(s) \Longrightarrow 2Hg(g) + S_2(g)$$

在化学输送反应中，如果有些物质本身不容易发生分解，就需要额外添加另一种输运剂来促进输运中间气态产物的生成，以保证在低温区重新沉积生成。例如：

$$2ZnS(s) + 2I_2(g) \Longrightarrow 2ZnI_2(g) + S_2(g)$$

（6）等离子体增强反应等其它"能量"增强反应　　该类反应可以定义为利用外界物理条件使反应气体活化，促进化学气相沉积过程的进行或者降低气相沉积的温度。等离子体增强反应是利用直流电压、交流电压、射频等方法实现气体辉光放电在沉积反应器中产生等离子体。等离子体中正离子、电子、中性反应分子的相互碰撞，可大大降低产物的沉积温度。例如前面所述的制备 Si_3N_4 薄膜在通常条件下在 800℃左右反应并发生沉积，而在等离子体增强反应中，体系反应温度可降至 300℃左右。

此外，还发展出利用其它能量增强的沉积反应，如采用激光可以使气体活化来增强化学气相沉积过程，即激光增强化学气相沉积，该方法也是一种常见的制备各种薄膜的沉积方法。除此之外，利用火焰燃烧法或热丝法等也可以实现增强沉积反应的目的。不过火焰燃烧法主要是通过加快反应速率来促进沉积反应的进行而不是达到降低温度的目的。

2.1.1.3　影响化学气相沉积法的主要参数

（1）反应温度　　反应温度是影响 CVD 过程最主要的工艺条件之一。一般而言，同一反应体系随着温度的升高，气相沉积速率加快，相应的薄膜生长速率也随之加快，但是在达到一定温度后，薄膜的生长速率则趋于稳定。需要注意的是，不同温度条件下的同一反应体系，依据反应条件及基底材料的温度、后处理条件（如退火条件）等所制得薄膜的结构缺陷、纯度及其表现出来的各种物理性质均有一定的差异。

（2）反应室压力　　CVD 沉积薄膜一般采用封管法、开管法两种方法制备。封管法是把一定量的反应物和适当的基底分别放在反应器的两端，管内抽真空后充入一定量的反应气体，然后密封，再将反应器置于双温区内，使反应管内形成温度梯度。系统内的总压对封管系统往往起到重要作用，它直接影响到管内气体的输送速度，从而影响到沉积膜的质量。在真空条件下，沉积膜的均匀性和附着性往往会得到改善。开管法是将气源气体向反应器内吹送，保持在一个大气压的条件下沉积成膜，特点是反应气体混合物能够连续补充，同时废弃的反应产物不断排出沉积室。

（3）反应时间　反应时间的长短直接影响到沉积膜的质量、厚度及沉积膜颗粒的大小。在化学气相沉积生长硅纳米线的实验中，发现时间的长短与制备得到的硅纳米线的长度、直径及厚度有一定关系，时间越长，硅纳米线的长度越长，直径与厚度越大。

（4）气体流速　为了得到理想的沉积膜，反应气体流速（包括载气的流速）要作为一个很重要的变量因子与反应温度、反应时间进行优化设计。在同样的反应体系及条件下，气体流速大小会直接影响到沉积颗粒的大小以及沉积膜的形貌。例如在制备直径为 80nm 的硅纳米线材料时，气体流速过快或者过慢就得不到理想形貌的纳米材料，气体流速快，得到的硅纳米线直径较粗，可达到 500nm 左右，气体流速慢，得到的硅纳米线直径仅为 10～30nm 且团聚交联在一块。

（5）基底材料　化学气相沉积法制备薄膜材料，都是在一种固体基底表面上进行的，基底材料是影响沉积膜质量的一个重要因素。基底的平整度、基底或基底杂质是否会与源物质发生反应都是必须考虑的因素。例如在生长硅纳米线时，如果选择硅基底则可以得到纯度很高的硅纳米线，而采用不锈钢基底虽然也可以生长得到大量的硅纳米线，但是纳米线与不锈钢基底的界面会有部分铁硅合金生成，而一旦采用铜基底或者镍基底，则得不到硅纳米线，会有大量的铜硅合金或镍硅合金生成。

（6）原材料纯度　原材料的纯度会影响到沉积膜的质量，原材料不纯往往会将杂质带入到沉积膜中，从而影响到该沉积膜的组成、结构及其后续器件的性能。

（7）反应系统装置　反应系统的密封性、反应系统的结构形式对沉积膜的质量也有着不可忽视的影响。反应系统密封性不好会导致沉积膜被氧化等不良副反应。反应系统的结构设计必须考虑沉积膜的产量及均匀性，例如气相反应器一般有水平型、垂直型、圆筒型等几种，其中水平型的产量较高，但是沿着气流方向膜厚及浓度分布不太均匀；而垂直型生产的膜正好相反，质量均匀性好，但产量不高；后来开发的圆筒型则兼具了两者的优点[4]。图 2-1 为上述 3 种常见的 CVD 反应器的原理简图。

2.1.1.4　常见化学气相沉积法简介

（1）低压化学气相沉积（LPCVD）法　LPCVD 法是沉积过程中气体的压力比较低的一种方法，此时气压一般在 0.1～2Torr（1Torr＝133.322Pa）。气体分子平均自由程在低压下较常压下长，因此气体分子从气相向固体基底的输送速度会因此加快，由于低压下气体分子的扩散系数增大，薄膜均匀性也能得到显著改善。目前集成电路中所用多晶硅薄膜的制备中普遍采用的标准方法就是 LPCVD 法。多晶硅薄膜可采用硅烷气体通过 LPCVD 法直接沉积在衬底上，典型的沉积参数是：硅烷压力 13.3～26.6Pa，沉积温度 $T_d＝580～630℃$，生长速率 5～10nm/min。由于沉积温度较高，而普通玻璃的软化温度处于 500～600℃，因此不能采用廉价的普通玻璃而必须使用昂贵的石英作衬底。LPCVD 法生长的多晶硅薄膜，晶粒具有〈110〉晶面的择优取

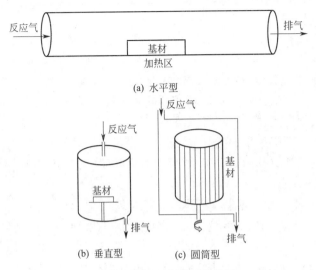

图 2-1 CVD 反应器原理简图

向，形貌呈"V"字形，内含高密度的微挛晶缺陷，且晶粒尺寸小，载流子迁移率不够大而使其在器件应用方面受到一定限制。与常压的 CVD 相比，LPCVD 需要增加真空系统且要进行精确的气体压力控制，故加大了设备的投入。

（2）等离子体增强化学气相沉积（PECVD）法　如前所述，PECVD 是将低气压气体放电等离子体应用于化学气相沉积中的技术。等离子体增强化学气相沉积法最早用于半导体材料的加工，即利用有机硅在半导体材料的基片上沉积二氧化硅，该方法利用等离子体中电子的动能来激发化学气相反应。PECVD 将沉积温度从 1000℃ 降低到 600℃ 以下，最低的只需要 300℃ 左右。因为 PECVD 利用了等离子体环境诱发载体分解形成沉积物，这样就减少了对热能的大量需要，从而大大扩展了沉积材料及基底材料的范围。PECVD 具有成膜温度低、致密性好、结合强度高等优点，目前，该技术除了用于半导体材料外，在刀具、模具等领域也获得成功的应用。如利用 PECVD 在钢件上沉积出氮化钛等多种薄膜不仅提高了模具的工作温度，也使模具的寿命大大提高。

（3）金属有机化合物气相沉积（MOCVD）法　MOCVD 是利用金属有机化合物热分解反应进行气相外延生长的方法。反应过程是把金属烷基化合物或配位化合物与其它组分（主要是氢化物）送入反应室，然后金属有机化合物分解沉积出金属或化合物。MOCVD 的主要优点是沉积温度低，可以在不同的基材表面沉积单晶、多晶、非晶等薄膜，这对某些不能承受常规 CVD 高温的基材是很有用的，如可以沉积在钢这样一类的基材上。其缺点是沉积速率低，晶体缺陷度高，膜中杂质多，且某些金属有机化合物具有高度的活性，处理时需谨慎，避免发生安全事故。

（4）激光诱导气相沉积（LCVD）法　LCVD 是一种在化学气相沉积过程中利用激光束的光子能量激发和促进化学反应的薄膜沉积方法。激光作为一种强度高、单色性与方向性好的光源，在 CVD 过程中发挥着热效应和光效应的作用。一方面激光能量对基底加热，可以促进基底表面的化学反应，从而加快化学气相沉积速率；另一方面高能量光子的照射可以直接促进反应物气体分子的分解。利用激光的上述效应还可以实现在固体基底表面的选择性沉积，即只在需要沉积的地方才用激光光束照射，就可以获得所需的沉积图形。另外，利用激光辅助 CVD 沉积技术，可以获得快速非平衡的薄膜，膜层成分可灵活多变，并能有效地降低 CVD 过程的衬底温度。如利用激光技术，在衬底温度为 50℃ 时就可实现二氧化硅薄膜的沉积。目前，LCVD 技术已广泛用于激光光刻、大规模集成电路掩膜的修正、激光蒸发-沉积以及金属化等领域，如 LCVD 法制备氮化硅薄膜已达到工业应用的水平，其平均硬度可达 2200HK。

2.1.1.5　化学气相沉积技术制备锂离子电池材料

在锂离子电池材料研究领域，不仅可以用化学气相沉积法来制备纳米结构的电极材料，而且可以用这一方法对电极材料的表面进行修饰。锂离子电池通常采用碳、硅、锡等作为负极材料，原则上讲它们均可以通过合适的前驱体分解得到单一或者复合的电极材料，如石墨/无定形碳、纳米硅/C、Sn/C 复合材料等。杨勇课题组曾在采用 CVD 方法制备碳纳米管阵列、Si/C 外延材料以及硅纳米线等方面开展了系列工作，例如李晨等制备得到新型一维竹节状硅纳米管，并对电化学性能作了初步研究。微电极循环伏安测试表明，锂离子在该硅纳米材料中可能存在两种嵌入位，即实心节部嵌入位和空心管壁嵌入位[5]。斯坦福大学崔毅等人用化学气相沉积的方法，在不锈钢基底上沉积硅纳米线，以锂为对电极和参比电极构成三电极体系。该体系以 0.05C 充放电，首次充电容量达到理论值 4277mA·h/g，第二次容量为 3193mA·h/g，此后经过 10 圈循环，容量基本不衰退，表现出良好的循环性能，材料循环性能优异的原因可归结于在反复合金化-去合金化过程中，硅纳米线具有与本体硅和硅纳米颗粒不同的结构和性质，这种特殊的一维纳米结构可以沿横向（直径）和纵向（长度）膨胀，能有效地缓冲体积效应，同时这种一维的电子传输途径有利于电子的有效传输[6]。除此之外，硅纳米线的表面包覆对其电化学性能也有重要的影响。陈慧鑫等用化学气相沉积的方法，在不锈钢基底上沉积硅纳米线并进行了碳及铜包覆，实验表明碳和铜的包覆降低了硅纳米线的电荷传递阻抗，改善了硅纳米线的循环和倍率性能[7,8]，图 2-2 是制备硅纳米线材料化学气相沉积实验装置。

2.1.2　磁控溅射法

2.1.2.1　磁控溅射法的原理及概述

磁控溅射技术本质上是一种离子溅射技术，磁控溅射的基本原理是在高真空充入微量的氩气（分压在 1.3～13Pa），在电场和交变磁场的作用下，被加速的高能粒子轰击靶材表面，能量交换后，靶材表面的原子脱离原晶格而逸出，转移到基底表面而成膜。其溅射过程：电子在电场的作用下加速飞向基片的过程中与氩原子发生碰撞，电离出大量的氩离子和电子，电子飞向基片。氩离子在电场的作用下加速

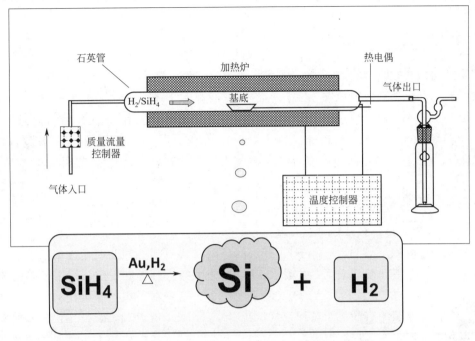

图 2-2　制备硅纳米线（管）化学气相沉积实验装置

轰击靶材，溅射出大量的靶材原子，呈中性的靶材原子（或分子）沉积在基片上成膜。二次电子在加速飞向基片的过程中受到磁场洛伦兹力的影响，被束缚在靠近靶面的等离子体区域内，该区域内等离子体密度很高，二次电子在磁场的作用下围绕靶面作圆周运动，该电子的运动路径很长，在运动过程中不断与氩原子发生碰撞电离出大量的氩离子轰击靶材，经过多次碰撞后电子的能量逐渐降低，摆脱磁力线的束缚，远离靶材，最终沉积在基片上[9]。通过更换靶可以制备不同材质的薄膜，通过控制溅射功率和时间便可以获得不同厚度的薄膜。

磁控溅射法是溅射沉积（镀）技术中的一种，一般的溅射系统气体离解率仅有 $0.3\%\sim0.5\%$，而磁控溅射通过引入正交的直流或交流电磁场，可以将氩气的离解率提高到 $5\%\sim6\%$，物质的溅射速度提高了 10 倍左右。磁控溅射方法不仅具有很高的沉积速率，而且在溅射金属时可避免二次电子轰击而使基底保持低温，同时磁控溅射法还具有镀膜层与基材的结合力强、镀膜层致密、均匀等优点。磁控溅射的电源可采用直流也可采用射频，射频磁控溅射中，射频电源的频率通常在 $50\sim30\mathrm{MHz}$。射频磁控溅射相对于直流磁控溅射的主要优点是，它不要求作为电极的靶材是导电的。因此，理论上利用射频磁控溅射可以溅射沉积任何材料。但是磁控溅射的缺点是不能用于强磁性材料的低温高速溅射，因为在靶面附近不能外加强磁场，在使用绝缘材料作为靶材时会使基底温度升高。

2.1.2.2　磁控溅射法制备锂离子电池材料

磁控溅射法在制备薄膜电极以及全固态薄膜电池方面具有优势，利用该方法在基底上依次溅射上正极薄膜、固态电解质薄膜和负极薄膜，就构成了全固态薄膜电池的核心部分。1993 年美国橡树岭国家实验室 Bates 等人首先开发了一款综合性能优越的 LiPON 无机电解质薄膜，该薄膜是在 N_2 气氛下通过射频磁控溅射 Li_3PO_4 靶得到的，25℃时薄膜离子电导率可达 3.3×10^{-6} S/cm，比 Li_3PO_4 薄膜高近 2 个数量级，电化学稳定窗口在 5.5V 以上[10]。LiPON 具有稳定的电化学性质，并且可以与 $LiCoO_2$ 等高电位阴极薄膜以及金属锂等阳极薄膜相匹配，推动了薄膜锂电池的研究开发。在此基础上，Bates 小组报道了以金属锂为阳极，$LiCoO_2$、$LiMn_2O_4$、V_2O_5 为阴极的一系列具有优越电化学性能的全固态薄膜锂电池[11~14]。

2.1.3 原子层沉积法

2.1.3.1 原子层沉积法的原理及概述

原子层沉积（ALD, atomic layer deposition）是一种可以将物质以单原子膜形式一层一层地镀在基底表面的方法。ALD 最初由芬兰科学家提出，并用于多晶荧光材料 ZnS：Mn 以及非晶 Al_2O_3 绝缘膜的研制，这些材料用于平板显示。由于这一工艺涉及复杂的表面化学过程且沉积速率低，因此直至 20 世纪 80 年代中后期该技术并没有取得实质性的突破。20 世纪 90 年代中期，微电子技术的发展要求器件和材料的尺寸不断降低，而原子层沉积技术实现了单原子层逐次沉积，沉积层极均匀的厚度和优异的一致性等优势就体现出来了，而沉积速率慢的问题就不重要了，从而掀起了人们对 ALD 的研究热潮。

ALD 的工作原理是将气相前驱体脉冲交替地通入反应器，其在沉积基底上化学吸附并反应而形成沉积膜。当前驱体达到沉积基底表面时，它们会在其表面化学吸附并发生表面反应，在前驱体脉冲之间需要用惰性气体对原子层沉积反应器进行清洗净化。由此可知，沉积反应前驱体物质能否在被沉积材料表面化学吸附是实现原子层沉积的关键。要实现在材料表面的化学吸附必须具有一定的活化能，因此选择合适的反应前驱体物质显得尤为重要。

原子层沉积的表面反应具有自限制性（self-limiting），根据沉积前驱体和基底材料的不同，原子层沉积有两种不同的自限制机制，即化学吸附自限制（CS）和顺次反应自限制（RS）过程。

化学吸附自限制沉积过程中，第一种反应前驱体输入到基底材料表面并通过化学吸附（饱和吸附）保持在表面。当第二种前驱体通入反应器时，就会与已吸附于基底材料表面的第一种前驱体发生反应。两种前驱体之间会发生置换反应并产生相应的副产物，直到表面的第一种前驱体完全消耗，反应会自动停止并形成需要的原子层。因此这是一种自限制过程，而且不断重复这种反应形成薄膜。

与化学吸附自限制过程不同，顺次反应自限制原子层沉积过程是通过活性前驱体物质与活性基底材料表面化学反应来驱动的，这样得到的沉积薄膜是通过前驱体与基底材料间的化学反应形成的。对于顺次反应自限制过程，首先用活化剂活化基底材料表面，然后注入的前驱体1在活化的基底材料表面反应形成吸附中间体，随着活化剂的反应消耗而自动终止，具有自限制性。当沉积反应前驱体2注入反应器后，就会与上述的吸附中间体反应并生成沉积原子层。

2.1.3.2 原子层沉积法制备锂离子电池材料

ALD具有可精确控制薄膜厚度、薄膜表面均匀且平坦、工作温度低等特性，使它在许多方面的应用具有很大的潜力。近几年来，ALD在锂离子电池研究中的应用非常广泛，可用来制备负极材料、正极材料、无机固态电解质、电极材料表面超薄包覆材料等。孙学良等人在2012年发表了一篇关于ALD在锂离子电池研究中应用的综述文章[15]，文章介绍了ALD用于制备表2-1所列的几种负极材料及对应的反应条件，通过该方法制备的纳米材料均表现出优异的电化学性能。

表 2-1 通过 ALD 方法制备的纳米负极材料

材料	前驱体 A	前驱体 B	温度/℃	基底	纳米结构
TiO_2	$TiCl_4$	H_2O	$100\sim400$	AAO	NT-A
			150	NC	NT-N
	TiI_4	H_2O	200	Al-NRd	NRd-A
			300	CNS	3D-N
	$Ti(NMe_2)_4$	H_2O	150	TMV	NT-A
	$Ti(O\text{-}i\text{-}Pr)_4$	H_2O	$70\sim160$	AAO	NT-A
			$80\sim140$	PC	NT-A
			$150\sim250$	GNS	3D-N
			35	TMV	NT-N
		NH_3	140	肽基板	NRb-N
		NH_3+O_2	140	肽基板	NRb-N
Fe_2O_3	$Fe(Cp)_2$	O_2	400	AAO	NT-A
			350	CNT	NT-N
	$Fe_2(O\text{-}t\text{-}Bu)_6$	H_2O	$130\sim170$	AAO	NT-A
ZnO	$Zn(C_2H_5)_2$	H_2O	$40\sim200$	CNT	NT-N
			200	AAO	NT-A
			250	AAO	NT-A，NRd-A
			150	NC	NT-N
SnO_2	$SnCl_4$	H_2O	$200\sim400$	AAO	NT-A
			$200\sim400$	CNT	NT-N
			$200\sim400$	GNS	3D-N
	$C_{12}H_{24}O_4Sn$	O_2	100	PAN-NF	NT-N
	$Sn(OCMe_3)_4$	AcOH	$75\sim250$	CNT	NT-N
	$C_{12}H_{26}N_2Sn$	H_2O_2	$50\sim250$	—	NT-A

ALD用于制备正极材料最早的报道是2000年Badot等人制备的V_2O_5正极材料，他们采用$VO(O\text{-}i\text{-}Pr)_3$和水作为前驱体，在$45\sim150℃$范围内制备出非晶的$V_2O_5$正极材料，经$400℃$退火处理后得到的700nm厚的$V_2O_5$正极薄膜材料，其在$3.0\sim3.8V$电压区间充放电表现出优异的电化学稳定性和循环稳定性[16]。2014年，孙学良等人通过ALD方法制备出$LiFePO_4$正极材料，他们采用二茂铁

[Fe(Cp)$_2$]、磷酸三甲酯（TMPO）、叔丁醇锂 [Li(O-t-Bu)]、臭氧（O$_3$）、去离子水（H$_2$O）作为前驱体在碳纳米管（CNT）上沉积出非晶的 LiFePO$_4$ 材料，经 700℃ 退火 5h 得到晶态 LiFePO$_4$ 材料，材料表现出良好的循环和倍率性能[17]。

孙学良等人的综述文章[15]也汇总了 ALD 法制备锂离子电池无机固态电解质的相关研究，见表 2-2。

表 2-2　通过 ALD 法制备的锂离子电池无机固态电解质材料

含锂薄膜	ALD 材料	前驱体 A	前驱体 B	生长温度/℃	基底
Li$_{0.32}$La$_{0.3}$TiO$_2$	TiO$_2$	TiCl$_4$	H$_2$O	225	Si(111)和钠钙玻璃基片
	La$_2$O$_3$	La(thd)$_3$	O$_3$		
	Li$_2$O	Li(O-t-Bu)	H$_2$O		
Li$_2$O-Al$_2$O$_3$	Al$_2$O$_3$	TMA	O$_3$	225	Si(111)和特氟龙
	Li$_2$O	Li(O-t-Bu)	H$_2$O		
LiAlSiO$_4$	Li$_2$O	Li(O-t-Bu)	H$_2$O	290	Si(400)和 Si(004)
	Al$_2$O$_3$	TMA	H$_2$O		
	SiO$_2$	TEOS	H$_2$O		
Li$_2$SiO$_{2.9}$	Li$_2$SiO$_{2.9}$	LiN(SiMe$_3$)$_2$	O$_3$	250	—
Li$_3$PO$_4$	Li$_3$PO$_4$	LiN(SiMe$_3$)$_2$	TMPO	225～350	—
	Li$_3$PO$_4$	Li(O-t-Bu)	TMPO		

ALD 在锂离子电池中的应用最常见的还是对正、负极材料的表面包覆，以提高电池的电化学性能。ALD 可用于制备 Al$_2$O$_3$、TiO$_2$、TiN、ZnO、ZrO$_2$、CeO$_2$ 等包覆层，其中 Al$_2$O$_3$ 是最常见的包覆材料，既可用于包覆如天然石墨、钛酸锂、硅、SnO$_2$、MoO$_3$、Fe$_3$O$_4$ 等负极材料，又可用于包覆钴酸锂、三元镍钴锰、尖晶石锰酸锂等正极材料。TiO$_2$ 可包覆于 ZnO 负极材料以提高电池的容量及循环的稳定性[18]。TiN 包覆于负极材料钛酸锂表面，可显著提高材料的导电性及倍率性能[19]。ZnO 包覆于正极材料钴酸锂表面未见明显改善材料的电化学性能，可能是因为包覆层 ZnO 材料本身不稳定[20]。

2.2　液相制备法

2.2.1　溶胶凝胶法

溶胶凝胶法是指反应物经过溶液→胶体→凝胶→固体的变化过程，而实现均匀混合的一种制备方法。涉及无机盐的氧化物或水合氧化物分散体系的制备，如利用金属离子的水解来制备溶胶：

$$M^{n+} + nH_2O \longrightarrow M(OH)_n + nH^+$$

在水解过程中，通过向金属盐溶液中逐步加入碱液如氨水，可以促使水解反应向右进行，并逐渐得到氢氧化物溶胶。将溶胶加热脱水可得凝胶，凝胶经干燥、焙烧等过程可制成金属氧化物粉末。

一般而言，单离子的溶胶凝胶技术相对比较简单，而制备符合化学计量比的多离子溶胶凝胶工艺则比较复杂，通常要考虑各金属离子水解或沉淀的差异性，并设法通过外加配合物、调控合适的 pH 值等方法减小它们之间差异性的影响，保证各种金属离子在溶胶凝胶过程中混合的化学均一性。

加入络合剂是减小金属离子差异性对溶胶凝胶过程影响的一种有效手段。例如在通过溶胶凝胶法制备层状锂镍钴锰氧化物正极材料时，首先要制备含锂镍钴锰的溶胶凝胶体系，此时可将化学计量比的锂、镍、钴、锰的乙酸盐溶解于水配成混合溶液，加入一定比例的柠檬酸作络合剂，加热搅拌并蒸发溶剂，则可以得到这四种金属离子的柠檬酸盐溶胶，经过干燥、预烧进而得到化学成分均一性良好的混合金属氧化物前驱体。该前驱体在一定温度、气氛条件下煅烧，就可以获得相应的锂离子电池正极材料。其中，柠檬酸络合剂起到非常重要的作用，其通过络合作用使不同金属离子充分混合，以减小金属离子水解与沉淀的差异性对溶胶凝胶过程的影响，保证混合氧化物前驱体的化学均匀性。若将乙酸盐混合溶液直接蒸干，则必然会因各种离子溶解度不同而分先后析出，导致前驱体混合氧化物中金属离子的不均匀混合或分布。

该方法中所制凝胶的离子混合均匀性，特别是价态高、原子量大、高温条件下自扩散较困难的金属离子的混合均匀性，会对后续烧制过程发生充分反应所需的温度有较明显的影响。以钛取代尖晶石 $LiMnTiO_4$ 锂离子电池正极材料的制备为例[21]，如果钛与锰在溶胶凝胶阶段没有混合均匀，后续则需要比较高的烧结温度才能得到相纯度高的尖晶石材料；相反，如果钛与锰在前驱体中已经实现了原子级的均匀混合，则烧结过程的成相温度就可以大大降低。通过普通的溶胶凝胶工艺两步来处理：①将乙酸锂、乙酸锰和钛酸正丁酯在 95% 乙醇溶剂中混合，经过水解反应后得到溶胶；②将溶胶干燥，得到干凝胶，干凝胶经过球磨混合后进行热处理，800℃烧制 10h 才可以得到纯相的尖晶石材料。若分三步进行材料合成，则步骤为：①将乙酸锰与钛酸正丁酯在乙醇中进行溶胶凝胶化处理；②将凝胶干燥，并于 500℃惰性气氛中热处理得到化学计量比的 $MnTiO_3$ 纳米颗粒；③将 $MnTiO_3$ 与氢氧化锂球磨混合均匀后进行热处理，700℃烧制 10h 就能得到纯相的尖晶石材料。两步法和三步法制备、不同温度热处理的 $LiMnTiO_4$ 尖晶石材料的粉末 X 射线衍射谱如图 2-3 所示。

溶胶凝胶工艺的特点在于，在离子/纳米尺度上实现目标离子的混合，具有良好的化学均一性，可以降低后续的煅烧温度，有利于制备小颗粒的电极或电解质材料。

以下介绍一种溶胶凝胶法制备多孔结构磷酸铁锂的方法[22]：①将柠檬酸铁和柠檬酸按 1∶2 的摩尔比溶解于 60℃水中；②将磷酸二氢锂也配成 60℃水溶液；③将上述两份澄清的溶液混合得到溶胶，于 60℃搅拌 24h，蒸干得到干凝胶；④将所得干凝胶研磨（或球磨）均匀后，于 700℃氩气气氛中烧制 10h 得到最终产物磷酸铁锂电极材料。其形貌如图 2-4 所示。

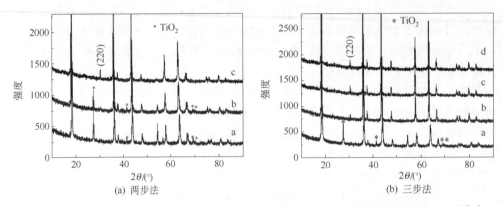

图 2-3　两步法和三步法制备不同温度热处理的 $LiMnTiO_4$ 尖晶石材料的 X 射线衍射谱[21]

a—600℃；b—700℃；c—800℃；d—900℃

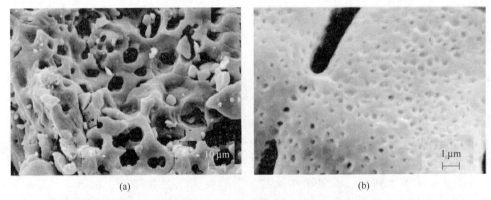

图 2-4　溶胶凝胶法制备的多孔结构磷酸铁锂材料的扫描电镜照片[22]

　　这里柠檬酸既是类似溶胶凝胶方法的金属离子络合剂，又是实现材料原位碳包覆的碳源。在液相条件下，柠檬酸与铁离子可实现分子水平上的离子均匀混合，所以最后热分解后所得到的包覆碳层的分布也比较均匀。再者柠檬酸分解产生的气体，又起到了造孔作用，因此产物呈现多孔结构。这种纳米孔道在电极材料中有利于电解液的传输，增大电化学活性面积，有利于材料容量和倍率性能的提高。

　　另外，溶胶凝胶法还可以用于制备薄膜电极[23]。以下介绍一种钴酸锂薄膜电极的溶胶凝胶制备方法，其制备过程如下。

　　(1) 溶胶的制备　将乙酸锂和乙酸钴按照摩尔比 1.05∶1 配成水溶液，加入体积分数大约 30% 的异丙醇和适量的聚乙烯吡咯烷酮（平均分子量为 55000）制备成溶胶。该溶胶稳定性极好，放置数月都不会产生沉淀物。异丙醇的作用是提高溶胶与衬底间的润湿性；聚乙烯吡咯烷酮的作用则是作为增稠剂。

　　(2) 薄膜涂覆　以特定晶面取向的蓝宝石或 $SrTiO_3$ 为衬底，采用旋涂法制备薄膜。将溶胶滴加到衬底上，衬底以 4500r/min 的转速转动60s，可得到涂覆均匀的钴酸锂薄膜前驱体。

（3）薄膜热处理　将所制得的钴酸锂薄膜前驱体及其衬底进行分步热处理：先在热板上于 200℃、300℃、400℃ 和 500℃ 各加热 20min，升温速率为 10℃/min；再转移到马弗炉中以 1℃/min 升温到 600～800℃ 加热数小时，可得到目标的钴酸锂薄膜。

该方法制备的钴酸锂薄膜厚度可薄至 100nm，若控制涂覆量及其处理次数，也可以增加薄膜的厚度，衬底/薄膜界面上的钴酸锂晶体生长方向会随衬底材料的晶面取向不同而不同，图 2-5 展示了其中一种断面形貌。与物理溅射法相比，溶胶凝胶法的制备方法简单，适用的氧化物体系也较多，但薄膜的可控性（如厚度、缺陷与晶面取向性的优劣等）不如气相沉积方法。

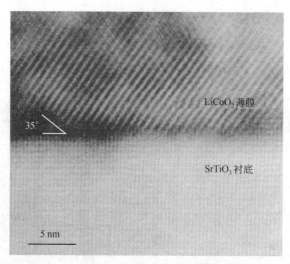

图 2-5　SrTiO₃ 衬底/钴酸锂界面 TEM 照片[23]

溶胶凝胶法还可以用于制备具有特殊结构与形貌的电极材料，如含有有序介孔的电极材料。通常制备介孔材料需要使用模板剂来预先设定介孔的形状及其尺寸，这些模板剂又可分为硬模板剂和软模板剂，溶胶凝胶法可用于软模板法制备有序介孔电极材料。下面介绍一种溶胶凝胶法制备有序介孔磷酸钛电极材料的方法[24,25]。

该介孔材料的合成过程主要分三个阶段：溶胶凝胶阶段、干凝胶阶段和热处理阶段，具体的制备步骤如下。

（1）溶胶凝胶阶段　模板剂的选择及其使用对介孔结构的形成及其特性至关重要，例如可通过选用合适的模板剂、溶剂及环境温度等来调控模板剂的结构进而调控所合成介孔结构的长程有序性、形状和孔径大小等等。可采用的模板剂是分子量几千甚至上万的嵌段共聚物 F108［(EO)127(PO)50(EO)127］或者 P123［(EO)20(PO)70(EO)20］，它们均属于非离子型表面活性剂。同时选用在热处理过程中易于脱除的溶剂如乙醇或正丁醇。钛和磷的原料分别选用钛酸正丁酯和三氯化磷。反应物按如下的摩尔比进行配料：模板剂：$Ti(OC_4H_9)_4$：PCl_3：溶剂＝0.026：1：1：50，其中 Ti：P＝1：1。实验中按上述配比先把模板剂分散在溶剂中，让模板剂完全分散形成胶束。然后在 40℃ 油浴控温的装置中，搅拌下依次逐滴加入钛酸正丁酯和三氯化磷。待反应物加入后，形成透明溶胶，将溶胶在 40℃ 恒温 2 天。然后，把透明溶胶转移到培养皿，液膜厚度控制在 2～3mm，让溶剂自然蒸发形成薄膜状凝胶，放置陈化时间至少 15 天。此时实验的关键是控制溶剂的蒸发速度，因溶剂蒸发速度过快不利于形成长程有序的介孔结构。此外，这个过程中的湿度变化对材料的介孔结构也有影响，过高的湿度不利于孔道的形成。若能保持整个阶段的温度和湿度条件恒定则最好。

（2）干凝胶阶段　把上述得到的凝胶转移到鼓风干燥箱中，先在 80℃ 下烘 2 天，再将温度提升到 120℃ 烘 2 天，得到干凝胶。

（3）热处理阶段　将上述干凝胶转移到磁舟，于马弗炉中以 1℃/min 的升温速度，加热到 500℃ 并保持一段时间，去除模板剂形成介孔结构并使孔壁磷酸钛前驱体转化成磷酸钛材料，得到的有序介孔磷酸钛材料的形貌如图 2-6 所示。

图 2-6　溶胶凝胶法制备的有序介孔磷酸钛正极材料的高分辨率透射电镜照片[24]

2.2.2　水热/溶剂热合成法

溶剂热合成法是指在一定温度和压强下，通过溶液中的物质发生化学反应（本质上是发生液相的离子重排-重结晶过程）而进行的制备，其中最常见的是采用水作为溶剂的方法，也称水热法。

高压反应器是进行高温高压溶剂热反应的基本装置，也称反应釜。所使用的反应釜必须具备以下特点：密封好，安全性高，壳体耐高温高压，相对于所进行的反应体系化学惰性；结构简单，易于使用和清洗。按照反应釜工作的温度，溶剂热反应可简单地分为亚临界反应（低温）和超临界反应（高温）。按照反应釜压力的产生方式，又可以分为内压釜和外压釜：内压釜压强由釜内介质、介质的填充量和温度决定；外压釜压强则是通过人工外加压强进行控制。图 2-7 给出了反应釜内水溶液的不同填充量、温度及其生成内压的关系[26]。

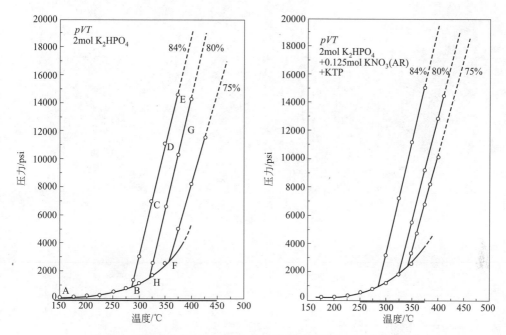

图 2-7　不同填充度下 K_2HPO_4 水溶液的生成压与温度的关系[26]
(1psi＝6.895×10³Pa)

高温高压下的溶剂热反应和常温常压下的液相反应相比具有以下特点：由于反应压力、温度升高，反应过程（如水解过程及其随后的重结晶过程）显著加速，并且可在实验室条件下实现常压条件下无法实现的化学制备。由于溶剂热条件下化学物质反应性能的改变，溶剂热合成法可以实现一些固相反应或常态液相反应难以完成的制备反应，制备出一些新的具有特殊结构或特殊形貌的材料。

除了材料的晶相结构与缺陷外，固态电极材料的性能也受制于材料颗粒度、形貌以及裸露材料的晶面。例如富锂层状三元材料的倍率性能相对于其它传统层状材料较差，是影响其应用的制约因素之一。通过水热法可以合成出具有晶面择优取向的纳米颗粒材料 $Li[Li_{1/3-2x/3}Ni_xMn_{2/3-x/3}]O_2$，具有（010）晶面取向的纳米盘状颗粒材料体现出突出的倍率性能[27]。普通固相法烧制的硅酸盐材料，由于其电子电导和离子电导都较低（＜10^{-12}S/cm），因此电化学活性很差。从正硅酸乙酯出发，以乙醇热法制备硅酸盐凝胶前驱体[28,29]，再结合后续碳包覆和烧结工艺制备了硅酸铁锂或硅酸锰锂材料，所合成的电极材料的形貌如图 2-8 所示，其主要特征是纳米级一次颗粒构筑的多孔材料。由于合成出的电极材料具备纳米级初次颗粒，因而大大缩短了电化学反应过程中的锂离子传输路径，结合包覆碳所构筑的良好电子导电网络，可以实现材料优良的电化学活性。这里乙醇热反应制备的硅酸盐凝胶，对控制材料的颗粒度有着极其重要的作用。

图 2-8　乙醇热法制备的硅酸铁锂的扫描电镜形貌照片[28]

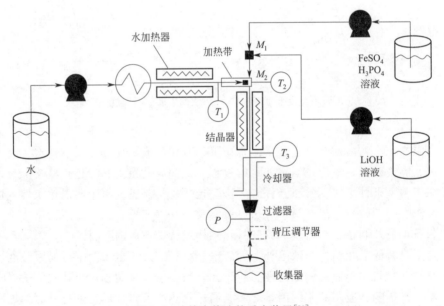

图 2-9　连续水热法的反应装置[30]

除实验室的材料合成外，目前已有将连续（流动）水热法用于材料的商品化生产。图 2-9 所示为连续（流动）水热法制备磷酸铁锂材料的基本流程[30]。在该流程中，硫酸亚铁、磷酸的混合溶液与氢氧化锂溶液，经预热再被超临界态的超临界水带入到反应器中发生反应，生成的 LiFePO$_4$ 从溶液中析出成为纳米材料，最后用收集器收集。反应器中发生的反应为：

$$FeSO_4 + H_3PO_4 + 3LiOH \longrightarrow LiFePO_4 \downarrow + Li_2SO_4 + 3H_2O$$

该方法制备的磷酸铁锂材料具有粒度小且均匀的特点，可以制备粒度在数十纳米的磷酸铁锂材料，其形貌如图 2-10 所示。

文献［30］中对该流程中影响材料形貌的主要工艺参数总结如下。

（1）超临界水流速度　水流速度慢，所得产物颗粒大，粒径分布宽，团聚现象明显；水流速度快，产物颗粒小且分布均匀，分散性好。

（2）反应物浓度　若反应物浓度大，则产物颗粒大，粒径分布宽。

（3）反应温度　若反应温度高，则产物颗粒大，粒径分布宽。

总之，合适的反应温度、反应物浓度及超临界水流速度对最终 LiFePO$_4$ 产物的尺寸、形貌均有重要的影响。

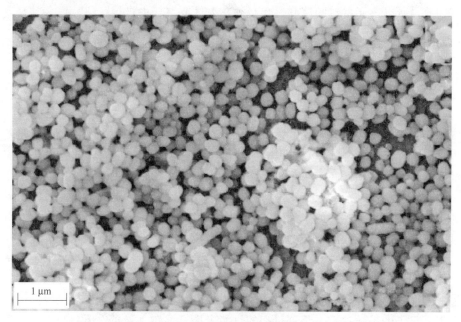

1 μm

图 2-10　连续水热法制备的磷酸铁锂材料的扫描电镜照片[30]

2.2.3　共沉淀法

共沉淀法是实现原材料均匀混合的一种有效的方法，它具有工艺相对简单、易于实现产业化的特点。其一般的做法是将几种反应物的阳离子盐配成混合溶液，再往混合液中加入沉淀剂，让几种阳离子同时形成沉淀且与阴离子及溶剂分离开来，然后收集沉淀物，经反复清洗，除去残余的溶液及吸附的各种离子，再经过干燥预烧等后处理步骤，得到混合阳离子的前驱体。

实现共沉淀的关键是几种阳离子与沉淀剂形成的沉淀物析出的速度要尽量接近，不能有明显的先后顺序，否则不能实现各种阳离子的均匀混合。共沉淀法生成的沉淀物颗粒不能太细，否则会对沉淀物的液-固分离洗涤工艺步骤造成较大困难，因为粒径大的颗粒利于沉降分离。

共沉淀法在制备高能锂离子电池电极材料（如层状氧化物电极材料）中已经广泛使用并成功实现产业化，其中比较有代表性的是 $LiNi_{1/3}Co_{1/3}Mn_{1/3}O_2$ 层状三元材料（或简称 NCM 材料）。反应式如下：

$$1/3Ni^{2+}+1/3Co^{2+}+1/3Mn^{2+}+2OH^- \longrightarrow Ni_{1/3}Co_{1/3}Mn_{1/3}(OH)_2$$

$Ni_{1/3}Co_{1/3}Mn_{1/3}(OH)_2$ 沉淀经过洗涤烘干等处理步骤，得到三元前驱体。前驱体再与碳酸锂或氢氧化锂混合均匀后经过煅烧，就得到 $LiNi_{1/3}Co_{1/3}Mn_{1/3}O_2$ 层状三元材料。反应式如下：

$$4Ni_{1/3}Co_{1/3}Mn_{1/3}(OH)_2+4LiOH+O_2 \longrightarrow 4LiNi_{1/3}Co_{1/3}Mn_{1/3}O_2+6H_2O$$

从上面的反应方程式可以看出，从前驱体到材料的反应过程是需要消耗一定量的氧气的，所以三元材料的烧制过程必须在氧气或空气中进行。

一般而言，在前驱体制备过程中，由于锰离子在碱性条件下容易被氧化，所以如果没有在保护气下进行反应，则得到的前驱体往往不是理想的氢氧化物 $Ni_{1/3}Co_{1/3}Mn_{1/3}(OH)_2$，而是羟基氧化物，其反应式如下：

$$Ni_{1/3}Co_{1/3}Mn_{1/3}(OH)_2+x/2O_2 \longrightarrow Ni_{1/3}Co_{1/3}Mn_{1/3}(OH)_2O_x$$

考虑到工艺简便及经济原则，前驱体的制备和烘干过程，往往会选择在空气中进行，如采用压滤或喷雾干燥的方法。一方面羟基氧化物与氢氧化物的分子量差异很小，另一方面由于锂盐在高温（＞750℃）下容易挥发，在合成过程中往往需要根据具体烧结温度和时间用一个过量系数来校正最终产物的化学计量比，与前驱体的被氧化程度相比，这个系数对最终产物化学计量比的影响更大。因此，制备者在设计实验计算前驱体和锂的配比时，一般可以忽略前驱体被氧化程度的影响，直接通过调节锂的过量系数取得较好的实验效果。

对于三元材料的制备而言，共沉淀法与高温固相法相比优势体现如下：镍钴锰属于较大的离子，高温条件下自扩散速率慢，固相反应需要耗费很长时间且容易造成过渡金属层离子混合的不均匀，影响材料的电化学性能。通过提高反应温度虽然可以提高离子的扩散速率，但高价态的过渡金属离子在高温条件下具有很强的氧化性，容易发生氧化物的分解，如析氧反应，而导致产物中离子平均价态偏低、晶格氧缺陷等，影响材料的电化学性能。共沉淀法可实现反应前驱体中镍钴锰离子在离子水平上或纳米级的均匀混合，在后续高温成相中只需要锂离子的扩散迁移，而反应时过渡金属离子不需要长程扩散就能完成成相过程，所以在较低温度下较短时间内就能形成目标产物，避免了阳离子不均匀分布和晶格氧缺陷等问题。和高温固相法相比，共沉淀法制备的三元材料具有较好的电化学性能。

共沉淀法最理想的状态应是几种离子按所需要的化学计量比以单相（固溶体）的形式存在于沉淀物中，实现离子水平上各离子的均匀混合，但是实际工作中这样的共沉淀剂往往不那么容易找到。只要所选沉淀剂能使各种阳离子的沉淀物以纳米颗粒的形式团聚在一起，也可以取得较满意的效果。目前常用的过渡金属离子的共沉淀剂有氢氧化物、草酸盐、碳酸盐等。

通过共沉淀法也可以合成磷酸铁锂材料[31]。以二价铁化合物为原料，从溶液相出发，通过沉淀法合成出含磷酸铁锂的前驱体，结合后续的惰性气氛中的热处理，可以得到相纯度高、粒径均匀、结晶良好的磷酸铁锂材料。磷酸铁锂的沉淀条件比较特殊，温度要在105℃以上，溶液的pH值在6～10，才能沉淀出$LiFePO_4$，否则可能得到的是Li_3PO_4和$Fe_3(PO_4)_2$沉淀物。为了在常压下提高溶液温度到105℃以上，通常需要添加一些水溶性有机溶剂以提高混合溶剂的沸点，常用的有机溶剂包括乙二醇、一缩二乙二醇、N-甲基甲酰胺、二甲基甲酰胺以及二甲亚砜等。当含合适有机溶剂的溶液加热煮沸时，温度可以超过105℃，这时锂、铁和磷酸根离子按1∶1∶1的化学计量比从溶液中分离出来，形成$LiFePO_4$沉淀。将沉淀与溶液分离，反复清洗，除去残余的溶液和吸附的杂质，得到$LiFePO_4$前驱体。前驱体在惰性气氛或弱还原气氛中500℃热处理后，便可得到相纯度高、结晶良好的橄榄石结构的磷酸铁锂正极材料。应当注意的是，因为从溶液中沉淀出来的磷酸铁锂不仅颗粒小，而且该前驱体已经具备了化学组成均匀的特性，因此合成的热处理温度可以比固相法降低很多。

2.2.4 熔盐生长法

熔盐生长法又称助熔剂法，它是在高温下从熔融盐熔剂中生长晶体的一种方法。熔盐生长技术已发展了近百年，现在熔盐生长技术应用于半导体材料、光学材料和磁性材料等广泛领域。例如半导体工业中常见的Si单晶就是采用熔盐结晶生长方法制备的，如切克劳斯基（Czochralski）法等。近年来兴起的采用室温离子液体介质的合成方法，也属于熔盐生长法[10]。助熔剂的选择是熔盐生长法中的一个重要环节。通常熔盐生长法对助熔剂的要求是：产物晶体是溶液过饱和后唯一稳定的固相；必须具有低挥发性、低黏滞性，不与所用容器反应；价格低廉。

锂离子电池的电极材料多数是晶体材料，而且晶体结构和形貌直接影响材料的电化学性能，适用于晶体材料制备的熔盐生长技术，自然也会受到锂离子电池电极材料研究者们的青睐。特别是室温离子液体合成法，更是吸引了众多电极材料研究者的注意。通过室温离子液体、反应原料的选择以及反应温度、时间等的调节，可以实现对材料晶体生长尺寸的调控[32]。以磷酸铁锂材料的合成为例，以1-乙基-3-甲基咪唑的三氟甲基磺酸盐室温离子液体为反应介质，磷酸二氢锂和草酸亚铁为反应物，250℃制备的$LiFePO_4$材料的粒径为150～300nm；若以磷酸锂和氯化亚铁为反应物，275℃制备的$LiFePO_4$材料的粒径则可达500nm。对于FeF_3的合成，以九水合硝酸铁和1-丁基-3-甲基咪唑的四氟硼酸盐离子液体进行反应，温度控制在50℃以下，可以制备10nm的FeF_3纳米颗粒；而在此基础上，加上多壁碳纳米管，温度控制在80℃进行反应，则可以制备直径10nm的纤维状FeF_3。这里1-丁基-3-甲基咪唑的四氟硼酸盐离子液体既是反应介质，也是反应物。另外，将水合氟化铁在1-丁基-3-甲基咪唑的四氟硼酸盐离子液体中加热到250℃，也可以制备10nm的FeF_3纳米颗粒，而以1-乙基-3-甲基咪唑的四氟硼酸盐和1-丁基-3-甲基咪唑的四氟硼酸盐混合物为反应介质，乙酸锰、乙酸锂和正硅酸乙酯为反应物，可以制备出 50～80nm 的 Li_2MnSiO_4 材料。尽管离子热的方法很适合一些新型化合物的制备（如含氟聚阴离子型的化合物），但目前该方法还属于初期发展阶段，尚存在不少有待解决的问题，例如反应过程控制的方法不多、离子液体的成本高等，后一问题或许可以通过溶剂的再生利用来解决。

2.3 固相制备法

2.3.1 粉末固相法

粉末固相法指烧结过程中组分不发生熔化的粉末烧结方法。粉末固相法是锂离子电池电极/电解质材料制备时最常采用的方法之一，此法具有工艺简单及成本相对低的优势。该法也属于多组分固相烧结法，即在多组分固相烧结过程中通过离子扩散形成固溶体或新的化合物。在该法中离子扩散对制备产物的形成及其均匀化具有决定性的作用，即离子扩散的速度及其均匀性对产物的质量有着重要的影响。因此通过采取合适的方法提高材料离子扩散的性能，可促进多组分粉末体系烧结成相的过程。广义上讲，要提高产物的纯度、缩短反应时间，可以采用较细的粉末、提高粉末混合均匀性、适当提高烧结温度等。

球磨是细化粉末和提高反应物混合均匀性的最常用的有效手段之一。但是，由于球磨中必须加入大小不一的球磨珠，若球磨强度提高、球磨时间加长，则在提高混合均匀性的同时，也会因为球磨珠及球磨罐的磨损而增加反应物原料中杂质的含量。球磨罐和球磨珠材料的选择、球磨强度及时间等之间的配合，在材料制备过程中也是一项很需要研究的内容。

在锂离子电池电极和电解质材料制备过程中，都涉及含锂的组分。含锂的组分有一个特性，就是在高温下有较大的挥发性。采用高温法制备材料时，容易因为锂的挥发而导致产物化学计量比失调。所以在设计实验的时候，要根据所采用的温度和反应时间，设计适当的锂组分投料过量比例，这样才能获得符合化学计量比的产物。锂离子电池正极材料绝大多数是以过渡金属作为变价元素来储存能量的，而过渡金属在高温下有高价化合物稳定性降低、低价化合物稳定性提高的趋势，所以在高温下烧制含高价过渡金属元素的电极材料的时候，随着温度的提高，材料析氧趋势增加，过渡金属平均价态降低。这种情况发生时，多数会使材料的电化学性能下降。所以在固相法制备电极材料的时候，要充分考虑烧制温度、锂挥发和氧缺陷之间的相互平衡关系。

以下以常见的磷酸铁锂的固相法合成为例来看看相关的合成过程[31]。$LiFePO_4$ 正极材料的合成步骤通常如下：铁源常用乙酸亚铁或草酸亚铁，而草酸亚铁在空气中比较稳定，因此更常用到；锂源常用碳酸锂或氢氧化锂，碳酸锂熔点较高，反应不易进行，需要更高的烧制温度；磷源可以用磷酸二氢铵或磷酸氢二铵等材料。将上述原料按化学计量比混合均匀，然后在 $300\sim400℃$ 预分解。而后经过再次研磨混合后，在 $400\sim800℃$ 温度下烧结 $10\sim24h$。其中，预分解步骤是为了消除一些气体产物，而促使锂、铁和磷原料间更加紧密的接触和高温下的相互扩散；在第二次研磨步骤中，可以加入适量的碳源（如蔗糖、柠檬酸、酚醛树脂等），制备碳包覆的磷酸铁锂材料，以提高其电化学性能。由于二价铁离子既容易被氧化，又容易被还原成金属铁，因此所有高温处理过程都必须在惰性气氛或弱还原性气氛（如氢氩混合气或氢氮混合气）中进行，产物的相纯度取决于烧制的温度和时间等工艺参数。如果温度高于 $800℃$，则经常会出现 Fe_2O_3、$Li_3Fe_2(PO_4)_3$ 等杂质，其原因可能是保护气流中的微量氧以及前驱体粉末微孔中所束缚的微量空气把二价铁氧化成三价铁。

固相法合成 $LiFePO_4$ 正极材料也可从三价铁出发，即碳热还原法。此时铁源可以选择三氧化二铁、四氧化三铁或纳米级的磷酸铁，碳源分为单质碳和有机物碳。如果用单质碳，发生碳热反应的温度要求比较高，一般要到 $900℃$ 才可以得到较高相纯度的 $LiFePO_4/C$ 复合材料。如果用有机物碳，则由于有机物分解的还原性小分子参与了三价铁的还原过程，反应温度可以低一些。由于磷酸铁锂本身的电子电导率比较低，需要减小颗粒度和进行表面碳包覆才能使材料发挥出更好的电化学活性，而在高温下制备该复合材料，会发生晶体颗粒过度生长的现象，从而影响材料的电化学性能，因此碳热法制备磷酸铁锂材料的时候，通常选择葡萄糖、蔗糖及酚醛树脂等有机物碳源。

2.3.2 燃烧法

燃烧法是一种利用反应物之间自身的放热反应，在短时间内合成目标产物的技术。这种反应经常是从材料制备过程中某个反应区域引燃反应物，反应以燃烧波的方式向其它区域迅速推进，称为蔓延反应，因此燃烧法又称为自蔓延法。燃烧法选用的原料之间自身必须能发生放出大量热的化学反应，这些热量用于加热反应物使其在短时间内升高到很高的温度，以完成目标产物物相的形成。

燃烧法的特点在于，通过缩短反应时间，避免在长时间受热条件下使目标产物的晶粒生长、长大，因此特别适合于制备小尺寸晶体材料。另外，燃烧反应通常会产生气体，燃烧法制备材料时由材料内部产生气体的反应是一种良好的造孔方式，适合于制备多孔疏松结构的材料。设计燃烧法的时候，选用原料通常要包含有机物和氧化剂，常用的氧化剂是硝酸盐类反应物。有些锂离子电池正极材料需要制备成小晶粒尺寸、疏松多孔结构以提高其倍率性能。这种材料就适合采用燃烧法制备。

通过燃烧法制备的富锂锰基材料 $Li_{1.2}Ni_{0.13}Co_{0.13}Mn_{0.54}O_2$[33]，在倍率性能方面显著优于共沉淀结合高温烧结法制备的材料。其制备方法如下：化学计量比的硝酸锂、硝酸钴、硝酸镍和硝酸锰用极少量的水溶解后，加入一定量的蔗糖，经过充分搅拌后在 $100\sim120℃$ 蒸干，而后将上述混合物加热至 $200℃$ 引燃，进而发生燃烧反应，得到相应的前驱体，将上述前驱体于 900℃ 加热 3h 得到目标产物。该方法制备的材料倍率性能的改善得益于燃烧法制备的前驱体具有疏松多孔的结构，防止了高温烧制阶段的晶粒生长和材料烧结，使产物材料也保持了小晶粒和疏松多孔的特点，有利于材料与电解液之间锂离子的转移与输运，从而实现了良好的倍率性能。

$Li_4Ti_5O_{12}$ 材料因为电子电导较低，因此需要将其纳米化并在其表面包覆少量碳。燃烧法就是该材料比较好的一种制备方法。燃烧法制备 $Li_4Ti_5O_{12}$ 负极材料的流程如图 2-11[34] 所示，将一定量的 $Ti(OCH_3)_4$ 溶解在 70％ 的 HNO_3 溶液里，然后将其和 $LiNO_3$ 溶液混合并在 150℃ 的热板上加热，在混合物中加入适量 L-丙氨酸，最终得到凝胶。将所得凝胶燃烧，并经 800℃ 高温处理得到最终产物。在凝胶燃烧过程中，丙氨酸的燃烧将成为合成 $Li_4Ti_5O_{12}$ 所需的能量来源。用这种方法合成的 $Li_4Ti_5O_{12}$ 平均粒径为 40~80nm。

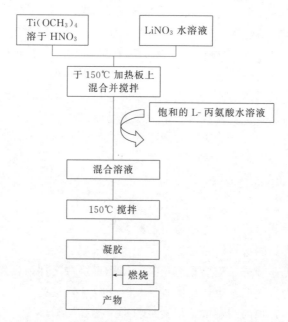

图 2-11　燃烧法制备 $Li_4Ti_5O_{12}$ 负极材料的流程[34]

2.3.3　机械合金法

机械合金法原意是指以机械力促使两种或两种以上的金属组分反应生成新的金属固溶体或合金的制备方法。实验中可先根据合金成分计算出合金配方，按配方进行各单组分的配料投料，经初步的简单混合后，再用高能球磨机使用干式球磨法，它们在碾磨球强烈碰撞及搅拌混合作用下，彼此间经过反复冷焊、破碎，发生粉末颗粒中原子扩散，从而实现复合金属粉末的化学成分均匀化。机械合金法不同于物理破碎法，物理破碎法只是简单地把大的颗粒粉碎为小的颗粒，没有发生合金化；而合金化是两种物质在原子尺寸上混合，因此高能球磨在机械合金法中显得尤为重要。机械合金法工艺具有设备简单、成本低、污染小、安全性能好等特点，适用于工业生产。机械合金法可以应用于镍氢电池负极材料储氢合金的制备，也常用于制备锂离子电池合金型的负极材料，如硅基合金材料和锡基合金材料。另外与传统的高温合金法利用原子热运动实现原子间的相互扩散不同，机械合金法利用机械能在很短的时间内促进组分间原子的相互扩散。这个特点使得机械合金法有可能应用于将两种熔点差别很大的金属进行合金化，从而制备出一些在高温下不能自发形成合金的亚稳态合金材料。例如一些碱金属（Li、Na）或碱土金属（Ca、Mg）的熔点较低，而 Si、Sn、Cu 或 Ni 的熔点相对较高，用普通的高温熔炼法不易将它们混合制备得到合金，因此该方法在研究新型电极材料方面不失为一种有独到之处的材料制备方法。

通过机械合金法可以合成出非晶态的 Mg-Ni 合金作为镍氢电池的负极材料[35]。将镁粉和镍粉按所设计的化学计量比混合，装在一个可以控制气氛的球磨罐中通氩气保护，在行星球磨机上进行球磨而实现机械合金化过程。通过球磨机转速控制球磨珠的向心加速度为 $30m/s^2$，完成合金制备需要球磨 36h。该材料的特征在于它属于非晶态合金材料。如果在原料中增加钒粉，就可以制备出非晶态的 $Mg_{0.9}V_{0.1}Ni$ 合金，实现对该材料的改性。掺钒后的镁钒镍合金，与镁镍合金相比，用于镍氢电池时，循环过程中表面 $Mg(OH)_2$ 的形成得到了明显的抑制。所合成的材料在循环前后 XRD 分析谱如图 2-12 所示。

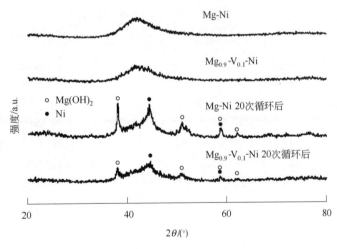

图 2-12　机械合金法制备的 Mg-Ni 合金和 Mg-V-Ni 合金材料
以及它们电化学循环后的 XRD 谱[35]

2.4 球形颗粒制备方法

不规则的粉体材料堆积的时候容易出现粒子架桥现象，留下较大的空隙；而规则的球形颗粒则容易提高堆积密度。所以将电极活性材料粉体制备成球形颗粒，是提高材料堆积密度和提高电池体积比能量的有效手段之一。另外，对于目前锂离子电池的极片制备工艺，如果粉体材料是球形或类球形，将有利于极片的加工。因为规则的球形粉体，流动性、分散性比较好，十分有利于均匀的电极浆料的制备和极片的涂覆，有利于提高极片的质量。

2.4.1 络合沉淀生长法

材料在液态或是从液态向固态转化时自发生长成球形颗粒，是由于热力学驱动力所导致的，因为球形是比表面积最小的几何结构，因此当材料形成球形颗粒的时候，界面能最小，考虑热力学第一性原理——体系能量越低其结构越稳定，形成球形颗粒从能量上看最为有利。通常液相到固相转化的过程中，材料颗粒的形成过程至少包含成核过程和核的生长过程两个方面。这两个过程的相对速率大小，决定着材料颗粒的粒度、粒径分布等形貌特征。镍氢电池用的正极材料球形氢氧化镍的制备是络合沉淀法制备球形材料的一个典型案例。以硫酸镍、氢氧化钠、氨水等为原料，将它们配成一定浓度的水溶液，按适当的比例和速度连续地加入到带有搅拌器的反应器中，反应温度控制在 $50\sim60℃$，pH 值控制在 $10\sim11.5$。温度对成核速率的影响相对于对核生长速率的影响来得大，所以提高温度制备出来的材料粒径减小；络合剂氨对核生长速率的影响比对成核速率的影响要更明显，增大络合剂氨的浓度制备出来的材料粒径增大。通过反应温度和络合剂的浓度，可以调节成核速率和核生长速率之间的相互关系，从而在较大程度上实现材料形貌和粒径分布的可控制备。

在利用共沉淀法制备球形材料的过程中还涉及一个溶液陈化的过程。我们知道，在物质的沉淀-溶解平衡中，若沉淀与溶液间有较快的物质交换，沉淀物原料在溶液中有较高浓度，同时沉淀物的固液界面相对比较大，那么就会发生小颗粒溶解、大颗粒生长的过程。利用这个陈化过程，可以在制备球形材料的时候消除共沉淀中所产生的小颗粒，实现产物粒径的窄分布，以提高材料粒度的一致性和加工性能。由于保证沉淀与溶液间有较快的物质交换，是实现溶液陈化过程中小颗粒溶解、大颗粒生长这个热力学有利结果的重要的动力学条件，因此，选择合适的 pH 值和络合剂对保证陈化过程目标的实现显得尤为重要。

材料的球形化还常用于制备锂离子电池正极材料。例如通过控制或烧制锂离子电池正极材料用的前驱体的颗粒形貌为球形，也可实现制备球形正极材料产物的目的。对于层状氧化物类的锂离子电池正极材料，通常可以有多个组分，如镍钴二元、镍钴锰三元或镍钴铝三元等。对于多元的球形材料制备，沉淀剂和络合剂也要作相应调整。镍钴铝三元前驱体的制备工艺就不能直接套用球形亚镍的工艺，因为氢氧化铝是两性的，当 pH 值在 10 以上，铝将以偏铝酸根的形式溶解造成产品中金属元素比例失调。对于镍钴锰三元材料，由于锰的氢氧化物难溶于水和碱性溶液，因此更适合用碳酸根作为沉淀剂以实现三种金属元素之间成核与核生长速率间的调整，而制备出球形三元前驱体。

2.4.2 喷雾干燥造粒法

喷雾干燥造粒法是通过物理的方法将所需要干燥的溶液、溶胶或悬浊液等具有流动性特征的物料，在高压下喷射分散成雾状的液滴，以增大物料的比表面积实现加快物料中水分挥发的速度。这些液滴被喷入到有流动性热空气的干燥室中，通过与热空气大面积接触和热交换，液滴可在瞬间除去水分，得到干燥的粉末物料。

雾滴的大小与形状决定其表面及对应的表面能的大小，热力学上液滴倾向于形成表面能更小的形状，而球形是比表面积最小的几何形状。所以在没有外力作用下，雾滴会自发地收缩成球形。随着水分的挥发，球形液滴中剩下的非挥发性固体团聚在一起，基本保持了液滴原有的形状，即形成球形颗粒，这就是喷雾干燥法制备球形颗粒的原理。

雾化器是喷雾干燥机最主要的工作设备之一，雾化器的性能决定雾化效果，直接影响产品的粒径分布和形貌。目前常见的雾化器有压力式雾化器和离心式雾化器。压力式雾化器利用高压泵产生的压力，使物料通过喷枪，形成（雾）液滴。离心式雾化器利用水平方向作高速旋转的圆盘给予溶液以离心力，使其以一定速度在圆盘上按螺旋形轨迹运动。当液体沿着此螺旋线到达圆盘上边缘时被抛出，就分散成很微小的液滴以一定初速度沿着圆盘切径方向运动。液滴的运动速度决定其运动过程中受到的空气阻力，而液滴的受力情况决定其形状，受力越大偏离球形越远。如果在液滴还保持较高运动速度的时候，液体已经基本挥发殆尽，那得到的颗粒就不是球形的。所以，使用喷雾干燥法制备球形颗粒时，需要对液滴的初速度、液滴飞行距离和水分挥发速率进行协调和合理地设计。制备过程中需要仔细调节、优化的工艺参数包括雾化器转速（离心式）或工作压力（压力式）、进风温度、出风温度以及进料速率等。

收集器也是喷雾干燥过程中的一个重要设备，其作用是实现固气分离，收集干燥粉体。在制备锂电池正极材料的镍钴锰三元前驱体的时候，可以考虑旋风收集器和布袋收集器串联使用。旋风收集器在前，先收集较大颗粒的粉体，减小布袋收集器的负荷；布袋收集器在后，收集逃离旋风收集器的细小粉体，降低尾气的粉尘含量。

高比容量 $LiNi_{0.80}Co_{0.15}Al_{0.05}O_2$ 正极材料的前驱体镍钴铝氢氧化物不易通过传统制备球形亚镍的络合生长法制备，因为在 pH>10 的情况下，铝离子容易形成偏铝酸根而溶于水溶液，导致铝离子流失而引起沉淀物中离子比例失调。该材料的前驱体镍钴铝氢氧化物就可以通过共沉淀-喷雾干燥法成功获得。其制备过程如图 2-13 所示，先将镍钴铝的盐按比例溶于水，配成混合盐溶液，再往混合盐溶液中逐渐加入氢氧化钠或氢氧化锂水溶液。反应终点的 pH 值控制在 $7\sim8$，就可以保证镍钴铝的充分沉淀。将沉淀物与水溶液通过过滤或离心的手段分离，并通过反复水洗去除残留的钠盐或锂盐，得到符合纯度要求的镍钴铝氢氧化物。将所得到的沉淀物分散在水中，制备成符合喷雾干燥进料要求的悬浊液，经过喷雾干燥处理后，就可以得到球形镍钴铝氢氧化物，其形貌如图 2-14 所示。通过控制悬浊液的固含量可以在一定范围内调节所得粉体的粒径分布。

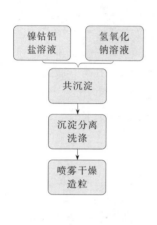

图 2-13　共沉淀喷雾干燥法制备
球形镍钴铝氢氧化物工艺流程

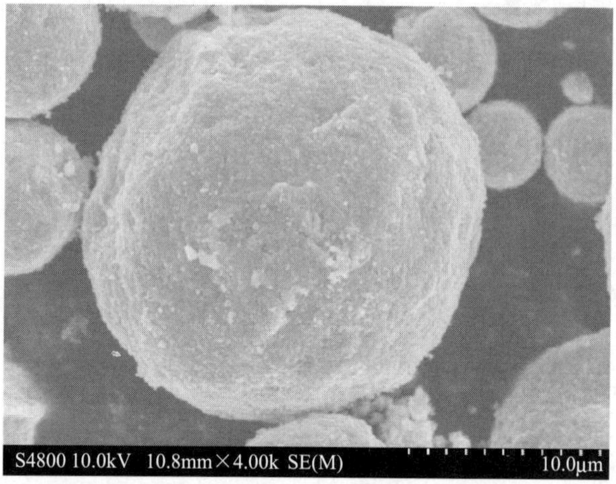

图 2-14　共沉淀喷雾干燥法制备的球形镍钴铝
氢氧化物扫描电镜照片

喷雾干燥的原料可以是溶液、胶体、悬浊液或者它们之间两者以上的混合物，但是必须保证一个前提，即在雾滴尺度下要保证组成比例的均匀性。喷雾干燥法合成球形 $Li_4Ti_5O_{12}$ 材料，就可以用溶液与悬浊液的混合物作为喷雾前驱体[36]。将

图 2-15　喷雾干燥法制备的球形 $Li_4Ti_5O_{12}$ 材料的扫描电镜照片[36]

质量分数为 12% 的 LiOH 水溶液与锐钛矿型 TiO_2 混合，控制 Li：Ti 比例为 4：5 配制成浆液。浆液在 110℃ 喷雾干燥，得到的前驱体于空气中 875℃ 烧制 6h，就得到具有球形形貌的 $Li_4Ti_5O_{12}$ 负极材料，其形貌如图 2-15 所示。这里，要保证浆液在雾滴尺度下锂和钛的比例均匀性，固体 TiO_2 的颗粒度就要远小于雾滴尺寸。当然，这个例子里面，由于锂离子半径小，电荷少，在高温下容易扩散的特性，会在一定程度上缓解在雾滴尺度下锂和钛的比例不均匀的问题，因为高温烧结阶段通过锂离子的热扩散会使颗粒之间实现锂的均匀分布。如果是难扩散的离子，采用溶液与悬浊液混合体系作为喷雾干燥前驱体的时候，就要特别留心体系是否能够满足在雾滴尺度下组成比例均匀性的条件。

2.5 相关实验技术

2.5.1 高温技术

固态电极和固态电解质材料的制备，大多数都是在高温条件下进行的，因此高温技术是材料研究及其生产者必须掌握的一项基本技能。通常材料合成用的高温炉，应该具备以下基本条件：温度范围满足要求，温度易于控制和监测，炉体结构合理易维修操作，炉膛气氛可控等。可以获得高温的炉体有电阻炉、感应炉、电弧炉、等离子炉和电子束炉等，其中最常用到的是电阻炉。电阻炉的电热体决定其适用温度范围，因此电阻炉选择或设计的一项重要内容就是电热体的选择；电阻炉设计另一个重要方面则是温度测量手段的选择。下面简单介绍一下这两方面的内容。

2.5.1.1 电热体

（1）Ni-Cr 和 Fe-Cr-Al 合金电热体　该类电热体是目前满足空气中室温到 1300℃ 加热条件使用最多的电热体。该电热体材料具有抗氧化、价格便宜、易加工、电阻大与电阻温度系数小等特点。这两种合金材料耐氧化性较好，是由于其在空气中通过表面氧化形成致密的钝化膜而起到保护作用，因此不能在还原气氛中使用。Ni-Cr 合金高温使用后依然柔软，而 Fe-Cr-Al 合金高温使用后变脆。在维修炉子的时候，如果要弯折 Fe-Cr-Al 合金，则需用酒精喷灯加热待弯折处到红热后再进行弯折。

（2）Mo、W 金属类电热体　该类电热体在真空或惰性气氛中使用，以钨丝或钨棒为电热体，可以获得 2000℃ 以上的高温。与钨相比，钼价格较为便宜，加工性能好。钼电热体的适用温度可到 1700℃，但钼有较高的蒸气压，高温下长时间使用，会因基底挥发而缩短元件寿命。

（3）SiC 电热体　该电热体在空气中可使用到 1600℃，800℃ 之前是半导体，800℃ 之后表现出金属特性。室温时元件的电阻很大，需要有较高的启动电压，启动后由于炉温升高，电阻降低（800℃ 之前），电流有自动增大的趋势。高温时炉温控制比较容易，因为 800℃ 之后，温度升高电阻增大，有自动限流作用。

（4）硅化钼电热体　该电热体空气中可以使用到 1700℃，但不宜在 1000℃ 以下长时间工作。这是因为高温下 MoO_3 挥发，可以留下 SiO_2 保护膜，而低温下 Mo 氧化物形成且留在表面，不能形成有效钝化膜。因此，该电热体在惰性气氛中不宜在最高使用温度（1700℃）长期使用；且不能在氢气等还原气氛中使用。

（5）氧化物电热体 ZrO_2、ThO_2 等氧化物电热体可以在空气中工作到 1800℃ 以上。ZrO_2 和 ThO_2 具有负电阻温度系数，常温电阻很大不能工作，在其通电前，需要其它加热元件（如 Ni-Cr）把它加热到 1000℃ 以上，因此该类型的炉子需要配两套供电系统。

表 2-3 列出了上述几种电热体的主要特征。

表 2-3 几种电热体的主要特征

电热体	Ni-Cr/ Fe-Cr-Al	Mo/W	SiC	Si-Mo	ZrO_2、ThO_2
温度上限/℃	1300	1700/2000	1600	1700	1800
气氛	空气	真空、惰性气氛	空气	空气	空气
注意事项	不用于还原气氛		启动电压高	不能在 1000℃ 以下长时间工作	需辅助加热,在 1000℃ 以上才能通电工作

2.5.1.2 温度测量

（1）热电偶温度计 测量与温度对应的热电动势，再通过温度-热电动势曲线得到相应温度。通常由热电偶、测量仪表和补偿导线构成。测温范围广、精度高、结构简单、使用方便。常用于测量 300~1800℃。

（2）辐射温度计 以物体表面辐射出的电磁波为检测对象而进行的温度测量。属于非接触测温，测量温度可拓展到 3000℃，考虑了红外辐射强度在高温下较强的因素，但该类温度计只适合于测高温，低温段不准。常用的有红外辐射温度计、光学温度计以及由光学温度计进化而来的光电温度计。

2.5.2 气氛控制

固态电极及其电解质材料因自身性质差异，对制备烧制过程的气氛要求不尽相同。若组分中存在易氧化的过渡金属离子材料，如磷酸铁锂正极材料，则需要在惰性气氛中烧制；若需要通过氧化得到高价态的过渡金属离子，并获得相关结构相的材料，如镍钴锰三元材料和钴酸锂材料，则需要在空气中烧制；富镍三元材料和锂镍氧正极材料对氧浓度有更高的要求，则需要在纯氧气氛下进行，若环境的氧分压不足，镍离子不能完成二价到三价的转化，则得不到所需要的目标材料。

实验室炉子的气氛转换方式常用的主要有冲洗和置换。冲洗法对设备要求相对低，炉子搭建相对简易，但其不足之处是气氛转换效率低，耗时长，浪费气体多。置换法要求炉子可以抽真空，保持真空和填充气体。一般的做法是先关闭进气气路截止阀，用真空泵将炉膛内的空气抽到一定压力，然后关闭真空泵抽气气路截止阀，打开进气气路截止阀，往炉膛里填充所需要的气体。如此反复进行数次后，打开出气气路截止阀，调节进气速率，使炉膛处于一种开放的气流保护下，在升温过程中可以自动调节炉膛压力与外部大气压的平衡。该方法的优点在于换气效率高、节约时间和气体，同时还可以通过真空表的读数和换气次数估算炉膛内空气残余量。

在空气中或普通氧气气氛中烧结的电极材料，通常对氧气纯度要求不是很高。实验时使用的是普通氧气还是高纯氧，对实验结果影响不大，更重要的是保证足够的氧分压来持续保持相应的化学平衡。然而若材料烧制时需要惰性气氛则对保护气的纯度有很高的要求，因为当炉子处于气流保护下时，惰性保护气中含有的微量氧气会随气流不断地被输送到炉膛里，并与材料发生反应。所以实验室用氮气或氩气作烧制电极材料保护气的时候，最好要用99.999%的高纯气体，必要的时候还可以在炉子气路的进气端安装除氧管，让高纯气通过除氧管后再进入炉膛，以进一步降低炉膛里的氧含量。除氧管里填充的是铜系催化剂，可以在常温下与氧气快速反应而达到除氧的目的。使用过程中要注意，铜系催化剂饱和时，要及时更换或再生。铜系催化剂的再生指的是用氢气在一定温度下去还原铜系催化剂，使其恢复除氧能力。同时，通过减小保护气流速也可以减少保护气带入炉膛的氧气量。当然，流量不能无限制地降低，必须保证能维持炉子升降温过程炉膛的压力与大气压平衡，不出现倒吸现象为宜。若所制备的材料很怕接触氧气，则需要将反应炉直接与惰性气氛手套箱进行串接，并进行后续的电极制备等。

2.5.3 分离与纯化技术

（1）气固分离 制备固态电极和电解质材料过程中，通常需要将不同粒径大小的材料进行分离，其中最常用的方法就是气固分离方法，气固分离法中常用的有旋风分离器和布袋收集器。旋风分离器是用于气固体系分离的一种设备，利用气流的旋转运动，使气流中的固体颗粒在惯性离心力作用下，实现大小颗粒的分离与收集。旋风分离器适用于收集 $3\mu m$ 以上分散性好的干燥颗粒，通过调节气流旋转运动的半径和气流流速，旋风分离器可以调节收集到的粉末颗粒的尺寸，因此可用于调节电极材料的粒度分布。其优点在于耐高温，可以用于出风温度较高的喷雾干燥或者是喷雾裂解等制备过程的产物收集；其不足之处在于对细微颗粒的收集效果差，不适用于收集亚微米级的粉尘。布袋收集器的收集原理是过滤，当气固混合物进入袋式除尘器时，不能通过滤袋的材料落入灰斗，实现气固分离。滤袋的材料可以是纺织的滤布或无纺布。其优点是适用于收集细微颗粒，不足是滤袋耐高温性能有限，不适用于较高温度的气固分离。

（2）液固分离 采用液相法制备固态电极、电解质材料时，经常需要进行液固分离与固体纯化。液固分离常用的方法有离心和过滤。离心分离是利用惯性离心力，使密度不同的物质进行分离的方法。小型的离心机可以产生很高的角速度，产生较大的离心力，液固分离效果很好，甚至可以用于纳米颗粒的分离和收集。但是，大型的离心机由于受到制作材料机械强度的限制，转速不能太快，能获得的离心力相对较小，分离效果较差。过滤是一种很常用的液固分离手段，在搭桥效应的作用下，滤纸或滤布可以收集到比其孔径小一些的颗粒，但总体来说，滤纸或滤布的孔径多是亚微米或微米级的，不适用于纳米颗粒的收集。共沉淀法制备锂电池镍钴锰三元材料的时候，多用过滤的方法来分离沉淀和反应废液。在沉淀物洗涤的时候，需要把滤饼在水中重新分散浸泡，再进行过滤分离。通过滤液和滤饼中残余液的体积，可以估算残余盐类的量，从而估算所需要进行的洗涤次数。如果采用淋洗的方式，由于过滤的时候水流有特定的"路径"，滤饼中存在一些淋洗液到达不了的死角，则容易造成残余盐类洗不干净的结果。

参 考 文 献

[1] 刘海涛，杨郦，林蔚. 无机材料合成. 第2版. 北京：化学工业出版社，2011.

[2] Li Chen，Liu Zengtao，Yang Yong，et al. Controllable synthesis and growth model of amorphous silicon nanotubes with periodically dome-shaped interiors. Advanced Materials，2006，18：228.

[3] 曹茂盛，徐群，林蔚，王学东. 材料合成与制备方法. 哈尔滨：哈尔滨工业大学出版社，2001.

[4] 朱继平，闫勇. 无机材料合成与制备. 哈尔滨：哈尔滨工业大学出版社，2009.

[5] 刘增鹏，傅焰鹏，李晨，杨勇. 竹节状硅纳米管的制备及锂离子嵌入/脱出性能研究. 电化学，2006，12（4）：363.

[6] Chan C K，Peng H L，Cui Y，et al. High-performance lithium battery anodes using silicon nanowires. Nature Nanotechnology，2008，3（1）：31.

[7] Chen H X，Dong Z X，Yang Y，et al. Silicon nanowires with and without carbon-coating as anode materials for lithium-ion batteries. J Solid State Electrochem，2010，14：1829.

[8] Chen H X，Xiao Y，Yang Y，et al. Silicon nanowires coated with copper layer as anode materials for lithium-ion batteries. J Power Sources，2011，196：6657.

[9] 郑伟涛. 薄膜材料与薄膜技术. 北京：化学工业出版社，2004.

[10] Bates J B，Dudney N J，Gruzalski G R. Electrical properties of amorphous lithium electrolyte thin-films. Solid State Ionics，1992，53-56：647.

[11] Bates J B，Dudney N J，Gruzalski G R，et al. Fabrication and characterization of amorphous lithium electrolyte thin-films and rechargeable thin-film batteries. J power Sources，1993，43（1-3）：103.

[12] Bates J B，Dudney N J，Gruzalski G R，et al. Rechargeable thin-film lithium microbatteries. Solid State Tech，1993，36（7）：59.

[13] Bates J B，Dudney N J. Method of making an electrolyte for an electrochemical cell：US，5512147，1994.

[14] Yu X H，Bates J B，et al. A stable thin-film lithium electrolyte：Lithium phosphorus oxynitride. J Electrochem Soc，1997，144（2）：524.

[15] Meng X B，Yang X Q，Sun X L. Emerging applications of atomic layer deposition for lithium-ion battery studies. Advanced Materials，2012，24：3589.

[16] Badot J C，Ribes S，Yousfi E B，et al. Atomic layer epitaxy of vanadium oxide thin films and electrochemical behavior in presence of lithium ions articles. Electrochem Solid State Lett，2000，3（10）：485.

[17] Liu J，Banis M N，Sun X L，et al. Lithium-ion batteries：rational design of atomic-layer-deposited $LiFePO_4$ as a high-performance cathode for lithium-ion batteries. Advanced Materials，2014，26：6472.

[18] Lee J H，Hon M H，Chung Y W，et al. The effect of TiO_2 coating on the electrochemical performance of ZnO nanorod as the anode material for lithium-ion battery. Appl Phys A，2011，102：545.

[19] Snyder M Q，Trebukhova S A，Ravdel B，et al. Synthesis and characterization of atomic layer deposited titanium nitride thin films on lithium titanate spinel powder as a lithium-ion battery anode. J Power Sources，2007，165（1）：379.

[20] Jung Y S，Cavanagh A S，Dillon A C，et al. Enhanced stability of $LiCoO_2$ cathodes in lithium-ion batteries using surface modification by atomic layer deposition. J Electrochem Soc，2010，157：A75.

[21] 何冠男. 尖晶石锂锰钛氧化物锂离子电池正极材料的研究. 厦门：厦门大学，2010.

[22] Dominko R，Bele M，Gaberscek M，et al. Porous olivine composites synthesized by sol-gel technique. Journal of Power Sources，2006，153：274.

[23] Kwon T，Ohnishi T，Mitsuishi K，et al. Synthesis of $LiCoO_2$ epitaxial thin films using a solegel method. Journal of Power Sources，2015，274：417.

[24] 王琼. 介孔磷酸钛正极材料的合成及结构表征. 厦门：厦门大学，2007.

[25] Shi Z C，Wang Q，Ye W L，et al. Synthesis and characterization of mesoporous titanium pyrophosphate as lithium intercalation electrode materials. Microporous and Mesoporous Materials，2006，88：232.

[26] Laudise R A，Sunder W A，Belt R F，et al. Solubility and P-V-T relations and the growth of potassium titanyl phosphate. Journal of Crystal Growth，1990，102：427.

[27] Wei G Z，Lu X，Ke F S，et al. Crystal habit-tuned nanoplate material of $Li[Li_{1/3-2x/3} Ni_x Mn_{2/3-x/3}]O_2$ for high-rate performance lithium-ion batteries. Advanced Materials，2010，22：4364.

[28] 龚正良. 聚阴离子型硅酸盐锂离子电池正极材料研究. 厦门：厦门大学，2007.

[29] Li Y X，G Z L，Yang Y. Synthesis and characterization of $Li_2 MnSiO_4/C$ nanocomposite cathode material for lithium ion batteries. Journal of Power Sources，2007，174：528.

[30] Xu C B，Lee J，Teja A. Continuous hydrothermal synthesis of lithium iron phosphate particles in subcritical and supercritical water. Journal of Supercritical Fluids，2008，44：92.

[31] DraganaJ，Dragan U. A review of recent developments in the synthesis procedures of lithium iron phosphate powders. Journal of Power Sources，2009，190：538.

[32] Gebresilassie Eshetu G，Armand M，Bruno Scrosati，et al. Energy storage materials synthesized from ionic liquids. Angew Chem Int Ed，2014，53：13342.

[33] Zheng J M，Wu X B，Yang Y. A comparison of preparation method on the electrochemical performance of cathode material $Li[Li_{0.2} Mn_{0.54} Ni_{0.13} Co_{0.13}]O_2$ for lithium ion battery. Electrochimica Acta，2011，56：3071.

[34] Raja M W，Mahanty S，Kundu M，et al. Synthesis of nanocrystalline $Li_4 Ti_5 O_{12}$ by a novelaqueous combustion technique. Journal of Alloys and Compounds，2009，468：258.

[35] Nohara S，Hamasaki K，Zhang S G，et al. Electrochemical characteristics of an amorphous Mg0.9V 0.1Ni alloy prepared by mechanical alloying. Journal of Alloys and Compounds，1998，280：104.

[36] Nakahara K，Nakajima R，Matsushima T，et al. Preparation of particulate $Li_4 Ti_5 O_{12}$ having excellent characteristics as an electrode active material for power storage cells. Journal of Power Sources，2003，117：131.

第3章
固态材料结构基础

　　人类赖以生存、繁衍生息的地球，其表面由大气、海洋和土壤层及岩石圈组成，分别对应自然界的三种状态：气态、液态和固态。由于地质资源的不可再生性，人类过度消耗现有的自然资源，导致人类面临前所未有的能源危机。事实上，人类并非短缺能源，太阳在无时无刻地提供取之不尽、用之不竭的能源，而煤炭、石油和天然气是储存太阳能的有效方法之一，只可惜相对于人类有限的生命历程，还无法通过煤炭、石油和天然气等储能载体快速、高效地储存即时能源。目前，我们利用的仅仅是地质历史上已储存的太阳能（即化石能源等），而它们恰恰是有限的、不可再生的。因此，人类缺少的不是能源，而是如何快速、高效地即时储存能源的技术。目前日益兴起的锂离子电池技术，就是一种可以快速储存能源的技术。本章着重讨论与这一技术密切相关的固态物质的结构和性质。

3.1 晶体的对称

　　固态物质与气态和液态物质的区别，在于前者具有固定的形状，而后两者所呈现的特征则受限于其所处的空间或容体。固态物质依据其所表现的外形，又可分为晶（质）体和非晶质体（限于篇幅，本章仅讨论晶体）。晶体是指天然生长的具有凸几何多面体外形的固体，而非晶质体则不能自发地生长成一定的几何外形，它有着类似气态和液态的某些外形特征，因此它又被称为无定形体。晶体可以自发地生长成凸几何多面体外形，但它在生长过程中又受生长空间的限制，它可能发育成完整的外形（称为自形），也可能发育成部分完整的外形（半自形）或完全不规则的外形（它形）。很显然，它是否发育成凸几何多面体完整外形，不影响其是否属于晶体。因此，通过外形来判别是晶体还是非晶质体，这只是表象的特征，而非本质的。现代科学对晶体的定义是从原子、分子排布的角度提出的。

　　晶体是指内部质点（原子或分子等）在三维空间呈周期性重复排列的固体。但在日常生活中，人们只将具有一定几何大小且具有完整晶格排列的单一个体称为

（单）晶体（crystal），除此之外称其为多晶体或晶质体（crystalline）。晶（质）体与非晶质体的区别在于，晶体具有如下基本性质。

（1）结晶均一性　指晶体各个部分的物理性质与化学性质都是完全相同的。晶体的结晶均一性是由其格子构造呈周期性重复排列的固有特征所决定的。非均质体也表现出一定的均一性，如玻璃的不同部分折射率、热膨胀系数、热导率等等都是相同的，由于它不具有格子构造特征，因此，其均一性是统计的、平均近似的均一。

（2）各向异性　指晶体的性质因观察方向的不同而表现出差异性的特性。这是因为不同方向上，原子、分子等内部质点的排列方式不同，从而引起其相应的物理或化学性质的差异。如钻石加工就是基于其不同方向具有不同硬度的特点而进行的。

（3）对称性　指晶体中相同部分在不同方向或位置上有规律地重复出现的特征。如外形上相同的晶面、晶棱，或内部结构中相同的面网、行列或原子、离子等，也可以指晶体的某种物理、化学性质。晶体的对称既包括反伸、旋转和镜面等通常意义的宏观对称，又包括内部原子的周期性平移对称。

（4）自限（范）性　指晶体能自发地形成封闭的凸几何多面体外形的特征，晶体学早期曾将此作为定义晶体的准则。如前所述，非晶质体则不具有该特征。因此，有时可通过物质的天然外形大致判别其是否属于晶体或非晶质体，但要有效区分晶体与非晶质体，还需凭借光学显微镜和 X 射线衍射等手段。

（5）最小内能性和稳定性　在相同的热力学条件下，与同种化学成分的气体、液体及非晶质体相比，以晶体的内能为最小。故在相同的热力学条件下，具有相同化学成分的晶体与非晶质体相比，晶体是稳定的，非晶质体则是不稳定的。

非晶质体有自发地向晶体转变的必然趋势，而晶体绝不会自发地向非晶质体转变。但外界热力学条件发生变化时，晶体可以向非晶质体转变。如天然矿物受放射性辐射出现非晶化，锂离子电池正极材料在充放电过程中出现非晶化；另外，应力作用（如材料球磨）可以破坏原有材料晶格的周期性重复排列的特征，也可以出现非晶化。非晶化在 X 射线衍射中表现为衍射峰宽化、衍射强度减弱的现象。

另外，需要指出，晶体与非晶质体的区别是通过其基本性质来区分的，并不是通过晶体性质来区分的。如熔点，玻璃只有软化温度，没有固定熔点，但反之则不然。没有固定熔点并不意味着它就是非晶质体或玻璃，如碳酸盐（方解石 $CaCO_3$）和不一致熔融化合物 $MgSiO_3$（Mg_2SiO_4＋液体）等晶体同样也没有熔点。

3.1.1　对称要素

所谓对称（symmetry）是指物体（或图形）中，其相同部分之间有规律的重复。如"上海自来水来自海上"回文对联，它就是前后对称的。对称性是晶体的基本性质（结晶均一性、各向异性、对称性、自限性、最小内能性、稳定性）之一，一切晶体都是对称的。使对称物体（或图形）中的各个相同部分，做有规律重复的变换动作，称为对称变换或对称操作（symmetry operation），在进行对称变换时所凭借的几何要素——点、线和面称为对称要素（symmetry element）。对称要素又可分为宏观对称要素（对称中心、对称面、旋转对称轴和旋转反伸轴）和微观对称要素（平移对称、滑移面和螺旋轴），前者既可以用于描述晶体的外部对称，也可以用于描述晶体的内部对称，但后者仅用于晶体内微观粒子的对称。

（1）对称中心（$\bar{1}$，$\boldsymbol{C}_i$，$\boldsymbol{C}$，$\boldsymbol{i}$） 对称中心（inversion center）为一个假想的几何点，相应的对称变换是对该点的反伸（或称倒反或反演），它等同于一次旋转反伸轴。当晶体的对称中心位于原点时，如有一原子在$(x，y，z)$，则必有另一个在$(-x，-y，-z)$的原子与其对应。对称中心无方向性，但与其所在位置有关。如对称中心位于$(0，1/4，0)$，那么，$(x，y，z)$位置上的原子，与其成中心对称关系的原子坐标为$(-x，-y+1/2，-z)$。以$\boldsymbol{i}$表示对称中心变换矩阵，当$n=$偶数时，则有$\boldsymbol{i}^n=\boldsymbol{E}$（$\boldsymbol{E}$为单位矩阵）；当$n=$奇数时，则有$\boldsymbol{i}^n=\boldsymbol{i}$。

（2）对称面$\left[m，\boldsymbol{C}_{1h}（\boldsymbol{C}_s），P，\sigma\right]$ 对称面（mirror plane）为一假想的平面，相应的对称变换为对该平面的反映。对称面不仅与其所在的空间位置有关，同时还与其所处的方向有关。对称面是二维对称要素，习惯上用其法线来表示。我们通常所说的$\boldsymbol{b}$方向上的对称面，指的是对称面与$\boldsymbol{b}$轴垂直，或者说对称面的法线平行于$\boldsymbol{b}$轴。一个在$(x，y，z)$的原子，经过$\boldsymbol{b}$方向上垂直对称面的作用，其变换矩阵为一维法线方向变负，即$(x，-y，z)$。

（3）旋转对称轴（L^n，$\boldsymbol{C}_n$，n） 旋转对称轴为一假想直线，相应的对称变换为围绕该直线的旋转；每转过一定角度（通常定义其为逆时针旋转），各个相同部分就发生一次重复，即整个物体复原一次。晶体对称定律：在晶体中，只可能出现轴次为一次、二次、三次、四次和六次的旋转对称轴，而不可能存在五次及高于六次的旋转对称轴。1982年，以色列科学家、诺贝尔奖得主丹尼·谢赫特曼（Daniel Shechtman）在研究铝、锰合金时，借助电子显微镜观察到五次对称性，人们将这一特殊的"晶体"称为准晶体。

旋转对称轴不仅与其所处的空间位置有关，同时还与其方向有关。对于通过原点的旋转对称轴，其相应的对称变换可由下列公式表示，它们分别对应于右手系逆时针围绕$\boldsymbol{c}$、$\boldsymbol{b}$和$\boldsymbol{a}$轴的旋转矩阵。

$$\begin{pmatrix}\cos\theta & -\sin\theta & 0\\ \sin\theta & \cos\theta & 0\\ 0 & 0 & 1\end{pmatrix}_{//c}\begin{pmatrix}x\\ y\\ z\end{pmatrix}，\begin{pmatrix}\cos\theta & 0 & \sin\theta\\ 0 & 1 & 0\\ -\sin\theta & 0 & \mathrm{con}\theta\end{pmatrix}_{//b}\begin{pmatrix}x\\ y\\ z\end{pmatrix}，\begin{pmatrix}1 & 0 & 0\\ 0 & \cos\theta & -\sin\theta\\ 0 & \sin\theta & \cos\theta\end{pmatrix}_{//a}\begin{pmatrix}x\\ y\\ z\end{pmatrix}$$

应注意的是，在六方晶系和三方晶系（采用六方定向）中，所对应的六次旋转轴和三次旋转轴并不采用上述矩阵来描述，这是由于它们采用的是晶体学坐标系（$a=b$，$\alpha=\beta=90°$，$\gamma=120°$，见图3-1），而非笛卡尔坐标，上述公式仅适用于直角坐标系。采用晶体学坐标系后，其对应的矩阵为：

$$\begin{pmatrix} 1 & -1 & 0 \\ 1 & 0 & 0 \\ 0 & 0 & 1 \end{pmatrix}, \begin{pmatrix} 0 & -1 & 0 \\ 1 & -1 & 0 \\ 0 & 0 & 1 \end{pmatrix}, \begin{pmatrix} -1 & 1 & 0 \\ 0 & -1 & 0 \\ 0 & 0 & 1 \end{pmatrix}, \begin{pmatrix} -1 & 1 & 0 \\ -1 & 0 & 0 \\ 0 & 0 & 1 \end{pmatrix}, \begin{pmatrix} 0 & 1 & 0 \\ -1 & 1 & 0 \\ 0 & 0 & 1 \end{pmatrix}, \begin{pmatrix} 1 & 0 & 0 \\ 0 & 1 & 0 \\ 0 & 0 & 1 \end{pmatrix}$$

它们分别对应于逆时针方向从 $0°$ 转到 $60°(C_6^1)$、$120°(C_3^1)$、$180°(C_2^1)$、$240°(C_3^2)$、$300°(C_6^5)$ 和 $360°(E)$ 时的矩阵。

（4）旋转反伸轴（L_i^n，S_n，$\bar{n}$） 旋转反伸轴（L_i^n）（倒转轴，又称反轴或反演轴）是一种复合的对称要素。它的辅助几何要素有两个：一根假想的直线及该直线上的一个定点。其相应的对称变换就是围绕该直线每旋转一个基转角并对于该定点进行一次倒反（反伸）。同时，这两个变换动作是构成整个对称变换的不可分割的两个组成部分。无论是先旋转后倒反，还是先倒反后旋转，两者的效果完全相同，但都是在两个变换动作连续完成以后使晶体复原。

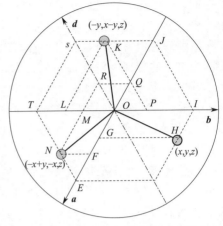

图 3-1　三方、六方晶系坐标轴和对称分布

需要特别指出的是，如以四次旋转反伸轴（倒转轴）L_i^4 为例，相应的对称变换为围绕该轴线每逆时针旋转 $90°$，对其上的一个定点进行一次倒反，整个动作为两者的复合，也就是说，转 $90°$ 倒反一次。如接着再转 $90°$，再倒反一次，从 $0°$ 转到 $180°$，转过了两个基转角，就需要进行两次倒反，切不可只进行一次倒反。

四次旋转反伸轴（$\bar{4}$）的矩阵，可以从四次旋转轴（4）和对称中心（$\bar{1}$）推导而得。四次旋转轴是循环矩阵，四次旋转反伸轴也如此，因此可以得到以下表达式：

$$\left[\begin{pmatrix} \cos90° & -\sin90° & 0 \\ \sin90° & \cos90° & 0 \\ 0 & 0 & 1 \end{pmatrix} \begin{pmatrix} -1 & 0 & 0 \\ 0 & -1 & 0 \\ 0 & 0 & -1 \end{pmatrix} \right]^n$$

$$(1)\begin{pmatrix} 0 & 1 & 0 \\ -1 & 0 & 0 \\ 0 & 0 & -1 \end{pmatrix}, (2)\begin{pmatrix} -1 & 0 & 0 \\ 0 & -1 & 0 \\ 0 & 0 & 1 \end{pmatrix}, (3)\begin{pmatrix} 0 & -1 & 0 \\ 1 & 0 & 0 \\ 0 & 0 & -1 \end{pmatrix}, (4)\begin{pmatrix} 1 & 0 & 0 \\ 0 & 1 & 0 \\ 0 & 0 & 1 \end{pmatrix}$$

当 $n=1$ 时，表示 $0°$ 转至 $90°$ 的矩阵，为（y，$-x$，$-z$）；当 $n=2$ 时，表示 $90°$ 转至 $180°$ 的矩阵，它与二次旋转轴矩阵相同，为（$-x$，$-y$，z）；当 $n=3$ 时，表示 $180°$ 转至 $270°$ 的矩阵，它是 $n=1$ 时的逆矩阵，为（$-y$，x，$-z$）；当 $n=4$ 时，表示 $270°$ 转至 $360°$ 的矩阵，为单位矩阵，物体复原（x，y，z）。需要特别强调：①注意该公式的 n 次方不可缺失，否则得到的矩阵是错误的。②四次旋转反伸轴（$\bar{4}$）本身既无四次旋转轴（4）对称，也不含对称中心（$\bar{1}$）对称，但它具有两者组合的效果。因此，它不同于三次旋转反伸轴（$\bar{3}=3+\bar{1}$）和六次旋转反伸轴（$\bar{6}=3/m$），它是独立的对称要素，无法用四次旋转轴（4）和对称中心（$\bar{1}$）来替代。

(5) 滑移面　滑移面（glide plane）为内部对称要素，其为晶体结构中的一假想平面，当结构对该平面作镜面反映，并平行该平面移动一定的距离后，构造中的每一个质点与其相同的点重合，整个构造自相重合。

滑移面可以看成是在沙滩中行进的脚印，左、右脚印间具有对称面＋1/2周期平移相组合的特征。滑移面按其滑移的方向和距离不同，可分为六种：a、b、c、e、n 和 d，其中 a、b 和 c 为轴向滑移面，e 为双轴向滑移面，它们的滑移距离都为 1/2 轴单位。n 为对角线滑移面，滑移距离为 $(a+b)/2$、$(b+c)/2$ 或 $(a+c)/2$。而 d 为金刚石滑移面，与 n 滑移面类似，但其滑移距离为 1/4。

(6) 螺旋轴（n_s）　螺旋轴（screw axis）为内部对称要素，其为晶体结构中的一条假想直线，当围绕该直线逆时针旋转一定角度（即基转角），并向上平移一定距离（s/n）T 后，结构中的每一质点都与其相同的质点重合，整个结构自相重合。

螺旋轴的国际符号用 n_s 表示，s 为小于 n 的自然数。$n＝2$、3、4、6，相应的基转角为 180°、120°、90°、60°，质点的平移距离为（s/n）T。螺旋轴有 2_1、3_1、3_2、4_1、4_2、4_3、6_1、6_2、6_3、6_4、6_5 共 11 种。如 6_2 表示逆时针方向每旋转 60°，再向 c 轴方向平移 1/3（＝2/6）周期，而 6_4 则表示逆时针方向每旋转 60°，再向 c 轴方向平移 2/3（＝4/6）周期，从 0°逆时针方向转至 60°，向上平移 2/3 周期，再从 60°逆时针方向转至 120°，它平移至（4/3）T。当逆时针方向转至 300°时，已累计平移（10/3）$T＝$（1/3）T，它等同于顺时针方向转 60°再平移（1/3）T，因此有时将 6_2 称为右旋轴，6_4 称为左旋轴。

3.1.2　对称要素组合定理和点群、空间群

矿物学家们从晶体的外形（即晶体形貌）——各晶面所反映的对称，推导出晶体的宏观对称要素的组合群，即对称型。在晶体的宏观对称中，由于晶体外形所反映的全部对称要素都必定通过晶体的中心点，因此在实施全部对称要素的对称变换过程中，晶体中至少有一个点是固定不变或不动的，故对称型也被称为点群（point group）。它不包含平移操作，这些不包含平移操作的对称要素有旋转、反映、反伸和旋转反伸。同时，这些对称要素的相互组合，可以派生出新的对称要素，下面主要讨论其相互组合的关系。

定理一：如有一个对称面 P，包含一个 n 次旋转对称轴 L^n 时（即 L^n 与 P 平行且位于 P 平面之内），则必有 n 个 P 同时包含此 L^n，且任意两相邻 P 之间的夹角（δ）均等于 $360°/2n$[1]。

逆定理：如任意两相邻对称面 P 之间均以 δ 角相交时，则两对称面的交线必为一个 n 次旋转对称轴 L^n，$n＝360°/2\delta$。

该定理可表达为：$L^n \times P_{(//)} \to L^n nP$，用 $n=1$、2、3、4 和 6 代入可得 $L^1 P$、$L^2 2P$、$L^3 3P$、$L^4 4P$ 和 $L^6 6P$。其对应的国际符号和圣佛利斯符号分别为：m、$mm2$、$3m$、$4mm$、$6mm$ 和 C_h、C_{2v}、C_{3v}、C_{4v}、C_{6v}。

定理二：如有一个偶次旋转对称轴 L^n 垂直于对称面 P 时，则两者的交点必含对称中心 C。

逆定理：如有一个偶次旋转对称轴 L^n 与对称中心 C 共存时，则过 C 且垂直于此 L^n 的平面必为一个对称面 P。

该定理可表达为：$L^n \times P_{(\perp)} \to L^n PC$（$n=$偶数），或 $L^n \times C \to L^n PC$（$n=$偶数）。该定理只满足 n 为偶数的情况，对于 $n=$奇数的情形，并不会出现新增的对称要素，即 $L^n \times P_{(\perp)} = L^n P = L_i^{2n}$（$n=$奇数），$L^n \times C = L^n C = L_i^{n}$（$n=$奇数）。该定理用 $n=2$、4 和 6 代入可得 $L^2 PC$、$L^4 PC$、$L^6 PC$。其对应的国际符号和圣佛利斯符号分别为：$2/m$、$4/m$、$6/m$ 和 C_{2h}、C_{4h}、C_{6h}。

定理三：如有一个二次旋转轴 L^2 垂直于一个 n 次旋转对称轴 L^n 时，则必有 n 个共交的二次旋转轴 L^2 同时垂直于此 L^n，且任意两相邻 L^2 之间的夹角均等于 $360°/2n$。

逆定理：如任意两相邻 L^2 之间均以 δ 角相交时，则过两者交点的公共垂线必为一 n 次旋转对称轴 L^n，$n=360°/2\delta$。

该定理可表达为：$L^2 \times L^n_{(\perp)} \to L^n nL^2_{(\perp)}$，用 $n=1$、2、3、4 和 6 代入可得 $L^2(L^1 L^2)$、$3L^2(L^2 2L^2)$、$L^3 3L^2$、$L^4 4L^2$ 和 $L^6 6L^2$。其对应的国际符号和圣佛利斯符号分别为：2、222、32、422、622 和 C_2、D_2、D_3、D_4、D_6。

定理四：如有一个对称面 P 包含一偶次旋转反伸轴 L_i^n，或有一个二次旋转轴 L^2 垂直于一偶次旋转反伸轴 L_i^n 时，则必有 $n/2$ 个 P 同时包含此 L_i^n，并有 $n/2$ 个共交的 L^2 垂直于此 L_i^n，且 P 的法线与相邻 L^2 之间的交角均为 $360°/2n$。

逆定理：如有一个二次旋转轴 L^2 与一个对称面 P 斜交，P 的法线与 L^2 的交角为 δ，则平行于 P 且垂直于 L^2 的垂线必为一 n 次旋转反伸轴 L_i^n，$n=360°/2\delta$。

该定理可表达为：$L_i^n \times P_{(//)} = L_i^n \times L^2_{(\perp)} \to L_i^n n/2L^2 n/2 P$（$n=$偶数），用 $n=4$ 和 6 代入可得 $L_i^4 2L^2 2P$ 和 $L_i^6 3L^2 3P$。其对应的国际符号和圣佛利斯符号分别为：$\overline{4}2m$、$\overline{6}m2$ 和 D_{2d}、D_{3h}。点群 $\overline{4}2m$ 和 $\overline{6}m2$ 也可以表达为 $\overline{4}m2$ 和 $\overline{6}2m$，两者的区别在于是否选二次旋转轴或对称面法线方向作为 a、b 坐标轴方向。

定理五（欧拉定理）：当两个基转角分别为 α 和 β 的旋转对称轴，以 ω 角相交时，则过该两旋转对称轴的交点，必存在另一新的旋转对称轴。如设其基转角为 γ，并与原两旋转对称轴的交角为 ϕ 和 μ，则它们分别满足下列条件。

$$\cos(\gamma/2) = \cos(\alpha/2)\cos(\beta/2) - \sin(\alpha/2)\sin(\beta/2)\cos\omega$$
$$\cos\phi = [\cos(\beta/2) - \cos(\alpha/2)\cos(\gamma/2)]/[\sin(\alpha/2)\sin(\gamma/2)]$$
$$\cos\mu = [\cos(\alpha/2) - \cos(\beta/2)\cos(\gamma/2)]/[\sin(\beta/2)\sin(\gamma/2)]$$

由此可获得：①两个同次旋转对称轴以 0° 相交，仍然是原来的一个旋转对称轴；②二次旋转对称轴可分别与三、四、六次旋转对称轴，以及三次旋转对称轴与六次旋转对称轴以 0°相交；③两个二次旋转对称轴可以 30°、45°、60°或 90°相交；④二次旋转对称轴可以与四、六次旋转对称轴正交（90°），两个四次旋转对称轴可以正交（90°）；⑤二次旋转对称轴与四次旋转对称轴可以 45°相交；⑥三次旋转对称轴与二次旋转对称轴可以 35°15′52″或 54°44′08″相交；⑦三次旋转对称轴与三次旋转对称轴可以 70°31′44″相交；⑧三次旋转对称轴与四次旋转对称轴可以 54°44′08″相交；⑨一次旋转对称轴与任何旋转对称轴以任意角度相交。

如将上述五条对称定理综合在一起，可得复合式：$L^n nL^2 + L^n nP + L^n C$。
①当 $n =$ 奇数时，为 $L^n nL^2 nPC$；用 $n = 1$ 和 3 代入可得 $L^2 PC$、$L^3 3L^2 3PC = L_i^3 3L^2 3P$。其对应的国际符号和圣佛利斯符号分别为：$2/m$、$\bar{3}m$ 和 C_{2h}、D_{3d}。
②当 $n =$ 偶数时，$L^n nL^2 (n+1)PC$。用 $n = 2$、4 和 6 代入可得 $3L^2 3PC$、$L^4 4L^2 5PC$、$L^6 6L^2 7PC$。其对应的国际符号和圣佛利斯符号分别为：mmm、$4/mmm$、$6/mmm$ 和 D_{2h}、D_{4h}、D_{6h}。

32 个点群的分布情况见表 3-1。

表 3-1　32 个点群的分布情况

对称要素组合	通式	国际符号	个数
L^n	L^n	$1,2,3,4,6$	5 个
L_i^n	L_i^n	$\bar{1},\bar{3},\bar{4},\bar{6}$	4 个
$L^n \times P_\perp$	$L^n PC (n =$ 偶数$)$	$2/m, 4/m, 6/m$	3 个
$L^n nL^n$	$L^n nL^2$	$222, 32, 422, 622$	4 个
$L^n \times P_{//}$	$L^n nP$	$m, mm2, 3m, 4mm, 6mm$	5 个
$L_i^n \times P_{//}$	$L_i^n n/2L^2 n/2P$	$\bar{4}2m, \bar{6}m2$	2 个
$L^n nL^2 + L^n nP + L^n C$（奇数）	$L^n nL^2 nPC$	$\bar{3}m$	1 个
$L^n nL^2 + L^n nP + L^n C$（偶数）	$L^n nL^2 (n+1)PC$	$mmm, 4/mmm, 6/mmm$	3 个
$3L^2 4L^3$	（立方晶系）	$23, m\bar{3}, \bar{4}3m, 432, m\bar{3}m$	5 个

从表 3-1 可知，判别晶体是否属于立方晶系，其充分必要条件是其是否含 $3L^2 4L^3$ 对称。必须指出的是：晶体属于立方晶系并不意味着它必须含有四次轴（旋转轴或旋转反伸轴），如点群 $m\bar{3}$ 就不含四次轴。通过点群符号可以判别其所属晶系，判别方法如下：①首先观察第二位是否含三次轴（3 或 $\bar{3}$），如含 3 或 $\bar{3}$ 则表明其为立方晶系。②在第二位无 3 或 $\bar{3}$ 的情况下，看第一位含什么。第一位含 6（或 $\bar{6}$）表示为六方晶系，第一位含 4（或 $\bar{4}$）表示为四方晶系，第一位含 3（或 $\bar{3}$）表示为三方晶系。③在不满足①和②的基础上，如三个方向上都含有对称要素则为正交晶系，只在一个方向上含方向性对称要素（2 或 m），则为单斜晶系，如只含 1 或 $\bar{1}$ 非方向性对称要素则为三斜晶系。

如前文所述，顾名思义，点群在进行对称操作时至少有一个点保持不动。而以下 10 种点群 1、2、m、$mm2$、4、$4mm$、3、$3m$、6 和 $6mm$，在进行对称操作时至少存在一个方向不动，这类点群称为单极性轴点群，如晶体的热释电性能只出现在这 10 个晶类中。

定理六：微观对称元素的组合，两个相互平行的对称面（m_1 和 m_2）的连续操作，其作用等同于一个平移操作（τ），其平移的距离为两对称面间距的两倍，可表达为（$m_1 \cdot m_2$）$=\tau$。反之，平移操作（τ）与其垂直的对称面（m_1）的连续操作等同于与对称面平行且相距 $\tau/2$ 处的对称面（m_2）。

这意味着：一对称面 m 垂直于 b 轴，且通过原点（x, 0, z）时，则在（x, 0.5, z）和（x, 1, z）也含对称面 m，因此，在内部对称中，对称面不再以"个"计算，而以"组"为单位。同样，垂直于 a 轴的对称面 m（0, y, z）也如此。如晶体同时含垂直于 a、b 的对称面时，依据对称定理一在 c 轴方向上含 2 次旋转轴（0, 0, z），同时二次旋转轴还在 2（0, 0.5, z）、2（0, 1, z）、2（0.5, 0, z）、2（0.5, 0.5, z）、2（0.5, 1, z）、2（1, 0, z）、2（1, 0.5, z）和 2（1, 1, z）中出现。这说明二次旋转轴加平移对称，也满足定理六的类似情况。对称中心（$\bar{1}$）也如此，若原点含对称中心 $\bar{1}$（0, 0, 0），如空间群 $P\bar{1}$（No. 2），则不仅在原点含对称中心 $\bar{1}$（0, 0, 0）（1a 位置），还在（0, 0, 0.5）（1b 位置）、（0, 0.5, 0）（1c 位置）、（0.5, 0, 0）（1d 位置）、（0.5, 0.5, 0）（1e 位置）、（0.5, 0, 0.5）（1f 位置）、（0, 0.5, 0.5）（1g 位置）、（0.5, 0.5, 0.5）（1h 位置）和（1, 1, 1）（1a 位置）八个位置上含对称中心。因此，平移操作（τ）与其它对称要素，如格子类型（A、B、C、I 和 F）、螺旋轴和滑移面等作用，均可形成新的对称要素，鉴于篇幅所限，在此不作深入讨论。

空间群（space group）是指晶体内部对称要素的组合。它由费德洛夫和圣佛利斯独立推导完成，共有 230 种三维空间群。

如四方晶系，有四次旋转对称轴 4，还有 4_1、4_2 和 4_3 螺旋轴，四方晶系只有 P、I 两种格子类型，它们进行排列组合可得 $P4$、$P4_1$、$P4_2$、$P4_3$、$I4$、$I4_1$（$I4_2 = I4$，$I4_3 = I4_1$）六种空间群。

空间群符号由两部分组成：格子类型＋内部对称要素集合。它通常用四个"位置"表示，如 $P2_12_12_1$。

与空间群对应的点群，可由内部对称要素转换成外部对称要素得到，即：a、b、c、e、n、d 变为 m；2_1 为 2；3_1、3_2 为 3；4_1、4_2、4_3 为 4；6_1、6_2、6_3、6_4、6_5 为 6。如 $P2_12_12_1$ 的点群为 222，$Pnma$ 的点群为 mmm。

在材料科学中，三维空间群有 230 种，限于篇幅在此不作详细讨论。de Wolff 等在 1992 年提出了"双向滑移面"（double glide planes）的概念[2]，涉及的空间群有：①斜方晶系的 $Abm2$（No. 39）、$Aba2$（No. 41）、$Fmm2$（No. 42）、$Cmca$（No. 64）、$Cmma$（No. 67）、$Ccca$（No. 68）、$Fmmm$（No. 69）；②四方晶系的 $I4mm$（No. 107）、$I4cm$（No. 108）、$I\bar{4}2m$（No. 121）、$I4/mmm$（No. 139）、$I4/mcm$（No. 140）；③立方晶系的 $Fm\bar{3}$（No. 202）、$Fm\bar{3}m$（No. 225）、$Fm\bar{3}c$（No. 226）、$I\bar{4}3m$（No. 217）、$Im\bar{3}m$（No. 229）。

在新版《晶体学国际表 A》(《International Tables For Crystallography，Volume A》，简称 ITC-A，即 1995 年第 4 版及以后版本）中[3]，对其中五种空间群符号进行了调整，它们分别是第 39、41、64、67 和 68 号空间群，新旧空间群符号对比见表 3-2。

表 3-2　新旧空间群符号对比

空间群号	39	41	64	67	68
原符号	$Abm2$	$Aba2$	$Cmca$	$Cmma$	$Ccca$
新符号	$Aem2$	$Aea2$	$Cmce$	$Cmme$	$Ccce$

3.1.3　晶体定向和符号

为了描述方便，需要给晶体建立一个坐标系，通常采用右手坐标系，且一般为非直角坐标系（非笛卡尔坐标系）。在三维空间中给晶体定向（crystal orientating）通常规定 c 轴上、下直立，正端朝上；b 轴在左、右方向，正端朝右；a 轴在前、后方向，正端朝前。每个结晶轴正端之间的交角称为轴角（interaxial angle），用 α、β、γ 表示，α 为 b 轴和 c 轴间的夹角、β 为 a 轴和 c 轴间的夹角、γ 为 a 轴和 b 轴间的夹角。a 轴、b 轴和 c 轴三个结晶轴的轴单位连比 $a:b:c$，称为轴率比（axial ratios），在早期晶体学研究中，用于鉴定晶体的不同种类。依据晶体定向时，所规定的 a、b、c 三个轴单位的大小和 α、β、γ 三个轴角的关系将晶体划分为三个晶族（高、中和低）、六个晶属（crystal family）[4] 和七个晶系（crystal system），其中六方晶属包含两个晶系：三方晶系和六方晶系。需要特别指出的是，实际上表 3-3 所规定的晶胞选取条件只是必要条件，而非充分必要条件，以立方晶系举例而言，如晶体已知为立方晶系，则其 a、b、c 三个轴单位必须相等，α、β、γ 三个轴角必须为 $90°$，反之则并不成立。也就是说 $a=b=c$，$\alpha=\beta=\gamma=90°$，并不意味着它一定属于立方晶系，它也可能属于四方、正交晶系，甚至三斜晶系。确定它是否属于立方晶系，不仅仅要看其三个轴单位和轴角，还要看它是否含有相应的对称（即必须包括 $3L^34L^3$ 对称）。实际上，在 X 射线晶体学中，晶体的对称或空间群是通过衍射条件的统计获得的，同时其内部原子排布还必须满足相应的对称。

表 3-3　各晶系点群和空间群符号所代表的方向及晶胞选取条件

晶系	空间群符号所代表方向			晶胞选取的条件①
	位置 1	位置 2	位置 3	
三斜晶系	—	—	—	$c\leqslant a\leqslant b$，γ 在 $60°\sim120°$ 变化，α，β 为非锐角，且不大于 $120°$
单斜晶系	—	[010]	—	$c\leqslant a$，β 为非锐角，且不大于 $120°$，$\alpha=\gamma=90°$
斜方晶系	[100]	[010]	[001]	$c\leqslant a\leqslant b$，$\alpha=\beta=\gamma=90°$
三方晶系	[001]	⟨100⟩	—	$a=b$，$\alpha=\beta=90°$，$\gamma=120°$
六方晶系	[001]	⟨100⟩	⟨210⟩	$a=b$，$\alpha=\beta=90°$，$\gamma=120°$
四方晶系	[001]	⟨100⟩	⟨110⟩	$a=b$，$\alpha=\beta=\gamma=90°$
立方晶系	⟨100⟩	⟨111⟩	⟨110⟩	$a=b=c$，$\alpha=\beta=\gamma=90°$

① 根据 Donnay (1943)[5]。

在晶体学中，为了表述方便，规定了几种符号用于表达晶体中的晶棱（或方向）和晶面（或面网），常见的有如下几种。

（1）晶面符号、面网符号和衍射指数 用圆括号"（ ）"表示。晶面符号最先由 W. H. Miller 提出，又称米氏（勒）符号。其一般形式为 (hkl)，其中 h、k、l 为没有公约数的整数。对于晶体上任意一个晶面，若它在三个结晶轴 a 轴、b 轴、c 轴上的截距分别为 OX、OY、OZ，取三者的截距系数的倒数比 a/OX：b/OY：c/OZ 为 $h:k:l$。在晶面符号中，h、k、l 为没有公约数的整数，如（111）。另一种抽象的符号——面网符号，其表现形式与晶面符号相同，但它不能约化，如（200）、（030）和（004）等，其含义是空间格子或倒易空间结点所对应的面网，它同时承载着面网之间的距离（面网距离 d），故不能将其指数约化。切不可将面网符号与晶面符号混淆，前者用于表示空间格子中的抽象面网（net plane），后者表示晶体形貌中的实际晶面（face）。还有一种符号，在 X 射线衍射中用于表示衍射指标的符号 hkl，称衍射指数，它不需要外加圆括号"（ ）"，且采用三指数法表示。如表 3-4 所示，$d=3.684$ 的衍射指数为 012（三轴定向），其对应的面网符号为（01$\bar{1}$2）（四轴定向）。

（2）晶棱符号 用方括号"[ ]"表示。其一般形式为 $[uvw]$，它可用于表述方向，又称为晶向符号。晶向符号只采用三轴定向，在三方、六方晶系中采用的四轴定向晶面符号或面网符号，如（0001），其法线方向表示为 $[001]$，而不采用 $[0001]$。

（3）单形符号 用大括号"{ }"表示。其一般形式为 $\{hkl\}$，又称为晶面族符号。

（4）晶棱组符号 用尖括号"〈 〉"表示。其一般形式为 $\langle uvw \rangle$，又称为晶向族符号。

下面以（100）、$[100]$、$\{100\}$ 和 $\langle 100 \rangle$ 为例谈谈其用法和应注意的问题。$[100]$ 为平行于 a 轴的一条晶棱，通常用于表示 a 轴方向，相应 $\langle 100 \rangle$ 表示与 a 轴等同的一组方向，如在立方晶系中，则表示三个坐标轴的方向。（100）表示一个同时平行于 b 轴和 c 轴的晶面或面网，需要特别注意的是，它并不意味着与 a 轴垂直，恰恰相反，通常情况下两者并不垂直，只有在斜方、四方和立方晶系中才垂直。

以赤铁矿（hematite，Fe_2O_3）为例，它属于三方晶系菱面体格子（$a=0.50356nm$，$c=1.37489nm$），空间群为 $R\bar{3}c$（No.167），按照 Harker-Donnay 理论[6]，它的单形出现的概率顺序为：$\{01\bar{1}2\}$、$\{10\bar{1}4\}$、$\{11\bar{2}0\}$、$\{0006\}$、$\{11\bar{2}3\}$、$\{20\bar{2}2\}$、$\{11\bar{2}6\}$、$\{21\bar{3}1\}$。这一顺序与 X 射线粉末衍射图谱中衍射峰出现的先后次序是一致的（表 3-4）。另外需要指出的是，$\{0006\}$ 和 $\{20\bar{2}2\}$ 这两个单形，用经典的米勒符号表示时，它们被约化为 $\{0001\}$ 和 $\{10\bar{1}1\}$，约化前指数满足 $-h+k+l=3n$ 的衍射条件，约化后它们不再满足 X 射线衍射的系统消光条件。

因此，在研究晶体形貌时，对晶体的晶面指标，需考虑 X 射线衍射的系统消光条件。对于不满足条件者，其所有指数乘以 2 或 3 等整数后，需要再次判别其是否满足系统消光条件，且出现在晶面重要性序列的前列，否则其晶面指数值得质疑。

表 3-4　赤铁矿（hematite，Fe_2O_3）的 X 射线粉末衍射图谱（PDF 33-0664）

序号	$d/10^{-10}$ m	I	h	k	l	2θ	序号	$d/10^{-10}$ m	I	h	k	l	2θ
1	3.684	30	0	1	2	24.138	11	1.5992	10	0	1	8	57.589
2	2.700	100	1	0	4	33.152	12	1.4859	30	2	1	4	62.449
3	2.519	70	1	1	0	35.611	13	1.4538	30	3	0	0	63.989
4	2.292	3	0	0	6	39.276	14	1.4138	1	1	2	5	66.026
5	2.207	20	1	1	3	40.854	15	1.3497	3	2	0	8	69.599
6	2.0779	3	2	0	2	43.518	16	1.3115	10	1	0	10	71.935
7	1.8406	40	0	2	4	49.479	17	1.3064	6	1	1	9	72.260
8	1.6941	45	1	1	6	54.089	18	1.2592	6	2	2	0	75.428
9	1.6367	1	2	1	1	56.150	19	1.2276	4	3	0	6	77.727
10	1.6033	5	1	2	2	57.428	20	1.2141	2	2	2	3	78.758

3.1.4　空间格子

晶体的本质在于内部质点（原子、离子或分子等）在三维空间作周期性平移重复。空间格子就是表示这种三维空间周期性平移重复规律的几何图形。以岩盐（NaCl）的晶体结构为例，可以看出，Na^+ 或 Cl^- 在晶体结构的任一方向上都是每隔一定的距离重复出现一次。这与前面讨论的点群不同，在点群中，它没有平移对称，整个对称操作过程至少有一个点是保持不动的。而在空间格子中，引入了平移对称，所有的点在三维空间均可以进行旋转、反映、反伸和旋转反伸，以及旋转加平移、反映加平移。

为了进一步揭示这种三维空间重复平移规律，可以对它作某种抽象。先在结构中选出任一几何点，这个点取在 Na^+ 中心或 Cl^- 中心，或者取它们之间的任意一点都可以，然后在结构中找出与此点相当的几何点（相当点）。相当点的选取条件是：如果原始的几何点是取在质点的中心，则相当点所占的质点的种类应该是相同的；其次是这些质点周围的环境以及方位也应是相同的。如赤铜矿（cuprite，Cu_2O）（见图 3-2），其空间群为 $Pn\bar{3}m$（No.224）。该空间群有两种原点选取办法，其一原点选在（$\bar{4}3m$）上，为了便于辨认，将空间群表示为 $Pn\bar{3}mS$，此时 O^{2-} 位于（$2a$，$\bar{4}3m$）上，它呈"体心"格子状排列。另一种原点选取办法是选在对称中心上（$\bar{3}m$），相应空间群表示为 $Pn\bar{3}mZ$，此时 Cu^+ 位于（$4b$，$\bar{3}m$），它呈"面心"格子状排列。无论 O^{2-} 的"体心"，还是 Cu^+ 的"面心"，虽然它们的原子种类相同，但其周围的环境方位不同，因此不能抽象成相同的相当点，实际的格子类型为原始格子。

因此，空间格子是用抽象的结点来表示晶体内部质点在三维空间呈周期性重复排列规律性的几何图形，它可由一系列不同方向的行列和面网来予以表征，从而把整个空间点阵连接构成格子状。三维空间的空间格子有四种不同的类型，即原始（P）、底心（A、B 或 C）、面心（F）和体心（I）格子，已知 7 个晶系，扣除与对称不符的格子类型，在三维坐标系中总共有 14 种不同的布拉维格子（见图 3-3）。

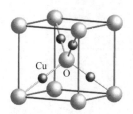 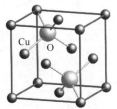

(a) 空间群表示为 $Pn\bar{3}mS$(No.224)
[原点选在($\bar{4}3m$),离对称中心($\bar{3}m$)的距离为($-1/4$,$-1/4$,$-1/4$)]

(b) 空间群表示为 $Pn\bar{3}mZ$(No.224)
[原点选在对称中心($\bar{3}m$),离高对称交点$\bar{4}3m$的距离为($1/4$,$1/4$,$1/4$)]

图 3-2 赤铜矿（Cu_2O）晶体结构

金刚石结构、尖晶石结构和拉维斯相 $MgCu_2$ 结构，其空间群均为 $Fd\bar{3}m$，在晶体学国际表中排 No.227。该空间群坐标原点有两种取法：其一，原点选在高对称交点（$\bar{4}3m$）上，它距离对称中心（$\bar{3}m$）（$-1/8$，$-1/8$，$-1/8$）；其二，原点选在对称中心（$\bar{3}m$）上，它距离高对称交点（$\bar{4}3m$）（$1/8$，$1/8$，$1/8$）。注意原点选取位置不同，其一般等效点系的位置也不一样，相应的原子坐标也不同。通常把原点取在对称中心上，以便于计算。如尖晶石结构将原点选在对称中心上，该空间群共有 9 种不同的位置，分别为 $8a$（$\bar{4}3m$）、$8b$（$\bar{4}3m$）、$16c$（$.\bar{3}m$）、$16d$（$.\bar{3}m$）、$32e$（$.3m$）、$48f$（$2.mm$）、$96g$（$..m$）和 $192i$（1）（见表 3-5）。$8a$（$\bar{4}3m$）中 8 称为重复点数（multiplicity），表示该位置原子通过空间群的全部对称要素操作后，可得到 8 个等同的原子；a 称为 Wyckoff 字母，它用 a、b、c、d 等英文字母表示顺序。$\bar{4}3m$ 表示该位置在空间群三个不同方向（即 $\langle 100 \rangle$、$\langle 111 \rangle$ 和 $\langle 110 \rangle$）上的对称，称为位置对称，如某个方向的对称为 1，则用一个点表示。注意尖晶石结构将原点选在对称中心（$\bar{3}m$）上，其 Mg 原子在 $8a$（$\bar{4}3m$）位置的原子坐标为（$1/8$，$1/8$，$1/8$），而金刚石结构原点取在高对称交点（$\bar{4}3m$），其 C 原子同样在 $8a$（$\bar{4}3m$）的位置上，但其原子坐标却为（$1/4$，$1/4$，$1/4$），因此，位置对称（site symmetry）和原子坐标（coordinates）不仅与空间群有关，还与原点选取位置有关。

表 3-5 空间群 $Fd\bar{3}mZ$（No.227）的等效点系位置

重复点数	Wyckoff 字母	位置对称	等效点系	尖晶石	空隙
192	i	1	(x,y,z) 等 192 个		
96	h	$..2$	$(0,y,-y)$ 等 96 个		
96	g	$..m$	(x,x,z) 等 96 个		
48	f	$2.mm$	$(x,1/8,1/8)$ 等 48 个		

重复点数	Wyckoff 字母	位置对称	等效点系	尖晶石	空隙
32	e	$.3m$	(x,x,x) 等 32 个	O	
16	d	$.\bar{3}m$	$(1/2,1/2,1/2)$ 等 16 个	Al	八面体
16	c	$.\bar{3}m$	$(0,0,0)$ 等 16 个		
8	b	$\bar{4}3m$	$(3/8,3/8,3/8)$ 等 8 个		
8	a	$\bar{4}3m$	$(1/8,1/8,1/8)$ 等 8 个	Mg	四面体

注：$Fd\bar{3}mZ$ 表示原点取在 $(.\bar{3}m)$（如尖晶石），$Fd\bar{3}mS$ 表示原点取在 $(\bar{4}3m)$（如金刚石）。

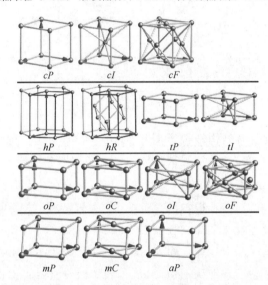

图 3-3　14 种空间格子类型（三维布拉维格子）〔其中大写字母 P、I、C、F 和 R
分别表示原始、体心、底心、面心和菱面体格子，小写字母 c、h、t、o、m 和 a
分别表示立方、六（或三）方、四方、正交、单斜和三斜晶系〕

　　目前，已知 Li_2MSiO_4（M＝Co，Mn，Fe）有多种同质多象类型（或称多种晶相、晶型、同质异构）。如 Li_2FeSiO_4，其中一种变体的晶胞为 $a=0.62695(5)$nm，$b=0.53454(6)$nm，$c=0.49624(4)$nm，$V=0.1663$nm^3，$Z=2$，$Pmn2_1$（No. 31）。另一种变体的晶胞为 $a=0.62855(4)$nm，$b=1.06594(6)$nm，$c=0.50368(3)$nm，$V=0.33746$nm^3，$Z=4$，$Pmnb$（No. 62）[7]。空间群 $Pmn2_1$（No. 31）在 ITC-A（2005，第 5 版）[3] 中属于空间群标准表达形式，而 $Pmnb$（No. 62）属于空间群非标准形式，它的标准形式为 $Pnma$。

　　下面简要讨论一下两者空间群间的变换关系：Li_2FeSiO_4 的空间群为 $Pmnb$（No. 62），这意味着 0.62855(4)nm 的 a 轴含对称面 m，1.06594(6)nm 的 b 轴含滑移面 n，0.50368(3)nm 的 c 轴含滑移面 b。如将 a、b 对称轴对换，晶胞参数则变为 $a'=1.06594(6)$nm，$b'=0.62855(4)$nm，$c'=0.50368(3)$nm，相应的空间群也要发生变化：由 $Pmnb$ 变为 "$Pnmb$"，但需要特别指出的是，空间群 $Pmnb$（No. 62）中 c 轴的滑移面 b，指的是 1.06594(6)nm 的那个轴，由于 a、b 对称轴

发生了对换，1.06594(6)nm 对应的那个轴已由 b 轴变换为 a 轴，因此，空间群 "$Pnmb$" 需要进一步变为 $Pnma$。

需要指出：底心格子（A、B、C）和轴向滑移面（a、b、c）具有方向性，它们随坐标轴选取的不同，要发生相应的变化。非单一轴向滑移面（e，n，d）、其它格子类型（P，I，F，R）和对称要素（对称面、旋转轴、旋转反伸轴和螺旋轴等），均不随坐标轴选取的不同而改变。但对于某些与坐标取向有关的空间群，如 $P2_12_12_1$（No.19），从表面上看，坐标轴变换并不影响空间群的形式，但其内在的 "坐标系" 有可能随之改变。它可以进行 bca 和 cab 的右手系变换，但 bac、acb、cba 左手系变换会导致其坐标原点的平移。这是由于空间群 $P2_12_12_1$ 的三个 2_1 并不相交，它们分别为 $2_1\left(x, \dfrac{1}{4}, 0\right)$、$2_1\left(0, y, \dfrac{1}{4}\right)$ 和 $2_1\left(\dfrac{1}{4}, 0, z\right)$，即 a 轴方向的 2_1 位于 $y=\dfrac{1}{4}$，b 轴方向的 2_1 位于 $z=\dfrac{1}{4}$，c 轴方向的 2_1 位于 $x=\dfrac{1}{4}$，当将 a、b 轴互换时，空间群从表面上看无变化，实质上其所定义的坐标系已被破坏。

另外，晶胞参数的坐标轴发生变换后，其对应的 X 射线衍射强度数据（hkl 指数）、空间群（表达形式）及原子坐标位置都要作相应的变换。对于复杂的晶体结构，可以用 Xprep 程序进行衍射强度数据（hkl 指数）转换；使用 Platon 程序进行空间群、一般等效点系位置及原子位置等转换。应注意的是，利用 Platon 程序进行原子坐标等转换时，并不对 HKL 文件进行转换，此时在 INS 输入工作单文件中产生一个用于转换 hkl 指数的矩阵，如 "HKLF 4 1 0.0000 0.0000 -1.0000 0.0000 1.0000 0.0000 1.0000 0.0000 1.0000"。也就是说此时的晶胞参数与 HKL 文件之间并不直接对应，它们间存在一个转换矩阵的关系，需注意其对应关系以避免张冠李戴。

3.2 晶体化学

3.2.1 化学键

（1）离子键 离子键是指阴、阳离子间通过静电作用所形成的化学键，它是通过两个或两个以上原子或化学基团失去或获得电子而成为离子后形成的。离子的电荷是球形对称分布的，它可以从不同的方向同时吸引多个异性离子，例如 NaCl 晶体由 Na^+ 阳离子与 Cl^- 阴离子通过静电作用相互吸引，每个 Na^+ 阳离子同时吸引 6 个 Cl^- 阴离子，每个 Cl^- 阴离子也同时吸引 6 个 Na^+ 阳离子，当离子间的吸引力与排斥力达成平衡时，则形成稳定的离子键。离子键没有方向性、没有饱和性，一个离子周围容纳的异性离子数及其配置方式取决于离子间的静电引力。

活泼碱金属或碱土金属元素如钾、钠、钙等，跟电负性强的活泼非金属元素如氯、氟、氧等化合时，形成典型的离子键。由离子键形成的化合物称为离子化合物。在离子晶体中，一对相邻接触的阴、阳离子的中心距离为该阴、阳离子的离子半径之和，即为键长。

离子晶体往往具有较高的配位数、较大的硬度、较高的熔点，熔融后能够导电。离子化合物中，离子的电荷越大，半径越小，离子键越强，其熔点沸点就越高。例如 MgO 的熔点比 NaCl 高，MgO 的熔点为 2852℃，而 NaCl 的熔点仅为 801℃。

（2）共价键　两个或两个以上原子共同使用它们的外层电子，原子间通过共用电子对形成相互作用，由此组成的比较稳定的化学结构称为共价键。共价键的本质是在原子之间形成共用电子对，它具有方向性和饱和性。共价键的原子向外不显示电荷，它们并没有获得或损失电子。共价键的强度比氢键要强，与离子键相差不多，有些时候甚至比离子键强。共价键与离子键之间并没有严格的界限，通常认为，两元素电负性差值较大（＞1.7）时，形成离子键；较小（＜1.7）时，形成共价键。

通常根据外层电子的构型可将阳离子分为三种不同的类型。①惰性气体型离子：指最外层电子构型与惰性气体相同，具有 8 个电子（ns^2np^6）或两个电子 $1s^2$ 的离子，如 Li^+、Na^+、Mg^{2+} 和 Ca^{2+} 等，该类离子易形成离子键。这类元素电离势较低，离子半径较大，易与氧结合成氧化物或含氧盐。②铜型离子：指最外层电子构型为 18 电子（$ns^2np^6nd^{10}$）（如 Cu^+），或次外层和最外层为 18＋2 电子 $[ns^2np^6nd^{10}(n+1)s^2]$（如 Pb^{2+}）的离子，该类离子倾向于形成共价键。这类元素电离势较高，离子半径较小，极化能力强，如易与硫结合成硫化物或其类似化合物。③过渡型离子：指最外层电子数为 8~18 的离子。

（3）金属键　在金属晶体（金属单质或金属间化合物）中，自由电子作穿梭运动，它不专属于某个金属原子而为整个金属晶体所共有。这些自由电子与全部金属原子相互作用，从而形成某种相互维系结合，这种作用称为金属键，如金属铜。在金属晶格中，原子间的结合力都是呈球形对称分布的，也没有方向性和饱和性。

（4）分子键　分子之间的结合是通过分子偶极矩间的库仑相互作用，即范德华力类维系的，这种结合键较弱。由于分子键很弱，故结合成的晶体具有低熔点、低沸点、低硬度等特性。如石墨的六方网格原子层之间为分子键结合，从而易于分层剥离，强度、塑性和韧性极低，是良好的润滑剂。

氢原子与电负性大、半径小的原子 X（氟、氧、氮、氯等，称为 donor）以共价键结合，若与电负性大的原子 Y（称为 acceptor）接近，则在 X 与 Y 之间以氢为媒介，生成 X—H…Y 形式的一种特殊的分子间或分子内相互作用，称为氢键。X 与 Y 可以是同一种类原子，如水分子之间的氢键，也可以不同。

以上讨论的晶体结构只涉及单一的一种键力，例如银的晶体结构中只存在金属键，金刚石中只存在共价键等等，它们属于单键型晶格。但更多的情况是，其键力为某种过渡型键，另外在大量的晶体结构中，同时存在两种或两种以上的键型，如方解石 Ca[CO_3] 的晶体结构，在 C 和 O 之间存在着以共价键为主的键型，而 Ca

和 O 之间则存在着以离子键为主的键型，这些晶体属于多键型晶格。

3.2.2 紧密堆积原理

某些金属的晶体结构，可以看成是由大小相同的金属原子作密堆积而成。在等大球作最紧密堆积时，如按 ABCABCABCABC… 三层重复一次的规律重复堆积，此时球体在三维空间的分布与空间格子中的立方面心（face-centred cubic，FCC）格子一致，称为立方最紧密堆积（cubic close packing，CCP），其对应的空间群为 $Fm\overline{3}m$。如金属铜（Cu）的晶体结构就属于此类型。

如按 ABABABAB… 两层重复一次的规律重复堆积，此时球在空间的分布与空间格子中的六方格子一致，称为六方最紧密堆积（hexagonal close packing，HCP），其对应的空间群为 $P6_3/mmc$。如金属锇（Os，osmium）的晶体结构就属于此类型。

在等大球最紧密堆积中，无论立方最紧密堆积，还是六方最紧密堆积，每个球周围被 12 个球所包围，球体之间均存在一定的空隙。如金属铜，一个立方面心晶胞中，含四个铜原子，铜原子实际占据空间为 $4\times(4/3)\pi R^3$，而晶胞体积为 $V=a^3=(2\sqrt{2}R)^3$，铜原子的空间利用率为 $\pi/(3\sqrt{2})=0.7405$，因而其空隙率为 25.95%。其中的空隙有两种，一种空隙是由四个球围成的，将这四个球的中心联结起来可以构成一个四面体，所以这种空隙称为四面体空隙；另一种空隙是由六个球围成的，其中三个球在下层，三个球在上层，上、下层球间错开 $60°$，将这六个球的中心联结起来可以构成一个八面体，所以这种空隙称为八面体空隙。在一个立方晶胞中，如最紧密堆积的四个阴离子分别位于立方晶胞的角顶（0，0，0）和三组面的中心（½，½，0）、（½，0，½）、（0，½，½），则其有八个四面体空隙位置，分别位于以 T^+ 表示的 (¼，¼，¼)、(¾，¾，¼)、(¾，¼，¾)、(¼，¾，¾) 和以 T^- 表示的 (¾，¾，¾)、(¼，¼，¾)、(¼，¾，¼)、(¾，¼，¾) 上；另外还有四个八面体空隙位置，分别在体心（½，½，½）及三组棱的中心（0，0，½）、（0，½，0）、（½，0，0）。

无论在立方还是六方最紧密堆积中，球体周围的四面体空隙和八面体空隙分布情况基本类似，每一个球周围有六个八面体空隙和八个四面体空隙。八面体空隙由六个球围成，即每个球只能分到 1/6 的空隙，同时一个球周围有六个八面体空隙，因此，在最紧密堆积中，平均一个球有一个八面体空隙（$6\times1/6=1$）。而对四面体空隙来说，每个四面体空隙是由四个球围成的，每个球只分到 1/4 的空隙，相反每个球周围却有八个四面体空隙，那么平均一个球有两个四面体空隙（$8\times1/4=2$）。除上述两种最紧密堆积外，还有一种密堆积方式，称为体心立方（body-centred cubic，BCC）密堆积，每个金属原子被周围八个原子包围，构成立方体心格子，但其空间利用率仅为 68.02%，空隙为 31.98%，如 α-Fe 的晶体结构（见表 3-6）。

表 3-6   单质金属的结构类型

CCP(a/nm)	HCP(a,c/nm)	BCC(a/nm)
Cu(0.36147)	Be(0.22856,0.35832)	Fe(0.28664)
Ag(0.40857)	Mg(0.32094,0.52105)	Cr(0.28846)
Au(0.40783)	Zn(0.26649,0.49468)	Mo(0.31469)
Al(0.40495)	Cd(0.29788,0.56167)	W(0.31650)
Ni(0.35240)	Ti(0.2506,0.46788)	Ta(0.33026)
Pd(0.38907)	Zr(0.3312,0.51477)	Ba(0.5019)
Pt(0.39239)	Ru(0.27058,0.42816)	
Pb(0.49502)	Os(0.27353,0.43191)	
	Re(0.2760,0.4458)	

3.2.3   鲍林法则

1928 年，美国晶体化学家鲍林（Linus A Pauling）根据当时已测定的一些较简单的离子晶体结构数据和晶格能公式所反映的关系，提出了判断离子化合物结构稳定性的规则——鲍林法则（Pauling's rules）。氧化物晶体及硅酸盐晶体大都含有一定成分的离子键，因此，在一定程度上可以根据鲍林法则来判断晶体结构的稳定性。鲍林法则共包括五条规则。

（1）配位多面体规则   其内容是："在离子晶体中，围绕每一阳离子周围形成一个由阴离子构成的配位多面体，阴、阳离子之间的距离取决于它们的离子半径之和，阳离子的配位数则取决于它们的半径之比"（见表 3-7）。该规则实际上是对晶体结构的直观描述，如 NaCl 晶体是由 $[NaCl_6]$ 八面体以共棱方式连接而成的。

表 3-7   配位数与离子半径比的关系

离子半径比	配位数	多面体	杂化轨道	举例
0~0.155	2	哑铃状	sp,dp	赤铜矿(Cu_2O,0.333)
0.155~0.225	3	三角形	sp^2,dsp	BO_3
0.225~0.414	4	四面体	sp^3,d^3s	闪锌矿(ZnS,0.326)
0.414~0.732	6	八面体	d^2sp^3,sp^3d^2	岩盐(NaCl,0.564)
0.732~1	8	立方体		萤石(CaF_2,0.855)
≥1	12	立方八面体		自然金(Au)(1.00)

（2）电价规则   其指出："在一个稳定的离子晶体结构中，每一个阴离子电荷数等于或近似等于相邻阳离子分配给这个阴离子的静电键强度的总和，其偏差≤1/4价"。静电键强度 $S=$ 阳离子数 Z^+/阳离子配位数 n，则阴离子电荷数 $Z=\sum S_i = \sum (Z_i^+/n_i)$。研究表明，静电键强度与键长大小有关，如将该法则拓展，可用于计算中心离子的价态：$V=\sum \exp[(R_{ij}-d_{ij})/0.37]$（键价计算公式，其中 R_{ij} 为与各原子对间键长有关的经验常数，d_{ij} 为原子对间的实测键长）。如实测 Sn—O 键长为 2.088(5)×3，则 $V=3\times e^{[(1.984-2.088)/0.37]}=2.265$，即 Sn 为 +2 价。

（3）多面体共角顶、共棱或共面连接规则   其内容是："在一个配位结构中，共用棱，特别是共用面的存在会降低这个结构的稳定性。其中高电价、低配位的阳离子的这种效应尤为显著"。目前，未见有［PO₄］、［SiO₄］共面或共棱连接的结构，但［BO₄］偶见共棱连接（如 $KZnB_3O_6$）。假设两个四面体共角顶连接时中心距离为 1，则共用棱、共用面时其距离各为 0.58 和 0.33。若是八面体，则各为 1、0.71 和 0.58。

（4）不同配位多面体连接规则　其内容是："若晶体结构中包含有多种阳离子，则高电价、低配位的多面体之间，具有尽可能彼此互不连接的趋势"。例如，在镁橄榄石结构中，有［SiO₄］四面体和［MgO₆］八面体两种配位多面体，但 Si^{4+} 电价高、配位数低，所以［SiO₄］四面体之间彼此无连接，它们之间由［MgO₆］八面体所隔开。

（5）节约规则　其内容是："在同一晶体中，组成不同的结构基元的数目趋向于最少"。例如，在硅酸盐晶体中，不会同时出现［SiO₄］四面体和［Si₂O₇］双四面体结构基元，尽管它们之间符合鲍林其它规则。这个规则的结晶学基础是晶体结构的周期性和对称性，如果组成不同的结构基元较多，每一种基元要形成各自的周期性、规则性，则它们之间会相互干扰，不利于形成晶体结构。

3.2.4　常见结构现象

（1）类质同象、固溶体　类质同象（isomorphism）的概念最先由德国化学家 E. Mitscherlich 于 1819 年提出。当时它指的是具有相似化学式的矿物晶体具有相同晶形的现象。因此，这一概念实际上还包含了等结构等现象在内。近代有关类质同象的概念则更多地指的是物质结晶时，其晶体结构中本应由某种离子或原子占有的位置，一部分被介质中性质相似的他种离子或原子所取代，共同结晶成均匀的、呈单一物相的晶体（即 X 射线显示出单一结晶相），而不引起键性和晶体结构形式发生质变的特性。

类质同象现象在自然界矿物晶体中普遍存在，如稀土矿物氟碳铈矿（Ce，La，Nd，Pr…）(CO₃)F，实际上天然矿物根本不存在纯净的单一稀土元素的矿物，各种稀土元素往往一起出现。依据其中元素取代量的不同，可将类质同象分为如下几种类型。

① 完全类质同象系列　两种组分间能以任意比例进行替代所组成的类质同象。它相当于相互间可以无限混溶的完全固溶体。其两端的纯组分称为端员组分。如镁、铁橄榄石系列：$Mg_2[SiO_4]$-$(Mg, Fe)_2[SiO_4]$-$Fe_2[SiO_4]$，在镁橄榄石 $Mg_2[SiO_4]$ 晶格中，本应由 Mg^{2+} 占据的一部分八面体位置可被介质中的 Fe^{2+} 所取代，从而结晶成成分和结构单一的橄榄石 $(Mg, Fe)_2[SiO_4]$ 结构。由于 Mg^{2+} 和 Fe^{2+} 的离子半径和化学性质类似，它们可以以不同的含量比形成一系列成分上连续变化的"混晶"，从而形成一个完整的类质同象系列。同一类质同象系列中的一系列中间组分，它们的晶胞参数和物理性质参数（如相对密度、折射率等）均随两种组分含量比的连续改变而作线性变化，这一现象在金属固溶体中用于测定晶胞

参数和化学组分间的线性关系，被称为维加尔答定理（Vegard's law）。类质同象现象在天然矿物中十分普遍。类质同象系列的中间组分化学式，把可以相互置换的离子或原子写在一个圆括号内，彼此间用逗号分开，含量高者写在前面，含量少者排在后面。用逗号隔开的表示法，通常用于表述该晶格位置的化学成分比例未知，如有确定的化学成分比，则不用逗号分隔，如 $(Mg_{0.68}Fe_{0.32})_2[SiO_4]$。

② 不完全类质同象系列　两种组分间只能在某个确定的范围之内，以各种不同的比例进行替代所组成的类质同象，它相当于有一定固溶极限的有限固溶体，如 $ZnS\text{-}(Zn_{69.2}Fe_{30.8})S$。

③ 等价类质同象　彼此间成类质同象替代关系的质点为同价离子或原子的类质同象。如 $Fe^{2+} \rightarrow Mg^{2+}$ 的 $(Mg_{0.68}Fe_{0.32})_2[SiO_4]$，$Ag \rightarrow Au$ 的银金矿 $(Au，Ag)$ 等。

影响元素间类质同象置换能力的因素主要有：离子类型及键性的异同，离子或原子半径差值的大小，原子价的相等与否及其差值的大小，置换的能量效应，环境温度和压力的高低等。

固溶体：在固态条件下，一种组分内"溶解"了其它的组分，由此组成的、呈单一结晶相的均匀晶体，如掺杂。固溶体可分为以下几种类型。

① 填（间）隙固溶体　作为溶质的原子或离子充填于溶剂晶格内的间隙中所构成的固溶体。如原子半径较小的碳原子（0.0772nm），不能与过渡金属元素，如铁，形成置换固溶体，却可以处于溶剂晶格结构的某些间隙位置中随机无序分布，形成间隙固溶体。该形式的固溶体不属于类质同象，这也是固溶体和类质同象的区别所在。

② 替位（置换）固溶体　作为溶质的原子或离子部分地替代了溶剂晶格中的相应质点，并占据其配位位置而形成的成分和结构单一的固溶体。这一含义是固溶体和类质同象具有相同含义的范畴。

③ 缺位固溶体　溶剂晶格内本应由质点占据的一部分配位位置，其中的质点实际缺失而构成的固溶体，如方铁矿 $Fe_{1-x}O$。

（2）同质多象（或称同质异构）　一种单质或化合物能够结晶成若干种不同晶体结构的现象。成分相同而结构不同的晶体称为同质多象变体（modifications，polymorphs）。

与同质多象概念非常相近的名称还有同素异构（形）（allotropism，allotropy），与同质多象变体相对应的称为同素异形体（allotropes）。同素异形体是指相同元素组成、具有不同形态（晶体结构）的单质。一般认为同素异构（形）只能用于单质元素，而同质多象既可用于单质也可用于化合物，IUPAC 是这样定义的："Allotropes are different structural modifications of an element"。如碳元素就有金刚石、石墨、C60 和无定形碳等多种同素异形体。同素异形体由于结构不同，彼此间物理性质有较大差异，但由于其是由同种元素形成的单质，所以化学性质又比较相似。

另一个与同质多象概念比较相近的名称为同分异构（isomerism），它是指两种或两种以上的分子，它们具有相同元素组成和相同元素比例（即具有相同化学分子式），因其分子中原子在排列方式上的差异而导致其在物理和化学性质上有较大差异的现象。指的是同成分的分子具有不同原子排列方式的现象，如 Keggin 结构的 $[PMo_{12}O_{40}]^{3-}$ 簇，有 α-、β-、γ-、δ- 和 ε-五种不同的同分异构体（isomers），因此，它表达的是结构中分子不同的构象，从这种意义上讲它还可以用于描述如高分子、溶剂分子、非晶物质等，但同质多象只能用于表示固态结晶物质。

奥斯特瓦尔德（W. Ostwald）指出从溶液或熔体中最先结晶的同质多象变体，它不是最稳定的，通常是最不稳定的。需要指出的是这并不是普遍性的法则，只是一般性趋势。

由于物理化学条件的改变，一种同质多象变体在固态条件下转变为另一种变体的过程，称为同质多象转变（polymorphic transformation）。从不同变体间的结构关系来看，同质多象转变的机理主要有以下三种类型。

① 移位型转变（displacive transformation）　从一种变体转变为另一变体时，仅仅结构中质点（如原子）的位置稍有移动，键角有所改变，相当于整个结构发生了一定的变形，但不涉及化学键的破坏和重建，也不改变配位的基本形式，只要很小的活化能即能促使转变发生。其转变通常是双变性的（即可逆的、双向的）（enantiotropic transformation）。如室温相石英（α 相，α-quartz）常压下加热到 573℃可逆转变为高温相石英（β 相，β-quartz），只伴随产生约 0.45%的线性膨胀。但温度进一步升高到 870℃，它不可逆地转变为鳞石英（α-tridymite），再升至 1470℃转变为方英石（β-cristobalite，常被非专业书称为方石英）。

② 重建型转变（reconstructive transformation）　转变时晶体结构内的质点位置有根本性的变动：或者是配位方式的根本改变，或者是配位形式虽然基本不变，但配位多面体之间的联结方式发生了质的变化。总之，它需要使原来的化学键破裂后再重建，因而需要相当高的活化能才能使转变发生，而且其转变都是单变性的（即不可逆的、单向的）。如 α-石英转变为斯石英（stishovite）。

③ 有序-无序转变　有序结构（order）：晶体结构中，在可以被两种或两种以上的不同质点（原子、离子或空位）所占据的某种或某几种配位位置上，若这些不同的质点有选择地分别占有各自其中的不同位置，相互间成有规律的分布时，这种结构称为有序态，相应的晶体结构称为超结构（superstructure）。

若这些不同的质点在晶体结构的等同位置上，都是全部随机分布的，它们占据任何一个等同位置的概率都是相同的，则这种结构称为无序结构，相应的晶胞称为亚晶胞（subcell）。另外，在很多情况下，并非一定是有序或无序，可以出现过渡类型，介于两者之间，某个原子可以出现在两者不同的位置上，但它倾向于占据其中一个位置，这就是部分有序。因此存在完全有序-部分有序-完全无序系列，有时可用有序度来表示它们。如正尖晶石型结构和反尖晶石型结构，但实际情况可能更多出现其过渡类型。

3.2.5　晶体场理论

晶体场理论主要内容包括：①把配位键设想为完全带正电荷的阳离子与阴离子

配位体（视为点电荷或偶极子）之间的静电引力。②配位体所产生的静电场使配位中心的金属离子原有的五个简并的 d 轨道分裂成两组或两组以上能级不同的轨道，有的比晶体场中 d 轨道的平均能量降低了，有的升高了。分裂的情况主要取决于中心原子（或离子）和配体的本质以及配体的空间分布。③d 电子在分裂的 d 轨道上重新排布，此时配位化合物体系总能量降低，该总能量的降低值称为晶体场稳定化能（CFSE）。晶体场理论能较好地说明配位化合物中心原子（或离子）上的未成对电子数，并由此进一步说明配位化合物的光谱、磁性、颜色和稳定性等。

(1) 正八面体配位中的晶体场分裂　对于八面体配合物 ML_6，M 为过渡金属中心阳离子，如其位于坐标轴的原点，六个 L 配位体（ligands），分别在 $\pm x$、$\pm y$ 和 $\pm z$ 轴上且离中心阳离子定长为 a。对于过渡金属中心阳离子 M 的五个 $(n-1)$ d 轨道而言：从 d_{z^2} 与 $d_{x^2-y^2}$ 的角度分布图来看，这两个轨道的电子云最大密度处恰好正对着 $\pm x$、$\pm y$ 和 $\pm z$ 上的六个配体，受到配体电子云的排斥作用增大，所以 d_{z^2} 与 $d_{x^2-y^2}$ 的能量升高，以 e_g 表示（e：二重简并；g：中心对称）。从 d_{xy}、d_{yz} 和 d_{xz} 的角度分布图来看，这三个轨道的电子云最大密度处指向坐标轴的对角线处，距离 $\pm x$、$\pm y$ 和 $\pm z$ 上的配体的距离较远，受到配体电子云的排斥作用小，因此 d_{xy}、d_{yz} 和 d_{xz} 的能量相对降低，以 t_{2g} 表示（t：三重简并；2：镜面反对称）。e_g 组轨道（d_{z^2} 和 $d_{x^2-y^2}$）能量上升 $3/5\Delta_o$（$=6D_q$，Δ_o 为八面体配位场分裂能），t_{2g} 组轨道（d_{xy}、d_{yz} 和 d_{xz}）能量下降 $2/5\Delta_o$（$=4D_q$）。

(2) 正四面体配位中的晶体场分裂　对于四面体配合物 ML_4，M 为过渡金属中心阳离子，如其位于坐标轴的原点，取边长为 a 的立方体，配合物 ML_4 的过渡金属中心阳离子 M 在立方体中心，四个配位体 L 各占据立方体四个互不相邻的顶点，三个坐标轴分别穿过立方体的三对面心。d_{z^2} 与 $d_{x^2-y^2}$ 原子轨道的电子云最大密度处离最近的一个配体的距离为 $a/\sqrt{2}$，而 d_{xy}、d_{yz} 和 d_{xz} 原子轨道的电子云最大密度处离最近的一个配体的距离为 $a/2$，所以 d_{xy}、d_{yz} 和 d_{xz} 原子轨道的电子受到配位体提供的电子对的排斥作用大，其原子轨道的能量升高，以 t_2 表示（无下标 g，因无中心对称）；而 d_{z^2} 与 $d_{x^2-y^2}$ 原子轨道的电子受到配位体提供的电子对的排斥作用小，其原子轨道的能量降低，以 e 表示。在四面体配位中，t_2 组轨道的电子被配位体排斥的程度要比 e 组厉害一些，这就是使其晶体场能级分裂与八面体配位恰好相反。t_2 组轨道（d_{xy}、d_{yz} 和 d_{xz}）能量上升 $2/5\Delta_t$（$=1.78D_q$，Δ_t 为四面体配位场分裂能），e 组轨道（d_{z^2} 和 $d_{x^2-y^2}$）能量下降 $3/5\Delta_t$（$=2.67D_q$）。

(3) 强场与弱场　使电子自旋成对地占有同一轨道所必须付出的能量称为电子成对能（P）。当轨道分裂能大于电子成对能，即当 $\Delta > P$ 时，称为强场，电子优先排满低能量的 d 轨道，此时电子排布称为低自旋排布；当轨道分裂能小于电子成对能，即 $\Delta < P$ 时，称为弱场，电子优先成单地占有所有的 d 轨道，此时电子排布称为高自旋排布。

当 d 电子数 $n = 4 \sim 7$ 时，八面体配位会出现低自旋、高自旋两种排布方式；由于四面体配位场的分裂能很小，几乎所有四面体过渡金属配位化合物均具有高自旋的基态电子组态（见表 3-8）。

尖晶石型结构：尖晶石的化学式为 $MgAl_2O_4$，在结构中氧（O^{2-}）形成立方密堆积，三价铝（Al^{3+}）占据 1/2 的八面体空隙，二价镁（Mg^{2+}）占据 1/8 的四面体空隙。

① 正尖晶石 $(Mg)_t(Al_2)_oO_4$ 型　氧作近似的面心立方最紧密堆积，二价阳离子充填 1/8 的四面体空隙（$2n$ 个），三价阳离子充填 1/2 的八面体空隙（n 个），即 $(M^{2+})_t(M_2^{3+})_oO_4$。

② 反尖晶石型　半数三价阳离子充填 1/8 的四面体空隙（$2n$ 个），另外半数三价阳离子和二价阳离子一起充填 1/2 的八面体空隙（n 个），即 $(M^{3+})_t(M^{2+}M^{3+})_oO_4$。

具有高八面体择位能的三价离子，如 Cr^{3+}、V^{3+} 在尖晶石族矿物晶体结构中将优先占据八面体配位位置生成正尖晶石型结构；具有高八面体择位能的二价离子，如 Cu^{2+}、Ni^{2+} 将优先占据八面体配位从而具有强烈生成反尖晶石型结构的倾向；而像 Mn^{2+}、Fe^{3+} 这样的离子，其八面体择位能为零，它们既可生成正尖晶石型结构，也可生成反尖晶石型结构，取决于结构中其它离子的择位能。在铬铁矿 $FeCr_2O_4$ 中，Cr^{3+} 的八面体择位能（157.42）远大于 Fe^{2+}（16.75），Cr^{3+} 优先占据八面体配位位置，Fe^{2+} 进入四面体配位，形成正尖晶石型结构。但在磁铁矿 $Fe^{2+}Fe_2^{3+}O_4$ 中，Fe^{2+} 的八面体择位能（16.75）大于 Fe^{3+}（0.0），Fe^{2+} 优先占据了八面体配位位置的一半，Fe^{3+} 进入余下的另一半八面体配位位置和四面体配位位置，从而形成反尖晶石型结构。

表 3-8　第一过渡金属离子的 d 电子分布情况

N	金属离子	t_{2g}（高自旋）	e_g（高自旋）	U	t_{2g}（低自旋）	e_g（低自旋）	U	E
0	Ca^{2+}, Sc^{3+}							
1	Ti^{3+}	↑		1	↑		1	0
2	V^{3+}	↑ ↑		2	↑ ↑		2	0
3	Cr^{3+}	↑ ↑ ↑		3	↑ ↑ ↑		3	0
4	Mn^{3+}	↑ ↑ ↑	↑	4	↑↓ ↑ ↑		2	Δ
5	Fe^{3+}, Mn^{2+}	↑ ↑ ↑	↑ ↑	5	↑↓ ↑↓ ↑		1	2Δ
6	Co^{3+}, Fe^{2+}	↑↓ ↑ ↑	↑ ↑	4	↑↓ ↑↓ ↑↓		0	2Δ
7	Ni^{3+}, Co^{2+}	↑↓ ↑↓ ↑	↑ ↑	3	↑↓ ↑↓ ↑↓	↑	1	Δ
8	Ni^{2+}	↑↓ ↑↓ ↑↓	↑ ↑	2	↑↓ ↑↓ ↑↓	↑ ↑	2	0
9	Cu^{2+}	↑↓ ↑↓ ↑↓	↑↓ ↑	1	↑↓ ↑↓ ↑↓	↓ ↑	1	0
10	Ga^{3+}, Zn^{2+}	↑↓ ↑↓ ↑↓	↑↓ ↑↓	0	↑↓ ↑↓ ↑↓	↑↓ ↑↓	0	0

注：N 为 d 电子数，U 为未成对电子数，E 为强场与弱场比所降低的轨道能量。

（4）姜（H. A. Jahn）-泰勒（E. Teller）效应　在 d 电子云分布不对称的非线性分子系统中，如果基态时有 n 个简并态，则分子的几何构型必发生某种畸变以降低简并度，并稳定其中一个状态。如果过渡金属离子的一个 d 轨道是全空或全满的，而另一个能量相同的 d 轨道是半满的，则过渡金属离子的环境会发生畸变，并导致 d 轨道的进一步分裂。由于 d 电子占据能量降低的轨道，而使离子在畸变后的配位中更加稳定，称为姜-泰勒（Jahn-Teller）效应。该现象通常出现在 d^9 组

态的 Cu^{2+} 中，它含有能量相等的两种排布方式：$(t_{2g})^6(d_{x^2-y^2})^1(d_{z^2})^2$ 和 $(t_{2g})^6(d_{x^2-y^2})^2(d_{z^2})^1$。因含未配对的电子，而发生构型畸变。若畸变发生是因高能级 d 轨道上的简并态，则其变形较大。

姜-泰勒效应以二价铜离子（Cu^{2+}）的配位表现最为明显，$[CuL_6]$ 配位多面体通常表现为伸长八面体配位，其电子组态为：$(t_{2g})^6(d_{x^2-y^2})^1(d_{z^2})^2$。如以 $CuCl_2$ 为例，在 $[CuCl_6]$ 拉长八面体中，轴向的两个 Cu—Cl 键长（0.2964nm）要远大于赤道平面的四个 Cu—Cl 键长（0.2262nm）。但也偶见压缩八面体，如在 K_2CuF_4 中，轴向的两个 Cu—F 键长（0.1939nm）则短于赤道平面的四个 Cu—F 键长（0.2073nm），其电子组态为：$(t_{2g})^6(d_{x^2-y^2})^2(d_{z^2})^1$。

3.3 晶体结构

3.3.1 典型晶体结构

最紧密堆积和典型晶体结构类型见表 3-9。

表 3-9　最紧密堆积和典型晶体结构类型

典型晶体结构类型	空间群	最紧密堆积	八面体空隙	四面体空隙
自然铜(Cu)	$Fm\bar{3}m$	Cu/立方	—	—
岩盐(NaCl)	$Fm\bar{3}m$	Cl/立方	Na/全部	—
闪锌矿(ZnS)	$F\bar{4}3m$	S/立方	—	$Zn(T^+)$/半数
金刚石(C)	$Fd\bar{3}m$	C/立方	—	$C(T^+)$/半数
萤石(CaF_2)	$Fm\bar{3}m$	Ca/立方	—	$F(T^+/T^-)$/全部
反萤石型(Li_2O)	$Fm\bar{3}m$	O/立方	—	$Li(T^+/T^-)$/全部
$BiLi_3$	$Fm\bar{3}m$	Bi/立方	Li/全部	$Li(T^+/T^-)$/全部
正尖晶石型($A^{II}B_2^{III}O_4$)	$Fd\bar{3}m$	O/立方	B^{3+}/半数	A^{2+}/八分之一
反尖晶石型($A^{II}B_2^{III}O_4$)	$Fd\bar{3}m$	O/立方	$(A^{2+}+1/2B^{3+})$/半数	$1/2B^{3+}$/八分之一
红砷镍矿(NiAs)	$P6_3/mmc$	As/六方	Ni/全部	—
纤锌矿(ZnS)	$P6_3mc$	S/六方	—	Zn/半数

3.3.1.1 铜型结构——自然铜（copper，Cu）（FCC）

晶胞参数：$a=0.361505(10)$nm，$V=0.04724$nm³。空间群 $Fm\bar{3}m$（No.225），化学分子式 Cu，分子数 $Z=4$。原子坐标为 $Cu(4a,m\bar{3}m)$：$(0,0,0)$[8]。

结构描述：铜原子呈立方最紧密堆积（ABCABC……），它们位于立方晶胞的角顶 $(0,0,0)$ 和各个面的中心 $\{(0,1/2,1/2);(1/2,0,1/2);(1/2,1/2,0)\}$，构成按立方面心格子排列的铜型结构［见图 3-4(a) 和表 3-9］，为 FCC（face-centred cubic）结构，它属于 14 种布拉维（Bravais）空间格子的原型结构之一。所有 X 射线衍射峰的衍射指数都必须同时满足 $h+k=2n$、$k+l=2n$ 和 $h+l=2n$，即全为奇数或全为偶数。

由于原子呈等大球最紧密堆积，因此原子半径为面对角线的四分之一，a^2+

$a^2 = (4R)^2$，$R^2 = a^2/8$，所以可求得原子半径 $R = 0.1278$nm。每个铜（Cu）原子与周围 12 个铜（Cu）原子相邻，构成立方八面体配位，Cu—Cu 键长为 0.25563nm，每个铜原子的平均占有空间（即晶胞体积除以其原子数）为 $Cu_{per} = 0.01181$nm^3。

与其等结构的有：自然金（gold，Au）、自然铂（platinum，Pt）、自然钯（palladium，Pd）、自然铱（iridium，Ir）、自然银（silver，Ag）等，铜型结构为精确测定金属元素的原子半径提供了便利。铜型结构单质金属的晶胞大小、原子半径和每个原子的平均占有体积见表 3-10。

表 3-10　铜型结构单质金属的晶胞大小、原子半径和每个原子的平均占有体积

元素	晶胞/nm	半径/nm	平均体积/nm³	元素	晶胞/nm	半径/nm	平均体积/nm³
Ni	0.35238(S)	0.1246	0.01094	Pt	0.39231(S)	0.1387	0.01510
Cu	0.36150(S)	0.1278	0.01181	Al	0.40494(S)	0.1432	0.01660
Rh	0.38031(S)	0.1345	0.01375	Au	0.40786(S)	0.1442	0.01696
Ir	0.38394(H)	0.1357	0.01415	Ag	0.40862(H)	0.1445	0.01706
Pd	0.38902(S)	0.1375	0.01472	Pb	0.49506(S)	0.1750	0.03033

注：晶胞值来自 JCPDS 卡片，S 和 H 表示高精度的 JCDPS。

3.3.1.2　铁型结构——铁 (iron，α-Fe) (BCC)

晶胞参数：$a = 0.28664(2)$nm，$V = 0.02355$nm^3。空间群 $Im\bar{3}m$（No.229），化学分子式 α-Fe，分子数 $Z = 2$。原子坐标为 Fe $(2a, m\bar{3}m)$：$(0, 0, 0)$[9]。

结构描述：Fe 原子位于立方晶胞的角顶 $(0, 0, 0)$ 和立方体的中心 $(1/2, 1/2, 1/2)$，为 BCC（body-centred cubic）结构，它属于 14 种布拉维空间格子的原型结构之一〔见图 3-4(b)〕。每个铁（Fe）原子与周围 8 个铁（Fe）原子相邻，构成立方

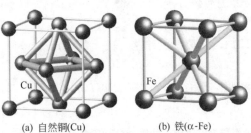

(a) 自然铜(Cu)　　(b) 铁(α-Fe)

图 3-4　自然铜（Cu）的晶体结构和铁（α-Fe）的晶体结构

体配位，Fe-Fe 间距为 0.24824nm，每个铁原子的平均占有空间为 0.01178nm^3。所有 X 射线衍射峰的衍射指数都必须满足 $h+k+l = 2n$。

等结构：Cr（铬，$V_{per} = 0.01199$nm^3），（Fe，Ni），Fe$_3$Si 等。

3.3.1.3　金刚石型结构——金刚石 (diamond，C)

晶胞参数：$a = 0.356679(9)$nm，$V = 0.04538$nm^3。空间群 $Fd\bar{3}m$（No.227）。化学分子式 C，分子数 $Z = 8$。①$Fd\bar{3}m$ S 原点取在高对称交点 $\bar{4}3m$ 上，原子坐标为 C $(8a, \bar{4}3m)$：$(1/4, 1/4, 1/4)$；②$Fd\bar{3}m$ Z 原点取在对称中心 $\bar{3}m$ 上，原子坐标为 C $(8a, \bar{4}3m)$：$(1/8, 1/8, 1/8)$[10]。

结构描述：金刚石具有立方面心晶胞，其单位晶胞中有八个碳原子，其中四个碳

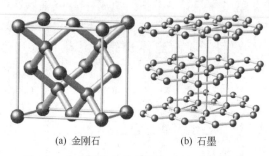

(a) 金刚石　　　　　(b) 石墨

图 3-5　金刚石的晶体结构和石墨的晶体结构

原子位于立方晶胞的角顶 (0, 0, 0) 和三个面的中心 {(0, 1/2, 1/2); (1/2, 0, 1/2); (1/2, 1/2, 0)}，另外四个原子分布于相间排列的四个小立方体的中心，即 T^+ 位置 {(1/4, 1/4, 1/4); (1/4, 3/4, 3/4); (3/4, 1/4, 3/4); (3/4, 3/4, 1/4)}，将立方体平分为八个小立方体，占据呈四面体分布的四个相间小立方体的中心 [见图 3-5(a) 和表 3-9]。也可以看成是位于 (0, 0, 0) 和 (1/4, 1/4, 1/4) 的两套立方面心格子碳 (C) 原子的叠加。每一碳原子周围有四个碳原子与其成共价键配位，形成正四面体配位，整个结构可以看成是以角顶相连接的四面体的组合。而以共价键连接的 C—C 键长为 0.15445nm $[=(\sqrt{3}/4)a]$，C—C—C 夹角为 109.47°，可求得碳原子的原子半径 0.0772nm，每个碳原子的平均占有空间仅为 0.00567nm³，约为硅的 1/3～1/4，应为已知物质中最小的，致使金刚石具有高硬度、高熔点、高热导率、不导电性及优良的化学稳定性等。

等结构：硅 (Si, silicon)、锗 (Ge, germanium)、锡 (α-Sn, tin) 等。它们的晶胞参数分别为 $a=0.54309$nm、0.56576nm 和 0.64892(1)nm。其对应的原子半径分别为 0.1176nm(Si)、0.1225nm(Ge) 和 0.1405nm(Sn)。

3.3.1.4　石墨型结构——石墨 (graphite 2H, C)

晶胞参数：$a=0.2464(2)$nm，$c=0.6711(4)$nm，$\gamma=120°$，$V=0.03529$nm³。空间群 $P6_3/mmc$ (No.194)，化学分子式 C，分子数 $Z=4$。原子坐标为 C(1) (2b, $\bar{6}m2$)：(0, 0, 1/4)；C(2)(2c, $\bar{6}m2$)：(1/3, 2/3, 1/4)[11]。

结构描述：石墨具有典型的层状结构，每一层由碳原子排列成六方环状网构成，上层面网的碳原子正对着下层面网六方环的中心 [见图 3-5(b)]。面网内每一原子为相邻的三个原子所围绕，其 C—C 键长为 0.1423nm，另外还与层内其它六个碳原子次近邻，其 C—C 键长为 0.2464nm；而面网之间的距离为 0.3356nm ($=c/2$)，即较层内原子间距大两倍多，层间的价键较层内的价键弱，每个碳原子的平均占有空间为 0.008885nm³。因此，在石墨的晶体结构中，层内具有共价键、金属键，而层间为分子键。石墨的这种结构，决定了它物性上所表现出的明显的异向性，解理平行 {0001} 完全，硬度为 1～2。金属键的存在决定了石墨的某些性质，如金属光泽、良好的导电性和导热性等。

石墨具有层状结构特征，如一种单质或化合物，能结晶成两种或两种以上不同层状晶体结构的特征，但组成这些层状结构的结构单元层基本上是相同的，不同层状结构间只表现在结构单元层堆垛时的重复方式和叠置顺序上有所不同，把这类结构称为多型 (polytype)，不同多型之间具有相同的结构单元层，但具有不同的重复周期。多型命名时在其名称（如矿物名）后面加上重复周期的层数和对称，以区别表示不同的多型，如 graphite 2H，表示该石墨的多型两层一重复，具有六方晶系对称。多型中的字母所表示的含义为：C 立方晶系、H 六方晶系、R 三方 R 格子、O 或 Or 斜方晶系、M 单斜晶系、A 或 Tc 三斜晶系、T 三方 P 格子、Q 或 Tt 四方晶系。

3.3.1.5　闪锌矿型结构——闪锌矿（sphalerite，β-ZnS）

晶胞参数：$a = 0.54109\text{nm}$，$V = 0.15842\text{nm}^3$。空间群 $F\bar{4}3m$（No. 216），化学分子式 β-ZnS，分子数 $Z = 4$。其原子坐标可看成金刚石的两套相当点分别被 Zn 和 S 取代所致，原子坐标为 Zn（$4a$，$\bar{4}3m$）：（0, 0, 0）；S（$4c$，$\bar{4}3m$）：（1/4, 1/4, 1/4）[12]。

结构描述：晶体结构为立方面心格子，Zn 原子分布于晶胞角顶（0, 0, 0）及所有面的中心 ｛（0, 1/2, 1/2）；（1/2, 0, 1/2）；（1/2, 1/2, 0）｝，S 位于立方晶胞所分成的八个小立方体中的相间的四个小立方体的中心（即 T^+ 位置）。闪锌矿结构可视为阴离子 S^{2-} 作立方最紧密堆积，阳离子 Zn^{2+} 充填在半数四面体空隙中 [见图 3-6(a)]。从配位多面体角度看，锌和硫呈四面体配位 [ZnS_4]，它们彼此间通过共角顶相连。也可以看成 [SZn_4] 四面体彼此通过共角顶相连 [见图 3-6(a) 和表 3-9]。Zn—S 键长为 0.2343nm，Zn 和 S 的配位数均为 4，[ZnS_4] 和 [SZn_4] 为正四面体，Zn—S—Zn 和 S—Zn—S 的键角都为 109.47°。

等结构：SiC（碳化硅、碳硅石，moissanite 3C），$a = 0.4359\text{nm}$，晶胞体积为 0.08282nm^3，每个 SiC 分子的平均占有空间为 0.02070nm^3，单个原子的平均占有空间为 0.01035nm^3，Si—C 键长为 0.18875nm。

立方 BN（氮化硼，boron nitride，CBN），$a = 0.36153\text{nm}$。原子坐标：B（0, 0, 0）；N（1/4, 1/4, 1/4）。B—N 键长为 0.15655nm，晶胞体积为 0.04725nm^3，每个 BN 分子的平均占有空间为 0.01181nm^3，单个原子的平均占有空间为 0.00591nm^3，略小于金刚石（0.00567nm^3）。

3.3.1.6　黄铜矿型结构——黄铜矿（chalcopyrite，CuFeS₂）

晶胞参数：$a = 0.5289(1)\text{nm}$，$c = 1.0423(1)\text{nm}$，$V = 0.29157\text{nm}^3$。空间群 $I\bar{4}2d$（No. 122），化学分子式 $CuFeS_2$，分子数 $Z = 4$。原子坐标为 Cu（$4a$，$\bar{4}..$）：（0, 0, 0）；Fe（$4b$，$\bar{4}..$）：（0, 0, 1/2）；S（$8d$，$.2.$）：（0.2574(2)，1/4，1/8）[13]。

结构描述：Cu、Fe 和 S 的配位数均为 4，[CuS_4]、[FeS_4] 和 [S（Zn，Fe）$_4$] 为近正四面体，Cu—S 键长为 0.2302nm，Fe—S 键长为 0.2257nm，Cu—S—Cu 夹角为 108.68°～111.06°，Fe—S—Fe 夹角为 109.47°。黄铜矿的晶体结构中 c 轴相当于闪锌矿单位晶胞的两倍，构成了四方体心格子。当温度高于 550℃时，阴离子 S^{2-} 成立方最紧密堆积，阳离子占据其中半数的四面体空隙，Cu^{2+} 和 Fe^{2+} 在这些四面体配位位置中均随机分布，形成闪锌矿型结构。此时 Cu^{2+} 和 Fe^{2+} 这些不同的质点在晶体结构的等同位置上，都是全部随机分布的，它们占据任何一个等同位置

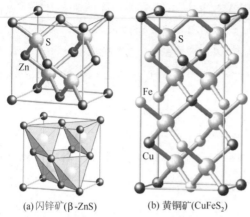

(a) 闪锌矿(β-ZnS)　　　(b) 黄铜矿(CuFeS₂)

图 3-6　闪锌矿（β-ZnS）的晶体结构和
黄铜矿（CuFeS₂）的晶体结构

的概率都是相同的，因此这种结构称为无序结构（disordered），该结构又称为亚结构（subcell）。当温度低于550℃时，因为Cu^{2+}和Fe^{2+}性质的差异导致其在这些四面体配位位置中有序地、有规律地相间分布，形成超结构（supercell）。此时Cu^{2+}和Fe^{2+}这些不同的质点有选择性地分别占据各自其中的不同位置，相互间成有规律的分布，这种结构称为有序态（ordered），相应的晶体结构称为超结构（superstructure）[见图3-6(b)]。

3.3.1.7　萤石型结构——萤石（fluorite，CaF_2）

晶胞参数：$a=0.546342(2)$nm，$V=0.16308$nm³。空间群$Fm\bar{3}m$（No.225），化学分子式CaF_2，分子数$Z=4$。原子坐标为$Ca(4a，m\bar{3}m)$：（0，0，0）；$F(8c，\bar{4}3m)$：（1/4，1/4，1/4）[14]。

结构描述：钙离子分布在立方晶胞的角顶（0，0，0）与面的中心{（0，1/2，1/2）；（1/2，0，1/2）；（1/2，1/2，0）}，如果将晶胞分为八个小立方体，则每一立方体中心为F^-所占据，即T^+位置{（1/4，1/4，1/4）；（1/4，3/4，3/4）；（3/4，1/4，3/4）；（3/4，3/4，1/4）}和T^-位置{（3/4，3/4，3/4）；（3/4，1/4，1/4）；（1/4，3/4，1/4）；（1/4，1/4，3/4）}。也可看成钙离子（Ca^{2+}）呈立方最紧密堆积、氟离子（F^-）占据所有四面体空隙[见图3-7(a)和表3-9]。此结构为典型结构，称为萤石型结构（fluorite type）。与之类似的Li_2O结构，O^{2-}分布于立方晶胞的角顶和面的中心（Ca^{2+}的位置），Li^+分布在八个小立方体的中心（F^-的位置），称为反萤石型结构（anti-fluorite type）。Ca^{2+}的配位数为8，$[CaF_8]$为正立方体配位，Ca—F—Ca键角为109.47°或70.53°；F^-的配位数为4，$[FCa_4]$为正四面体配位，Ca—F键长为0.2366nm，F—Ca—F键角为109.47°。

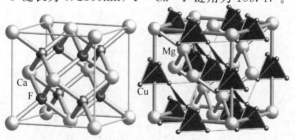

(a) 萤石型结构　　　　(b) MgCu₂型结构

图 3-7　萤石型结构和 MgCu₂型结构

3.3.1.8 MgCu₂型结构——拉维斯相（Laves phase）

晶胞参数：$a = 0.7034(2)$nm，$V = 0.34802$nm³。空间群 $Fd\bar{3}m$（No.227），化学分子式 MgCu₂，分子数 $Z = 8$。$Fd\bar{3}m$ S 原点取在 $\bar{4}3m$，原子坐标为 Mg（8a，$\bar{4}3m$）：（1/4，1/4，1/4）；Cu（16d，$.\bar{3}m$）：（5/8，5/8，5/8）；$Fd\bar{3}m$ Z 原点取在 $\bar{3}m$，原子坐标为 Mg（8a，$\bar{4}3m$）：（1/8，1/8，1/8）；Cu（16d，$.\bar{3}m$）：（1/2，1/2，1/2）[15]。

拉维斯相结构可以看成是金刚石（C）结构演变而成的，立方体的角顶、面心和八个小立方体中相间的半数小立方体中心（T⁺四面体空隙）为 Mg 占据（即 Mg 形成金刚石型结构）[见图 3-7(b)]。体心、棱的中心和剩余的半数小立方体中心（T⁻四面体空隙）为"Cu₄四面体"占据[相当于金刚石型结构中 C 的位置平移（0.5，0，0）]，"Cu₄四面体"中 Cu—Cu 键长为 0.2487nm，每个铜（Cu）原子与周围六个铜（Cu）原子相邻，整个结构可以看成是"Cu₄四面体"通过共用四面体角顶相连接形成三维架状结构，镁（Mg）原子位于其间隙中。每个镁（Mg）原子与周围 12 个铜（Cu）原子相邻，形成［MgCu₁₂］配位，Mg—Cu 键长为 0.2916nm。镁（Mg）原子自身形成金刚石结构，每个镁（Mg）原子与周围四个镁（Mg）原子形成四面体，Mg—Mg 键长为 0.3046nm，Mg—Mg—Mg 键角为 109.47°。

3.3.1.9 纤锌矿型结构——纤锌矿（wurtzite，α-ZnS）

晶胞参数：$a = 0.38227(1)$nm，$c = 0.62607(1)$nm，$\gamma = 120°$，$V = 0.07923$nm³。空间群 $P6_3mc$（No.186），化学分子式 α-ZnS，分子数 $Z = 2$。原子坐标为 S（2b，3m.）：（1/3，2/3，0）；Zn（2b，3m.）：（1/3，2/3，0.3748(2)）[16]。

结构描述：S 作六方最紧密堆积，Zn 充填半数的四面体空隙，Zn、S 配位数均为 4，规则的［ZnS₄］四面体彼此以四个角顶相连［见图 3-8(a) 和表 3-9］。Zn—S 键长为 0.2342nm（×3，注：表示有三个相同的键长）或 0.2346nm，平均键长为 0.2343nm，S—Zn—S 键角为 109.38°～109.55°，Zn 和 S 的配位数均为 4，［ZnS₄］和［SZn₄］为稍有畸变的四面体配位。

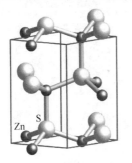
(a) 纤锌矿(ZnS)

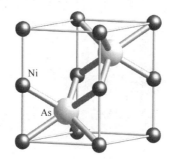
(b) 红砷镍矿(NiAs)

图 3-8　纤锌矿（ZnS）的晶体结构和红砷镍矿（NiAs）的晶体结构

等结构：ZnO（氧化锌，红锌矿，zincite），$a=0.3250$nm，$c=0.5207$nm，$V=0.04762$nm^3。

3.3.1.10　红砷镍矿型结构——红砷镍矿（niccolite，NiAs）

晶胞参数为：$a=0.3618(2)$nm，$c=0.5034(3)$nm，$\gamma=120°$，$V=0.05707$nm^3。空间群 $P6_3/mmc$（No.194），化学分子式 NiAs，分子数 $Z=2$。原子坐标为：①Ni（$2a$，$\bar{3}m.$）：（0，0，0）；②As（$2c$，$\bar{6}m2$）：（1/3，2/3，1/4）[17]。

结构描述：红砷镍矿结构为一典型结构（见表3-9），As 原子呈六方最紧密堆积，Ni 位于其八面体空隙之中，为六方原始格子。[NiAs$_6$] 畸变八面体平行于 c 轴方向彼此共面联结成链，在水平方向 [NiAs$_6$] 畸变八面体共棱连接 [见图3-8(b)]。Ni 原子周围除六个 As 原子外，因其畸变八面体共面相连，使 Ni—Ni 间距较近（0.2517nm），周围还有两个 Ni 原子，使其具有一定的金属性。Ni 和 As 均为六次配位，Ni—As 键长为 0.2438nm，[NiAs$_6$] 畸变八面体的 As—Ni—As 键角为 84.23°或 95.77°；As 虽为六次配位，但多面体扭曲较大，与正八面体相去较远，多面体的 Ni—As—Ni 键角为 62.14°、95.77°或 129.29°。

3.3.1.11　NaCl 型结构——岩盐（halite，NaCl）

晶胞参数：$a=0.56418(2)$nm，$V=0.17958$nm^3。空间群 $Fm\bar{3}m$（No.225），化学分子式 NaCl，分子数 $Z=4$。原子坐标为 Na（$4a$，$m\bar{3}m$）：（0，0，0）；Cl（$4b$，$m\bar{3}m$）：（1/2，1/2，1/2）[18]。

结构描述：钠离子（Na$^+$）位于立方晶胞的角顶（0，0，0）与面的中心 {（0，1/2，1/2）；（1/2，0，1/2）；（1/2，1/2，0）}，氯离子（Cl$^-$）位于立方晶胞的体心（1/2，1/2，1/2）和棱的中心 {（1/2，0，0）；（0，1/2，0）；（0，0，1/2）}，反之亦然。也可看成 Cl$^-$ 作立方最紧密堆积，Na$^+$ 充填其全部八面体空隙，为典型离子晶格晶体，该结构为典型晶体结构，称为岩盐型结构或 NaCl 型结构 [见图3-9(a) 和表3-9]。Na$^+$ 和 Cl$^-$ 的配位数均为6，[NaCl$_6$] 和 [ClNa$_6$] 都为正八面体配位，Na—Cl 键长为 0.2821nm，Na—Cl—Na 键角为 90°，八面体棱长为 0.3989nm，八面体体积为 0.02992nm^3。

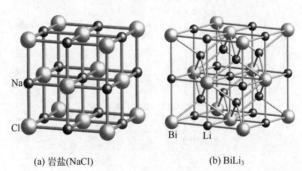

(a) 岩盐(NaCl)　　　　　　　　(b) BiLi$_3$

图3-9　岩盐（NaCl）的晶体结构和 BiLi$_3$ 的晶体结构

等结构：KCl（钾盐，sylvite）、AgCl、NaF、LiF、KF、PbS（方铅矿，galena）、TiC（碳化钛，khamrabaevite）、TiN（氮化钛，陨氮钛矿，osbornite）、CaO（石灰，lime）、MgO（方镁石，periclase）、FeO（方铁石，wustite）等。

3.3.1.12　BiLi₃型结构——BiLi₃

晶胞参数：$a=0.67220$nm，$V=0.30374$nm³。空间群 $Fm\overline{3}m$（No. 225），化学分子式 BiLi₃，分子数 $Z=4$。原子坐标为 Bi($4a$，$m\overline{3}m$)：（0，0，0）；Li(1)($4b$，$m\overline{3}m$)：(1/2，1/2，1/2)；Li(2)($8c$，$\overline{4}3m$)：(1/4，1/4，1/4)[19]。

结构描述：Bi 原子位于立方晶胞的角顶和所有面的中心，一套 Li 原子位于晶胞的体心和所有棱的中心，另一套 Li 原子位于八个小立方体的中心。整个结构可以看成是 Bi 作立方最紧密堆积，一套 Li 原子占据全部八面体空隙，另一套 Li 原子占据全部四面体空隙，又称为 AlCu₂Mn 结构［见图 3-9(b) 和表 3-9］。每个铋（Bi）原子与周围 8 个锂（Li）原子相邻，处于 $4b$ 位置的锂（Li）原子也与周围 8 个锂（Li）原子相邻，而处于 $8c$ 位置的锂（Li）原子与周围 4 个锂（Li）原子和 4 个铋（Bi）原子相邻，相互间均形成立方体配位，Li—Li 和 Bi—Li 键长均为 0.2911nm，Li—Bi—Li、Li—Li—Li 键角为 109.47°或 70.53°。

3.3.1.13　CsCl型结构——氯化铯（cesium chloride，CsCl）

晶胞参数：$a=0.41230$nm，$V=0.07009$nm³。空间群 $Pm\overline{3}m$（No. 221），化学分子式 CsCl，分子数 $Z=1$。原子坐标为 Cl($1a$，$m\overline{3}m$)：（0，0，0）；Cs($1b$，$m\overline{3}m$)：(1/2，1/2，1/2)[20]。

结构描述：氯离子（Cl⁻）分布于立方晶胞的角顶，铯离子（Cs⁺）位于立方晶胞的中心［见图 3-10(a)］。铯离子和氯离子都为八次配位，[CsCl₈]为立方体配位，Cs—Cl 的键长为 0.3571nm，Cl—Cl 的间距为 0.4123nm，Cl—Cs—Cl 键角为 70.53°或 109.47°。

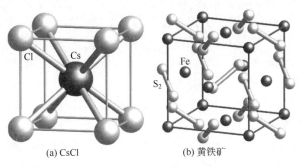

(a) CsCl　　　　(b) 黄铁矿

图 3-10　CsCl 的晶体结构和黄铁矿的晶体结构

3.3.1.14　黄铁矿型结构——黄铁矿（pyrite，FeS₂）

晶胞参数：$a=0.54281(1)$nm，$V=0.15994(1)$nm³。空间群 $Pa\overline{3}$（No. 205），化学分子式 FeS₂，分子数 $Z=4$。原子坐标为 Fe($4a$，$.\overline{3}.$)：（0，0，0）；S($8c$，$.\overline{3}.$)：

(0.38504(5)，0.38504(5)，0.38504(5))[21]。

结构描述：黄铁矿结构可以看成是由岩盐型（NaCl）结构演变而成的，Fe 原子占据立方体晶胞的角顶与面的中心；S 原子组成哑铃状的对硫 $[S_2]^{2-}$，其中心位于晶胞棱的中心和体心 [见图 3-10(b)]，对硫 $[S_2]^{2-}$ 的轴向与相应晶胞 1/8 的小立方体的对角线方向相同，但彼此并不割切，每个 Fe 原子被六个 S 原子包围形成八面体配位，而每个 S 原子则仅与三个 Fe 原子配位。Fe 的配位数为 6，$[FeO_6]$ 为八面体配位，键长 Fe—S 为 0.2269nm，键角 S—Fe—S 为 85.66° 或 94.34°。S 与 S 的距离较近，距离为 0.2162nm，形成所谓的对硫。S 的配位数为 3，$[SFe_3]$ 呈三角形配位，键长 S—Fe 为 0.2269nm，键角 Fe—S—Fe 为 115.54°。

3.3.1.15 赤铜矿型结构——赤铜矿（cuprite，Cu_2O）

晶胞参数：$a=0.42685(5)$nm，$V=0.07777$nm³。空间群 $Pn\bar{3}m$（No.224），化学分子式 Cu_2O，分子数 $Z=2$[22]。原子坐标如下。

① $Pn\bar{3}m$ S 原点取在 $\bar{4}3m$ [相对对称中心（$\bar{3}m$）在（−1/4，−1/4，−1/4）]，Cu(4b，$.\bar{3}m$)：(1/4，1/4，1/4)；O(2a，$\bar{4}3m$)：(0，0，0)。

② $Pn\bar{3}m$ Z 原点取在对称中心（$\bar{3}m$），Cu(4b，$.\bar{3}m$)：(0，0，0)；O(2a，$\bar{4}3m$)：(1/4，1/4，1/4)。

结构描述：在晶体结构中，氧原子位于单位晶胞的角顶和中心；将晶胞平分成八个小立方体，铜原子则位于其相间的小立方体的中心（T⁺ 位置）（见图 3-2）。每个铜（Cu）原子与两个氧（O）原子连接，作直线排列，Cu 的配位数为 2，每个氧（O）原子与周围四个铜（Cu）原子相邻，其配位数为 4，构成 $[OCu_4]$ 正四面体配位。Cu—O 键长为 0.1848nm，Cu—Cu 间距为 0.3018nm，O—Cu—O 键角为 180°，Cu—O—Cu 键角为 109.47°。

3.3.1.16 石英型结构——石英（α-quartz，SiO_2）

晶胞参数：$a=0.49134$nm，$c=0.54052$nm，$\gamma=120°$，$V=0.11301$nm³。空间群 $P3_221$（No.154），化学分子式 SiO_2，分子数 $Z=3$。原子坐标为 Si(3a，.2.)：(0.46987(9)，0，0.6667)；O(6c，1)：(0.4141(2)，0.2681(2)，0.7855(1))[23]。

结构描述：Si 的配位数为 4，$[SiO_4]$ 为四面体配位。O 的配位数为 2，Si—O 键长为 0.1607nm 或 0.1610nm，平均键长为 0.1609nm。O—Si—O 键角为 108.72°～110.40°，Si—O—Si 键角为 143.67°，O—O 间距为 0.2615～0.2642nm，Si—Si 间距为 0.3057nm。其结构特点是 Si 和 O 组成 $[SiO_4]$ 四面体，彼此以四个角顶相连，Si—O—Si 键角为 143.67°，$[SiO_4]$ 四面体在 c 轴方向上作螺旋形排列 [见图 3-11 (a)]。沿螺旋轴 3_2 和 3_1 作顺时针或逆时针旋转而分为左形和右形，其空间群分别可为 $P3_221$ 和 $P3_121$。这种结构上的左、右形同形态上习惯规定的左、右形相反，结构上的左形和右形分别对应于形态上的右形和左形。

3.3.1.17 方英石型结构——方英石（cristobalite，SiO_2）

晶胞参数：$a=0.71316$nm，$V=0.36271$nm³。空间群 $Fd\bar{3}m$（No.227），化

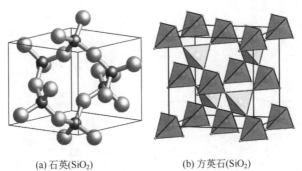

(a) 石英(SiO₂)　　　　(b) 方英石(SiO₂)

图 3-11　石英（SiO₂）的晶体结构和方英石（SiO₂）的晶体结构

学分子式 SiO_2，分子数 $Z=8$[24]。

$Fd\bar{3}m$ S 原点取在高对称交点 $\bar{4}3m$ 上，原子坐标为 Si($8a$, $\bar{4}3m$)：(0, 0, 0)；O($16c$, $.\bar{3}m$)：(1/8, 1/8, 1/8)。$Fd\bar{3}m$ Z 原点取在对称中心 $\bar{3}m$ 上，Si($8a$, $\bar{4}3m$)：(1/8, 1/8, 1/8)；O($16c$, $.\bar{3}m$)：(0, 0, 0)。

结构描述：Si 的配位数为 4，[SiO₄] 为四面体配位。O 的配位数为 2，Si—O 键长为 0.1544nm，O—Si—O 键角为 109.47°，Si—O—Si 键角为 180°，O—O 间距为 0.2521nm，Si—Si 间距为 0.3088nm。其结构特点是 Si 和 O 组成 [SiO₄] 四面体，彼此间以共用四面体的四个角顶相连，形成三维架状结构 [见图 3-11(b)]。它也可以看成是金刚石结构演化而成，金刚石结构中的每个碳原子位置被 [SiO₄] 四面体取代形成。

3.3.1.18　金红石型结构——金红石（rutile，TiO₂）

晶胞参数：$a=0.45933(6)$nm，$c=0.29580(2)$nm，$V=0.06241$nm³。空间群 $P4_2/mnm$（No.136），化学分子式 TiO_2，分子数 $Z=2$。原子坐标为 Ti($2a$, $m.mm$)：(0, 0, 0)；O($4f$, $m.2m$)：(0.30493(3)，0.30493(3)，0)[25]。

结构描述：金红石型结构（rutile）是 AX₂ 型化合物的典型结构之一。Ti 的配位数为 6，[TiO₆] 为八面体配位，Ti—O 键长为 0.1948nm(×4) 或 0.1981nm(×2)，平均键长为 0.1959nm，O—Ti—O 键角为 81.18°、90.0°或 98.82°。O 的配位数为 3，[OTi₃] 为三角形配位，Ti—O—Ti 的三个键角分别为 98.82°、130.59° 和 130.59°。钛（Ti）原子位于四方晶胞的角顶和体心，氧（O）原子位于面对角线（110）上，氧作六方最紧密堆积，钛位于其半数的八面体空隙之中；而氧则位于以钛为角顶所组成的平面三角形的中心，这样就形成了一种以 [TiO₆] 八面体为基础的晶体结构。每一个 [TiO₆] 八面体有两条棱与其上、下两个相邻的 [TiO₆] 八面体共用，从而形成了沿 c 轴方向延伸的比较稳定的 [TiO₆] 八面体链，链间则以 [TiO₆] 八面体共用角顶的形式相连接，形成三维结构 [见图 3-12(a)]。这一结构特征可以很好地解释金红石沿 c 轴伸长的柱状或针状晶形。

等结构：CrO_2，SiO_2（超石英，stishovite）。

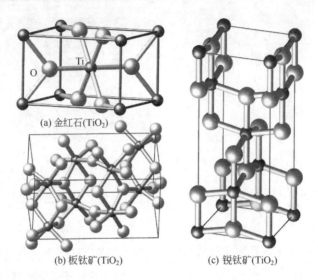

(a) 金红石(TiO_2)

(b) 板钛矿(TiO_2)

(c) 锐钛矿(TiO_2)

图 3-12　金红石（TiO_2）的晶体结构、板钛矿（TiO_2）的
晶体结构和锐钛矿（TiO_2）的晶体结构

3.3.1.19　板钛矿型结构——板钛矿（brookite，TiO_2）

晶胞参数：$a=0.9211(4)$ nm，$b=0.5472(4)$ nm，$c=0.5171(4)$ nm，$V=0.26063$ nm^3。空间群 $Pbca$（No. 61），化学分子式 TiO_2，分子数 $Z=8$。所有原子均在一般等效点系位置 $8c$（1）上，原子坐标为 Ti：（0.1290(2)，0.0999(2)，0.8628(2)）；O(1)：（0.0098(6)，0.1484(7)，0.1831(7)）；O(2)：（0.2322(6)，0.1117(8)，0.5366(7)）[26]。

结构描述：Ti 的配位数为 6，[TiO_6] 为八面体配位，O 的配位数为 3，每个氧（μ_3-O）同时连接三个 [TiO_6] 八面体，其中两个共棱相连的八面体通过该氧角顶与另一个八面体共角顶相连 [见图 3-12（b）]。Ti—O 键长为 0.1881～0.2050nm，平均键长为 0.1968nm，键角 O—Ti—O 为 77.87°～104.34°。[OTi_3] 为三角形配位，其 Ti—O—Ti 键角变化较大，Ti—O(1)—Ti 的三个键角分别为 99.93°、100.08°和 158.96°；Ti—O(2)—Ti 的三个键角分别为 100.36°、124.09° 和 134.83°。

3.3.1.20　锐钛矿型结构——锐钛矿（anatase，TiO_2）

晶胞参数：$a=0.37842(13)$ nm，$c=0.95146(15)$ nm，$V=0.13625$ nm^3。空间群 $I4_1/amd$ S（No. 141），化学分子式 TiO_2，分子数 $Z=4$。如原点取在高对称交点 $\overline{4}m2$ 上，$I4_1/amd$ S，原子坐标为 Ti(4a，$\overline{4}m2$)：（0，0，0）；O(8e，$2mm.$)：（0，0，0.2081(2)）。如原点取在对称中心 2/m 上，$I4_1/amd$ Z，原子坐标为 Ti(4a，$\overline{4}m2$)：（0，3/4，1/8）；O(8e，$2mm.$)：（0，3/4，0.3331 (2)）[27]。

结构描述：Ti 的配位数为 6，[TiO_6] 为八面体配位，其键长 Ti—O 为 0.1934nm

（×4）或 0.1980nm（×2），平均键长为 0.1949nm，键角 O—Ti—O 为 78.10°～101.90°。O 的配位数为 3，[OTi$_3$] 为三角形配位，Ti—O—Ti 的三个键角分别为 101.90°、101.90°和 156.20°。TiO$_2$ 的三种同质多象变体金红石、板钛矿和锐钛矿的晶体结构都是以 [TiO$_6$] 八面体共棱为基础的，但每个 [TiO$_6$] 与其它八面体的共棱的数目在金红石中为 2，在板钛矿中为 3，在锐钛矿中为 4（见图 3-12）。

3.3.1.21　刚玉型结构——刚玉（corundum，α-Al$_2$O$_3$）

晶胞参数：$a = 0.47602$（4）nm，$c = 1.29933$（17）nm，$\gamma = 120°$，$V = 0.25498$nm^3。空间群 $R\bar{3}c$（No.167），化学分子式 Al$_2$O$_3$，分子数 $Z=6$。原子坐标为 Al(12c，3.)：(0，0，0.35216(1))；O(18e，.2)：(0.30624(4)，0，1/4)[28]。

结构描述：Al 的配位数为 6，[AlO$_6$] 为八面体配位，其键长 Al—O 为 0.1855nm（×3）或 0.1972nm（×3），平均键长为 0.1913nm，O—Al—O 键角 79.63°～101.18°。O^{2-} 作六方最紧密堆积，堆积层垂直于三次轴，Al^{3+} 充填了由 O^{2-} 形成的八面体空隙数的 2/3，[AlO$_6$] 八面体稍有变形，它们以共棱连接构成层；O 为四次配位，为四个 Al 所围绕，Al—O—Al 键角为 84.64°～132.21°。在平行三次轴方向上，以八面体共面的方式构成两个实心的 [AlO$_6$] 八面体和一个空心的、由氧围成的 [□O$_6$] 八面体相间排列的氧八面体链，氧八面体链间通过共棱相连接。每一个 [AlO$_6$] 八面体在水平方向（即〈100〉方向）与周围三个 [AlO$_6$] 八面体共棱连接，在 [001] 方向分别与一个 [AlO$_6$] 八面体和 [□O$_6$] 空心八面体共面相连。[AlO$_6$] 八面体沿 c 轴方向构成三次螺旋对称轴（见图 3-13）。

同构化合物：Fe$_2$O$_3$（$a=0.50353(5)$nm，$c=1.37495(5)$nm，$V=0.3019$nm^3）。

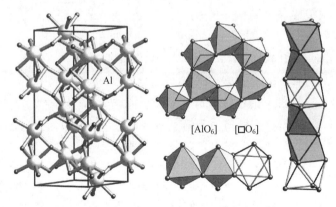

图 3-13　刚玉（Al$_2$O$_3$）的晶体结构

3.3.1.22　层状结构（一层）——水镁石 [brucite，Mg(OH)$_2$]

晶胞参数：$a = 0.31477$（1）nm，$c = 0.47717$（1）nm，$\gamma = 120°$，$V = 0.04094$nm^3。空间群 $P\bar{3}m1$（No.164），化学分子式 Mg(OH)$_2$，分子数 $Z=1$。原子坐标为 Mg(1a，$\bar{3}m$.)：(0，0，0)；O(2d，3m.)：(1/3，2/3，0.2190(3))；H (2d，3m.)：(1/3，2/3，0.43)[29]。

结构描述：镁（Mg）的配位数为6，[MgO₆]为八面体配位，其键长 Mg—O 为 0.2096nm（×6），O—Mg—O 键角为 82.69°～97.31°，氧（O）与周围 3 个 Mg 和一个 H 配位，形成三方单锥，Mg—O—Mg 键角为 97.31°。水镁石具有层状结构特征，其结构单元层由 OH⁻ 作紧密堆积，二价阳离子 Mg^{2+} 填充于其间的全部八面体空隙，形成三八面体型结构单元层，层间通过氢键相连。整个晶体结构只含一个结构单元层 [见图 3-14（a）]。

在层状硅酸盐化合物中，其八面体层可以看成是阴离子（OH⁻ 或 O^{2-}）作紧密堆积，阳离子（Al^{3+}、Mg^{2+} 等）填充于其间的八面体空隙之中，若全部的八面体空隙被阳离子（如 Mg^{2+}）所填充，则该结构称为三八面体型结构 [见图 3-15（a）]；如阳离子（如 Al^{3+}）只占据其中 2/3 的八面体空隙，则该结构称为二八面体型结构 [见图 3-15（b）]。

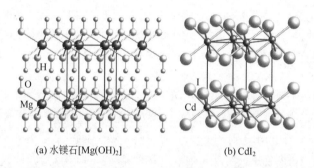

(a) 水镁石[Mg(OH)₂]   (b) CdI₂

图 3-14　水镁石 [Mg(OH)₂] 的晶体结构和 CdI₂ 的晶体结构

3.3.1.23　层状结构（一层）——CdI₂

晶胞参数：$a = 0.42445（1）$ nm，$c = 0.68642（3）$ nm，$\gamma = 120°$，$V = 0.1071nm^3$。空间群 $P\bar{3}m1$（No.164），化学分子式 CdI₂，分子数 $Z=1$。原子坐标为 Cd(1a，$\bar{3}m.$)：(0, 0, 0)；I(2d，$3m.$)：(1/3, 2/3, 0.2492)[30]。

结构描述：镉（Cd）的配位数为6，[CdI₆]为八面体配位，其键长 Cd—I 为 0.2988nm（×6），I—Cd—I 键角为 89.51°～90.49°，碘（I）与周围 3 个 Cd 配位，形成三方单锥，Cd—I—Cd 键角为 90.49° [见图 3-14（b）]，碘（I）偏离 3 个 Cd 所构成的底面达 0.1711nm。CdI₂ 具有与水镁石相同的晶体结构特征，也为层状结构，其结构单元层由 I 作紧密堆积，二价阳离子 Cd^{2+} 填充于其间的全部八面体空隙，形成三八面体型结构单元层，层间通过分子键相连。整个晶体结构只含一个结构单元层。三八面体型结构单元层 [图 3-15（a）] 与二八面体型结构单元层 [图 3-15（b）] 及 Kagomé 结构单元层 [图 3-15（c）、(d）] 的区别详见图 3-15。

3.3.1.24　层状结构（两层）——三水铝石 [gibbsite，Al(OH)₃]

晶胞参数：$a = 0.8684（1）$ nm，$b = 0.5078（1）$ nm，$c = 0.9736（2）$ nm，$\beta = 94.54（1）°$，$V = 0.42798nm^3$。空间群 $P2_1/n$（No.14），化学分子式 Al(OH)₃，分子数 $Z=8$。所有原子均位于一般等效点系 4e(1) 位置上[31]。

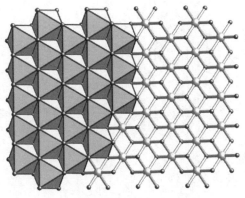

(a) 三八面体型结构(trioctahedral layer，
二价阳离子如Mg^{2+}占据全部八面体空隙)

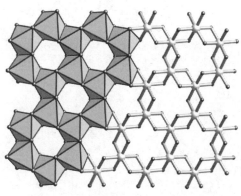

(b) 二八面体型结构(dioctahedral layer，三价阳离
子如Al^{3+}只占据其中三分之二的八面体空隙)

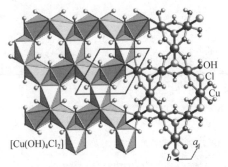

(c) Kagomé 结构单元层[//(0001),herbertsmithite，
$Cu_3Zn(OH)_6Cl_2$,阳离子如Cu^{2+}只占据其中四
分之三的八面体空隙]

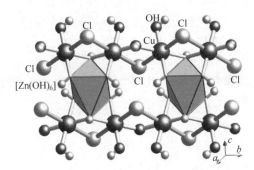

(d) Kagomé层间的连接方式

图 3-15　三八面体型结构、二八面体型结构、Kagomé 结构单元层和 Kagomé 层间的连接方式

结构描述：铝（Al）的配位数为 6，$[AlO_6]$ 为八面体配位，其 Al(1)—O 键长为 0.1832～0.1925nm，平均键长为 0.1902nm，O—Al—O 键角为 79.96°～97.36°，其 Al(2)—O 键长为 0.1862～0.1947nm，平均键长为 0.1905nm，O—Al(2)—O 键角为 78.83°～96.04°。

三水铝石具有层状结构特征，其结构单元层由 OH^- 作紧密堆积，三价阳离子 Al^{3+} 填充于其间的 2/3 的八面体空隙，形成二八面体型结构单元层 [见图3-15 (b)]，层间通过氢键相连 [见图3-16(a)]。整个晶体结构含有两个结构单元层。

3.3.1.25　层状结构（两层）——辉钼矿（molybdenite，MoS_2）

晶胞参数：$a=0.31602(1)nm$，$c=1.2294(4)nm$，$\gamma=120°$，$V=0.10633nm^3$。空间群 $P6_3/mmc$ （No.194），化学分子式 MoS_2，分子数 $Z=2$。原子坐标为 Mo($2c$，$\overline{6}m2$)：(1/3，2/3，1/4)；S($4f$，$3m.$)：(1/3，2/3，0.621(3))[32]。

结构描述：钼（Mo）的配位数为 6，$[MoS_6]$ 为三棱柱配位，其 Mo—S 键长为

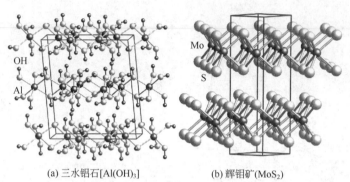

(a) 三水铝石[Al(OH)₃] (b) 辉钼矿(MoS₂)

图 3-16 三水铝石 [Al(OH)₃] 的晶体结构和辉钼矿（MoS₂）的晶体结构

0.2417nm，S—Mo—S 键角为 81.63°～135.66°，与理想的正八面体相比，其键长未发生变形，但键角变形较大，垂直于一组平行底面方向含三次旋转对称 [图 3-16(b)]。硫（S）与周围 3 个钼（Mo）配位，形成三方单锥，Mo—S—Mo 键角为 81.63°，硫（S）偏离 3 个钼（Mo）所构成的底面达 0.1586nm。

辉钼矿具有与三水铝石相似的晶体结构特征，其结构单元层由 S 作紧密堆积，二价阳离子 Mo^{2+} 填充于其间的全部八面体空隙，形成三八面体型结构单元层，层间通过分子键相连 [图 3-16(b)]。整个晶体结构含有两个结构单元层。

3.3.1.26 层状结构（三层）——CdCl₂

晶胞参数：$a = 0.38459（1）$nm，$c = 1.74931（4）$nm，$\gamma = 120°$，$V = 0.22408$nm³。空间群 $R\bar{3}m$（No.166），化学分子式 CdCl₂，分子数 $Z = 3$。原子坐标为 Cd($3a$, $\bar{3}m$)：$(0，0，0)$；Cl($6c$, $3m$)：$(0，0，0.2520(1))$[33]。

结构描述：镉（Cd）的配位数为 6，[CdCl₆] 为八面体配位，其 Cd—Cl 键长为 0.2637nm，Cl—Cd—Cl 键角为 86.37°或 93.63°，与理想的正八面体相比，其键长未发生变形，仅键角发生变形。氯（Cl）与周围 3 个镉（Cd）配位，形成三方单锥，Cd—Cl—Cd 键角为 93.63°，氯（Cl）偏离 3 个镉（Cd）所构成的底面达 0.1423nm。

CdCl₂ 也具有层状晶体结构特征，其结构单元层由 Cl^- 作紧密堆积，二价阳离子 Cd^{2+} 填充于其间的全部八面体空隙，形成三八面体型结构单元层，层间通过分子键相连（见图 3-17）。整个晶体结构含三个结构单元层。

单层结构的水镁石 [Mg(OH)₂] 和双层结构的三水铝石 [Al(OH)₃]，层间通过氢键（O—H···O）相结合，其 O 与 O 的间距分别为 $d_{O-O} = 0.3239$nm 和 $d_{O-O} = 0.2784～0.2894$nm。与之对应的单层结构的 CdI₂ 和三层结构的 CdCl₂，层间也通过与氢键类似的被称为卤素键（halogen bond）的弱键（即 I···I 或 Cl···Cl）相结合，其层间间距分别为 $d_{I-I} = 0.4226$nm 和 $d_{Cl-Cl} = 0.3721$nm。双层结构的辉钼矿（MoS₂）层间存在与石墨（层间 $d_{C-C} = 0.3356$nm）类似的分子键（S···S）——范德华键，层间间距为 $d_{S-S} = 0.3490$nm。

3.3.1.27 尖晶石（MgAl₂O₄）型结构——磁铁矿（magnetite，FeFe₂O₄）

磁铁矿的晶胞参数：$a = 0.83930（6）$nm，$V = 0.59122$nm³。空间群 $Fd\bar{3}m$。

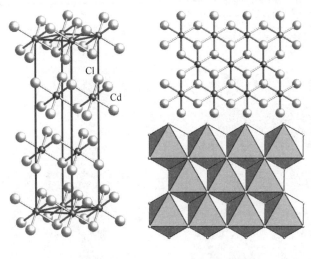

(a) CdCl₂结构　　　　(b) 八面体层结构

图 3-17　CdCl₂ 的晶体结构和八面体层结构

(No. 227)，化学分子式 $FeFe_2O_4$，分子数 $Z=8$。原子坐标为（原点取在对称中心 $\bar{3}m$ 上，$Fd\bar{3}mZ$）Fe^{2+}（$8a$，$\bar{4}3m$）：（1/8，1/8，1/8）；Fe^{3+}（$16d$，$.\bar{3}m$）：（1/2，1/2，1/2）；O（$32e$，$.3m$）：（0.2549(1)，0.2549(1)，0.2549(1)）[34]。

结构描述：Fe^{2+}（A）为四次配位，[$Fe^{2+}O_4$] 为正四面体配位，Fe^{2+}—O 键长 0.1888nm，O—Fe^{2+}—O 键角为 109.47°，四面体棱长 O—O 间距为 0.3083nm；Fe^{3+}（B）为六次配位，[$Fe^{3+}O_6$] 为八面体配位，Fe^{3+}—O 键长为 0.2058nm，O—Fe^{3+}—O 键角为 87.69°或 92.31°，八面体棱长 O—O 间距为 0.2851nm 或 0.2969nm，与理想的正八面体相比，其键长未发生变形，仅键角发生变形；每个阴离子氧（O^{2-}）与周围一个 Fe^{2+}（A）和三个 Fe^{3+}（B）配位形成三方单锥 [OAB_3]，单锥侧面 A—O—B 键角为 123.64°，单锥底面 B—O—B 键角为 92.27°。正尖晶石型结构（$A^{II}B_2^{III}O_4$）在单位晶胞中具有 32 个阴离子和 24 个阳离子。阴离子（O^{2-}）（位于 $32e$）呈立方最紧密堆积，堆积层与三次轴方向（即〈111〉）垂直，8 个 A 组二价阳离子（位于 $8a$）呈四次配位，充填于单位晶胞中 1/8 的四面体空隙之中 [共有 $2n$ 个四面体空隙（=64）]，16 个 B 组三价阳离子（位于 $16d$）为六次配位，充填在单位晶胞的半数八面体空隙中 [共有 n 个八面体空隙（=32）]。

全部由八面体配位的阳离子层 [见图 3-18(b)]，同四面体和八面体配位组成的混合阳离子层 [见图 3-18(a)]，交互地位于氧离子层之间。整个晶体结构由 [AO_4] 四面体和 [BO_6] 八面体连接而成。每个 [BO_6] 八面体与周围六个八面体共棱相连，它可以看成是一个平卧八面体的上下一对指向相反的三角形，共用其六条边，与周围六个八面体共棱连接，其中每三个八面体构成一个平面，并与 {111} 晶面族平行。八面体共面连接形成垂直于〈111〉方向的含六元环的八面体层 [见图 3-18(b)]，在该八面体层中，阳离子只占据 3/4 的八面体位置，含 1/4 的八面体空隙，构成典型的 Kagomé 结构单元层。[AO₄] 四面体位于四个不同方向的 {111} 晶面族六元环的中心，每一配位多面体角顶同为一个四面体和三个八面体所共有。

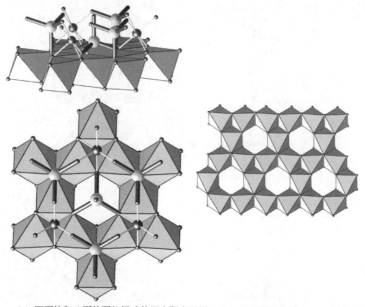

(a) 四面体和八面体配位组成的混合阳离子层　　(b) 八面体形成的Kagomé结构单元层

图 3-18　尖晶石的晶体结构 [二价 A^{II} 阳离子形成四面体配位（球棒形式表示），三价 B^{III} 阳离子形成八面体配位（多面体形式表示）]

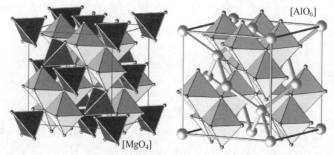

(a) A阳离子位于8a($\bar{4}3m$)上，形成四面体　　(b) B阳离子位于16d($.\bar{3}m$)上(如MgAl₂O₄
配位(如MgAl₂O₄的Mg²⁺，LiMn₂O₄的Li⁺)　　　的Al³⁺，LiMn₂O₄的Mn³·⁵⁺)形成八面体配位

图 3-19　尖晶石（AB_2O_4）的晶体结构

由于二价阳离子 R^{2+} 和三价阳离子 R^{3+} 既可以占据 A 组（8a）四面体位置，又可以占据 B 组（16d）八面体位置，依其分布特点不同可将尖晶石型结构进一步分为三种类型：①正尖晶石型结构 $[R^{2+}]_T[R^{3+}]_OO_4$，即单位晶胞中 8 个二价阳离子 R^{2+} 分布在四面体（以下标 T 表示）位置上，16 个三价阳离子 R^{3+} 分布在八面体（以下标 O 表示）位置上，如尖晶石和铬铁矿等矿物。②反尖晶石型结构

$[R^{3+}]_T[R^{2+}R^{3+}]_OO_4$，即单位晶胞中有 8 个三价阳离子 R^{3+} 在四面体位置，8 个二价阳离子 R^{2+} 和剩余的 8 个三价离子 R^{3+} 共同占据八面体位置，如磁铁矿。③混合型 $[(R^{2+}，R^{3+})]_T[(R^{2+}，R^{3+})]_OO_4$，二价和三价阳离子同时分布在四面体位置和八面体位置上。而实际情况则比较复杂，如磁铁矿文献中既有正尖晶石型结构报道，又有反尖晶石型结构报道。

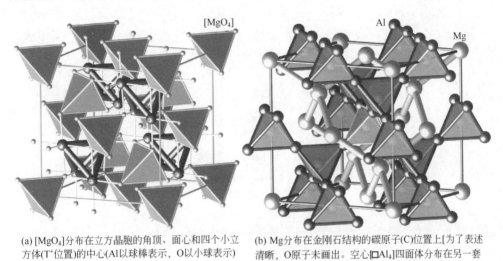

(a) [MgO₄]分布在立方晶胞的角顶、面心和四个小立方体(T⁺位置)的中心(Al以球棒表示，O以小球表示)　　(b) Mg分布在金刚石结构的碳原子(C)位置上[为了表述清晰，O原子未画出。空心[□Al₄]四面体分布在另一套被平移了(0.5，0，0)的碳原子(C)位置上]

图 3-20　尖晶石（MgAl₂O₄）的晶体结构

从拓扑结构看，尖晶石（AB_2O_4）的晶体结构可以看成是金刚石（$Fd\bar{3}m$）型结构演变而成的。[AO_4] 四面体（如 Mg^{2+}、Li^+）分布在立方晶胞的角顶、面心和四个小立方体（T⁺位置）的中心，即分布在金刚石结构中碳原子的位置上。四个 [BO_6] 八面体共棱连接形成 [B_4O_{16}] 四聚体，其中 B 阳离子按四面体位置分布，形成空心 [□Al_4] 四面体，它分布在立方晶胞的体心、棱的中心和剩余的四个小立方体（T⁻位置）的中心。即 [AO_4] 四面体分布在金刚石结构中的碳原子（C）位置上，[B_4O_{16}] 四聚体分布在另一套被平移了（0.5，0，0）的碳原子（C）位置上，或者说尖晶石中阳离子具有拉维斯相的 $MgCu_2$ 型结构排律方式（见图 3-19和图 3-20）。

3.3.1.28　钙钛矿型结构——钙钛矿（高温型）（perovskite，CaTiO₃）

晶胞参数：$a = 0.38873(2)$ nm，$V = 0.05874$ nm³ （1647K）。空间群 $Pm\bar{3}m$（No.221），化学分子式 CaTiO₃，分子数 $Z=1$。原子坐标为 Ti(0，0，0)；Ca(1/2，1/2，1/2)；O(0，1/2，0) {(1/2，0，0)；(0，0，1/2)}[35]。

结构描述：Ti 的配位数为 6，[TiO_6] 为正八面体配位，键长 Ti—O 为 0.1944nm（×6），键角 O—Ti—O 为 90°，八面体棱长 O—O 间距为 0.2749nm。Ca 的配位数为 12，[CaO_{12}] 为立方八面体配位，其键长 Ca—O 为 0.2749nm（×12），键角

O—Ca—O 为 60.00°或 120.00°，棱 O—O 间距为 0.2749nm。高温时钙钛矿为等轴晶系，在 1647K 时，其晶胞参数为 $a=0.38873(2)$nm，$Pm\bar{3}m$（No.221）；在 1548K 时，其四方晶胞参数为 $a=0.54872(7)$nm，$c=0.7766(2)$nm，$I4/mcm$（No.140）；其在室温时为斜方晶胞，$a=0.54280(2)$nm，$b=0.76268(3)$nm，$c=0.53709(2)$nm，空间群为 $Pnma$（No.62）。但通常意义上的钙钛矿型结构（perovskite structure type）指的是立方晶胞。在钙钛矿的晶体结构中，Ca^{2+} 位于立方晶胞的体心，Ti^{4+} 分布在立方晶胞的角顶，O^{2-} 位于棱的中心。$[TiO_6]$ 八面体彼此以共角顶相连构成架状结构，阳离子 Ca^{2+} 位于架状结构的空隙中，为 12 配位，呈立方八面体配位（见图 3-21）。

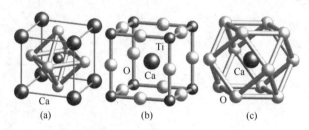

图 3-21　钙钛矿的晶体结构

3.3.2　常见锂电池材料相关晶体结构

典型晶体结构类型与常见电池材料见表 3-11。

表 3-11　典型晶体结构类型与常见电池材料

典型结构	原型化学式	空间群	常见电池材料
尖晶石型	$MgAl_2O_4$	$Fd\bar{3}m$	$LiMn_2O_4$，$Fe^{2+}Fe_2^{3+}O_4$
橄榄石型	Mg_2SiO_4	$Pnma$	$LiFePO_4$
硫化铬钠	$Na(CrS_2)$	$R\bar{3}m$	$Li(Mn_{1/3}Co_{1/3}Ni_{1/3})O_2$，$LiCoO_2$
金刚石	C	$Fd\bar{3}m$	α-Sn

3.3.2.1　钇铝榴石型结构（garnet）——钇铝榴石（YGA，$Y_3Al_5O_{12}$）

晶胞参数：$a=1.20062(5)$nm，$V=1.73068$nm³。空间群 $Ia\bar{3}d$（No.230），化学分子式 $Y_3Al_5O_{12}$，分子数 $Z=8$。原子坐标为 Y(24c, 2.22)：（1/8, 0, 1/4）；Al(1)（16a, .$\bar{3}$.)：（0, 0, 0）；Al(2)（24d, $\bar{4}$..)：（3/8, 0, 1/4）；O(96h, 1)：（$-0.0318(3)$, 0.0511(3), 0.1498(3)）[36]。

结构描述：Y 的配位数为 8，键长 Y—O 为 0.2317nm（×4）或 0.2437nm（×4)，平均键长为 0.2377nm。Al(1) 的配位数为 6，$[Al(1)O_6]$ 八面体含 $\bar{3}$ 对称，键长 Al(1)—O 为 0.1938nm（×6)，键角 O—Al(1)—O 为 87.22°（×6）或 92.78°（×6)，八面体棱 O—O 间距为 0.2674nm（×6）或 0.2807nm（×6)。Al(2) 的配位数为 4，$[Al(2)O_4]$ 四面体含 $\bar{4}$ 对称，Al(2)—O 键长 0.1754nm（×4)，

键角O—Al(2)—O 为 100.71° (×2) 或 114.02°(×4)，四面体棱 O—O 间距为 0.2701nm(×2) 或 0.2942nm(×4)。

在石榴子石晶体结构中，孤立的 [AlO₄] 四面体为 [AlO₆] 八面体所连接，其间形成一些较大的十二面体空隙，这些空隙实际上可视为畸变的立方体，Y 位于其中，每个八面体周围与六个四面体共角顶相连接。如把整个钇铝榴石的单位晶胞切分成八个小立方体 [见图 3-22(a)]，若不考虑 [AlO₆] 八面体及 [AlO₄] 四面体的空间取向，则每个小立方体的八个角顶和体心为 [AlO₆] 八面体 [见图 3-22(b)] 所占据，小立方体的六个面上分布有不同取向的 [AlO₄] 四面体和大阳离子 Y^{3+} [见图 3-22(a)、(c)]，其中 [AlO₄] 四面体通过共角顶连接位于小立方体角顶和体心的 [AlO₆] 八面体。每个 [AlO₄] 四面体连接周围四个 [AlO₆] 八面体 [见图 3-22(d)]，反之每个 [AlO₆] 八面体也连接周围六个 [AlO₄] 四面体 [见图 3-22(e)]，大阳离子 Y^{3+} 也位于六个 [AlO₄] 四面体所包围的空隙中 [见图 3-22(f)]。

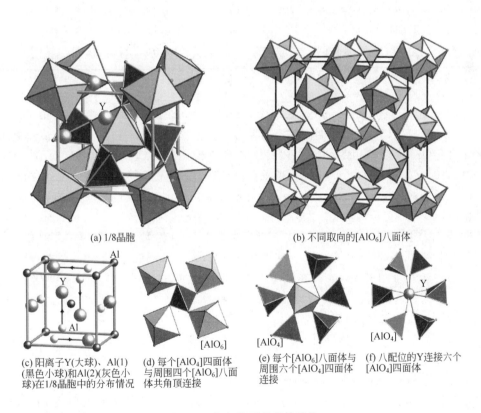

(a) 1/8晶胞

(b) 不同取向的[AlO₆]八面体

(c) 阳离子Y(大球)、Al(1)(黑色小球)和Al(2)(灰色小球)在1/8晶胞中的分布情况

(d) 每个[AlO₄]四面体与周围四个[AlO₆]八面体共角顶连接

(e) 每个[AlO₆]八面体与周围六个[AlO₄]四面体连接

(f) 八配位的Y连接六个[AlO₄]四面体

图 3-22　钇铝榴石的晶体结构

3.3.2.2　硅酸铁锂——$Li_2Fe^{II}SiO_4$

晶胞参数：$a = 0.82320(1)$nm，$b = 0.50168(7)$nm，$c = 0.82348(2)$nm，$\beta =$

$99.177(8)^\circ$，$V=0.33573\text{nm}^3$。空间群 $P2_1/n$（No.14），化学分子式 $\text{Li}_2\text{Fe}^{II}\text{-}$ SiO_4，分子数 $Z=4$。单位晶胞内所有原子均位于 $4e$ 一般等效点系位置上，其原子坐标为 $\text{Li}(1)(0.663(1)，0.785(1)，0.669(4))$；$\text{Li}(2)(0.585(3)，0.193(1)，0.084(3))$；$\text{Fe}(0.2869(4)，0.7980(1)，0.5442(3))$；$\text{Si}(0.0342(4)，0.814(3)，0.8016(2))$；$\text{O}(1)(0.862(3)，0.695(1)，0.822(1))$；$\text{O}(2)(0.420(5)，0.205(5)，0.886(2))$；$\text{O}(3)(0.687(5)，0.781(3)，0.434(5))$；$\text{O}(4)(0.965(4)，0.863(3)，0.214(5))$)[7]。

锂离子正极材料 Li_2MSiO_4（M＝Fe，Mn，Co，Ni）形成多种同质多象变体。它可以看成是阴离子作畸变的六方密堆积，阳离子占据其半数的四面体空隙。

① $Pmn2_1$（No.31）（sub-cell）：$a=0.62695(5)\text{nm}$，$b=0.53454(6)\text{nm}$，$c=0.49624(4)\text{nm}$。四面体只通过共角顶连接，所有四面体均指向 c 轴方向。锂氧四面体 $[\text{LiO}_4]$ 链沿 a 轴延伸，平行于由硅氧四面体 $[\text{SiO}_4]$ 和过渡金属 $[\text{MO}_4]$ 四面体相间排列共角顶相连的链 [见图 3-23(a) 和（d)]。

② $Pmnb$（No.62）：$a=0.62855(4)\text{nm}$，$b=1.06594(6)\text{nm}$，$c=0.50368(3)$ nm。硅氧四面体 $[\text{SiO}_4]$ 通过共角顶与周围四个过渡金属 $[\text{MO}_4]$ 四面体相连，形成平行于（010）、无限延伸的、褶皱状硅-过渡金属 $[\text{SiMO}_4]^\infty$ 四面体层，反之亦然。$[\text{LiO}_4]$ 介于两个 $[\text{SiMO}_4]^\infty$ 四面体层之间，$[\text{LiO}_4]$—$[\text{FeO}_4]$—$[\text{LiO}_4]$共棱连接形成三聚体 [见图 3-23(b) 和（e)]。

③ $P2_1/n$（No.14）：$a=0.82320(1)\text{nm}$，$b=0.50168(7)\text{nm}$，$c=0.82348(2)$ nm，$\beta=99.177(8)^\circ$。半数四面体指向反方向，锂氧四面体 $[\text{LiO}_4]$ 之间及锂氧四面体 $[\text{LiO}_4]$ 与铁氧四面体 $[\text{FeO}_4]$ 之间共棱连接。锂（Li）、铁（Fe）和硅（Si）的配位数均为4，$[\text{Li}(1)\text{O}_4]$四面体的 Li(1)—O 键长为 $0.1881\sim0.2070\text{nm}$，平均键长为 0.1970nm，O—Li(1)—O 键角为 $94.08^\circ\sim116.46^\circ$；$[\text{Li}(2)\text{O}_4]$ 四面体的 Li(2)—O 键长为 $0.1950\sim0.2013\text{nm}$，平均键长为 0.1972nm，O—Li(2)—O 键角为 $96.21^\circ\sim118.77^\circ$；$[\text{FeO}_4]$ 四面体的 Fe—O 键长为 $0.1939\sim0.2128\text{nm}$，平均键长为 0.2029nm，O—Fe—O 键角为 $91.02^\circ\sim132.98^\circ$；$[\text{SiO}_4]$ 四面体的 Si—O 键长为 $0.1572\sim0.1736\text{nm}$，平均键长为 0.1633nm，O—Si—O 键角为 $103.86^\circ\sim116.00^\circ$。在硅酸铁锂晶体结构中，每个金属阳离子（$\text{Li}^+$、$\text{Fe}^{2+}$ 和 Si^{4+}）周围均被四个阴离子氧（O^{2-}）所包围，分别形成锂氧 $[\text{LiO}_4]$、铁氧 $[\text{FeO}_4]$ 和硅氧 $[\text{SiO}_4]$ 四面体配位，同时每个阴离子周围也被四个阳离子所包围，形成 $[\text{O}(\text{FeSiLi}_2)]$ 四面体。硅氧四面体 $[\text{SiO}_4]$ 的每个角顶氧与一个铁氧四面体 $[\text{FeO}_4]$ 和两个锂氧四面体 $[\text{LiO}_4]$ 共用角顶相连。$[\text{Li}(1)\text{O}_4]$ 四面体与 $[\text{FeO}_4]$ 四面体共棱形成 LiFeO_6 二聚体，$[\text{Li}(2)\text{O}_4]$ 四面体之间也形成 Li_2O_6 二聚体。整个结构可以看成是硅氧四面体 $[\text{SiO}_4]$、锂铁氧二聚体 LiFeO_6 和锂氧二聚体 Li_2O_6 共角顶相连形成的三维架状晶体结构 [见图 3-23(c) 和（f)]。

3.3.2.3　层状结构——LiCoO_2

晶胞参数：$a=0.28161(5)\text{nm}$，$c=1.40536(5)\text{nm}$，$\gamma=120^\circ$，$V=$

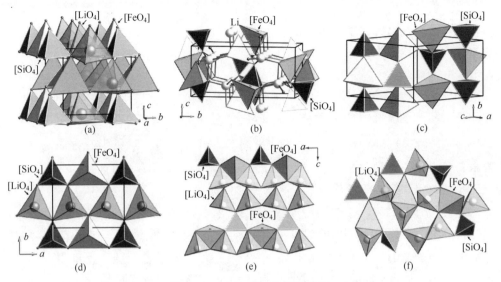

图 3-23　Li₂FeSiO₄ 的晶体结构

0.09652nm³。空间群 $R\bar{3}m$（No.166），化学分子式 LiCoO₂，分子数 $Z=3$。原子坐标为 Li($3a$，$\bar{3}m$)：（0，0，0）；Co($3b$，$\bar{3}m$)：（0，0，0.5）；O($6c$，$3m$)：（0，0，0.23951(15)）[37]。

　　锂（Li）和钴（Co）的配位数均为 6，[LiO₆] 八面体的 Li—O 键长为 0.2093nm（×6），O—Li—O 键角为 84.54°（×6）或 95.46°（×6）；[CoO₆] 八面体的 Co—O 键长为 0.1921nm，O—Co—O 键角为 85.75°（×6）或 94.25°（×6），与理想的正八面体相比，其键长未发生变形，仅键角发生变形，这是由于八面体受其位置对称（$\bar{3}m$）制约。每个 [CoO₆] 八面体与周围六个相同的 [CoO₆] 八面体共棱相连，构成 //(0001) 的 [CoO₆] 三八面体层（trioctahedral layer）[见图 3-24(b)]，同时它还与上、下两层的各三个 [LiO₆] 八面体共棱相连 [见图 3-24(c)]，Li 也按 Co 的相同方式排列，反之亦然。整个晶体结构由 [CoO₆] 三八面体层与 [LiO₆] 三八面体层沿 c 轴方向交替堆垛而成 [见图 3-24(a)]。

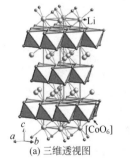

(a) 三维透视图

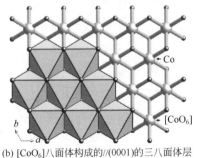

(b) [CoO₆]八面体构成的//(0001)的三八面体层

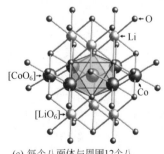

(c) 每个八面体与周围12个八面体共棱相连接

图 3-24　LiCoO₂ 的晶体结构

$LiCoO_2$ 是目前商用化最广的锂离子电池正极材料，因钴资源匮乏，层状高钴正极材料成为众多科研工作者的研究对象。$Li(Co_{1-2x}Mn_xNi_x)O_2$ 具有与 $LiCoO_2$ 大致相同的晶体结构。

3.3.2.4 FeF₃

晶胞参数：$a=0.51980(5)\text{nm}$，$c=1.3338(2)\text{nm}$，$\gamma=120°$，$V=0.3121\text{nm}^3$。空间群 $R\bar{3}c$（No.167），化学分子式 FeF_3，分子数 $Z=6$。原子坐标为 Fe$(6b$，$\bar{3}.)$：$(0，0，0)$；F$(18e，.2)$：$(0.4122(7)，0，0.25)$，它属于三方晶系（注：点群符号中第一位只含3或 $\bar{3}$ 者为三方晶系，含6或 $\bar{6}$ 者为六方晶系)[38]。

早期，三方晶系晶体其晶胞常取成菱面体晶胞，如 $a=b=c=0.5362(1)\text{nm}$，$\alpha=\beta=\gamma=57.94(2)°$，$V=0.10386\text{nm}^3$，$Z=2$，空间群为 $R\bar{3}c$。该晶胞取向目前已较少使用，一般需要将其转化为六方定向（$a=b\neq c$，$\alpha=\beta=90°$，$\gamma=120°$），转换矩阵为（$1\bar{1}0/\bar{1}01/\bar{1}\bar{1}\bar{1}$）（参见 ITC-A，2005，第5版，753页)[3]，可得 $a=b=0.51942\text{nm}$，$c=1.3335\text{nm}$，$\alpha=\beta=90°$，$\gamma=120°$，$V=0.31157\text{nm}^3$，$Z=6$。新的晶胞称为三方晶系六方定向，相应的空间群表示为 $R\bar{3}c$H，晶胞扩大三倍，表现为 c 轴较长，它为原晶胞对角矢量模的三倍。XRD 的所有衍射点满足 $-h+k+l=3n$ 的衍射条件。菱面体晶胞的原子坐标为 Fe$(2b)$：$(0，0，0)$；F$(6e)$：$(-0.1607(1)$，$0.6607(1)，0.25)$。

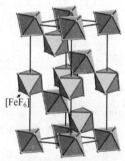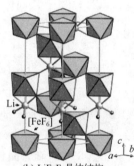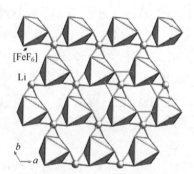

(a) FeF₃晶体结构，F⁻作最紧密堆积，Fe³⁺占据1/3八面体空隙

(b) LiFeF₃晶体结构

(c) //(0001)投影图，F⁻作最紧密堆积，Fe³⁺和Li⁺各占据1/3八面体空隙

图 3-25 晶体结构比较

铁（Fe）的配位数为6，$[FeF_6]$ 八面体的 Fe—F 键长为 $0.1922\text{nm}(\times6)$，F—Fe—F 键角为 $89.91°(\times6)$ 或 $90.09°(\times6)$，八面体的棱长 F—F 为 0.2717nm（$\times6$）或 $0.2721\text{nm}(\times6)$。与理想的正八面体相比，其键长和键角几乎未发生任何变形。整个晶体结构可以看成是 $[FeF_6]$ 八面体通过共角顶连接形成的三维架状结构 [见图 3-25(a)]。也可以看成是 F⁻ 作六方最紧密堆积，Fe^{3+} 占据其 1/3 的八面体空隙，而 $LiFeF_3$ 结构可以看成是 Li^+ 和 Fe^{2+} 各占据其 1/3 的八面体空隙[39] [见图 3-25(b) 和 (c)]。

3.3.2.5 橄榄石型结构——镁橄榄石 [forsterite，$Mg_2(SiO_4)$]

晶胞参数：$a = 0.4757(1)$ nm，$b = 1.0197(1)$ nm，$c = 0.5982(1)$ nm，$V = 0.29017$ nm^3。空间群 $Pbnm$（No. 62），化学分子式 $Mg_2(SiO_4)$，分子数 $Z=4$。原子坐标为 Si($4c$，$.m.$)：(0.07351(4)，0.59404(3)，0.25)；Mg(1)($4a$，$\bar{1}$)：(0.5，0.5，0.5)；Mg(2)($4c$，$.m.$)：(0.50841(6)，0.77731(3)，0.25)；O(1)($4c$，$.m.$)：(0.73395(10)，0.59144(5)，0.25)；O(2)($4c$，$.m.$)：(0.22174(11)，0.44715(5)，0.25)；O(3)($8d$，1)：(0.22272(8)，0.66312(4)，0.46692(7))[40]。

镁（Mg）的配位数为6，[MgO_6]为八面体配位，其 Mg(1)—O 键长为 0.2069～0.2132nm，平均键长为 0.2095nm，O—Mg(1)—O 键角为 74.95°～105.05°；其 Mg(2)—O 键长为 0.2049～0.2211nm，平均键长为 0.2131nm，O—Mg(1)—O 键角为 71.89°～96.70°。硅（Si）的配位数为4，[SiO_4]为四面体配位，其 Si—O 键长为 0.1616～0.1656nm，平均键长为 0.1637nm，O—Si—O 键角为 101.80°～116.12°。氧（O）的配位数为4，它同时与一个硅（Si）和三个镁（Mg）相连，形成"一短三长"的近似三方单锥的[$OSiMg_3$]配位。[$Mg(1)O_6$]八面体通过共用一对棱，连接形成沿 c 轴延伸的八面体链，该八面体链位于（001）面的角顶和中心。[$Mg(2)O_6$]八面体位于[$Mg(1)O_6$]八面体链之间，每个[$Mg(2)O_6$]八面体同时连接三条八面体链，其一侧通过共用两条棱与一条[$Mg(1)O_6$]八面体链相连接，另一侧通过共角顶与两条[$Mg(1)O_6$]八面体链相连接。硅氧四面体[SiO_4]位于八面体间隙之中，并通过共角顶连接八面体链[见图 3-26(a) 和 (b)]。

等结构：$LiFePO_4$。

3.3.2.6 自然硫 γ-S

晶胞参数：$a = 0.8163(1)$ nm，$b = 1.3040(2)$ nm，$c = 0.8386(1)$ nm，$\beta = 112.78(1)°$，$V = 0.82302$ nm^3。空间群 $P2/n$（No. 13），化学分子式 S_8，分子数 $Z=4$。八个硫的原子坐标均在一般等效点系位置 $4g$(1) 上[41]。

硫（sulfur）是目前存在同素异形体（allotropes）种类最多的元素，通常存在 S_n 环分子，其中已知结构的变体（modifications）有 $n=6$～14、18 和 20，以 D_{4d} 的 S_8 [见图 3-26(c)] 和 D_{3d} 的 S_{12} 最稳定。

3.3.2.7 $LiFePO_4$

晶胞参数：$a = 1.0332(4)$ nm，$b = 0.6010(5)$ nm，$c = 0.4787(5)$ nm，$V = 0.29725$ nm^3。空间群 $Pnma$（No. 62），化学分子式 $LiFePO_4$，分子数 $Z=4$。原子坐标为 Li(1)($4a$，$\bar{1}$)：(0，0，0)；Fe(1)($4c$，$.m.$)：(0.28221(2)，0.25，0.97473(1))；P(1)($4c$，$.m.$)：(0.09485(3)，0.25，0.41921(7))；O(1)($4c$，$.m.$)：(0.0968(1)，0.25，0.7430(2))；O(2)($4c$，$.m.$)：(0.4567(1)，0.25，0.2060(2))；O(3)($8d$，1)：(0.16567(8)，0.0466(1)，0.2847(1))。

Li^+ 和 Fe^{2+} 在晶体结构中均与氧形成八面体配位，[LiO_6]八面体彼此间共棱

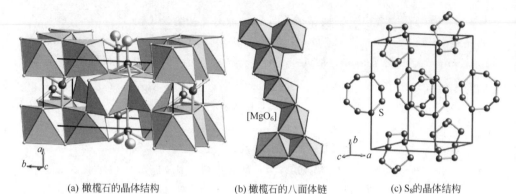

(a) 橄榄石的晶体结构　　　　(b) 橄榄石的八面体链　　　　(c) S_8 的晶体结构

图 3-26　橄榄石的晶体结构、橄榄石的八面体链和 S_8 的晶体结构

连接形成沿 b 轴方向延伸的直线状单链，链间通过 $[PO_4]$ 连接形成 // (100) 的含锂八面体层 [见图 3-27(a)]。每个 $[FeO_6]$ 八面体与周围四个铁氧八面体彼此间共角顶连接成 // (100) 的含铁八面体层 [见图 3-27(b)]。

$[PO_4]$ 四面体三角形底面的两条棱与 $[LiO_6]$ 八面体直链以共棱的方式连接两个 $[LiO_6]$ 八面体 [见图 3-27(a) 中虚线椭圆所示]，与底面相对的顶角则与另一条 $[LiO_6]$ 八面体直链以共角顶的方式连接两个 $[LiO_6]$ 八面体，即每个 $[PO_4]$ 四面体同时连接四个 $[LiO_6]$ 八面体。$[PO_4]$ 四面体三角形底面的另一条棱也与一个 $[FeO_6]$ 八面体共棱连接 [见图 3-27(b)]，此外，$[PO_4]$ 四面体每个角顶还分别与一个 $[FeO_6]$ 八面体共角顶连接，即每个 $[PO_4]$ 四面体同时连接五个 $[FeO_6]$ 八面体。

$[PO_4]$ 四面体与 $[FeO_6]$ 八面体以共棱或共角顶的方式可单独连接形成三维架状结构 [见图 3-27(c)]，其中含沿 b 方向延伸的"孔道"，$[LiO_6]$ 八面体直链位于"孔道"之中 [见图 3-27(d)]，分布于晶胞的 $(0, y, 0)$ 和 $(0.5, y, 0.5)$ 的位置上。

3.3.2.8　LiMn₂O₄

晶胞参数：$a = 0.82399(1)$ nm，$V = 0.55946$ nm³。空间群 $Fd\bar{3}m$（No. 227），化学分子式 Li(Mn_2O_4)，分子数 $Z = 8$。原点取在对称中心 $\bar{3}m$ 上（$Fd\bar{3}mZ$），原子坐标为 Li^+（$8a$，$\bar{4}3m$）：$(1/8, 1/8, 1/8)$；$Mn^{3.5+}$（$16d$，$.\bar{3}m$）：$(1/2, 1/2, 1/2)$；O（$32e$，$.3m$）：$(0.2627(1), 0.2627(1), 0.2627(1))$。如原点取在 $\bar{4}3m$ 上（$Fd\bar{3}mS$），则 Li(1)（$8a$，$\bar{4}3m$）：$(0, 0, 0)$；$Mn^{3.5+}$（$16d$，$.\bar{3}m$）：$(0.625, 0.625, 0.625)$；O(1)（$32e$，$.3m$）：$(0.3878, 0.3878, 0.3878)$。

$LiMn_2O_4$ 具有尖晶石（$MgAl_2O_4$）型结构。从拓扑结构上看，$LiMn_2O_4$ 的晶体结构可以看成是金刚石（$Fd\bar{3}m$）型结构演变而成的。$[LiO_4]$ 四面体分布在立方面心晶胞的角顶、面心和四个小立方体（T^+ 位置）的中心，即分布在金刚石结构中碳原子的位置上。四个 $[MnO_6]$ 八面体共棱连接形成 $[Mn_4O_{16}]$ 四聚体，$[Mn_4O_{16}]$ 四聚体的中心阳离子在空间上形成空心 $[\square Mn_4]$ 四面体，空心 $[\square Mn_4]$ 四面体分

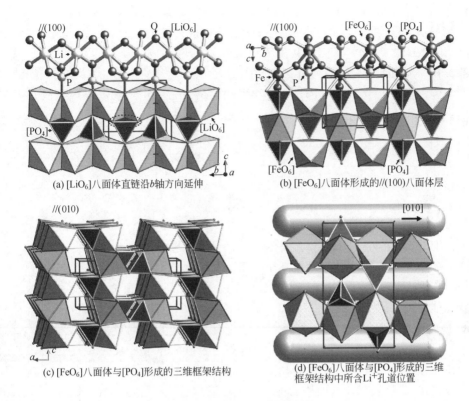

(a) [LiO₆]八面体直链沿b轴方向延伸 　　　　(b) [FeO₆]八面体形成的//(100)八面体层

(c) [FeO₆]八面体与[PO₄]形成的三维框架结构　　(d) [FeO₆]八面体与[PO₄]形成的三维框架结构中所含Li⁺孔道位置

图 3-27　LiFePO₄ 的晶体结构

布在立方晶胞的体心、棱的中心和剩余的四个小立方体（T⁻ 位置）的中心。即 [LiO₄] 四面体分布在金刚石结构中的碳原子（C）位置上，空心 [□Mn₄] 四面体分布在另一套被平移了（0.5，0，0）的碳原子（C）位置上，或者说 LiMn₂O₄ 中阳离子具有拉维斯相的 MgCu₂ 型结构排列方式（见图 3-18～图3-20）。

3.3.2.9　Li(Ni₁/₃Mn₁/₃Co₁/₃)O₂

晶胞参数：$a=0.28463\text{nm}$，$c=1.41895\text{nm}$，$\gamma=120°$，$V=0.09955\text{nm}^3$。空间群 $R\bar{3}m$（No.166），化学分子式（$\text{Li}_{0.977}\text{Ni}_{0.023}$）（$\text{Li}_{0.023}\text{Ni}_{0.310}\text{Co}_{0.333}\text{Mn}_{0.333}$）$\text{O}_2$，分子数 $Z=3$。原子坐标为 Li(1)（3b，$\bar{3}m$）：（0，0，0.5），占位度 Li(1) 0.977、Ni(1) 0.023；Li(2)（3a，$\bar{3}m$）：（0，0，0），占位度 Li(2) 0.023、Ni(2) 0.310、Co(1) 0.333、Mn(1) 0.333；O(1)（6c，3m）：（0，0，0.2593）。

锂离子主要分布在 3b 位置上，少量 Li 位可被 Ni 取代；Ni(Co，Mn) 主要分布在 3a 位置上。锂与氧形成 [LiO₆] 八面体配位，Li—O 键长为 0.2104nm（×6），O—Li—O 键角为 85.11°或 94.89°；Ni(Co，Mn) 与氧也形成 [(Ni/Co/Mn)O₆] 八面体配位，Ni(Co，Mn)—O 键长为 0.1950nm（×6），O—Ni(Co，Mn)—O 键角为 86.28°或 93.72°；有趣的是，氧也形成八面体配位，形成 [OLi₃(Ni/Co/Mn)₃] 八

面体。整个晶体结构可以看成是［LiO₆］三八面体层（trioctahedral layer）与［Ni(Co,Mn)O₆］三八面体层沿 c 轴方向交替堆跺而成［见图 3-24(a)］。也可以看成每个［OLi₃(Ni/Co/Mn)₃］八面体共用所有 12 条棱堆积而成。

3.3.2.10　Nasicon 结构——Na₄Zr₂(SiO₄)₃

晶胞参数：$a=0.9186(6)$nm，$c=2.2186(7)$nm，$\gamma=120°$，$V=1.6213$nm³。空间群 $R\bar{3}c$（No.167），化学分子式 Na₄Zr₂(SiO₄)₃，分子数 $Z=6$。原子坐标为 Na(1)（$6b$，$\bar{3}$.）：$(0,0,0)$；Na(2)（$18e$，.2）：$(-0.3617(1),0,0.25)$；Zr(1)（$12c$，3.）：$(0,0,0.14675(1))$；Si(1)（$18e$，.2）：$(0.29688(7),0,0.25)$；O(1)（$36f$，1）：$(0.1855(2),0.1666(1),0.08495(5))$；O(2)（$36f$，1）$(0.1842(1),-0.0172(2),0.19124(6))$。

　　Na(1) 位于三次旋转反伸轴上，它与氧构成［Na(1)O₆］反三棱柱，并位于 c 轴方向上上、下两个［ZrO₆］八面体之间，共面相连接形成 Zr-Na-Zr 三聚体，上、下两个 Zr-Na-Zr 三聚体之间通过三个［SiO₄］四面体共角顶相连，形成 // ［0001］延伸的链状结构［见图 3-28(c)］，链之间通过［SiO₄］共角顶进一步连接形成三维架状晶体结构（见图 3-28），Na(2) 位于其间形成的空隙之中。［ZrO₆］八面体和［Na(1)O₆］反三棱柱的六个角顶分别与一个［SiO₄］四面体共角顶相连，每个［SiO₄］四面体连接四个［ZrO₆］八面体和两个［Na(1)O₆］反三棱柱。Na(2) 呈八面体状分布在［ZrO₆］八面体和［Na(1)O₆］反三棱柱四周，形成 Zr-Na-Zr 三聚体被包裹在三个 Na(2) 八面体之中。

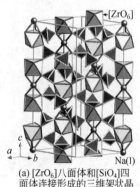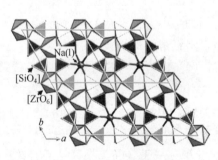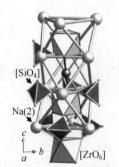

(a) [ZrO₆]八面体和[SiO₄]四面体连接形成的三维架状晶体结构

(b) //(0001)投影图

(c) Na(2)呈八面体状分布于[ZrO₆]八面体和[Na(1)O₆]反三棱柱周围

图 3-28　Na₄Zr₂(SiO₄)₃ 的晶体结构

3.4　X 射线衍射技术

3.4.1　连续 X 射线和特征 X 射线

　　X 射线的产生是通过 X 射线管的阴、阳两极间的巨大电位差，使阴极热电子快速移动，并在阳极靶面（如 Cu）骤然停止其运动来实现的，此时电子的动能，除大部分转变成热能外，可部分转变成 X 光能，以 X 射线光子的形式向外辐射。通常常规实验室的 X 射线是通过 X 射线管产生的。

所谓 X 射线管为一个由玻璃（或陶瓷）制造的圆柱形管子，管内抽成真空，管中气压小于 10^{-4} Pa 或 10^{-6} Torr。X 射线管的核心部件由阴极灯丝（钨丝）和阳极靶面（通常为金属铜或钼）组成，阴极和阳极之间加以负高压，一般为 40～50kV。阴极灯丝由一细的钨丝绕成一长的螺旋圈制成，一般灯丝大小为 1mm×10mm、$\phi = 0.2$mm。它用来发射电子，发射的热电子在聚焦罩的作用下汇聚成线状，高压可使钨丝（tungsten filament）周围的热电子向阳极加速移动，轰击在光滑的阳极金属靶面上。

阳极靶面为某种金属的光滑面，当高速运动的电子轰击阳极靶面时，电子骤然停止其运动，此时电子的能量大部分变为热能，只有百分之几以下的能量转变成 X 射线，因此，阳极靶材料需要由耐高温、化学性质稳定且导热性良好的金属材料制成，常用的金属靶材料有铜、铁、铬、钴、钼、银等。同时，因大部分能量转变成热能，为了使靶材料受热不至于熔化损坏 X 射线管，必须用循环冷却水冷却靶材料，从 X 射线管流出的水温不得超过 30℃，目前市场上已出现风冷的 X 射线管。

在 X 射线管上，一般开有四个铍（Be）窗口（beryllium window）（注意：铍有毒，不可触摸），两两相对各成 90°角。两两相对窗口的中心连线与靶面平行，它与靶中心和窗口中心的连线呈 5°～10°的角度，称取出角。与灯丝线性方向平行的两个窗口所取出的 X 射线为线状焦斑，线焦斑大小约为 1mm×10mm，通常用于粉末 X 射线衍射。与线形灯丝两端相对的两个窗口为点焦斑，主要用于单晶 X 射线衍射，但目前市场上已出现点焦斑用于微区 X 射线粉末衍射的技术。早期的 X 射线管由玻璃管制成，目前已改进为精密陶瓷 X 射线管，其优点是克服了玻璃管在熔接时有一个软化的过程，因灯丝的位置不能准确定位，在更换 X 射线管时需要重新调整仪器的光路系统，而陶瓷管灯丝位置精确，无须重新调整光路。

除了以上介绍的封闭式 X 射线管以外，还有另外一类常见的 X 射线发生器，称为旋转阳极 X 射线发生器（rotating anode generators），其关键技术是阳极靶面制成圆形靶面，靶面可以高速旋转（2000～6000r/min），电子束在轰击靶面时不是固定在阳极靶面的同一点上的，这样就避免了因功率提高而损毁靶面。因此，可以将 X 射线管分为两类：靶面固定不动的玻璃（陶瓷）管称为固定靶，而将阳极靶面旋转的 X 射线发生器称为转靶。转靶 X 射线发生器结构复杂，它并不能够封闭在一个密封的玻璃或陶瓷管内，它需要有一个相对独立、较大空间的真空系统，真空腔采用磁密封技术密封，它需要通过机械泵和分子泵两级抽真空系统才能实现高真空。在开启 X 射线之前，必须预先开启真空系统。其优点：功率大，相对封闭管最大功率仅为 2kW，而转靶功率可高达 12～18kW 以上，但仪器结构相对较复杂，使用和维护成本较高。

为实现上述 X 射线的发生，除了 X 射线管和水冷却系统外，还需要有控制系统和高压发生器。在 X 射线发生器的阴、阳极之间存在数万伏的高压差，为了安全起见，阳极需良好接地，阴极为负高压。

从阳极靶面发射出来的 X 射线按其波长不同，可分为连续 X 射线（或称白色 X 射线）和特征 X 射线。连续 X 射线主要是由快速移动的电子撞击金属靶面突然停止其运动而产生的，由能量不确定的波长组成。每一个快速运动的电子，由于其骤然停止运动，它的动能一部分变为热能，一部分变为一个或几个 X 射线光子。由于电子的动能转变为 X 射线的能量有多有少，所以放出的 X 射线的频率有所不同，由于其能量（$\Delta E = h\nu$）是随机的、可变的，因此其 X 射线波长也无固定的值，这种 X 射线也被称为白色 X 射线。

白色 X 射线谱其波长是连续的，但是存在一个最短的极限波长，这相当于某些电子把其全部能量毫无损失地转变为 X 射线光子时的值，此时频率最大。白色 X 射线的最短波长与加速电压有关：

$$E = h\nu = eV = h\nu_{\max} = hc/\lambda_{swl}$$

式中，h 为普朗克常数；c 为光速；e 为电子电荷；V 为加速电压。

最短波长 $\lambda_{swl} = 6.6260755 \times 10^{-34} \text{J} \cdot \text{s} \times 2.99792458 \times 10^8 \text{m/s}/(1.60217733 \times 10^{-19} \text{J} \times V) = 12.39842 \times 10^{-7}/V = 12398.42 \times 10^{-10}/V$。因此，白色 X 射线的最短波长（单位：$10^{-10}$ m）为 $\lambda_{swl} = 12398.42/V$，其中 V 为加速电压，单位为 V。若加速电压为 1000V，X 射线的最短波长为 1.24nm，而相同的加速电压，电子波的波长比 X 射线的波长短得多，1000V 加速电压电子波的波长可达 39pm。因而电子衍射角度比 X 射线衍射角度小许多（通常前者约 1°～2°，后者可达几十度）。

X 射线管所发射的连续 X 射线谱每秒的总强度与 X 射线管加速电压、电流和原子序数有关，其强度大致可用 Beatty 公式表达：

$$I_{cont} = 1.4 \times 10^{-9} ZiV^2$$

式中，i 为加速电流；Z 为靶材料的原子序数；V 为加速电压。

X 射线管管流的变化使连续谱的强度成正比例地变化，这是因为达到靶面的电子数目正比于管流。同样，靶材料的原子序数对于连续谱的强度具有与电流大致相同的影响，因为每一种靶材料原子轨道的电子数目与原子序数 Z 成正比。

X 射线管加速电压对强度的影响作用最为显著。随着加速电压的增大 ［见图 3-29(a)］：①整个连续谱的任何波长的强度都相应增加，因为灯丝加速电子的速度越来越高，遭遇原子突然减速的电子数也越来越多；②最短波长（λ_{swl}）和最高强度波长（$\lambda_{I,\max}$）按照公式 $\lambda_{swl} = 12398/V$ 逐渐向短波方向移动，X 射线的最短波长只与电压有关，与管电流和阳极材料无关；③最高强度波长（$\lambda_{I,\max}$）及其邻近波长的强度迅速增加，强度最大的波长（$\lambda_{I,\max}$）约为最短波长（λ_{swl}）的 3/2。

特征 X 射线是指其波长固定的 X 射线，其波长的大小只与靶面材料的种类有关，而与 X 射线管的加速电压无关，但它只产生于高于某一特定电压（称激发电压）。如 MoK 系光谱，在激发电压 $V_{MoK} = 20kV$ 以下时，只产生连续 X 射线谱，只有当电压高于 20kV 时，才能产生 MoK 系特征 X 射线谱线。

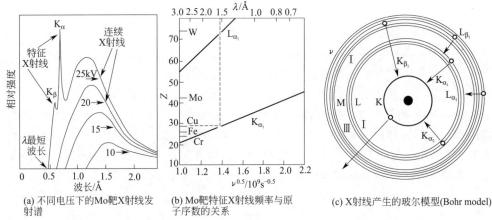

(a) 不同电压下的 Mo 靶 X 射线发射谱

(b) Mo 靶特征 X 射线频率与原子序数的关系

(c) X 射线产生的玻尔模型(Bohr model)

图 3-29　不同电压下的 Mo 靶 X 射线发射谱、特征 X 射线频率与原子序数（Z）的关系和 X 射线产生的玻尔模型（Bohr model）（$1\text{Å} = 10^{-10}\text{m}$）

1913 年英国物理学家莫塞莱（H. G. J. Moseley，1887—1915）在研究 X 射线时发现：X 射线特征谱线的频率与发射 X 射线元素的原子序数间存在线性关系。对各线谱系而言存在线性关系：

$$\sqrt{\nu} = C(Z - \sigma)$$

式中，ν 为特征 X 射线辐射的频率；Z 为原子序数；C、σ 为各谱线系的相应常数。

据此莫塞莱定律（Moseley law）可从特征 X 射线辐射的波长来确定靶元素的原子序数。据此原理，通过测定材料的荧光特征 X 射线的波长和强度，可定量或半定量用于分析材料的化学成分，该方法称为 X 射线荧光光谱法（X-ray fluorescence，XRF），目前该方法广泛应用于快速测定材料的化学成分，如海关和野外地质分析等。限于篇幅，在此不作详细讨论。本文所指的 X 射线，仅指 X 射线衍射法（X-ray diffraction，XRD）。

特征 X 射线光谱产生的原因与连续光谱完全不同，受阴、阳两极巨大的电位差（一般为 40~50kV）所加速的快速运动的电子，在撞击金属靶面后，把其能量传输给了金属靶面材料原子中的电子，同时把这些电子激发到更高一级的能级上[见图 3-29(c)]。也就是说，把原子的内层电子打到外层，甚至把它打到原子外面，致使原子处于电离状态，从而在原子的内电子层中，留有电子缺席的位置。此时原子过渡到了不稳定的受激状态。因原子停留在这种受激状态的寿命非常短，一般不超过 10^{-8}s，外层的电子需立即回落到内层填补空缺位置。当外层电子补充到内电子层后，原子的能量重新减少，多余的能量就作为 X 射线量子发射出来。对于给定的金属靶面材料，内、外电子层的能量差是固定的，由此所辐射的 X 射线的频率也是固定的，因此这类 X 射线被称为特征 X 射线。特征 X 射线的频率由下式确定：

$$\Delta E = h\nu$$

式中，ΔE 为原子的正常状态能量和受刺激状态时的能量差。

如图 3-29(c) 的玻尔模型（Bohr model）所示，当 K 层的一个电子被激发后，所有外层的电子都有可能回落到这个空位上，同时释放出两者能级差的光子，产生 K 系的 X 射线光谱。在 K 系中，K_α 线相当于电子由 L 层过渡到 K 层，K_β 线相当于电子由 M 层过渡到 K 层。同理，当由阴极飞驰来的电子打掉 L 层上的电子时，再由 M、N 等外层电子回迁则发生 L 系 X 射线，如果打掉 M 层的电子，则产生 M 系 X 射线。L、M 系射线的能级差较小，所对应发射的 X 射线频率较低、波长较长，易被吸收，一般不能用于结构分析（见表 3-12～表 3-14）。

表 3-12 X 射线能级与电子构型

能级	电子构型	能级	电子构型	能级	电子构型	能级	电子构型
K	$1s^{-1}$	M_1	$3s^{-1}$	N_1	$4s^{-1}$	O_1	$5s^{-1}$
L_1	$2s^{-1}$	M_2	$3p_{1/2}^{-1}$	N_2	$4p_{1/2}^{-1}$	O_2	$5p_{1/2}^{-1}$
L_2	$2p_{1/2}^{-1}$	M_3	$3p_{3/2}^{-1}$	N_3	$4p_{3/2}^{-1}$	O_3	$5p_{3/2}^{-1}$
L_3	$2p_{3/2}^{-1}$	M_4	$3d_{3/2}^{-1}$	N_4	$4d_{3/2}^{-1}$	O_4	$5d_{3/2}^{-1}$
		M_5	$3d_{5/2}^{-1}$	N_5	$4d_{5/2}^{-1}$	O_5	$5d_{5/2}^{-1}$
				N_6	$4f_{5/2}^{-1}$	O_6	$5f_{5/2}^{-1}$
				N_7	$4f_{7/2}^{-1}$	O_7	$5f_{7/2}^{-1}$

表 3-13 X 射线与能级

能级	IUPAC	能级	IUPAC	能级	IUPAC	能级	IUPAC	能级	IUPAC
K_{α_1}	$K-L_3$	$K_{\beta_5}^{\text{I}}$	$K-M_5$	L_{β_6}	L_3-N_1	L_{γ_3}	L_1-N_3	L_s	L_3-M_3
K_{α_2}	$K-L_2$	$K_{\beta_5}^{\text{II}}$	$K-M_4$	L_{β_7}	L_3-O_1	L_{γ_4}	L_1-O_3	L_t	L_3-M_2
K_{β_1}	$K-M_3$	L_{α_1}	L_3-M_5	$L_{\beta_7'}$	$L_3-N_{6,7}$	$L_{\gamma_4'}$	L_1-O_2	L_u	$L_3-N_{6,7}$
$K_{\beta_2}^{\text{I}}$	$K-N_3$	L_{α_2}	L_3-M_4	L_{β_9}	L_1-M_5	L_{γ_5}	L_2-N_1	L_v	$L_2-N_{6(7)}$
$K_{\beta_2}^{\text{II}}$	$K-N_2$	L_{β_1}	L_2-M_4	$L_{\beta_{10}}$	L_1-M_4	L_{γ_6}	L_2-O_4	M_{α_1}	M_5-N_7
K_{β_3}	$K-M_2$	L_{β_2}	L_3-N_5	$L_{\beta_{15}}$	L_3-N_4	L_{γ_7}	L_2-O_1	M_{α_2}	M_5-N_6
$K_{\beta_4}^{\text{I}}$	$K-N_5$	L_{β_3}	L_1-M_3	$L_{\beta_{17}}$	L_2-M_3	L_{γ_8}	$L_2-N_{6(7)}$	M_β	M_4-N_6
$K_{\beta_4}^{\text{II}}$	$K-N_4$	L_{β_4}	L_1-M_2	L_{γ_1}	L_2-N_4	L_η	L_2-M_1	M_γ	M_3-N_5
$K_{\beta_{4x}}$	$K-N_4$	L_{β_5}	$L_3-O_{4,5}$	L_{γ_2}	L_1-N_2	L_l	L_3-M_1	M_ζ	$M_{4,5}-N_{2,3}$

表 3-14 常见元素的 K 系、L 系波长及 K 系吸收边   单位：10^{-10} m

Z	元素	K 系吸收边	K_{β_1}	K_{α_1}	K_{α_2}	L_{β_1}	L_{α_1}
24	Cr	2.070193(14)	2.084881(4)	2.289726(3)	2.293651(3)	21.270(15)	21.64(4)
25	Mn	1.896459(6)	1.910216(4)	2.101854(3)	2.105822(3)	19.11(3)	19.450(15)
26	Fe	1.743617(5)	1.756604(3)	1.936041(3)	1.939973(3)	17.260(15)	17.59(3)
27	Co	1.608351(4)	1.620826(3)	1.788996(1)	1.792835(1)	15.666(12)	15.972(9)
28	Ni	1.488140(4)	1.500152(3)	1.657930(1)	1.661756(1)	14.271(9)	14.561(4)
29	Cu	1.380597(3)	1.392234(6)	1.5405929(5)	1.5444274(5)	13.053(4)	13.336(4)
42	Mo	0.6199100(6)	0.632303(13)	0.7093171(4)	0.713607(12)	5.17716(12)	5.40663(12)
47	Ag	0.485915(6)	0.497082(6)	0.5594218(8)	0.563813(3)	3.93479(4)	4.15449(4)
74	W	0.178373(15)	0.184377(3)	0.2090131(2)	0.2138330(5)	1.281812(13)	1.476311(9)

注：Arndt U W，Creagh D C，Deslattes R D，Hubbell J H，Indelicato P，Kessler Jr E G，Lindroth E. X-rays/International Tables for Crystallography：Vol. C，Chapter 4.2，2006：191-258.

因 L 层分为 S、P 两个不同能量的轨道，因此，K_α 线又可细分为 K_{α_1} 和 K_{α_2}（见表 3-14）。同理 K_β 同样可分为 K_{β_1}、K_{β_2}、K_{β_3}、K_{β_5}，但除 K_{β_1} 外，其它的射线强度都很弱，一般可以不予考虑。由于 K_β 线的能量差大，因此，它比 K_α 线频率更高，波长更短，故有 $\lambda(K_\beta) < \lambda(K_\alpha)$。对于 Cu 靶 K_β、K_{α_1} 和 K_{α_2} 的强度大小为：$I(K_{\alpha_2}) : I(K_{\alpha_1}) = 0.497$ 和 $I(K_{\beta_1}) : I(K_{\alpha_1}) = 0.200$。在分辨较低时（如低角度区），$K_{\alpha_1}$ 和 K_{α_2} 无法区分，可用 K_α 代替，$\lambda(K_\alpha)$ 由 $2/3\lambda(K_{\alpha_1}) + 1/3\lambda(K_{\alpha_2})$ 计算而得。

从阴极飞驰来的电子能够把阳极金属靶材料中原子内某一个能级上的电子打掉，必须要有足够的动能，而电子的动能大小取决于阴、阳两极的电位差。在原子内部，电子越靠近原子核，则与原子核联系越紧密，激发 K 系射线所需能量比激发 L 系射线要高，而 L 系射线又比 M 系射线要高。同属于 K 层电子，在不同原子中与原子核联系的紧密程度也有差异。原子序数越大，原子核对 K 层电子的联系越紧密，激发 K 层电子所需的电压也越高。因此，要使加速电子能轰击出内层电子，必须要有足够大的电位差，即 X 射线管上的电压必须超过某一个确定的数值。产生各种特征 X 射线所必需的最低电压称为激发电压。激发电压随原子的种类以及射线的种类而异，原子序数越大，K 系射线所需的激发电压越高。在 X 射线结构分析工作中，采用的是特征 X 射线，为了使特征 X 射线在光谱中突出，工作电压一般比对应的 K 系射线的激发电压高 5 倍左右。

特征 X 射线的强度与管流和管压的关系大致可表达为：

$$I_k \propto i(V - V_k)$$

式中，$i = 1 \sim 1.7$；I_k 为特征 K 谱线强度；$(V - V_k)$ 为过电位；当 $V \geqslant 3V_k$（激发电位）时，i 指数近似于 1。

对于特定波长而言：①加速电压越高，其 X 射线的强度就越大；②加速电流越大，其 X 射线的强度越大；③阳极材料的原子序数越大，X 射线的强度越大，与连续 X 射线谱相同。

在 X 射线结构分析领域，连续 X 射线光谱应用不广，通常只用于劳埃法，主要用于晶体定向。特征 X 射线用于单晶和粉末的 X 射线结构分析。除了常规 X 射线以外，目前还有另外两种光源用于晶体结构分析，特别是粉末射线晶体结构分析。一种是高强度的同步辐射 X 射线，另一种是中子衍射源，这两种射线源作为常规 X 射线的补充，发挥着越来越重要的作用，其主要不足是设备复杂、费用高昂（见表 3-15）。

表 3-15　X 射线衍射和中子衍射的异同点

X 射线衍射	中子衍射
X 射线是光子，属于电磁波，没有静止质量，均匀介质中速度不变	中子不带电、质量较大而且具有磁性
它能准确测定晶胞参数	中子衍射波长较长，较难精确校准，其测定的晶胞参数精度较差

X 射线衍射	中子衍射
不能用于测定磁结构	具有原子核敏感和磁性结构敏感两大优势,可用于测定磁结构相变
XRD 设备简单易得,实用高效,使用成本极低	设备极其复杂,较难获得,使用成本高昂
得到的是宏观平均信息,而且细节结构尤其是轻原子不能准确确定	中子衍射在确定轻原子(如氢)、同位素和磁性原子的细节信息上功能强大
原子散射因子与原子外层电子数有关,而且原子序数越大,X 射线的衍射能力越强	与中子数有关

3.4.2 X 射线衍射波长的选择

1912 年前后,德国慕尼黑大学 (University of Munich) 著名物理学家索末菲 (Arnold Johannes Wilhelm Sommerfeld, 1868—1951) 教授提出 X 射线的波长约为 0.1nm,就在同期慕尼黑大学矿物学系的著名矿物学家戈德史密斯 (Victor M. Goldsmith) 提出矿物晶体是由原子在三维空间呈周期性重复排列构成,原子之间的距离约为 0.1nm。劳埃 (Max Laue) 基于上述两位研究者的假设,首次将 X 射线入射到晶体中,从而开启了人类认识微观原子世界的大门。X 射线射入晶体后,将产生一系列复杂的现象。

入射 X 射线进入晶体后,除了一部分能量消耗在透射过晶体、一部分能量传输给晶体中的电子外,另外还有一部分能量用于产生二次 X 射线。二次 X 射线可分为几种:①相干散射 (或称古典散射),入射 X 射线进入晶体后,所产生的二次 X 射线与入射 X 射线的波长相同。它可用于 X 射线晶体结构分析。②荧光散射 (或称特征散射),入射 X 射线使晶体中原子的内层电子轰击到外层或原子外,使原子处于激发状态。当原子由激发状态恢复到正常状态时,所释放出来的能量就转变为 X 光子。其新产生的 X 射线波长与晶体中原子的种类和相应的能级差有关,其产生原理与 X 射线管产生特征 X 射线的原理相同。荧光散射是 X 射线光谱定性、定量分析化学元素成分的基础,但在结构分析中,荧光散射只能产生不希望有的背景,在结构分析中应尽量避免样品产生荧光散射。③不相干散射 (或称量子散射),它是由入射 X 射线的量子与原子的外层电子相碰而产生的。当量子与这种电子相碰时,量子只把一部分能量传递给了电子,剩余的能量变为能量比较小、频率较低的量子。由于剩余的能量是随机的,因此其量子散射的波长是不确定的,且比入射 X 射线的波长要长一些,其产生原理与 X 射线管产生白色 X 射线的原理类似。

由于入射的 X 射线与物质发生了如上所述的一些作用,入射 X 射线在穿过晶体时其强度将要减弱。用衰减系数 (μ) 来描述其变化,定义 X 射线穿过物体时强度的减弱 (dI) 与原始 X 射线的强度 (I)、穿过物体的厚度 (dx) 成正比:d$I = -\mu I \mathrm{d}x$,μ 为衰减系数,可表示为:

$$I_x = I_0 e^{-\mu x}$$

式中,I_0 为入射前的原始 X 射线强度;I_x 为衰减后的强度。

令厚度 x 等于 1cm，则 $\mu = \ln(I_0/I_1)$。衰减系数 μ 定义为 X 射线通过 1cm 厚的物质时强度的衰减，又称为线形衰减系数。

表 3-16　常见代表性物质 X 射线的透过系数

物质	厚度/mm	MoK_α	CuK_α	CrK_α
空气	100	0.99	0.89	0.68
氩气	100	0.79	0.12	1.4×10^{-3}
铝	0.01	0.99	0.95	0.86
铝	0.10	0.95	0.62	0.22
铍	0.20	0.99	0.97	0.91
铍	0.50	0.98	0.93	0.80
黑纸	0.10	0.99	0.93	0.80
林德曼玻璃	0.10	0.99	0.86	0.62

如表 3-16 所示，不同物质的 X 射线透过系数不同，用线性衰减系数并不能全面表征物质对 X 射线的吸收，因为不同物质的密度不同，对线性衰减系数的影响很大。因此，引入质量衰减系数（μ_m）：

$$\mu_m = \mu/\rho$$

式中，μ 为线性衰减系数；ρ 为物质的密度。质量衰减系数 μ_m 定义为 X 射线透过 1g 物质时强度的衰减。

质量衰减系数与入射 X 射线的波长（λ）和吸收物质的原子序数（Z）有关：$\mu_m = k\lambda^3 Z^3$，其中 k 为常数。

① 对于一定波长而言，随着原子序数的增大，μ_m 也增大，但到某一原子序数时，μ_m 突然降低。以 CuK_α 为例，各种元素对它的 μ_m 随着原子序数的增大而增大，但到镍 Ni(28) 时突然降低，然后再次增大，再到钬 Ho(67) 时又突然降低。

② 对于一定元素而言，随着波长的增大，质量衰减系数 μ_m 也增大，但到某一界限，μ_m 突然降低。此种情况可以出现数次。

各元素的质量衰减系数 μ_m 突变时的波长值，称为该原子的吸收边，对 X 射线衍射技术来说，最重要的是第一个吸收边，即 K 吸收边（λ_{Kp}）。吸收边产生的原因：随着入射 X 射线波长的变短，其量子的能量也就相应地增加，当量子的能量增加到能够足以激发原子中的 K 层电子时，入射 X 射线大部分为原子吸收而产生荧光射线，因此，衰减系数大增，K 吸收边就是这样产生的。L 吸收边是入射线激发 L 层电子所产生的，由于 L 层电子有三个能级，所以 L 吸收边可由三个小吸收边组成[42]。

质量衰减系数和波长的这种关系对 X 射线分析时波长的选择十分重要，如果所使用的 X 射线的波长刚好小于所分析样品中主要元素的吸收边，则会产生显著的荧光散射，使探测器的背底增加，信噪比降低。因此在实际工作中要尽量避免这种情况的发生。一般所用的 X 射线特征波长应稍长于样品的主要组成元素 K_α 系吸收限的波长。根据元素的 K_α 系特征 X 射线波长和吸收限波长，通常取与试样主要成分相同的元素或高一个原子序数的元素的 K_α 系特征辐射作为辐射波长，即使靶的原子序数与分析样品中的主要元素的原子序数相同或小一些或是大很多。例如

Fe 基样品不能用 CuK$_\alpha$ 辐射，而可以用 CoK$_\alpha$ 或 FeK$_\alpha$ 辐射，钴基合金则用 NiK$_\alpha$ 或 CoK$_\alpha$ 辐射。如果找不到合适的辐射波长，则可采用试样吸收很小、比试样的 K$_\alpha$ 吸收限短得多的辐射。如 Cu 靶，它不适合分析含 Cr、Mn、Fe、Co 等元素的样品，而含 Ni 或周期表其后元素的样品则效果比较理想。图 3-30 是赤铁矿（hematite，Fe$_2$O$_3$）样品使用铜靶 CuK$_{\alpha_1}$ 进行 X 射线衍射分析的结果，因 Fe 的原子序数比铜小 3 号，荧光散射比较严重，样品在低角度区背景由低到高升高，而通常的样品如该图右上角插图所示，背景应由高到低降低（插图样品为膨润土）。

晶体的线性衰减系数可由下列公式求得：

$$\mu = \rho \sum P \mu_m$$

式中，μ 为线性衰减系数；ρ 为晶体密度，g/cm^3；μ_m 为质量衰减系数；P 为晶体中各元素的质量分数。

如求赤铁矿 Fe$_2$O$_3$ 的线性衰减系数 μ，已知其密度为 5.273g/cm^3，相对分子质量为 M$_r$=159.69，Fe 的质量分数为 69.94%，氧的质量分数为 30.06%。查找相关表格可得元素 Fe 的 CuK$_\alpha$ 的 μ_m 为 308cm^2/g，元素 O 的 CuK$_\alpha$ 的 μ_m 为 11.5cm^2/g，$\mu = \rho \sum P \mu_m$ = 5.273g/cm^3 × (308cm^2/g × 69.94% + 11.5cm^2/g × 30.06%) = 1154cm^{-1}。如赤铁矿 Fe$_2$O$_3$ 采用 FeK$_\alpha$ 衍射，其线性衰减系数 μ 为 280cm^{-1}，很显然它比 CuK$_\alpha$ 小很多，因此，为了提高样品的信噪比，含铁样品最好能选用铁靶或铬靶作为衍射源，但不足之处在于：因铁靶和铬靶的波长较长，相应的衍射强度可能会有所降低。

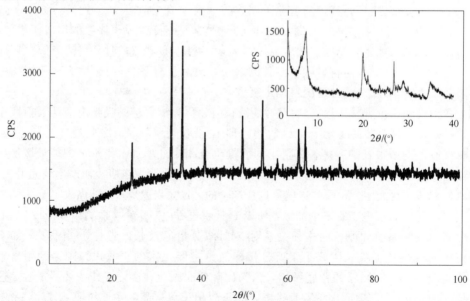

图 3-30　赤铁矿（hematite，Fe$_2$O$_3$）样品，铜靶 CuK$_{\alpha_1}$（λ=0.1540598nm）粉末 X 射线衍射分析 [因铁的荧光散射，图谱衍射峰背景在低角度区由低到高，而通常样品的图谱背景则应由高到低（如右上角插图所示）]

样品进行 X 射线衍射时，衍射数据的分辨率与所选用的波长有关。需根据试样晶体结构的复杂程度、对称性高低、晶胞大小等决定采用何种波长，其目的是获得高精度和足够多的衍射数据以供结构分析使用。对于大部分固体单质金属及其合金化合物，由于其晶体结构比较简单，晶胞体积较小，通常需要选用波长较短的 X 射线进行辐射，如 MoK_α （$\lambda = 0.071069$nm）或 AgK_α （$\lambda = 0.056083$nm），因 X 射线所能记录的最小 d 值为 $\lambda/2$，这样采用更短的波长就可以记录下更多的衍射峰。对于常见的无机化合物和天然矿物，晶胞大小适中，可选择中等波长的 X 射线进行辐射，如 CuK_α （$\lambda = 0.154178$nm）、CoK_α （$\lambda = 0.179021$nm）和 FeK_α （$\lambda = 0.193728$nm）等。大量的有机化合物和某些黏土矿物具有复杂结构和较大的晶胞，如有条件可选择长波长的 X 射线进行辐射，如 CrK_α （$\lambda = 0.229092$nm），因铬的波长较长，同样的 d 值，其衍射峰的角度向高角度移动，可以获得精度较高的结果，如反其道而行，采用波长较短的 MoK_α 或 AgK_α 进行衍射则效果很差，衍射峰集中在低角度区，衍射线的精度大大降低。

图 3-31 是标准样品 LaB_6 采用不同波长所获得的结果，下面分别讨论其差别。首先使用 CuK_{α_1} 进行衍射，对利用 CuK_{α_1} （$\lambda = 0.1540598$nm）射线测量得到的 LaB_6 图谱，使用 JADE 程序分别采用不同的数据处理方式进行了处理，首先使用常规的处理方法，获得其晶胞参数为 $a = 0.415716(13)$nm，$V = 0.07184$nm^3，空间群为 $Pm\bar{3}m$，其精度为 ESD of Fit $= 0.0114°$ （最小二乘拟合偏差，the estimated standard deviation of least-squares fits），$|\Delta 2\theta| = 0.0084°$（$2\theta$ 实测值与理论值之差的平均绝对值），F(14) $= 119.0(14)$（Smith-Snyder figure-of-merit）。第二种处理方式进行了零点偏移（zero offset）修正，其结果为 $a = 0.415577(11)$nm，$V = 0.07177$nm^3，$Pm\bar{3}m$，零点偏移（zero offset）$= -0.030(2)°$，ESD of Fit $= 0.0026°$，$|\Delta 2\theta| = 0.0023°$，F(14) $= 442.4(14)$。第三种处理方式进行了位移

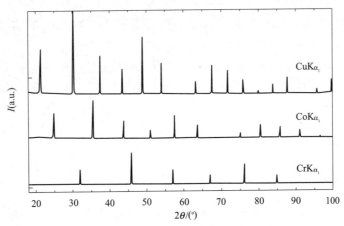

图 3-31　LaB_6 标准样品不同 X 射线波长的粉末衍射图

[分别采用了 CuK_{α_1} （$\lambda = 0.1540598$nm）、CoK_{α_1} （$\lambda = 0.1788965$nm）和
CrK_{α_1} （$\lambda = 0.228970$nm）进行了粉末衍射分析]

(displacement) 修正，其结果为 $a = 0.415613(8)\,\text{nm}$，$V = 0.07179\,\text{nm}^3$，$Pm\bar{3}m$，零点偏移（zero offset）$= 0.0°$，Displacement $= -0.028(2)°$，ESD of Fit $= 0.0027°$，$|\Delta 2\theta| = 0.0023°$，F(14) $= 431.0(14)$。采用不同处理方式，其结果有少许差异。衍射结果见表 3-17。

表 3-17　LaB$_6$ 分别采用 CuK$_{\alpha_1}$、CoK$_{\alpha_1}$ 和 CrK$_{\alpha_1}$ 衍射的结果比较

$2\theta(\text{Cu})$ (实测值) /(°)	$d/10^{-10}\,\text{m}$	I/%	FWHM	2θ (计算值) /(°)	2θ (校正值) /(°)	$\Delta 2\theta$ /(°)	hkl	$2\theta(\text{Co})$ /(°)	$2\theta(\text{Cr})$ /(°)
21.330	4.1622	60.9	0.162	21.363	21.333	0.003	100	24.835	31.950
30.360	2.9417	100.0	0.138	30.393	30.363	0.002	110	35.420	45.825
37.420	2.4013	44.6	0.133	37.452	37.421	0.001	111	43.750	56.965
43.485	2.0794	25.9	0.121	43.518	43.488	0.003	200	50.955	66.835
48.940	1.8596	58.5	0.118	48.971	48.940	0.000	210	57.505	76.020
53.975	1.6974	32.8	0.123	54.004	53.973	-0.002	211	63.605	84.845
63.205	1.4699	12.7	0.125	63.236	63.206	0.001	220	74.970	
67.540	1.3857	31.1	0.127	67.567	67.537	-0.003	221	80.400	
71.740	1.3146	24.0	0.121	71.766	71.736	-0.004	310	85.750	
75.840	1.2534	15.1	0.128	75.867	75.836	-0.004	311	91.080	
79.865	1.2000	3.6	0.164	79.894	79.864	-0.001	222	96.380	
83.840	1.1530	10.9	0.145	83.871	83.841	0.001	320		
87.785	1.1110	20.6	0.147	87.819	87.789	0.004	321		
95.660	1.0393	5.1	0.146	95.703	95.673	0.013	400		
99.645	1.0082	19.3	0.156	99.676	99.646	0.001	410		

再使用 CoK$_{\alpha_1}$（$\lambda = 0.1788965\,\text{nm}$）射线进行了测量，采用零点精修的方法，获得结果为 $a = 0.415656(10)\,\text{nm}$，$V = 0.07181\,\text{nm}^3$，$Pm\bar{3}m$，zero offset $= -0.019(2)°$，ESD of Fit $= 0.0018°$，$|\Delta 2\theta| = 0.0013°$，F(9) $= 745.3(9)$。又使用了 CrK$_{\alpha_1}$（$\lambda = 0.228970\,\text{nm}$）射线进行了测量，采用零点精修的方法，获得结果为 $a = 0.415559(12)\,\text{nm}$，$V = 0.07176\,\text{nm}^3$，$Pm\bar{3}m$（No. 221），zero offset $= -0.035(2)°$，ESD of Fit $= 0.0015°$，$|\Delta 2\theta| = 0.0012°$，F(6) $= 844.9(6)$。

对于利用不同波长测试的数据，在进行 XRD 数据处理时，应注意波长的转换。目前常用程序都设置有进行不同波长转换的下拉式菜单。但对于采用同步辐射衍射获得的数据，可先将数据转换为 PD3 格式，然后用日常的文本编辑软件打开，寻找数据行"&WAVELENGTH = 1.540598"，将默认铜靶波长（1.540598nm）改写为自己所需的波长即可。

3.4.3　倒易格子和反射球

为了更好地表述 X 射线衍射技术的原理，引入倒易格子（或倒易点阵）的概念，所谓倒易格子是这样定义的：规定倒易格子中的每一个结点代表正空间的空间格子中的一组相互平行的等间距的面网，且使坐标原点与该结点的连线方向垂直于该结点所代表的正空间的面网，坐标原点与该结点的距离等于它所代表的平行面网

之面网间距的倒数。则有：

$$d_{hkl}{}^* = \lambda/d_{hkl}$$

式中，$d_{hkl}{}^*$ 为坐标原点与倒易结点间的距离；λ 为 X 射线波长；d_{hkl} 为正空间的面网间距。

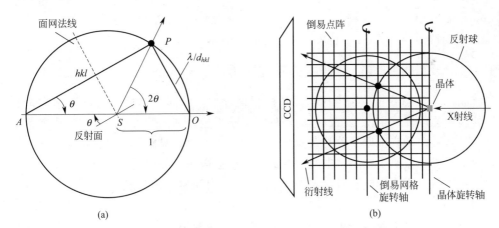

图 3-32　X 射线衍射和反射球

如图 3-32(a) 所示，规定以 S 为球心，以 1 为半径画一个球（即反射球），过球心作一横切面，得一以 S 为中心的圆。P 为圆上的任意一点，则有 $\angle APO = 90°$。设 AP 与晶体的一组面网（hkl）平行，OP 为此组面网（hkl）的法线方向，O 为倒易格子原点，根据倒易格子定义，取 OP 的长度为 λ/d_{hkl}。OP 为倒易格子中的矢量 H。$OP = H = ha^* + kb^* + lc^*$。$P$ 点即为倒易格子结点 hkl 的位置。AO 为入射 X 射线的方向，如入射线与（hkl）面网夹角为 θ_{hkl}。则 $\sin\theta_{hkl} = OP/AO = (\lambda/d_{hkl})/2 = \lambda/2d_{hkl}$。也就是说，当 P 点落在圆周上时，它满足布拉格方程的衍射条件 $\sin\theta_{hkl} = (\lambda/d_{hkl})/2$ 而产生衍射。其球心 S 与 P 点的连线方向为衍射方向。若入射 X 射线通过倒易格子原点，在入射 X 射线方向上找一点为球心，以 1 为半径画球，并与倒易格子原点相切。当其倒易格子结点 hkl 与球壳相遇时，连接球心与该倒易格子结点的方向即为衍射指数 hkl 面网的衍射方向。这种用来解释衍射方向的球称为反射球（ewald sphere）。当倒易格子结点与反射球相切时，就能产生衍射，很显然 X 射线波长越短，其反射球所包围的倒易结点数也就越多，则晶体产生的 X 射线衍射点数也就越多。但衍射点的数目不仅取决于晶体的倒易晶胞的大小和 X 射线衍射所用的波长，同时还取决于衍射数据收集的范围，即数据收集范围球（limiting sphere）的 2θ 的大小，衍射点的个数大致可以用其数据收集范围球的体积与倒易晶胞体积之比求得 $\left[(4/3)\pi r^3/V^*\right]$。

已知正空间的面网间距 d_{hkl} 与晶胞参数（a、b、c、α、β、γ 和 V）的关系为：

$$1/d_{hkl}^2 = \left[b^2c^2h^2\sin^2\alpha + c^2a^2k^2\sin^2\beta + a^2b^2l^2\sin^2\gamma \right.$$
$$\left. + 2abc^2(\cos\alpha\cos\beta - \cos\gamma)hk + 2a^2bc(\cos\beta\cos\gamma - \cos\alpha)kl \right.$$

$$+2ab^2c(\cos\alpha\cos\gamma-\cos\beta)lh]/V^2$$

其中体积 V 为：

$$V=abc\sqrt{1-\cos^2\alpha-\cos^2\beta-\cos^2\gamma+2\cos\alpha\cos\beta\cos\gamma}$$

可以求得其倒易空间的倒易晶胞为：$a^*=bc\sin\alpha/V,b^*=ac\sin\beta/V,c^*=ab\sin\gamma/V,\cos\alpha^*=(\cos\beta\cos\gamma-\cos\alpha)/(\sin\beta\sin\gamma),\cos\beta^*=(\cos\alpha\cos\gamma-\cos\beta)/(\sin\alpha\sin\gamma),\cos\gamma^*=(\cos\alpha\cos\beta-\cos\gamma)/(\sin\alpha\sin\beta)$。

3.4.4 影响 X 射线衍射强度的各种因素

晶体对 X 射线产生衍射时，晶体的衍射方向，除与晶体的定向及 X 射线波长等外因相关以外，主要是由晶体的对称（格子类型）和晶胞参数决定的。而各衍射点的强度是由晶胞中原子种类及其分布决定的。反之，晶胞参数可根据晶体衍射线方向来测定，而原子在晶胞中的位置则只能根据衍射线强度才能加以测定。

先讨论一下一个电子对 X 射线的散射。中子和质子的质量分别为电子质量的 1839 倍和 1837 倍（它们分别为 1.675×10^{-27} kg、1.673×10^{-27} kg 和 9.109×10^{-31} kg），故原子核（中子＋质子）的质量比电子要大得多，而散射光的强度与质量的平方成反比，因此，在讨论原子的 X 射线散射时，可以不必考虑原子核的散射效应。

一个电子对 X 射线的散射可表述为：

$$I_e=I_0(e^2/mrc^2)^2P$$

式中 I_e 为某点电子散射光的强度；I_0 为入射 X 射线光强；e 为电子电荷（1.6021892×10^{-19}C）；m 为电子质量（9.109534×10^{-31} kg）；r 为空间某点与电子间的距离；c 为光速（2.99792458×10^8 m/s）；P 为偏极化因子（polarization factor）。

当入射的 X 射线为非偏振光时，电子散射 X 射线的强度和衍射角有关，这就是所谓的偏极化因子 P。不同的实验及衍射条件，P 值的表达方式也各不相同，一般粉末衍射法的偏极化因子可用 $P=(1+\cos^2 2\theta)/2$ 来表述。而 X 射线四圆单晶衍射法，如采用（0002）面网石墨单色器，则偏极化因子需表达为：

$$P=(\cos^2 2\theta_0+\cos^2 2\theta)/(1+\cos^2 2\theta)$$

式中，θ_0 为 X 射线与石墨（0002）面网的夹角。

再来看看一个原子对 X 射线的散射，含有 Z 个电子的原子散射 X 射线的强度，不是简单地等于一个电子的 Z 倍。这是由于原子核外电子的分布是连续的电子云式存在，原子在空间占有一定的体积，不同位置上的电子云的散射波在某一散射方向有相角差，它们会相互干涉，使散射波的振幅减小。

原子散射因子可表达为：$f(\sin\theta/\lambda)=\sum_{i=1}^4 a_i\exp[-b_i(\sin\theta/\lambda)^2]+c$，它为 $\sin\theta/\lambda$ 的函数，每种不同的原子含 a_1、b_1、a_2、b_2、a_3、b_3、a_4、b_4 和 c 九个不同的参数，可查相关的文献获得这些参数。

$f(\sin\theta/\lambda)$ 函数给出的是自由电子的散射能力，也就是说它是假定：①原子为静止的；②原子的电子密度云呈球对称分布；③入射 X 射线的频率远大于原子的 K（或 L）吸收边。而实际情况并非如此，电子云的分布受原子核的束缚，并且当入射 X 射线的频率接近或处在原子的吸收边附近时，入射波的能量使原子中的电子跃迁，破坏了电子密度分布的球对称及中心对称。此时散射波的周相有所不同，引起所谓的反常散射效应。如考虑反常散射效应，原子的散射因子表达式修正为：

$$f = f_{\mathrm{o}} + \Delta f' + i\Delta f''$$

式中，f_{o} 为原子不含反常散射的散射因子；$\Delta f'$、$i\Delta f''$ 分别为反常散射校正的实部和虚部。

一个晶胞是由多个原子构成的，一个晶胞中的原子的 X 射线散射用结构因子来表达。结构因子 F_{hkl} 是指一个晶胞中所有原子沿其衍射方向 hkl 所散射的 X 射线的合成波。

晶胞中有 n 个原子，每个原子散射波的振幅（即原子散射因子）分别为 f_1，f_2，f_3，…，f_i，…，f_n，如和原点的周相差分别为 α_1，α_1，α_2，α_3，…，α_j，…，α_n，则这 n 个原子散射波互相叠加而形成的合成波，可用指数形式表示为：

$$F_{hkl} = f_1\exp[i\alpha_1] + f_2\exp[i\alpha_2] + f_3\exp[i\alpha_3] + \cdots + f_n\exp[i\alpha_n] \text{ 或 } F_{hkl} = \sum_{j=1}^{n}f_j\exp[i\alpha_j]$$

式中，$\alpha_j = 2\pi(hx_j + ky_j + lz_j)$，即为第 j 个原子（x，y，z）与原点的周相差。

它还可以表达成正弦和余弦的形式：

$$F_{hkl} = \sum_{j=1}^{n}f_j\exp[i\alpha_j] = \sum_{j=1}^{n}f_j\exp[i2\pi(hx_j + ky_j + lz_j)]$$
$$= \sum_{j=1}^{n}f_j\cos2\pi(hx_j + ky_j + lz_j) + i\sum_{j=1}^{n}f_j\sin2\pi(hx_j + ky_j + lz_j)$$

N 个晶胞构成一个晶体，一个理想的小晶体对 X 射线的衍射，其理想的表达式为：

$$I_{hkl} = N^2 I_{\mathrm{e}}|F_{hkl}|^2$$

式中，N 为参加衍射的晶胞数目；I_{e} 为一个电子在该条件下的衍射强度；$|F_{hkl}|^2$ 为结构振幅。

如晶体以均匀的角速度旋转，当晶体进入 $\theta_1 \sim \theta_2$ 范围内产生衍射 hkl，则其衍射 hkl 在衍射过程中累积的总能量 $E = \int_{\theta_1}^{\theta_2} I(\theta)\,\mathrm{d}t$。

（1）洛伦兹-偏极化因子　衍射峰 hkl 所累积的总能量为：

$$E_{hkl} = (I_{\mathrm{o}}/\omega)(N^2\lambda^3 e^4/m^2 c^4)L_{hkl}P_{hkl}|F_{hkl}|^2 V = KLP|F|^2$$

式中，K 为常数，与晶体及其大小和实验条件有关，$K = (I_{\mathrm{o}}N^2\lambda^3 V/\omega)(e^4/m^2 c^4)$；$I_{\mathrm{o}}$ 为入射 X 射线强度；N 为一个小晶体中的晶胞总数；λ 为入射 X 射线波长；V 为晶体体积；ω 为晶体转动的角速度；e 为电子电荷；m 为电子质量；c 为光速；P_{hkl} 为偏极化因子；L_{hkl} 为角速度因子；$|F_{hkl}|$ 为结构振幅。

如晶体以固定的速度自转，则每个倒易点阵点均按同样的角速度 ω 绕轴旋转，但不同倒易点阵点其线速度不同，它依赖于由转轴到该倒易点阵点的距离。由于晶体的镶嵌取向和 X 射线的发散，倒易点阵点具有一定的体积。同时反射球面也有一定的厚度，且厚度并不均匀，因此，某一倒易点阵点通过反射球面所需的时间和垂直于球面的线速度成反比。它可以用洛伦茨因子 L（Lorentz factor）来表述，对于粉末法 $L=1/(2\sin^2\theta\cos\theta)$。已在前面讨论过，入射的 X 射线为非偏振光，电子散射 X 射线的强度与偏极化因子 P 有关，粉末衍射法的偏极化因子 $P=(1+\cos^2 2\theta)/2$。因洛伦茨因子 L 和偏极化因子 P 都是 θ 角的函数，两者结合起来粉末法的 LP 因子可表达为：$LP=(1+\cos^2 2\theta)/(\sin^2\theta\cos\theta)$［见图 3-33(a)］，单晶衍射法的 LP 因子可表达为：$LP=(1+\cos^2 2\theta)/\sin 2\theta$［见图 3-33(b)］。

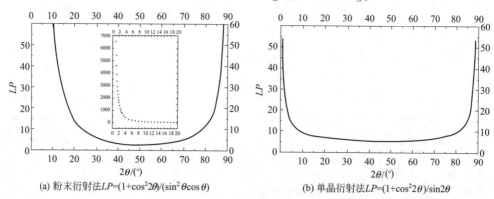

(a) 粉末衍射法 $LP=(1+\cos^2 2\theta)/(\sin^2\theta\cos\theta)$ (b) 单晶衍射法 $LP=(1+\cos^2 2\theta)/\sin 2\theta$

图 3-33　LP 因子与 2θ 间的关系

［(a) 中插图显示 LP 因子在低角度区对粉末衍射法的影响比单晶衍射法要大］

（2）原子位移参数因子　在推导结构因子公式时，假定晶体中原子是处于静止状态，但实际上原子不断地在平衡位置附近振动。对于不同的温度，原子振动的幅度也不同，温度越高，振动幅度越大，使原子所处的空间体积变大，进而影响原子散射因子，使 f 的数值随着 $\sin\theta/\lambda$ 的增大而更快地下降。原子位移参数因子曾被称为"温度因子"，但该因子并不只与温度有关，如原子的振动幅度还与原子质量、半径大小、静电应力、周围配位环境和原子占位度及有序、无序等众多因素有关，因此，国际晶体学会规定不再使用"温度因子"这一名称。

如考虑原子位移参数对原子散射因子的影响，则上述表达式应修正为：

$$f=f_o\exp[-B(\sin\theta/\lambda)^2]$$

式中，B 为原子位移参数因子；f_o 为原子不含 B 校正时的散射因子。

$B=8\pi^2\langle u^2\rangle=8\pi^2 U$，$\langle u^2\rangle=U$ 表示原子平均位置到点阵面的垂直距离的平方的平均值，单位为 Å^2。结构因子 F_{hkl} 可表达为：

$$F_{hkl}=\sum_{j=1}^{n}f_j\exp[i2\pi(hx_j+ky_j+lz_j)]\exp[-B(\sin\theta/\lambda)^2]$$

原子位移参数因子（atomic displacement parameters）又分为各向同性（isotropic）原子位移参数因子和各向异性（anisotropic）原子位移参数因子。它在晶体结构精修中属于非常重要但又难以把握的一个参数，它与原子占位度直接相关联。U 的大小一般在 $0.005 \sim 0.025 \text{Å}^2$，但没有绝对的标准值。若 U 出现异常，如非正定（non-positive definite）错误等，则意味着晶体结构中存在某种问题，可能由空间群选择错误、原子类型指认不正确或原子占位度有问题等引起。

粉末 X 射线衍射的强度还与晶体的吸收和多重性因子等因素有关，它可表达为：

$$I = K \times LP \times T \times A \times m \times |F|^2$$

式中，K 为比例常数，它和入射线强度及其它实验条件有关；LP 为洛伦兹-偏极化因子；T 为原子位移参数因子；A 为吸收因子；m 为多重性因子；$|F|^2$ 为结构振幅。

3.5 结构表征

3.5.1 X 射线物相分析

进行 X 射线物相分析的理论基础是指纹（fingerprints）原理：①世界上每个人的指纹是各不相同的，而且是独一无二的；②反过来，根据指纹可以唯一地确认指纹的主人。与此类比可得：不同成分和结构的物质具有其自身的且唯一的 X 射线衍射图谱，反过来通过 X 射线衍射图谱确定其唯一可能存在的物质。众所周知，世界上任何物质均具有不同的化学成分和晶体结构，如要确定其为不同的物质，则至少在晶体结构或化学成分上必须不同。如石墨和金刚石，其化学成分都为碳（C），但它们在晶体结构上不同，因此被确定为属于不同的矿物。如晶体结构相同，则化学成分必须不同才能确定为不同的物相，如镁橄榄石（Mg_2SiO_4）和铁橄榄石（Fe_2SiO_4）。

美国国际衍射中心（International Centre for Diffraction Data，简称 ICDD）是目前专门负责收集和整理 X 射线衍射图谱的专业机构。其前身为粉末衍射标准联合委员会（Joint Committee for Powder Diffraction Standards，简称 JCPDS），它负责出版发行的一套粉末衍射数据卡片——JCPDS 卡片，每年出版一组，1972 年以前称为 ASTM（American Society for Testing and Materials）卡片，截至 2014 年已收集了 799700 余个 PDF（powder diffraction file）数据卡片（其中有部分卡片重复），它包括全世界科学家历年发表的粉末数据及基于单晶衍射所计算的理论数据卡片，含金属、合金及无机非金属 354264 个、有机化合物 494966 个、矿物 41423 个。早期的数据卡片由六位数字构成，如 05-0592 为石英的数据卡片号，为了区分实验数据和基于单晶衍射数据所计算的理论图谱，在其前方增加了两位数字。以 00 字头表示 ICDD 数据、01 字头表示 FIZ 数据（德国无机晶体结构数据库数据）、02 字头表示 CCDC 数据（英国剑桥数据库数据）、04 字头表示 MPDS 数据、05 字头表示 ICDD 晶体结构数据。有机化合物与无机化合物（包括矿物、合金等）分开来编排，以利鉴定使用。目前已采用计算机检索，如国内广泛使用的JADE程序，包含了该数据库。鉴于已有大量文献和资料介绍相关内容，在此不再重复叙述。

样品的择优取向对衍射强度的影响：如有薄膜样品平行于（001）面生长，或具有层状结构的片状样品［如平行于（001）的云母矿物］，对其进行 X 射线衍射，则 $00l$ 衍射峰强度变强，其它衍射峰强度相对变弱。如 c 轴方向具有 2_1 螺旋轴，则 002、004、006、008 等衍射峰变强，而奇数的 001、003、005 等衍射峰消光。注意 $00l$ 为衍射指数，书写时不加括号，其中 l 为整数，其奇、偶取值范围取决于它的消光（衍射）条件。另外，∥（001）薄膜的法向方向为⊥（001），而非［001］或 c 轴，注意（001）的法向方向并非一定与［001］或 c 轴一致。

如有针状样品，其生长方向∥［001］或 c 轴，对其进行 X 射线衍射，易出现 c 轴方向样品平躺在衍射平面内的情况，导致 $hk0$ 的衍射峰强度变强，hkl 中 l 非零衍射峰强度变弱。

3.5.2　粉末衍射图谱的指标化

利用粉末衍射图谱测定或精修晶体结构，最先需要解决的问题是，如何获得正确的晶胞参数。对于那些具有已知结构模型或类似物相可作参考的体系，获得晶胞参数是一件相对比较容易的事。而对于那些完全未知的新相，又没有类似物相可作参考，那么要获得正确的晶胞参数，并不是一件容易的事。它并不像单晶衍射那样，既可获得倒易矢量的大小，又可获得它的方向。粉末衍射记录的实验数据，是三维倒易格子以布拉格角为变量在一维方向上的投影，这样从衍射图谱上，只能得到倒易矢量的大小，而无法知道它的方向，这就大大地增加了求解倒易晶胞的难度。

随着计算机应用技术的不断提高，利用 X 射线粉末衍射处理软件一般能轻松指标高对称（立方、四方、三方、六方晶系）粉末图谱。对于低对称材料，如晶胞较小，即便是三斜晶系一般也能指标出正确的晶胞参数。在传统的教科书中，有详细介绍高级晶族晶胞人工手动指标化的方法，但现在已很少有人尝试，因此在此不再重复介绍。对于低对称的粉末衍射图谱，能否指标化并获得晶胞参数，主要取决于晶体结构的复杂程度，尤其是取决于其低角度区的前三、五条衍射峰的分布情况，包括衍射峰的强度、峰的重叠程度等。自动指标化可以看成是解方程的过程，如已知有 20 条衍射峰，相当于可以获得 20 个方程，根据这已知的 20 个方程去求解 a、b、c、α、β、γ 六个参数及 20 组 hkl 值（60 个）。也就是说需要从 20 个方程中求解 66 个变量，这从数学上讲似乎是不可能的事。但由于 hkl 只能取整数值，且在 $0 \sim \pm n$ 之间变化，因此使问题变得相对简单一些，在很多情况下是可以得到正确的方程解的。目前对于貌似具有较高对称性而本身并不具有高对称性的晶体，如斜方晶系中出现两个相近轴长的晶体，其指标化仍存在一定的困难，因为它存在多解性。下面讨论的例子就是其中之一。

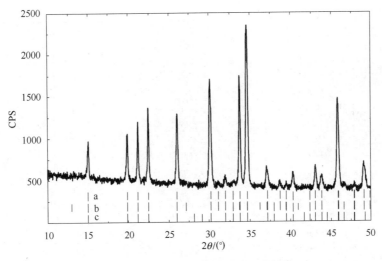

图 3-34　粉末 X 射线衍射图（CuK$_\alpha$ 射线）

如图 3-34 所示的粉末衍射图谱，利用 JADE 程序进行自动指标化，获得如表 3-18所示的五十种可能的结果。如仔细分析这些结果，可以发现大部分的晶胞参数是相同的，只是在消光规律统计上有一些差别，导致空间群符号有所不同。经仔细甄别后，可以确定出三种最可能的晶胞参数，其对应的布拉格位置如图 3-34 中 a～c 所示〔分别用 Pccn（No.56）、P3c1（No.158）和 Pbcm（No.57）空间群指标化〕。

表 3-18　未知物相粉末衍射图谱自动指标化结果

f_m	f_n	P	R	C	S. G. (No.)	$a/10^{-10}$ m	$b/10^{-10}$ m	$c/10^{-10}$ m	$\alpha/(°)$	$\beta/(°)$	$\gamma/(°)$	$V/10^{-30}$ m^3
17	22	0	2	O	Pccn(56)	6.851	5.312	11.856	90.0	90.0	90.0	431.5
17	19	0	2	M	Cc(9)	8.532	8.396	6.027	90.0	100.2	90.0	424.9
19	68	0	2	O	Pbcn(60)	6.860	5.309	11.813	90.0	90.0	90.0	430.2
20	22	0	3	O	Pnma(62)	11.849	5.315	6.845	90.0	90.0	90.0	431.1
20	22	0	3	O	Pna2$_1$(33)	11.849	6.845	5.315	90.0	90.0	90.0	431.1
21	19	0	3	O	Pmna(53)	5.316	11.869	6.842	90.0	90.0	90.0	431.7
21	19	0	3	O	Pnc2(30)	11.869	6.842	5.316	90.0	90.0	90.0	431.7
23	25	0	3	M	P2$_1$(4)	4.353	6.842	6.152	90.0	105.4	90.0	176.7
24	26	0	2	M	Pc(7)	5.556	11.869	3.580	90.0	126.3	90.0	190.2
25	20	0	3	O	Pbcm(57)	5.929	6.851	8.396	90.0	90.0	90.0	341.1
25	20	0	3	O	Pca2$_1$(29)	6.851	5.929	8.396	90.0	90.0	90.0	341.1
26	16	0	5	O	Pmmn(59)	5.312	6.851	11.856	90.0	90.0	90.0	431.5
26	16	0	5	O	Pmn2$_1$(31)	6.851	11.856	5.312	90.0	90.0	90.0	431.5
26	43	0	5	M	P2$_1$/c(14)	12.944	6.863	5.307	90.0	114.2	90.0	430.1
26	22	0	3	M	P2$_1$(4)	6.514	6.842	6.139	90.0	139.9	90.0	176.3
28	14	0	4	H	P3c1(158)	13.701	13.701	5.308	90.0	90.0	120.0	862.9
28	33	0	3	O	Pmna(53)	8.394	5.905	6.863	90.0	90.0	90.0	340.1
28	33	0	3	O	Pnc2(30)	5.905	6.863	8.394	90.0	90.0	90.0	340.1
28	41	0	6	M	Pc(7)	12.944	6.863	5.307	90.0	114.2	90.0	430.1
28	23	0	4	M	P2(3)	6.152	6.842	4.353	90.0	105.4	90.0	176.7

f_m	f_n	P	R	C	S. G. (No.)	$a/10^{-10}$ m	$b/10^{-10}$ m	$c/10^{-10}$ m	$\alpha/(°)$	$\beta/(°)$	$\gamma/(°)$	$V/10^{-30}$ m^3
29	17	0	5	O	$Pmma$(51)	5.316	11.869	6.842	90.0	90.0	90.0	431.7
29	19	0	5	O	$Cmc2_1$(36)	4.954	23.726	6.842	90.0	90.0	90.0	804.1
29	30	0	5	O	$Pma2$(28)	5.311	6.854	11.842	90.0	90.0	90.0	431.0
29	17	0	5	O	$Pmc2_1$(26)	11.869	6.842	5.316	90.0	90.0	90.0	431.7
29	22	0	5	O	$F222$(22)	5.313	13.684	23.737	90.0	90.0	90.0	1725.7
29	19	0	5	O	$C222_1$(20)	4.954	23.726	6.842	90.0	90.0	90.0	804.1
29	15	0	6	O	$P2_12_12$(18)	6.851	5.312	11.856	90.0	90.0	90.0	431.5
29	29	0	3	M	$P2_1/c$(14)	6.272	6.863	5.637	109.7	90.0		228.4
30	29	0	4	O	$Pnna$(52)	11.842	6.854	5.311	90.0	90.0	90.0	431.0
30	17	0	7	O	$Aba2$(41)	5.312	13.684	23.740	90.0	90.0	90.0	1725.8
30	33	0	5	O	$Pnn2$(34)	6.854	11.844	5.311	90.0	90.0	90.0	431.1
30	19	0	4	O	$Pcc2$(27)	6.851	5.929	8.396	90.0	90.0	90.0	341.1
30	16	0	6	O	$P2_12_12_1$(19)	5.312	6.851	11.856	90.0	90.0	90.0	431.5
30	13	1	1	M	Pc(7)	5.306	5.905	8.674	90.0	127.7	90.0	215.0
30	21	0	4	M	$P2$(3)	6.514	6.842	6.139	90.0	139.9	90.0	176.3
31	20	0	4	H	$P6_3cm$(185)	13.698	13.698	5.312	90.0	90.0	120.0	863.2
31	16	0	4	O	$Pcc2$(27)	3.421	11.864	8.977	90.0	90.0	90.0	364.3
32	18	0	6	O	$Amm2$(38)	6.842	4.954	23.726	90.0	90.0	90.0	804.1
32	18	0	6	O	$C222$(21)	4.954	23.726	6.842	90.0	90.0	90.0	804.1
32	15	0	7	O	$P222_1$(17)	6.851	11.856	5.312	90.0	90.0	90.0	431.5
32	32	0	7	M	Cc(9)	4.958	23.677	8.469	90.0	126.0	90.0	804.6
33	18	0	6	O	$Amm2$(38)	5.928	13.702	10.624	90.0	90.0	90.0	863.2
33	24	0	4	O	$Amm2$(38)	11.869	5.768	7.145	90.0	90.0	90.0	489.2
33	24	0	4	O	$C222$(21)	7.145	5.768	11.869	90.0	90.0	90.0	489.2
34	11	0	6	O	$Ccca$(68)	13.684	23.618	5.318	90.0	90.0	90.0	1718.7
34	16	0	6	O	$Cmma$(67)	10.634	13.681	5.921	90.0	90.0	90.0	861.5
34	16	0	6	O	$Abm2$(39)	5.921	13.681	10.634	90.0	90.0	90.0	861.5
35	16	0	6	H	$P6_322$(182)	13.698	13.698	5.312	90.0	90.0	120.0	863.2
35	11	0	7	O	$Cmca$(64)	23.618	13.684	5.316	90.0	90.0	90.0	1718.2
35	12	0	5	O	$Pma2$(28)	8.977	3.423	11.864	90.0	90.0	90.0	364.6

注：f_m 表示品质因子（figure-of-merit），该值越小，可信度越高；f_n 表示史密斯-斯奈德（Smith-Snyder）品质因子，该值越大，可信度越高；P 表示小于某个指定的角度下，未能被指标的衍射峰个数；R 表示在同一指定的角度下，理论上存在，但实际未观察到的衍射峰条数；C 表示晶体所属的晶系（O 为斜方晶系，M 为单斜晶系，H 为三方、六方晶系）；S. G.（No.）表示空间群及其序号。

指标结果显示以图 3-34 中 a 所示匹配最好，因此以 $a=0.6851$nm，$b=0.5312$nm，$c=1.1856$nm，$\alpha=\beta=\gamma=90.0°$，$V=0.4315$nm^3 为晶胞的可能性最大，最可能的空间群为 $Pccn$（No.56）（参见表 3-19）。其它可能的空间群还有：$Pbcn$（No.60）、$Pcmn$（No.62）、$Pc2_1n$（No.33）、$Pbmn$（No.53）、$Pb2n$（No.30）、$Pmmn$（No.59）、$Pm2_1n$（No.31）、$Pbmm$（No.51）、$Pbm2$（No.28）、$Pb2_1m$（No.26）、$P2_12_12$（No.18）、$Pncn$（No.52）、$Pn2n$（No.34）、$P2_12_12_1$（No.19）、$P22_12$（No.17）。按空间群 $Pccn$（No.56）精修后，其结果为：$a=0.68612(11)$nm，$b=0.5322(4)$nm，$c=1.18330(11)$nm，$V=0.4321$nm^3，ESD of Fit $=0.0229°$，$|\Delta2\theta|=0.0166°$，

F(29)＝10.4(168)。

表 3-19　分别以 *Pccn*（No. 56）、*P3c1*（No. 158）和 *P2₁/n*（No. 14）指标的结果

2θ（实测值）/(°)	*Pccn*(No. 56)			*P3c1*(No. 158)			*P2₁/n*(No. 14)		
	hkl	2θ(计算值)/(°)	$\Delta 2\theta$/(°)	hkl	2θ(计算值)/(°)	$\Delta 2\theta$/(°)	hkl	2θ(计算值)/(°)	$\Delta 2\theta$/(°)
14.975	002	14.961	−0.014	200	14.935	−0.040	002	14.947	−0.028
19.803	102	19.798	−0.005	210	19.799	−0.004	−103	19.814	0.011
21.129	110	21.109	−0.020	111	21.136	0.007	−211	21.127	−0.002
22.438	012	22.451	0.013	300	22.483	0.044	012	22.453	0.015
26.008	112	25.973	−0.035	220	26.017	0.009	112	25.989	−0.019
30.071	202	30.086	0.015	400	30.131	0.060	400	30.085	0.014
31.891	211	31.918	0.027	131	31.975	0.084	311	31.957	0.066
33.709	020	33.651	−0.058	002	33.670	−0.039	020	33.685	−0.024
34.559	212	34.576	0.016	102	34.533	−0.026	410	34.583	0.023
36.973	121	36.990	0.016	022	37.017	0.043	022	37.035	0.062
38.555	213	38.647	0.093	141	38.674	0.119	411	38.643	0.088
39.372	122	39.347	−0.024	122	39.364	−0.007	122	39.380	0.009
40.236	204	40.220	−0.017	420	40.222	−0.014	402	40.194	−0.042
43.024	310	43.009	−0.015	222	43.038	0.014	222	43.047	0.023
43.823	214	43.807	−0.016	421	43.813	−0.010	214	43.827	0.005
45.762	222	45.758	−0.005	402	45.803	0.041	420	45.783	0.020
47.869	124	47.808	−0.061	520	47.883	0.014	−705	47.805	−0.063
49.009	223	49.056	0.046	412	49.088	0.079	124	49.114	0.104
50.417	304	50.392	−0.025	610	50.441	0.024	−107	50.486	0.069
51.134	116	51.112	−0.022	521	51.045	−0.089	215	51.067	−0.067
53.497	125	53.463	−0.034	440	53.513	0.015	404	53.503	0.006
55.060	322	55.134	0.074	152	55.218	0.158	521	55.187	0.127
55.757	402	55.751	−0.006	213	55.707	−0.051	231	55.723	−0.034
56.845	411	56.885	0.040	531	57.026	0.180	330	56.876	0.031
58.224	026	58.175	−0.049	602	58.114	−0.109	026	58.156	−0.068
58.615	412	58.608	−0.007	223	58.587	−0.028	232	58.606	−0.009
60.825	034	60.833	0.009	540	60.997	0.172	034	60.863	0.039
64.751	226	64.754	0.003	631	64.784	0.033	424	64.730	−0.021
65.125	421	65.125	0.000	532	65.264	0.138	325	65.282	0.157
67.030	118	67.014	−0.015	271	66.905	−0.124	217	66.945	−0.085
68.847	332	68.765	−0.082	513	68.854	0.006	531	68.836	−0.011
70.872	510	70.857	−0.015	004	70.794	−0.078	040	70.828	−0.044
71.225	333	71.348	0.123	014	71.306	0.081	140	71.338	0.113
72.996	136	72.983	−0.013	802	73.036	0.040	235	72.986	−0.011
78.798	044	78.808	0.010	044	78.823	0.025	440	78.832	0.034
85.373	038	85.379	0.006	750	85.440	0.066	705	85.395	0.022
88.822	516	88.692	−0.131	10,1,1	88.815	−0.007	1,1,10	88.894	0.072
89.402	2,1,10	89.439	0.038	930	89.315	−0.086	309	89.370	−0.032

如仔细分析上述晶胞参数，就会发现 $a \times \sqrt{3} = 0.68612\text{nm} \times 1.73205\text{nm} = 1.18839\text{nm} \approx c$，因此该晶胞可以转换为三方、六方晶系晶胞，可能的空间群有 *P3c1*（No. 158）和 *P6₃cm*（No. 185）等。按空间群 *P3c1*（No. 158）精修后（参

见表 3-19），其结果为：$a = 1.368787(3)$ nm，$c = 0.53192(8)$ nm，$V = 0.86308$ nm^3，ESD of Fit=0.0504°，$|\Delta 2\theta| = 0.0376°$，F(30)=6.0(138)[43]。

而实际真实的晶胞应为单斜晶系，按空间群 $P2_1/n$（No.14）精修后（参见表 3-19），其结果为：$a = 1.37130(3)$ nm，$b = 0.53170(18)$ nm，$c = 1.368196(12)$ nm，$\beta = 120.030(4)°$，$V = 0.86363$ nm^3，ESD of Fit=0.0423°，$|\Delta 2\theta| = 0.0302°$，$F(30) = 6.6(156)$。该例子说明，指标化正确晶胞并非易事。

晶胞选择和判别所指标的晶胞是否可信，其依据大致如下。

① 一般选择同时满足晶胞最小、对称最高者。

② 一般情况下所有衍射峰均应被指标；如图 3-34(c) 所指标，其晶胞参数为 $a = 0.5929$ nm，$b = 0.6851$ nm，$c = 0.8396$ nm，$V = 0.3411$ nm^3，$Pbcm$（No.57），但该晶胞无法指标 $2\theta = 31.00°$ 和 38.60° 处的两个小峰。

③ F(30) 的值一般应大于 20～30，该值越大其可信度越高，但该值与对称有关，低对称如三斜和单斜晶体，该值就不可能太高。理论衍射峰数应尽可能小于 100，越接近 30，可信度越高。

④ 晶胞参数误差应达千分位以下，单峰 $\Delta 2\theta$ 应小于 0.03°，所有衍射峰的平均 $\Delta 2\theta$ 应尽可能接近或小于 0.01°，该值越小可信度越高。

目前 X 射线粉末指标化最常用的程序有 ITO、DICVOL91 和 TREOR90 等，近来 Bruker 公司推出的 Topas 4.2 程序，采用新的算法（迭代法），使 X 射线粉末自动指标化成功率得到提高。但必须指出的是，无论通过何种程序指标的晶胞，仍有可能存在不确定因素，真实晶胞可能是指标所得晶胞的整数倍或某整数分之一，或某种矩阵关系（如上述例子）。

3.5.3 空间群的确定

在 1935 年版国际表（International Table）[简称 IT（1935）] 中规定单斜晶系以 b 轴为唯一轴（unique axis），但在后来的 1952 年版 [IT(1952)] 中曾规定了两种取向，即以 c 轴为取向的第一取向（first setting）和 b 轴为取向的第二取向（second setting）。为了避免单斜晶系出现两种标准取向，同时考虑到 b 轴取向具有长久的传统，国际晶体学会在 1983 年的《晶体学国际表》[ITC-A(1983)，第 1 版] 中重新规定以 b 为唯一轴（b axis unique）的取向为标准取向。以 b 轴为唯一轴的取向，目前已成为广大晶体学工作者的共识，只有在极个别情况下，如单斜晶系的磷灰石型结构，为了保持与原六方晶胞一致便于对比，仍有人取 c 轴为唯一轴。虽然大家允许这样做，但不应提倡。

① 在分析消光类型时，应从格子类型、滑移面、螺旋轴的顺序分析。因为一种消光规律可能会掩盖另一种消光规律。如体心格子，则有 $h+k+l=2n$，这就意味着 $hk0$ 中，必有 $h+k=2n$；$0kl$ 中，$k+l=2n$；$h0l$ 中，$h+l=2n$。同时在 $h00$ 中，必有 $h=2n$；$0k0$ 中，$k=2n$；$00l$ 中，$l=2n$。这时并不能确定在三个轴向上是否真正存在 n 滑移面和 2_1 螺旋轴，所以像空间群 $I222$ 与 $I2_12_12_1$ 就无法用

系统消光来区别它们。

② 仅从消光规律，一般无法确定晶体是否含有旋转轴、对称面或对称中心。在 230 个空间群中，只有 50 个空间群（如 $P2_1/c$、$P2_12_12_1$）与消光规律具有一一对应关系，可以根据消光规律毫不含糊地确定它们。而剩余的 180 个空间群与消光规律之间不具有一一对应关系，一种消光规律可对应于两个或两个以上的空间群，如 $I222$、$Immm$、$Imm2$ 和 $I2_12_12_1$，这四个空间群具有完全相同的系统消光。这 180 个空间群分属于 72 种消光规律，所以根据消光规律只能把 230 个空间群区分成 122 种衍射群（diffraction symbols）（见表 3-20～表 3-22）。

一些比较特殊的情况，如平行于（100）、（010）和（001）取向的 d 滑移面只出现在正交晶系和立方晶系的面心格子（oF、cF）中，由于面心格子要求 hkl 满足全是奇数或全是偶数的条件，因此，d 滑移面所要求的 $4n$，则意味着 $h=2n$、$k=2n$ 和（或）$l=2n$，在表 3-21 中用（h，$k=2n$）、（h，$l=2n$）或（k，$l=2n$）表示。对于四方原始格子（tP），如 hhl 和 $h\bar{h}l$ 中存在 $l=2n$，则意味着在 c 轴方向交替存在 c 和 n 滑移面。习惯上不管原点取在何处，在空间群国际标准符号（Hermann-Mauguin）中只用 c 滑移面来表示，如 $P4cc$（No.103）、$P\bar{4}2c$（No.112）和 $P4/nnc$（No.126）。而在立方晶系，如 hhl 和 $h\bar{h}l$ 中，存在 $l=2n$ 衍射条件，则意味着 c 轴方向交替存在 c 和 n 滑移面（其它等效方向类同），在空间群国际标准符号中依据原点所选取的位置是否含有 c 或 n 滑移面，分别定为对应的滑移面，如原点选在 n 滑移面上的有空间群 $P\bar{4}3n$（No.218）、$Pn\bar{3}n$（No.222）和 $Pm\bar{3}n$（No.223），原点选 c 滑移面上的空间群有 $F\bar{4}3c$（No.219）、$Fm\bar{3}c$（No.226）和 $Fd\bar{3}c$（No.228）。

表 3-20 不同格子类型与 hkl 衍射条件的关系

格子类型	点阵点分布特征	hkl 衍射条件
P（原始格子）	(x,y,z)（下同，略）；$(0,0,0)+$	无限制
I（体心格子）	$(1/2,1/2,1/2)+$	$h+k+l=2n$
F（面心格子）	$(0,1/2,1/2)+$；$(1/2,0,1/2)+$；$(1/2,1/2,0)+$	$k+l=2n,h+l=2n,h+k=2n$
A（底心格子）	$(0,1/2,1/2)+$	$k+l=2n$
B（底心格子）	$(1/2,0,1/2)+$	$h+l=2n$
C（底心格子）	$(1/2,1/2,0)+$	$h+k=2n$
R（菱面体格子）	$(2/3,1/3,1/3)+$；$(1/3,2/3,2/3)+$	$-h+k+l=3n$（正定向）
R（菱面体格子）	$(1/3,2/3,1/3)+$；$(2/3,1/3,2/3)+$	$h-k+l=3n$（负定向）

表 3-21 滑移面与衍射条件的关系

滑移面	滑移距离	符号	衍射类型	衍射条件	晶系
（100）	$b/2$	b	$0kl$	$k=2n$	斜方/立方($b-$ -)、四方($-b$)
（100）	$c/2$	c	$0kl$	$l=2n$	斜方/立方($c-$ -)、四方($-c$)
（100）	$(b+c)/2$	n	$0kl$	$k+l=2n$	斜方/立方($n-$ -)、四方($-n$)
（100）	$(b\pm c)/4$	d	$0kl$	$k+l=4n,(h,l=2n)$	斜方/立方($d-$ -)（F 格子）
（010）	$a/2$	a	$h0l$	$h=2n$	单斜/斜方/四方/($-a-$)、立方($a-$ -)
（010）	$c/2$	c	$h0l$	$l=2n$	单斜/斜方/四方/($-c-$)、立方($c-$ -)

滑移面	滑移距离	符号	衍射类型	衍射条件	晶系
(010)	$(a+c)/2$	n	$h0l$	$h+l=2n$	单斜/斜方/四方/(-n-)、立方(n--)
(010)	$(a\pm c)/4$	d	$h0l$	$h+l=4n,(k,l=2n)$	斜方(-d-)、立方(d--)(F 格子)
(001)	$a/2$	a	$hk0$	$h=2n$	斜方(--a)、四方/立方(a--)
(001)	$b/2$	b	$hk0$	$k=2n$	斜方(--b)、四方/立方(b--)
(001)	$(a+b)/2$	n	$hk0$	$h+k=2n$	斜方(--n)、四方/立方(n--)
(001)	$(a\pm b)/4$	d	$hk0$	$h+k=4n,(k,l=2n)$	斜方(--d)、立方(d--)(F 格子)
(11−20)	$c/2$	c	$h-h0l$	$l=2n$	三方/六方(-c-)、⊥[110]或 d 轴
(−2110)	$c/2$	c	$0k-kl$	$l=2n$	三方/六方(-c-)、⊥[100]或 a 轴
(1−210)	$c/2$	c	$-h0hl$	$l=2n$	三方/六方(-c-)、⊥[010]或 b 轴
(1−100)	$c/2$	c	$hh,-2h,l$	$l=2n$	三方/六方(--c)、⊥[1−10]或//dc 面
(01−10)	$c/2$	c	$-2h,hhl$	$l=2n$	三方/六方(--c)、⊥[120]或//ac 面
(−1010)	$c/2$	c	$h,-2h,hl$	$l=2n$	三方/六方(--c)、⊥[210]或//bc 面
(110),(1−10)	$c/2$	c,n	$hhl,h-hl$	$l=2n$	四方(--c)、立方(--n)
(110),(1−10)	$(a\pm b\pm c)/4$	d	$hhl,h-hl$	$2h+l=4n$	四方/立方(--d)
(011),(01−1)	$a/2$	a,n	$hkk,hk-k$	$h=2n$	立方(--n)、立方(--a)(F 格子)
(011),(01−1)	$(\pm a+b+c)/4$	d	$hkk,hk-k$	$2k+h=4n$	立方(--d)
(101),(−101)	$b/2$	b,n	$hkh,-hkh$	$k=2n$	立方(--n)、立方(--b)(F 格子)
(101),(−101)	$(\pm a\pm b+c)/4$	d	$hkh,-hkh$	$2h+k=4n$	立方(--d)

表 3-22 螺旋轴与衍射条件的关系

方向	平移距离	符号	衍射类型	衍射条件	晶系
[100]	$a/2$	2_1	$h00$	$h=2n$	斜方/立方(2_1-)、四方(-2_1-)
[100]	$a/2$	4_2	$h00$	$h=2n$	立方(4_2--)
[100]	$a/4$	$4_1,4_3$	$h00$	$h=4n$	立方(4_1--)/(4_3--)
[010]	$b/2$	2_1	$0k0$	$k=2n$	斜方/四方(-2_1-)、立方(2_1--)
[010]	$b/2$	4_2	$0k0$	$k=2n$	立方(4_2--)
[010]	$b/4$	$4_1,4_3$	$0k0$	$k=4n$	立方(4_1--)/(4_3--)
[001]	$c/2$	2_1	$00l$	$l=2n$	斜方(--2_1)、四方(-2_1-)、立方(2_1--)
[001]	$c/2$	4_2	$00l$	$l=2n$	立方(4_2--)
[001]	$c/4$	$4_1,4_3$	$00l$	$l=4n$	立方(4_1--/4_3--)
[001]	$c/2$	6_3	$000l$	$l=2n$	六方(6_3--)
[001]	$c/3$	$3_1,3_2,6_2,6_4$	$000l$	$l=3n$	三方(3_1--/3_2--)、六方(6_2--/6_4--)
[001]	$c/6$	$6_1,6_5$	$000l$	$l=6n$	六方(6_1--/6_5--)

晶体学三维空间群（crystallographic space-group types）共有 230 个，其中仿射空间群（affine space-group types）219 个，另有 11 对对映结构体空间群（enantiomorphic space-group types），它们分别为 $P4_1$-$P4_3$、$P4_122$-$P4_322$、$P4_12_12$-$P4_32_12$、$P3_1$-$P3_2$、$P3_121$-$P3_221$、$P3_112$-$P3_212$、$P6_1$-$P6_5$、$P6_2$-$P6_4$、$P6_122$-$P6_522$、$P6_222$-$P6_422$ 和 $P4_132$-$P4_332$。如最常见的天然矿物石英（SiO_2）的空间群为 $P3_121$-$P3_221$。

下面讨论由 R. Herbst-Irmer 提供的一个例子，简单讨论一下对映结构体空间群确定的方法，该例子为 $C_{15}H_{20}CsN$, 化合物的晶胞参数为：$a=b=1.1370(2)$ nm, $c=2.0496(4)$ nm, $\gamma=120°$, $V=2.2947(7)$ nm^3, $Z=6$。衍射强度统计表明：

$|E^2-1|=0.529$（理论值：中心对称 0.968 和非中心对称 0.736），具有中心对称的可能性为 40%。消光统计表明衍射条件不是很明确，但最终确定最可能的衍射条件为：$000l$ 中有 $l=6n+1$ 消光，对应的可能空间群为 $P6_1$ 或 $P6_5$。

以 $P6_1$ 为空间群，用 Patterson 法得到重原子 Cs 的原子坐标，经最小二乘修正得 $R_1=0.245$，$wR_2=0.617$，结果不是太理想，如加入双晶指令：TWIN 0 1 0 1 0 0 0 0 -1 2 / BASF 0.5，则 R 因子降为 $R_1=0.133$，$wR_2=0.384$，$K=0.355(9)$。通过差值傅里叶获得全部原子坐标后，将双晶指令修正为：TWIN 0 1 0 1 0 0 0 0 -1 -1 -4 / BASF 0.2 0.2 0.2，得到 $K_2=0.00(2)$，对应衍射点 $kh-l$；$K_3=0.70(3)$，对应衍射点 $-h-k-l$；$K_4=0.34(2)$，对应衍射点 $-k-hl$；$K_1=1-(K_2+K_3+K_4)$，对应衍射点 hkl。可以发现 K_1 和 K_2 都为零，说明晶体只有两个个体（domains）。说明双晶指令 TWIN 0 1 0 1 0 0 0 0 -1 2 / BASF 0.5 是基本合适的，但查看 CIF 输出文件发现 Flack 值 $x=0.87(5)$，且有 ** Absolute structure probably wrong-invert and repeat refinement** 提示错误，一般 Flack 值要求小于 0.5。如将双晶指令修改为 TWIN 0 -1 0 -1 0 0 0 0 -1 2 / BASF 0.5，Flack 值则变为 0.35(3)，但 ** Absolute structure probably wrong-invert and repeat refinement** 错误提示仍未消失。如将空间群转为 $P6_5$，该错误提示消失，说明正确空间群为 $P6_5$。详细精修结果参见表 3-23，仔细比较 A、B、C 和 D 四种方式，只有第四种方式的 R 因子和 C—C 键长误差最小。

表 3-23 对映结构体空间群双晶精修

方式	空间群	双晶矩阵	R_1	wR_2	K_2	Flack x	s. u. (C—C)
A	$P6_1$	0 1 0 / 1 0 0 / 0 0 -1	0.022	0.057	0.341(1)	0.87(5)	0.011~0.013
B	$P6_1$	0 -1 0 / -1 0 0 / 0 0 1	0.021	0.054	0.341(1)	0.35(3)	0.010~0.012
C	$P6_5$	0 -1 0 / -1 0 0 / 0 0 1	0.020	0.049	0.340(1)	0.09(3)	0.009~0.011
D	$P6_5$	0 1 0 / 1 0 0 / 0 0 -1	0.018	0.046	0.340(1)	$-0.03(4)$	0.008~0.010

有时可以看到这样的空间群，如 $R\bar{3}c$ H（No. 167）和 $R\bar{3}c$ R（No. 167），它们都表示晶体学国际表中的 No. 167 空间群，但它们的表达形式与标准格式有所不同。在 $R\bar{3}c$ 后加注 H 表示该空间群所选取的晶胞采用的是三方晶系（R 格子）六方定向，如方解石（$CaCO_3$）的晶胞参数为 $a=b=0.49803$nm，$c=1.70187$nm，$\alpha=\beta=90°$，$\gamma=120°$，$V=0.36557$nm^3。而 $R\bar{3}c$ 后加注 R 表示晶胞选取方式采用的是早期的菱面体晶胞（$a=b=c=0.636$nm，$\alpha=\beta=\gamma=46.1°$，$V=0.12186$nm^3）。由于两者的晶胞选取方式不同，因此在 $R\bar{3}c$ 后加注 H 或 R 以示区别。

另外还有一类，虽然所选的晶胞相同，但空间群的原点不同，如 No. 141 空间群，它也有两种形式，一种是 $I4_1/amd$ S，另一种为 $I4_1/amd$ Z，前者表示晶胞原点取在高对称要素交汇点的位置（$\bar{4}m2$）上，它距离对称中心（$2/m$）的距离为 $(0, 1/4, -1/8)$，而后者表示原点选取在对称中心（$2/m$）上，它距离高对称位置（$\bar{4}m2$）的距离为 $(0, -1/4, 1/8)$。

3.5.4 粉末 X 射线衍射法晶体结构的测定

目前绝大部分晶体结构是通过单晶 X 射线衍射分析而获得的。单晶 X 射线衍射分析在材料现代测试分析中占据有极其重要的地位，其所用样品少（只需＞0.03mm 的晶体一粒）、不破坏样品，所能提供信息多，可用于测定晶胞参数、原子坐标位置、原子位移参数、占位度和有序、无序等，但其要求有足够大的单晶体（直径一般要求大于 $30\mu m$）。而对于金属及金属间化（合）物、纳米颗粒和纤维状、针状样品，以及某些具有层状结构的化合物（如云母），要想获得适合单晶衍射的单晶体样品，有时相当困难。此时，不得不采用粉末衍射法测定晶体结构。而用于锂离子电池充放电的材料，需要了解在锂离子嵌入和嵌脱过程中的结构变化，此时进行原位 XRD 观察，并进行粉末 X 射线衍射结构分析显得尤为必要。

粉末 X 射线衍射晶体结构分析的一般步骤如下：

① 高精度收集粉末 X 射线衍射数据（$2\theta\geqslant100°$，step$\leqslant0.01°$）。

② 物相鉴定，确定是否属于新化合物。

③ 晶胞参数指标化，确定空间群。

④ 寻找已知同构化合物，以同构化合物的原子坐标参数为初始模型。

⑤ 如无同构化合物，需用从头法获得原子坐标参数的初始模型。

⑥ 用 Rietveld 法精修粉末衍射图谱。

⑦ 生成 CIF 文件，用于发表需求。

3.5.4.1 粉末衍射数据收集

收集高质量的粉末衍射数据对后续的晶体结构分析至关重要。一般要求待测样品结晶完好、颗粒均匀，粒度在 $10\mu m$ 左右。数据收集范围应尽可能大，通常 2θ 需要达到 $100°$ 以上。每步步长应不大于 $0.01°$，即 step$\leqslant0.01°$。还需要对狭缝设置作适当调整。日常的物相鉴定，为了在较短时间内获得足够强的衍射数据，通常设置了较宽的接收狭缝和发散狭缝。较宽的狭缝设置是以牺牲衍射峰的分辨率来换取较高的强度和信噪比为目的的。对于粉末 X 射线衍射结构分析，需要衍射数据有高的分辨率，因此需要对狭缝作适当的调整，原则上狭缝越小越好。但狭缝过窄，会严重影响衍射峰强度，为了使衍射峰的信噪比不降低，势必需要大幅延长每一步的计数时间。通常设置一个较窄的狭缝宽度，同时延长曝光时间以达到足够的强度和信噪比。一个高分辨率的衍射图谱主要体现在 $100°$ 附近或以上的衍射峰是否清晰可辨，衍射峰是否具有较好的峰形对称，衍射峰峰宽较窄，样品无明显的择优取向。

样品制样的重要性常常被低估或忽略，消除择优取向对结构精修至关重要，通常需要采用侧装法或振实法安装样品，尽量避免压入法导致的样品取向。

3.5.4.2 建立初始模型

对于已知结构物相的结构精修，可以通过晶体结构数据库（英国剑桥数据库和德国无机晶体结构数据库）或前人文献获得初始模型，可作为晶体结构精修的起点，但对于未知结构的新化合物，其结构精修要复杂得多。一般需要专业从事 X 射线晶体学研究的专家才能解决，通常可通过如下方法解决。

（1）同构法　对于未知新化合物晶体结构研究，首先需进行自动指标化，确定其可能的晶胞参数和空间群，再通过数据库查找获得类似化学成分化合物的晶体结构原子位置，以此作为结构模型进行结构精修，如 Li_2FeSiO_4 就是通过其同构的 Li_3PO_4 为模型解决的，属于此类的化合物，结构精修难度相对较小，只需经过一定训练的科研人员也可实现。

（2）模型法　模型法是指通过晶体的对称规律和结合化学知识获得晶体结构初始模型的方法。模型法主要基于对称制约和晶体化学知识获得初始模型。如通过晶胞体积可大致估算晶胞内阴、阳离子的总数，一般认为晶胞体积除以 18～20 为氧原子的个数，再结合化学成分分析最终确定化学分子式和分子数。如在垂直于 b 轴方向上含对称面（x，0，z），结构中的［SiO_4］四面体要么位于对称面上，要么远离至少 0.12nm 以上（受对称制约）。

合理结构模型的提出，需要较多的结构化学、配位化学和固体物理等方面的知识，对于有经验的 X 射线晶体学的专家，在晶体所属的空间群和单位晶胞所含的原子数被确定之后，一般可根据衍射线强度分布的特点、附加消光规律、原子半径、晶胞参数、各组分之间的化学键性质、阴阳离子间可能形成的键角和键长、配位多面体等有关因素进行综合考虑，排除不合适的等效点系组合，确定可能的等效点系组合，并确定原子坐标参数。通过不断调整原子坐标参数，使计算的衍射强度与实验观察的结果相符合，该方法又称为尝试法。

（3）从头计算法　首先对粉末衍射数据进行指标化，著名的常用程序有：TREOR 尝试法计算程序、DICVOL 二分法计算程序和 Visser 晶带法计算程序等。然后对衍射峰进行分峰拟合，获得每一个 hkl 衍射指数的衍射强度值。目前常用的分峰方法有 Pawley 法和 Le Bail 法，两者都依赖于晶胞参数和空间群计算出衍射峰位置，再进行分峰处理。重叠峰的正确分离是从头计算法测定晶体结构的关键，将各衍射线的积分强度，推算为相应的结构振幅 $|F^2|$ 值，输入直接法或帕特森（Patterson）重原子法等单晶结构分析程序，求解相角，获得其初始模型用于结构精修，傅里叶合成和差值傅里叶合成求解结构和可能丢失的原子。粉末从头法求解结构的难度在于：粉末 X 射线衍射图谱可以看成是三维的单晶 X 射线衍射在一维坐标上的投影，导致其大量信息丢失。通常意义的无机小分子晶体，其可收集的单晶衍射点可达到几千个，即可获得几千个 hkl，而粉末衍射一般只能得到几十条衍射峰。

（4）理论计算法　利用模型法建模结合第一性原理计算和优化，获得能量最低的结构稳定态模型。该方法的最大优势在于结构分析不依赖于原始 X 射线强度数据的质量，这对于在锂离子嵌入、脱出过程中导致结构非晶化的物相分析具有特别重要的意义。

3.5.4.3 Rietveld 法粉末晶体结构精修

1967 年里特沃尔德（Rietveld）博士根据中子衍射图谱，提出衍射峰形全谱拟合法修正晶体结构，即利用计算机程序逐点比较整个衍射图谱的实测衍射强度（包括无衍射峰区间）和理论计算值，用最小二乘法反复精修衍射图谱中仪器峰形参数和原子结构参数，使计算峰形与观察峰形拟合，并使图形的加权剩余差方因子 R_{wp} 为最小。由于该方法所修正的参数都不是线性关系，为了使最小二乘法能够收敛，初始输入的结构原子参数必须基本正确。因此 Rietveld 方法只用于修正晶体结构参数，它不能用于测定未知结构的粉末试样，需要与其它方法配合使用。由于中子衍射峰形简单，且基本符合高斯分布，因此在 20 世纪 70 年代初，里特沃尔德衍射峰形拟合法在中子粉末衍射修正晶体结构方面得到了广泛的应用，并获得了成功。随着材料科学与物理学等相关学科发展，对粉末结构精修的迫切需求，使全谱峰形拟合修正晶体结构的方法广泛应用于 X 射线粉末衍射，其中包括同步 X 射线辐射源的应用，使其得到了很大的发展。

精修过程就是反复比较实测谱图、计算谱图和差分谱图。从这些图形上能够很快发现比例因子、背底高低和形状以及晶胞参数、空间群和原子坐标等模型是否与实测图谱相一致。随着精修的不断深入，从图形直接发现问题就不容易了，这时需要把图形局部放大，从而找出更多峰形方面的细节问题，如拖尾长度、不对称性、各向异性峰形加宽和峰形模拟函数缺欠等情况。

精修开始之初就应选好下列参数：正确的空间群、精确的晶胞参数、原子坐标、占位度和各向同性位移参数。一般先将占位度设置为 100%，各向同性位移参数设置为 $0.01\sim0.02\mathring{A}^2$ 左右。对 U、V、W 也要设好初始值，如将 W 设为实测谱图的中部区域谱峰的 $(FWHM)^2$，而 U、V 可取为零。

明智的策略可以节省时间，少走弯路。不论是遇到新结构、新数据，或是相同材料的不同试样，还是不同的数据来源（中子、X 射线），都得制定适宜的精修策略。不同类型的精修参数，在 Rietveld 精修进行过程中所表现的特性也截然不同。过早地引入不稳定的非线性参数，有可能导致精修迅速失败。因此随着精修过程的进行，要有选择地让某些参数参加精修，从而形成一个"精修参数选择序列"。表 3-24 列出了一个精修参数选择序列。

表 3-24 精修参数选择序列

参数	线性	稳定性	修正序列
比例参数	是	是	1
样品偏移	否	是	1
线性背底参数	是	是	2
晶胞参数	否	是	2
多变量背底函数	一般不	一般	2 或 3
W	否	很差	3 或 5
原子位置(x,y,z)	否	一般	3
择优取向	否	一般	4 或不修正

参数	线性	稳定性	修正序列
占位度、原子位移参数(B)	否	可变	5
U、V 等	否	否	最后
各向异性原子位移参数	否	可变	最后
仪器零点	否	是	1、5 或不修正

与单晶结构精修相比，粉末 Rietveld 法结构精修受诸多因素的制约。同一晶体结构，单晶衍射法一般可以收集到几千个衍射点，而粉末衍射法一般只能得到几十个衍射峰，同时它需要精修的参数反而比前者更多，因此，在粉末结构精修过程中常出现假性最小，精修过程也就是排除极小值的干扰而寻找最小值的过程。对于极小值的干扰问题，只能设法避免而无法彻底解决。例如可以尝试对初始模型进行各种重要的修改，看是否都能达到相同的最小（极小）值。另外，引入各种匹配指标、采用不同类型的数据以及增加精修约束等，都对排除干扰有一定的帮助。初始模型与理论值的接近程度对精修结果至关重要，初始模型越接近理论值，精修的结果越好。

目前粉末结构精修程序较多，较常用的程序有 DBWS、GSAS 和 Fullpro 等，著名的商业程序有 Topas 等，虽各有千秋，但总体功能基本一致。

3.5.5　CIF 数据文件

CIF 是晶体学数据文件（crystallographic information file）的缩写。X 射线衍射及晶体结构分析需要处理大量的实验数据，同时又获得大量的晶体学数据，如晶胞参数、空间群、原子坐标和键长、键角以及原子位移参数等。如何高效地存储、利用和分享这些庞大的数据，这就要求我们对晶体学数据进行计算机化管理。早在 1990 年国际晶体学会正式采用 CIF 文件对晶体学数据进行分类存储和管理。目前最著名的英国剑桥晶体学数据库（Cambridge Structural Database，简称 CSD）和德国无机晶体数据库（Inorganic Crystal Structure Database）都是采用 CIF 文件进行资料的存储和管理。前者主要收集有机和金属有机配合物的结构资料，后者主要收集无机晶体结构数据资料（所收录化合物一般不含碳氢氧氮等元素）。另外还有两个数据库，一个是加拿大的金属及金属间化（合）物数据库（CRYSTMET），另一个是美国的蛋白质结构数据库（Protein Data Bank，简称 PDB）。

CIF 文件主要用于表述晶体结构相关信息，可由相关的计算机程序（如 Shelxl'97）自动产生，并可通过专用编辑程序（如 enCIFer）进行编辑修改，也可通过普遍纯文本编辑程序（如 edit）编辑处理，最后文件可在国际晶体学会相关网站 http://journals.iucr.org/e/services/authorservices.html 上在线校正其语法错误和晶体结构合理性。目前越来越多的化学和物理类杂志，在投稿之前要求进行晶体学数据校验。CIF 也可以看成是一种简单易学，甚至事先无须任何学习便可以看懂的计算机语言。它通常由英文单词加下划线构成，如" _ chemical _ formula _ sum"，它表示化学分子式，它直接由英文单词构成，使用者一看就明白。另外，对于一般用户，可从无机晶体结构数据库（ICSD）和剑桥晶体学数据库（CSD）等检索获得其所需要的 CIF 文件，或从相关文献杂志获得。用户可通过其它程序如 Diamond、atoms 等进行画图处理。

下面简单介绍其中某些重要指令及注意事项。"data＿"是数据模块开始标记符号，一般位于结构信息模块的首行。CIF 定义英文下划线（＿）、英文斜杠（＼）、英文井号（♯）、英文字符串（＄）、英文方括号（［）、英文单引号（′）、英文双引号（″）和英文分号（；）为专用标识字符。如英文单引号（′）、英文双引号（″）或英文分号（；）用于表示文本字符的开始或结束标记符号。"loop＿"用于表示数据循环语句标记符号。例如：

"loop＿

＿atom＿site＿label

＿atom＿site＿type＿symbol

＿atom＿site＿fract＿x

＿atom＿site＿fract＿y

＿atom＿site＿fract＿z

＿atom＿site＿U＿iso＿or＿equiv

＿atom＿site＿adp＿type

＿atom＿site＿occupancy

＿atom＿site＿symmetry＿multiplicity

＿atom＿site＿calc＿flag

＿atom＿site＿refinement＿flags

＿atom＿site＿disorder＿assembly

＿atom＿site＿disorder＿group

Ba1 Ba 0.85364（8）0.37760（9）0.42130（9）0.0150（2）Uani 0.50 1 d P.."

该模块中，有以"＿atom＿site＿"开始的语句 13 条，用来表示原子编号、元素符号、原子坐标（x，y，z）、各向同性（或等效）原子位移参数、占位度和无序等信息，对应的数据也需要有 13 个对应的数值，并用空格分隔，如没有该项值，则用一个英文句点（.）表示。注意该数据行中不可以删除其中的任何空格和句点，否则就会导致整个 CIF 文件出现错误。

在 CIF 文件中只允许使用 ASCII（American Standard Code for Information Interchange，美国信息互换标准代码）中可显示字符，也就是说只能出现计算机二进制码列表中位于 32（二进制 0010 0000）至 126（二进制 0111 1110）间的可显示字符，即在英文键盘中可直接打字的字母或符号，如 48～57 表示阿拉伯数字"0～9"，65～90 表示英文大写字母"A～Z"，97～122 表示英文小写字母"a～z"。如要表达其它字符，则采用斜杠来定义，如希腊字母用斜杠（＼）加一个英文字母来表示，小写英文字母对应小写希腊字母、大写英文字母对应大写希腊字母，如

" \ w"表示 ω，" \ W"表示 Ω，参见表 3-25 和表 3-26。

一些常见的符号或表达方式有："^ ? ^"用于表示上标，如 Csp^ 3 ^ 为 Csp^3；"～? ～"表示下标，如 U～eq～表示 U$_{eq}$；空间群 P $\bar{4}$ 用 P \ =4 表示；标注双键、叁键时，在"\\ db""\\ tb""\\ ddb"后需加一空格（a space），如"C \\ db C"表示 C ＝C。CIF 文件每一行的长度不能超过 78 个字符，每一行的换行号前须有一个空格。格式表示法：如〈i〉Acta Cryst.〈/i〉A〈b〉64〈/b〉用于表示 *Acta Cryst.*（斜体）**A64**（粗体）。

另外，实验数据有效数的进位，国际晶体学会有专门的规定，它不同于常见的进位法则。根据国际晶体学会要求，数据的标准不确定度（standard uncertainty，即原标准偏差，standard deviation，现不再使用该名称）小于或等于 19 者保留，大于或等于 20 者才进位，如 5.1678(19) 不需要进位，只有 5.1678(20) 才需要进位并表示为 5.168(2)，这与一般日常进位法稍有差别。

表 3-25　希腊大、小写字母与英文字母对照表

	希腊大、小写字母对应表示法			英文名称		希腊大、小写字母对应表示法			英文名称
1	α	\a	A	\A	alpha	13	ν	\n	N	\N	nu
2	β	\b	B	\B	beta	14	o	\o	O	\O	omicron
3	χ	\c	X	\C	chi	15	π	\p	Π	\P	pi
4	δ	\d	Δ	\D	delta	16	θ	\q	Θ	\Q	theta
5	ε	\e	E	\E	epsilon	17	ρ	\r	P	\R	rho
6	φ	\f	Φ	\F	phi	18	σ	\s	Σ	\S	sigma
7	γ	\g	Γ	\G	gamma	19	τ	\t	T	\T	tau
8	η	\h	H	\H	eta	20	υ	\u	Υ	\U	upsilon
9	ι	\i	I	\I	iota	21	ω	\w	Ω	\W	omega
10	κ	\k	K	\K	kappa	22	ξ	\x	Ξ	\X	xi
11	λ	\l	Λ	\L	lambda	23	ψ	\y	Ψ	\Y	psi
12	μ	\m	M	\M	mu	24	ζ	\z	Z	\Z	zeta

表 3-26　一些特殊字符的对应表示法

表示法	英文名称	表示法	英文名称	表示法	英文名称
\'	acute(é)	\/l	Polish l(ł)	\\simeq	≈
\`	grave(à)	\/o	o-slash(ø)	\\infty	∞
\^	circumflex(â)	\/d	barred d(đ)	\\times	×
\=	overbar(ū)	\%	degree(o)	+-	±
\"	umlaut(ü)	\%a	a-ring(å)	-+	∓
\~	tilde(ñ)	\%A	angstrom(Å)	\\square	□
\(	breve(ă)	\&s	German"ss"(ß)	\\neq	≠
\<	hacek(č)	--	dash	\\rightarrow	→
\>	Hungarian umlaut(ű)	---	single bond	\\leftarrow	←
\.	overdot(ė)	\\db	double bond *	\\langle	<
\;	ogonek(ę)	\\tb	triple bond	\\rangle	>
\,	cedilla(ç)	\\sim	~	~?~	subscripts
\\ddb	delocalized double bond	\? i	dotless i(ı)	^?^	superscripts

CIF 文件用于 X 射线粉末衍射理论图谱的计算。CIF 文件可以用于计算理论 XRD 图谱，这对没有实测标准卡片的样品来说尤为重要。现有很多程序可以用于计算理论图谱，有一些程序其计算结果尚有一些不足，Jade 6.5 是一款相对不错的程序。计算过程大致如下：首先打开 Jade 6.5 程序的下拉式菜单 "Options"（选项），选择 "Calculate Pattern"（计算理论图谱），"Read Crystal Structure Data from Files"（读取晶体结构数据文件），选择文件类型为 CIF，读取文件。单击 "Calc" 计算，再单击 "Lines" 查看计算结果，单击 "Save" 输出计算结果，可以保存为 *.hkl 文件或 *.dsp 文件。再打开 Jade 6.5 程序的下拉式菜单 "Identify"（鉴定），选择 "Add to d-I userfile"（添加到用户文件），跳出界面 "Add New Data to Userfile for S/M"，单击其中 "Edit d-I List"（编辑 d-I 列表），跳出新的界面 "d-I List File（*.DSP）"，从中选择 "Browse"（预览）打开前面储存的 *.dsp 文件，然后 "Close" 关闭界面。重新回到 "Add New Data to Userfile for S/M" 界面，在 PDF♯框中输入一个新的卡片号，单击 "Add"，其计算图谱被存储到用户数据库。在 "Identify / Userfile Magnager" 下拉式菜单中可以查到新增的 X 射线粉末衍射理论数据卡片，在物相鉴定时调用用户数据库就可以作为标准卡片使用。

参 考 文 献

[1] 潘兆橹. 结晶学及矿物学：上册. 第三版. 北京：地质出版社，1993.
[2] de Wolff P M, Billiet Y, Donnay J D H, et al. Definition of symmetry elements in space groups and point groups. Report of the International Union of Crystallography Ad - Hoc Committee on the Nomenclature of Symmetry. Acta Crystallogr, 1992, 48：727.
[3] Hahn T. International tables for crystallography volume A：space-group symmetry . 5th Version. Dordrecht：Springer, 2005.
[4] 罗谷风. 结晶学导论. 第 2 版. 北京：地质出版社，2010.
[5] Donnay J D H. Rules for the conventional orientation of crystals. American Mineralogist, 1943, 28 (313-328)：470.
[6] Donnay J D H, Harker D. A new law of crystal morphology extending the law of Bravais. American Mineralogist, 1937, 22 (5)：446-447.
[7] Sirisopanaporn C, Masquelier C, Bruce P G, et al. J Am Chem Soc, 2011, 133：1263.
[8] Otte H M. J Appl Phys, 1961, 32：1536.
[9] Kochanovska A. Physica, 1949, 15：191.
[10] Yamanaka T, Morimoto S, Kanda H. Phys Rev B, 1994, 49：9341.
[11] Trucano P, Chen R. Nature, 1975, 258：136.
[12] Van Aswegen J T S, Verleger H. Naturwissenschaften, 1960, 47：131.
[13] Hall S R, Stewart J M. Acta Crystallogr B, 1973, 29：579.
[14] Smakula A, Kalnajs J. Physical Review, 1955, 99：1737.
[15] Ohba T, Kitano Y, Komura Y. Acta Crystallogr C, 1984, 40：1.
[16] Kisi E H, Elcombe M M. Acta Crystallogr C, 1989, 45：1867.
[17] Guerin R, Guivarch A. J Appl Phys, 1989, 66：2122.
[18] Fontana P, Schefer J, Pettit D. J Cryst Growth, 2011, 324：207.
[19] Zintl E, Brauer G. Zeitschrift fuer Elektrochemie und Angewandte Physikalische Chemie, 1935, 41：297.
[20] Swanson H E, Fuyat R K. National Bureau of Standards（U. S.），1953, 539：44.
[21] Finklea S, Cathey L, Amma E L. Acta Crystallogr A, 1976, 32：529.

[22] Kirfel A, Eichhorn K. Acta Crystallogr A, 1990, 46: 271.

[23] Le Page Y, Donnay G. Acta Crystallogr B, 1976, 32: 2456.

[24] Schmahl W W, Swainson I P, Dove M T, et al. Z Kristallogr, 1992, 201: 125.

[25] Restori R, Schwarzenbach D, Schneider J R. Acta Crystallogr B, 1987, 43: 251.

[26] Meagher E P, Lager G A. Can Mineral, 1979, 17: 77.

[27] Horn M, Schwerdtfeger C F, Meagher E P. Zeitschrift fuer Kristallographie, Kristallgeometrie, Kristallphysik, Kristallchemie, 1972, 136: 273.

[28] Lewis J, Schwarzenbach D, Flack H D. Acta Crystallogr A, 1982, 38: 733.

[29] Cerny R, Valvoda V, Chladek M. J Appl Crystallogr, 1995, 28: 247.

[30] Palosz B, Salje E. J Appl Crystallogr, 1989, 22: 622.

[31] Saalfeld H, Wedde M. Zeitschrift fuer Kristallographie, Kristallgeometrie, Kristallphysik, Kristallchemie, 1974, 139: 129.

[32] Bronsema K D, Deboer J L, Jellinek F. Z Anorg Allg Chem, 1986, 541: 15.

[33] Partin D E, Okeeffe M. J Solid State Chem, 1991, 95: 176.

[34] Fleet M E. Acta Crystallogr B, 1982, 38: 1718.

[35] Yashima M, Ali R. Solid State Ionics, 2009, 180: 120.

[36] Nakatsuka A, Yoshiasa A, Yamanaka T. Acta Crystallogr B, 1999, 55: 266.

[37] Akimoto J, Gotoh Y, Oosawa Y. J Solid State Chem, 1998, 141: 298.

[38] Jorgensen J E, Smith R I. Acta Crystallogr B, 2006, 62: 987.

[39] Zhang W, Duchesne P N, Gong Z L, et al. Journal of Physical Chemistry C, 2013, 117: 11498.

[40] Vanderwal R J, Vos A, Kirfel A. Acta Crystallogr B, 1987, 43: 132.

[41] Krauter T, Neumuller B. Z Anorg Allg Chem, 1995, 621: 597.

[42] 马喆生, 施倪承. X 射线晶体学: 晶体结构分析基本理论及实验技术. 武汉: 中国地质大学出版社, 1995.

[43] 马礼敦. 近代 X 射线多晶体衍射: 实验技术与数据分析. 北京: 化学工业出版社, 2004.

第**4**章
缺陷化学基础及其应用

4.1 引言

如第 3 章所述，晶体是原子在三维空间的周期性重复排列衍生而来的。这一排列的结果是，在理想晶体中所有原子或离子均应排列在它们的理想位置。然而，根据热力学第二定律，理想晶体的熵值为零，因而这种理想状态只能在热力学零度时存在。在这一温度之上，晶体中偏离完全有序理想状态的缺陷总是存在。即使在热力学零度时，原子仍在作零点振荡（zero-point oscillation at the absolute zero temperature），而这种振荡也可以看作是缺陷的一种形式。因此理想晶体实际上是一个用于晶体学描述的抽象概念，实际晶体中总是存在着不完美（即存在缺陷)[1~8]。尽管通常情况下，晶体中存在的缺陷含量很低，但对晶体的某些性质（如电导率和机械强度等）却有着非常重要的影响。

4.1.1 缺陷形成能

若在晶体中增加缺陷的数量，将造成体系无序度增加，因此体系熵 S 增加。在完美的晶体中引入缺陷引起熵的变化可以表示为：

$$\Delta S = k \ln W \tag{4-1}$$

式中，k 为玻尔兹曼常数；W 是一个特定的点缺陷可能排列的数目，对于 n 个缺陷分布在 N 个位点上，可以得到：

$$W = \frac{N!}{(N-n)! \, n!} \tag{4-2}$$

阻止系统进入一个原子完全随机分布的无序状态的因素是缺陷形成能。根据吉布斯（Gibbs）方程：

$$\Delta G = \Delta H - T \Delta S \tag{4-3}$$

对于在特定温度和压力条件下，包含缺陷数目为 n 的晶体，其吉布斯自由能变化为：

$$\Delta G = n\Delta H_f - T(\Delta S + n\Delta S')$$ (4-4)

式中，S'是与缺陷周围原子振动变化相关联的熵值。

在特定温度下，从零缺陷浓度开始，引入单一缺陷将引起熵的显著增加，而缺陷的生成焓通常较小，因此体系自由能下降，体系易于产生缺陷。在缺陷浓度比较低时，引入更多缺陷，体系自由能继续下降，焓和熵项均增加。当缺陷浓度达到一定值后，进一步引入缺陷所引起的整体无序度变化不大或进一步形成所谓的缺陷簇，因此体系的熵值没有明显变化，而焓继续增加。这将导致体系自由能增加，因此能量上不再有利于体系内缺陷的进一步形成。图 4-1 给出了体系熵、焓和吉布斯自由能随缺陷浓度变化的情况。然而体系的热力学参数发生变化时，如环境温度变化将导致体系缺陷平衡位置相应移动。在 0K 以上，晶体中都会存在一定浓度的缺陷，且随温度升高而增加。

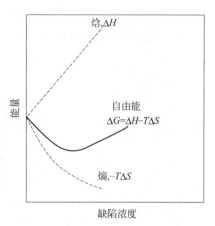

图 4-1　在理想晶体中引入点缺陷导致体系熵、焓和自由能的变化

4.1.2　缺陷的分类

根据几何形状和涉及的范围，晶体中缺陷可分为点缺陷、线缺陷、面缺陷几种主要类型。

点缺陷是原子水平上的缺陷，它的影响只局限于直接相关的周围原子。主要有空位、间隙原子（填隙子）和杂质原子。空位是指未被原子所占有的晶格结点。间隙原子是占据晶格中间隙位置的原子。杂质原子主要是指外来原子（异质原子）进入晶格，取代原来的原子进入正常格点位置，或占据本来没有原子的间隙位置。点缺陷的出现，使周围的原子也会受到某种程度的干扰，造成晶格畸变。点缺陷存在于完全热力学平衡状态，其浓度可用生成能和其它热力学性质来描述，因而在理论上可以定性和定量地把点缺陷当作实物，用化学的原理来研究。点缺陷（不包括声子和激子）是缺陷化学研究的主要内容。

线缺陷（即位错，dislocation）是指晶体中的某处有一列或若干列原子发生了某种有规律的错排现象。

面缺陷是指二维尺寸很大而第三维尺寸很小的缺陷，包括晶界、亚晶界、化学孪晶界面、堆垛层错、晶体剪切面、共生结构以及表面等二维缺陷。

此外，无限自适应结构、扩展簇缺陷、固体材料中的夹杂物或晶格中的析出物可以认为是体缺陷（三维缺陷）。一维或高维缺陷浓度不由热力学平衡所决定，与其相关的绝大部分问题不能用热力学方法来处理。

扩展缺陷（一维及高维缺陷）除对金属材料的强度有重要影响外，对无机非金属晶体的生长及性质，特别是陶瓷材料的烧结和固相反应也有着巨大影响。但是，这些现象主要是材料科学的研究范畴，本书不专门讨论。

4.2 点缺陷的分类和表示方法

点缺陷主要分为两类：本征缺陷和非本征缺陷。本征缺陷，是由晶格原子的热振动引起的，对研究晶体而言是本征的组成部分，缺陷的形成并不改变整体晶体的组成，因此也被称为计量缺陷。非本征缺陷，则是由杂质原子或杂质离子嵌入晶格所引起的，因此也称为杂质缺陷。通常认为少量杂质原子或离子的引入不应引起体系内新相的形成，即体系仍可认为是一种原有相结构或仅形成固溶体。

4.2.1 本征缺陷

本征缺陷包括肖特基缺陷（Schottky defects）和弗仑克尔缺陷（Frenkel defects）两大类。由于本征缺陷是由晶格中原子或离子的热振动引起的，因此又称热缺陷。其浓度与温度密切相关。

肖特基缺陷由晶格中的空位组成，是晶体结构中原子或离子由于热振动离开原来所在的格点位置留出空位而形成的点缺陷。肖特基缺陷形成的结果就好比是晶格内部原子跑到晶体表面，而在内部留下空位。对于离子晶体而言，为了保持电中性，各种离子形成的肖特基缺陷数目应符合晶体的元素构成比例。弗仑克尔缺陷是指晶体中原子（或离子）离开正常格点位置，挤入晶格中的间隙位置，成为间隙原子（或离子），并在其原先占据的格点处留下一个空位（晶格空位），这样的晶格空位-间隙缺陷对就称为弗仑克尔缺陷。

例如，一个由 M 和 X 两种元素 1:1 组成的离子晶体 MX，肖特基缺陷包含一对空位，一个阳离子空位和一个阴离子空位。图 4-2（b）所示为理想晶体结构示意图。图 4-2（a）所示是 MX 碱金属卤化物型结构中肖特基缺陷，阳离子空位和阴离子空位的数目相等，以维持电荷平衡。MX_2 型结构的肖特基缺陷将包括一个 M^{2+} 形成的空位和两个 X^- 空位，从而保持电中性。肖特基缺陷主要存在于 1:1 碱金属卤化物中，常见的化合物包括岩盐相 NaCl、纤锌矿（ZnS）及 CsCl 等。

弗仑克尔缺陷通常仅发生在晶体中的一个亚晶格，如图 4-2（c）所示，MX 碱金属卤化物型结构中，倘若 M 阳离子受到某种外界热激发离开其平衡位置，但 X 阴离子亚点阵未发生改变，则此时引起的离子晶格空位数和间隙缺陷数应相等。弗仑克尔缺陷涉及原子或离子挤入配位数较低且体积较小的间隙位置形成填隙子，其浓度大小与晶体结构有很大的关系，只有体积较小或极化作用较强的原子或离子容易形成弗仑克尔缺陷。例如，岩盐结构离子晶体中，NaCl 晶体由于四面体间隙位置较小，很难产生弗仑克尔缺陷；然而在 AgBr 和 AgCl 晶体中，Ag^+ 的极化作用

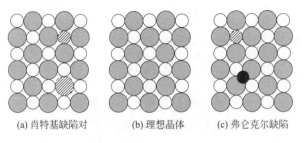

(a) 肖特基缺陷对　　　(b) 理想晶体　　　(c) 弗仑克尔缺陷

图 4-2　MX 离子晶体中本征点缺陷示意图

○—阳离子；⬤(灰)—阴离子；●—间隙阳离子；

▨—阳离子空位；▨—阴离子空位

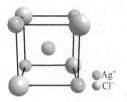

图 4-3　AgCl 晶体中
Ag$^+$ 填隙示意图
（填隙 Ag$^+$ 处于 Cl$^-$ 和
Ag$^+$ 都是四配位的环境）

较强，容易形成弗仑克尔缺陷。如图 4-3 所示，Ag$^+$ 离开六配位八面体位置进入四配位四面体间隙位置，形成弗仑克尔缺陷。弗仑克尔缺陷通常发生在阳离子亚晶格，在阴离子亚晶格出现弗仑克尔缺陷（也称反弗仑克尔缺陷，anti-Frenkel defects）的现象很少见，因为阴离子半径通常大于阳离子。这一普遍现象的特例主要出现在萤石结构化合物中，例如 CaF$_2$、SrF$_2$、BaF$_2$、SrCl$_2$ 碱土金属卤化物，氟化铅（PbF$_2$）及钍、铀和锆的氧化物（ThO$_2$、UO$_2$、ZrO$_2$）中出现的反弗仑克尔缺陷。其中一个原因是阴离子电荷较阳离子低；另一个原因在于萤石晶体的开放性结构特征（参考图3-7）。

4.2.2　非本征缺陷（杂质缺陷）

　　通常情况下，晶体中的本征缺陷浓度是非常低的。例如，室温下 NaCl 晶体中的肖特基缺陷浓度在 $10^{-17}\mathrm{mol}^{-1}$ 数量级。与本征缺陷不同，非本征缺陷的浓度通常与温度无关，且随着杂质或掺杂原子的浓度增加而增加。非本征缺陷（杂质缺陷）是由异质原子或离子进入晶体晶格所引起的，它不是晶体所固有的。异质原子进入晶格，可以取代晶格中的原子，进入正常格点位置，形成置换固溶体，也可以进入本来没有原子的间隙位置，形成间隙固溶体。杂质原子进入晶格取代晶格中的原子或进入间隙位置，都将破坏主晶体的规则排列，使原有晶体的晶格发生局部畸变，并导致晶体周期性势场的改变。如果杂质原子的价态与被取代原子的价态不同，晶体中将发生相应的电荷补偿以保持电中性。例如，在 ZrO$_2$ 晶体中掺入 CaO，将导致等量氧空位的产生。因此，非本征缺陷将改变晶体的组成。在许多材料体系中，掺杂原子的浓度可以在很大范围内变化，可以用于调控材料的性能。非本征缺陷对材料的电子与离子电导及电化学性能有着十分重要的影响。

4.2.3 非化学计量缺陷

非化学计量缺陷是由生成非化学计量化合物所引起的缺陷。某些化合物，特别是晶格中含有易挥发的组成元素时，如氧化物、硫化物及卤化物等，其组成会随着环境气氛和温度的变化而改变。对于非化学计量化合物体系，需要考虑化合物晶体与外界环境的相互作用对缺陷的影响。相比于本征缺陷的形成不改变晶体的计量比，非化学计量化合物在晶格中形成空位或产生填隙原子，存在着缺陷，在组成和结构两方面显示出非化学计量的特征。在一个均相系统中，相平衡的条件可由给定组分在两相中的化学势相等来表示：

$$\mu_i^{sol} = \mu_i^{gas} = \mu_i^0 + RT\ln p_i \tag{4-5}$$

式中，p_i 为 i 组分的分压。

由式(4-5)可知，计量化合物只存在于一定的温度和压力下。因此，含有易挥发组分的化合物基本上都是非化学计量的，只是非化学计量的程度不同而已。严格意义上的化学计量化合物应该是特例，而不是常态。

4.2.4 缺陷缔合与缺陷簇

以上在讨论各种点缺陷时提出了一个简单的假设，即在晶体中缺陷是孤立存在的，形成缺陷（空位、填隙原子或杂质原子）时结构不受到扰动。然而，这只是一种非常简化的处理，在实际情况中往往更复杂，由于部分缺陷存在时，将导致晶格的扭曲和缺陷的缔合（或聚集形成缺陷簇）。如在缺陷周围的原子或离子往往被发现偏离它们的理想位置，晶格发生局部扭曲（见图4-4）。由于几何及库仑效应，间隙原子周围的原子通常会被稍微挤开，而晶体中空位周围的原子则会向空位中心靠拢；同样不同半径的杂质原子也会导致周围原子格点的畸变。如果把原子偏离它们的理想位置也看作是一种缺陷，则晶体中缺陷和它们周围的原子组成了一个缺陷簇（缺陷聚集体）。

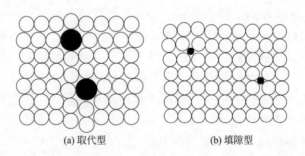

(a) 取代型　　　　　　　(b) 填隙型

图 4-4　晶体中形成缺陷时晶格的畸变

包括两个或多个原子的缺陷可以看作为缔合缺陷或缺陷簇。在离子晶体中，缺陷是带有效电荷的，阴离子空位带有效正电荷，而阳离子空位则带有效负电荷；同样阳离子填隙子带有效正电荷，而阴离子填隙子带有效负电荷。缺陷无序地分布在晶体中，当两个或多个缺陷相互靠近时，缺陷之间由于库仑力相互作用有可能缔合形成缺陷缔合体。缺陷浓度较低时，缺陷相互靠近的概率较低，缺陷缔合体不容易形成，形成后也容易由于热运动而再次分开。缺陷浓度较高时，缺陷相互靠近的概率很高，容易形成缺陷缔合体。虽然缺陷缔合体整体表现为电中性，但由于单个缺陷通常带有有效电荷，因此在缔合体中存在着偶极。缔合缺陷之间通过偶极相互作用可以进一步缔合形成更大的缺陷簇。与形成孤立缺陷相比，缺陷缔合体或缺陷簇可以降低体系的自由能。如固体电解质材料通常含有高浓度缺陷而具有较高离子电导率，但是在缺陷浓度达到一定浓度后，电导率却不会继续增大，这种现象的原因大致可归结为过高浓度的缺陷将在其中形成缺陷簇。

4.3 点缺陷的表示方法

晶体中点缺陷的表示方法有很多种，其中克罗格-明克（Kronger-Vink）符号较为常用，是目前国际上通用的表示方法。

4.3.1 克罗格-明克符号

克罗格-明克符号分为主体部分和上、下标，主体部分表示缺陷种类，下标表示缺陷实际位置，上标表示有效电荷（正、负、零）。缺陷电荷用有效电荷表示，定义为缺陷位置实际电荷减去晶体正常格位电荷。例如，考虑 NaCl 离子晶体中钠离子和氯离子空位缺陷上的有效电荷。空位缺陷上没有离子占据，实际电荷数为零。正常晶体钠离子格位实际电荷数为 $+1$，因此钠离子空位缺陷的有效电荷为 $0-(+1)=-1$。同理可得氯离子空位缺陷有效电荷为 $+1$。若用 Ca^{2+} 置换 Na^+ 形成杂质缺陷，钙离子的电荷为 $+2$，晶体正常钠离子格位实际电荷为 $+1$，因此缺陷的有效电荷为 $(+2)-(+1)=+1$。为避免与离子电荷表示方法混淆，用 "·" "'"和 "×" 分别表示 1 单位有效正电荷、负电荷和零电荷，目前习惯上常把 "×" 省略。以二元化合物 MX 为例，可能存在的缺陷用克罗格-明克符号表示如下。

（1）空位缺陷　用 V_M 和 V_X 分别表示 M 原子空位和 X 原子空位，V 表示空位缺陷（vacancy），下标表示原子空位所在位置。对于离子晶体，在上标加上空位缺陷有效电荷数。如 NaCl 晶体中，钠离子空位可以表示为 V'_{Na}，而氯离子空位可以表示为 $V^·_{Cl}$。

（2）间隙缺陷　M_i 和 X_i 分别表示 M 和 X 原子处在间隙位置上。主体部分为处于晶格间隙位置原子的元素符号，下标 "i" 表示间隙位置（interstitial）。如 AgCl 晶体中，间隙银离子缺陷表示为 $Ag^·_i$。

（3）错位缺陷　M_X 表示 M 原子占据了应是 X 原子正常所处的平衡位置，不表示占据了负离子位置上的正离子。X_M 类似。

（4）杂质缺陷与带电缺陷 L_M 和 S_X 分别表示杂质原子 L 通过置换处在 M 的位置上和 S 处在 X 的位置上，L_i 表示杂质原子 L 处在间隙位置上。例如，NaCl 晶体中掺入少量 KCl，钾离子占据基质晶体中钠离子格位，形成钾离子掺杂缺陷，可用 $K_{Na}^{\times}$ 表示。K^+ 与 Na^+ 所带电荷相同，为等价置换。若掺入少量 $CaCl_2$，Ca^{2+} 取代晶体中 Na^+ 位置，则产生带有效正电荷的掺杂缺陷 $Ca_{Na}^{\cdot}$。Ca^{2+} 与 Na^+ 所带电荷不相同，为异价置换。异价置换需要在晶体中产生额外的缺陷以补偿掺杂缺陷所带额外有效电荷，详细的补偿机制将在下文介绍。掺杂原子也可以占据基质晶体的晶格间隙位置，形成间隙杂质缺陷，如 C_i 表示杂质 C 原子处在间隙位置上。

（5）自由电子及电子空穴 e' 和 $h^{\cdot}$ 分别表示自由电子和电子空穴。

（6）缔合中心 除了上述单一的缺陷外，一种或多种晶格缺陷可能会相互缔合成一组或一群。通常把发生缔合的缺陷放在括号内来表示，也称复合缺陷。如在 NaCl 晶体中，最邻近的钠空位和氯空位就可能缔合成空位对，形成缔合中心，反应式为：

$$V_{Na}' + V_{Cl}^{\cdot} = (V_{Na}' V_{Cl}^{\cdot}) \tag{4-6}$$

4.3.2 缺陷反应式的书写原则

在固体材料中形成缺陷的过程可以用缺陷反应方程式来描述。同时可以应用质量作用定律来研究点缺陷平衡。下面以化合物 $M_a X_b$ 为例介绍书写缺陷反应式必须遵守的主要原则。

（1）位置关系 由道尔顿（Dalton）的定比例规则和结晶化学的一般原理可推知，晶格点阵中阴、阳离子结点的位置总数必须满足一定的比例关系。在整比化合物 $M_a X_b$ 中，M 与 X 的位置数必须保持 $a:b$ 的正确比例。例如在 NaCl 中，Na 和 Cl 的位置数比是 1:1；在 $CaCl_2$ 中，Ca 和 Cl 的位置数比是 1:2。如果在实际晶体中，M 与 X 原子的比例不符合位置的正确比例关系，就表明晶体存在缺陷。例如在理想的化学计量 ZrO_2 中，Zr 与 O 位置数之比应为 1:2，而实际晶体中是氧含量不足，其组成为 ZrO_{2-y}，那么在晶体中就必然要生成氧空位，以保持位置关系。这里须注意，当杂质离子处于间隙位置时，不影响位置关系。

（2）位置增生 当缺陷产生和变化时，由于位置关系的作用，有可能在晶体中引入晶格空位，例如 X 位空位 V_X；也可能把 V_X 消除，相当于增加或减少 X 的点阵格点位置数。在晶体中引入与原有晶体相同的原子，例如引入 X，除非生成填隙原子，否则相当于增加 X 亚晶格的点阵位置数。能引起位置增生的缺陷有 V_M、V_X、M_M、M_X、X_M 和 X_X 等；不引起位置变化的缺陷有 e'、$h^{\cdot}$、M_i 和 X_i 等。例如，生成肖特基缺陷相当于晶格中原子迁移到晶体表面，在晶体中留下空位，增加了位置数目；同时表面原子可能迁移到晶体内部填充空位，减少位置数目。

（3）质量平衡 和化学反应方程式一样，质量平衡定律同样适用于缺陷反应方程式。在缺陷反应方程式中应注意的是，缺陷符号的下标只是表示缺陷产生的位置，对质量平衡并没有作用。缺陷反应方程式中的空位对质量平衡也不起作用。

(4)电中性　不管晶格中产生何种缺陷，晶体必须保持电中性。如前文所述，在离子晶体中产生缺陷，将形成两个或更多的带异号电荷的缺陷。如在 AgCl 中形成一个弗仑克尔缺陷，将产生 V'_{Ag} 和 $Ag_i^{\cdot}$ 两个带异号电荷的缺陷。电中性的条件要求缺陷反应式两边具有相同数量的总有效电荷，但不要求分别等于零。例如，ZrO_2 晶体在一定条件下失去部分氧，生成带氧空位的 ZrO_{2-x} 的反应可以用如下方程表示：

$$2\ ZrO_2 - \frac{1}{2}O_2 \longrightarrow 2Zr'_{Zr} + V_O^{\cdot\cdot} + 3O_O \tag{4-7}$$

$$2\ ZrO_2 \longrightarrow 2Zr'_{Zr} + V_O^{\cdot\cdot} + 3O_O + \frac{1}{2}O_2 \tag{4-8}$$

$$2\ Zr_{Zr} + 4O_O \longrightarrow 2Zr'_{Zr} + V_O^{\cdot\cdot} + 3O_O + \frac{1}{2}O_2 \tag{4-9}$$

(5)表面位置　形成肖特基缺陷时，可以考虑为正、负离子成对地从晶格内部迁移到晶体表面，在晶体内部留下空位，同时晶格点阵结点的位置数增加。由于迁移到表面的正、负离子及在晶体内部产生的空位总是成对按化学计量关系出现，因此位置关系保持不变。例如在 NaCl 中，钠离子和氯离子从晶体内部迁移到晶体表面或晶界上，反应式如下：

$$Na_{Na} + Cl_{Cl} \Longleftrightarrow V'_{Na} + V_{Cl}^{\cdot} + Na_{Na}(表面) + Cl_{Cl}(表面) \tag{4-10}$$

式(4-10)左边表示离子都处在正常的位置上，晶体中不存在缺陷；生成缺陷之后，产生了表面离子和内部的空位。从晶体内部迁移到表面上的钠离子和氯离子与原来处于表面层的离子并没有本质的差别。可把式(4-10)左、右两边消去同类项，写成：

$$0 \Longleftrightarrow V'_{Na} + V_{Cl}^{\cdot} \tag{4-11}$$

式中，数字 0 表示无缺陷状态，也可以用 nil 表示。因此，表面位置通常不需要特别表示。

4.4 固溶体及补偿机制

前面了解到材料中存在的点缺陷类型包括本征缺陷和杂质缺陷。本征缺陷的浓度往往很低；而杂质缺陷的浓度可以在很宽的范围内变化，对材料的性能有着至关重要的影响。杂质缺陷可以是在材料合成过程中带入的，也可以是为改善材料的相关性能而人为掺杂的。外来杂质原子进入主晶体晶格，可以看作是一个杂质原子作为溶质，主晶体作为溶剂的固相溶解过程，掺杂的材料称为固溶体。因此，固溶体基本上是一个组成可以在一定范围内连续变化的晶体相。由于纯相材料的性质往往较为单一，不能满足人们多方面的需求，因此实际使用的材料往往是掺杂形成的固溶体。

杂质原子进入主晶体，可以占据晶格中的间隙位置，生成填隙型固溶体。简单填隙型固溶体主要发生在原子及金属晶体中。许多小半径原子如氢、碳、硼、氮等能进入金属主体结构内未占据的间隙位置，生成填隙型固溶体。储氢合金便是利用氢和金属生成填隙固溶体（金属氢化物）而得到的。如金属钯是著名的能"储存"大体积氢气的金属，最终形成氢化物化学式为 PdH_x（$0 \leqslant x \leqslant 0.7$）的填隙型固溶体，氢原子进入钯面心立方晶格的间隙位置。碳原子占据 γ-Fe 面心立方晶格的八面体间隙位置形成的固溶体或许是技术上最重要的一种填隙型固溶体。这一固溶体是炼钢的基础，钢便是碳在铁中形成的填隙型固溶体。

杂质原子进入主晶体，也可以置换主晶体中相应的原子，占据正常格点位置，生成取代型（也称为置换型）固溶体。目前发现的固溶体材料，绝大部分属于这种类型。对于离子晶体，如果掺杂离子与被取代离子具有相同的电荷（等价取代），则得到的是简单的取代型固溶体。若掺杂离子所带电荷与被取代离子不同（异价离子取代），则需要生成额外的带电缺陷来补偿电荷的差异以维持晶体的电中性，形成更加复杂的取代固溶体。额外的带电缺陷包括空位或填隙子的生成（离子补偿）和电子或空穴的生成（电子补偿）。异价阳离子取代形成固溶体的补偿机制如图4-5所示。

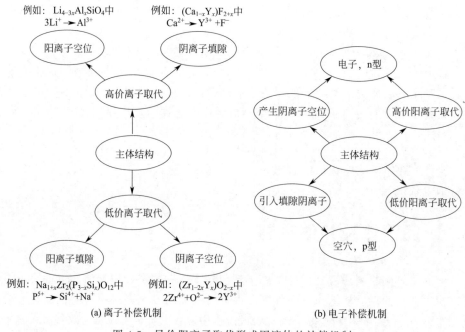

例如：$Li_{4-3x}Al_xSiO_4$中 $3Li^+ \rightarrow Al^{3+}$

例如：$(Ca_{1-x}Y_x)F_{2+x}$中 $Ca^{2+} \rightarrow Y^{3+} + F^-$

例如：$Na_{1+x}Zr_2(P_{3-x}Si_x)O_{12}$中 $P^{5+} \rightarrow Si^{4+} + Na^+$

例如：$(Zr_{1-2x}Y_x)O_{2-x}$中 $2Zr^{4+} + O^{2-} \rightarrow 2Y^{3+}$

(a) 离子补偿机制   (b) 电子补偿机制

图 4-5　异价阳离子取代形成固溶体的补偿机制

4.4.1　离子补偿机制

对于异价阳离子取代，有四种简单的离子补偿机制 [见图 4-5(a)] 和一种双重取代机制实现电荷平衡。阴离子取代也有类似的可能机制，在固溶体中阴离子取代较少发生，在此不作进一步讨论。

用高价阳离子取代低价阳离子可能产生阳离子空位或阴离子填隙；而用低价阳

离子取代高价阳离子则必须形成阳离子填隙或阴离子空位以维持电荷平衡。通常，对于一个特定的材料，在保持均匀固溶体相的情况下，异价离子取代形成空位或填隙子的浓度有一个极限（固溶范围）。在许多情况下，这一值是比较低的（≪1%）；而在某些特定材料中可高达10%～20%，产生高浓度的空位或填隙缺陷。

（1）形成阳离子空位　如果掺杂阳离子的电荷高于主晶体中被取代离子的电荷，则进入主晶体中的阳离子与阴离子比例要低于主晶体，主体结构中多余的阳离子晶格位置可能不被占据而形成阳离子空位。例如，少量 $CaCl_2$ 可以被掺杂到 $NaCl$ 晶体中，其中一个 Ca^{2+} 取代两个 Na^+，Ca^{2+} 占据其中一个 Na^+ 位置，留下另一个 Na^+ 位置空着。用化学式可以表示为：$Na_{1-2x}Ca_xV_xCl$，V 代表钠离子空位。实验发现在 600℃ 时，$0 \leqslant x \leqslant 0.15$。缺陷反应式为：

$$CaCl_2 \xrightarrow{NaCl} Ca_{Na}^{\cdot} + V_{Na}' + 2\,Cl_{Cl}^{\times} \tag{4-12}$$

在 Li_4SiO_4 中，部分 Li^+ 可以被 Al^{3+} 取代得到 $Li_{4-3x}Al_xV_{2x}SiO_4$（$0 \leqslant x \leqslant 0.5$）（V 代表 Li^+ 空位）固溶体。在计量比 Li_4SiO_4（$x=0$）中，所有的 Li^+ 晶格位置全部被占据。随着 Al^{3+} 的掺入，晶格中一套特定的 Li^+ 位开始出现空位，并随着 x 的增大而增加，在 $x=0.5$ 时（$Li_{2.5}Al_{0.5}SiO_4$），整套位置全部空着。

（2）形成填隙阴离子　高价阳离子取代低价阳离子的另一补偿机制是形成填隙阴离子。由于阴离子半径较大，大多数晶体结构中没有足够大的间隙位置来容纳额外的阴离子，它主要发生在某些萤石结构材料中。另外，近几年新兴的磷灰石结构氧离子导体材料也主要是间隙机制。

例如，在 CaF_2 晶体中可以掺杂少量 YF_3，Y^{3+} 取代 Ca^{2+} 后晶体中总的阳离子位置保持恒定，Y^{3+} 和 Ca^{2+} 随机占据原来 Ca^{2+} 的位置，多余的 F^- 进入间隙位置，得到 $(Ca_{1-x}Y_x)F_{2+x}$。填隙 F^- 占据萤石结构中 Ca^{2+} 所形成的大的八面体空隙。缺陷反应式为：

$$YF_3 \xrightarrow{CaF_2} Y_{Ca}^{\cdot} + F_i' + 2\,F_F^{\times} \tag{4-13}$$

（3）形成阴离子空位　如果掺杂阳离子的电荷低于主晶体中被取代离子的电荷，进入主晶体中的阳离子与阴离子比例要高于主晶体，则电荷平衡可能通过形成阴离子空位或阳离子填隙来实现。阴离子空位机制最突出的例子同样来自于萤石结构化合物，如低价阳离子掺杂 ZrO_2 基材料。在 ZrO_2 中掺入 Y_2O_3（8%～10%）得到 $(Zr_{1-x}Y_x)O_{2-1/2x}$，引入氧空位的同时，可以将高温立方相 ZrO_2 稳定到室温，从而显著提高高温氧离子电导率。缺陷反应式为：

$$Y_2O_3 \xrightarrow{ZrO_2} 2Y_{Zr}' + V_O^{\cdot\cdot} + 3O_O^{\times} \tag{4-14}$$

目前应用和研究的绝大部分氧离子导体材料都是阴离子空位机制（见第10章）。

（4）形成填隙阳离子　用低价阳离子取代高价离子时，也有可能通过阳离子填隙实现电荷补偿。例如，高温（如 2073K）下在 ZrO_2 中掺入少量 CaO，实验研究表明在掺杂量很低时，主要是阳离子填隙机制发生作用，缺陷反应式为：

$$2CaO \xrightarrow{ZrO_2} Ca_{Zr}'' + Ca_i^{\cdot\cdot} + 2O_O^{\times} \tag{4-15}$$

在主体结构中有大小合适的间隙位置容纳额外的阳离子时，阳离子填隙是比较普遍的机理。不同"填充硅石"相是一个很好的例子，"填充硅石"相为硅铝酸盐，其中硅石（石英、鳞石英或方石英）的结构可以通过部分 Al^{3+} 取代 Si^{4+} 而被修饰；同时碱金属阳离子可以进入硅石晶格中的间隙位置。

（5）双重取代　在这一补偿机理中两种离子取代同时发生，无须形成空位或填隙子即可通过不同取代离子间的电荷差异实现电荷平衡。两种取代离子可以都是阳离子，也可以是阳离子和阴离子同时取代。如在斜长石型长石中，钙长石 $CaAl_2Si_2O_8$ 和钠长石 $NaAlSi_3O_8$ 可以形成无限互溶固溶体$(Ca_{1-x}Na_x)(Al_{2-x}Si_{2+x})O_8(0<x<1)$。其中 $Na^+ \rightleftharpoons Ca^{2+}$ 和 $Si^{4+} \rightleftharpoons Al^{3+}$ 两对离子可以互相置换，但是两种离子取代必须同时发生并且达到同样的取代量，以维持电荷平衡。

4.4.2　电子补偿机制

上面讨论了异价离子取代的离子补偿机制，所得到的材料通常是绝缘体或显示出与空位或填隙子相关的离子电导（如固体电解质材料，见第 7 章）。上述机理讨论都没有涉及材料电子电导。然而，许多包含过渡金属的材料，特别是形成固溶体时产生混合价态的材料，可能体现出半导体性、金属性甚至在低温下表现出超导性质。固溶体中可能的电子补偿机制如图 4-5(b) 所示，其中涉及同一元素的高价或低价阳离子。根据过渡金属离子变价所产生的是自由电子或者电子空穴，得到的材料表现出 n 型或 p 型电子导电。

（1）产生阳离子空位　通过电化学或者化学方法，可以从 $LiCoO_2$ 及 $LiMn_2O_4$ 中脱出部分锂（包括 Li^+ 和 e），产生锂离子空位。同时产生电子空穴以维持电荷平衡，电子空穴通常位于晶体中过渡金属离子上，得到：

$$Li_{1-x}Co_{1-x}^{3+}Co_x^{4+}O_2$$

$$Li_{1-x}Mn_{1-x}^{3+}Mn_{1+x}^{4+}O_4$$

$LiCoO_2$ 和 $LiMn_2O_4$ 都是非常重要的锂离子电池正极材料。

（2）产生填隙阴离子　晶体中产生阴离子填隙或空位也可以导致混合价态的产生，这在氧化物中比较常见。大部分含有过渡金属离子的氧化物，随着温度和氧分压的变化，会从气氛中吸收或向气氛释放部分氧，在晶格中形成氧填隙或氧空位，同时过渡金属离子发生氧化或者还原。一些具有高临界温度（T_c）的超导体家族属于这一类型的固溶体。其中最著名的是 $YBa_2Cu_3O_\delta$（YBCO 或 Y123）。随着温度和氧分压的变化，晶格中氧含量 δ 可以从 6（Cu 为 +1 和 +2 混合价态）连续变化至 6.5（Cu 完全为 +2 价）再到 7（Cu 为 +2 和 +3 混合价态）。如果以 $\delta=6$ 的相为起始点，将材料在空气或 O_2 中 350℃ 加热，额外的氧将被引入到晶格占据间隙位置，同时氧化铜离子，材料也逐渐从 $\delta=6$ 时的半导体转变为临界温度为 90K 的超导体（$\delta=7$）。

（3）产生阴离子空位　上面所讨论的 $YBa_2Cu_3O_\delta$，随着 δ 的增大，额外的氧进入晶格间隙位置。$\delta=6$ 时，间隙位置为全空的；$\delta=7$ 时，间隙位置全部为氧离子所占据。如果以 $\delta=6$ 为起始相，则可以当作氧离子填隙模型处理；如果以 $\delta=7$ 为起始相，则随着 δ 的减小，在晶格中逐渐形成氧空位，也可以当作阴离子空位模型处理。

CeO_2 是一种重要的氧离子导体材料，被广泛研究用于中低温固体氧化物燃料电池电解质。但是，CeO_2 在还原性气氛下 Ce^{4+} 会被部分还原为 Ce^{3+}，释放出 O_2 形成氧空位，生成 CeO_{2-x}，其中 Ce 为 Ce^{4+}/Ce^{3+} 混合价态。其缺陷反应可以表示为：

$$2\,Ce_{Ce}+O_O \longrightarrow 2Ce'_{Ce}+V_O^{\cdot\cdot}+\frac{1}{2}O_2 \tag{4-16}$$

Ce'_{Ce} 可以看成是晶格中的 Ce 捕获了一个准自由电子，利用

$$Ce'_{Ce}=\!=\!=Ce_{Ce}+e' \tag{4-17}$$

式(4-16) 可以简化为

$$O_O \longrightarrow V_O^{\cdot\cdot}+2e'+\frac{1}{2}O_2 \tag{4-18}$$

其结果是在材料中给出准自由电子，引入 n 型电子电导。电子电导的贡献会产生内短路，导致电池开路电压和功率输出降低。

（4）产生填隙阳离子　这一过程中嵌入反应（电化学或者化学方法）很常见。如 Li 嵌入到 MnO_2 中，Li^+ 进入到 MnO_2 的间隙位，电子作为准自由电子进入晶格以维持电荷平衡。Mn^{4+} 捕获准自由电子还原为 Mn^{3+}，形成 Mn^{4+}/Mn^{3+} 混合价态。这一过程可以看作是（1）中所述 $LiCoO_2$ 和 $LiMn_2O_4$ 的简单逆过程。在很多电极材料（如 TiO_2、$FePO_4$ 等）中嵌锂都属于这一机理。

（5）双重取代　在含有可变价元素的化合物中，异价离子取代时，也可以不产生空位或填隙子，而通过可变价元素的变价来实现电荷补偿。如果把变价的离子也当作是一种"杂质"，则可以看作是双重取代。一个有代表性的例子是 Ba 掺杂的 La_2CuO_4，该材料是由 Bednorz 和 Muller 在 1986 年发现的，它引发了高 T_c 超导体的革命。形成 $La_{2-x}Ba_xCuO_4$ 的机理可以表示为：

$$La^{3+}+Cu^{2+} \longrightarrow Ba^{2+}+Cu^{3+} \tag{4-19}$$

掺杂钙钛矿 $LaCrO_3$ 具有很高的电子电导率和可以忽略的离子电导率，是目前广泛使用的固体氧化物燃料电池（SOFC）连接材料。在氧化性气氛下，低价离子（如 Ca^{2+}、Sr^{2+}、Mg^{2+}）掺杂主要通过 Cr^{3+} 到 Cr^{4+} 的变价实现电荷补偿，形成 $La_{1-x}Ca_xCrO_3$ 的缺陷反应式可以表示为：

$$CaCrO_3 \xrightarrow{\ LaCrO_3\ } Sr'_{La}+Cr^{\cdot}_{Cr}+3O_O^{\times} \tag{4-20}$$

Ca^{2+} 掺杂在 Cr 离子的 3d 价带中引入电子空穴（$Cr^{\cdot}_{Cr}$），增大了 p 型载流子

浓度。

4.5 缺陷浓度的影响因素 （分压、掺杂等）

4.5.1 缺陷的形成与平衡

通常情况下，固体中缺陷的浓度是很低的，也就是我们所说的稀释状态，在这样的情况下，可以将热力学的基本原理引入固体的缺陷化学当中（比如质量作用定理），并可以准确以及定量地来描述缺陷的形成以及平衡。

在这样的基本原理的指导下，可以将缺陷的浓度与化学反应中的组分浓度进行类比。在缺陷反应中，每个结构元素（i）（注意：此处的结构元素包括原子或离子）的化学势以及吉布斯自由能与缺陷浓度的关系都可以用如下的公式来描述：

$$\mu_i = \mu_i^0 + kT\ln[i] \tag{4-21}$$

$$(\Delta G)_{p,T} = (\sum \nu_i \mu_i) \tag{4-22}$$

式中，μ_i，μ_i^0 分别为该组分的化学势以及标准化学势；$[i]$ 为该缺陷组分的浓度；$(\Delta G)_{p,T}$ 为吉布斯自由能；ν_i 为计量比因子。

缺陷的形成以及消失也可以类比准化学反应，从而用相关的平衡常数（K）来描述：

$$(\Delta G^0)_{p,T} = RT\ln K \tag{4-23}$$

缺陷的反应与常规的化学反应是完全一致的，也就是说，化学反应的一些普遍规则都可以应用到缺陷的反应当中。其中，最重要的就是物料守恒以及电中性。就点缺陷的形成以及反应来说，可以大致分为两类：合计量比与非计量比。顾名思义，对前者而言，组成晶体各组分的比例在反应过程中保持不变，也可以看作是封闭的热力学体系。对于后者，则是处于开放的环境中，在反应的过程中，晶体内某组分与外界环境发生反应，交换组分，从而形成非计量比的化合物。下面以金属氧化物 MO 为例来说明不同缺陷的形成与平衡。在缺陷浓度较低的情况下，缺陷的活度可以用缺陷浓度表示。

4.5.2 本征缺陷的缺陷反应与平衡

（1）肖特基缺陷　金属氧化物 MO 形成肖特基缺陷的缺陷反应式为：

$$M_M + O_O \rightleftharpoons V_M'' + V_O^{\cdot\cdot} + M_M(表面) + O_O(表面) \tag{4-24}$$

该式可以简化为：

$$0 \rightleftharpoons V_M'' + V_O^{\cdot\cdot} \tag{4-25}$$

根据质量作用定律，反应的平衡常数为：

$$K_s = [V_M''][V_O^{\cdot\cdot}] = N\exp\left(-\frac{\Delta H_f}{kT}\right) \tag{4-26}$$

式中，ΔH_f 为肖特基缺陷的生成焓。式（4-26）是在仅考虑构型熵变化的情况下推导出来的。产生肖特基缺陷的熵出现在指前因子（N）项，不影响肖特基缺陷浓度与温度的相互关系。

（2）弗仑克尔缺陷　金属氧化物 MO 形成弗仑克尔缺陷的缺陷反应式为：

$$M_M \rightleftharpoons M_i^{\cdot\cdot} + V_M'' \tag{4-27}$$

反应平衡常数为：

$$K_F = [M_i^{\cdot\cdot}][V_M''] = N \exp\left(-\frac{\Delta H_f}{kT}\right) \tag{4-28}$$

以上考虑的主要是本征缺陷，它们的生成并不改变晶体的组成计量比。除了温度外，异价离子掺杂也会影响材料中点缺陷的浓度。假设只有离子点缺陷浓度受到掺杂的影响，MO 中形成非本征（杂质）缺陷可以用下面两个例子来说明。
MF_2 掺杂到 MO 中：

$$MF_2 \xrightarrow{MO} M_M + 2F_O^{\cdot} + V_M'' \tag{4-29}$$

MeO_2 掺杂到 MO 中：

$$MeO_2 \xrightarrow{MO} Me_M^{\cdot\cdot} + O_O + O_i'' \tag{4-30}$$

通常，在一定温度和压力下，有 n 个组分的化合物中热力学平衡条件下点缺陷的浓度由 $n-1$ 个组元的活度或化学势所确定。

对于简单的金属卤化物和氧化物，在恒定温度和压力下，通常使用卤素或者氧的分压，因为这一参数很容易发生变化。点缺陷浓度与组元活度间的依赖关系由处于主导地位的本征缺陷的结构所决定，可以利用点缺陷热力学进行分析。

4.5.3　掺杂对缺陷浓度的影响

掺杂是固态化学中常用的材料（单质或化合物）改性手段，它可以有效地改变材料缺陷的浓度，从而调控离子、电子的输运特性，比如离子电导与电子电导。

下面以一个例子来阐明。二价金属氧化物 MO，假设其主要的缺陷为金属离子缺陷与氧缺陷（V_M''、$V_O^{\cdot\cdot}$）。以三价金属氧化物 Me_2O_3 来对 MO 进行掺杂，三价的 Me 将会取代晶格中的二价 M，以缺陷化学表示为 $[Me_M^{\cdot}]$，缺陷化学反应可以写为：

$$Me_2O_3 \xrightarrow{MO} 2Me_M^{\cdot} + V_M'' + 3O_O^{\times} \tag{4-31}$$

由质量作用可得：

$$K_3 = [Me_M^{\cdot}]^2[V_M''] \tag{4-32}$$

考虑到整个晶格必须保持电中性，可以得到如下关系：

$$2[V_O^{\cdot\cdot}] + [Me_M^{\cdot}] = 2[V_M''] \tag{4-33}$$

下面将全部的热力学因素分成 2 个区域进行讨论。

区域 1：本征区域。在此区域，主要的缺陷来源于热诱导产生的 M 金属离子缺陷与氧缺陷（V_M''、$V_O^{\cdot\cdot}$），而掺杂导致的缺陷可以基本忽略不计。在此基础上，电中性条件变为 $[V_O^{\cdot\cdot}] = [V_M'']$。

区域 2：掺杂主导区域。在此区域中，掺杂产生的缺陷占绝对的主导，从而电中性条件简化为 $[Me_M^{\cdot}] = 2[V_M'']$。

缺陷浓度与掺杂浓度的关系如图 4-6 所示。

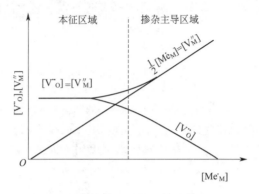

图 4-6　在 MO 晶体中缺陷浓度与杂质浓度的关系曲线

4.5.4　分压对缺陷浓度的影响

当晶体置于开放的环境中时，必须考虑晶体中的某些组分与环境的相互作用，特别是在较高的温度下。尤其当晶体的某些组分是易于挥发的元素，比如氧化物、硫化物以及氯化物时，当这些晶体处于某些特定组分的气相环境中并达到平衡时，可以用如下关系来描述：

$$\mu_i^{\text{sol}} = \mu_i^{\text{gas}} = \mu_i^0 + RT \ln p_i \tag{4-34}$$

式中，p_i 为 i 组分的分压。

下面以金属氧化物 MO 为例来阐述分压对缺陷浓度的影响。MO 置于氧气气氛中并达到平衡：

$$MO(\text{sol}) = MO_{1-\delta}(\text{sol}) + \frac{\delta}{2}O_2(\text{gas}) \tag{4-35}$$

为了简化之后的计算，给出如下假设：①对于 MO，主要的缺陷为金属离子缺陷与氧缺陷（V_M''、$V_O^{\cdot\cdot}$）；②M 在研究的条件下为非挥发组分；③晶格中的缺陷浓度很低；④空隙是完全离子化的，不考虑缺陷的缔合。

所有的缺陷反应以及缺陷浓度关系（质量作用定理）如下：

$$nil = V_M'' + V_O^{\cdot\cdot} \tag{4-36}$$

$$K_s = [V_M''][V_O^{\cdot\cdot}] \tag{4-37}$$

$$nil = e' + h^{\cdot} \tag{4-38}$$

$$K_i = np \tag{4-39}$$

$$\frac{1}{2}O_2 = V_M'' + 2h^{\cdot} + O_O^{\times} \tag{4-40}$$

$$K_1 = [V_M''] p_{O_2}^{-\frac{1}{2}} p^2 \tag{4-41}$$

$$nil = \frac{1}{2}O_2 + V_O^{\cdot\cdot} + 2e' \qquad\qquad (4\text{-}42)$$

$$K_2 = [V_O^{\cdot\cdot}]\, p_{O_2}^{\frac{1}{2}}\, n^2 \qquad\qquad (4\text{-}43)$$

同时考虑到电中性，可以得到如下关系：

$$n + 2[V_M''] = p + 2[V_O^{\cdot\cdot}] \qquad\qquad (4\text{-}44)$$

下面简单讨论各种缺陷浓度与氧分压的关系。为了简化运算，需要运用近似的方法，将此反应归结到三种区域。

区域 1：高氧分压区域。在此种情况下，$\frac{1}{2}O_2 = O_O^{\times} + [V_M''] + 2h^{\cdot}$ 反应占主导，从而得到电中性条件为：

$$2[V_M''] = p \qquad\qquad (4\text{-}45)$$

区域 2：低氧分压区域。此时，$nil = \frac{1}{2}O_2 + V_O^{\cdot\cdot} + 2e'$ 反应占主导，从而得到电中性条件为：

$$n = 2[V_O^{\cdot\cdot}]$$

区域 3：中等氧分压区域。在此种情况下，要考虑到离子缺陷与电子缺陷分别占优的情况。

在简化为此 3 种区域后，可以分别求解出 $[V_M'']$、$[V_O^{\cdot\cdot}]$、p、n 与氧分压的关系。如果将这些关系以对数的形式来表示，也就是 Brouwer Diagram，如图 4-7 所示。

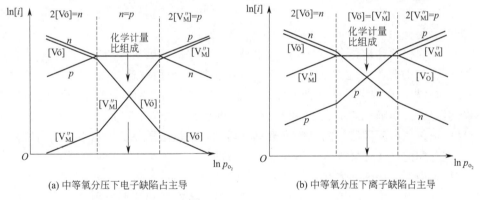

(a) 中等氧分压下电子缺陷占主导　　　　(b) 中等氧分压下离子缺陷占主导

图 4-7　$MO_{1+\delta}$ 二元氧化物缺陷浓度与氧分压的关系（Brouwer Diagram）

4.6 缺陷表征方法

固体材料中的缺陷可以从多个方面来研究。在固体材料中引入缺陷往往会引起材料的性质（晶格常数、密度、电导率及热导率等）发生相应改变，因此可以通过测量这些便于利用的性质与某一变量（如温度、分压、掺杂浓度等）的函数关系，从而间接推断出关于缺陷的重要信息。在固体材料各物理性能中，点缺陷对晶体密度和电阻的影响最明显。例如，空位或者填隙缺陷的产生使得材料的密度降低或者升高，通常情况下材料密度的变化和缺陷浓度成正比，因而可以通过材料密度的变化来推算缺陷的浓度以及缺陷的产生机制。在金属材料中点缺陷的存在破坏了原子的规则排列，使得传导电子受到附加散射，产生附加电阻，附加电阻的大小和点缺陷浓度成正比。在金属材料中点缺陷引起的电阻升高可达 $10\%\sim15\%$。因此测量电阻率的变化以得到体系缺陷浓度的变化规律，可以说是研究点缺陷的简单而灵敏的方法，另外从附加电阻的大小还可以确定出缺陷形成能。同时，缺陷本身会对某些外施微扰刺激（如磁场、电磁波等）产生响应，也可以用于缺陷的研究。相应的实验技术主要有：电子自旋共振、电子-核双共振、光吸收、荧光以及内耗等。当缺陷的能级位于基体的带隙中时，磁共振和光学技术常常能够详细描述缺陷同环境的相互作用。这种技术广泛用于研究绝缘体和半导体中的缺陷结构。此外，也可以利用高分辨率电子显微镜技术对缺陷进行直接观察。高分辨电子显微镜技术是一种对微观局部结构十分敏感的技术，可以直接分辨晶体中的缺陷结构。下面简单介绍几种常用的研究点缺陷的实验方法。

4.6.1　X射线粉末衍射（XRD）

晶体中生成缺陷（空位、填隙原子、杂质原子或置换原子）会导致晶格尺寸发生变化。精确地测量晶体的晶胞参数可用于判断存在点缺陷的类型。固溶体的相结构及组成也可通过 XRD 来分析。因为一个固溶体系的晶胞参数和晶胞体积会随着固溶体组成的连续变化而发生微小的收缩或扩张。通过精确测量粉末谱图可以准确分析以上变化，并估算固溶体的组成。

对于非化学计量化合物来说，如果晶体中缺陷的浓度明显随温度改变，那么将缺陷所引起的效果与晶体本身所产生的效应加以区别就比较容易。例如 AgBr、AgCl 和 AgI，在较高温度下晶胞参数显著增大，可以认为是由于生成弗仑克尔缺陷所引起的。精确地测定 ZnO 和 CdO 的晶胞参数，可以发现其中存在过量的填隙金属离子。填隙型固溶体的晶胞参数总是增大，即使溶质原子半径小于主晶体原子半径也是如此；而置换则常会引起晶胞参数的缩减。

材料中本征缺陷浓度往往较低，同时，纯相材料的性质往往较为单一，无法满足人类多方面的需求。因此，对材料进行掺杂引入杂质缺陷形成固溶体以调控材料的各方面性能满足各种苛刻条件下的需求，是固态电化学研究的重要内容。掺杂原子的浓度可以在很大范围内变化，XRD 是研究掺杂所引入杂质缺陷的一种重要手段。利用 XRD 研究材料中点缺陷，主要可以获得两方面的信息：缺陷浓度和缺陷的详细晶体学结构信息。前者是指在 XRD 物相分析的基础上，精确测量掺杂材料的 XRD 谱图并获得材料的晶胞参数，从而得到材料组成相关的信息。通常，随着掺杂所形成固溶体组成的连续变化，材料晶胞参数会经历小的收缩或膨胀（卫格定律）。一旦作出了固溶体晶胞大小对组成的标准图，则可以利用该图，通过精确测量特定掺杂样品的晶胞大小来确定掺杂元素浓度。后者主要是利用 Rietveld 结构精修方法对固溶体的粉末 X 射线衍射图谱进行全谱拟合，特别是对 X 射线衍射反射强度的拟合，有可能获得固溶体材料详细的晶体学结构信息，如晶格中原子占有率以及空位和填隙子所处晶格位置等。

但是，值得注意的是，由于检测灵敏度的限制，XRD 分析技术不适合用于低浓度缺陷，如低浓度本征缺陷及掺杂量较低（<1％）的杂质缺陷的研究。

4.6.2 密度测量

晶体中产生缺陷会引起晶体晶胞大小和晶体物理尺寸两方面的变化。如在晶体内部产生肖特基缺陷（原子从晶体内部移动到晶体表面），将使晶体密度减小。而形成弗仑克尔缺陷（原子从正常格点位置迁移到间隙位置，间隙原子-空位对）时，晶体密度和晶胞大小都将发生明显变化。因为晶格中的间隙位置较小，间隙原子挤入之后引起大的膨胀，从而导致晶胞大小和晶体密度的改变。精确测量密度和晶胞参数，可以获得许多关于缺陷的信息。通过对一系列不同掺杂浓度固溶体的密度和晶胞参数的联合测量，可以推断掺杂所引入缺陷的可能形成机理。密度测量的关键参数是每个晶胞的平均质量以及在形成固溶体过程中是否发生增加或减少。固溶体样品密度可以通过比重瓶法或浮沉法等技术来测量。

利用密度测量法研究掺杂材料的缺陷机制时，通常的方法是根据掺杂的可能补偿机制写出生成不同类型缺陷的缺陷反应方程，再根据缺陷方程计算出不同掺杂浓度下材料的理论密度与组成的关系，并画出关系曲线，然后将实验测得的实际密度与理论曲线进行比较，确定哪一种机制与实验相符合。

下面以 CaO 掺杂 ZrO_2 形成稳定氧化锆固溶体（CaO 质量分数为 $10\% \sim 15\%$）为例来说明。在 ZrO_2 中掺杂 CaO，形成 Ca''_{Zr} 杂质缺陷的同时有两种可能的简单补偿机制。

① 晶格中氧离子格点位置数目保持不变，过量的 Ca^{2+} 作为填隙子进入间隙位置（填隙机理）生成填隙固溶体，化学式为 $(Zr_{1-x}Ca_{2x})O_2$。缺陷反应式如下：

$$2CaO \xrightarrow{ZrO_2} Ca''_{Zr} + Ca_i^{\cdot\cdot} + 2O_o \tag{4-46}$$

② 晶格中阳离子总的格点位置数目保持不变，产生氧空位（空位机理），固溶体化学式为 $(Zr_{1-x}Ca_x)O_{2-x}$。缺陷反应式如下：

$$CaO \xrightarrow{ZrO_2} Ca''_{Zr} + O_o + V_O^{\cdot\cdot} \tag{4-47}$$

根据机理①，两个 Ca^{2+} 取代一个 Zr^{4+}，假设 x 由 0 变到 0.25，每式单位的质量减少 2.75g。而根据机理②，一个 Zr^{4+} 和一个 O^{2-} 被一个 Ca^{2+} 所取代，当 x 由 0 变到 0.25 时，每式单位的质量将减少 16.75g。根据以上两种不同的缺陷模型结合 XRD 分析得到晶胞参数，可以计算出固溶体的理论密度与 CaO 的掺杂含量 x 的关系。

对比图 4-8 中实验测量结果和不同缺陷机理的理论密度，可以得出掺杂 CaO 稳定氧化锆固溶体的形成是机理②（空位机理）起作用，至少对于在 1600℃加热淬火的样品是如此。

当然，密度测量不能给出所涉及空位或填隙子在原子层次上的细节，而只是得

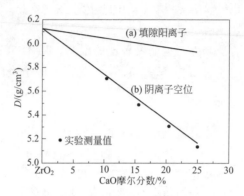

图 4-8　CaO 稳定立方氧化锆固溶体 1600℃淬火样品的密度数据[9]　[实线为
根据两种（形成阴离子空位或填隙阳离子）可能补偿机制计算得到的理论密度]

到一种整体的宏观机理。详细研究缺陷结构，需要结合其它技术，如扩散中子散射
及各种谱学技术。

4.6.3　热分析技术（DTA/DSC）

许多材料在加热过程中结构和性质会在某一温度发生突变，对于固溶体材料，
突变的温度通常随组成而改变。大多数相变具有明显的转变焓，这些变化通常可以
通过差热分析/差示扫描量热法（DTA/DSC）来研究。这为固溶体的研究提供了
一个非常灵敏的方法，因为在固溶体组成改变时，相应的转变温度往往在几十到几
百度范围内变化。例如，将碳固溶到铁中，仅仅 0.02% 的碳含量，就会导致 $\alpha \rightarrow \gamma$
转变的转变温度从 910℃ 显著降低到 723℃。钛酸钡（$BaTiO_3$）铁电材料的铁电居
里温度（约 125℃）对掺杂十分敏感，大多数情况下不论在 A 位还是 B 位掺杂都导
致居里温度（T_c）下降，而用 Pb 取代 Ba 则使居里温度（T_c）升高。其中 Ca 掺
杂的效果是非常有趣的，在等价取代 Ba 的情况下 T_c 的变化非常小，而当 Ca 异价
取代 Ti，同时生成一定浓度氧空位时，则导致 T_c 迅速下降（见图 4-9）。纯氧化锆
（ZrO_2）在高温下是惰性的且具有非常高的熔点，但是不能被用作陶瓷，因为冷却
过程中，氧化锆经历了一个从四方到单斜的相变过程，相变过程中伴随着较大的体
积变化，导致氧化锆制备的陶瓷破裂。这一问题可以通过部分取代 Zr^{4+}（例如
Y^{3+}、Ca^{2+} 等）解决，通过形成固溶体可以有效抑制材料在整个温度范围内的相
变，使得立方相或四方相晶型材料可以稳定到室温。

4.6.4　电子自旋共振

电子自旋共振（electron spin-resonance spectroscopy，ESR，又名电子顺磁共振）
可用于研究与点缺陷相关的电子-空穴中心的类型、浓度、性质等。许多点缺陷构型
往往包含未成对电子。例如，碱金属卤化物晶体中的色心（F 心和 $[X_2^-]$（V_K）
心）、共价非晶态材料中电中性不饱和键（D_0）以及晶体硅中的单电荷带电态（V^+）

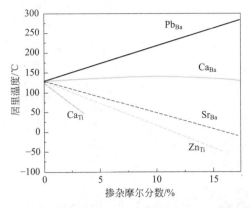

图 4-9　掺杂对 $BaTiO_3$ 铁电材料居里温度的影响（包括 Sr、Ca 和 Pb 等
价取代 Ba，Zr 等价取代 Ti 及 Ca 异价取代 Ti）

等。与这些未成对电子自旋相关的磁矩，可以利用电子自旋共振技术进行测量。

4.6.5　电子显微技术

在一定条件下，利用不同的显微技术可以对扩展缺陷（如线缺陷、面缺陷及体缺陷）进行成像观察。光学显微镜的最高分辨率为 0.1 μm，一些较大的扩展缺陷（如包裹体、晶粒间界、孪晶界面、生长台阶等）可以利用光学显微镜进行直接观察。利用显微技术观察位错时，通常需要辅以一些专门的方法（如侵蚀法或缀饰法）对样品进行处理，再通过光学显微镜进行观测。例如，位错附近结构坍塌使得这一区域更易于发生化学反应，如被液体反应物侵蚀。所产生的蚀坑比原来的位错核心在尺寸上要大许多，从而可以利用高分辨光学显微镜进行成像观察。

透射电镜明场成像工作原理如图 4-10 所示。其中只有主透射电子束（T）被允许通过物镜光阑。相反地，如果单一的衍射电子束（D）被允许通过光阑，则得到暗场像。如果主透射电子束和部分衍射电子束同时被允许通过光阑，则在合适的条件下，通过这些电子束间的干涉可以获得高分辨的图像。

原子分辨水平上的缺陷成像观察，原则上可以利用高分辨电子显微技术实现。电子显微技术的基本原理请参考第 12 章。这里主要介绍如何利用电子显微技术，主要是透射电镜技术对晶体中的缺陷进行高分辨的成像观察。如图 4-10 所示，依据成像所选用的电子束，利用透射电镜进行成像实验本质上来说有三种基本方法。在明场

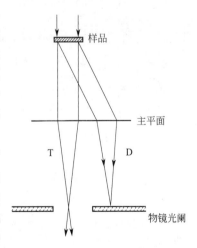

图 4-10　透射电镜明场
成像工作原理

成像模式下，只允许主透射（未被衍射的）电子束通过物镜光阑成像。一个完全平整的理想晶体对应的明场像将会是均匀明亮的。如果样品中存在缺陷将会改变一些衍射电子束的路径，使得其中部分衍射束得以通过光阑与透射束发生相干，从而导致成像的强度发生变化，称为衍射衬度。相反，如果只允许某束衍射束通过物镜光阑成像（例如通过倾斜的电子束），则得到暗场像。如果同时允许主透射电子束和几束衍射束通过物镜光阑成像，则这些电子束相干产生高分辨成像。对于理想晶体可以得到高分辨成像，对于晶体中存在的任何缺陷在合适的条件下也可以得到高分辨的成像。使用这一技术可以实现原子级分辨（1Å 量级），分辨率基本上受制于不可避免的物镜缺陷（像差）。

4.7 电化学相关材料中缺陷结构的分析实例

4.7.1 LiFePO$_4$正极材料的缺陷化学

LiFePO$_4$正极材料是目前很有竞争力的锂离子电池材料，在动力电池及其储能电池领域有着很好的发展前景，它以环境友好、价格便宜、热稳定性优异等一系列优点，受到学术界和工业界的广泛关注。但该材料具有低的离子电导与电子电导，这些缺点又限制了其在高倍率电池中的应用。掺杂和碳包覆是目前常用的改性技术手段，本节将重点从掺杂角度来探讨缺陷化学在指导材料合成与制备中的重要意义。

Maier 小组对施主 Al 掺杂 LiFePO$_4$ 的电子电导、离子电导与扩散及缺陷化学进行了研究[10,11]。通过对 LiFePO$_4$ 粉末样品以及单晶样品的传输特性的研究，利用离子阻隔电极（Ti/LiFePO$_4$/Ti）与电子阻隔电极（LiAl/LiI/LiFePO$_4$/LiI/LiAl），结合交流阻抗和直流极化实验，他们发现 LiFePO$_4$ 正极材料是电子电导占主导，其活化能为 0.65eV。

对 LiFePO$_4$ 而言，其主要的缺陷为锂空位与电子空穴（V'_{Li}、$h^·$），属于 p 型电导材料。Li 含量的改变可以用下面的反应来描述 $Li(g)+V'_{Li}+h^· \rightleftharpoons Li_{Li}$，同时还需要考虑离子、电子的缔合反应（$V'_{Li}+h^· \rightleftharpoons V^×_{Li}$）。

下面考虑 LiFePO$_4$ 的施主掺杂（donor doping），用三价的 Al 来取代 LiFePO$_4$ 中部分二价的 Fe 位，从而产生新的缺陷（$Al^·_{Fe}$）。此时，建立起新的电中性条件 $[Al^·_{Fe}]+[h^·]=[V'_{Li}]$。同时新产生的 $Al^·_{Fe}$ 还将与之前的 V'_{Li} 发生离子缔合，反应为 $V'_{Li}+Al^·_{Fe}=(V_{Li}Al_{Fe})$。掺杂之后，新的物料守恒反应如下：

$$[Al]_{total}=[Al^·_{Fe}]+[V_{Li}Al_{Fe}]=常数\equiv C \tag{4-48}$$

将所有涉及的反应用质量作用定理描述成缺陷浓度与平衡常数的关系，之后结合电中性条件以及物料守恒条件，通过数学运算，可以求解出各缺陷浓度与 Al 掺杂浓度的关系。在求解之前，需要对体系进行简化，最终求解可以归纳为三个区域：低浓度掺杂区、高浓度掺杂区、高浓度掺杂伴随离子缔合区。在不同的区域，质量守恒条件以及电中性条件可以简化，从而达到求解目的。最终得到的缺陷浓度与掺杂浓度的关系（Brouwer diagram）如图 4-11 所示。

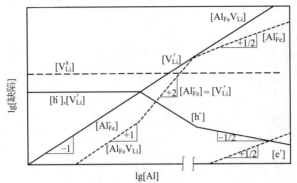

图 4-11　LiFePO$_4$ 施主 Al 掺杂缺陷浓度与掺杂浓度的关系

从图 4-11 可以很清楚地看到掺杂的效果，比如在高浓度掺杂区域，掺杂 Al 会导致 V$'_{Li}$ 浓度升高，而 h$^·$ 浓度降低，从而可以得出结论，LiFePO$_4$ 掺杂 Al 可以提高离子电导而降低电子电导，而实验的结果也正好证实了上述结论。

4.7.2　FePO$_4$ 的缺陷化学

相比于 LiFePO$_4$，其脱锂产物 FePO$_4$ 的缺陷化学研究较少。在上节讨论过，对 LiFePO$_4$ 而言，其主要的缺陷为锂空位与电子空穴（V$'_{Li}$、h$^·$），属于 p 型电导材料。因为 FePO$_4$ 由 LiFePO$_4$ 脱锂制备而得，因此最终的产物仍然含微量的 Li。从 LiFePO$_4$ 和 FePO$_4$ 的晶体结构和能带结构出发，可以类比推测，对 FePO$_4$ 而言，其主要的缺陷应该为锂填隙与自由电子（Li$^·_i$、e$'$）。其电中性条件为 [e$'$] = [Li$^·_i$]。也就是说，如果增加锂填隙的缺陷浓度，其电子浓度也会提高，从而实验上可以观测到电子电导的升高，而事实上正是如此，因此说明 FePO$_4$ 属于 n 型电子电导材料[12]。这一结论通过氧分压实验也可以进一步证明。将 FePO$_4$ 置于氧气的气氛中，可能发生如下的反应：

$$2\,Li^·_i + O_2 + 2e' \Longrightarrow Li_2O_2 \tag{4-49}$$

或者

$$2\,Li^·_i + \frac{1}{2}O_2 + 2e' \Longrightarrow Li_2O \tag{4-50}$$

而具体发生的是哪一种反应，可以由不同氧分压下电子电导率的实验测量确定（见图 4-12）。由图 4-12 可知，电子电导率随氧分压的增大而减小，进一步证实了其为 n 型电子电导材料。另外，$\partial \ln\sigma_{eon} / \partial \ln p_{O_2}$ 的斜率为 -0.21，从而可以证实缺陷反应为 $2\,Li^·_i + O_2 + 2e' \Longrightarrow Li_2O_2$，因为如果是后者，斜率应该为 -0.125。具体的物质性质也支持这一结论，因为 200℃ 以下，Li$_2$O$_2$ 比 Li$_2$O 更稳定。

通过以上两个实例可以看到，缺陷化学在理解材料性能、预测输运特性以及指导实验设计等方面具有十分重要的理论与实际意义。

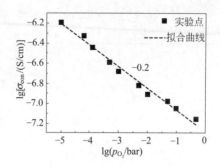

图 4-12　$FePO_4$氧分压与电子电导的关系

（测试温度 175℃）[12]　（$1bar = 10^5 Pa$）

参 考 文 献

[1]　West A R. Solid state chemistry and its applications. New York：John Wiley & Sons，2014.

[2]　曾人杰. 无机材料化学. 厦门：厦门大学出版社，2002.

[3]　张克立. 固体无机化学. 武汉：武汉大学出版社，2005.

[4]　苏勉曾. 固体化学导论. 北京：北京大学出版社，1986.

[5]　Gellings P J，Bouwmeester H J M. Handbook of solid state electrochemistry. Florida：CRC Press，1997.

[6]　Smart L E，Moore E A. Solid state chemistry：an introduction. Florida：CRC Press，2005.

[7]　Cherepanov V A，Petrov A N，Zuev A Y. Defect equilibria in solids and related properties：an introduction // Kharton V V. Solid state electrochemistry Ⅰ. Weinheim：Wiley-VCH，Verlag GmbH & Co. KGaA，2009.

[8]　Bruce P G. Solid state electrochemistry. Cambridge：Cambridge University Press，1995.

[9]　Diness A M，Roy R. Experimental confirmation of major change of defect type with temperature and composition in ionic solids. Solid State Commun，1965，3：123.

[10]　Amin R，Lina C T，Maier J. Aluminium-doped $LiFePO_4$ single crystals Part Ⅰ：Growth，characterization and total conductivity. Phys Chem Chem Phys，2008，10：3519-3523.

[11]　Amin R，Lina C T，Maier J. Aluminium-doped $LiFePO_4$ single crystals Part Ⅱ：Ionic conductivity，diffusivity and defect model. Phys Chem Chem Phys，2008，10：3524-3529.

[12]　Zhu C B，Weichert K，Maier J. Electronic conductivity and defect chemistry of heterosite $FePO_4$. Advanced Functional Materials，2011，21：1917-1921.

第5章
固态电子结构和电子电导基础

5.1 能带的概念

　　能带，就是固体中的电子能级。独立原子的能级是一个一个分立的，而对于固体这样一个每立方米中含有 10^{29} 数量级个原子的系统来说，电子能级将演化为能带[1]。固体能带理论[2]是凝聚态物理中最成功的理论之一，固体的许多基本物理性质，如振动谱、电导率、热导率、磁有序以及光学介电函数等，原则上都可以通过能带理论来解释。

　　图 5-1 是能级演化成能带的示意图，它可以帮助我们方便地理解能带是如何形成的。这里以共轭环（如环状有机分子）的结构为例[1]。

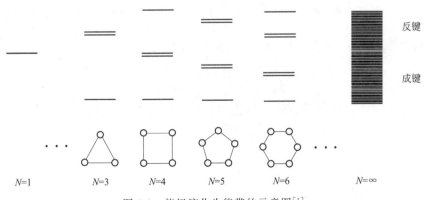

图 5-1　能级演化为能带的示意图[1]

　　图 5-1 最左边 $N=1$ 表示有某一个原子的一个能级（当然原子还会有更多的能级，但是在这里不看其它的能级）。当有 $N=3$ 个原子聚在一起时，就应该有三个能级，由于原子之间存在相互作用，这三个能级就错开了。随着更多的原子聚在一起，能级数也越来越多（这里的例子，能级数与原子数相同），原子间的相互作用

一样地将使得能级之间互相错开。当原子数趋于无穷大时，就形成了图 5-1 中最右边所示的"由电子能级聚集在一起而形成的能级的带"，即能带。图 5-1 可以帮助我们理解能带的形成以及带宽的概念（带宽取决于原子间相互作用的大小，比较强的相互作用对应比较大的带宽），但是还不能用来理解 $E(k)$-k 的色散关系。下面使用最为简单的固体（即一维原子链）来说明能带的色散。

晶体中的原子是周期性排列的。从对称性的角度，周期性的晶格具有平移对称性。而电子波在周期性的原子结构中的传播是不完全自由的，它们将受到约束而成为所谓的布洛赫波。或者说，固体中波函数的形式受到布洛赫定理的限制，其实质是受到平移对称性的限制。布洛赫定理可以表述为：晶体中电子的波函数是按晶格周期调幅的平面波[3]，即

$$\psi_k(\boldsymbol{r}) = u_k(\boldsymbol{r}) e^{ikr}$$

$$u_k(\boldsymbol{r}) = u_k(\boldsymbol{r} + \boldsymbol{R}_n) \tag{5-1}$$

式中，$\boldsymbol{R}_n = n_1 \boldsymbol{a}_1 + n_2 \boldsymbol{a}_2 + n_3 \boldsymbol{a}_3$ 为格矢；k 为电子的波矢。布洛赫定理说明，在位置 r 和 $r + \boldsymbol{R}_n$ 处的电子波函数除了差一个位相因子 $\exp(ik\boldsymbol{R}_n)$ 之外，是完全一样的。

如图 5-2(a) 所示，假设有一个一维等间距的点阵，每一个点阵点上有一个 s 轨道（$\chi_0, \chi_1, \chi_2, \cdots, \chi = \varphi_s$）（例如 H 的 1s 轨道，这应该就是最为简单的一个固体了）。根据布洛赫定理，与体系平移对称性匹配的波函数应该是[4]：

$$\psi_k = \sum_n e^{ikr} \chi_n = \sum_n e^{ikna} \chi_n \tag{5-2}$$

式中，a 为点阵间距；k 为一个指标，它实际上标记了平移群变换的不可约表示（k 还有其它重要的含义）。

式(5-2) 所进行的对称性匹配的过程称为"构成布洛赫函数"。现在来看一下 $k = 0$ 和 $k = \dfrac{\pi}{a}$ 处所对应的波函数：

$$k = 0, \psi_0 = \sum_n e^0 \chi_n = \chi_0 + \chi_1 + \chi_2 + \cdots \tag{5-3}$$

$$k = \frac{\pi}{a}, \psi_{\frac{\pi}{a}} = \sum_n e^{in\pi} \chi_n = \sum_n (-1)^n \chi_n = \chi_0 - \chi_1 + \chi_2 - \chi_3 + \cdots \tag{5-4}$$

式(5-3) 和式(5-4) 的空间分布如图 5-2(b) 和 (c) 所示。可以看到，对应于 $k = 0$ 的波函数具有最大程度的成键特征（应处于能带的底部），而对应于 $k = \dfrac{\pi}{a}$ 的波函数具有最大程度的反键特征（应处于能带的顶部）。如果画出 $E(k)$-k 关系图（即能带图），则应该如图 5-3 所示[4]。

另一方面，现在来假设一维等间距原子链的每一个点阵点上有一个 p 轨道（$\chi_0, \chi_1, \chi_2, \cdots, \chi = \varphi_p$）。根据布洛赫定理，与体系平移对称性匹配的波函数仍然有这样的形式：$\psi_k = \sum_n e^{ikna} \varphi_n$。在 $k = 0$ 和 $k = \dfrac{\pi}{a}$ 处所产生的波函数形式上也具有

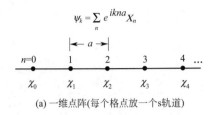

$$\psi_k = \sum_n e^{ikna} \chi_n$$

|← a →|

$n=0$ 1   2   3   4 ...

χ_0 χ_1 χ_2 χ_3 χ_4

(a) 一维点阵(每个格点放一个s轨道)

$k=0, \psi_0 = \sum_n e^0 X_n = \sum_n X_n$

$= \chi_0 + \chi_1 + \chi_2 + \chi_3 + \cdots$

(b) $k=0$所对应的波函数

$k = \dfrac{\pi}{a}, \psi_{\frac{\pi}{a}} = \sum_n e^{\pi in} X_n = \sum_n (-1)^n X_n$

$= \chi_0 - \chi_1 + \chi_2 - \chi_3 + \cdots$

(c) $k=\dfrac{\pi}{a}$所对应的波函数

图 5-2　一维点阵和波函数[4]

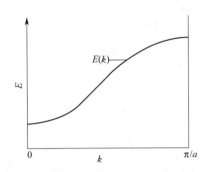

图 5-3　每个一维格点有一个 s 轨道的
体系（图 5-2）对应的能带[4]

式(5-3) 和式(5-4) 的形式，但是这两个点的波函数的空间分布如图 5-4(a) 所示。可以看到，情况与 s 轨道原子链的时候正好相反，对应于 $k=0$ 的波函数具有最大程度的反键（应处于能带的顶部），而对应于 $k=\dfrac{\pi}{a}$ 的波函数具有最大程度的成键（应处于能带的底部）。画出 $E(k)$-k 能带图，如图 5-4(b) 所示。显然，s 轨道和 p 轨道原子链的能带走向是相反的[4]。

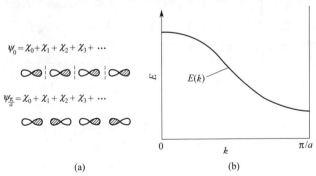

$\psi_0 = \chi_0 + \chi_1 + \chi_2 + \chi_3 + \cdots$

$\psi_{\frac{\pi}{a}} = \chi_0 + \chi_1 + \chi_2 + \chi_3 + \cdots$

(a)　　　　　　(b)

图 5-4　每个格点有一个 p 轨道的一维点阵中 $k=0$ 和 $k=\dfrac{\pi}{a}$ 所对应的波函数以及相应的能带[4]

除了能带的走向外，能带的另一个重要特征是能带的宽度。相邻原子轨道之间的重叠越大（相互作用越强），带宽就越大（见图 5-5）。而原子之间的距离越小，原子轨道之间的重叠就越大[4]。

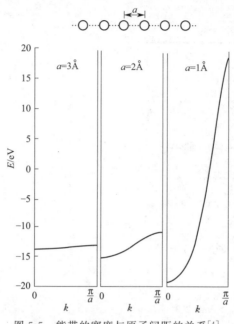

图 5-5 能带的宽度与原子间距的关系[4]

(1Å＝10⁻¹⁰m)

5.2 金属、半导体、绝缘体、半金属、half-metal

材料按其导电和能带结构特征可以分为金属、绝缘体、半导体、半金属（semimetal）和 half-metal 等，它们之间的本质差别可以通过图 5-6 所示的能带结构示意图来说明（虚线代表费米能级的位置）。从图 5-6 中可以看到，这些材料的主要差别都集中在它们的禁带宽度和费米能级上面。能带理论得到的一个重要结论是：满带（即被电子完全占满的能带，费米能级以下的状态被电子占据）是不导电的。这是因为，在有电场的情况下满带中电子的状态虽然随时间变化，但整体上的分布始终没有变化。空带当然也是不导电的，因为空带中没有电子可以参与导电。

由上面的表述可知，金属中是有不满能带的［见图 5-6(a)］，费米面上有电子，即费米能级处的电子态密度不为零。绝缘体和半导体的能带特征相似［见图 5-6(b)和(c)］，材料中不是满带就是空带。半导体的禁带宽度较小［见图 5-6(c)］，一般在 2eV 以下（或左右），而绝缘体的禁带宽度要大得多。在一定温度下，半导体中会有部分电子由满带（价带）热激发到空带底，所以半导体在室温下会有一定的电导（价带中的空穴和导带中的电子二者都可以导电），而室温下绝缘体的电导非常小。半金属（semimetal），其禁带宽度为零[5]，热力学零度下费米面上也没有电子，能带如图 5-6(d) 所示，著名的半金属有石墨烯等。此外，还有一种材料被称之为 half-metal［见图 5-6(e)］，这种材料中自旋朝上的电子与自旋朝下的电子的能带结构完全不同，一种自旋电子的能带为金属特征，另一种自旋电子的能带为绝缘体特征。half-metal 在自旋电子学方面有重要的应用。著名的 half-metal 有砷化铬、氧化铬和磁铁矿等。

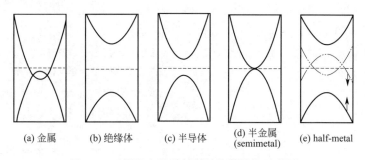

(a) 金属   (b) 绝缘体   (c) 半导体   (d) 半金属   (e) half-metal
(semimetal)

图 5-6   不同导电性质材料的能带结构示意图

5.3 材料中原子的相互作用力、杂化轨道

由于不同原子得失电子的能力不同，使得原子在结合成固体时，原子外层的电子要重新分布。也就是说，由于原子的电负性不同，不同原子之间的结合力会不同。按照原子间结合力的特点，可以把晶体中的结合力分为五种基本类型，即离子结合、共价结合、金属结合、分子结合和氢键结合[5]。

① 当电负性大的元素与电负性小的元素结合在一起时，容易形成离子晶体（离子结合）。电负性小的元素容易失去电子变成正离子，而电负性大的元素容易俘获电子而变成负离子，这些正负离子之间的库仑力正是离子晶体结合的主要动力。典型的离子晶体有 NaCl、CsCl 等。

② 当构成固体的原子都是电负性较大的原子时，所有的原子都倾向于俘获电子，或者说最外层电子都不会脱离原子。在这种固体中，相互靠近的两个电负性大的原子可以各出一个电子，形成电子共享的形式，这样的两个电子称为配对电子（配对电子的自旋必须相反）。这一配对电子的主要活动范围在两原子之间，称为共价键。典型的共价晶体有金刚石、Si 等。

③ 当构成固体的原子都是电负性比较小的原子时，所有的原子都倾向于失去电子，或者说最外层电子都很容易脱离原子。在这种固体中，可以近似地认为失去了电子的原子实被浸没在各个原子实共有的电子云中。这样的晶体就是金属。金属晶体的结合力是原子实和共有化电子之间的静电库仑力。典型的金属有 Al、Au 等。

④ 分子之间是有相互作用力的，这种力称为范德华力（分子结合）。惰性气体原子之间的相互作用力也是范德华力。范德华力来源于分子之间的电偶极-偶极相互作用，有些体系可能是诱导的偶极矩，有些可能是瞬时的电偶极矩（如非极性分

子）。典型的分子结合体系就是惰性气体元素构成的固体。

⑤ 还有一类特殊的结合，是氢键结合。氢原子可以先与电负性大的原子 A 结合形成共价键，之后氢原子核与负电中心就不再重合，产生明显的极化现象。此时氢核呈正电性的一端还可以通过库仑力与另一个电负性较大的原子 B 结合，这种结合就是所谓的氢键结合。典型的氢键结合固体是冰。

以上介绍的是固体中原子结合的基本类型。对于大多数材料来说，同一材料中可能同时存在多种结合类型。例如，GaAs 晶体的共价性结合大约为 30%，而离子性结合大约为 70%。石墨材料也是一种典型的混合型结合的材料，它既有共价结合，又有分子结合，还有金属结合。石墨的各碳层层内的结合主要为共价结合，而碳层之间的结合主要为分子结合。分子结合使得石墨质地疏松，金属结合则决定了石墨具有一定的导电性。

在目前大多数的典型锂离子电池正极材料中，共价结合和离子结合是最主要的结合类型，所以这里对这两种结合力给出数学表述。

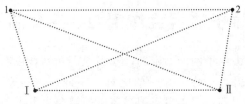

图 5-7　氢分子结构示意图

先讨论共价结合，一个很好的出发点是氢分子[6]。如图 5-7 所示，对于两个靠近的氢原子，一个氢原子核标记为 I，其电子标记为 1，另一个氢原子核标记为 II，其电子标记为 2。则两个氢原子的哈密顿量为：

$$H = -\frac{\hbar^2}{2m}(\nabla_1^2 + \nabla_2^2) - \left(\frac{e^2}{r_{I,1}} + \frac{e^2}{r_{II,1}} + \frac{e^2}{r_{I,2}} + \frac{e^2}{r_{II,2}}\right) + \frac{e^2}{r_{1,2}} + \frac{e^2}{r_{I,II}} \quad (5\text{-}5)$$

在讨论电子的运动时，原子核位置可以看成不动。选取两个反对称的波函数（因为这是费米子体系）：

$$\Phi_1 = C_1[\psi(r_{I,1})\psi(r_{II,2}) - \psi(r_{I,2})\psi(r_{II,1})]\chi_s(s_{1z}, s_{2z})$$

$$\Phi_2 = C_2[\psi(r_{I,1})\psi(r_{II,2}) + \psi(r_{I,2})\psi(r_{II,1})]\chi_A(s_{1z}, s_{2z})$$

其中 $\psi(r_{I,1}) = \frac{1}{\sqrt{\pi a_0^3}} e^{-r_{I,1}/a_0}$ 和 $\psi(r_{II,2}) = \frac{1}{\sqrt{\pi a_0^3}} e^{-r_{II,2}/a_0}$ 是两个独立氢原子的基态波函数。将波函数 Φ_1 和 Φ_2 代入 $E = \int \Phi^* H \Phi d\tau$，经过一些复杂的积分，可得：

$$E_1 = 2E_0 + \frac{e^2}{r_{I,II}} + \frac{K-J}{1-\Delta^2}$$

$$E_2 = 2E_0 + \frac{e^2}{r_{I,II}} + \frac{K+J}{1+\Delta^2} \quad (5\text{-}6)$$

式中，Δ、K、J 是一些积分，它们只与两个氢原子核之间的距离相关。图 5-8 给出了上述 E_1、E_2 与原子核间距 $r_{\mathrm{I,II}}$ 之间的关系。可以看到，E_1 随着原子核间距的减小单调地增加，是一个排斥势。需要注意的是，E_1 对应的波函数是对称的自旋波函数 $\chi_{\mathrm{s}}(s_{1z}, s_{2z})$，这意味着电子自旋平行的两个氢原子是相互排斥的，它们不能结合成氢分子。而 E_2 曲线在 $r_{\mathrm{I,II}} = 1.518a_0$ 处有一个小于零的极小值，原子核间距大于该值时相互吸引，小于该值时互相排斥，从而能够形成稳定的分子。E_2 对应的波函数是反对称的自旋波函数 $\chi_{\mathrm{A}}(s_{1z}, s_{2z})$，这说明自旋反平行的两个氢原子能够形成氢分子。也就是说，自旋相反的价电子可以为两个原子所共享。自旋相反的两个电子也称为配对电子，而配对的电子结合就称为共价键。这种共用配对电子的结合方式（不一定只包括两个原子）也称为共价结合。形成共价键的两个原子，所共享的两个电子的电子云将沿一定的方向交叠，并尽量使交叠的电子云密度最大。对于共价结合，除了上面的 H_2 分子，NH_3 也是一个很好的例子。N 原子有三个未配对的 2p 电子，它们分别处于三个正交的 $2p_x$、$2p_y$ 和 $2p_z$ 轨道上（哑铃形分布），而三个氢原子有三个未配对的 1s 电子（球对称分布）。当 H 原子和 N 原子结合时，H 原子的电子将分别沿着 x、y、z 轴与 N 原子的 $2p_x$、$2p_y$ 和 $2p_z$ 电子发生交叠，形成 NH_3 分子。共价键的特征在于它有饱和性和方向性。饱和性是指一个原子只能提供一定数目的共价键，这取决于该原子中有多少个未配对的电子；方向性是指原子提供的共价键有一定的方向，共价键的方向总是沿着价电子的波函数强度最大的方向。

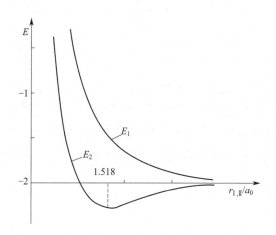

图 5-8　氢分子能量与两个氢原子核间距的关系[6]

不管是哪种结合类型，材料中原子间的相互作用力都可以分为两类，即吸引力和排斥力。在原子结合成晶体的过程中吸引力起着主要的作用，当原子间的距离小到一定程度时，将出现巨大的排斥力。如果没有排斥力而只有吸引力，原子也不能形成稳定的晶体结构。原子间排斥力的来源是内部闭合壳层电子云的重叠。

现在以典型的 NaCl 离子晶体来说明晶体的离子结合[3]：由于钠原子上的电子

会转移到氯原子上（电负性的差别），从而形成了 Na^+ 和 Cl^-。所以晶体中的吸引力为正、负电荷的库仑力。这样，两个离子之间的相互作用势可以写为：

$$u(r_{ij}) = \mp \frac{e^2}{4\pi\varepsilon_0 r_{ij}} + \frac{b}{r_{ij}^n}$$

式中，第一项为库仑势；第二项为排斥势；而 r_{ij} 为原子间距。

原子间总的相互作用势能为：

$$U = \frac{1}{2}\sum_{i=1}^{N}\sum_{j=1}^{N}u(r_{ij}) = \frac{N}{2}\sum_{j=1}^{N}u(r_{1j}) = -\frac{N}{2}\left[\sum_j{}'\left(\pm\frac{e^2}{4\pi\varepsilon_0 r_{1j}}\right) - \sum_j{}'\frac{b}{r_{1j}^n}\right]$$

上式中对 i 的求和被消除是因为晶体内部的任一个原子与其它所有原子的相互作用势能之和都是一样的。虽然表面原子的这部分能量肯定会不同于体内原子，但是由于表面原子数与体内原子数相比是非常少的，所以略去了这部分差异。现在令：$r_{1j} = a_j R$，其中 R 为最近两个原子的距离。则进一步有：

$$U = -\frac{N}{2}\left[\frac{e^2}{4\pi\varepsilon_0 R}\sum_j{}'\left(\pm\frac{1}{a_j}\right) - \frac{1}{R^n}\sum_j{}'\left(\frac{b}{a_j^n}\right)\right] = -\frac{N}{2}\left(\frac{\mu e^2}{4\pi\varepsilon_0 R} - \frac{B}{R^n}\right)$$

式中，$\mu = \sum_j{}'\left(\pm\frac{1}{a_j}\right)$ 被称为马德隆常数，它是一个仅仅和晶格几何结构有关的常数。例如，对于 NaCl 结构，$\mu = 1.747558$；对于 CsCl 结构，$\mu = 1.76267$；对于闪锌矿结构，$\mu = 1.6381$。上式中的 B 值可以通过平衡条件 $(\partial U/\partial R) = 0$ 来获得。而 n 值可以通过体积弹性模量来获得：

$$B = \frac{\mu e^2 R_0^{n-1}}{4\pi\varepsilon_0 n}$$

$$n = 1 + \frac{72\pi\varepsilon_0 R_0^4}{\mu e^2}K$$

式中，R_0 为平衡时的最近原子间距；K 为体积弹性模量。R_0 和 K 都可以由实验测得。

除了上述所讨论的共价结合和离子结合之外，金属结合在锂离子电池的负极材料中是很重要的，但其数学表述超出了本书的范围。分子结合和氢键结合对于锂离子电池的正负极材料而言是不重要的。

有必要讨论一下杂化轨道的概念，我们从金刚石中的成键形式来讨论[3]。实验证明，金刚石中的碳原子形成四个等同的共价键，键与键的夹角是 $129°28'$。直接从碳原子的电子组态来理解这些等同的键是有困难的，这是因为：碳原子的电子组态是 $1s^2 2s^2 2p^2$，即只有两个未配对的 p 电子，故只能提供两个共价键。但是由于 2s 能级和 2p 能级靠得很近，一个 2s 电子可以被激发到 2p 态，所以金刚石中的碳原子的电子组态可以看成是 $1s^2 2s^1 2p^3$ 或 $1s^2 2s^1 2p_x^1 2p_y^1 2p_z^1$，即碳原子实际上可以有四个未配对的电子，故能够提供四个共价键。即便这样，从这个电子组态看，所形成的四个共价键应该是不等价的，而实验证明四个键是等价的！直到 1931 年 Pauling 和 Slater 提出杂化轨道的理论，这个问题才得到合理的解释[3]。根据杂化轨道的理论，真正未配对的四个电子轨道是上述一个 2s 电子和三个 2p 电子的下列形式的混合：

$$\psi_a = \frac{1}{2}(\psi_{2s} + \psi_{2p_x} + \psi_{2p_y} + \psi_{2p_z})$$

$$\psi_b = \frac{1}{2}(\psi_{2s} + \psi_{2p_x} - \psi_{2p_y} - \psi_{2p_z})$$

$$\psi_c = \frac{1}{2}(\psi_{2s} - \psi_{2p_x} + \psi_{2p_y} - \psi_{2p_z}) \tag{5-7}$$

$$\psi_d = \frac{1}{2}(\psi_{2s} - \psi_{2p_x} - \psi_{2p_y} + \psi_{2p_z})$$

经过杂化的这四个轨道就可以形成四个完全等同的共价键，杂化轨道的电子云（$\psi_i^* \psi_i$）就处于一个正四面体的四个顶角的方向，键与键的夹角就是 $129°28'$。那么为什么能够形成杂化轨道？在轨道杂化时，虽然能量要比碳原子基态组态时的能量高一些［高出 $2(E_{2p} - E_{2s})$］，但形成共价键时（与基态比，多形成了两个共价键）的能量降低足以补偿轨道杂化所需的能量。sp^1、sp^2 和 sp^3 杂化轨道示意图如图 5-9 所示。

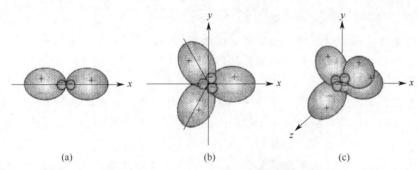

图 5-9 sp^1、sp^2 和 sp^3 杂化轨道示意图[1]

5.4 电子有效质量、电子状态密度

量子力学表明，电子不能同时具有确定的位置和速度，但是电子的位置和速度的平均值是确定的。晶体中电子的平均速度可以写为[3]：

$$\bar{v} = \frac{1}{\hbar} \nabla_k E(k)$$

由电子的平均速度可以推得平均加速度：

$$\bar{a} = \frac{d\bar{v}}{dt} = \frac{1}{\hbar} \times \frac{d}{dt}(\nabla_k E) = \frac{1}{\hbar} \nabla_k \left(\frac{dE}{dt}\right) = \frac{1}{\hbar} \nabla_k \left(\nabla_k E \frac{dk}{dt}\right) = \frac{1}{\hbar^2} \nabla_k \left[\nabla_k E \frac{d(\hbar k)}{dt}\right]$$

电子的准动量为 $\hbar k$[3]，且 $F = \frac{d(\hbar k)}{dt}$ 成立。上式就可以写为：

$$\bar{a} = \frac{1}{\hbar^2} \nabla_k (\nabla_k E F)$$

该式用矩阵表述，得

$$\begin{bmatrix} a_x \\ a_y \\ a_z \end{bmatrix} = \frac{1}{\hbar^2} \begin{bmatrix} \dfrac{\partial^2 E}{\partial k_x^2} & \dfrac{\partial^2 E}{\partial k_x \partial k_y} & \dfrac{\partial^2 E}{\partial k_x \partial k_z} \\ \dfrac{\partial^2 E}{\partial k_y \partial k_x} & \dfrac{\partial^2 E}{\partial k_y^2} & \dfrac{\partial^2 E}{\partial k_y \partial k_z} \\ \dfrac{\partial^2 E}{\partial k_z \partial k_x} & \dfrac{\partial^2 E}{\partial k_z \partial k_y} & \dfrac{\partial^2 E}{\partial k_z^2} \end{bmatrix} \begin{bmatrix} F_x \\ F_y \\ F_z \end{bmatrix} \tag{5-8}$$

将式(5-8)与牛顿定律 $a = \dfrac{1}{m} F$ 对比，就可以得到电子的有效质量，它是一个张量。有效质量张量的各个分量为[3]：

$$m_{\alpha\beta}^* = \hbar^2 \left(\frac{\partial^2 E}{\partial k_\alpha \partial k_\beta} \right)^{-1} \qquad (\alpha, \beta = x, y, z)$$

固体中电子的有效质量概括了晶格对电子的作用，即可以表述为 $F_{外} = m^* a$。电子的有效质量可以是正值、负值，可以是无穷大，也可以趋于零。①当有效质量为正值时，电子从外场获得的动量大于电子传递给晶格的动量；②当有效质量为负值时，电子从外场获得的动量小于电子传递给晶格的动量；③当有效质量是无穷大时，电子从外场获得的动量全部交给晶格。另外，有效质量还可以非常小（但一般不会为零）。

现在来讨论电子状态密度[5]。对于一个原子或分子来说，体系产生的价电子能级数是有限的。有可能挑出一个或一组决定分子几何构型、反应性能等基本性质的轨道作为分子的价轨道。但是，固体中的原子数是一个大数，所产生的能级数也是一个很大的数，根本做不到像分子那样找到决定体系根本性质的能级。但是在固体中，可以考察在给定的能级间隔中的所有能级。这就提出了电子的状态密度（density of states，DOS）的概念。它可以定义为：

$$\text{DOS}(E)\text{d}E = E \text{ 和 } E+\text{d}E \text{ 之间的能级数} \times 2$$

其中×2是考虑到一个能级可以同时占据一个自旋朝上和一个自旋朝下的电子。一般来说，$\text{DOS}(E)$ 和能带 $E(k)$-k 曲线的斜率成反比，也就是说，能带越平坦，该能量处的状态密度越大。DOS可以通过能带结构来计算。

设晶体的体积为 V_c，将电子的自旋考虑进来，则单位波矢空间对应的量子数为 $2 \times \dfrac{V_c}{(2\pi)^3} = \dfrac{V_c}{4\pi^3}$，状态密度（或称能态密度）实际上就是单位能量间隔的两个等能面间所包含的量子态的数目。状态密度的一般表达式为：

$$\text{DOS}(E) = \frac{V_c}{4\pi^3} \int \frac{\text{d}S}{|\nabla_k E|} \tag{5-9}$$

其中 dS 限于一个等能面，式(5-9)是一个面积分。以自由电子为例，$|\nabla_k E| =$

$\dfrac{\hbar^2 k}{m}$，代入式(5-9)，易得：

$$N(E)=\frac{V_c}{2\pi^2}\left(\frac{2m}{\hbar^2}\right)^{3/2}E^{1/2}\propto\sqrt{E}$$

DOS 曲线的一个重要用途是可以用来计算电子数。例如，上限取费米能级（下限为 $-\infty$），对状态密度的积分就得出所有占据态电子的总数。DOS 是对整个布里渊区所有 k 态取平均的。零维、一维、二维和三维体系的 DOS 特征如图 5-10 所示[8]。

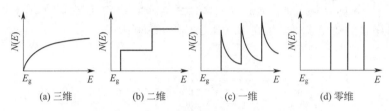

(a) 三维   (b) 二维   (c) 一维   (d) 零维

图 5-10 零维、一维、二维和三维体系的 DOS 特征图[8]

5.5 费米能级、费米分布函数

现在讨论费米能级。自旋为半整数的粒子称为费米子，例如电子、质子和中子。把费米子按照一定的规则（例如泡利不相容原理等）一个个填充到各个可占据的量子态上，并且这种填充过程中每个费米子都占据最低的可占据的量子态，那么最后一个费米子占据的量子态即可粗略理解为费米能级。严格来说，费米能级等于费米子系统在温度趋于热力学零度时的化学势。在金属材料中，热力学零度下电子占据的最高能级就是费米能级，一般温度时费米能级上的一个状态被电子占据的概率是 1/2。在半导体和绝缘体材料中，费米能级不是真正的能级，即不一定是允许的单电子能级，可以认为费米能级就处于禁带的中央。这样，对于本征半导体和绝缘体，因为它们的价带是填满了电子的（占据概率为 1）、导带是完全空着的（占据概率为 0），则位于禁带中央的费米能级被占据的概率正好为 1/2。

费米能级是温度的函数，但是费米能级并不强烈地依赖于温度。通过金属的自由电子气理论可以推得[3]：

$$E_F=E_F^0\left[1-\frac{\pi^2}{12}\left(\frac{T}{T_F^0}\right)^2\right] \tag{5-10}$$

式中，E_F^0 和 T_F^0 分别为热力学零度下的费米能级和费米温度。可见，温度升高，费米能降低。但是降低的量是非常少的，因为在室温附近 $T\ll T_F^0$。

现在来看电子的费米分布函数。电子是费米子，服从泡利不相容原理，它们遵从费米-狄拉克统计。在温度为 T 时，能级 E 的一个量子态上平均分布的电子数为：

$$f(E)=\frac{1}{e^{(E-E_F)/kT}+1} \tag{5-11}$$

式中，k 为玻尔兹曼常数；E_F 为费米能，又称化学势。此 $f(E)$ 即为费米分布函数。$f(E)$ 的物理含义是：能量 E 的一个量子态被电子占据的概率为 $f(E)$。注意一个量子态最多只能由一个电子占据。当温度不为 0K 时，费米能级上被电子占据的概率为：

$$f(E_F) = \frac{1}{2}$$

图 5-11 给出了不同温度下的费米分布函数的图像。在温度为 0K 时，费米能级以上的量子态全部是空的，而费米能级以下所有能级的量子态全部为电子所占据。当温度不为 0K 时，低于 E_F 的能级上会有空态，高于 E_F 的能级上会有电子占据。费米分布函数的变化主要发生在 E_F 附近 $\pm kT$ 的范围内。

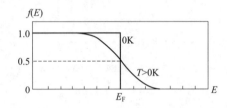

图 5-11　不同温度下的费米分布函数示意图[3]

5.6 Jahn-Teller 效应

为了明确地讨论 Jahn-Teller 效应，有必要将内容分为分子中的 Jahn-Teller 效应和固体中的 Jahn-Teller 效应，并通过两个非常简单的例子来简要说明分子和固体中这个重要的效应。

Jahn-Teller 定理指出，在对称的非线性分子中，如果体系的基态有多个简并能级，就会发生自发的畸变而使得简并消除。这种因畸变产生的简并消除一般会导致体系对称性和能量的降低[1]。因此 Jahn-Teller 效应通常也是可以自发地进行的。例如，对于图 5-12(a) 这样的分子，Ti^{3+} 处于氧离子构成的正八面体的中心。由配位场理论可知，该体系的基态是简并的，e_g 和 t_{2g} 处于同一个能量水平上。现在假设八面体沿 z 轴方向被拉长了 Δz，如图 5-12(a) 所示。这样，z 轴上的两个氧原子的距离就比相应的 x、y 轴上的氧原子间距大，故由于库仑排斥势的不同使得能级分裂，体系简并度降低，如图 5-12(b) 所示。而且，体系的畸变使体系的能量降低（畸变本身虽然使体系的弹性能升高，但是电子因能级分裂而得到的能量大于弹性能等）。这是一个简单的例子，实际的情况可能比这复杂得多。Jahn-Teller 效应的本质是高对称性的几何构型产生一个真正的（或近似的）简并态，这种简并可以被一种降低对称性的形变所打破而起到稳定化作用。

Jahn-Teller 效应是在分子的研究中被发现的，但是很快它就被推广到晶体中来[4]。固体中的 Jahn-Teller 效应是相当复杂的，这里给出一个简单但是非常有特

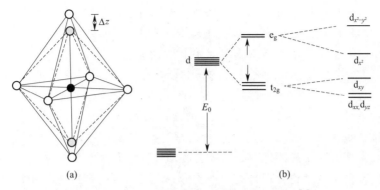

图 5-12　氧八面体的 Jahn-Teller 畸变示意图[1]

征性的例子。假设有一条氢原子链，单原胞内有一个 s 轨道，相应的能带如图 5-3 所示。现在把原胞的大小加倍，则能带就是典型的图 5-3 所示能带的折叠（对应于图 5-13 中的虚线），费米能级位于能带的半高处（每个能带可容纳两个电子）。能与电子运动产生最有效耦合的声子或晶格振动模式是对称的成对振动。对于能带的费米能级处，电子和晶格振动耦合的效果是非常明显的，一个简并能级因畸变（"二聚化"）而被稳定化，另一个则被去稳定化，最终导致如图 5-13（实线）所示这样的能带结构。可以看到，稳定化的作用并不只是发生在费米能级处，而是渗入到布里渊区里面，它的确随着 k 的增大而减小。需要指出，对于半填满的能带，稳定化的作用最大，而且正是在费米能级处，将会产生一个带隙，这就是 Peierls 畸变（即固体的 Jahn-Teller 效应）。对于维度更高的情况，请参考 Hoffmann 的书籍[4]。

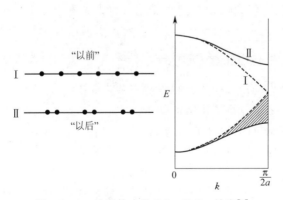

图 5-13　一维固体中的 Jahn-Teller 效应[1]

5.7　电极材料中电子电导的经典理论

本节讨论锂离子电池电极材料中电子电导的经典描述[5]。更一般的关于金属体系电子电导的半经典理论将在下节中讨论。

电子的电导可以使用电导率 σ_e 来衡量，它表示物质传输电流能力的强弱。当施加电压于导体的两端时，其电荷载子会呈现朝某方向流动的行为，因而产生电流。电导率以欧姆定律定义为电流密度 J 和电场强度 E 的比率：

$$J = \sigma_e E$$

电导率在国际单位制中的单位是西门子/米（S/m）。有些物质会有各向异性的电导率，这就必须用 3×3 矩阵来表达（通常可以使用二阶张量来描述电导，而且经常是对称的张量）。另外，电子电导率是电阻率 ρ_e 的倒数，$\sigma_e = 1/\rho_e$。

在材料物理和凝聚态物理中，研究各种输运现象有非常重要的意义，而且已有很长的历史。电导的理论处理方法不外乎分为经典、半经典和量子力学的方法。在锂离子电池等电化学体系中，研究的对象大多是室温下的宏观样品，而且其中可能含有大量的杂质和缺陷。因此，将只重点介绍电子电导的经典和半经典的理论（量子力学的方法将得到电导的久保公式），本节讨论经典理论。

对于电子的电导，从经典的办法出发，可以推得：

$$J = e\mu_e(E)n(r)E + eD_e(E)\nabla n(r) \tag{5-12}$$

式中，J 为电流密度；n 为电子密度；E 为电场强度；μ_e 和 D_e 分别为电子迁移率和电子的扩散系数，它们都是电场强度 E 的函数。

从式(5-12)可以看到，引起电子电导的原因有两个：外加电场和电子的浓度梯度（分别是方程的第一项和第二项）。电场引发电导的效果正比于电子的迁移率和电子的密度，而电子的浓度梯度引发电导的效果正比于电子的扩散系数（下面将会分别讨论迁移率和扩散系数）。实际上，从下面的半经典理论中还可以看到，材料中的温度梯度和磁场也是引发电子电导的原因，只是对电导的贡献相对较小而被式(5-12)忽略了。得到式(5-12)有两个条件（即方程所适用的条件）：

① 电子可以看成是具有有效质量的经典粒子。这是由于电子是能带电子，而能带电子可以看成是有效质量为 $m_{\alpha\beta}^* = \hbar^2 \left(\dfrac{\partial^2 E}{\partial k_\alpha \partial k_\beta} \right)^{-1}$ 的准经典粒子。电子在外场的作用下运动而获得动量，同时又频繁地和杂质或缺陷以及晶格转动声子碰撞而失去动量，最后平均来说保持了确定的动量。

② 电场对于电子的平均自由程来说是缓变的，以使电场有显著变化时，电子已经经过了多次碰撞。违背条件②将可能导致迁移率 μ_e 和扩散系数失去意义。

现在对电子迁移率 μ_e 和电子的扩散系数 D_e 作简要的说明。

电子迁移率是描述电子在电场作用下移动快慢程度的一个物理量，同一电场下电子运动得越快，其迁移率越大。电子运动速度的大小取决于两个过程，一是电子受到外场而加速，二是电子的前进要受介质的阻碍，这两个过程间达到的平衡确定了电子的移动快慢，所以这是一个平均速率。在外加电场的作用下，导体内部的载流子的定向运动形成电流，即漂移电流，定向运动的速度就是漂移速度。在电场下，载流子的平均漂移速度 v 与电场强度 E 成正比：

$$v = \mu E$$

式中，比例系数 μ 即为载流子的迁移率，$m^2/(V \cdot s)$。在半导体物理中，即便是同一种半导体材料，只要其中的载流子类型不同，则迁移率也不同。

电子的扩散系数与迁移率不同，它在没有外加电场的情况下也是有值的（只要有电子浓度的梯度）。电子的扩散系数表示电子的扩散能力，是物质的基本物理性质之一。扩散系数可以通过沿扩散方向，在单位时间每单位浓度梯度的条件下，垂直通过单位面积所扩散某物质的质量或物质的量来衡量。电子扩散长度可以用电子扩散系数和电子寿命表述为：$L = \sqrt{D_e \tau}$。质量扩散系数的单位为 m^2/s 或 cm^2/s。扩散系数的大小主要取决于扩散物质和扩散介质的种类及其温度和压力。质量扩散系数一般要由实验测定。

简要说明一下半导体中的电导率。温度为 0K 时，半导体中并没有载流子存在，所以半导体就像绝缘体一样不会导电。但在一定温度下，由于半导体材料的带隙较小，故有一小部分电子从价带被激发到导带，从而使半导体可以导电（还有缺陷的存在）。半导体中导电的特点是：两种载流子（电子和空穴）都将参与导电。所以，半导体的电导率计算公式通常写为：

$$\sigma = ne\mu_a + pe\mu_b \tag{5-13}$$

式中，n、p 分别为电子和空穴的浓度；e 为电子的电量；μ_a 为电子的迁移率；μ_b 为空穴的迁移率。

5.8 玻尔兹曼方程和金属电导

材料中电子电导比较严格的处理方式是利用玻尔兹曼输运方程（即半经典的理论处理方法）。一个比较一般的玻尔兹曼方程可以写为[3]：

$$(v \nabla T)\frac{\partial f}{\partial T} + (v \nabla n)\frac{\partial f}{\partial n} - \frac{e}{h}(\boldsymbol{\varepsilon} + v \times \boldsymbol{B})\nabla_k f = -\frac{f - f_0}{\tau} \tag{5-14}$$

式中，f 为电子的费米分布函数；v 为电子的运动速度；n 为电子浓度；τ 为所谓的弛豫时间，它大致度量了由非平衡电子分布 f 恢复到平衡态 f_0 所需要的时间。f_0 的表达式见式(5-11)。

从玻尔兹曼方程可以看到，引起电子电导的"驱动力"包括材料中的温度梯度、电子的浓度梯度、外部电场以及磁场（分别为上述方程左边的第一项、第二项和第三项）。在锂离子电池的电极材料中，引起电导的主要原因是电场和电子的浓度梯度。

对电导有贡献的电子只是处于费米面附近的电子。导电状态下，电子处在一个宏观的电场之下，这时候电子的分布不再是平衡状态下的费米-狄拉克分布。平衡状态下，电子的分布函数只是电子能量的函数，见式(5-11)。有外场的时候，更为一般的费米分布函数不仅是电子波矢 k 的函数，还是空间坐标 r 和时间 t 的函数，即 $f = f(k, r, t)$。这是因为，当有外电场时，①电子在波矢空间是要漂移的；②当金属中各处温度不同时，电子会由高温区域向低温区域扩散。当温度梯度均匀的时候，电子将以恒定的速度在金属中漂移。实际材料中电子一定会达到一个稳定的分布，所以一定存在某些内部机制来阻滞上述的两种漂移，这种机制就是所谓的碰撞作用。杂质、缺陷、晶格振动所引起的电子的散射，都称为电子遭到了碰撞。

研究电子输运即电导的基础（半经典理论）是玻尔兹曼方程，但是玻尔兹曼方程是一个微分-积分方程，非常难以求解。最常见的近似是弛豫时间近似方法，式 (5-14) 就是一个弛豫时间近似下的玻尔兹曼方程。

当金属处在恒定温度下施加一电场时，由玻尔兹曼方程可以得到：

$$f = f_0 + \frac{e\tau}{\hbar}\boldsymbol{\varepsilon}\ \nabla_k f$$

可以导出，金属中的电流密度为（假设金属体积为单位体积）：

$$\boldsymbol{j} = \frac{e^2}{4\pi^3}\int_{S_F} \tau\boldsymbol{v}(\boldsymbol{v\varepsilon})\ \frac{\mathrm{d}S}{|\nabla_k E|}$$

上式积分仅限于费米面上积分。对比 $\boldsymbol{j} = \sigma\boldsymbol{\varepsilon}$，就可以计算出电导率。

可以假设外加电场沿着 x 轴方向，则上式可以进一步简化为：

$$j_x = \frac{e^2}{4\pi^3}\int_{S_F} \tau v_x^2\ \frac{\mathrm{d}S}{|\nabla_k E|}\varepsilon_x \tag{5-15}$$

这就是用来计算金属中电导率的理论公式。由于能带对于 k 是有色散的，所以 $\nabla_k E$ 的计算必须基于准确的能带结构，而 $\mathrm{d}S$ 是费米面上的积分。如果假设费米面是一个球面，则上式的等能面积分可以进一步简化。

应用玻尔兹曼方程于输运问题时，实际上已经采用了半经典的理论框架。本质上，电子的输运是量子力学多粒子系统的行为，需要用量子多体理论来处理，比如久保公式等[7,8]。在金属样品的尺寸很小的时候，就有必要使用久保公式来计算电导率，久保公式的形式如下[7]：

$$\sigma_{\alpha\beta}(\boldsymbol{q},\omega) = \frac{1}{\omega}\int_0^{\infty} \mathrm{d}t e^{i\omega t}\langle\psi\ |\ [j_{\alpha}^+(\boldsymbol{q},t), j_{\beta}(\boldsymbol{q},0)]\ |\ \psi\rangle + \frac{n_0 e^2}{m\omega}i\delta_{\alpha\beta} \tag{5-16}$$

式中，$j(\boldsymbol{q},t)$ 为电流密度算符；ψ 为多体哈密顿量 H 的基态波函数。电导率是一个二阶张量。

5.9 纳米材料的特性、非晶体、玻璃碳

锂离子电池的电极材料经常是处在纳米尺度之下的，例如为了增大某些电极材料的电导率，需要对电极材料进行颗粒化处理并进行表面碳包覆等等，所以有必要对纳米材料的特性作一个简单的介绍。

归纳起来，纳米材料有以下一些基本特性（基本效应）[8]。

① 小尺寸效应。纳米尺度下的材料其物理性质与大块材料的性质相比有很多不同，例如，纳米颗粒的熔点有时远低于块体（大块金的熔点是 1337K，而 2nm 大小的金颗粒的熔点则只有 600K）；金属纳米颗粒的光反射能力与块体相比显著下

降，块状金是金色的，而纳米金则是黑色的；纳米铁材料的断裂应力比一般铁要高出十几倍；此外，纳米颗粒材料还可能具有强磁性等等。

② 量子尺寸效应。纳米材料的光学性质和电学性质与纳米颗粒的量子性质密切相关，而这些量子性质是由纳米材料的尺寸决定的。纳米尺度下，费米能级附近的电子能级会由准连续变为离散能级。当能级的变化程度大于光能、热能或电磁能的变化时，就导致了纳米粒子的光、电、磁、热、声等特性与常规材料有明显的不同。

③ 表面与界面效应。纳米材料表面原子的比例很大，存在大量的悬挂键，这大大增强了纳米粒子的活性，很容易与其它原子结合，从而表现出一些特别的大块材料所不具备的性质。

④ 库仑阻塞效应。在一个纳米颗粒中充入一个电子所需要的能量是：

$$E_C = \frac{e^2}{2C} \tag{5-17}$$

式中，C 为一个纳米颗粒的电容；E_C 为库仑阻塞能。

纳米粒子越小，电容也越小，则库仑阻塞能越大。库仑阻塞能表示了前一个电子对后一个电子的库仑排斥能。如果纳米粒子足够小，则一个纳米粒子可以只容纳一个电子。这样，一旦一个纳米颗粒被一个电子占据，就阻塞了其它电子的进入。利用库仑阻塞效应，已经诞生了多种单电子器件。

锂离子电池的电极材料经常也是处在非晶态之下的，所以简单介绍一下非晶材料的特点。

非晶体（amorphous solids）[5]，也称无定形体或非晶形固体，是指材料中的原子排列是无序的、不按照一定顺序排列的固体，与原子有序排列的晶体相对应。只要冷却速度足够快，任何液体都会过冷，通常都会生成无定形体。常见的无定形体包括玻璃和很多高分子化合物如聚苯乙烯等。非晶硅是硅的一种同素异形体，原子间的晶格网络呈无序状态。非晶硅在锂离子电池电极材料方面有重要的应用。非晶态金属也不具有任何的长程有序，但具有短程有序和中程有序（中程有序正在研究中）。一般地，具有这种无序结构的非晶态金属可以从其液体状态直接冷却得到，故又称为"玻璃态"，所以非晶态金属又称为"金属玻璃"或"玻璃态金属"。大块金属玻璃是一种具有较低冷却速度极限的非晶态金属，所以该种金属合金可以制备出尺度超过 1mm 的金属片或金属圆柱。

玻璃碳是结合了玻璃和陶瓷属性的非石墨化碳。玻璃碳最重要的属性是耐高温、高硬度（莫氏 7）、低密度、低电阻、低摩擦、低导热性、超强耐化学侵蚀性、不渗透于气体和液体。玻璃碳作为电极材料被广泛应用于电化学、高温坩埚等，并且可以制造成不同的形状、尺寸和断面。玻璃碳的结构是一个有争议的问题。早期的结构模型假定 sp^2 和 sp^3 都存在，最近则认为是只有 sp^2。最近的研究也表明，玻璃碳具有富勒烯相关的结构。值得注意的是，以上的描述体现了玻璃碳与无定形碳是不同的。

5.10 表面电子态和界面态

实际的晶体总是非完整的，例如存在杂质、空位以及表面和界面等等。对于微弱的不完整性，能带模型还是有效的。只是由于偏离了完整的晶格周期性，需要对能带理论作一些修正。

固体的表面就是对完整晶体的偏离。在垂直于表面的方向上，玻恩-卡门周期性边条被破坏，相应地，电子的行为将出现一些与完整晶体时不一样的特性。实际表面的结构可能是很复杂的，如包括原子结构的重构和化学成分的偏析等等。在这里将采用一个理想的表面，讨论表面的存在会带来什么样的显著效应。下面将分别简单地讨论金属表面的电子态和半导体表面的电子态。

来考虑一个理想化的金属表面的电子态问题[2]，使用近自由电子近似处理。如图 5-14 所示，假设表面处在 $z=0$ 平面处，在 $z<0$ 的半空间为真空，$z>0$ 的半空间为金属晶体。这样的话，该模型可以简化为求解截断的一维周期链的薛定谔方程：

$$\left[-\frac{\hbar^2}{2m}\times\frac{\mathrm{d}^2}{\mathrm{d}z^2}+V(z)\right]\psi(z)=E\psi(z)$$

其中势场可以写为：

$$V(z)=\begin{cases}V_0 & (z<0)\\V(z+na) & (z>0)\end{cases}$$

式中，V_0 是真空中恒定的势场；a 为晶格常数；n 为整数。以上方程的解也可以分为真空部分（$z<0$）和金属体内部分（$z>0$）：

$$\psi(z)=\begin{cases}A\exp\left[\sqrt{\frac{2m}{\hbar^2}(V_0-E)z}\right] & (z<0)\\Bu_ke^{ikz}+Cu_{-k}e^{-ikz} & (z>0)\end{cases}\tag{5-18}$$

式中，A、B、C 均为常数。在 $z=0$ 处，波函数及其导数需要满足连续性条件。以上结果表明，波函数随着 z 的减小在真空区域将作指数式衰减。显然，波函数并没有终止在表面处，而是溢出了表面势垒，拖了一个尾巴（见图 5-14），形成了靠近表面的定域态，即电子被局限在表面附近。这种由于晶体在某个方向周期性被破坏而出现的定域在表面附近的电子状态称为表面态。

对于半导体表面，由于表面存在着自身缺陷，例如吸附了其它物质、被氧化或与电解液中的物质发生作用等原因，表面存在不饱和的共价键，表面电子的量子状态可能会形成分立的能级或很窄的能带，也称为表面态。表面态可以俘获或释放载流子，或形成复合中心，使半导体带有表面电荷，故半导体器件制作时需要超净处理，半导体电极的性质也比金属电极更为复杂。半导体的表面态一般可以出现在能带中，也可以出现在禁带中。具体的半导体材料表面态的计算需要使用第一性原理的理论方法（见第 11 章）。一些重要半导体表面电子态的计算和分析以及与实验结果的对比，例如 Si(111)-7×7、Si(100)-2×1、GaAs(100)、Ⅲ-Ⅴ 化合物 （110）

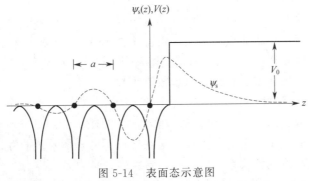

图 5-14　表面态示意图

实线—电子的势能；虚线—波函数

表面等，可以参考谢希德、陆栋主编的《固体能带理论》[2]。

固体表面存在局域的电子态，即表面态。同样地，在两种不同固相的接触界面上，如金属-半导体界面、半导体-绝缘体界面和半导体-半导体异质结界面上，也存在着局域的电子态，称为界面态。在金属-半导体界面上，由于金属中的电子波函数可以延伸到半导体的能隙中，从而产生了局域于界面上的电子态，这些态的波函数不在金属和半导体中延展，它们向界面两侧指数衰减，这实际上与表面态的物理本质是相似的。由于晶体的周期性在界面处发生变化，从而在带隙中产生了很多能级，这些能级会影响半导体的电学特性。金属-半导体的界面态与肖特基势垒的形成密切相关。高密度的界面态可能影响半导体器件表面沟道的形成，会大大降低器件的工作速度。

界面态一般也分为施主和受主两种。不论能级在禁带中的位置如何，若能级被电子占据时呈电中性，释放电子后呈正电性，则都称为施主型界面态；若能级空着时为电中性状态，而接受电子后带负电，则称为受主型界面态。硅与二氧化硅界面处会产生一些能量位于硅禁带中的分立或连续的电子能级或能带，它们可在很短的时间内和衬底半导体交换电荷，故又称为快界面态。称为快界面态的原因是和由吸附于二氧化硅外表面的分子/原子等所引起的外表面态加以区分。

5.11　铁磁性、反铁磁性和亚铁磁性

电极材料的磁性对材料电化学性能的影响并没有得到广泛的研究，部分原因可能是电池通常都是在常温下工作的。在常温或更高温度下（$T > T_c$），电极材料原本可能具有的铁磁性或反铁磁性会因为温度较高而消失。作为材料本身，研究其磁性有重要意义。作为重要的基本概念，这里将简单介绍材料的各种磁有序[1]。

物质的磁性与电子的自旋紧密相关，作为一种新的自由度，自旋本质上完全是量子力学的结果，它没有经典的对应。固体材料的磁性根据磁化率的大小和符号来划分，主要有五种类型，即抗磁性、顺磁性、铁磁性、反铁磁性和亚铁磁性。在这些磁有序类型中，后三种是大量磁矩的合作现象（见图 5-15）。现在分别简要解释各种磁性。

① 抗磁性。抗磁材料的磁化率为负值。例如 Cu、Au、Zn、H_2O 等都有基本的抗磁性，但是非常弱。抗磁性来源于外磁场对原子内壳层电子运动的影响，因为电子绕原子核的运动可以看成是电流，当有外磁场时，电子的运动会发生变化，相应地可以看成是磁矩受到了修正，也就是说有了一个感应磁矩，这种感应磁矩与外场是反向的。故其磁化率为负值，但是数值非常小。

② 顺磁性。许多材料本身具有顺磁性，如 Na、Al、V、Pd 等。材料中的磁矩通常是完全无规取向的，但是在外场的诱导下，沿磁场方向的磁矩数将有所增加，沿磁场相反方向的磁矩数会有所下降，这就导致了一个小的、正值的磁化强度。这个磁化强度与磁场成线性关系，磁化率与温度的关系为 $\chi \propto T^{-1}$。

③ 铁磁性。典型的铁磁材料有 Fe、Co、Ni 等。在某一温度 T_c（称为居里温度）以下，自旋能够自发平行取向的材料就是铁磁材料［见图 5-15(a)］，具有铁磁性。在温度高于 T_c 时，铁磁性将消失，铁磁材料将成为顺磁材料。铁磁材料的磁化率与温度的关系满足 Curie-Weiss 定律 $\chi \propto (T-T_c)^{-1}$。

④ 反铁磁性。典型的反铁磁材料有 Mn、Cr、MnO、CrO、CoO 等。在某一温度以下，一半自旋和另一半自旋是反平行的，而且合成的磁化强度为零，这样的材料就是反铁磁材料［见图 5-15(b)］。在温度高于临界温度时，反铁磁性也将消失而成为顺磁材料。反铁磁材料的磁化率与温度的关系满足 $\chi \propto (T+\theta)^{-1}$。

⑤ 亚铁磁性。典型的亚铁磁材料有铁氧体 Fe_3O_4。温度低于 T_c 时，自旋之间是反平行排列的，而且两个格子上的磁矩大小不等，从而出现了净磁化强度，这样的材料称为亚铁磁体［见图 5-15(c)］。亚铁磁体与铁磁体有相似的地方，但是亚铁磁体通常为非金属，铁磁体通常为金属。而且，另一重要的差别是，亚铁磁体在 T_c 以上很大温度范围内磁化率与温度的关系并不满足 Curie-Weiss 定律。只有当 $T>2T_c$ 之后，磁化率的倒数与温度之间才渐近地趋于线性。

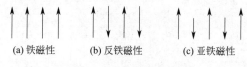

(a) 铁磁性　　　(b) 反铁磁性　　　(c) 亚铁磁性

图 5-15　各种磁有序

磁有序结构产生的本质是晶体格点上离子的磁矩以及离域化的电子磁矩直接或间接相互作用的结果（交换作用）。交换相互作用是量子力学的结果，在经典物理中并没有这样的对应。交换作用有很多类型（是凝聚态物理中重要的研究内容），包括直接交换、超交换、RKKY 交换（局域磁矩之间通过传导电子传递的间接交换作用）以及巡游电子的交换作用等等。更深刻的理论讨论请参考凝聚态物理方面的书籍。

5.12 典型锂离子电池正极材料的电子结构

本节给出目前非常重要的典型锂离子电池正极材料的电子结构，这些典型的材料主要包括：$LiCoO_2$、$LiMn_2O_4$、$LiFePO_4$ 和 Li_2FeSiO_4 等。本节将给出由第一性原理方法计算得到的这些材料的能带结构、电子状态密度和电荷密度分布等，并给出简要的讨论。这些材料的电导将在下节中讨论。

以下计算全部基于自旋极化的密度泛函理论，使用的第一性原理方法基于 VASP（Vienna abinitio simulation package）[9,10]。该程序包采用平面波展开和映射缀加波势方法（projector augmented-wave potentials，PAW）。这里的计算都是在 GGA+U 框架下进行的，使用的交换关联泛函是广义梯度近似（GGA）下的 PBE（Perdew-Burke-Ernzerhof）表述。各材料中过渡金属元素的 $U_{eff}=U-J$ 值分别取为 $U_{eff}(Fe)=4.0eV$、$U_{eff}(Co)=3.0eV$ 和 $U_{eff}(Mn)=3.84eV$。计算时的平面波截断能量均为 $500eV$。Li、Mn、Fe、Co、P、Si 和 O 的电子（价电子）组态分别为 Li：$2s^1$；Mn：$3d^54s^2$；Fe：$3d^64s^2$；Co：$3d^74s^2$；P：$3s^23p^3$；Si：$3s^23p^2$ 和 O：$2s^22p^4$。布里渊区的积分采用了 Monkhorst-Pack 的特殊 k 点取样方法，k 空间网格点分别为 $16\times16\times3$（$LiCoO_2$）、$5\times5\times5$（$LiMn_2O_4$）、$11\times8\times5$（$LiFePO_4$）和 $6\times4\times8$（Li_2FeSiO_4）。计算时，对各原胞形状和原胞内的原子位置都进行了充分的弛豫，原子受力的收敛标准设为 $0.01eV/\text{Å}$（$1\text{Å}=10^{-10}$ m），能量的收敛标准均设为 $1.0\times10^{-6}eV$。材料电子结构的计算是在获得最优化的几何结构的基础上进行的。

5.12.1 $LiCoO_2$（$R\bar{3}m$）材料

钴酸锂属于类 α-$NaFeO_2$ 结构，空间群为 $R\bar{3}m$。它具有明显的层状材料结构特征。晶格中 O 原子为立方密堆积，形成共边的八面体，而 Li^+ 和 Co^{3+} 各自位于立方密堆积氧层中交替的八面体 $3a$ 和 $3b$ 的位置，O^{-2} 位于 $6c$ 位置，形成了 Co^{3+} 层-O^{-2}层-Li^+ 层交替排列的层状结构。图 5-16 就是六方晶系 $LiCoO_2$ 的晶体结构图，每单位原胞含 3 个分子式。

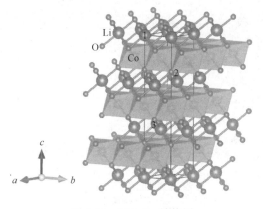

图 5-16　$LiCoO_2$ 结构图

图 5-17、图 5-18 分别给出了 $R\bar{3}m$ LiCoO$_2$ 材料的能带结构和电子状态密度。LiCoO$_2$ 材料自旋向上能带的带隙为 4.93eV（为本节的理论计算值，下同），自旋向下能带的带隙为 1.08eV。从能带图可以知道，该材料有明显的自旋极化（$T=$0K 时有磁性），而这主要是由于 Co 元素的存在。如图 5-18 所示，费米能级附近之下的能带主要来自于 O 的 2p 电子和部分的 Co 的 3d 电子，费米能级附近之上的能带则主要来自于 Co 的 3d 电子。此外，Co—O 相互作用在价带下相当宽的能量范围内表现出来。

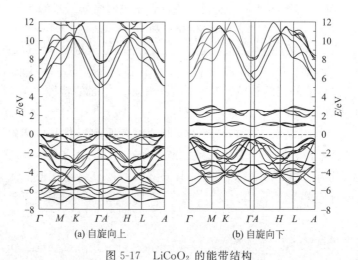

(a) 自旋向上　　　　　　　　(b) 自旋向下

图 5-17　LiCoO$_2$ 的能带结构

各高对称点的坐标为 $\Gamma(0,0,0)$，$M(0,1/2,0)$，$K(-1/3,2/3,0)$，$A(0,0,1/2)$，$H(-1/3,2/3,1/2)$，$L(0,1/2,1/2)$。虚线给出自旋向上能带的价带顶位置

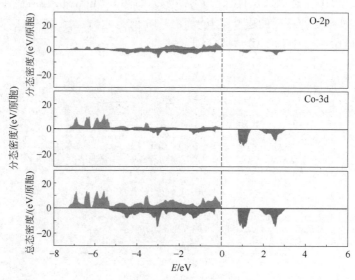

图 5-18　LiCoO$_2$ 的总态密度和分态密度图

图 5-19 给出了 $R\bar{3}m$ LiCoO$_2$ 材料的差分电荷密度图。差分电荷密度的定义是：

$$\Delta\rho(\boldsymbol{r}) = \rho(\boldsymbol{r}) - \sum_{\mu}\rho_{\mu}^{\text{atom}}(\boldsymbol{r}-\boldsymbol{R}_{\mu}) \tag{5-19}$$

即差分电荷密度是体系的自洽电荷密度与各独立原子电荷密度叠加的差值。其中 $\boldsymbol{R}_{\mu}$ 为原子位置。图 5-19 中，正等高线（实线）代表电荷的聚集区域，而负等高线（虚线）描绘的则是电荷的"损失"区域（相对于独立原子的电荷密度而言）。因而，差分电荷密度图可以给出材料中原子成键性质的图像。可以看出，Co—O 键有很强的离子性，虽然有部分的共价性，但其离子性明显高于共价性。O 得到电子的图像非常明显，Li 失去电子的图像也很清晰。

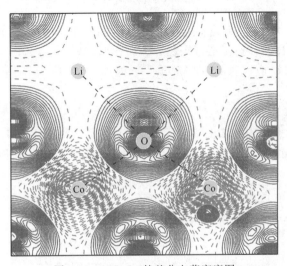

图 5-19　LiCoO$_2$ 的差分电荷密度图

图为过 Li-O-Co 面的差分电荷密度。其中虚线表示失去电子的区域，实线表示得到电子的区域

5.12.2　LiMn$_2$O$_4$（$Fd\bar{3}m$）材料

室温下尖晶石型 LiMn$_2$O$_4$ 材料属于立方晶系，具有 $Fd\bar{3}m$ 空间群，其结构如图 5-20 所示，单位原胞含 8 个分子式。与二维结构的 LiCoO$_2$ 不同，这是一种三维结构材料。在每个尖晶石晶胞中共有 56 个原子位置，其中氧原子呈立方密堆积排列，位于晶胞的 $32e$ 位置；16 个锰离子占据一半八面体空隙 $16d$ 位置；8 个 Li$^+$ 占据 1/8 四面体 $8a$ 位置。空的四面体和八面体通过共面与共边相互连接，形成锂离子能够扩散的三维通道。同时，锰离子存在于每一层，使得材料的结构在脱锂的状态下也能保持足够的稳定性。

图 5-21、图 5-22 分别给出了 $Fd\bar{3}m$ LiMn$_2$O$_4$ 材料的能带结构和电子状态密度。LiMn$_2$O$_4$ 自旋向上能带的带隙为 0.24eV，自旋向下能带的带隙为 3.02eV

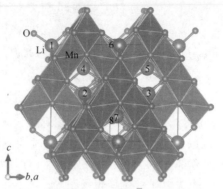

图 5-20　$LiMn_2O_4$（$Fd\bar{3}m$）结构图

（计算是在铁磁性的假设下进行的）。GGA 方法（$U=0$ 时）的计算结果显示，$LiMn_2O_4$ 是金属性的，费米能级穿越导带，而 GGA＋U 方法由于考虑了过渡金属 d 电子的局域化效应，得到的 $LiMn_2O_4$ 能带结构是半导体性的，带隙约为 0.24eV。从能带图可以知道，该材料是有明显自旋极化的（$T=0K$ 时有磁性），而这主要是由于 Mn 元素的存在。图 5-21 中，费米能级附近之下的能带来自于 O 的 2p 电子，费米能级附近之上的能带则主要来自于 Mn 的 3d 和 O 的 2p 电子（如图 5-22 所示）。此外，Mn—O 相互作用在价带下相当宽的能量范围内表现出来。

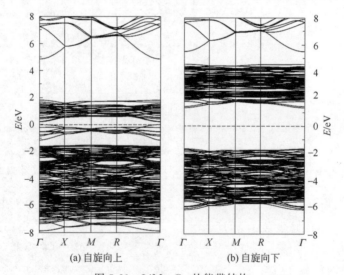

(a) 自旋向上　　　　(b) 自旋向下

图 5-21　$LiMn_2O_4$ 的能带结构

各高对称点的坐标为 $\Gamma(0,0,0)$，$X(0,0.5,0)$，
$M(0.5,0.5,0)$，$R(0.5,0.5,0.5)$。虚线是自旋向上能带的价带顶位置

从图 5-23 的差分电荷密度图可以看出，Mn—O 键有很强的离子性，虽然有部分的共价性，但其离子性明显高于共价性；O 得到电子的图像非常明显；Li—O 键主要是离子性的。

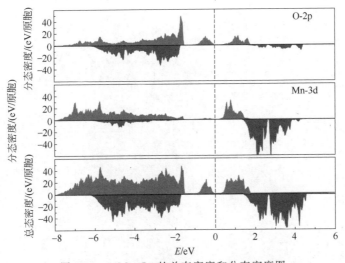

图 5-22　$LiMn_2O_4$ 的总态密度和分态密度图

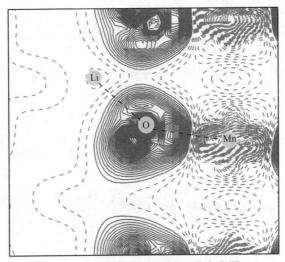

图 5-23　$LiMn_2O_4$ 的差分电荷密度图

图为过 Li-O-Mn 面的差分电荷密度。其中虚线
表示失去电子的区域，实线表示得到电子的区域

5.12.3　LiFePO₄($Pnma$)材料

磷酸铁锂在自然界中以磷铁锂矿的形式存在，为橄榄石型结构，空间群为 $Pnma$，属于正交晶系。该材料中 P 原子占据四面体的 $4c$ 位，Fe 和 Li 分别占据八面体的 $4c$ 和 $4a$ 位。从 b 轴方向看，可以看到 FeO_6 八面体在 Obc 平面上以一定的角度连接起来。而 LiO_6 八面体则沿着 b 轴方向相互共边，形成链状。一个 FeO_6 八面体分别与一个 PO_4 四面体和两个 LiO_6 八面体共边，同时，一个 PO_4 四面体还与两个 LiO_6 八面体共边。$LiFePO_4$ 的结构如图 5-24 所示，单位原胞含 4 个分子式。

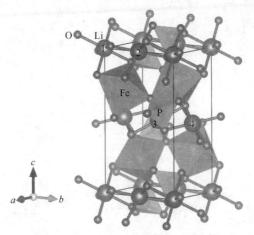

图 5-24　LiFePO$_4$（$Pnma$）结构图

图 5-25、图 5-26 分别给出了 LiFePO$_4$（$Pnma$）材料的能带结构和电子状态密度。LiFePO$_4$ 自旋向上能带的带隙为 4.18eV，自旋向下能带的带隙为 3.57eV。从能带图可以知道，该材料是有自旋极化的（$T=0$K 时有磁性），而这主要是由于 Fe 元素的存在。如图 5-26 所示，费米能级附近之下的几条平带都来自于 Fe 的 3d 电子，这个图像与该材料脱锂时将发生 Fe^{2+} 到 Fe^{3+} 变价的图像是一致的。此外，Fe—O 相互作用在价带下相当宽的能量范围内表现出来。图 5-27 给出了 LiFePO$_4$（$Pnma$）材料的差分电荷密度图，可以看出，P—O 键有很强的共价性，同时有明显的离子性；Fe—O 键的共价性比 P—O 键弱一些，但是有较强的离子性；Li—O 键也有一定的共价性。

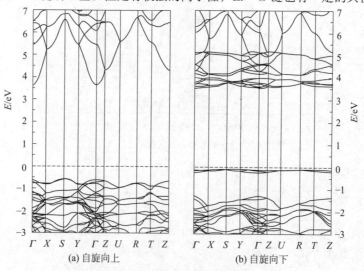

(a) 自旋向上　　　　　　　　(b) 自旋向下

图 5-25　LiFePO$_4$ 的能带结构

各高对称点的坐标为 $\Gamma(0,0,0)$，$X(0,0.5,0)$，
$S(-0.5,0.5,0)$，$Y(-0.5,0,0)$，$Z(0,0,0.5)$，$U(0,0.5,0.5)$，
$R(-0.5,0.5,0.5)$，$T(-0.5,0,0.5)$。虚线是自旋向下能带的价带顶位置

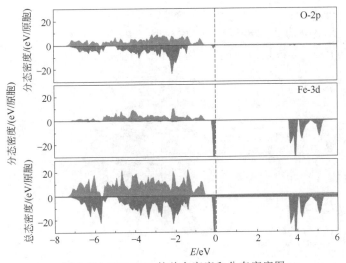

图 5-26　$LiFePO_4$ 的总态密度和分态密度图

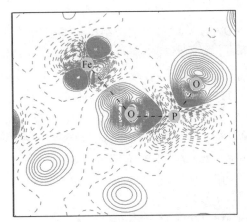

(a) 过 Fe-O-P 面的差分电荷密度

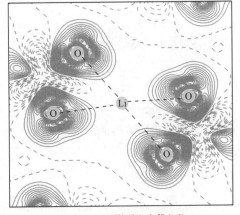

(b) 过 O-Li-O 面的差分电荷密度

图 5-27　$LiFePO_4$ 的差分电荷密度图

其中虚线表示失去电子的区域，实线表示得到电子的区域

5.12.4　Li_2FeSiO_4（空间群 $P2_1/n$）材料

　　Li_2FeSiO_4 材料的结构非常复杂，在实验上已表现出相当多的同素异形体（至少五种）。例如，已经发现有三种可以直接化学合成的 Li_2FeSiO_4 同素异形体，空间群分别为 $Pmn2_1$、$P2_1/n$ 和 $Pmnb$。在这三种同素异形体结构中，FeO_4 和 LiO_4 四面体的连接方式并不相同：在 $Pmn2_1$ 结构中，FeO_4 与 LiO_4 四面体间仅通过共角方式连接；在 $P2_1/n$ 结构中，FeO_4 四面体与其相邻的一个 LiO_4 四面体通过共边方式连接；而在 $Pmnb$ 结构中，FeO_4 四面体则与其相邻的两个 LiO_4 四面体通过共边方式连接。FeO_4 和 LiO_4 四面体连接方式的不同是这三种 Li_2FeSiO_4 同素异形体晶体结构上最为显著的差别。此外，其它结构的 Li_2FeSiO_4 同素异形体

可以出现在锂的循环过程中。在这里，仅以 $P2_1/n$ 空间群的 Li_2FeSiO_4 材料为例
（这是能量最低的结构），给出第一性原理计算的电子结构性质。图 5-28 给出了
$P2_1/n$ 空间群的 Li_2FeSiO_4 的晶体结构，单位原胞含 4 个分子式。

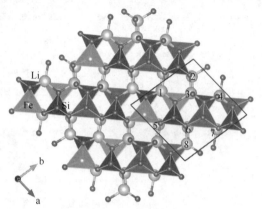

图 5-28 $Li_2FeSiO_4(P2_1/n)$ 的结构图

图 5-29、图 5-30 分别给出了 $Li_2FeSiO_4(P2_1/n)$ 材料的能带结构和电子状态密
度。Li_2FeSiO_4 自旋向上能带的带隙为 2.89eV，自旋向下能带的带隙为 2.94eV。从
能带图可以知道，该材料是有自旋极化的（低温下有磁性），而这主要是由于 Fe 元素
的存在。如图 5-30 所示，费米能级附近之下的几条平带都来自于 Fe 的 3d 电子，这
个图像与该材料脱锂时首先发生 Fe^{2+} 到 Fe^{3+} 的变价结果相一致。此外，Fe—O 相互
作用在价带下相当宽的能量范围内表现出来。图 5-31 给出了 $Li_2FeSiO_4(P2_1/n)$ 材料
的差分电荷密度图，可以看出，Si—O 键有很强的共价性，同时有明显的离子性；Fe—
O 键的共价性比 Si—O 键弱一些，但是有较强的离子性；Li—O 键也有一定的共价性。

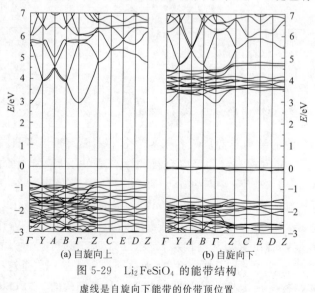

(a) 自旋向上   (b) 自旋向下

图 5-29 Li_2FeSiO_4 的能带结构

虚线是自旋向下能带的价带顶位置

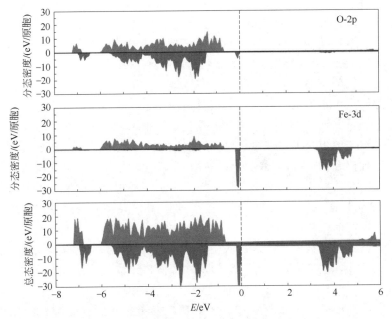

图 5-30　Li$_2$FeSiO$_4$ 的总态密度和分态密度

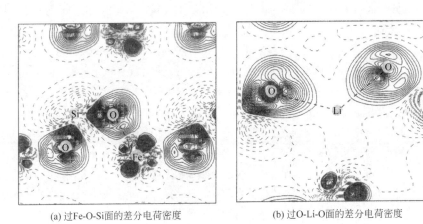

(a) 过 Fe-O-Si 面的差分电荷密度　　　　　(b) 过 O-Li-O 面的差分电荷密度

图 5-31　Li$_2$FeSiO$_4$ 的差分电荷密度图

其中虚线表示失去电子的区域，实线表示得到电子的区域

5.13　典型锂离子电池正极材料的电导

　　本节讨论目前重要的典型锂离子电池正极材料的电导。并以 LiCoO$_2$ 和 LiFePO$_4$ 为例，讨论它们电导的具体特征。

　　上节的计算结果已经表明，LiFePO$_4$ 的禁带宽度 3.57eV（理论值，下同）> Li$_2$FeSiO$_4$ 的禁带宽度 2.89eV > LiCoO$_2$ 的禁带宽度 1.08eV > LiMn$_2$O$_4$ 的禁带宽

度 0.24eV。这些禁带宽度的结果意味着：$LiFePO_4$ 的电导（对完整晶体而言，下同）$\ll Li_2FeSiO_4$ 的电导$\ll LiCoO_2$ 的电导$< LiMn_2O_4$ 的电导。也就是说，在很低的温度下，所有这些电极材料的完整晶体将是不导电的（即没有可自由运动的电子来参与电导）。在一定的温度（如室温）下，$LiMn_2O_4$ 和 $LiCoO_2$ 会有一定的导电能力（因为它们的带隙较小），而 Li_2FeSiO_4 和 $LiFePO_4$ 的完整晶体即便在有限温度下的电导率也是很低的（因为可输运的电子浓度会很低）。由于这个特点，锂离子电池的电极材料通常都要经过掺杂、碳包覆或纳米颗粒化等过程。所以，可以看到，对于带包覆的电极材料，电子电导可以归结为"带有包覆层的微观颗粒体系"的电导。这种体系中电子输运的重要特征是，碳包覆层的自由电子的浓度以及颗粒的尺度，如颗粒的半径，将对电子的电导起到重要作用（除了粒子与粒子之间的导电性之外）。可以想象，一旦电子在外电场的作用下能够注入到颗粒里面（对于这里的体系，电场的产生、大小和方向是一个很复杂的问题），那么尺度比较小的颗粒将有比较大的比例被电子注入，从整体上看，相应地也将会有较多的锂离子嵌入到材料中。所以，如果电极材料的颗粒尺寸都做得比较小，那么电极材料的容量也会有所提高。此外，如果能够增加包覆层中电子的浓度（如改变包覆层的物质），也会使电子更加深入到电极材料中。相对地，电子深入到小颗粒中的比例会比较大，最终也会使电极的容量增大。

现在具体讨论 $LiCoO_2$ 体系的电导。未掺杂的 $LiCoO_2$ 材料的电导强烈依赖于它的禁带宽度值。所以，有必要首先讨论一下它的带隙值。金胜哲等人[11]计算得到的 $LiCoO_2$ 的禁带宽度值为 1.1eV，与上节给出的理论计算值 1.08eV 几乎吻合，Czyzyk 等人[12]得到的 $LiCoO_2$ 的理论计算值为 1.2eV，也与上述理论值相吻合。而另一方面，实验给出的 $LiCoO_2$ 材料的禁带宽度值在 2.1~2.7eV[11]。理论值与实验值的很大差别一般归结为密度泛函理论本身的缺陷，特别被认为是自相互作用（自交换作用）所引起的。即便在获得 $LiCoO_2$ 材料能带结构的基础上，理论对 $LiCoO_2$ 材料的电导实验值的解释仍然存在矛盾，即还没有得到一致的令人满意的理论解释，这主要在于输运机制是能带输运还是跳跃（hopping）机制的讨论上面。实验上，$LiCoO_2$ 材料电导率的室温值在 $10^{-3} \sim 10^{-8}$ S/cm。从这些电导值可以看到，不同文献报道的电导率值存在很大差别（跨越了 5 个数量级）。但是，这些电导率值仍处在半导体电导率的范围之内（$10^{-10} \sim 10^5$ S/cm）。而理论上，对于纯相 $LiCoO_2$ 材料电导率的估计值只有 2.6×10^{-11} S/cm[11]。显然理论值要比实验值小了好几个数量级。这也说明了依靠从价带到导带热激发的自由载流子模型不足以解释电导率的实验结果。Kushida 等人[13]的实验说明，未掺杂的 $LiCoO_2$ 材料的电导机理是 Mott 型"跳跃"电导，虽然他们没有说明引起跳跃的真正原因。在跳跃电导的理论解释方面，金胜哲[11]作了比较深入的讨论。除了纯相外，对 $LiCoO_2$ 材料的脱锂相 $Li_{1-x}CoO_2$ 的电导也有一些研究。Nishizawa 等人[14]指出，在少量锂脱出时（$x < 0.1$），$Li_{1-x}CoO_2$ 的电导率会变大几个数量级；甚至在 $x > 0.25$ 时，该材料会呈现金属性。根据 Marianetti 等人[15]的理论研究，认为这是一级 Mott 金属-绝缘体转变。最后需要指出，在实际的电池材料中，$LiCoO_2$ 通常是被碳所包覆的，求解碳包覆体系的经典和半经典输运方程（如前面所述的玻尔兹曼方程）还存在一些困难，目前还没有这方面系统的理论讨论。实验上，对于碳包覆的正极材料，电导往往由晶界电导所控制，颗粒大小对电导率有很大影响。

现在讨论 $LiFePO_4$ 体系的电导。众所周知，由于组成以及结构上的特征（PO_4 四面体与 FeO_6、LiO_6 八面体的相对排列），$LiFePO_4$ 的电子电导率和离子电导都很低。实验上，未掺杂的 $LiFePO_4$ 的电子电导率约为 10^{-9} S/cm，Li^+ 的扩散速率只有 $10^{-14} \sim 10^{-16}$ cm/s[16]。电子电导率的理论估计值还要比这个值低几个数量级。这是因为 $LiFePO_4$ 的禁带宽度约为 3.3eV[17]（上节计算结果为 3.57eV），比 $LiCoO_2$ 的带隙 1.1eV 要大得多（可参见上面对 $LiCoO_2$ 的讨论）。针对 $LiFePO_4$ 的电子电导率低和锂离子扩散速率慢这两个缺点，人们进行了很多努力，改进的方法包括元素掺杂、表面包覆或修饰、通过降低粒子尺寸改变其充放电机制等。

① 元素掺杂在该材料的改性中受到很大的重视。最常见的是金属阳离子的掺杂，按照占位的不同可分为锂位掺杂、铁位掺杂和锂位铁位同时掺杂三种情况。Chiang 等人[18]进行了 $LiFePO_4$ 的高价金属（Nb^{5+}、Al^{3+}、Ti^{4+}、W^{6+} 等）的掺杂，合成的具有阳离子缺陷的材料的电导率提高了 8 个数量级，电导率达到 10^{-2} S/cm，超过了 $LiCoO_2$ 和 $LiMn_2O_4$。其次，铁位掺杂也能够提高电子电导率并改善 Li^+ 传输的速率，这主要是因为掺杂离子导致了微区结构的畸形，改变了 $LiFePO_4$ 的能带结构，减小了禁带的宽度，使得电子电导率得到改善。结构畸变还可能影响 Li^+ 的结合能以及锂的迁移通道，从而影响 Li^+ 的迁移速率。

② 实验上，碳包覆的研究是比较多的并且是实现了工业化的方法。Ravet 等人[19]首次采用碳包覆方法使 $LiFePO_4$ 的比容量达到 160mA·h/g，接近其理论容量 170mA·h/g。利用碳包覆的方法，很重要的一点是改变了颗粒与颗粒之间的导电性，对于相同大小的颗粒而言，碳包覆对 $LiFePO_4$ 颗粒内部的导电性影响甚微。因此，必须考虑颗粒尺寸的因素，才能在本质上提高锂离子在 $LiFePO_4$ 中的离子电导和化学扩散系数。

③ 制备纳米级的 $LiFePO_4$ 材料，可以提高活性材料的利用率，并使得锂离子和电子在电极中的传导或扩散路径变短，从而提高 $LiFePO_4$ 材料的电导率和倍率性能。研究也表明，可能并不仅仅是扩散路径的缩短，"纳米化"还可能引起充放电机制的改变。目前，实际的 $LiFePO_4$ 电池材料的电导研究主要集中在实验方面，理论求解碳包覆或纳米化 $LiFePO_4$ 体系电子电导率有一定的困难，也没有系统的理论讨论。

参 考 文 献

[1] 冯端，金国钧. 凝聚态物理学：上卷. 北京：高等教育出版社，2003.
[2] 谢希德，陆栋. 固体能带理论. 上海：复旦大学出版社，1998.

［3］ 王矜奉．固体物理教程．第 5 版．济南：山东大学出版社，2006.

［4］ 【美】霍夫曼·R 著．固体与表面．郭洪猷，李静译．北京：化学工业出版社，1996.

［5］ Kittel C. Introduction to solid state physics. 7th ed. New York：Wiley，1996.

［6］ 曾谨言，量子力学．北京：科学出版社，1981.

［7］ Mahan G D. Many-particle physics. New York and London：Plenum，1981：192.

［8］ 陈翌庆，石瑛．纳米材料学基础．长沙：中南大学出版社，2009.

［9］ Kresse G，Furthmuller J. Efficiency of abinitio total energy calculations for metals and semiconductors using a plane-wave basis set. Comput Mater Sci，1996，6：15.

［10］ Kresse G，Furthmuller J. Efficient iterative schemes for abinitio total-energy calculations using a plane-wave basis set. Phys Rev. B，1996，54：11169.

［11］ 金胜哲．空位掺杂 $LiCoO_2$ 体系的电子结构与输运性质［D］．长春：吉林大学，2007.

［12］ Czyzyk M T，Pitze R，Sawatzky G A. Band-theory description of high-energy spectroscopy and the electronic structure of $LiCoO_2$. Phys Rev B，1992，46：3729.

［13］ Kushida K，Kuriyama K. Mott-type hopping conduction in the ordered and disordered phases of $LiCoO_2$. Solid State Commun，2004，129：525.

［14］ Nishizawa M，Yamamura S. Irreversible conductivity change of $Li_{1-x}CoO_2$ on electrochemical lithium insertion/extraction，desirable for battery applications. Chem Commun，1998：1631.

［15］ Marianetti C A，Kotliar G，Ceder G. A first-order Mott transition in Li_xCoO_2. Nat Mater，2004，3：627.

［16］ Prosini P P，Lisi M，Zane D，Pasquali M. Determination of the chemical diffusion coefficient of lithium in $LiFePO_4$. Solid State Ionics，2002，148：45.

［17］ 孙超，严六明，岳宝华．石墨烯和硼氮类石墨烯包覆对 $LiFePO_4$ 表面结构的改进及其电导的促进作用．物理化学学报，2013，29：1666.

［18］ Chung S Y，Bloking J T，Chiang Y M. Electronically conductive phospho-olivines as lithium storage electrodes. Nat Mater，2002，1：123.

［19］ Ravet N，et al. New materials for electrochemical energy storage and conversion，196th Meeting of the Electrochemical Society. Hawaii：Abstract，1999：127.

第6章
固态离子输运过程及其特性

　　固体中电子、离子的输运过程与固体中电子及离子电导率等物理化学性质密切相关，除此之外，材料的导热性、延展性及熔点均与原子或离子的扩散特性有很大的联系。因此深入理解、分析固体中电子、离子的输运规律及特性非常重要。本书第5章已讨论了固体中电子的输运与传导过程，本章主要介绍固态的物种（离子）输运及传导过程常用的一些基本概念、模型及研究方法等。

6.1　扩散的概念——布朗运动与扩散

　　我们知道，宏观世界中无时无刻不存在着物质的运动，正是各种形形色色的物质运动带来了这个世界的丰富多彩，而充满各种原子、离子及分子的微观世界也同样如此。从微观世界看，原子、离子的运动不仅取决于其本身的物理特性，而且与其所在的不同介质也有很大的关系。例如一个固相离子传输的典型体系——金属的腐蚀过程通常需要相对漫长的过程。而在气相中分子的扩散过程则相对较快，如空气中刺鼻的气味就很容易在周围环境中扩散开来。同样若将一滴红颜色的墨水滴入盛满水的球形容器中，滴入的红颜色墨水就会迅速地向周围扩散开来。在合适的温度条件下，没有任何外场作用力的影响，这些气、液相体系中物种的扩散过程类似于一种无规则运动。由于微观粒子的无规则运动形式也被称为布朗运动，因此人们在讲到物质的扩散过程时常常会与布朗运动联系起来，即扩散过程是由原子的布朗运动所导致的一种混合过程。尽管到目前为止各种类型的物种扩散过程远不止一个布朗运动模型就可以描述，但不管怎样，微观世界的扩散过程本质上是一个原子、离子的迁移运动过程。

　　从历史上看，布朗运动最早由苏格兰植物学家罗伯特•布朗（Robert Brown）发现[1]，Brown首先观察到水中花粉颗粒迸裂时所产生的不规则运动方式，以后的若干年众多的物理学家对这一现象作了不少的研究，其中著名物理学家爱因斯坦对布朗运动作了精确的说明与补充，他认为布朗运动本质上应是在某一介质中颗粒之间或是颗粒与水分子之间碰撞所引起的无规则的运动形式。这一运动的数学描述形式可用数学中经典的随机行走方程（6.3节将进一步地描述）。这些奠基的分析工作使人们对布朗运动的描述定量化，并且为随后采用统计力学方法研究这一复杂过程奠定了相关的物理基础。

6.2 描述扩散的理论模型 Fick 定律[1~4]

关于连续介质中扩散过程定量的理论描述最早是由德国科学家 Adolf Fick 完成的，该理论模型的实验基础是盐在水中的扩散实验。Fick 最早引入扩散的概念，并建立了定量描述扩散过程的 Fick 定律。他发现在稳态扩散条件下，盐扩散的流量与水中盐浓度梯度成正比关系，而这一正比关系的比值就是所谓的扩散系数 D_i。若仅考虑物种 i 在一维 x 方向的情形：

$$J_i = -D_i \nabla C_i = -D_i \frac{\partial C}{\partial x} \tag{6-1}$$

式中，J 为扩散流量，粒子/（cm² · s）或 mol/（cm² · s）；D_i 为扩散系数，cm²/s；C 为浓度，粒子/cm³ 或 mol/cm³；$\frac{\partial C}{\partial x}$ 为某一时刻、某一位置盐的浓度梯度。

这一方程又被称为 Fick 第一定律，该定律表明离子的流量由其浓度梯度的大小所决定。不过它的表述方式实际上会随着坐标维度的不同而有所改变，并且该定律在各向同性介质中扩散的情况下才能成立。对于非理想的扩散体系，尤其是存在化学势梯度条件下，∇C_i 应改为 $\nabla \mu_i$，即此时的离子扩散流量与所处的化学势梯度成正比，而描述物质浓度的单位相应改称为活度。

一个物种的扩散过程，从起始发生、动态变化、稳态进行直至结束，其实是一个随时间变化的动态过程。物种的扩散从起始到达稳定的扩散速率之前，必定有一个随时间变化的非稳态扩散过程，即任何扩散过程必是随时间变化的动态过程，而描述这个过程的数学表达式称为 Fick 扩散方程，或称为 Fick 第二定律：

$$\frac{\partial C_i}{\partial t} = \nabla(-D_i \nabla C_i) \tag{6-2}$$

若仅考虑一维尺度上的扩散过程，D_i 与维度 x 无关，则式（6-2）可以简化为：

$$\frac{\partial C_i}{\partial t} = -D_i \frac{\partial^2 C_i}{\partial x^2} \tag{6-3}$$

该方程表明某物种的扩散浓度随时间的变化值与其浓度梯度的一次微分（或与某一维度上浓度的二次微分值）成正比，而其中的比例系数 D_i 是关于二元或多元的化学体系中的某物种 i 的扩散系数。在考虑更为复杂的实际扩散体系时，D 的确切定义为互扩散系数（interdiffusion coefficients），即需要考虑多种物种共同扩散所表现出来的总表观扩散系数，而且互扩散系数的大小由多重因素（如温度、压力、组分相互作用等等）所决定。

物种扩散方程的求解是一个典型的偏微分方程的求解，Fick 第二定律仅仅给出一个普适性的微分方程，在不同的物理体系中，其得到的数学解有所差异，许多教材及专著中均有该方程的详解过程[1,2]，下面仅对一些简单的物理体系作些说明，具体的求解过程读者可参考有关书籍。

对于稳态扩散，即浓度不随时间发生变化 $\frac{\partial C_i}{\partial t}=0$，扩散方程可改写为：

$$\frac{\partial C_i}{\partial t}=-D_i\frac{\partial^2 C_i}{\partial x^2}=0 \tag{6-4}$$

若考虑一维的线性扩散条件，$D_i\frac{\partial^2 C_i}{\partial x^2}=0$，则可求出 $\frac{\partial C_i}{\partial x}=A$，也就是：

$$C_i(x)=a+Ax \tag{6-5}$$

即物种的扩散浓度随距离线性变化，其中 a、A 均为常数。

若考虑圆柱形状的扩散过程，$\frac{\partial}{\partial r}\left(-r\frac{\partial C_i}{\partial r}\right)=0$，则可导出：

$$C_i(r)=B\ln r+b \tag{6-6}$$

即扩散浓度与圆柱半径的对数值成正比，其中 B、b 均为常数。

若考虑球状的扩散过程，$\frac{\partial}{\partial r}\left(-r^2\frac{\partial C_i}{\partial r}\right)=0$，则可导出：

$$C_i(r)=\frac{C_a}{r}+C_b \tag{6-7}$$

即球状扩散的浓度变化与球半径的倒数成正比，其中 C_a、C_b 均为常数。

对于非稳态扩散，即 $\frac{\partial C_i}{\partial t}=-D_i\frac{\partial^2 C_i}{\partial x^2}\neq0$，此时，扩散物种的浓度不仅随空间维度距离变化，同时也随时间变化，此时求解方程就变得非常复杂，有时甚至得不到解析解，而只能采用所谓的数值解。由于实际条件下的物种扩散体系千差万别，下面仅介绍最简单的薄膜体系的扩散方程解。

若假定在未发生扩散前薄膜上的扩散物浓度为 $C(x,0)$，且满足以下条件：

$$C(x,0)=M\delta(x) \tag{6-8}$$

式中，M 为单位面积上扩散物浓度；$\delta(x)$ 为狄拉克（Dirac）函数。这一初始条件也称为瞬间平面源。

对于一个瞬间平面源的正反两面均可发生等同扩散的情形，可称为"三明治"结构的扩散，即 x 满足下列无限扩散条件：$-\infty<x<0$ 及 $0<x<+\infty$。

采用拉普拉斯（Laplace）变换求解偏微分方程，可得：

$$C(x,t)=\frac{M}{2\sqrt{\pi Dt}}\exp\left(-\frac{x^2}{4Dt}\right) \tag{6-9}$$

而对于膜有着一定厚度且底面不可穿透的平面扩散条件，也被称为半无限扩散条件下的扩散过程，则可推得：

$$C(x,t) = \frac{M}{\sqrt{\pi Dt}} \exp\left(-\frac{x^2}{4Dt}\right) \tag{6-10}$$

上述方程解也称为高斯解。文献中也常把 $\sqrt{\pi Dt}$ 称为扩散长度，对于示踪原子的薄膜实验，通常情况下薄膜的厚度要远厚于扩散层的厚度。

图 6-1(a) 给出了瞬间平面源在薄膜扩散条件下，求解扩散方程所得的高斯曲线。从图上可以看出，随着扩散时间增加，其扩散长度增加，其表面浓度 C_s 也将迅速下降。而图 6-1(b) 则给出在恒定表面浓度条件下所求得的 C_s 随不同扩散长度变化的变化曲线。

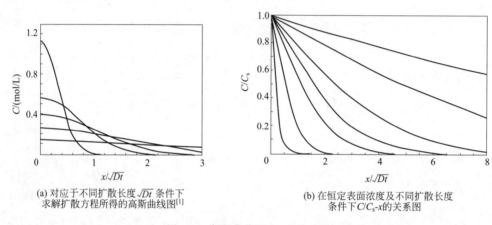

(a) 对应于不同扩散长度 $\sqrt{Dt}$ 条件下求解扩散方程所得的高斯曲线图[1]

(b) 在恒定表面浓度及不同扩散长度条件下 C/C_s-x 的关系图

图 6-1　高斯曲线及 C_s 变化曲线

6.3　固体中原子/离子扩散过程的基本分析

简要地讲，固体扩散过程是指构成固体的原子/离子在不同温度或外界条件（如电场）作用下所发生的长程迁移的过程。然而固体中原子、离子及缺陷的扩散输运过程和电子的输运过程不同，前者主要是通过离子在固体晶格"格点"或不同占据位之间的跳跃进行的，而后者主要通过电子的能带结构来完成。通常原子/离子在固体晶格中的跳跃可以是从某单一"格点"跳跃到"空位"和"间隙"（填隙）来完成（如前面提到的 Schottky 和 Frenkel 缺陷方式等），也可以是采用协同的离子（簇）迁移来实现。在晶态电解质中，宏观离子电导也可以理解为由一维、二维和三维"移动型离子亚晶格"（mobile ion sublattice）的协同作用来实现。

然而仔细分析起来，固体中离子的扩散过程应该是一个非常复杂的动态输运过程，这种复杂性不仅体现在扩散类型的复杂性，例如固态材料至少可以分为材料的体相与表面（晶界）扩散过程，而体相扩散过程又可分为单一晶相材料（即固相晶格）/非晶相材料颗粒中的扩散及颗粒-颗粒之间所存在的"微孔"扩散过程等，而且由固态材料晶相结构的丰富性（即不同的空间群结构）同样导致不同结构体系的离子运动模式的多样性，再者，固体中存在各种离子运动的相互作用以及离子空间分布的不均匀性使得实际体系的定量分析变得错综复杂。因此到目前为止，尚未有一个成熟的理论对以上各种扩散过程作出全面定量化的系统描述。所以在下面的知识介绍中，也仅是选择性地介绍一些相对成熟、主要针对简单材料体系中离子扩散过程的分析与描述。

从流体力学及电化学知识可知，液体中的离子输运过程至少包括离子的扩散、迁移与对流等。相对而言，固体中的输运过程理论上同样可理解为至少包括前面两个过程的多种输运模式，并且主要与离子的扩散过程有关。通常描述离子扩散过程的物理参数是扩散系数 D，其单位为 cm^2/s。通常固体中离子的扩散总会带来一系列的物理效应，这是因为离子常常携带电荷，所以它的移动必定带来电荷的移动——电流效应。因此离子扩散速率的快慢与离子导体中电流的大小密切相关。描述离子移动快慢的物理参数为离子的淌度（ionic mobility），其定义为单位作用力条件下，某物种 i 的平均速度。而 $u_i = v_i/F$，即离子的淌度通常与离子的平均运动速度成正比。若考虑作用力的单位为 F，则 u_i 的单位为 $cm^2/(s \cdot F)$。而评价离子导体中电荷移动的参数是其离子电导率，其单位为 S/cm 或 S/m。

我们再看看固体原子扩散的一个最基本的模型即原子随机行走的数学描述，类似布朗运动的实验观察，随机行走理论假定某一原子跳跃是独立的，即每次跳跃与前一次跳跃结果或其他原子的运动无关。

假定一个原子在晶体中一维随机跳跃的频率为 Γ，每一步跳跃的净距离为 a，则根据 Fick 第一定律、Fick 第二定律以及跳跃频率 Γ 满足 Arrhenius 方程：

$$\Gamma = \nu_0 \exp\left(-\frac{\Delta G}{k_B T}\right) \tag{6-11}$$

可得到扩散系数 D 的描述如下：

$$D^0 = \frac{\Gamma a^2}{2} \tag{6-12}$$

式中，Γ 为跳跃频率，Hz；a 为每步跳跃距离，cm；指前因子 ν_0 为试跳频率（attempt frequency），其数值与晶格振动频率在同一数量级，为 $10^{13} \sim 10^{14}$ Hz；k_B 为 Boltzmann 常数，1.38×10^{-23} J/K；T 为热力学温度；ΔG 为原子跳跃的 Gibbs 自由能。

关于在固体中原子随机行走所需克服的自由能的变化模式可以从图 6-2 来进行理解，即原子在固体晶格中穿梭行走，至少需要通过密集排布的原子排位通道，这一过程需要自身或外界环境提供的能量来进行原子位置的调动。

若考虑原子在三维方向上的随机行走，假定 x、y、z 三个方向上净跳跃距离均为 a，则其过程表达式为：

$$D^0 = \frac{\Gamma a^2}{6} \tag{6-13}$$

但此时 D^0 是三维方向总的扩散系数，而 Γ 则是各方向上的跳跃频率。

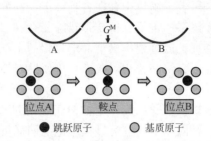

图 6-2　原子在固体晶格中跳跃行走路径及其所对应的能量变化图

6.4　固体中离子扩散的机制

虽然离子在不同固体中的扩散过程可能采取多种方式，但如果把它们进行分类及归纳总结，可以大致分为下列几种基本的模式，称为扩散机制或扩散机理。下面来看文献中总结出来的几种普适性扩散机制[1]。

（1）直接间隙机理（interstitial mechanism）（见图 6-3）　这种机理的特征是，位于间隙位的扩散离子的传输主要是通过离子之间的间隙位来实现的，显然，构成这种间隙固溶体的骨架原子越大，或者结构越松散，间隙位的自由空间越大，离子的扩散越容易。常见的典型体系是位于金属或其他材料中的 H、Li、C、N、O 元素，它们易采用这种方式进行扩散，通常 Li^+ 在离子导体中的扩散模式也常采用这种机理。

（2）直接交换及环形机理（见图 6-4）　这种机理所描述的是，某一离子的运动将导致其相邻或周围离子的集合运动，因此离子的扩散过程应该是一个集合运动过程，而非简单的某一独立离子的扩散。采用这种离子扩散的典型体系包括 Li_3N 中离子扩散过程。

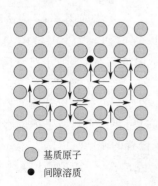

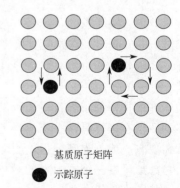

图 6-3　直接间隙扩散机理　　　　　图 6-4　直接交换及环形扩散机理

（3）空位机理（vacancy mechanism）（见图 6-5 和图 6-6）　空位机理可分为单空位与双空位机理，这种机理所描述的是离子的传输主要通过其相邻的空位来进行。显而易见，已跳跃到空位的离子在其原来的位置将留下新的空隙结构，依次循环达到离子传输的目的。这是目前被认为采用最多的离子传输模式，主要是考虑 Li_xMO_2 的材料体系，当 x 的数值显著小于 1 时，层状结构中将出现显著数量的空位结构，Li^+ 的扩散过程更易采取这种扩散机制。典型的材料体系包括 Li_xCoO_2 的双空位机理。

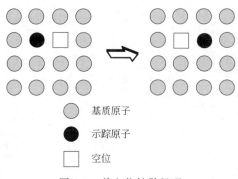

图 6-5　单空位扩散机理

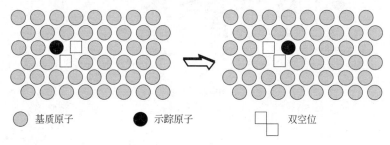

图 6-6　双空位扩散机理

（4）推填机理（interstitialcy mechanism）（见图 6-7）　这一机理表明，若将原来占据晶格位的离子推到间隙位，然后占有间隙位的离子可以跳跃填入到晶格位，依次往复，则也可以推动离子的传输过程。

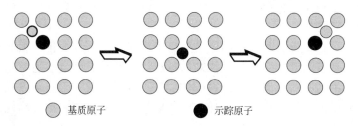

图 6-7　推填（非线性间隙）扩散机理

（5）复合机理（如间隙-取代机理，interstitial-substitutional exchange mechanism，见图 6-8）　这一复合机理可以说是一个比较全面描述各种离子输运机制的集中表示，它也同时表明，在实际的固体离子传输过程中，离子的传输可能是采用多模式的方式进行，其材料的传输方式取决于材料结构与外场的作用等等。采用这种扩散类型的典型体系包括 Na^+ 在 β-Al_2O_3 中的输运过程及 Li_2CO_3 间隙位-空位交换的推填机理。

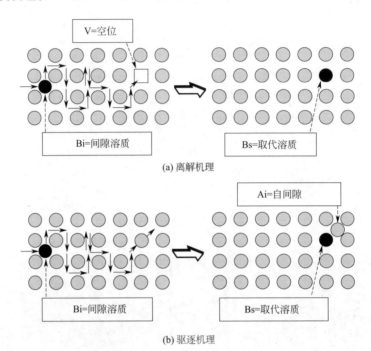

(a) 离解机理

(b) 驱逐机理

图 6-8　杂原子间隙-取代型交换扩散机理

6.5　扩散的类型及特点

原子、离子的扩散过程若按原子、离子的本身特性区分又可划分为自扩散、互扩散、杂质扩散、体扩散、界面扩散与外场（如电、磁、光等）下的扩散过程等，以下将分别讨论相关的扩散过程，关于外场的影响本书将主要介绍与讨论离子在电场下的扩散运动特征。

一般而言，自扩散过程是指固体组分原子本身以热运动为推动力而进行无规则行走，但最终朝着某一特定的方向传输的过程。因此自扩散过程通常用来描述单金属或合金体系中的某一金属原子的自扩散。自扩散过程与其它扩散方式的主要差别在于：扩散发生前，固体内不存在任何的浓度梯度或化学势梯度，因此自扩散过程是在没有任何明显的浓度梯度作用下发生的扩散过程，它也是衡量固体中金属原子进行布朗运动的浓度标准。自扩散系数的测定通常采用同位素示踪原子法，即在没有浓度梯度或化学势梯度的条件下测量示踪原子的扩散量，因此在该条件下的自扩散过程又称为示踪原子的自扩散。

固体中的互扩散过程是指在由两种不同类型的原子所构筑的固体相界面上，当存在一定的浓度梯度和合适的温度条件时，这两种原子朝着各自体相的延伸方向所进行的扩散过程。因此互扩散首先发生在两相界面上，并且也是常见的一种扩散过程。研究互扩散过程的典型例子为可肯达尔（Kirkendall）最先完成的一个互扩散实验，也称为可肯达尔互扩散实验。

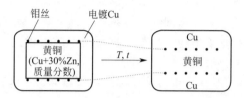

图 6-9　可肯达尔（Kirkendall）互扩散实验图

图 6-9 示出了 Kirkendall 最早发现互扩散效应的实验体系，即将一块采用 Mo 线作为标记物的黄铜合金表面电镀上一层铜层，然后将其放置在不同温度中，并在不同时间记录 Mo 标记线的位置。实验发现在高温下（如 785℃）放置 56 天，在放置过程中发现，Mo 线之间的距离会变得越来越近，如第一天距离减少了 0.0015cm，56 天则减少了 0.0124cm，这种位移正好与时间的平方根 $\sqrt{t}$ 成正比。

达肯（Darken）对可肯达尔实验作过详尽的分析，提出所谓的互扩散系数的概念。把 A、B 两种独立的金属原子体系连接在一起，并且它们在一定温度下会发生相互的扩散，若引入 2 个平行的坐标系 [一个是对应于原有晶面的坐标系（x，y），另一个是对应于扩散面的动坐标系（x'，y'）]，此时 A、B 的扩散系数分别为 D_A、D_B。它们分别对应的本征扩散流量可写成：

$$J_A = -D \frac{\partial C_A}{\partial x} = -D_A \frac{\partial C_A}{\partial x} + C_A v \tag{6-14}$$

$$J_B = -D \frac{\partial C_B}{\partial x} = -D_B \frac{\partial C_B}{\partial x} + C_B v \tag{6-15}$$

式中，D_A、D_B 分别为 A、B 原子的分扩散系数；v 为 x 处晶面的平移速度。

假定在扩散的过程中，晶格点阵参数不变，晶体中各点的密度及截面积不变，则 $C_A + C_B =$ 常数，可得：

$$\frac{\partial C_A}{\partial x} = -\frac{\partial C_B}{\partial x} \tag{6-16}$$

进一步可推得：

$$D = \frac{C_B}{C_A + C_B} D_A + \frac{C_A}{C_A + C_B} D_B = N_B D_A + N_A D_B \tag{6-17}$$

式中，N_A、N_B 分别为 A 组分和 B 组分的质量分数或摩尔分数。由式(6-17)也可知，互扩散过程中的总扩散系数 D 为两组分扩散系数的加权平均，且对总扩散系数影响大的是质量分数或者摩尔分数大的组分。

根据 $J_A = -J_B$，则可肯达尔扩散面的位移速度为：

$$v = (D_B - D_A)\frac{\partial N_B}{\partial x} \qquad (6\text{-}18)$$

或

$$v = (D_A - D_B)\frac{\partial N_A}{\partial x} \qquad (6\text{-}19)$$

可以说研究互扩散为讨论固态扩散多模式的扩散过程提供了一个很好的基础模型。不过上述模型仅是针对理想的互扩散体系，对于非理想互扩散体系，如互扩散过程中导致晶体膨胀或收缩不均匀，就会出现所谓的可肯达尔缺陷（孔洞），甚至造成材料表面凹凸不平及材料机械性能的改变。

另外，杂质/缺陷扩散是指由各种原因（如掺杂）产生的杂质/缺陷在固体中的扩散过程，例如在锂离子电池材料中常掺入同价或异价杂原子以改善材料的结构稳定性和循环性能，从某种意义上讲，这种扩散也可理解为一种低浓度的溶质在固溶体中的浓差扩散，其可能遵循的扩散机理与 6.4 节所描述的机理类似（见图 6-8）。

6.6 复杂体系及界面体系的离子扩散特征

以上所讨论的原子/离子扩散过程基本上是基于单一的晶相材料体系来考虑的，然而实际材料体系往往比较复杂。例如我们碰到的材料体系往往不是单一的单晶体系，最常见到的是多晶材料体系，多晶材料往往就会有多个晶粒（相）且存在多个晶相界面，考虑原子/离子在该材料中的扩散行为时，除了需考虑材料体相内部的原子/离子扩散过程外，还必须认识到固体表面/界面的扩散，尤其是不同固-界面的扩散与上面描述的体相扩散有显著的不同，已有大量的实验数据表明，表面或界面扩散往往要快于体相扩散过程，所以也把表面/界面扩散定义为"短路扩散"。这主要是因为固体的表面状态（如缺陷位的浓度、结构和组分的复杂性）与固体体相组分与结构有显著的不同，尤其是表面电荷大量聚集所形成的表面电荷区所带来的表面功函（work function）及其构建出相应的界面电场（interfacial field）将加速或限制界面离子的传输过程，因此在分析固体材料的扩散过程时，需将材料表面/界面扩散过程单独分离出来，且归属于一类特殊的扩散过程。

考虑一个多晶构成的金属或者合金材料体系时，为了分析的方便，可将其简化成一个简单的复合纳米晶材料模型[5,6]。图 6-10 示出一个多晶材料颗粒可由不同的小晶粒所组成，而这种复合体系可由两种不同晶相纳米颗粒所构成，也可由分立的纳米晶体分散在非晶态基质中。如果进一步观察这些细微的结构，就可以发现往往在一个纳米晶粒的周围均存在不同的晶界或界面区，它与晶粒的成分、取向、成键状态及其接触面积均有很大的关系，甚至可能存在一定的纳孔结构（见图 6-11）。

在传统的多晶金属材料研究中，大量的实验结果表明，相对于晶体材料的体相扩散而言，原子的晶界扩散要快于体相扩散，Harrison[8] 曾提出有关多晶材料中三种晶界扩散的动力学模型。从图 6-12 上很清楚地看出这三种晶界扩散模型的差别

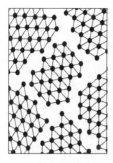 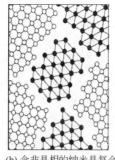 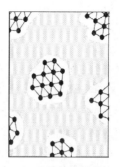

(a) 含有序/无序晶粒的　　(b) 含非晶相的纳米晶复合　　(c) 含纳米晶材料的
单相纳米多晶材料　　　　材料(如两种离子导体或离子　　玻璃态材料
　　　　　　　　　　　　导体/绝缘体的复合物)

图 6-10　　几种类型纳米结构材料[5,6]

是由晶界扩散系数与晶体体相扩散系数本身差别的尺度所决定的，一般情况下原子在晶界的扩散过程快于晶相中扩散过程。

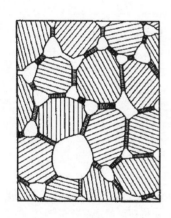

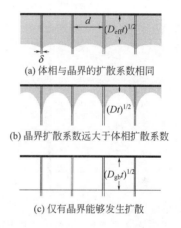

d　$(D_{\mathrm{eff}}t)^{1/2}$

δ
(a) 体相与晶界的扩散系数相同

$(Dt)^{1/2}$

(b) 晶界扩散系数远大于体相扩散系数

$(D_{\mathrm{gb}}t)^{1/2}$

(c) 仅有晶界能够发生扩散

图 6-11　　纳米晶复合物的微观结构示意图[7]　　　　　图 6-12　　三种不同的晶界扩散模式图示[1]
　　(其中包括晶粒、晶界与部分的孔隙)

　　在固态电化学中，我们最为关注的当属固态材料中离子的输运过程或相关的离子或混合导体，尤其是所谓的快离子导体。在离子导体领域，有关离子在材料的表面/界面的扩散是近 20 年来一个很活跃的研究领域。由于材料的表面/界面的尺度范围很小，类似于一种纳米结构的材料，因此在理解固体表面/界面过程时也可借鉴有关纳米结构材料的研究结果[9,10]。近年来大量结构可控的纳米材料或可控多层薄膜材料的成功制备，使得纳米材料结构及性能实验的可控性及重现性得到较大的提高。另外大量实验结果表明，纳米材料的扩散性能优越，使得电池电极材料的倍率性能有突出的表现，这不仅因为纳米材料的粒径小，很容易完成材料体相扩散过程，而且纳米的表面原子数在材料总原子数中也占了很大比例。有关这方面的研究，德国 Maier 教授甚至将其归属为与纳米电子学相对应的一门新的学科：纳米离子学（nano-ionics）[10]。

　　对于离子导体而言，在固体表面/界面的离子扩散过程，除了固体表面的空位、缺陷浓度与体相有所不同外，最主要的是由于表面缺陷位显著的带电特征及其与外围环境所构建出的空间电荷区。很显然，根据材料体系本身的特点（所处周边环境，如接触的是氧气氛、无机固态电解质、聚合物电解质或是凝胶型电解液体系等）及前期处理过程，材料表面形成的空间电荷区可能有显著的差别。如图 6-13 所示，如 CeO_2 材料[11~13]在空间电荷区电位为 +0.44V，按照不同空间电荷区模型 Gouy-Chapman 模型和 Mott-Schottky 模型模拟出界面区内的阳离子缺陷 A'_{Ce}、氧空位 $V_{\ddot{o}}$ 和空穴的分布情况，这种分布必定导致氧负离子在界面空间电荷区的输运过程的变化。Gouy-Chapman 模型将空间电荷区局限在一个很窄的界面区，而 Mott-Schottky 模型中空间电荷区则较为分散，其厚度也较大。

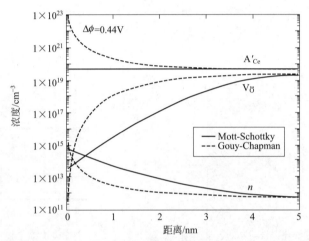

图 6-13　施加表面电位为 +0.44V，采用 Gouy-Chapman 模型及 Mott-Schottky 模型模拟
得到的氧空位、电子及其受体掺杂离子电极空间电荷区的浓度分布图[11]

　　而当材料的颗粒粒径变化时，同样也会导致其空间电荷区分布的载流子浓度分布的变化和与之相关的空间电荷区内电场分布的变化。例如 Tschope 等人发现对于不同的 CeO_2 颗粒，其电子电导和离子电导有着显著的差别。颗粒度<100nm 的 CeO_2，其电子电导大于或等于离子电导；而颗粒度>100nm 的 CeO_2 材料，其离子电导迅速上升，超越电子电导进而占主导地位（见图 6-14）。图 6-14 分别示出了随晶粒尺寸增大，样品的电子（少子）电导衰减及氧负离子（多子）电导增大的变化曲线，空间电荷区势垒高度为 0.55V[12,13]。

　　图 6-15[14]给出了不同颗粒尺度 $LiNbO_3$ 的离子电导率 $\lg\sigma_{DC}T$ 与 $1/T$ 的曲线，其中不同尺寸的纳米晶 $LiNbO_3$ 通过微晶 $LiNbO_3$ 高能球磨 16h 及 64h，或通过化学法与溶胶-凝胶法制得。由图 6-15 可知，这些离子导体不论是微米尺度还是纳米尺度，其电导率变化曲线均符合 Arrhenius 公式，可分别求得相应的电导活化能为 1.16eV（单晶）、0.93eV（微晶）、0.79eV（纳米晶，溶胶-凝胶法）、0.63eV（纳

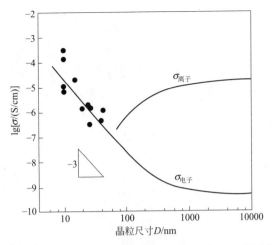

图 6-14 CeO₂ 电导率随晶粒尺寸变化的关系图[12,13]

米晶，分别球磨 16h 和 64h）、0.59eV（非晶）。其中纳米颗粒的离子电导率要远高于单晶及微米晶体材料，且电导活化能也会降低近 50％。

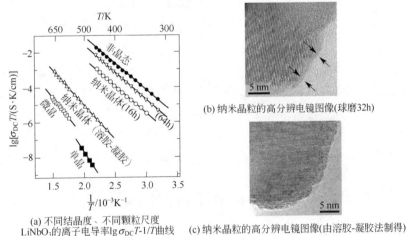

(a) 不同结晶度、不同颗粒尺度 LiNbO₃的离子电导率 lg σ_{DC}T-1/T曲线

(b) 纳米晶粒的高分辨电镜图像(球磨32h)

(c) 纳米晶粒的高分辨电镜图像(由溶胶-凝胶法制得)

图 6-15 离子电导率曲线及纳米晶粒的高分辨电镜图像[14]

需要说明的是，以上讨论仅关注纯无机固体电解质材料（或称陶瓷材料）相关的表面、界面离子扩散问题，实际固态电化学体系还可能包含多元氧化物体系、聚合物电解质体系与复合聚合电解质体系（含无机填料），其情形还相当复杂，需要根据实际体系的特征作出合理的分析与模型构建，一些复杂体系的处理可参见相关文献[15]。

6.7 电子电导与离子电导的特性与区分

除了纯金属是纯电子导体，部分无机盐可归属于纯离子导体外，实际中我们所遇到的大部分材料均属于混合导体。所谓混合导体，是指既能导电子、又能导离子的导体材料。

电子电导的特性是所谓的霍尔（Hall）效应，即运动中的电子在外加磁场作用下会发生漂移。图 6-16 中 x 方向通入电流密度为 J_x 的电流并在 z 方向上加上一个磁场强度为 H_z 的磁场，这时通过导体的电子将会在 y 方向产生偏移电场，该偏移电场的强度计算公式为：

$$E_x = R_H J_x H_z \qquad (6-20)$$

式中，R_H 为霍尔系数。

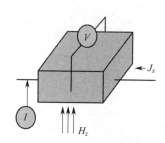

图 6-16　电子霍尔实验的测试原理示意图

(x 方向通入电流 I，电流密度 J_x；z 方向加入一磁场 H_z；y 方向产生一新的电场)

相比较而言，由于一般离子的质量远大于电子的质量，离子在一般磁场下的漂移不易检出，因此离子导体体系不会观察到所谓的霍尔效应。离子电导的特性是常观察到所谓的电化学效应。电化学效应指的是当电流通过电子导体和离子导体的界面时，若施加电位较低，则仅发生离子在界面的富集，而当施加电位达到离子的氧化还原电位时，则会发生离子的电子得失/交换过程，即发生电化学反应，此时常会观察到气体或是新相物质的生成。

6.8　固体中原子/离子扩散的相关因子[1]

在考虑固体中原子/离子的扩散过程时，还必须考虑到不同固态结构对其扩散的影响。这也是固态中物种扩散与其在气、液相中扩散的最大不同。在稀薄气体体系中，气相体系气体原子的随机行走扩散几乎不需要考虑其它原子的相互作用；在液相体系中，物种的扩散虽然会受到周围原子/离子的影响，但影响总是可以以各向同性的方式处理。然而在具有一定结构特征的固体体系中，原子/离子的扩散不仅需要考虑周围原子/离子的影响，同时还要考虑固体原子/离子的堆砌方式（即晶格的对称性）对原子/离子扩散的影响，且这种影响是各向异性的，通常在处理这种影响时，可以通过使用相关因子（correlation factor）来衡量，即系数 H_R。通常只要已知某一物种在某一温度及其典型晶格条件下的自扩散系数，就可以预估其在不同晶格体系中的自扩散系数。

例如与自扩散过程相关的自扩散系数（self-diffusion coefficients，D°）通常采用同位素标记方法进行测试，因此用这种方法测出的扩散系数有时称为同位素或示踪原子扩散系数（isotope or tracer diffusion coefficients，D^*）。

表 6-1 为单原子体系在不同晶格体系中原子自扩散过程的相关因子[14]。如果考虑二元合金体系则较为复杂，因为对任一组分而言，都需要它们相互之间的影响。若考虑这两组分的体系类似固溶体，则仅考虑稀溶质的扩散，其相关因子也可借用表 6-1 中的相关因子来使用。

从表 6-1 中可以看出，密堆积条件下的面心立方堆积结构、六方密堆积结构条件下，其相关因子较小，而相对松散堆积结构如体心立方结构，原子的扩散相关因子则较大。而在同样一种密堆积条件下，双空位的相关因子也比较小。若考虑结构的紧密度及空位扩散之间的相互作用越大，越不利于原子的运动与扩散，则上述相关因子的变化趋势就不难理解。

表 6-1　不同晶格体系中原子自扩散过程的相关因子

晶格体系	输运机制	相关因子
一维链状	空位	0
六方蜂窝结构	空位	1/3
二维正方形	空位	0.467
二维六边形	空位	0.56
金刚石结构	空位	1/2
简单立方	空位	0.6531
体心立方	空位	0.7272
面心立方	空位	0.7815
面心立方	双空位	0.4579
体心立方	双空位	0.335～0.469
面心立方	沿〈100〉哑铃状间隙	0.4395
任意晶格	直接填隙	1
金刚石	共线填隙	0.727
$CaF_2(F)$	非共线填隙	0.9855
$CaF_2(Ca)$	共线填隙	0.8
$CaF_2(Ca)$	非共线填隙	1

一般而言，其它类型的原子扩散过程的扩散系数可以在自扩散系数的基础上进行分析和推算。对于空位的扩散系数 D_v 则可按以下关系式由自扩散系数 D° 求得：

$$D_v = f_c D^\circ \tag{6-21}$$

式中，f_c 为相关因子，且 $f_c < 1$。

对于空位的扩散系数 D_v 与自扩散系数 D° 有如下关系：

$$D_v C_v = D^\circ C \tag{6-22}$$

$$\text{其中：} C_v = C_{v_0} \exp\left(-\frac{E_v}{RT}\right) \tag{6-23a}$$

$$D_v = \nu_v \frac{r^2}{6} = \left(\nu_{v_0}\frac{r^2}{6}\right)\exp\left(-\frac{E_j}{RT}\right) \tag{6-23b}$$

$$D^\circ = \left(\nu_{v_0}\frac{r^2}{6}\right) \times \left(\frac{C_{v_0}}{C}\right)\exp\left(-\frac{E_v + E_j}{RT}\right) \tag{6-24}$$

式中，C_v 和 C_{v_0} 分别为温度为 T 和热力学零度时的空位浓度；C 为离子浓度；E_v 为空位产生的活化能；E_j 为空位跳跃的活化能；ν_v 和 ν_{v_0} 分别为温度为 T 和热力学零度时晶格振动的频率；r 为每一步跳跃的距离。

对于混合离子导体，除了与晶体结构因素有关外，由于固体结构中离子-离子空间距离很近，因此离子的输运过程还与相邻离子、电子输运过程有关，尤其是物种分布不均匀（如离子的混排及其无序化排布等）也会对离子的输运过程有影响。这些相互作用主要包括离子-离子、离子-电子以及电子-电子相互作用等，这些不同的相互作用可分别用所谓的关联系数 L_{KL} 来表示，最终反映在总的电流密度 J_k 上，即输送的总电流等于各种（不均匀）分电流的总和：

$$J_k = \sum_i X_i L_{KL} \tag{6-25}$$

如在金红石 TiO_2 的研究中，通过关联系数的比较，Lee 等人发现在该材料中，电子-电子相互作用≫电子-离子相互作用＞离子-离子相互作用。但目前由于人们对固体中所存在的各种相互作用缺乏准确及定量的描述，因此这些分析往往还停留在定性或半定量的水平上。

6.9 离子扩散过程的影响因素（温度及压力的影响）

很显然，离子扩散过程（主要体现在扩散系数）深受外界环境因素的影响，如温度、压力等。其中扩散过程与温度关系非常密切，尤其是在高温条件下。离子扩散系数随温度的变化也遵循 Arrhenius 关系，即：

$$D = D^0 \exp\left(-\frac{\Delta H}{k_B T}\right) \tag{6-26}$$

式中，ΔH 为扩散活化焓；k_B 为 Boltzmann 常数；D^0 为标准态下的扩散系数。

由式(6-26)可推出：

$$\Delta H = -k_B \frac{\partial \ln D}{\partial\left(-\frac{1}{T}\right)} \tag{6-27}$$

将 $\ln D$ 与 $1/T$ 作图，则其斜率为 $-\dfrac{\Delta H}{k_B}$。

D^0 则可写为：

$$D^0 = g f \nu^0 a^2 \exp\left(\frac{\Delta S}{k_B}\right) \tag{6-28}$$

式中，ΔS 为扩散熵；g 为几何因子；f 为相关因子；ν^0 为跳跃频率；a 为每步跳跃的步长。

结合有关的式子，可推出：

$$D = g f \nu^0 a^2 \exp\left(\frac{\Delta S}{k_B}\right) \exp\left(-\frac{\Delta H}{k_B T}\right) = g f \nu^0 a^2 \exp\left(-\frac{\Delta G}{k_B T}\right) \tag{6-29}$$

通常情况下，宏观固体的特性受外界压强的影响并不明显，但是考虑到固体晶格内部的局部应力变化，其对扩散的影响也不应被忽视。

通常体系压力的影响可以通过恒压条件下体积的变化来体现，即：

$$\Delta G = \Delta H - T\Delta S = \Delta E - T\Delta S + p\Delta V \tag{6-30}$$

根据式(6-26)～式(6-30)，可推出：

$$\Delta V = -k_B\left(\frac{\partial \ln D}{\partial p}\right)_T + k_B T\frac{\partial \ln(f\nu^0 a^2)}{\partial p} \tag{6-31}$$

其中后一项为校正项，它可近似使用下列公式计算，即

$$校正项 = k_B T\kappa_T\gamma_G \tag{6-32}$$

式中，κ_T 为恒温可压缩系数；γ_G 为 Grüneisen 常数。

6.10 外场作用下离子的扩散过程[1]

上述讨论的离子扩散过程主要仅考虑温度因素条件下物种的随机扩散过程，但是由于实际固体体系中常常存在不同的外力场的作用，因此离子的扩散过程也会受到这些外力场的影响而发生改变。若假定在这种力场作用下离子的运动改变是一种漂移，且此时的漂移速度为 v_i，而其淌度即单位力场（如 $F=1$）的运动速度为 u_i，则由

$$v_i = u_i F \tag{6-33}$$

可得载流子的流量等于 $Cv_i = Cu_i F$。

所以根据 Fick 第一定律则有：

$$J = -D\frac{\partial C}{\partial x} + vC \tag{6-34}$$

在式(6-34) 中，前一项为常规的浓差项，而后者为外力场所导致的漂移项，同时考虑力场作用对时间而言是一种不可逆过程，因而也可以类似 Fick 第二定律推导出：

$$\frac{\partial C_i}{\partial t} = \nabla\left(-D_i\frac{\partial C}{\partial x} + vC\right) \tag{6-35}$$

假定 D_i 在外加作用力场下或它导致的离子漂移速度 v 不随 x 的变化而变化，则：

$$\frac{\partial C_i}{\partial t} = -D_i\frac{\partial^2 C_i}{\partial x^2} - v\frac{\partial C}{\partial x} \tag{6-36}$$

若假定 $C = C^*\exp\left(\frac{v}{2D}x - \frac{v^2 t}{4D}\right)$，将其代入式(6-36)，则可化简为：

$$\frac{\partial C^*}{\partial x} = \Delta C^* \tag{6-37}$$

对应于一个恒作用力 F 条件下的薄膜体系，可求出：

$$C(x,t)=\frac{N}{2\sqrt{\pi Dt}}\exp\left[-\frac{(x-\bar{v}t)^2}{4Dt}\right] \tag{6-38}$$

从式(6-38)可以看出，其扩散过程的浓度分布仍然类似普通的扩散过程，只是发生相应的漂移，而漂移的距离正好等于漂移速度与时间的乘积（见图6-17）。

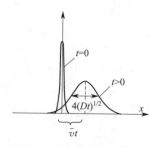

图 6-17　单孔扩散及其在外场下漂移的示意图[1]

将固体中可能存在的几种力场形式及它们对离子扩散影响的数学表达式进行总结，可归纳成表6-2。

表 6-2　在不同作用力场下原子/离子的驱动力表达式[1]

作用力	表达式	注释
电场梯度 $E=-\nabla U$	$q^* E$	q^* 为有效电荷
化学势梯度	$-\nabla \mu_c$	μ_c 为化学势
温度梯度 ∇T	$-(Q^*/T)\nabla T$ 或 $-S\nabla T$	Q^* 为传导热；S 为 Soret 系数
应力梯度	$-\nabla U_{el}$	U_{el} 为由应力场所产生的弹性作用能
重力场	mgz	m 为载流子的质量；g 为重力加速度
离心力	$m^* \omega^2 r$	m^* 为有效质量；ω 为角速度；r 为旋转半径

就上述几个过程而言，作为固态电化学研究者，最关心的当然是施加电场对离子扩散的影响。在导体电极或固体电解质外围环境存在电场的条件下，离子的扩散运动将包括电场驱动下的漂移运动（drift motion），而离子运动将沿着电力线的方向，作用力大小沿电场方向逐渐降低。总的离子扩散结果表现为离子传导过程，对于许多离子导体而言，材料的电导主要由离子电导所决定，其大小用离子电导率来衡量。

对于直流电导而言，对应于相关的电流密度 J_e 和作用在导体上的电场强度 E，按照欧姆定律，可以写成：

$$J_e=\sigma_{DC}E \tag{6-39}$$

如果材料存在着 i 种导电的离子（$i=1$，2，$\cdots$），则材料的离子电导率可写为：

$$\sigma_{DC}=\sum_i C_i |q_i| u_i \tag{6-40}$$

若考虑任一力场的作用下，离子的连续输运过程及其电荷集聚将导致新的反作用场建立，而阻止离子的进一步快速扩散，且最终达到稳态，应有：

$$J = -D\frac{\partial C}{\partial x} + vC = 0 \tag{6-41}$$

若考虑一个圆柱体体系内扩散的情形，则在一维 x 方向上，从式(6-41) 可以推导出：

$$C = C_0 \exp\left(-\frac{v}{D}x\right) \tag{6-42}$$

若考虑作用力源自施加势能 U 的微分，即 $F = -\frac{\partial U}{\partial x}$，则在非相互作用体系的统计热力学平衡条件下，载流子浓度分布也满足 Boltzmann 分布定律。所以有：

$$C(x) = C\exp\left(-\frac{U}{k_B T}\right) \tag{6-43}$$

式中，C 为常数。

将式(6-43) 对 x 求微分，则：

$$\frac{\partial C}{\partial x} = -\frac{C}{k_B T} \times \frac{\partial U}{\partial x} = \frac{CF}{k_B T} \tag{6-44}$$

将式(6-44) 带入式(6-41)，则可得：

$$D = \frac{v}{F}k_B T = uk_B T = u\frac{RT}{N_A} \tag{6-45}$$

式(6-45) 即是 Nernst-Einstein 关系式。式中，R 为气体常数；u 为淌度；N_A 为阿伏伽德罗 (Avogadro) 常数。

若考虑离子导体中单一载流子的输运过程，电场施加在载流子上的作用力与其所带的电荷成正比，所以 $F = qE$，且其流量应为：

$$J = vC = \frac{qED}{k_B T}C \tag{6-46}$$

因此所带来的电流密度应为：

$$J_e = qJ = \frac{q^2 CD}{k_B T}E \tag{6-47}$$

而根据欧姆定律，$J_e = \sigma_{DC}E$，因此有：

$$\sigma_{DC} = \frac{q^2 CD}{k_B T} \tag{6-48}$$

需要说明的是式(6-48) 描述的是不存在任何相互作用条件下的电场驱动的载流子的扩散系数，而在实际体系中往往存在着离子-离子相互作用，并且这种作用可以以所谓的化学势 μ_C 来描述，文献中也推出离子导体中广义的 Nernst-Einstein 关系式是：

$$\sigma_{DC} = \frac{q^2 CD}{k_B T} \times \frac{\partial \mu_C}{\partial \ln N} = \frac{q^2 CD^*}{k_B T} \tag{6-49}$$

式中，μ_C 为载流子的化学势；N 为占有分数；$D^* = D\frac{\partial \mu_C}{\partial \ln N} = D\left(1 + \frac{\partial \ln \gamma}{\partial \ln N}\right)$。

考虑到 $\dfrac{\partial \mu c}{\partial \ln N}$ 的数值为 1 时，则 $D^* = D$，是一种载流子之间没有任何相互作用的理想体系。而对于 $\dfrac{\partial \mu c}{\partial \ln N}$ 分别大于或小于 1 的情形，前者称为正常扩散，即扩散最终的结果是化学势的均匀化或离子扩散的均匀化；而后者则称为非正常扩散，即会发生偏聚或者相分离。

但在实际离子的跳跃过程中，与原子在晶格中的自扩散过程相似，由于离子之间电荷排斥作用或是穿梭于晶格之间时所存在的晶格缓慢弛豫作用，载流子向后跳跃的概率会大于载荷向前跳跃的概率，这种现象被称为离子输运的相关效应（correlation effect），通常由相关因子 f 表示：

$$D^* = f D_{random} \tag{6-50}$$

式中，D^* 为化学扩散系数，为离子在离子导体中的扩散系数。若测量得到的是电化学条件下的扩散系数，则也可把其称为电化学扩散系数。通常相关因子 $f < 1$。

如果固体中存在多个离子，在本身的浓度场或外场作用下均会发生移动，则此时所传输的电流为各自离子传导数的总和，某一离子对总电流的贡献可通过离子迁移数 t_i 来表示：

$$t_i = \frac{\sigma_i}{\sigma} = \frac{I_i}{I} \tag{6-51}$$

在锂离子电池电极材料中，如正极材料或聚电解质中，因为结构中阴离子体积大，因而很难移动，因此 t_i 的数值较大，有时可以接近于 1。而在液体电解液中，t_i 的数值一般仅为 $0.2 \sim 0.4$，这时部分阴离子的传输也会对电导率有贡献，从而导致阴离子在电极表面的聚集或电极材料中的共嵌，进而导致电池电化学性能衰退。

通过以上分析我们可以知道，电导率 σ 在宏观上描述了固体的电学性能（与浓度相关），淌度 u、速度 v、扩散系数 D、跳跃速度 Γ（τ^{-1}）则是在微观上描述了单个载荷的扩散能力（不包含载荷的浓度）。因此，我们利用这些参数可以在不同的尺度上（宏观尺度和微观尺度），描述固体的电学性能以及载荷的动力学性能。

对应于存在温度梯度情况下的扩散，温度梯度也可以作为外加场对离子的扩散产生显著的影响，这种效应有时也称为"热传输"。它同样可以通过 Fick 第一定律来进行处理。此时有：

$$J = -D \frac{\partial C}{\partial x} - S \frac{\partial T}{\partial x} \tag{6-52}$$

若考虑稳态的条件，此时 $J = 0$，则：

$$\frac{\partial C}{\partial x} = -\frac{S}{D} \times \frac{\partial T}{\partial x} \tag{6-53}$$

式(6-53) 表明在一定的温度梯度下，也会产生一定的浓差梯度从而影响离子的扩散。

6.11 固态离子扩散特性及其应用

固态中离子扩散特性与固态物质的物理化学性能有密切的关系。例如人们已经发现金属的熔点与其熔点温度下的自扩散系数成正相关关系，即原子的自扩散活化焓越大，其自扩散系数就越小，同样其熔点也越高。虽然从金属的熔点看，它是一个热力学参数，而原子的自扩散系数应该算是一个动力学参数，但金属熔融过程中一旦发生局部熔融过程，则其体相内部的自扩散系数的影响是不言而喻的。

在电化学能源储存与转化反应体系中，尤其对于有离子参与的电化学反应而言，离子输运过程的特性，如输运过程的快慢对电化学反应动力学的影响是不言而喻的，例如在锂离子电池中电极材料的锂离子扩散系数越大，所对应的离子电导率就越高，材料所能承受的充放电倍率也越大。另外，离子在材料中的输运特性对新材料的制备、控制及现役材料的稳定性有很大的影响。分析与理解固体中离子的输运过程，对我们认识、优化与控制材料的制备过程尤为重要。

例如在通常制备电极材料时均需要采用固相烧制的方法。一个典型的例子如 $BaTiO_3$[4]的制备，在工业法制备钛酸钡 $BaTiO_3$ 介电材料时通常采用将原料粉末混合煅烧的固相合成路线。图 6-18 是将 $BaCO_3$ 和 TiO_2 的粉末充分混合压实后，在 $800℃$ 下煅烧时固相反应进程的示意图。由于 $BaCO_3$ 是层状化合物，表现为片状的粉体，而 TiO_2 的形状则是各向同性。两种材料结晶的性状不同，在某种程度上也起到了标记的作用。随着反应的进行，可以看到 TiO_2 颗粒逐渐生长，而 $BaCO_3$ 颗粒被 TiO_2 颗粒吸收并变小。在反应接近结束时 $BaCO_3$ 基本消失了，而 TiO_2 颗粒大体上转变为 $BaTiO_3$ 相。

需要理解的是为何 $BaTiO_3$ 相不是生长在 $BaCO_3$ 颗粒上，而是覆盖在 TiO_2 的外部。我们知道，首先由于在 $BaTiO_3$ 的生成过程中伴随着 $BaCO_3$ 的分解从而放出 CO_2，因此这一反应与纯粹只有固体间反应的情况有所不同。其次应该注意的是由于 $TiO_2 + BaO \rightleftharpoons BaTiO_3$ 的关系，反应中会有氧负离子的移动及参与。考虑以上因素，生成的 $BaTiO_3$ 的形貌应是由 $BaTiO_3$ 中的 Ba^{2+}、Ti^{4+}、O^{2-} 各种离子的扩散运动所决定的。我们观测到只在 TiO_2 一边发生了膨胀，说明生成的 $BaTiO_3$ 中 Ba^{2+} 的扩散速率远快于 Ti^{4+}。那么，O^{2-} 运动的程度又如何呢？如果 O^{2-} 几乎不扩散，由于新的晶格形成需要 Ti^{4+} 的供给，这样无论 Ba^{2+} 的扩散速率多快，也只能在与空气相接触的地方生成 $BaTiO_3$。此时成相反应的反应速率应由 Ti^{4+} 的扩散速率决定。接下来因为 $BaTiO_3$ 要向外生长，此时 $BaTiO_3$ 层应该会膨胀，将标记位置与 $BaCO_3$ 的接点包在新的化合物里面，因此我们在实验中就不会再观察到相应标记点。

实验的观测结果如图 6-18 所示，即实验中与 $BaCO_3$ 的接点的形状未发生变化，而 TiO_2 颗粒单方面地增大。这就说明，O^{2-} 从 $BaTiO_3$ 内向 TiO_2 颗粒内侧扩散的速度同样比 Ti^{4+} 快得多。$BaTiO_3$ 的晶体结构为钙钛矿型，一般来说，这种结构中 B 位（Ti^{4+}）离子会被 6 个 O^{2-} 所包围，不容易移动。相对而言，此种情形下，O^{2-} 更容易扩散，其次是 Ba^{2+} 位的离子。

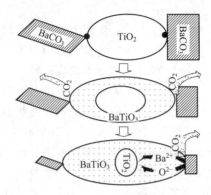

图 6-18　TiO_2 与 $BaCO_3$ 固相反应生成 $BaTiO_3$ 的示意图[4]

另外在日常生活中，我们也常常看到金属被氧化，如铁锈、铜绿等表面腐蚀产物的生成。不难想象，这些金属的腐蚀过程与金属和氧的反应有关，但问题是这些氧化膜的生长速率又与哪些因素有关，并且受哪一个过程所控制。若仔细分析金属的氧化过程，会发现金属与氧接触后，很快就会发生反应形成第一层表面氧化物，倘若随后氧化物层要进一步生长、长厚，显然两种可能的物种扩散过程就会影响氧化膜的继续生长，即内层的金属原子从内向外的扩散过程以及氧负离子从外向内的扩散过程。大量的实验数据表明，金属表面的氧化物形成过程本质主要由氧负离子的扩散过程所决定，即金属氧化膜的生长过程由氧负离子（O^{2-}）的扩散过程所决定。

这里我们再举另外一个例子：金属锂电极是锂电池中常用的负极材料，在锂离子电池电极材料的基础研究中也常常把它作为对电极以及参比电极来使用，因此它在电解液中的化学稳定性很重要。但事实上它的稳定性与其表面致密的钝化膜〔或称固体电解质界面层（SEI）〕紧密相关。我们知道若将金属锂片放置在空气中或放入碳酸酯类（如乙基碳酸酯、PC 溶液）的电解液中，它很快就会与空气中的 CO_2、H_2O 或电解液中的残余水及 PC 起反应，形成一层致密的 $Li_2CO_3/LiOH$ 钝化层，这一钝化层是电子绝缘体，但却是良好的离子导体，它可以阻止溶剂化锂离子的穿透，防止钝化层内部的金属锂与外部的反应物起反应，因此它能够保持足够的稳定性。但是在合适的电流密度及电场作用下，该钝化膜又允许从锂金属上溶解的锂离子在膜中传输，使得锂金属阳极氧化反应发生。目前人们对于锂金属表面 SEI 膜中离子/电子的传输过程的理解并不完整和清晰，仍然需要做大量的工作。

6.12　离子扩散系数的测定与研究方法[1~8]

正如前所述，原子/离子在固体中的扩散过程均可用 Fick 第一定律和 Fick 第二定律进行描述。因此，对于不同原子/离子的扩散特性的分析与评价实质上就是对其扩散模式的分析，对其扩散过程中物种浓度与时间和距离的关系以及扩散系数的测定，其中扩散系数的测定是研究物种扩散过程最重要的实验参数。表 6-3 归纳总结了几种常见的直接或间接测定固体中原子/离子扩散系数的实验方法，图 6-19 则显示了目前固体中扩散系数 D 的典型数值范围、对应的平均停留时间 $\bar{\tau}$ 及其对应的相关测试技术。

表 6-3   固体中原子/离子扩散系数的测定方法一览表[1]

直接方法	间接方法
示踪原子扩散	力学谱
示踪原子分布剖析	内应力(内耗)谱、Gorski 效应
化学扩散＋剖析	磁性弛豫法
力学与溅射剖析	核磁共振(NMR)弛豫法
二次离子质谱法(SIMS)	线性分析法，自旋晶格弛豫法
电子束微探针法(EMPA)	自旋准直实验(SAE)
俄歇能谱法(AES)	电导率法
卢瑟福背散射方法(RBS)	直流电导(DC)法
核反应分析法(NRA)	交流电(AC)方法——阻抗谱法(IS)
梯度场 NMR 法(FG-NMR)	
脉冲梯度场 NMR 法(PFG-NMR)	

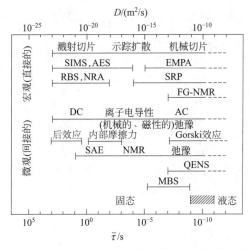

图 6-19   扩散系数 D 的典型数值范围、对应的平均停
留时间 $\bar{\tau}$ 及其相关测试技术一览图[1]

以下分别介绍几种常用的固态物质中原子、离子扩散系数的测定方法。

6.12.1   示踪原子法

考虑到核测试仪器的灵敏性，测试示踪原子在恒温条件下的扩散过程可以说是最经典，也是灵敏度很高的一种方法。特别是对于固体中的自扩散过程研究而言，示踪原子法可以说是一种非常直接的方法。

示踪原子法的测试流程及其原理可以通过图 6-20 来说明。

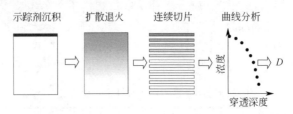

图 6-20　示踪原子法的实验流程图[1]

在该方法中，首先需要一个非常平整的样品，而使用力学方法（机械抛光法）虽然可以制备平整的样品，但会造成样品的应力分布不均匀，因此刻蚀法或者电沉积法是比较合适的方法。

接下来需要在平整表面均匀覆盖目标示踪原子层，一般可通过蒸发、浸没与电沉积的方法来制备。随后可把样品放置在设定为真空或相应的惰性气氛下的石英管进行退火，在达到热平衡后，再用相应的核测试仪器进行测定。此时，若测试温度低于 1500K，采用通常的高温电阻炉与石英管就可以完成，若需要更高的温度条件，则可以采用电子束加热的办法完成。

若考虑图 6-20 的扩散途径，这是一种基于示踪原子的薄膜扩散模式，依据前面的分析，示踪原子浓度与时间 t 及其扩散距离 x 的关系式可写为：

$$C(x,t) = \frac{M}{\sqrt{\pi Dt}} \exp\left(-\frac{x^2}{4Dt}\right) \qquad (6\text{-}54)$$

实验中只要测出 $C(x,t)$ 与时间的关系，从 $\lg C(x,t)\text{-}1/t$ 的直线关系式就可求出相应的 D 值。

6.12.2　同位素标记——二次离子质谱法

该方法首先采用外延生长的方法，如化学气相沉积（CVD）法或分子束外延将富集的同位素原子（如 ^{28}Si）沉积在普通 Si 薄膜片上，而后再进行相应的扩散退火，在达到热扩散平衡后，就可以利用二次离子质谱法（SIMS）或者飞行时间-二次离子质谱法（TOF-SIMS）来测量 ^{28}Si 在 Si 薄膜中的分布，进而测量相应的扩散系数。

6.12.3　核磁共振技术

与其它测试方法相比，核磁共振谱技术是一种直接测量原子/离子输运参数的实验方法，随着近些年固体核磁技术的快速发展，且该方法对样品的形态并无特殊要求（无论是晶态还是非晶态，无机物还是聚合物），它在测量离子本征跃迁频率、本征扩散系数等方面发挥了重要的作用。该方法由 Bloembergen，Purcell 和

Pound[16]提出，该法通过分析 NMR 线宽和弛豫时间参数了解观测原子的本征扩散行为。其基本原理如下：原子扩散引起原子磁矩与局域环境相互作用［磁矩的二偶极作用或者四偶极（$I>1/2$）作用］，导致局域环境发生改变。通过对原子局域磁场的测试来得到二偶极作用和四偶极作用，从而得到原子扩散相关信息。此外，施加外梯度磁场可以直接测定扩散系数。Bloch 通过半经典公式，给出了磁场波动的关系式[17]：

$$\frac{\mathrm{d}M}{\mathrm{d}t}=\gamma MB-\frac{M_{\perp}}{T_2}-\frac{M_z-M_{\mathrm{eq}}}{T_1}+\nabla\left[D\,\nabla\,(M-M_{\mathrm{eq}})\right] \tag{6-55}$$

第一项描述了自旋围绕磁场的进动；第二项和第三项给出了磁矩的弛豫速率，且定义了两种弛豫时间 T_1（自旋-晶格弛豫时间）和 T_2（自旋-自旋弛豫时间）；最后一项为外加梯度场中磁化 M 与时间的关系。M_{eq} 为磁场 B_0 中磁矩的稳态值，D 为扩散系数。

6.12.3.1　通过吸收谱线宽计算离子跃迁频率 τ 和活化能 E_a[18]

在低温下，载荷在磁场中的响应线宽约为 10kHz，为刚性晶格中离子所表现的特征线宽 δ_0，该温度区域离子跳跃速度小于 $10^3\,\mathrm{s}^{-1}$。随着温度升高，载荷扩散加快，偶极作用逐渐减弱，线宽随之减小。当升高到一定温度时，偶极作用完全平均化，线宽达到极窄值 δ_∞，此时线宽完全由外部磁场不均匀性决定，有关这一部分的详细介绍详见第 12 章 12.6 节。

弛豫方法[18]包括自旋-晶格弛豫和自旋-自旋弛豫。

自旋-晶格弛豫速率 R_1（$R_1=T_1^{-1}$）是测量晶格中离子扩散的最直接的方法之一。以 $\lg R_1$ 为纵坐标、$1/T$ 为横坐标作图（见图 6-21），随着温度升高，R_1 在 ω_0 处达到最大值。此时，$1/\tau\approx\omega_0$，$1/\tau$ 为离子在该温度下的跳跃速率。达到最大值后，R_1 随着温度升高而迅速下降。

$$R_{1(Q)}\propto\left\{\begin{array}{l}\exp[E_{\mathrm{a,low}}/(k_B T)]\,(T\leqslant T_{\max})\\\exp[-E_{\mathrm{a,high}}/(k_B T)]\,(T\geqslant T_{\max})\end{array}\right\}$$
$$E_{\mathrm{a,low}}=(\beta-1)E_{\mathrm{a,high}}$$
$$1<\beta\leqslant 2 \tag{6-56}$$

低温区域 R_1 受相关效应（correlation effect）影响，曲线斜率降低。高温区域斜率只有在扩散数值较小时（如 $\lg R_1<3$ 时）才会受到相关效应影响。通过式(6-56)对温度相关自旋-晶格弛豫速率进行拟合，可以求出离子跳跃的活化能（见图6-21）。

R_1 在离子跳跃速率与频率 $\omega/2\pi$ 在同一范围时最为敏感，该点的跳跃速率也最为准确。通过锁频技术，在旋转坐标系中测定较慢离子运动，$R_{1\rho}$ 最高点出现在 $1/\tau\approx\omega_0$。$\omega_0/2\pi$ 可以降低到几千赫兹的范围（见图 6-21）。

自旋-自旋弛豫 R_2 也可以用于计算离子跃迁的活化能（见图 6-21）。

$$R_2\propto\exp[-E_{\mathrm{a,high}}/(k_B T)] \tag{6-57}$$

低温段，$^7\mathrm{Li}$ NMR 线宽不随温度变化，表明离子处于刚性晶格内。

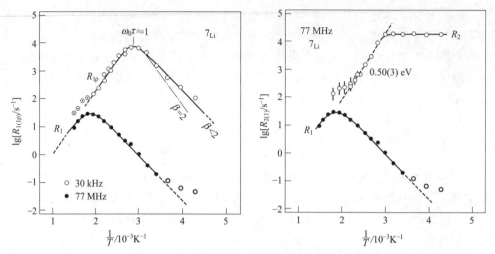

图 6-21　四方相 $Li_7La_3Zr_2O_{12}$ 的 ^7Li NMR 在实验室坐标系和旋转坐标系的
自旋-晶格弛豫速率（R_1、$R_{1\rho}$）和自旋-自旋弛豫速率（R_2）[18]

6.12.3.2　自旋排列回波核磁共振技术[19]（spin alignment echo NMR，SAE NMR）

SAE NMR 利用四偶极矩与内部梯度电场作用，计算离子跳跃速率。对于 ^7Li、^6Li，四偶极作用 ω_Q 可写为：

$$\omega_Q = \frac{e^2qQ}{4\hbar}(3\cos^2\theta - 1 - \eta_q\sin^2\theta\cos2\Phi) \tag{6-58}$$

式中，e 为质子电荷；eq 为梯度电场的基本单元；Q 为原子核四偶极矩；θ 和 Φ 为外磁场与梯度电场的角度。

在 SAE NMR 实验中，使用 Jeener-Brokaert（JB）脉冲[20,21]：

$$(90°)_x - t_p - (45°)_y - t_m - (45°)_\Phi - t - 获得值 \tag{6-59}$$

式中，t_p 为准备时间；t_m 为混合时间；第三个脉冲的相位 Φ 是任意的。

SAE NMR 的振幅 S_2 为：

$$S_2(t_p, t_m) = \frac{9}{20}\langle \sin[\omega_Q(t_m=0)t_p]\sin[\omega_Q(t_m)t_p]\rangle \tag{6-60}$$

这里，$\langle\cdots\rangle$ 表示平均化。S_2 遵循 $0 < \gamma \leqslant 1$ 的指数函数：

$$S_2(t_p = const, t_m) \propto \exp\left[-\left(\frac{t_m}{\tau_{SAE}}\right)^\gamma\right] \tag{6-61}$$

通过式(6-61)对 SAE NMR 谱图进行拟合（见图 6-22），可以得到跳跃速率 $\tau^{-1} = \tau_{SAE}^{-1}$。

S_∞ 可以测定 Li^+ 在相同位置再一次出现的概率。然而，这种测定只有在其它作用可以被忽略时才是可行的。t_m 的选择决定了所测定 Li^+ 扩散过程的时间尺度。

6.12.3.3　梯度场核磁共振技术（field-gradient NMR，FG-NMR）

FG-NMR 利用梯度场中核自旋具有不可逆相移动，导致横向磁化降低，来测定离子扩散系数。

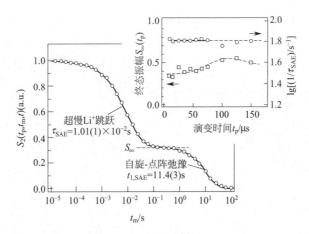

图 6-22　$Li_{0.7}TiS_2$ 的双时间相关函数 S_2（t_p，t_m，$t=t_p$）[19]

（测试温度为 $T=193K$，拉莫频率为 155MHz，准备时间 $t_p=10\mu s$。

插图为衰减速率 τ_{SAE}^{-1} 和 S_∞ 与准备时间 t_p 的关系）

磁化衰减可以通过自旋回波（spin echo，SE）NMR 测定，自旋回波振幅为[22,23]：

$$M_G(t_{echo})=M_0(t_{echo})\exp\left[-\gamma^2 D\int_0^{t_{echo}}\left(\int_0^{t'}G(t'')dt''\right)^2 dt'\right]$$

$$M_0(t_{echo})=M_0(0)\exp\left(-\frac{t_{echo}}{T_2}\right) \qquad (6-62)$$

对于 $90°{\rightarrow}\tau{\rightarrow}180°{\rightarrow}\tau$ 自旋回波脉冲序列，$t_{echo}=2\tau$。

对于恒定梯度场 G_0，方程可以写为：

$$M_G(2\tau)=M_0(2\tau)\exp\left(-\frac{8}{3}\gamma^2 DG_0^2\tau^3\right) \qquad (6-63)$$

通过改变 τ 或者 G_0，从自旋回波的振幅直接计算得到离子扩散系数。

从式(6-62)和式(6-63)可以看出，FG-NMR 技术只有在自旋-自旋弛豫时间 T_2 足够大时才能够应用。在 T_2 时间内，与扩散相关的自旋回波振幅必须有明显衰减。对于固定的 T_2 和 G_0，FG-NMR 只能测定较快离子扩散。测量小的扩散系数需要高梯度场，可以通过脉冲梯度场（pulse field gradient，PFG）实现。

对于脉冲梯度场，回波振幅 M_G、实验变量和扩散系数 D 的关系可以用 Stejskal-Tanner 方程描述[22,24]：

$$M_G(2\tau)=M_0(2\tau)\exp\left[-\gamma^2 g^2\delta^2 D(\Delta-\delta/3)\right]=M_0(2\tau)\exp(-bD)$$
$$b=-\gamma^2 g^2\delta^2(\Delta-\delta/3) \qquad (6-64)$$

式中，g 为脉冲梯度场强度；δ 为脉冲持续时间；Δ 为两个脉冲之间的时间间隔。可以通过改变 g、δ、Δ 来测量离子扩散系数（见图 6-23）。

通常，从时间与空间尺度看，PFGSE NMR 技术测量的时间尺度在 $10^{-2}\sim1s$，

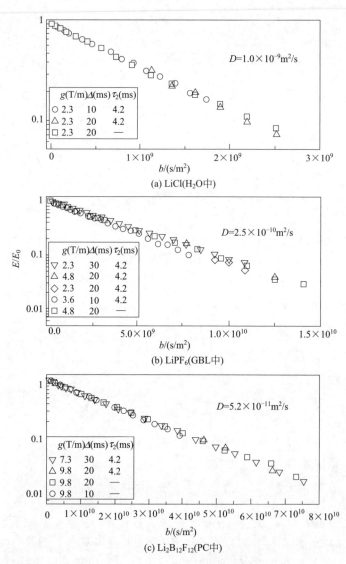

图 6-23　PFGSE NMR ^{7}Li NMR 衰减曲线

对应着距离尺度为 $1\mu m$（10^{-6} m）左右，即长程跃迁。NMR 弛豫方法（T_1，T_2 或 $T_{1\rho}$）所测的是 10^{-10} m 尺度的单次跃迁，它们对应的跃迁时间尺度列于图 6-24 中。

最近作者课题组[36]利用梯度场核磁共振谱技术研究了石榴石型固体电解质不同占位锂离子的扩散系数分别为 10^{-9} cm^2/s 和 10^{-11} cm^2/s。

6.12.4　直流法测定电导率及离子扩散系数

电导率方法也是一种间接测试固态材料中离子扩散系数的研究方法。从 Nernst-Einstein 关系我们知道 σ_{DC} 与离子的扩散系数成正比 [见式（6-49）]。通常

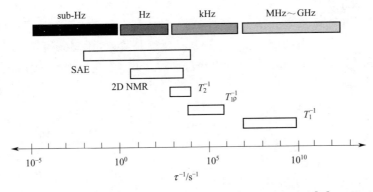

图 6-24　不同 NMR 技术检测 Li$^+$ 动力学的时间尺度[19]

利用直流法测试普通材料电导的方法可采用两电极法，在该方法中使用两电极作为导通电极，通过阶跃电流直接测量样品的电压随时间的变化，进而求得材料的欧姆电阻，而后换算出材料的直流电导率。正如前所述，按照导体内部导流载荷的类型，电导体又可分为纯电子导体、纯离子导体和混合导体三种类型。对于类似于金属的导体而言，可以直接采用两电极法测量电压与电流的直线关系，直线的斜率即为导体的电阻。显然，在测量混合导体时，如果不把离子传输与电子传输的贡献加以区分，通常测出来的就是材料的总电导，此时若需要区分材料中电子电导与离子电导各自的贡献，则可在测试电路中材料的两端串接所谓的"阻塞"电极（blocking electrode）进行测量。测量材料的纯电子电导时，应用纯电子电导电极（如异种金属电极 Pt、Ag）将离子电导的贡献加以阻隔；而测量材料的离子电导时则需要应用"纯离子导体"电极（如 Ag$_2$S、聚氧化乙烯）"阻塞"电路中的电子电导，从而实现单一测量离子电导率的目标。

但是在进行实际的电子/离子电导率测量时，需要根据具体体系的特征与需要来仔细考虑与设计实验。例如对于一种固体锂离子导体，测量该电解质材料的离子/电子电导率时，可以分别采用 Au、Au/Ag 或者 Li 作为导通/测试电极，其中 Au 可作为离子阻隔电极使用。图 6-25 给出文献中所采用的 3 种分别测试离子电导率和电子电导率的电极构筑方式。若采用 Au 与 Au/Ag 电极，所测得的电导率仅为材料的电子电导率，而不包含材料的离子电导率。若采用纯 Li 金属作测试电极（需尽量使测试电极与测试材料充分复合，避免锂电极表面层电阻的影响），同时采用合适的电压范围，此时测出的材料的电导率仅包含电子电导率；但若施加的电压足够高，不仅可以驱动固体电解质中 Li$^+$ 的移动，而且两侧测试电极的锂金属发生溶解与沉积，因而所测得的材料电导率则为总电导率（即包括电子电导与锂离子电导的贡献）。应该特别强调的是，当测量离子电导率较低的无机固体电解质/聚合物电解质的电导率时，采用合适的测量电极及选择施加电压信号非常必要，另外在测试聚合物电解质膜的电导率时，控制测试过程（如变温过程中）膜厚度的一致性也非常重要。

另外需要指出的是，两电极方法仅适合材料电导率较高（或电阻值不大）的体系。对于电阻值很大或电导率很低的体系，包括薄膜电极体系，都不宜再使用两电极法，而应该使用所谓的四电极法，该法的优点是可以排除电压表本身分流所带来的测量误差。图 6-26 所示为某一四电极法测量 TiO_2 单晶电极电导及缺陷化学的示意图，在该线路中由于采用热电偶连入，因此在测量材料电极电导的同时，还可以测量施加不同电压或电路通过不同电流所导致的热量变化。

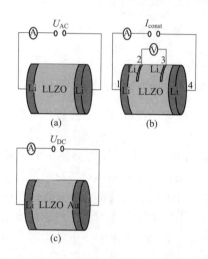

图 6-25　几种常见固体电解质的
离子/电子电导率的电极构筑方式[35]

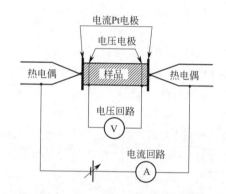

图 6-26　四电极法同时测量材料
电导及其热效应的方法[3]

6.12.5　交流阻抗方法

交流阻抗法的原理是通过施加在不同频域内的小幅度的正弦波电压（或电流）交流信号，对所测量体系的相应频谱信号进行分析，进而测量得出研究体系在不同频谱区域内的体系阻抗。考虑到固态材料体系的复杂性，交流阻抗法是一种可同时获得多种实验参数的方法。以下我们仅以复数阻抗平面图为例来说明该方法的优势与特点，有关交流阻抗方法的原理及其应用可参考有关参考书。

图 6-27 是理想条件下所测得的固态电解质的交流阻抗复数平面图。其中高频段的两个半圆分别对应于固态电解质中晶粒与晶界的（离子）电荷传递过程。不能把一块固态电解质膜当成一个简单的单晶颗粒来处理，但可简化为仅含不同晶粒及晶界的离子传导体系。在该图中可看到晶粒、晶界及测试电极的分阻抗对体系总交流阻抗谱的贡献。图中的非阻隔电极意味着在测试电极和测试膜之间存在离子的迁移及其相应的电荷转移。若考虑这些固态电解质由多种不同的小晶粒组成，而且这些晶粒的堆积/堆砌方式也可以有多种，如果把这些晶粒的堆砌方式想象为类似于砖块砌墙的方式，则此时离子在固体电解质中的输运既包括在这些砖层（晶粒）内部的输运，同时也应包括砖层之间缝隙（晶界）中的传输，这就是所谓的"砖层模

型"，但这个模型可能更适合固态无机电解质。对于聚合物电解质，由于其构成单元主要是链状或网络状的分子及链接在结构上的离子基团或游离其外的离子，这些聚合物单元的形状和物相结构在不同温度下都可能发生变化，因此对于复合聚合物电解质体系很难用相对确定的结构模型来描述，目前提出一些电阻网络模型与渗流模型等（一些简单的聚合物电解质传导模型可参见第 8 章）。

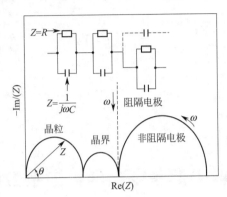

图 6-27　采用阻隔电极（blocking electrode）或非阻隔电极
（non-blocking electrode）所测得的固体电解质的复数阻抗平面图

　　针对具体的电池材料体系，由于牵涉到电流的测试电解质溶液及电极/电解质界面双层电容的贡献，研究体系对象更为复杂与多变，因此针对实际体系的阻抗分析需要进行仔细系统的分析方可得到令人信服的结果。图 6-28（a）示出了一个根据一种石墨电极的半电池模拟得到的复数阻抗平面图（具体的计算参数见文献 [25]）。从图上看出，不同的频谱区域对应的电化学过程也不同。离子在石墨材料中的扩散过程一般仅能在低频段（约 10mHz）区域观察到，这也与 Li^+ 在材料中的扩散系数的数值范围有关。而其它部分如双层效应、盐效应等均可在阻抗图中体现，因此在测试与分析电极材料的交流阻抗数据时应十分慎重，以便得出可靠的结论。图 6-28（b）所示为 $-Im(Z)$ 与频率的关系。

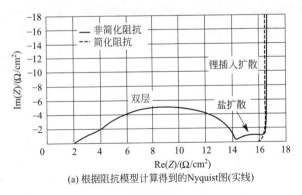

(a) 根据阻抗模型计算得到的Nyquist图(实线)

图 6-28

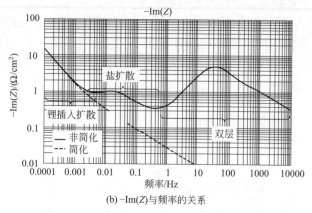

(b) $-\mathrm{Im}(Z)$与频率的关系

图 6-28　Nyquist 图及$-\mathrm{Im}（Z）$与频率的关系

6.13　固态材料中离子电化学扩散系数的测定

电极材料与电解质的离子扩散系数，尤其是离子的电化学扩散系数是固态电化学过程中最为关心的动力学参数之一，因为它的大小直接关系到材料的离子电导率和材料的充放电倍率性能。从本章前述的有关内容可知，材料中的离子电化学扩散系数是综合考虑浓度梯度（浓差扩散）和电场共同影响的扩散系数，因此在测量离子的电化学扩散系数时，必须结合电化学条件来进行考虑。到目前为止，已发展了多种电化学的测试方法。总结下来目前测定固态材料中离子的电化学扩散系数的方法主要有以下 5 种：①恒电位间歇滴定法（potential intermittent titration technique，PITT）[26]；②恒电流间歇滴定法（galvanostatic intermittent titration technique，GITT）[27]；③电化学交流阻抗法（electrochemical impedance spectroscopy，EIS）[28]；④电流脉冲弛豫技术（current pulse relaxation technique，CPRT）[27]；⑤电化学电位谱法（electrochemical voltage spectroscopy，EVS）[29]。而这些测定方法，很多时候又是采用薄层电极的方式来处理的，与我们的测试材料往往是球形颗粒有一定的出入。应该注意的是利用这些方法所测得的电化学扩散系数更多的是一种表观的电化学扩散系数，因此其数值比较只有相对比较的价值。由于篇幅关系，以下我们仅简要分析这些方法的特点及相互之间的关系，具体的测试及分析过程可查阅参考文献及后续章节（如第 9 章）的描述。以下简要讨论这些方法的对比及最新的一些研究进展。

图 6-29[30]给出了 PITT、GITT、CPRT 以及 EIS 方法中各种微扰信号及所测量得到响应信号的电压、电流或阻抗变化曲线的示意图。本质上讲，这些方法均是通过测量施加幅度很小的直流电压或电流脉冲信号（PITT 法、GITT 法、CPRT 法）或交流正弦波电压/电流信号（EIS 法）后的电响应（电流、电压及阻抗随时间或频域变化）的方法来实现线性化处理求解离子扩散方程。

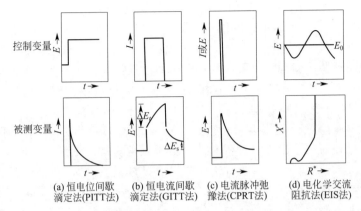

(a) 恒电位间歇　(b) 恒电流间歇　(c) 电流脉冲弛　(d) 电化学交流
　　滴定法(PITT法)　　滴定法(GITT法)　　豫法(CPRT法)　　阻抗法(EIS法)

图 6-29　几种电化学扩散系数测定方法的施加微扰电信号及响应信号示意图

例如我们首先看 GITT 或者 PITT 计算扩散系数的相关公式。

对于 GITT 法而言：

$$D_{GITT} = \frac{4IV_m}{Z_A FS}\left[\frac{\dfrac{dE(x)}{dx}}{\dfrac{dE(t)}{d\sqrt{t}}}\right]^2 \quad (t \ll L^2/D_{GITT}) \tag{6-65}$$

$$D_{GITT} = \frac{IV_m}{Z_A FS} \times \frac{y}{3(E-E_0)} \times \frac{dE(x)}{dx} \quad (t \gg L^2/D_{GITT}) \tag{6-66}$$

式中，L 为电极材料的特征长度，cm；F 为法拉第常数，C/mol；Z_A 为扩散离子所带的电荷数，如对于 Li^+，$Z_A = 1$；S 为电极与电解液的接触面积，cm^2；I 为所施加的电流，A；V_m 为电极材料的摩尔体积；y 为离子扩散的特征距离参数；$dE(x)/dx$ 为电极活性材料的平衡电位与电极组成曲线的微分值；$dE(t)/d\sqrt{t}$ 为施加阶跃电流后测得的 $E(t)$ 与材料不同嵌锂量的曲线微分值。

而对于 PITT 法而言，可推得下列公式[30]：

$$D_{PITT} = \frac{4Z_A FSQ}{IV_m t^2} \quad (t \ll L^2/D_{PITT}) \tag{6-67}$$

$$D_{PITT} = -\frac{dlnI(t)}{dt} \times \frac{4L^2}{\pi^2} (t \gg L^2/D_{PITT}) \tag{6-68}$$

式中，L 为电极材料的特征厚度，如膜的厚度；其它参数的意义同上。$dlnI(t)/dt$ 为施加电压脉冲测得 $I(t)$ 曲线后，再以 $ln(t)$-t 作图且微分后计算得到的。

本质上，PITT、GITT 及 EIS 方法均是对等与相通的，而这几种方法的相通性可以通过电信号函数的傅里叶变换来实现。具体过程可参阅有关文献[25]。

应该注意的是，上述方法（如 PITT 法、GITT 法）的扩散方程数学求解中并没有考虑以下可能的影响因素[31]：①扩散过程欧姆极化的影响，即材料不同嵌锂状态时其表现的欧姆极化可能不同；②电极表面双层充电电流；③电荷传输动力学；④不同嵌锂状态所导致的相变过程。因此，严格的扩散方程求解与扩散系数测定应该考虑上述因素的影响，但仅有少量研究文献中有对这些实验因素影响的分析。Montella[31]首先考察了在电位阶跃技术，即 PITT 方法中仅考虑下列两个实验因素：①欧姆极化；②电荷传输过程对所获得的电流-时间曲线的影响。数值模拟的研究表明这些因素同样也会导致在长时间的近似条件下，其 I-t 曲线发生显著的偏移。Zhu 等人[32~34]研究不同粒径的 LiFePO$_4$ 材料在充放电过程中的扩散系数时，发现其相变过程［即假定 LiFePO$_4$ 的充放电平台（约 3.4V）对应于 LiFePO$_4$ 为富锂（锂计量数接近 1）相与缺锂（锂计量数接近 0）相的两相平衡］，而这种相变过程所产生的应力对所测得的扩散系数有较大的影响，在进行修正后，所测得的扩散系数值将比用传统方法所测得的扩散系数高 2~3 个数量级，接近单相区的扩散系数值（见表 6-4）。

应该特别说明的是，尽管由于实际体系的复杂性及方法所限，目前利用这些电化学方法所测得的离子电化学扩散系数仅具有相对比较的价值，但在限定条件下，且针对某一类特定考虑对象的电极材料而言，仍能给出一些有价值的信息。例如测试与分析不同荷电态（对应于不同嵌锂状态的电极材料的分析）的电化学扩散系数的差别，为我们分析与理解电极材料电化学性能变化过程提供了另外一种视角。

表 6-4　采用不同电化学方法所测得的离子扩散系数的比较[32~36]

研究方法	单相区域中的 D_{Li^+} /(cm²/s)	两相区域中的 D_{Li^+} /(cm²/s)
GITT，EIS	$10^{-15} \sim 10^{-14}$	$10^{-17} \sim 10^{-16}$
PITT	$10^{-13} \sim 10^{-12}$	$10^{-14} \sim 10^{-13}$
EIS	10^{-13}	$10^{-15} \sim 10^{-14}$
GITT	$10^{-15} \sim 10^{-14}$	$10^{-16} \sim 10^{-15}$
GITT/PITT	$10^{-14} \sim 10^{-12}$	$10^{-18} \sim 10^{-15}$
新 GITT/PITT		$10^{-14} \sim 10^{-13}$

参 考 文 献

[1]　Mehrer H. Diffusion in solids. German：Springer，2007.
[2]　水田进，协原将孝. 固体电气化学——实验法入门. 东京：株式会社讲谈社，2001.
[3]　Nowotny J. Oxide semiconductor for solar energy conversion. Boca Raton：CRC Press，2012.
[4]　吴浩青，李永舫. 电化学动力学. 北京：高等教育出版社，1998.
[5]　Heitjans P，Tobschall E，Wilkening M. Eur Phys J Special Topics，2008，161：97.
[6]　Heitjans P，Indris S. J Phys Condens Matter，2003，15：R1257.
[7]　Hofler H J，Hahn H，Averbach R S. Defect Diffus Forum，1991，75：195.
[8]　Harrison L G. Trans Faraday Soc，1963，57：1191.
[9]　Tuller H L，Bishop S R. Annu Rev Mater Res，2011，41：369.
[10]　Maier J. Nature Materials，2005，4：805.
[11]　Tuller H L，Litzelman S J，Jung W. Phys Chem Chem Phys，2009，11：3023.
[12]　Tschope A，Biringer R. J Electroceram，2001，7：169.
[13]　Guo X X，Sigle W，Maier J. J Am Ceram Soc，2003，86：77.
[14]　Heitjans P，Masoud M，Feldhoff A，Wilkening M. Faraday Discuss，2007，134：67.
[15]　郑浩，高健，王少飞等. 储能科学与技术，2013，2 (6)：620.
[16]　Bloembergen N，Purcell E M，Pound R V. Phys Rev，1948，73 (7)：679.

[17] Slitchter C P. Principles of magnetic resonance. Berlin: Spriger-Verlag, 1989.

[18] Kuhn A, Narayanan S, Spencer L, et al. Physical Review B, 2011, 83: 094302.

[19] Wilkening M, Heitjans P. Chemical Physics and Physical Chemistry, 2012, 13: 53.

[20] Bohmer R. Journal of Magnetic Resonance, 2000, 147 (1): 78.

[21] Jeener J, Broekaer P T. Physical Review, 1967, 157 (2): 232.

[22] Hahn E L, Spin E. Physical Review, 1950, 80 (4): 580.

[23] Stejskal E O, Tanner J E. The Journal of Chemical Physics, 1965, 42 (1): 288.

[24] Tanner J E. The Journal of Chemical Physics, 1970, 52 (5): 2523.

[25] Baker D R, Li C, Verbrugge M W. J Electrochem Soc, 2013, 160 (2): A1794.

[26] John Wen C, Boukamp B A, Huggins R A, et al. J Electrochem Soc, 1979, 126 (12): 2258.

[27] Weppner W, Huggins R A. Determination of the kinetic parameters of mixed-conducting electrodes and application to the system Li_3Sb. J Electrochem Soc, 1977, 124 (10): 1569-1578.

[28] Thompson A H. J Electrochem Soc, 1979, 126: 603.

[29] Raistrick H C, Huggins R A. J Electrochem Soc, 1980, 127: 343.

[30] Huggins R A. Advanced batteries: materials science aspects. German: Springer, 2008.

[31] Montella C. J Electroanal Chem, 2002, 518: 61-83.

[32] Zhu Y J, Wang C S. J Phys Chem, 2010, 114: 2830.

[33] Zhu Y J, Wang C S. J Phys Chem, 2011, 115: 823.

[34] Zhu Y J, Wang C S. J Power Sources, 2011, 196: 1442.

[35] Buschmann H, Dölle J, Berendts S, et al. Chemical Physics and Physical Chemistry, 2011, 13: 19378.

[36] Wang D W, Zhong G M, Pang W K, et al. Toward understanding the lithium transport mechanism in garnet-type solid electrolytes: Li^+ ion exchanges and their mobility at octahedral/tetrahedral sites. Chem Mater, 2015, 27 (19): 6650-6659.

第 7 章
无机固体电解质材料及其应用

无机固体电解质的研究具有悠久的历史。相比于液体电解液,无机固体电解质具有以下优点:①较高的机械强度,使得固体电解质不仅可以作为离子导体,还可以作为支撑材料使用。②较宽的工作温度区间,使得固体电解质能够在更严酷的环境中工作。无机固体电解质在全固态电化学能源储存与转换体系(如锂离子电池、钠硫电池和质子导体燃料电池等)中有着重要的应用,锂离子导体、钠离子导体和质子导体被广泛研究。

7.1 无机固体 Li$^+$ 导体

随着便携式电子设备,如笔记本电脑、智能手机的发展,锂离子电池在多个领域得到越来越多的应用。未来的锂离子电池将逐步向以下两个方向发展:用于微机电设备的小/微型电池和作为储能与动力电池用的大型储能/动力系统。传统锂离子电池使用可燃的有机电解液,电解液需要配套特制容器,作为微型电池使用时,尚不能满足电池微型化及其与硅基半导体器件很好匹配的要求。此外,目前使用的有机电解液具有较强的腐蚀性与易燃性。相对而言,使用固体电解质的微型或大型电池体系,不仅安全性好、无泄漏,而且固体电解质膜也可作为电池隔膜使用,因而简化了电池设计,总体提高了电池的安全性能和耐用年限。

一般而言,为了满足全固态电池的实际应用,锂离子导体必须满足如下条件:

① 高的锂离子电导率(室温电导率至少为 10^{-3} S/cm)。

② 低的电子电导率(一般要小于 10^{-5} S/cm 才能避免电池内部短路)。

③ 与电极材料有很好的兼容性(如具有相似的热膨胀系数或压缩系数),以避免在电池温度或压力频繁变化时,电极(材料)层和固体电解质层发生物理分离。

④ 具有良好的化学和电化学稳定性(宽的电化学工作窗口),以避免发生电解质的还原与氧化分解反应。

⑤ 足够高的机械与加工强度。

总体而言，与液态电解液相比，固体电解质在材料安全性、稳定性和组装电池的设计简单性等方面具有明显优势。但固体电解质体系仍然面临较低的离子电导率以及如何构筑低阻抗与重现性高的（固体）电极/（固体）电解质界面等突出问题。尽管如此，固体电解质在过去的数十年中，取得了不少突出的研究成果与进展。

7.1.1 LISICON 型固体电解质

Bruce 和 West 率先报道了 $Li_{14}ZnGe_4O_{16}$ 材料，将其命名为 LISICON，即超级锂离子导体（lithium super ionic conductor）[1]。LISICON 的结构框架和 $\gamma\text{-}Li_3PO_4$ 的结构框架相同，空间群为 $Pnma$。$Li_{14}ZnGe_4O_{16}$ 的离子电导率很低，室温下只有 $10^{-7}S/cm$。$Li_{14}ZnGe_4O_{16}$ 对金属锂和 CO_2 具有非常高的反应活性，且电导率随着时间下降，即"老化效应"（ageing effect）[2]。

图 7-1 给出了空间群为 $Pnma$ 的晶体结构，Li^+ 填充在 PO_4 四面体的间隙位置，Li^+ 在该结构中只能以间隙机理传输。通常，具有 $\gamma\text{-}Li_3PO_4$ 结构的电解质都可称为 LISICON 型固体电解质。Li_4XO_4 和 Li_3YO_4（X=Si、Ge、Ti；Y=P、As、V、Cr）[4,5] 形成的 $Li_{3+x}X_xY_{1-x}O_4$ 固溶体表现为 $\gamma\text{-}Li_3PO_4$ 结构。Li_4SiO_4-Li_3PO_4 形成的固溶体具有良好的化学和电化学稳定性，中间组成 $Li_{3.5}Si_{0.5}P_{0.5}O_4$ 的室温电导率为 $3\times10^{-6}S/cm$，为 Li_4SiO_4-Li_3PO_4 系列固溶体的最高值[4]。As、V 体系具有比 Li_4SiO_4-Li_3PO_4 体系高的电导率，但因其具有潜在的毒性，限制了它们的应用[5]。以 Li_4GeO_4[6] 和 Li_4TiO_4[7] 为基底的异价离子的掺杂也易于形成 $\gamma\text{-}Li_3PO_4$ 结构的固溶体，固溶体的电导率较 Li_4GeO_4、Li_4TiO_4 要高很多。但 Ge、Ti 在较低的电压下被还原，电子电导率提高，限制了它们在电池体系中的应用。

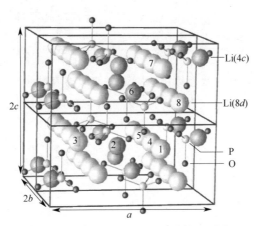

图 7-1　$\gamma\text{-}Li_3PO_4$ 的 $Pnma$ 晶体结构[3]

7.1.2 NASICON 型固体电解质

NASICON 表示超级钠离子导体（sodium super ionic conductor）。1968 年

确定了 $NaM_2(PO_4)_3$ （M = Ge、Ti、Zr）具有 NASICON 结构。1976 年，Hong 发现 NASICON 具有与 $\beta\text{-}Al_2O_3$ 相近的 Na^+ 传导能力。当 $x = 2$ 时，$Na_{1+x}Zr_2Si_xP_{3-x}O_{12}$ 具有最高的离子电导率[8]，成为第一种被报道的具有 NASICON 结构的钠离子导体。

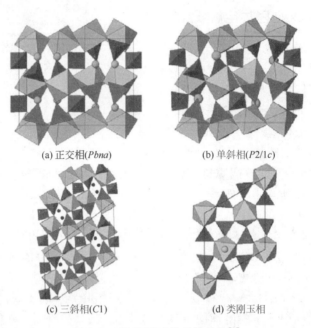

(a) 正交相(*Pbna*)   (b) 单斜相(*P2/1c*)

(c) 三斜相(*C1*)   (d) 类刚玉相

图 7-2   NASICON 的晶体结构[9]

对于化学通式 $AM_2(XO_4)_3$，$[M_2X_3O_{12}]$ 骨架构成了 NASICON 的基本结构，MO_6 八面体和 XO_4 四面体以共角的形式连接，形成了 Li^+ 的传输通道。阳离子载荷分布在两种类型的间隙位置 A1、A2（见图 7-2）。$M_2(XO_4)_3^-$ 结构单元由三个 XO_4 四面体连接两个 MO_6 八面体构成。该框架能够容纳 A、M、X 位置的掺杂引起的局域组成的变化。因此，$A_xM_2(XO_4)_3$ 结构单元中的碱金属的数目可以通过调节过渡金属 M 和元素 X 的价态来调整，大量的间隙位置最多可容纳 5 个碱金属阳离子。MO_6 八面体和 XO_4 四面体的连接构成了阳离子传输的通道，使其具有高的离子电导率。碱金属阳离子通过通道从一个位置跃迁到另一个位置，通道瓶颈的大小由骨架特性和 A 位置的载荷浓度控制。两个 MO_6 八面体被 XO_4 四面体分离，—M—O—M—之间不能发生电子离域，使该材料具有低的电子电导率。

Li 体系的 $A_xM_2(XO_4)_3$ 同样具有 NASICON 结构。NASICON 型化合物的结构和电学性能随化合物的组成而变化。$LiM_2(PO_4)_3$ （M = Zr、Ge、Ti、Sn、Hf)[10,11] 晶胞参数取决于过渡金属 M 的离子尺寸。$LiGe_2(PO_4)_3$ 具有最小的晶胞参数。通过三价 Al、Cr、B、Sc、Nb 取代 Ti^{4+}，Aono 等人显著降低了陶瓷的孔隙率，极大地提高了电导率[12~16]。离子半径小的 Al^{3+} 取代 Ti^{4+}，降低了 NA-

SICON 的晶胞尺寸。在 Al 掺杂陶瓷中，化学计量比 $Li_{1.3}Al_{0.3}Ti_{1.7}(PO_4)_3$ 具有最高的锂离子电导率，298K 时相电导率为 3×10^{-3} S/cm，电导率提高了 3 个数量级[12]。

向 $LiTi_2(PO_4)_3$ 中添加 B_2O_3，当 B_2O_3 的摩尔分数为 20% 时，样品的室温电导率从 10^{-5} S/cm 提高到 2×10^{-4} S/cm，活化能为 0.48eV。电导率的提高是 B^{3+} 取代 Ti^{4+} 引起的，由于电荷平衡 $Li^+ + B^{3+} \longrightarrow Ti^{4+}$，更多的 Li^+ 填充到间隙位置上。B_2O_3 同时起到了助熔剂的作用，降低了晶粒尺寸，改善了晶粒与晶粒之间的接触。当 B_2O_3 的含量进一步增多时，多余的 B_2O_3 存在于晶界，阻碍了 Li^+ 的传输，降低了锂离子电导率[13]。

通过对 $LiGe_2(PO_4)_3$ 的掺杂，同样可以提高样品的离子电导率。主要使用三价 Al^{3+} 取代 Ge^{4+}，得到 $Li_{1+x}Al_xGe_{2-x}(PO_4)_3$[17]固溶体。样品的电导率得到极大的提升，最高电导率可以达到 5.08×10^{-3} S/cm。

NASICON 材料对 Li 和 Na 的化学稳定性，取决于结构中是否含有易发生氧化还原的过渡金属。$LiTi_2(PO_4)_3$ 与低电压的电极材料接触时，Ti^{4+} 会被还原。Ge 基体系在低电位也会发生氧化还原反应。$LiM_2(PO_4)_3$（M=Zr、Sc、Hf）则不会和 Li 或者 Na 反应。Hf 基体系较 Ti 基体系表现出略低的锂离子电导率[18]，成本却较 Ti 基体系高。$LiZr_2(PO_4)_3$ 对金属锂稳定，且原材料成本低，具有更好的应用潜力。许多研究工作都在试图提高 $LiZr_2(PO_4)_3$ 体系的锂离子电导率[19,20]。

$LiZr_2(PO_4)_3$ 具有两种相结构，低温下为三斜相，锂离子电导率仅为 10^{-8} S/cm。当温度高于 50℃ 以后，$LiZr_2(PO_4)_3$ 表现为正交相结构，具有较高的电导率。Ca 在 Zr 位置的掺杂增加了 NASICON 结构中的 Li^+ 含量，能够在室温下稳定正交相结构。正交相 $Li_{1.2}Zr_{1.9}Ca_{0.1}(PO_4)_3$ 的体相室温电导率可达 1.2×10^{-4} S/cm，但需要进一步降低其晶界阻抗[19]。Li 等人[20]通过放电等离子体烧结技术合成了 Y 掺杂的 $Li_{1+x}Y_xZr_{2-x}(PO_4)_4$ 固溶体，当 $x=0.15$ 时，样品具有最高的室温体相电导和总电导，分别为 1.4×10^{-4} S/cm 和 0.71×10^{-4} S/cm，在 300~473K 的活化能为 0.39eV。由此可见，即使在掺杂的情况下，$LiZr_2(PO_4)_3$ 体系仍然具有较高的晶界阻抗。Y^{3+} 的掺杂降低了间隙位置 A1 的尺寸，A1 和 A2 间隙位置尺寸的变化有利于 Li^+ 在 NASICON 结构中的传输。

7.1.3　钙钛矿型固体电解质[21]

ABO_3 钙钛矿（peroskite）为立方相结构。用 Li^+ 部分取代 $La_{2/3}\square_{1/3}TiO_3$ 中的 La^{3+}，可以得到锂离子导体 $Li_{3x}La_{2/3-x}TiO_3$。$Li_{3x}La_{2/3-x}TiO_3$ 通常有两种空间群，$P4/mmm$ 和 $Cmmm$。$P4/mmm$ 结构的晶胞参数为 $a=b\approx3.87$Å，$c\approx2a$。从图 7-3 可以看到，钙钛矿由 TiO_6 八面体构成，A 位置与 8 个八面体的 12 个氧离子连接。空间群为 $Cmmm$ 的结构相比于 $P4/mmm$，八面体略有倾斜。在两种不同的结构模型中，La^{3+} 不均匀地分布在 $1a$ 位置和 $1b$ 位置，即为 La1 和 La2。这种

La^{3+} 的不均匀分布是 c 轴方向晶胞参数加倍的主要原因，同时伴随着超晶格衍射线的出现。经过淬火制备的样品，超晶格的衍射峰发生宽化，这与反相畴的存在相关。这种现象引起了 c 轴方向 La$_1$-La$_2$-La$_1$ 的无序状态。这种 La^{3+} 的不均匀分布表明在钙钛矿结构的 Oab 平面会出现富 La^{3+} 层和贫 La^{3+} 层，这是导致八面体略微倾斜的可能原因。

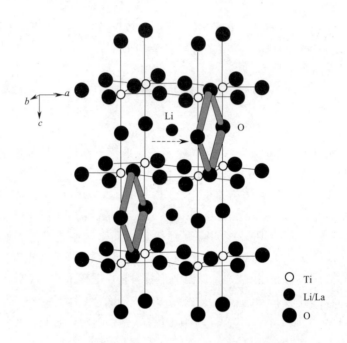

图 7-3　(Li$_{3x}$La$_{2/3-x}$) TiO$_3$ 的晶体结构[22]

Li$_{3x}$La$_{2/3-x}$TiO$_3$ 的电导率取决于锂离子浓度。$x = 0.11$ 时，样品的体相室温电导率高达 1×10^{-3} S/cm，但总电导率仅为 1×10^{-5} S/cm，巨大的晶界阻抗降低了样品的总电导[23]。

Li$_{3x}$La$_{(2/3-x)}$□$_{(1/3-2x)}$TiO$_3$ 具有高电导率的原因是四方相结构中具有大量的 A 空位，允许 Li$^+$ 以空位机理从正方形瓶颈中跃迁。其中，跃迁瓶颈是由相邻 A 位置中间的四个 O^{2-} 构成的。

在 400K 以下，电导率服从 Arrhenius 关系。Li$^+$ 的电导是受热激发的。随着温度的升高，活化能和指前因子都有一定程度的升高。在 200K 以下，活化能 $E_a = 0.20$ eV，σ_0 为 1.3×10^2 S/cm。在 200K 以上，活化能 $E_a = 0.30$ eV，σ_0 为 7×10^3 S/cm。活化能和指前因子的增大表明随着温度的提高，Li$^+$ 的传输路径发生变化。由于结构中 La^{3+} 的不均匀分布，导致八面体有略微的倾斜，因此，Li$^+$ 传输经过的瓶颈会有所不同。在 a 和 b 方向的瓶颈要比 c 方向的瓶颈大。因此，在低于 200K 的低温，Li$^+$ 能通过 a 和 b 方向的通道传输，此时，传输方式是二维传输。当温度升到 200K 以上时，氧的振动导致 c 方向瓶颈扩大，允许 Li$^+$ 从 c 方向传输。

扩散维度的改变导致了 Li^+ 传输机理的改变。另外，随着温度的提高，Li^+ 的长程移动数目增加，而在低温下，Li^+ 传输具有较大的相关因子。通常，长程有序较短程有序具有更高的活化能，这对 200K 附近活化能的变化也有一定的作用。在 400K 以上，电导率服从 Vogel-Tammann-Fulcher 关系，可能是由 BO_6 八面体在高温下的倾斜引起的。

虽然 LLTO 具有高的体相电导率，但 LLTO 面临着以下一些问题：

① 样品在较高的温度下烧结，Li_2O 在高温烧结过程中大量丢失，很难控制 LLTO 的 Li^+ 含量和电导率。

② 由于晶界阻隔作用，陶瓷材料的电导率显著低于单晶材料的电导率。

③ LLTO 与金属锂接触时，界面处的 Ti^{4+} 还原成 Ti^{3+}，导致材料的电子电导率显著提高，所以 LLTO 不能和还原性强的电极复合使用。

7.1.4 石榴石型固体电解质

传统石榴石（garnet）的化学通式为 $A_3B_2(XO_4)_3$（A＝Ca、Mg、Y、La 或者其它稀土元素；B＝Al、Fe、Ga、Ge、Mn、Ni 或者 V），其中，A、B、X 均为阳离子占据位置，分别有 8、6、4 个氧配位。具有面心立方结构，空间群为 $Ia\text{-}3d$[24]。图 7-4(a) 给出了传统石榴石型金属氧化物的结构。当 X 为 Li^+ 时，石榴石具有 Li^+ 导通能力。通常研究的石榴石每结构单元含有 5～7 个 Li^+，超过了传统石榴石结构所能容纳的 3 个 Li^+，因此称为富锂石榴石 [见图 7-4(b)]。

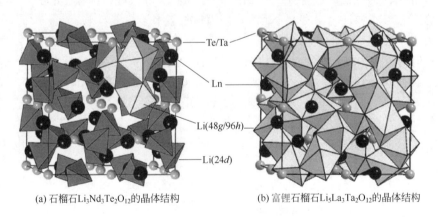

(a) 石榴石 $Li_3Nd_3Te_2O_{12}$ 的晶体结构　　　(b) 富锂石榴石 $Li_5La_3Ta_2O_{12}$ 的晶体结构

图 7-4　石榴石型固体电解质的晶体结构[25]

$Li_5La_3M_2O_{12}$（M＝Nb、Ta）[26] 是第一种被报道的具有石榴石结构的锂离子导体。在 25℃，$Li_5La_3M_2O_{12}$（M＝Nb、Ta）的电导率约为 $10^{-6}S/cm$，并且在较宽的温度范围内具有良好的化学稳定性。$Li_5La_3M_2O_{12}$ 可以在 La 和 M 位置实现异价离子的掺杂，形成丰富的固溶体系列。根据石榴石结构中的 Li^+ 浓度，大致可分为以下几类：$Li_3Ln_3Te_2O_{12}$（Ln＝Y、Pr、Nd、Sm-Lu）（Li3 体系）[25,27～29]、

$Li_5La_3M_2O_{12}$（M＝Nb、Ta、Sb、Bi）（Li5 体系）[30~32]和 $Li_7La_3C_2O_{12}$（C＝Zr、Sn、Hf）（Li7 体系)[33~37]。在下面的部分，将简要讨论石榴石型氧化物的化学组成、晶体结构、离子电导率三者之间的关系。

7.1.4.1 $Li_3Ln_3Te_2O_{12}$（Ln＝Y、Pr、Nd、Sm-Lu）（Li3 体系）

O'Callaghan 等人研究了传统石榴石结构的 $Li_3Ln_3Te_2O_{12}$（Ln＝Y、Pr、Nd、Sm-Lu)[28]。Li^+ 占据四面体（24d）位置，晶胞参数随 Ln^{3+} 半径的增大而增大。$Li_3Ln_3Te_2O_{12}$ 的离子电导率较低，在 600℃的只有约 10^{-5} S/cm，伴随着较大的活化能（＞1eV）[29]。较低的离子电导率和较大的活化能表明四面体位置的 Li^+ 移动性低，提高离子电导率最有效的方式是增加八面体（48g/96h）位置的 Li^+ 含量。随后，O'Callaghan 等[25]合成了富锂 $Li_{3+x}Nd_3Te_{2-x}Sb_xO_{12}$（$x$＝0.05~1.5），晶胞参数从 12.55576（12）Å（x＝0.05）增大到 12.6253（2）Å（x＝0.15）。随着 Li^+ 浓度的增加，样品的锂离子电导率增大，$Li_{3.5}Nd_3Te_{1.5}Sb_{0.5}O_{12}$ 在 400℃的电导率可达约 10^{-2} S/cm。

7.1.4.2 $Li_5La_3M_2O_{12}$（M＝Nb、Ta、Sb）（Li5 体系）

$Li_5La_3M_2O_{12}$ 虽然是最先被报道的石榴石结构锂离子导体，但其晶体结构还没有达成共识，尤其是 Li^+ 的占据位置。Mazza 课题组在 1987 年首先提出 $Li_5La_3M_2O_{12}$ 的空间群为 Ia-3d，与传统石榴石结构相同[38]。Hyooma 和 Hayashi 通过单晶 XRD 分析认为 $Li_5La_3M_2O_{12}$ 为非中心对称，空间群为 $I2_13$[39]。Cussen 通过中子衍射，确定 $Li_5La_3M_2O_{12}$ 的空间群为 Ia-3d，锂离子分布在四面体（24d）和扭曲的八面体位置（96h/48g），与 Mazza 等人提出的模型相近。富锂石榴石体系 $Li_5La_3M_2O_{12}$ 含有 5 个 Li^+，四面体位置最多只能容纳 3 个 Li^+，所以一部分 Li^+ 不得不占据在八面体位置[40]。$Li_5La_3M_2O_{12}$ 的两个锂位置均部分填充，不同位置的 Li^+ 浓度与样品的烧结条件有关，也决定了样品的电学性能。八面体（96h）位置的 Li^+ 浓度越高，样品的锂离子电导率也越高。如 $Li_5La_3Nb_2O_{12}$，Wullen 等人[41]报道了烧结温度（850℃、900℃）对离子电导率的影响。随着烧结温度的升高，四面体离子位置的 Li^+ 浓度降低，八面体位置的 Li^+ 浓度升高，电导率升高。$Li_5La_3M_2O_{12}$（M ＝ Nb、Ta、Bi[42,43]、Sb[44,45]）体系中，电导率 $Li_5La_3Bi_2O_{12}$＞$Li_5La_3Sb_2O_{12}$＞$Li_5La_3Nb_2O_{12}$＞$Li_5La_3Ta_2O_{12}$，活化能则成相反的趋势。$Li_5La_3M_2O_{12}$ 的这种变化趋势主要是因为离子半径 Bi^{5+}＞Sb^{5+}＞Nb^{5+}＞Ta^{5+}，更大的晶胞参数提供了更大的传输通道，有利于 Li^+ 的传输（见图 7-5）。通常 M 位置上为 $d10$ 阳离子的石榴石比 $d0$ 阳离子的石榴石具有更大的晶胞参数[28]。

7.1.4.3 $Li_6ALa_2M_2O_{12}$（A＝Ca、Sr、Ba；M＝Nb、Ta）（Li6 体系）

通过二价碱土离子取代 La^{3+}，可以提高 Li^+ 的浓度，得到新系列石榴石结构金属氧化物，其化学通式为 $Li_6ALa_2M_2O_{12}$（A＝Ca、Sr、Ba；M＝Nb、Ta、Sb、Bi)[31,32,42,46]。

O'Callaghan[46]通过中子衍射研究了 $Li_{5+x}Ba_xLa_{3-x}Ta_2O_{12}$（$x$＝0~0.6），结果表明 $Li_5La_3Ta_2O_{12}$ 中的 24d 四面体位置被 Li^+ 部分占据（约 80%），48g 八

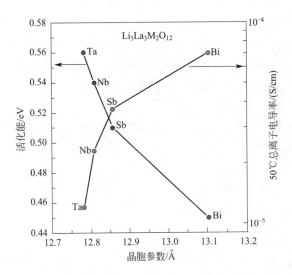

图 7-5　$Li_5La_3M_2O_{12}$（M＝Nb、Ta、Sb、Bi）体系总的离子
电导率、活化能与晶胞参数的关系[42]

面体位置也有 Li^+ 填充（约 4%）。四面体位置和八面体位置通过共面的方式连接，两个位置同时占据会产生较短的 Li—Li 距离。研究发现，随着 Li^+ 浓度的提高，Li^+ 从四面体位置向八面体位置迁移，Li^+ 浓度越高，发生移动的 Li^+ 的数目越多。$Li_{6.6}Ba_{1.6}La_{1.4}Ta_2O_{12}$ 的八面体的占有率可以达到约 57%，而四面体的占有率则降低到 14%。

$Li_6ALa_2M_2O_{12}$（A＝Ca、Sr、Ba；M＝Nb、Ta）体系中，电导率如下，$Li_6CaLa_2M_2O_{12} < Li_6SrLa_2M_2O_{12} < Li_6BaLa_2M_2O_{12}$[31,32]，这种趋势的原因之一是离子半径 $Ca^{2+} < Sr^{2+} < Ba^{2+}$，另一个原因是随着 A^{2+} 半径的增大，晶界阻抗减小。对于大多数 Li6 体系样品，包括 $Li_6SrLa_2Nb_2O_{12}$ 和 $Li_6BaLa_2Ta_2O_{12}$，在低温下可以看见两个半圆，分别代表体相和晶界阻抗。随着温度的升高，晶界阻抗的贡献逐渐降低，表明晶界阻抗具有更高的活化能[31,32]。随着 Li^+ 含量的增加，晶界阻抗减小，如 $Li_{5+x}Ba_xLa_{3-x}Ta_2O_{12}$（$x = 0 \sim 2$）。在 33℃，相比于 $Li_5La_3Ta_2O_{12}$，$Li_6BaLa_2Ta_2O_{12}$ 的晶界阻抗的贡献从约 48% 降低到约 30%，样品的电导率也得到提高，随着 Li^+ 含量的进一步增加，晶界阻抗的贡献进一步降低[47]。

Percival 等人认为 Sr 和 Ba 看起来是 $Li_5La_3M_2O_{12}$（M＝Nb、Ta）体系 La 的良好的掺杂元素，能够提高样品的电导率[48]。

7.1.4.4　$Li_7La_3M_2O_{12}$（M＝Zr、Sn、Hf）（Li7 体系）

2007 年，Murugan 等人合成了具有高电导率的立方相石榴石型 $Li_7La_3Zr_2O_{12}$，同时证明石榴石结构每化学方程式可容纳 7 个 Li^+[35]。相比于 Li3 体系和 Li5 体系的立方相结构，四面体位置的 Li^+ 占有率进一步降低，八面体位置的 Li^+ 占有率进一步升高。图 7-6 给出了立方相结构中不同 Li 位置占有率与总 Li^+ 浓度的关系。

随着总 Li^+ 浓度的提高，四面体位置的占有率降低，八面体位置的占有率升高。立方相 $Li_7La_3Zr_2O_{12}$ 在 25℃ 的体相电导率为 7.74×10^{-4} S/cm，明显高于 Li3、Li5 和 Li6 体系的电导率。高的电导率可能是由立方相结构晶胞参数的增大、锂离子浓度的提高引起的。92% 的相对密度也是电导率提高的一个原因。Allen 等人合成了 Ta 掺杂的 $Li_{6.75}La_3Zr_{1.25}Ta_{0.25}O_{12}$ 具有略高的离子电导率，在 25℃ 为 8.7×10^{-4} S/cm，而活化能只有 0.22eV[49]。值得注意的是，除了 Murugan 发现 $Li_7La_3Zr_2O_{12}$ 有晶界阻抗存在[35]，其它课题组得到的 $Li_7La_3Zr_2O_{12}$ 在 Nyquist 谱中只能得到一个半圆[50,51]。

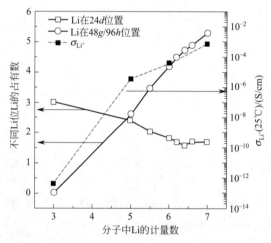

图 7-6 石榴石结构 Li^+ 占有率、室温电导率和总 Li^+ 浓度的关系[52]

最近，Kumazaki 等人研究表明，在合成过程中向 $Li_7La_3Zr_2O_{12}$ 中加入 Si 和 Al，可以得到与未掺杂 $Li_7La_3Zr_2O_{12}$ 体相相同的电导率 6.8×10^{-4} S/cm。他们认为 Si 和 Al 的加入形成了非晶态的 Li-Al-Si-O 界面，提高了颗粒之间的 Li^+ 移动速率，有效地消除了晶界阻抗[53]。

Awaka 等人[36] 在 980℃ 合成了四方相结构，空间群为 $I4_1/acd$，而 Murugan 报道的立方相 $Li_7La_3Zr_2O_{12}$ 的合成温度为 1230℃。Awaka 等人使用微分傅里叶成像研究了四方相 $Li_7La_3Zr_2O_{12}$ 的结构框架：Li^+ 占据 $I4_1/acd$ 结构中的三个不同位置（$8a$、$16f$、$32g$），三个位置完全占满，这是与立方相石榴石最主要的区别。Percival 等人[54] 报道 $Li_7La_3Sn_2O_{12}$ 表现出相似的结构变化，在 750℃ 四方相向立方相转变，且四方相石榴石 $Li_7La_3Sn_2O_{12}$ 具有与 $Li_7La_3Zr_2O_{12}$ 相近的 Li^+ 坐标。

相比于立方相 $Li_7La_3Zr_2O_{12}$，四方相结构的室温电导率要低 1~2 个数量级。Wolfenstine 等人[55] 采用热压法，合成了四方相 $Li_7La_3Zr_2O_{12}$。其电导率为目前所报道的四方相结构所具有的最高电导率，室温下为 2.3×10^{-4} S/cm。值得注意的是，热压得到的样品具有 98% 的相对密度，是样品具有高电导率的主要原因。这种电导率上的差距主要是由四方相中 Li^+ 的有序排列引起的，而在立方相中，Li^+ 的排列是无序的。同时，由于立方相结构具有更高的对称性，等效 Li 位置的增加会引起 Li$^+$ 传输路径中空位的增加，而四方相的对称性低，几乎没有可供跃迁的 Li$^+$ 空位（见图 7-7）[36]。因此，四方相的电导率比立方相结构的锂离子电导率要低得多。

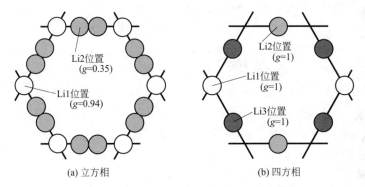

(a) 立方相　　　　　　　　(b) 四方相

图 7-7　Li$_7$La$_3$Zr$_2$O$_{12}$ 中 Li$^+$ 的排列环路[56]

Geiger 等人研究了 Al 掺杂和烧结温度对 Li$_7$La$_3$Zr$_2$O$_{12}$ 结构的影响[57]。Al 存在于结构中的两个 Li 位置上，少量的 Al 可以稳定高电导的立方相结构。而在没有 Al 的情况下，较低的烧结温度下得到的四方相结构样品，随着烧结温度的升高，四方相向立方相转变。Kotobuki 等人[58] 报道了 Al$_2$O$_3$ 作为烧结剂对立方相 Li$_7$La$_3$Zr$_2$O$_{12}$ 的影响。Al$_2$O$_3$ 的加入可以降低立方相的烧结温度（降低约 230℃），并且抑制 La$_2$Zr$_2$O$_7$ 杂质的生成。

石榴石结构电解质的电导率与 Li$^+$ 浓度有非常紧密的关系。通常情况下，富锂石榴石的电导率随着 Li$^+$ 浓度的提高而增大。Thangadurai 指出，对于 Li5、Li6 和 Li7 体系，电导率与 Li$^+$ 浓度成线性关系（见图 7-6）。他们认为所有的 Li$^+$ 都参与到传输过程。同时发现，对于所有的石榴石结构固体电解质，电导率与扩散系数也成线性关系。然而，这种关系却不能明显地体现出由于掺杂导致样品的烧结温度、密度和不同晶体学位置上锂离子浓度的变化对电导率的影响[59]。

简言之，立方相石榴石比四方相石榴石具有更高的电导率；立方相结构，随着总的 Li$^+$ 浓度的提高，烧结温度的升高，八面体位置的 Li$^+$ 浓度增加，石榴石的体相离子电导率越高。晶界阻抗越小，固体电解质的总离子电导率越大。

7.1.4.5　锂离子在石榴石结构中的传输机理

在 Li3 体系中，如 Li$_3$Nd$_3$Te$_2$O$_{12}$，^{6}Li NMR 研究只得到一种锂的信号峰，该峰对应着四面体位置上 Li$^+$ 的有序排列[25]。而对于 Li5、Li6 和 Li7 石榴石体系，^{6}Li NMR 研究得到第二种信号峰，该峰对应着扭曲的八面体（48g/96h）位置上的 Li$^+$。随着 Li$^+$ 浓度的提高，第二种峰的峰面积也随之增大[27]。O'Callaghan 等人没有观察到 Li1 位置和 Li2 位置之间 Li$^+$ 的跳跃。即使对于富锂体系，四面体位置的 Li$^+$ 也没有参与 Li$^+$ 的传导。扭曲的八面体位置的 Li$^+$ 具有较高的移动性，Li$^+$ 从一个八面体位置跃迁到共边的八面体位置，构成了 Li$^+$ 的传输通道[25]。

Wullen 等人对 $Li_5La_3Nb_2O_{12}$ 进行了详细的 [6]Li NMR 的研究。随着烧结温度的升高，八面体位置的占有率增大，$Li_5La_3Nb_2O_{12}$ 的离子电导率增大。这表明八面体位置的 Li^+ 具有更高的移动性，是其高离子电导的主要原因。此外，在 63～137℃ 的温度范围内，四面体位置的 Li^+ 所对应的 Li 峰的宽度没有发生变化，表明四面体位置的 Li^+ 的移动性较低。二维交换 NMR 表明八面体位置之间，Li^+ 具有快速的交换，但是在四面体与八面体位置之间，没有 Li^+ 发生交换，即 Li^+ 的跃迁只发生在相邻八面体之间，而不经过四面体位置[41]。Koch 和 Vogel 认为这不足以证明四面体位置上的 Li^+ 是不移动的，只能说明其移动性较低[60]。

Awaka 等人使用微分傅里叶成像中子衍射技术研究了 Li^+ 在立方相石榴石 $Li_7La_3Zr_2O_{12}$ 中的传输机理。随着测试温度的升高，代表 $24d$ 位置和 $96h$ 位置的信号逐渐发生重叠，最后构成一条 $24d \rightarrow 96h \rightarrow 24d \rightarrow 96h \rightarrow 24d$ 位置的循环回路。Awaka 等人认为，该回路即为 Li^+ 的传导路径。其中 $24d$ 为传导路径的节点位置，对 $Li_7La_3Zr_2O_{12}$ 的锂离子电导率起决定性作用[56]。Goodenough 等人通过中子衍射研究，提出了相近的 $Li_7La_3Zr_2O_{12}$ 结构的 Li^+ 传输路径，即 $24d \rightarrow 96h \rightarrow 48g \rightarrow 96h \rightarrow 24d$[61]。

基于密度泛函理论，Xu 等人使用从头算方法研究了三种立方相体系石榴石，$Li_3La_3Te_2O_{12}$、$Li_5La_3Nb_2O_{12}$、$Li_7La_3Zr_2O_{12}$。$Li_3La_3Te_2O_{12}$ 中，所有的 Li^+ 占据在四面体（$24d$）位置，所以 Li^+ 只可能从四面体（$24d$）位置跃迁到相邻的八面体位置（$48g/96h$），跃迁活化能为 1.5eV。$Li_5La_3Nb_2O_{12}$ 体系中，Li^+ 占据四面体位置（$24d$）和 1/3 的八面体位置（$48g/96h$），Li^+ 可以从一个八面体位置跃迁到相邻的八面体空位，而在跃迁过程中不经过四面体位置。作为对比，$Li_7La_3Zr_2O_{12}$ 四面体位置（$24d$）的 Li^+ 占有率降低，只有 50%，八面体位置的 Li^+ 占有率上升到 90%，Li^+ 可以从一个八面体位置，经过四面体位置而传输到相邻的八面体位置（$48g/96h$），这样的传输路径具有更小的活化能。密度泛函理论计算表明，石榴石的体相离子电导率取决于锂离子浓度，掺杂元素的作用不是特别明显。同时，Li^+ 的传输机理与石榴石中的 Li^+ 浓度有关[62]。

7.1.5 硫化物固体电解质

相比于 O^{2-}，S^{2-} 具有更大的离子半径和极化度，硫化物可能表现出更高的离子电导率。硫化物固体电解质可以分为三类：晶体硫化物、玻璃态硫化物和玻璃陶瓷硫化物。

thio-LISICON 是最常见的晶体硫化物固体电解质，其与 LISICON 型氧化物具有相同的 γ-Li_3PO_4 结构。具有 thio-LISICON 结构的三元硫化物，Li_2ZrS_3[63]、Li_2GeS_3、Li_4GeS_4、Li_5GaS_4[64]、Li_3PS_4[65] 的电导率都较低。其中，Li_2ZrS_3[63] 具有最高电导率，但也只有 $7.3 \times 10^{-6}S/cm$。通过异价元素掺杂，引入间隙锂或 Li 空位，可以提高 thio-LISICON 的电导率。$Li_{4-2x}Zn_xGeS_4$ 的室温电导率较 Li_4

GeS_4 略有提高，但最高室温电导率只有 3×10^{-7} S/cm[64]。通过 Ga 掺杂，$Li_{4+x-\delta}Ge_{1-x+\delta}Ga_xS_4$ 的最高室温电导率可以达到 6×10^{-5} S/cm[64]。$Li_{4-x}Ge_{1-x}P_xS_4$ 系列表现出最高的离子电导率，$Li_{3.25}Ge_{0.25}P_{0.75}S_4$ 的室温电导率可达 2.2×10^{-3} S/cm，但是该材料的体相结构不稳定[66]。$Li_{3.4}Si_{0.4}P_{0.6}S_4$ 的室温电导率可达 6.4×10^{-4} S/cm，较氧化物体系提高了两个数量级[67]。$Li_{2+2x}Zn_xZr_{1-x}S_3$[63] 的室温电导率也有明显提高，可以达到 1.2×10^{-4} S/cm。

晶体氧化物与晶体硫化物有众多相似之处。在固体电解质设计方面，氧化物和硫化物具有相似的理念。Kanno 总结了氧化物与硫化物之间的关系，见图 7-8[66]。

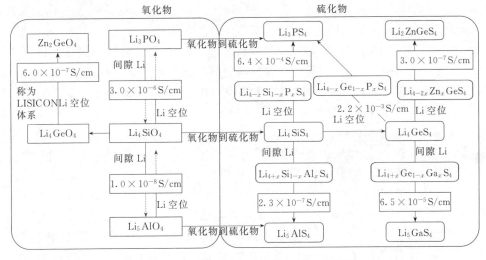

图 7-8　LISICON 体系的材料设计理念[66]

硫化物超锂离子导体 $Li_{10}GeP_2S_{12}$，具有三维框架结构和超高的 Li^+ 电导率，室温电导率可达 1.2×10^{-2} S/cm，活化能为 24kJ/mol[68]。1.2×10^{-2} S/cm 是至今所报道的锂离子导体所具有的最高电导率，甚至超过了一些液态有机电解液的电导率。Ceder 等人应用密度泛函理论和分子动力学研究了该材料的结构和锂离子传输机理[69]。$Li_{10}GeP_2S_{12}$ 为亚稳相，c 轴方向具有快离子传输的一维通道，另外在 Oab 平面有二维扩散通道，是该材料高离子电导率的主要原因。但通过计算表明，$Li_{10}GeP_2S_{12}$ 与金属锂接触能够被还原，分解成 Li_2S、Li_3P、$Li_{15}Ge_4$；在高电位下脱出 Li^+，分解成 GeS_2、S、P_2S_5。计算得到的能带间隙为 3.6eV，低于实验测得的 5V 的电化学稳定窗口。实验测得偏高的电化学稳定性可能是由于钝化层引起的，如负极的分解产物 Li_2S 和正极的分解产物 P_2S_5。

相比于晶体固体电解质，玻璃态电解质没有晶界阻抗，很有可能得到更高的电导率。此外，玻璃态固体电解质还具有易于合成、组成范围宽和各向同性电导等优点[70]。玻璃态硫化物的合成通常有两种方法，一种为高温淬火法，另一种为高能球磨法。通常，高能球磨法可能得到组成范围更宽的玻璃态硫化物。二元玻璃态电解质 $Li_2S\text{-}M_xS_y$（M = Al、B、Si、Ge、P）可以通过高能球磨的方法得到。随着

Li_2S 含量增加，$Li_2S-M_xS_y$（M＝Al、Si、Ge、P）的电导率也随之增大，最高可以达到 10^{-4} S/cm 数量级[71,72]。但是，B_2S_3 和 SiS_2 在空气和水中极不稳定，易于形成 B_2O_3 和 SiO_2[73,74]。Li_2S-GeS_2 和 $Li_2S-P_2S_5$ 体系虽然具有稍好的化学稳定性，但仍然能够与潮湿空气反应，生成 H_2S 气体。

通过混合形成剂效应（mixed-former effect），可以提高固体电解质的性能。通常认为，玻璃态硫化物与潮湿空气的反应主要发生在非桥硫位置。向二元玻璃态固体电解质中添加另一种玻璃形成剂，可以显著降低玻璃中非桥硫的数量，减弱阴离子基团对载荷的束缚，提高玻璃的化学、电化学稳定性，以及电导率[75]。通过向 GeS_2-Li_2S 玻璃态体系中掺杂 Al_2S_3[76] 和 Ga_2S_3[75]，可以有效提高其离子电导率、热稳定性和化学稳定性，降低 H_2S 气体的产生量。此外，通过向 Li_2S-SiS_2、$LiS-GeS_2$ 和 $Li_2S-P_2S_5$ 体系中添加耐火材料 La_2S_3[75,77]，均可显著提高其化学稳定性。向玻璃态硫化物中添加 LiI，可以有效提高玻璃的形成能力[75]。LiI 的添加，虽然降低了玻璃化温度 T_g，但是却能够增大结晶温度（T_c）与玻璃化转变温度（T_g）之间的差值，提高样品的热稳定性。四元玻璃态硫化物 $LiI-Li_2S-GeS_2-Ga_2S_3$ 的电导率可达 10^{-3} S/cm 数量级[75]。电导率的提高是玻璃改性剂（glass modifier）与玻璃形成剂（glass former）共同作用的结果。

通过向玻璃态硫化物中添加氧化物，可以提高固体电解质的化学稳定性，但是电导率会有一定程度的降低[78,79]。如向 $70Li_2S-30P_2S_5$ 中添加适当的 Li_2O，可以直接降低玻璃中 Li_2S^- 的含量，抑制 H_2S 气体的产生，电导率也可以保持在 10^{-4} S/cm 数量级[78]。向 $75Li_2S-25P_2S_5$ 中添加金属氧化物，如 Fe_2O_3、ZnO 和 Bi_2O_3，可以显著降低 H_2S 的产生量[79]。作用机理为 H_2S 与 Fe_2O_3、ZnO 和 Bi_2O_3 反应的自由能为负值，即 H_2S 可以自发与上述氧化物发生反应。其中，Bi_2O_3 与 H_2S 反应具有最负的自由能，因此，其抑制 H_2S 气体生成的作用也最为明显。ZnO 体系玻璃的电导率可以保持在 10^{-4} S/cm 数量级，但过多氧化物的添加会显著降低玻璃的电导率。

玻璃陶瓷是提高低电导样品电导率的有效方法。玻璃陶瓷是在玻璃态硫化物的基础上，进行结晶化。$Li_2S-P_2S_5$[80] 玻璃陶瓷的室温电导率可以达到 3.2×10^{-3} S/cm，同时活化能为 18kJ/mol，电学性能远远高于相同组成的玻璃态以及晶体材料。在玻璃结晶过程中，会形成不同于 thio-LISICON 结构的另一种高电导率的晶体结构，这是玻璃陶瓷硫化物具有高电导率的主要原因。三元化合物 $Li_2S-P_2S_5-P_2S_3$、$Li_2S-P_2S_5-P_2O_5$[81] 玻璃陶瓷硫化物的电导率为 10^{-3} S/cm 数量级，同时表现出比 $Li_2S-P_2S_5$ 玻璃陶瓷更好的电化学稳定性。通过 XRD 表征，观察到新相 $Li_7P_3S_{11-y}$ 和 $Li_7P_3S_{11-z}O_2$ 生成。三元 $Li_2S-GeS_2-P_2S_5$ 玻璃陶瓷的电导率也可以达到 10^{-3} S/cm 数量级[82]。

虽然可以通过改性的方法提高硫化物固体电解质的化学、电化学稳定性，但却无法根除其与潮湿空气的反应，使该系列材料的合成、测试、应用受到了一定的限制。

7.1.6 其它类型的固体电解质

单晶结构的氮化锂 Li_3N，具有层状结构。Li_3N 晶体结构中，Li_2N 层和 Li 层垂直于 c 轴排列[83]。垂直于 c 轴方向具有高的室温电导率 1×10^{-3} S/cm；样品 c 轴方向的电导率较 Oab 平面的电导率低两个数量级[84]。在 25℃，多晶 Li_3N 的电导率为 4×10^{-4} S/cm[85]。然而，Li_3N 的理论分解电压只有 $0.445V$，严重限制了实际应用[84]。Li_3N 为非化学计量比组成，结构中约有 1%～2% 的 Li 空位，同时含有 H 杂质，这是 Li_3N 具有高电导率的重要原因[86]。Li_3N-LiI（1∶2）混合物中添加 LiOH，样品的电导率可以得到进一步的提高，Li_3N-LiI-LiOH（1∶2∶0.77）在 25℃ 的电导率可达 0.95×10^{-3} S/cm。样品的分解电压提高到 $1.6V$ 附近[87]。然而，这种材料非常容易潮解，不适用于锂离子电池。磷化物系列，Li_3P 为化学计量比组成，室温电导率约为 10^{-4} S/cm，分解电压为 $2.2V$[88]。

LiPON 电解质由 Bates 等人提出。LiPON 典型的组成为 $Li_{2.88}PO_{3.73}N_{0.14}$，25℃ 的电导率可达 3.3×10^{-6} S/cm，活化能为 $E_a = 0.54eV$[89]。Levasseur 等人研究了射频溅射参数对组成近似为 $Li_{3.0}PO_{2.0}N_{1.2}$ 薄膜性能的影响。25～80℃ 的阻抗研究表明，离子电导率随玻璃态结构中 N 的掺杂量的增加而增大。因此，可以通过调节溅射过程中氮气的压力来控制 LiPON 的电导率和活化能[90]。尽管 LiPON 的离子电导率较低，但溅射法使其便于制备薄膜电池，从而得到应用。

Liang 通过对 LiI 和 Al_2O_3 复合物的研究发现，LiI 和氧化铝复合物的电导率相比于 LiI 提高 1～2 个数量级，第一次报道了锂离子导体界面的重要作用[91]。Maier 认为 Li^+ 吸附在亲核氧化铝颗粒表面，而相邻区域则具有较高的 Li^+ 空位浓度，使得该区域具有较高的锂离子电导率。该区域即为空间电荷层，Li^+ 在空间电荷层内传输，不再经过电导率低的 LiI 体相[92,93]。空间电荷层的宽度与德拜宽度成正比，德拜宽度取决于体相载荷密度。空间电荷效应只发生在体相载荷浓度低的固体（未掺杂样品）中和低温情况下。

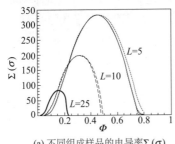
(a) 不同组成样品的电导率 $\Sigma(\sigma)$
与绝缘体比例 Φ 的关系

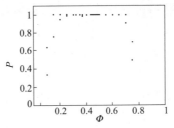
(b) 浸透百分比与绝缘体比例 Φ 的关系

图 7-9 样品的电导率与绝缘体比例的关系
以及浸透百分比与绝缘体比例的关系[96]

锂离子导体/绝缘体复合物的浸透模型表明样品的电导率与样品的粒径、绝缘体的含量有关[94,95][见图7-9(a)]。根据电导率与绝缘体的含量，浸透模型表现出两个临界值：在第一个临界值之前，空间电荷层没有完全浸透整个样品；在第二个临界值以后，导电颗粒和空间电荷层孤立地存在于绝缘体矩阵中[见图7-9(b)][96]。从图7-9(a)中可以看到，纳米复合物具有高的电导。通过对Li_2O-B_2O_3和Li_2O-Al_2O_3微米和纳米晶体颗粒复合物电导率的研究，实验上证明这种结论的正确性[97,98]。

7.2 钠离子导体材料

7.2.1 β-氧化铝

β-氧化铝是主要由Na_2O和Al_2O_3形成的一类陶瓷氧化物，通常还含有少量MgO和/或Li_2O。β-氧化铝具有两种相结构，β-氧化铝和$β''$-氧化铝。它们都是非化学计量化合物。需要指出的是，β-氧化铝中的Na^+也可以是其它单价阳离子M^+（如ⅠA族中的Li、Na、K和Rb，或ⅠB族的Ag，甚至H_3O^+、NH_4^+等）。在很宽的温度范围内，这类材料都是M^+的快离子导体。在这里主要介绍目前研究最为深入也是应用最为广泛的β-氧化铝Na^+快离子导体。

β-氧化铝名义上的化学式为$Na_2O \cdot 11Al_2O_3$或$NaAl_{11}O_{17}$。实际上结构中总是包含过量的Na，组成可以在$Na_2O \cdot 8Al_2O_3$和$Na_2O \cdot 11Al_2O_3$之间变化，为非化学计量化合物，$Na_{1+x}Al_{11}O_{17+x/2}$，通常$x=0.2$。

$β''$-氧化铝也是富钠相，名义上的化学式为$Na_2O \cdot 5Al_2O_3$或$NaAl_5O_8$。实际上Na_2O和Al_2O_3的比例可以在1∶5到1∶7之间变化。但是，$β''$相热力学上并不稳定，除非有稳定化离子，特别是Li^+和/或Mg^{2+}存在。$β''$相的典型组成为$Na_{1.67}Mg_{0.67}Al_{10.33}O_{17}$。

β-氧化铝的理想结构属于六方晶系，空间群为$P63/mmc$，晶胞参数$a=5.58$Å，$b=22.53$Å，$Na_2O \cdot 11Al_2O_3$单胞内包含两个分子，晶体结构如图7-10所示[99]。其中与尖晶石（$MgAlO_4$）具有基本等同的原子排列的$Al_{11}O_{16}$基块和NaO层垂直于c轴交替排列。$Al_{11}O_{16}$基块中包括四层作立方最密堆积的氧离子，铝离子占据其中的八面体和四面体位置，由于原子排列类似于铝镁尖晶石$MgAl_2O_4$，通常称为"尖晶石基块"。而在NaO层中，氧离子堆积较为疏松，按最密堆积方式，有3/4的氧缺失，其空出的位置部分被钠离子所占据，两个Na—O层间间距为11.23Å。$Na_2O \cdot 11Al_2O_3$单胞内包含两个尖晶石基块，基块在NaO层上、下互为镜面反映，相距4.76Å。在NaO层的上、下方，各有相对的铝原子构成氧铝键，它在铝氧尖晶石基块和NaO层间起着连接作用，铝氧尖晶石基块不仅通过钠离子结合，同时也通过Al—O—Al结合在一起。NaO层内Na^+—O^{2-}的离子结合十分松散（例如在$β$-Al_2O_3中Na^+—O^{2-}之间的距离为2.87Å，而在Na_2O中只有2.40Å），其中有三种位置可供钠离子占据，分别为BR（Beevers-Ross）、 aBR（anti-Beevers-Ross）和 mO（mid-oxygen）位置[见图 7-10(b)]。在这些位置中，低温下钠离子倾向于占据 BR 位。在高温下，由于不同 Na^+ 位置间的势能差变得可以忽略，钠离子统计地分布在三种位置上。因而，可以认为高温下钠离子亚晶格处于"熔融"状态。因此，Na^+ 可以很容易地在 Na—O 层内迁移，从而在层内具有高的二维钠离子电导率，NaO 层也被称为导通面。

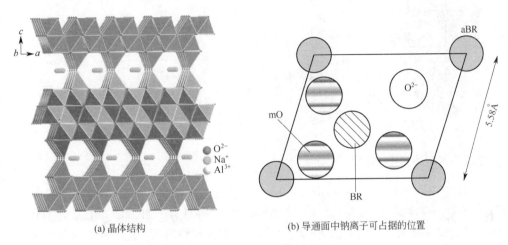

(a) 晶体结构   (b) 导通面中钠离子可占据的位置

图 7-10   β-氧化铝的晶体结构和导通面中钠离子可占据的位置

$(1Å=10^{-10}m)$

β″-Al_2O_3 晶体结构与 β-Al_2O_3 十分相似，有类同的层状结构和层间距（4.76 Å），主要差别在于尖晶石基块的堆积方式（见图 7-11）[100,101]。β″-Al_2O_3 每个六方单胞内含有三个尖晶石基块，呈菱方对称，空间群为 R-$3m$，晶胞参数 $a=5.60Å$，$b=33.95Å$，c 轴为 β-Al_2O_3 的 1.5 倍。由于尖晶石基块的堆积方式不同，其中间的 NaO 层结构也略有不同。在 β-Al_2O_3 中，上、下尖晶石基块的氧离子正好相对，这些氧离子与钠离子组成等边三棱柱的配位。在 β″-Al_2O_3 中，上、下尖晶石基块中的氧离子错开了一定距离，使钠离子处于氧的四面体配位位置。β″-Al_2O_3 中钠含量较高，NaO 层中钠离子浓度高于 β 相，因而具有更高的离子电导率。

β-Al_2O_3 具有二维钠离子传导性能，钠离子可以容易地在导通面内扩散，但是不能穿过平行于 c 轴方向的尖晶石密堆积基块。在 25℃下，典型 β-氧化铝单晶沿导通面（垂直于 c 轴）的离子电导率可达 0.01S/cm，而平行于 c 轴方向电导率要低几个数量级[103]。对于多晶陶瓷 β-Al_2O_3，由于晶粒的随机取向，以及增加了晶界电阻，因而电导率要比单晶的低很多。烧结的多晶陶瓷样品，具有各向同性的钠离子电导率，25℃时典型电导率为 $(3\sim5)\times10^{-4}$ S/cm。β-Al_2O_3 陶瓷电导率的 Arrhenius 曲线如图 7-12 所示。β″相较 β 相具有更高的离子电导率。烧结的多晶 β″-Al_2O_3 陶瓷通常用作 Na/S 电池电解质，在低温下电导率较低，在高温时（300℃）其电导率升高达到足够满足应用需求的水平。

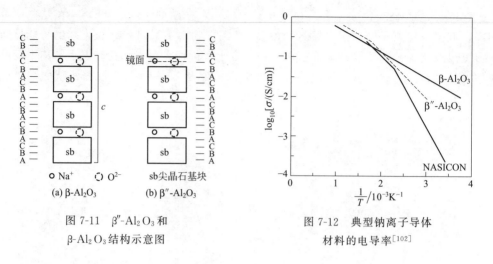

图 7-11 β''-Al$_2$O$_3$ 和 β-Al$_2$O$_3$ 结构示意图

图 7-12 典型钠离子导体材料的电导率[102]

7.2.2 NASICON 材料

NASICON（Na super ionic conductor）家族是另一类重要的钠离子导体材料[104,105]。在高温（＞150℃）时，NASICON 材料具有与目前已知的最好的钠离子导体 β''-Al$_2$O$_3$ 相近的钠离子电导率。NASICON 材料的离子电导率与其结构密切相关。NASICON 家族的组成通常为 Na$_{1+x}$Zr$_2$P$_{3-x}$Si$_x$O$_{12}$（$0 \leqslant x \leqslant 3$），是由 NaZr$_2$(PO$_4$)$_3$ 和 Na$_4$Zr$_2$(SiO$_4$)$_3$ 形成的固溶体，形成固溶体的补偿机理为 P^{5+} $\Longleftrightarrow$ Si^{4+} + Na$^+$，因此化学通式也可以表示为：

$$(1-x/3)\text{NaZr}_2(\text{PO}_4)_3 \cdot (x/3)\text{Na}_4\text{Zr}_2(\text{SiO}_4)_3$$

NASICON 材料具有由 ZrO$_6$ 八面体与 PO$_4$ 或 SiO$_4$ 四面体共顶点连接而成的三维框架结构（见图 7-13）。其中，每个 ZrO$_6$ 八面体与六个 PO$_4$ 或 SiO$_4$ 四面体相连，每个 PO$_4$ 或 SiO$_4$ 四面体与四个 ZrO$_6$ 八面体相连。钠离子填充在三维框架的间隙，间隙连接构成了三维各向同性的钠离子扩散通道，其中钠离子只填充扩散通道中部分可供占据的 Na$^+$ 位，因而具有高的离子电导率。

$x=0$ 时，NaZr$_2$(PO$_4$)$_3$ 属于三方晶系，空间群为 $R\text{-}3c$。其结构中存在两种晶体学上不等同的钠离子位置[见图 7-13(b)]，Na1 位为六配位八面体位，而 Na2 位为八配位。NaZr$_2$(PO$_4$)$_3$ 中钠离子倾向于占据势能较低的 Na1 位，而 Na2 位完全空着，钠离子在扩散通道中迁移必须经过 Na2 位，即必须越过 Na1 位和 Na2 位之间的势垒，迁移活化能较高，因而 NaZr$_2$(PO$_4$)$_3$ 的离子电导率较低（300℃约为 10^{-4} S/cm）。$x=3$ 时，Na$_4$Zr$_2$(SiO$_4$)$_3$ 具有与 NaZr$_2$(PO$_4$)$_3$ 类似的框架结构，不同的是扩散通道中的 Na1 和 Na2 位均被钠离子完全占据，因而钠离子难以发生迁移，同样离子电导率较低。在中间区域（$0 < x < 3$），由于 NaZr$_2$(PO$_4$)$_3$ 中 PO$_4$ 四面体被较大的 SiO$_4$ 四面体所取代，引起晶格扭曲，结构转变为单斜对称，空间群为 $C2/c$。单斜结构使得 Na2 位分裂为两个晶体学上不等同的位置，因而在单斜结构 NASICON 中存在三个钠离子位置。Na2 位被钠离子部分占据，同时留下部分

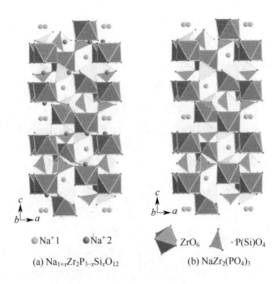

● Na⁺1   ● Na⁺2   ZrO₆   · P(Si)O₄

(a) $Na_{1+x}Zr_2P_{3-x}Si_xO_{12}$ (b) $NaZr_2(PO_4)_3$

图 7-13   NASICON 材料 $Na_{1+x}Zr_2P_{3-x}Si_xO_{12}$

和 $NaZr_2(PO_4)_3$ 结构示意图

空位。Na2 位部分填充产生 Na^+-Na^+ 之间的不平衡排斥，使得部分 Na^+ 偏离它们的理想位置，从而降低了不同 Na 位之间的势能差，降低了迁移活化能，因而具有高的电导率。当 $x=2$ 时，材料具有最高的钠离子电导率（300℃可达 0.2S/m）[106]，离子传导活化能最低。NASICON 材料从高温冷却过程发生相变，导致 Na^+ 迁移率较低，传导活化能升高，因而在电导率 Arrhenius 曲线上出现明显转折。低温下电导率下降较快，室温时电导率仅为 1×10^{-4}S/cm。

7.2.3 应用

7.2.3.1 钠硫电池

钠硫电池（sodium sulfur battery）是美国福特（Ford）公司于 1967 年首先发明公布的，目前已有近 50 年历史。钠硫电池具有能量密度高（100～200W·h/kg）、无自放电、寿命长、环境友好等突出优点，近年来在日本、北美及欧洲电力系统储能中的应用得到迅速发展，同时在输配电系统的有功、无功支持及多功能电能储存系统中显示出广泛应用前景。我国以中国科学院上海硅酸盐研究所为代表的研究机构和企业在钠硫电池的研究开发和产业化上近年来也取得了突出进展。2009 年成功研制了功率为 10kW 级的钠硫电池子模块并稳定运行，2010 年上海世博会成功展示了 100kW 级钠硫电池储能系统[107]。

钠硫电池是以钠和硫分别作为阳极和阴极，β-Al_2O_3 陶瓷膜（通常为管式）为固体电解质的一种高温二次电池。钠硫电池组成形式为：

$(-)Na(l)/β-Al_2O_3/Na_2S_x(l)/C(+)$

基本电池反应如下。

阳极：$Na(l) \longrightarrow Na^+ + e^-$ 　　　　　　　　　　　　　　　　　　(7-1)

阴极：$2Na^+ + xS(l) + 2e^- \longrightarrow Na_2S_x(l)$ 　　　　　　　　　(7-2)

总反应：$2Na(l) + xS(l) \longrightarrow Na_2S_x(l)$ 　　　　　　　　　　(7-3)

放电过程中，熔融 Na 在阳极离子化为 Na^+，Na^+ 在化学势的驱动下通过 β-Al_2O_3 电解质向阴极扩散，在阴极与硫反应生成 Na_2S_x，同时电子通过外电路从阳极向阴极传输，从而对外做功。充电过程发生相反的可逆过程。产物 Na_2S_x 中 x 取决于电池放电深度，根据放电深度，阴极反应可以分为两个阶段[108]：

$$2Na^+ + 5S(l) + 2e^- \longrightarrow Na_2S_5(l) \qquad (7-4)$$

$$2Na^+ + (5-x)S(l) + 2e^- \longrightarrow Na_2S_{5-x}(l) \qquad (7-5)$$

第一阶段反应为两相反应，阴极为产物 Na_2S_5 和未反应的 S 的混合相，电池开路电压恒定为 2.08V；当阴极硫全部转化为 Na_2S_5 后，开始第二阶段反应，为单相反应过程，电池开路电压随产物 Na_2S_{5-x} 组成从 2.08V 开始线性下降至 1.78V，对应于放电结束，产物为 Na_2S_3。进一步放电，生成固态 Na_2S_2 导致阴极被"冻结"，因而放电必须终止。由于放电产物 Na_2S_x（Na_2S_5 或 Na_2S_3）的熔融温度为 275～300℃，因此钠硫电池工作温度通常在 300℃ 以上（300～350℃）。在此温度下，β-氧化铝的钠离子电导率可达 0.2～0.5S/cm，媲美氯化钠水溶液，使其成为理想的高温钠硫电池固体电解质。同时正、负极反应物和产物（钠、硫和多硫化钠）都为熔融态，有利于离子在电极中的传输。若在 300℃ 以下工作，深度放电时容易出现固态产物，其离子电导率较低，导致电池无法正常工作。

钠硫电池通常使用管式结构设计（见图 7-14）[109]，以一端封闭的烧结 β-Al_2O_3 致密陶瓷管为固体电解质，在管的内、外分别填充钠和硫。由于熔融硫为共价键化合物，是电子绝缘体，因此，阴极材料一般是将硫浸渍在导电碳毡中以提高导电性。电池外壳由不锈钢制成，同时充当集流体。

β-Al_2O_3 致密陶瓷管是钠硫电池的关键部件，其质量在很大程度上影响着电池的性能和寿命，因此在工作温度下它必须具有高的离子电导率、良好的结构和机械性能、良好的长期稳定性（长寿命）及精确的尺寸偏差。陶瓷粉体的制备和陶瓷管成型是制备高质量 β-Al_2O_3 陶瓷管的关键。为获得最佳的电池性能，通常选择电导率更高的 β″-Al_2O_3 作为电解质，由于 β″-Al_2O_3 热力学上不稳定，这就对电解质陶瓷粉体的制备提出了更高要求，必须掺杂合适的稳定化离子提高其高温稳定性。同时在陶瓷烧结过程中要防止由于高温下 Na_2O 的挥发导致 β″ 相向 β 相转变，而导致电导率下降。

虽然钠硫电池具有能量密度高、寿命长的优点，但目前仍存在着制造成本较高，正、负极活性物质的腐蚀性强，电池对固体电解质、电池结构和运行条件的要求苛刻等问题，因而需要进一步研究开发以降低成本并提高电池系统的安全性。

7.2.3.2　ZEBRA 电池

ZEBRA（zero emission battery research activities）电池是从 Na-S 电池发展而

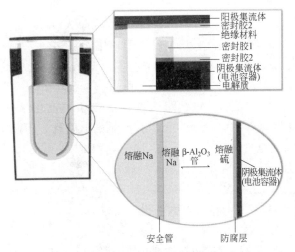

图 7-14 管式设计的钠硫电池结构图[109]

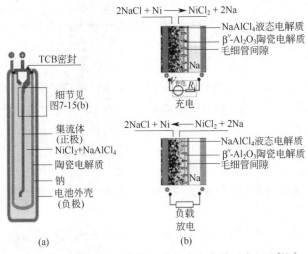

图 7-15 ZEBRA 电池结构及其基本电化学反应机理[110]

来的一类基于 β''-Al_2O_3 陶瓷电解质的二次电池，常被称为钠氯化物电池、钠镍电池。ZEBRA 电池是 1978 年由南非 Zebra Power Systems 公司的 Coetzer 发明的[111]。ZEBRA 电池的结构及其基本电化学机理如图 7-15 所示[110]。其结构与钠硫电池相似，其中用 $NiCl_2$（或 $NiCl_2$ 和少量 $FeCl_2$ 的混合物）替代阴极硫。由于阴极材料为固体，和固体电解质之间的接触差，因此需要加入第二液相（熔融 $NaAlCl_4$）作为阴极的辅助电解质以提高阴极和电解质之间的离子导电性。与钠硫电池类似，由于使用 β''-Al_2O_3 陶瓷电解质，ZEBRA 电池需要一定的工作温度，通常为 250~300℃。电池的基本电化学反应如下。

阳极：$Na\ (l) \longrightarrow Na^+ + e^-$ \hspace{3cm} (7-6)

阴极：$2Na^+ + NiCl_2(s) + 2e^- \longrightarrow 2NaCl(s) + Ni(s)$ (7-7)

总反应：$2Na(l) + NiCl_2(s) \longrightarrow 2NaCl(s) + Ni(s)$ (7-8)

300℃时电池的开路电压为 2.58V，其理论比能量达到 790W·h/kg（实际能量密度＞100W·h/kg）。除了钠/氯化镍体系外，氯化铁、氯化锌等也可作为活性物质构成类似的 ZEBRA 电池。

与钠硫电池相比，ZEBRA 电池最大的优点在于其电化学反应具有高的安全性，即使在严重事故发生的情况下，也没有严重的危险性。因此 ZEBRA 电池被认为是为数不多的高安全性二次电池之一。同时，ZEBRA 电池还具有很强的耐过充电和过放电的能力[107]。过充电反应为：

$$2NaAlCl_4 + Ni(s) \longrightarrow 2Na(l) + 2AlCl_3(s) + NiCl_2(s) \qquad (7-9)$$

295℃时的电位为 3.05V。电池过放电电化学反应为：

$$3Na(l) + NaAlCl_4 \longrightarrow Al(s) + 4NaCl(s) \qquad (7-10)$$

由于其优异的安全性，ZEBRA 电池在电动汽车（纯电动汽车和混合动力汽车）、远程通信备用电源及空间电源上显示出良好的应用前景。但是 ZEBRA 电池的能量密度和功率密度还有待进一步提高。提高 ZEBRA 电池比能量的一个有效途径是对电池正极材料的组成进行改性。如通过在正极材料中加入添加剂（如 Al 和 NaF），可将电池能量密度从以氯化镍为正极的约 94W·h/kg 提高到 140W·h/kg。加入的 Al 在电池首次充电过程中与 NaCl 反应生成 $NaAlCl_4$ 和金属钠，金属钠储存在负极中可提高电池容量，而 $NaAlCl_4$ 在正极中可提高离子电导。此外，研究表明，在正极材料中掺入 $FeCl_2$，可有效提高 ZEBRA 电池的功率密度。

由于其良好的安全性，除了管式设计外，近年来人们开始尝试设计平板式 ZE-BRA 电池[112]。采用平板式设计的优势在于薄的阴极有利于电子和离子的传输，薄的电解质有利于降低电池内阻，提高功率密度，并简化单体电池之间的连接，从而提高电池堆的效率。但是，平板式 ZEBRA 电池仍存在密封脆弱等隐患，还有待进一步研究和开发。

除了应用于高温二次钠电池外，钠离子导体电解质材料在气体传感器等领域也有着广泛的应用前景。如 Yao 等人[113]利用 NASICON 为固体电解质膜，以 Li_2CO_3、$BaCO_3$ 和 Na_2CO_3 等碳酸盐或复合碳酸盐为敏感电极制作了 CO_2 传感器。由于 NASICON 材料的载流子 Na^+ 与被测气体 CO_2 生成的离子不同，故需要在电极界面增加辅助（敏感）电极，使固体电解质的导电离子与被测气体之间能够建立化学平衡。固体电解质 CO_2 传感器可以看作如下化学电池：

$$CO_2', O_2', Pt \| NASICON \| Li_2CO_3\text{-}BaCO_3 \mid Pt, CO_2'', O_2'' \qquad (7-11)$$

在两电极处的反应可以表示为：

$$Li_2CO_3(BaCO_3) == 2Li^+(Ba^{2+}) + CO_2 + \frac{1}{2}O_2 + 2e^- \text{（敏感电极）} \quad (7-12)$$

$$2Na^+ + \frac{1}{2}O_2 + 2e^- == Na_2O\text{（NASICON 中）（参比电极）} \qquad (7-13)$$

由能斯特方程可得：

$$E_s = E_{0s} + \frac{RT}{2F} \ln \left[(p''_{O_2})^{1/2} (p''_{CO_2}) \right] （敏感电极）\tag{7-14}$$

$$E_r = E_{0r} + \frac{RT}{2F} \ln \left[(p'_{O_2})^{1/2} \right] （参比电极）\tag{7-15}$$

总反应为： $2Li^+ (Ba^{2+}) + CO_2 + Na_2O =\!\!= Li_2CO_3 (BaCO_3) + 2Na^+$ (7-16)

电池输出电势为：

$$E = E_s - E_r = E_0 + \frac{RT}{2F} \ln \frac{(p''_{O_2})^{1/2} (p''_{CO_2})}{(p''_{O_2})^{1/2}}\tag{7-17}$$

当 $BaCO_3$、Li_2CO_3、Li^+、Ba^{2+}、Na^+ 及 Na_2O 的活度保持一定时，待测气氛的 CO_2 分压与传感器开路电压的关系可简化为：

$$E_s = E_0 + \frac{RT}{2F} \ln p''_{CO_2}\tag{7-18}$$

式中，F 为法拉第常数；R 为气体常数；T 为热力学温度。

因此，通过测量传感器的电势和工作温度就可以求出待测气体的二氧化碳分压（浓度）。

7.3 无机质子导体材料

质子的半径小、质量轻、迁移性强，与其它离子不同，质子很少以裸质子的形式单独存在，而是位于其它原子的电子密度中，相对较小的质荷比也使得其在固体中的运动常伴随着诸如分子扩散、声子、分子动力学等现象。

X射线和中子衍射都不能有效地确定晶体中氢的位置，这是由于氢具有低电子密度和强的非弹性散射，更不用提其高的迁移能力。晶体中氢的位置最可靠的表征方法是氘化晶体的中子衍射。因而，在许多情况下，氢的位置往往是被假定的而非实验确定。

目前建立的质子传输机理主要有两种：跳跃机理（hopping mechanism）和运载机理（vehicle mechanism）[114~116]。

（1）跳跃机理　又称 Grotthuss 机理（Grotthuss mechanism）、链型机理（chain mechanism）或结构扩散机理（structure mechanism），该机理认为质子载体分子静止，质子沿氢键链在载体间定向迁移。包括质子沿质子给体和质子受体（如 H_3O^+ 和 H_2O、或 H_2O 和 OH^-）之间的氢键传递，完成每一次质子传递后，质子载体重新定位（取向）为下一次传递作准备，形成质子的连续定向运动。质子传导速度取决于质子在载体间传递所需的活化能和载体重新取向的速率。强的氢键（较短的 O—O 距离）有利于质子传递（无论是热激发跃迁还是量子隧穿），但是不利于载体的重新取向。

（2）运载机理　该机理认为质子和载体（如 H_2O 或 NH_3）相结合，载体像交通工具一样带着质子迁移。运载机理涉及大量含质子离子（如 H_3O^+ 或 NH_4^+）的传输。

　　不考虑微观现象，质子导体的电导率对晶体内部及表面的水含量十分敏感。在不同的温度范围内，质子导体具有不同的电导特性。在低温和中温条件下，主要是固体酸和经过质子交换的 $\beta\text{-Al}_2\text{O}_3$ 体系；在高温下，主要是钙钛矿及其相关结构氧化物（如掺杂 $SrCeO_3$ 和 $BaCeO_3$ 等，参考 10.2.2 节）。一些主要质子导体材料的质子电导率如图 7-16 所示。虽然目前质子导体电导率在 $0\sim260\text{℃}$ 或 $600\sim1000\text{℃}$ 可以达到 $0.01\sim0.1\text{S/cm}$，但所面临的挑战仍然是制备中温兼具高离子电导率和足够稳定性的质子导体材料。

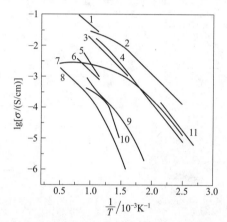

图 7-16　一些典型无机质子导体的电导率比较

1—$BaCe_{0.8}Y_{0.2}O_{3-\delta}$[117]；2—$BaZr_{0.8}Y_{0.2}O_{3-\delta}$[118]；

3—$BaCe_{0.8}Y_{0.2}O_{3-\delta}$[119]；4—$BaCe_{0.9}Y_{0.1}O_{3-\delta}$[118]；

5—$SrCe_{0.9}Y_{0.1}O_{3-\delta}$[120]；6—$SrZr_{0.95}Y_{0.05}O_{3-\delta}$[121]；

7—$Ba_3Ca_{1.18}Nb_{1.82}O_{8.73}$[122]；8—$La_{0.9}Sr_{0.1}PO_4$[123]；

9—$La_{0.8}Ba_{1.2}GaO_{3.9}$[124]；10—$La_{0.99}Ca_{0.01}NbO_{4-\delta}$[125]；

11—$BaCe_{0.9}Y_{0.1}O_{3-\delta}$[126]

7.3.1　固体无机酸型质子导体

　　无机强酸及酸式盐是最好的无机质子导体。固体无机酸型质子导体包括水合物型及氢键型等化合物。但是，这些化合物通常热稳定性较差，因为它们很容易失去水并且在 $100\sim270\text{℃}$ 分解。如 $H_3Mo_{12}PO_{40}\cdot29H_2O$ 和 $H_3W_{12}PO_{40}\cdot29H_2O$ 具有目前报道的最高室温质子电导率，在 25℃ 时分别为 $1.8\times10^{-1}\text{ S/cm}$ 和 $1.7\times10^{-1}\text{S/cm}$；它们同时具有很低的质子传导活化能，分别为 15.5kJ/mol 和 13.7kJ/mol[127]。在相对湿度 $>80\%$ 时，两种酸都能稳定到至少 80℃，但是在较低湿度或更高温度下，它们迅速脱水转化为低水合物，导致质子电导率下降[128]。相比之下，十二钨硅酸盐水合物的电导率较低，但热稳定性更高[129,130]。

　　氢键型化合物，包括众多无水碱金属和铯的硫酸、硒酸、磷酸和砷酸盐在

$100\sim200℃$ 范围内表现出较高的质子电导性能。它们的结构通常包括含氧阴离子 XO_4^{n-}（如 SO_4^{2-} 和 PO_4^{3-}）通过氢键连接在一起。其中研究最为深入也是电导率最高的是高温四方相 $CsHSO_4$[131,132]。高电导率的四方相存在于 141℃（141℃以下转变为电导率较低的单斜相）和熔点（217℃）之间的较窄温度范围内。由于阴离子的快速重新取向，四方相 $CsHSO_4$ 表现出基本上各向同性的质子电导率。150℃时，$CsHSO_4$ 的质子电导率约为 $8×10^{-3}$ S/cm。对于 CsH_2PO_4，无序质子传导立方相存在于 230℃ 以上[133,134]；但是，对于混合阴离子盐 $Cs(HSO_4)_{1-x}$ $(H_2PO_4)_x$（$0.25≤x≤0.75$），立方相可以被过冷到室温[135]。不同于质子交换膜燃料电池的聚合物，其质子迁移过程类似于在钙钛矿中发现的跳跃机理，例如无序质子传导立方相 CsH_2PO_4 中，质子在磷酸根快速重新取向的辅助下在相邻四面体氧之间跃迁。对于车辆用质子导体燃料电池，固体无机酸电解质提供了无水质子传导和较高热稳定性（可达 250℃）等有利条件。使用基于湿度稳定的固体酸 CsH_2PO_4 为电解质的 H_2/O_2 和直接甲醇燃料电池目前已有示范，可以获得连续、稳定的电力输出。

7.3.2　钙钛矿型氧化物质子导体

首次报道高温氧化物质子导体可以追溯到 20 世纪 80 年代，Iwahara 等人在掺杂 $SrCeO_3$ 和 $BaCeO_3$ 中观察到质子传导现象[136,137]。随后，很多包含晶格缺陷的钙钛矿及其相关结构氧化物固溶体质子导体材料相继被发现。目前，钙钛矿（$A^{2+}M_{1-x}^{4+}R_x^{3+}O_{3-x/2}$）及其相关结构（$A_3Ca_{1+x}Nb_{2-x}O_{9-3x/2}$）（A＝Ba、Sr、Ca；M＝Ce、Zr、Hf、Sn、Th；R＝Sc、Y、Ln、In）铈酸盐和锆酸盐氧化物已经成为被广泛研究的陶瓷质子导体材料体系[118,138～140]。它们在干燥、不含氢气的气氛中烧结时不含氢，但是在中、高温下很容易与潮湿空气中的水或者氢气反应而获得质子导电性能。

与锆酸盐相比，铈酸盐通常具有较高的离子电导率，但是化学稳定性较差，并且容易和 CO_2 或高浓度水蒸气发生反应分解为碱土金属碳酸盐或氢氧化物[118,139～141]。虽然在室温下为立方结构的 $BaZrO_3$ 具有高的本征质子移动性，但是由于晶界阻抗的贡献，多晶材料的电导率通常远低于体相的电导率。对于 $BaZr_{1-x}Y_xO_{3-\delta}$，样品通常具有较低的密度和电导率，尽管使用了高的烧结温度（＞1600℃）或使用助烧结剂[142,143]。同时，可能在晶界析出第二相（如 Y_2O_3）[144]，因此，$BaZrO_3$ 基质子导体电导率变化范围很宽。材料中 Ba 不足可能是导致电导率结果巨大差异的重要因素，由于材料在高温下长时间暴露可能导致 BaO 的挥发。一些两者的固溶体（如 $BaCe_{0.3}Zr_{0.5}Y_{0.2}O_{3-\delta}$ 及 $BaZr_{0.4}Ce_{0.4}In_{0.2}O_3$[145]）可以在获得较高的电导率的同时维持锆酸盐相对较高的化学稳定性。

钙钛矿结构质子导体传导机理被假定为跳跃机理[116,126]，虽然铈酸盐和锆酸盐中平均 O—O 分开距离（沿八面体边为 $2.9\sim3.1$Å，八面体之间为 $4.1\sim4.4$Å）

要大于典型的氢键长度（2.4～2.9Å）。此外，由于质子和八面体位阳离子之间的相互排斥，沿八面体边的氢键将是显著弯曲的。在非立方钙钛矿中，虽然一些O—O距离变短，然而任意连续的质子传导路径必须包括较长的O—O距离。因此，立方钙钛矿应该是更好的质子导体，并且由于热运动，O—O距离的缩短应该是动态的。H^+-M^{n+}的相互排斥将对质子传导活化能产生贡献。确实，与$A^{2+}M^{4+}O_3$基材料相比，$A^+M^{5+}O_3$基材料的质子电导率要低很多。因此，尽管它们的结构通常是扭曲的，但由于所有A^{3+}对于理想的O_{12}十四面体来说都太小，$A^{3+}M^{3+}O_3$基钙钛矿可能是很有前景的质子导体[116,126]。

钙钛矿的晶体结构如图3-21所示。在钙钛矿结构材料中，通过解离吸附在材料表面的水分子而形成质子缺陷，这需要晶格中存在氧缺陷。来自气相的水分子解离成OH^-和H^+，OH^-填充在氧离子空位，而质子与晶格氧形成共价键。缺陷反应式为：

$$H_2O + V_O^{\cdot\cdot} + O_O^{\times} \longrightarrow 2OH_O^{\cdot} \qquad (7\text{-}19)$$

由于未掺杂的$SrCeO_3$、$BaCeO_3$、$CaZrO_3$及$SrZrO_3$的氧空位浓度很低，因此表现出低的质子电导率。通过B位低价离子掺杂引入氧空位可以显著提高材料的质子电导率。例如，在$BaCeO_3$体系中，用M^{3+}阳离子（如Y^{3+}）取代Ce^{4+}，主要是通过形成氧空位实现电荷补偿：

$$2\,BaYO_{2.5} \xrightarrow{BaCeO_3} 2\,Ba_{Ba}^{\times} + 2Y_{Ce}' + V_O^{\cdot\cdot} + 5O_O^{\times} \qquad (7\text{-}20)$$

实验和理论研究都表明掺杂和未掺杂铈基和锆基钙钛矿结构氧化物与水分子的结合反应都是放热反应，这与观察到的钙钛矿氧化物的质子吸纳能力随温度的降低而增大一致[118,139]。此外，掺杂体系与水的结合放热量要高于未掺杂体系。

由于高温和较低的掺杂浓度，掺杂钙钛矿与气相（H_2O或H_2）的反应可以利用点缺陷模型和准化学平衡来充分描述：

$$\frac{1}{2}O_2\,(g) + V_O^{\cdot\cdot} \Longrightarrow O_O^{\times} + 2h^{\cdot} \qquad (7\text{-}21)$$

$$H_2\,(g) + 2O_O^{\times} + 2h^{\cdot} \Longrightarrow 2\,OH_O^{\cdot} \qquad (7\text{-}22)$$

$$H_2O(g) + V_O^{\cdot\cdot} + O_O^{\times} \longrightarrow 2OH_O^{\cdot} \qquad (7\text{-}23)$$

因此，铈酸盐和锆酸盐中低价离子取代（如Y^{3+}取代Ce^{4+}，或二价离子取代Nb^{5+}或La^{3+}）实现电荷补偿可能形成三种带电物种：氧空位、电子空穴和以OH^-形式存在的填隙质子。因此，根据外界环境，材料可能显示出氧离子、电子和质子电导中的一种或混合电导。在较低的氧分压和水蒸气分压下，氧离子电导占主导；在高氧分压下以电子空穴导电为主；而在低的氧分压和高水蒸气分压下，质子电导占主导。此外，在极低的氧分压下，Ce^{4+}可能被部分还原为Ce^{3+}，而产生n型电子电导[146,147]。

通常情况下，质子导体总电导中可能包含着一定的氧离子电导，尤其是在高温下，由于质子导体材料结合水或氢的反应通常是放热反应，同时氧离子传导活化能

E_a 通常高于质子传导。例如在还原性气氛下为纯离子导体时，$BaCe_{0.85}R_{0.15}O_{3-\delta}$（R=Sc、Y、Pr⋯Lu）的质子迁移数在 700℃时为 $t_{H^+}=0.44\sim0.66$，而在 1000℃时仅为 $0.02\sim0.09$[148]。不同作者也报道了 10%Yb[140] 或 Nd[149] 掺杂的 $BaCeO_3$ 具有非常相似的结果，其质子迁移数 t_{H^+} 仅在 600℃以下接近 1。对于较小的阳离子，氧离子电导贡献变小[140]。据报道，$BaZr_{0.9}Y_{0.1}O_{3-\delta}$ 在 700℃时 $t_{O^{2-}}$ 仅为 0.02[150]；$ScCe_{0.95}Tb_{0.05}O_{3-\delta}$ 在 900℃时接近 0[151]；在 $SrCe_{0.95}Sc_{0.05}O_{3-\delta}$ 高至 800℃和 $La_{0.8}Sr_{0.2}ScO_{3-\delta}$ 高至 650℃[152]时低于 0.05。需要注意的是，致密陶瓷膜与环境气氛达到平衡可能需要很长时间，对于相似组成的材料，500℃下平衡时间 1 小时到数十小时不等[140]。因此，在较低温度下，质子导体陶瓷膜的电导率可能表现出在一定测量时间内与气氛无关，因为在高温下产生了缺陷浓度的"冻结"。

7.3.3　其它材料

受到关注的其它高温质子导体材料包括不含结构质子的磷酸盐（如 $LaPO_4$）、铌酸盐和钽酸盐、Ga 基氧化物、烧绿石结构氧化物等[114,118]。

7.3.3.1　磷酸盐

磷酸盐化合物由于其不同寻常的解离和质子传输机制而受到关注[138,139]。研究表明，Ca 和 Sr 掺杂的 $LaPO_4$ 质子电导占主导的温度区域高达 800℃，但是离子电导率值较低，分别为 6×10^{-5} S/cm 和 3×10^{-4} S/cm[123,153]。在磷酸盐材料中，质子被认为是以非本征带正电荷缺陷的形式从周围水蒸气进入晶体的，以补偿受主掺杂并取代本征正电荷缺陷，并推测氧空位以焦磷酸根基团形式存在[123]。对受主掺杂磷酸镧详细的研究表明掺杂离子的固溶度有限。过量掺杂导致生成第二相和掺杂元素在晶界的大量偏析。因此，人们对其它磷酸盐，如聚磷酸盐（LaP_3O_9）[154] 和氧磷酸盐（$La_7P_3O_{18}$）[155]进行了探索。当 La^{3+} 被低价阳离子（如 Sr^{2+}）部分取代时，这些化合物在潮湿空气中都显示出较高的质子电导率，如 Sr^{2+} 掺杂化合物的质子电导率在 700℃时为 3×10^{-4} S/cm[123]，与一些钙钛矿结构高温质子导体材料（如 In 掺杂 $CaZrO_3$）电导率相当。在所有磷酸盐化合物体系中，其结构都包含由稀土金属层分隔开的共顶点链接的 PO_4 四面体链。

7.3.3.2　铌酸盐和钽酸盐

$Haugsrud$ 等人报道了受主掺杂稀土金属铌酸盐和钽酸盐（$RE_{1-x}A_xMO_4$，其中 RE=La、Gd、Nd、Tb、Er 或 Y；M=Nb 或 Ta；A=Ca、Sr 或 Ba；$x=0.01\sim0.05$）用作新型质子导体材料[125]。这类化合物在低温下为单斜褐钇铌矿型结构，属于 $I2/c$ 空间群；在高温下为四方白钨矿结构，属于 $I41/a$ 空间群；单斜相到四方相的转变温度随组成的改变而变化。

单斜相和四方相铌酸盐和钽酸盐晶体结构如图 7-17 所示，两种多晶体都包含孤立四面体单元，代表了一类新型结构的质子导体氧化物。不同于钙钛矿结构质子导体氧化物，铌酸盐和钽酸盐化合物中最高离子电导率出现在很低的掺杂含量（摩

尔分数仅为 $1\%\sim3\%$)。而在其它体系中，通常需要较高浓度的受主掺杂以获得高的氧空位浓度。

在目前报道的铌酸盐和钽酸盐化合物中，$La_{0.99}Ca_{0.01}NbO_{4-\delta}$ 具有最高的质子电导率。与其较大的晶格体积一致，镧基铌酸盐通常被发现较其它含稀土金属的铌酸盐和钽酸盐相具有较高的质子迁移能力。

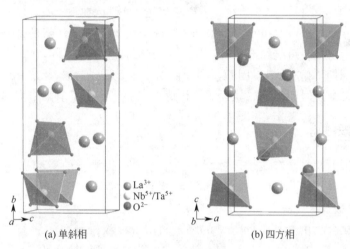

(a) 单斜相   (b) 四方相

图 7-17 单斜相和四方相铌酸盐和钽酸盐晶体结构

褐钇铌矿型和白钨矿型两种多晶体具有不同的质子迁移活化能，根据材料的组成，前者为 $0.73\sim0.83eV$，后者为 $0.52\sim0.62eV^{[125,156]}$。通常单斜相褐钇铌矿型结构到四方相白钨矿型结构的转变温度随稀土金属离子半径的减小而升高，对于铌酸盐在 $500\sim830℃$，而同构体钽酸盐则发生在更高的温度 $1300\sim1450℃$。$La_{0.99}Ca_{0.01}NbO_{4-\delta}$ 的高温中子衍射研究显示，单斜相到四方相的相变过程没有伴随剧烈的体积变化，这对于其在各种实际装置中的应用来说是非常有利的[157]。

对各种铌酸盐和钽酸盐的迁移数测量表明，这些化合物在 700℃ 以下几乎为纯质子导体；在更高温度下，质子浓度下降；而带正电荷的本征点缺陷（最有可能的是氧空位）成为主要的载流子[125,156,158]。铌酸盐材料和钽酸盐材料结构稳定，但是电导率较低，在 1000℃ 高温下也仅仅只有 10^{-3} S/cm。

虽然铌酸盐和钽酸盐的质子电导率要低于钙钛矿结构铈酸盐，但是在不包含碱土金属 Ba 或 Sr 作为主要组分的氧化物中，它们具有报道的最高质子电导率。因此，作为以碳氢化合物为燃料的固体氧化物燃料电池的质子导体电解质膜，它们具有较大吸引力。

除了上述质子导体材料以外，还有大量质子导体材料被研究和发现，如 Ca 掺杂烧绿石结构的 $A_2B_2O_7$（A＝La、Eu 等三价稀土元素；B＝Zr）[159,160] 是具有高化学稳定性的质子导体材料，其中 $La_{1.95}Ca_{0.05}Zr_2O_7$ 具有最高的质子电导率。包含四面体单元的 Ga 基氧化物 $La_{1-x}Ba_{1+x}GaO_{4-x/2}$[124,161]在高温下也表现出质子导电性，其中典型的材料为 $La_{0.8}Ba_{0.2}GaO_{3.9}$。虽然众多新型高温质子导体被报道，但相比于钙钛矿结构铈酸盐和锆酸盐而言，其质子电导率都较低（通常低 1~2 个数量级）。

7.3.4 应用

无机质子导体在固体氧化物燃料电池、氢传感器、氢泵、水解制氢、氢的分离提纯、有机电化学加氢和脱氢等方面有着广泛的应用。

7.3.4.1 固体氧化物燃料电池

目前固体氧化物燃料电池（solid oxide fuel cell，SOFC）的固体电解质主要为氧离子导体（参考第 10 章），如掺杂萤石结构氧化物（氧化锆、氧化铈及氧化铋）和钙钛矿结构镓酸镧等。但是，目前氧离子导体材料的综合性能（主要是氧离子电导率和稳定性）仍不能满足中低温固体氧化物燃料电池的要求。如掺杂氧化铈基氧离子导体电解质，由于 Ce^{4+} 的还原反应，导致电池开路电压较低、输出功率下降。同时由于 Ce 的变价诱发的晶格常数变化容易导致电解质膜的机械应力增大。

质子导体材料，如掺杂钙钛矿结构铈酸盐和锆酸盐，虽然电导率比掺杂氧化铈略低，但其在中低温下还原性气氛中几乎为纯质子导体，电子电导几乎可以忽略，因而不存在电池内短路的问题。而且与氧离子导体电解质相比，质子导体电解质的质子传导活化能较低。此外，对于氧离子导体电解质，由于在燃料极上生成水，必须进行燃料循环；而采用质子导体电解质膜，在燃料极上没有水的生成，因而无须燃料循环。由于其以上优点，质子导体固体电解质膜 SOFC 受到人们的广泛关注。

质子导体燃料电池工作原理如图 7-18 所示，具体反应过程如下。

阳极：$\qquad H_2+2O_O^\times \longrightarrow 2OH_O^\cdot+2e'$ $\qquad$ (7-24)

阴极：$\qquad 4OH_O^\cdot+O_2+4e' \longrightarrow 4O_O^\times+2H_2O$ $\qquad$ (7-25)

总反应为：$\qquad 2H_2+O_2 \longrightarrow 2H_2O$ $\qquad$ (7-26)

以质子导体为固体电解质，有可能将多种新型膜反应器与 SOFC 进行耦合，在生产电力的同时制备高附加值化学品[162]。如烃基燃料电池，在输出电能的同时可以实现烃的重整（如从乙烷制得乙烯）；对于硫化氢燃料电池，在输出电能的同时还可消除硫化氢。

SOFC 质子导体电解质材料中，掺杂 $BaCeO_3$ 和 $BaZrO_3$ 基电解质由于其高的离子电导率受到广泛关注，其存在的最大问题是化学稳定性较差。其它结构质子导体虽然具有较高的化学稳定性，但其烧结活性以及电导率与 $BaCeO_3$ 依然存在较大的差距；当然其高的化学稳定性（对于高浓度的 CO_2 的忍耐度）对于以碳氢化合物为燃料的燃料电池仍具有较大的吸引力。目前质子导体固体电解质研究的关键仍是在提高材料化学稳定性以及烧结性能的同时获得尽可能高的质子电导率，寻找合适

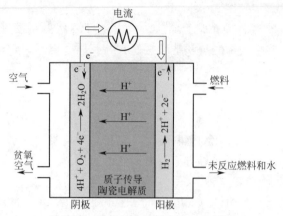

图 7-18　质子导体燃料电池工作原理

的质子电解质材料依然存在巨大的挑战。

7.3.4.2　氢传感器

原电池型氢传感器是以质子导体陶瓷膜为固体电解质，以多孔 Pt 为电极，根据氢浓差电池原理组装而成的，其本质是一个浓差电池：

$$Pt, p''_{H_2}(参比) \parallel CaZr_{0.9}In_{0.1}O_{3-\delta} \parallel p''_{H_2}(待测气氛), Pt \tag{7-27}$$

其结构如图 7-19 所示[163]。浓差电池型氢传感器的核心元件是质子导体固体电解质膜（$CaZr_{0.9}In_{0.1}O_{3-\delta}$），在其两侧表面分别覆盖一层多孔 Pt 电极。一侧腔体填充已知氢分压 p''_{H_2} 的标准气体（如体积分数为 1% 的 H_2-Ar 或 H_2-He 混合气），另一侧电极与氢分压为 p'_{H_2} 的待测气体相接触，由于两边氧浓度的差异进而产生浓差电势，高温下，当质子迁移数大于 0.99 时，浓差电势值（E，单位 V）可由能斯特方程求出：

$$E = \frac{RT}{2F}\ln\frac{p''_{H_2}}{p'_{H_2}} \tag{7-28}$$

式中，F 为法拉第常数；R 为气体常数[8.314J/(mol·k)]；T 为工作温度。

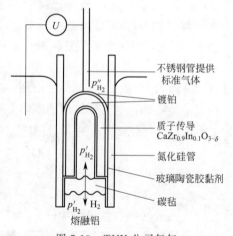

图 7-19　TYK 公司氢气
传感器剖面示意图[163]

因此，通过测量传感器的电势和工作温度就可以求出待测气体的氢分压（浓度）。

目前，日本的 TYK 公司开发出以 $CaZr_{0.9}In_{0.1}O_{3-\delta}$ 为固体电解质的原电池型氢传感器，并应用于冶金工业熔融铝中氢含量的测定[162,164]。

7.3.4.3　其它应用

除了在 SOFC 和氢传感器中的应用外，质子导体材料在氢的电化学分离、电解水制氢（氢氧燃料电池的逆反应）[165,166]、有机化合物的氢化与脱氢膜反应器[162,167]、NO_x 的消除[117]、核聚变反应堆废气中重氢与超重氢的回收[162]、常压合成氨[168]等领域有着广泛的应用前景。

参 考 文 献

[1]　Hong H Y P. Crystal structure and ionic conductivity of $Li_{14}Zn(GeO_4)_4$ and other new Li^+ superionic conductors. Mater Res Bull, 1978, 13: 117.

[2]　Bruce P G, West A R. Ionic conductivity of LISICON solid solutions, $Li_{2+2x}Zn_{1-x}GeO_4$. J Solid State Chem, 1982, 14: 354.

[3]　Hahn T. International tables for crystallography, Volume A: space-group symmetry. 5th ed. Kluwer: Dordrecht, 2002.

[4]　Hu Y-W, Raistrick I D, Huggins R A. Ionic conductivity of lithium othosilicate-lithium phosphate solid solutions. J Electrochem. Soc, 1977, 124 (8): 1240.

[5]　Rodger A R, Kuwano J, West A R. Li^+ ion conductivity γ solid solutions in the systems Li_4XO_4-Li_3YO_4: X = Si, Ge, Te; Y = P, As, V; Li_4XO_4-$LiZO_2$: Z = Al, Ga, Cr and Li_4GeO_4-Li_2CaGeO_4. Solid State Ionics, 1985, 15: 185.

[6]　Sumathipala H H, Dissanayake M A K L, West A R. Novel LISICON mixed conductors, $Li_{4-2x}Co_xGeO_4$. Solid State Ionics, 1996, 86-88: 719.

[7]　Dissanayake M A K L, Gunawardane R P, Sumathipala H H, West A R. New solid electrolytes and mixed conductors: $Li_{3+x}Cr_{1-x}M_xO_4$: M = Ge, Ti. Solid State Ionics, 1995, 76: 215.

[8]　Hong H Y P. Crystal structure and crystal chemistry in the system $Na_{1+x}Zr_2Si_xP_{3-x}O_{12}$. Mater Res Bull, 1976, 11 (2): 173.

[9]　Anantharamulu N, Rao K K, Ram babu G, et al. A wide-ranging review on nasicon type materials. J Mater Sci, 2011, 46 (9): 28212837.

[10]　Aono H, Sugimoto E, Adachi G Y, et al. The electrical properties of ceramic electrolytes for $LiM_xTi_{2-x}(PO_4)_{3+y}Li_2O$, M = Ge, Sn, Hf, and Zr Systems. J Electrochem Soc, 1993, 140 (7): 1827.

[11]　Takada K, Tansho M, Watanabe M, et al. Lithium ion conduction in $LiTi_2(PO_4)_3$. Solid State Ionics, 2001, 139: 241.

[12]　Narváez-Semanate J L, Rodrigues A C M. Microstructure and ionic conductivity of $Li_{1+x}Al_xTi_{2-x}(PO_4)_3$ NASICON glass-ceramics. Solid State Ionics, 2010, 181: 1197.

[13]　Peng H J, Xie H, Goodenough J B. Use of B_2O_3 to improve Li^+-ion transport in $LiTi_2(PO_4)_3$-based ceramics. J Power Sources, 2012, 197: 310.

[14]　Kazakevičius E, Venckutė V, Kežionis A, Orliukas A F. Preparation and characterization of $Li_{1+x}Al_ySc_{x-y}Ti_{2-x}(PO_4)_3$ ($x = 0.3$, $y = 0.1$, 0.15, 0.2) ceramics. solid state Ionics, 2011, 188: 73.

[15]　Xu X X, Wen Z Y, Gu Z H, Lin Z X. High Lithium Conductivity in $Li_{1.3}Cr_{0.3}Ge_{1.7}(PO_4)_3$ Glass-Ceramics. Mater Lett, 2004, 58: 3428.

[16]　Pinus I Yu, Khoroshilov A V, Yaroslavtsev A B. On cationic mobility in NASICON phosphates $LiTi_2(PO_4)_3$ and $Li_{0.9}Ti_{1.9}Nb_{0.1}(PO_4)_3$. Solid State Ionics, 2012, 212: 112.

[17]　Thokchom J S, Kumar B. Composite effect in superionically conducting lithium aluminum germanium phosphate based glass-ceramic. J Power Sources, 2008, 185: 480.

[18]　Aono H, Sugimoto E. Electrical properties and crystal structure of solid electrolyte based on lithium ion hafnium phosphate $LiHf_2(PO_4)_3$. Solid state Ionics, 1993, 62: 309.

[19]　Xie H, Goodenough J B, Li Y T. $Li_{1.2}Zr_{1.9}Ca_{0.1}(PO_4)_3$, a room-temperature Li-ion solid electrolyte. J Power Sources, 2011, 196: 7760.

[20]　Li Y, Liu M, Liu K, Wang C A. High Li^+ conduction in NASICON-type $Li_{1+x}Y_xZr_{2-x}(PO_4)_3$ at room temperature. J Power Sources, 2013, 240 (15): 50.

[21]　Bohnke O. The fast lithium-ion conducting oxides $Li_{3x}La_{2/3-x}TiO_3$ from fundamentals to application. Solid

State Ionics, 2008, 179: 9.

[22] Stramare S, Thangadurai V, Weppner W. lithium lanthanum titanates: a review. Chem Mater, 2003, 15: 3974.

[23] Kawai H, Kuwano J. Lithium ion conductivity of a-site deficient perovskie solid solution $La_{0.67-x}Li_{3x}TiO_3$. J Electrochem Soc, 1994, 141 (7): L78.

[24] Wells A F. Structure inorganic chemistry. 4th ed. Oxford: Clarendon Press, 1975.

[25] O' Callaghan M P, Powell A S, Cussen E J, et al. Switching on fast lithium ion conductivity in garnets: the structure and transport properties of $Li_{3+x}Nd_3Te_{2-x}Sb_xO_{12}$. Chem Mater, 2008, 20: 2360.

[26] Thangadurai V, Kaack H, Weppner W. Novel fast lithium Ion Conduction in garnet-Type $Li_5La_3M_2O_{12}$ (M = Nb, Ta) . J Am Ceram Soc, 2003, 86 (3): 437.

[27] Cussen E J. Structure and ionic conductivity in lithium garnets. J Mater Chem, 2010, 20: 5167.

[28] O' Callaghan M P, Lynham D R, Cussen E J, et al. , Structure and ionic-transport properties of lithium-containing garnets $Li_3Ln_3Te_2O_{12}$ (Ln = Y, Pr, Nd, Sm-Lu) . Chem Mater, 2006, 18: 4681.

[29] Cussen E J, Yip T W S, O' Callaghan M P, et al. A comparison of the transport properties of lithium-Stuffed garnets and the conventional phases $Li_3Ln_3Te_2O_{12}$. J Solid State Chem, 2011, 184: 470.

[30] Murugan R, Thangadurai V, Weppner W. Lattice parameter and sintering dependence of Bulk and grain-boundary conduction of garnet-like solid Li-electrolytes. J Electrochem Soc, 2008, 155 (1): A90.

[31] Thangadurai V, Weppner W. $Li_6ALa_2Nb_2O_{12}$ (A = Ca, Sr, Ba): a new class of fast lithium Ion conductors with garnet-like structure. J Am Ceram Soc, 2005, 88: 411.

[32] Thangadurai V, Weppner W. $Li_6ALa_2Nb_2O_{12}$ (A = Sr, Ba): novel garnet-like oxides for fast lithium ion conduction. Adv Funct Mater, 2005, 15: 107.

[33] Awaka J, Kijima N, Akimoto J, et al. Synthesis and crystallographic studies of garnet-related lithium-ion conductors $Li_6CaLa_2Ta_2O_{12}$ and $Li_6BaLa_2Ta_2O_{12}$. Solid State Ionics, 2009, 180: 602.

[34] Xie H, Li Y, Han J, Goodenough J B, et al. $Li_6La_3SnMO_{12}$ (M = Sb, Nb, Ta), a family of lithium garnets with high Li-ion conductivity. J Electrochem Soc, 2012, 159 (8): A1148.

[35] Murugan R, Thangadurai V, Weppner W. Fast lithium ion conduction in garnet-type $Li_7La_3Zr_2O_{12}$. Angew Chem Int Ed, 2007, 46: 7778.

[36] Awaka J, Kijima N, Akimoto J, et al. Synthesis and structure analysis of tetragonal $Li_7La_3Zr_2O_{12}$ with the garnet-related type structure. J Solid State Chemistry, 2009, 182: 2046.

[37] Wang W G, Wang X P, Gao Y X, Fang Q F. Lithium-ionic diffusion and electrical conduction in the $Li_7La_3Ta_2O_{13}$ compounds. Solid State Ionics, 2009, 180: 1252.

[38] Abbattista F, Vallino M, Mazza D. Remarks on the binary systems $Li_2O-Me_2O_5$ (Me = Nb, Ta) . Mater Res Bull, 1987, 22 (8): 1019.

[39] Hyooma H, Hayashi K. Crystal structure of $La_3Li_5M_2O_{12}$ (M = Nb, Ta) . Mater Res Bull, 1988, 23 (10): 1399.

[40] Cussen E J. The structure of lithium garnets: cation disorder and clustering in a new family of Fast Li^+ conductors. Chem Commun, 2006, 4: 412.

[41] Wullen L V, Echelmeyer T, Wilmer D, et al. The mechanism of Li-ion transport in the garnet $Li_5La_3Nb_2O_{12}$. Phys Chem Chem Phys, 2007, 9: 3298.

[42] Murugan R, Weppner W, Thangadurai V, et al. Structure and lithium ion conductivity of bismuth containing lithium garnets $Li_5La_3Bi_2O_{12}$ and $Li_6SrLa_2Bi_2O_{12}$. Mater Sci Eng B, 2007, 143: 14.

[43] Gao Y X, Wang X P, Fang Q F, et al. Synthesis, ionic conductivity, and chemical compatibility of garnet-like lithium Ionic conductor $Li_5La_3Bi_2O_{12}$. Solid State Ionics, 2010, 181: 1415.

[44] Murugan R, Weppner W, Thangadurai V, et al. Structure and lithium ion conductivity of garnet-like $Li_5La_3Sb_2O_{12}$ and $Li_6SrLa_2Sb_2O_{12}$. Mater Res Bull, 2008, 43: 2579.

[45] Cussen E J, Yip T W S. A neutron diffraction study of the d^0 and d^{10} lithium garnets $Li_3Nd_3W_2O_{12}$ and $Li_5La_3Sb_2O_{12}$. J Solid State Chem, 2007, 180 (6): 1832.

[46] O' Callaghan M P, Cussen E J. Lithium dimer formation in the Li-conducting garnets $Li_{5+x}Ba_xLa_{3-x}Ta_2O_{12}$ ($0 < x \leqslant 1.6$) . Chem Commun, 2007, 20: 2048.

[47] Murugan R, Thangadurai V, Weppner W. Lithium ion conductivity of $Li_{5+x}Ba_xLa_{3-x}Ta_2O_{12}$ ($x=0 \sim 2$) with garnet-related structure in dependence of barium content. Ionics, 2007, 13: 195.

[48] Percival J, Apperley D, Slater P R. synthesis and structure characterization of the lithium Ion conducting garnet-related systems, $Li_6ALa_2Nb_2O_{12}$ (A = Ca, Sr) . Solid State Ionics, 2008, 179: 1693.

[49] Allen J L, Wolfenstine J, Rangasamy E, Sakamoto J. Effect of substitution (Ta, Al, Ga) on the con-

ductivity of $Li_7La_3Zr_2O_{12}$. J Power Sources, 2012, 206: 315.

[50] Huang M, Liu T, Nan C, et al. Effect of sintering temperature on structure and ionic conductivity of $Li_{7-x}La_3Zr_2O_{12-0.5x}$ ($x=0.5\sim0.7$) ceramics. Solid State Ionic, 2011, 204-205: 41.

[51] Rangasamy E, Wolfenstine J, Sakamoto J. The role of Al and Li concentration on the formation of cubic garnet solid electrolyte of nominal composition $Li_7La_3Zr_2O_{12}$. Solid State Ionics, 2012, 206: 28.

[52] Thangadurai V, Narayanan S, Pinzaru D. Garnet-type solid-state fast Li ion conductors for Li batteries: critical review. J Chem Soc Rev, 2014, 43: 4714.

[53] Kumazaki S, Murugan R, Yamamoto K. High lithium ion conductive $Li_7La_3Zr_2O_{12}$ by inclusion of both Al and Si. Electrochem Commun, 2011, 13: 509.

[54] Percival J, Kendrick E, Smith R I, Slater P R. Cation ordering in Li containing carnets: sSynthesis and structure characterization of the tetragonal system, $Li_7La_3Sn_2O_{12}$. Dalton Trans, 2009, 26: 5177.

[55] Wolfenstine J, Rangasamy E, Allen J L, et al. High conductivity of dense tetragonal $Li_7La_3Zr_2O_{12}$. J Power Sources, 2012, 208: 193.

[56] Awaka J, Takashima A, Akimoto J, et al. Crystal structure of fast lithium-ion-conducting cubic $Li_7La_3Zr_2O_{12}$. Chem Lett, 2011, 40 (1): 60.

[57] Geiger C A, Alekseev E, Weppner W, et al. Cyrstal and chemistry stability of "$Li_7La_3Zr_2O_{12}$" garnet: a fast lithium-ion conductor. Inorg Chem, 2011, 50: 1089.

[58] Kotobuki M, Kanamura K, Yoshida T. Fabrication of all-solid-state lithium battery with lithium metal anode using Al_2O_3-added $Li_7La_3Zr_2O_{12}$ solid electrolyte. J Power Sources, 2011, 196: 7750.

[59] Ramzy A, Thangadurai V. Tailor-made development of fast Li ion conducting garnet-like solid electrolytes. ACS Appl Mater Interfaces, 2010, 2: 385.

[60] Koch B, Vogel M. Lithium ionic jump Mmotion in the fast solid ion conductor $Li_5La_3Nb_2O_{12}$. Solid State Nucl Magn Reson, 2008, 34 (1-2): 37.

[61] Han J, Zhu J, Goodenough J B, et al. Experimental visualization of lithium conduction pathways in garnet-type $Li_7La_3Zr_2O_{12}$. Chem Commun, 2012, 79: 9840.

[62] Xu M, Park M S, Ma E, et al. Mechanisms of Li^+ transport in garnet-type cubic $Li_{3+x}La_3M_2O_{12}$ (M= Te, Nb, Zr). Phys Rev B, 2012, 85, 052301.

[63] Liu Z Q, Fu F Q, Sun J K, et al. New lithium ion conductor, thio-LISICON lithium zirconium sulfide system. Solid State Ionics, 2008, 179: 1714.

[64] Kanno R, Hata T, Kawamoto Y, Irie M. Synthesis of a new lithium ionic conductor, thio-LISICON-lithium germanium sulfide system. Solid State Ionics, 2000, 130: 97.

[65] Homma K, Yonemura M, Kanno R, et al. Crystal structure and phase transitions of the lithium ionic conductor Li_3PS_4. Solid State Ionics, 2011, 182: 53.

[66] Kanno R, Murayama M. Lithium ionic conductor thio-LISICON: the Li_2S-GeS_2-P_2S_5 J. Electrochem Soc, 2001, 148: A742.

[67] Murayama M, Kanno R, et al. Synthesis of new lithium ionic conductor thio-LISICON-lihitum silicon sulfides system. J Solid State Chem, 2002, 168: 140.

[68] Kamaya N, Homma K, Kanno R, et al. A lithium superionic conductor. Nat Mater, 2011, 10: 682.

[69] Mo Y, Ong S P, Ceder G. First principles study of the $Li_{10}GeP_2S_{12}$ lithium super ionic conductor material. Chem Mater, 2012, 24 (1): 15.

[70] Ravaine D. Glasses as solid electrolyte. J Non Cryst Solids, 1980, 38-39 (part 1): 353.

[71] Hayashi A, Hama S, Tatsumisago M, et al. Preparation of Li_2S-P_2S_5 amorphous solid electrolytes by mechanical milling. J Am Ceram Soc, 2001, 84: 477.

[72] Hayashi A, Fukuda T, Tatsumisago M, et al. Lithium ion conducting glasses and glass-ceramics in the systems Li_2S-M_xS_y (M= Al, Si, and P) prepared by mechanical milling. J Ceram Soc Jpn, 2004, 112 (5): S695.

[73] Wada H, Menetrier M, Levasseur A, Hagenmuller P. Preparation and ionic conductivity of new B_2S_3-Li_2S-LiI glasses. Mater Res Bull, 1983, 18 (2): 189.

[74] Kennedy J H, Tang Y. A highly conductive Li^+-glass system: $(1-x)$ $(0.4SiS_2$-$0.6Li_2S)$ $-x$LiI. J Electrochem Soc, 1986, 133 (11): 2437.

[75] Saienga J, Martin S W. The comparative structure, properties, and ionic conductivity of $LiI+Li_2S+GeS_2$ glasses doped with Ga_2S_3 and La_2S_3. Journal of Non-Crystalline Solids, 2008, 354: 1475.

[76] Ooura Y, Machida N, Naito M, Shigematsu T. Electrochemical properties of the amorphous solid electrolytes in the system Li_2S-Al_2S_3-P_2S_5. Solid State Ionics, 2012, 225: 350.

[77] Liu Z, Tang Y, Lu X, Ren G, Huang F. Enhanced ionic conductivity of sulfide-based solid electrolyte by incorporation lanthanum sulfide. Ceram Inter, 2014, 40: 15497.

[78] Ohtomo T, Hayashi A, Tatsumisago M, Kawamoto K. Characteristics of the $Li_2O-Li_2S-P_2S_5$ glasses synthesized by the two-step mechanical Milling. J Non-cryst Solids, 2013, 364 : 57.

[79] Hayashi A, Muramatsu H, Tatsumisago M, et al. Improvement of chemical stability of Li_3PS_4 glass e-lectrolytes by adding M_xO_y (M=Fe, Zn, and Bi) nanoparticles. J Mater Chem A, 2013, 1: 6320.

[80] Seino Y, Ota T, Takada K, Hayashi A, Tatsumisago M. A sulphide lithium super ion conductor is superior to liquid ion conductors for use in rechargeable batteries. Energy Environ Sci, 2014, 7: 627.

[81] Minami K, Hayashi A, Ujiie S, Tatsumisago M. Electrical and electrochemical properties of glass-ce-ramic electrolytes in the systems $Li_2S-P_2S_5-P_2S_3$ and $Li_2S-P_2S_5-P_2O_5$. Solid State Ionics, 2011, 192: 122.

[82] Trevey J E, Jung Y S, Lee S H. High lithium ion conducting $Li_2S-GeS_2-P_2S_5$ glass-ceramic solid elrctro-lyte with sulfur additive for solid-state lithium secondary batteries. Electrochimica Acta, 2011, 56: 4243.

[83] Rabenau A, Schultz H. Re-evaluation of the lithium nitride structure. J Less Commen Metals, 1976, 50 (1): 155.

[84] Alpen U V, Radenzu A, Talat G H. Ionic conductivity in Li_3N single crystals. Appl Phys Lett, 1977, 30 (12): 621.

[85] Rea J R, Foster D L, et al. High ionic conductivity in densified polycrystalline lithium nitride. Mater Res Bull, 1979, 14 (6): 841.

[86] Lapp T, Skarrup S. Ionic conductivity of pure and doped Li_3N. Solid State Ionics, 1983, 11 (2): 97.

[87] Obayashi H, Nagai R, Kudo T, et al. New fast lithium ionic conductor in the $Li_3N-LiI-LiOH$ system. Mat Res Bull, 1981, 16 (5): 587.

[88] Nazri G. Preparation, structure and ionic conductivity of lithium phosphide. Solid State Ionics, 1989, 34 (1-2): 97.

[89] Bates J B, Gruzalski G R, et al. Electrical properties of amorphous lithium electrolyte thin films. Solid State Ionics, 1992, 53-56 (1): 647.

[90] Hamon Y, Douard A, Levasseur A, et al. Influence of sputtering conditions on ionic conductivity of LI-PON thin films. Solid State Ionics, 2006, 177 (3-4): 257.

[91] Liang C C. conduction Characteristic of the lithium iodide-aluminum oxide solid electrolytes. J Electro-chem Soc, 1973, 120 (10): 1289.

[92] Maier J. Space charge regions in solid two-phase systems and their conduction contribution- I. Conduct-ance enhancement in the system tonic conductor- 'Inert' phase and application on $AgCl: Al_2O_3$ and $AgCl: SiO_2$. J Phys Chem Solids, 1985, 46 (3): 309.

[93] Maier J. Ionic conduction in space charge regions. Prog Solid State Chem, 1995, 23 (3): 171.

[94] Debierre J M, Knauth P, Albinet G. Enhanced conductivity in ionic conductor-Insulator Composites: ex-periments and numerical model. Appl Phys Lett, 1997, 71 (10): 1335.

[95] Knauth P, Debierre J M, Albinet G. Electrical conductivity of model composites of an ionic conductor (CuBr) and an Insulator (TiO_2, Al_2O_3): experiments and percolation-type model. Solid State Ionics, 1999, 121 (1-4): 101.

[96] Albinet G, Debierre J M, Knauth P, et al. Enhanced conductivity in ionic conductor-insulator compos-ites: numerical models in two and three dimensions. Eur Phys J B, 2001, 22 (4): 421.

[97] Indris S, Heitjans P, Bunde A, et al. Nanocrystalline versus microcrystalline $Li_2O: B_2O_3$ composites: anomalous ionic conductivities and percolation theory. Phys Rev Lett, 2000, 84 (13): 2889.

[98] Ulrich M, Bunde A, Indris S, Heitjans P. Li ion transport and interface percolation in nano-and micro-crystalline composites. Phys Chem Chem Phys, 2004, 6 (13): 3680.

[99] Beevers C A, Ross M A S. Zeitschrift für Kristallographie - Crystalline Materials, 1937, (97): 59.

[100] Yamaguchi G, suzuki K. On the Structures of alkali polyaluminates. Bull Chem Soc Jpn, 1968, 41: 93-99.

[101] Bettman M, Peters C R. Crystal structure of $Na_2O \cdot Mg_{0.5}Na_2o \cdot MgO \cdot 5Al_2O_3$ [sodium oxide-mag-nesia-alumina] with reference to $Na_2O \cdot 5Al_2O_3$ and other isotypal compounds. The Journal of Physical Chemistry, 1969, 73: 1774-1780.

[102] Clearfield A, Subramanian M A, Wang W, et al. The use of hydrothermal procedures to synthesize NASICON and some comments on the stoichiometry of NASICON phases. Solid State Ionics, 1983, 9-

10，Part 2：895-902.

[103]　Whittingham M S, Huggins R A. Measurement of sodium ion transport in beta alumina using reversible solid Electrodes. The Journal of Chemical Physics, 1971, 54: 414-416.

[104]　Goodenough J B, Hong H Y P, Kafalas J A. Fast Na^+-ion transport in skeleton structures. Mater Res Bull, 1976, 11: 203-220.

[105]　Hong H Y P. Crystal structures and crystal chemistry in the system $Na_{1+x}Zr_2Si_xP_{3-x}O_{12}$. Mater Res Bull, 1976, 11: 173-182.

[106]　Qui D T, Capponi J J, Gondrand M, et al. Thermal expansion of the framework in nasicon-type structure and its relation to Na^+ mobility. Solid State Ionics, 1981, 3-4: 219-222.

[107]　胡英瑛，温兆银，芮琨等. 钠电池的研究与开发现状. 储能科学与技术, 2013: 81-90.

[108]　Cairns E J, Shimotake H. High-temperature batteries. Science, 1969, 164: 1347-1355.

[109]　Wen Z, Hu Y, Wu X, et al. Main challenges for high performance NAS battery: materials and interfaces. Adv Funct Mater, 2013, 23: 1005-1018.

[110]　Dustmann C H. Advances in ZEBRA batteries. J Power Sources, 2004, 127: 85-92.

[111]　Coetzer J. A new high energy density battery system. J Power Sources, 1986, 18: 377-380.

[112]　Lu X C, Coffey G, Meinhardt K, et al. High power planar sodium-nickel chloride battery. Batteries for Renewable Energy Storage, 2010, 28: 7-13.

[113]　Yao S, Shimizu Y, Miura N, et al. Solid electrolyte carbon-dioxide sensor using Sodium-ion conductor and Li_2CO_3-$BaCO_3$ electrode. Japanese Journal of Applied Physics Part 2-Letters, 1992, 31: L197-L199.

[114]　Kreuer K D. Proton conductivity: materials and applications. Chem Mat, 1996, 8: 610-641.

[115]　Kreuer K D, Rabenau A, Weppner W. Vehicle mechanism, a new model for the interpretation of the conductivity of fast proton conductors. Angewandte Chemie International Edition in English, 1982, 21: 208-209.

[116]　Kreuer K D, Paddison S J, Spohr E, et al. Transport in proton conductors for fuel-cell applications: simulations, elementary reactions, and phenomenology. Chem Rev, 2004, 104: 4637-4678.

[117]　Kobayashi T, Morishita S, Abe K, et al. Reduction of nitrogen oxide by a steam electrolysis cell using a proton conducting electrolyte. Solid State Ionics, 1996, 86-88, Part 1: 603-607.

[118]　Kreuer K D. Proton-conducting oxides. Annual Review of Materials Research, 2003, 33: 333-359.

[119]　Fabbri E, D' Epifanio A, Di Bartolomeo E, et al. Tailoring the chemical stability of Ba（$Ce_{0.8-x}^3Zr_x$）$Y_{0.2}O_{3-\delta}$: protonic conductors for intermediate temperature solid oxide fuel cells（IT-SOFCs）. Solid State Ionics, 2008, 179: 558-564.

[120]　Sammes N, Phillips R, Smirnova A. Proton conductivity in stoichiometric and sub-stoichiometric yttrium doped $SrCeO_3$ ceramic electrolytes. J Power Sources, 2004, 134: 153-159.

[121]　Iwahara H. Proton conducting ceramics and their applications. Solid State Ionics, 1996, 86-88, Part 1: 9-15.

[122]　Bohn H G, Schober T, Mono T, et al. The high temperature proton conductor $Ba_3Ca_{1.18}Nb_{1.82}O_{9-\delta}$. Solid State Ionics, 1999, 117: 219-228.

[123]　Norby T, Christiansen N. Proton conduction in Ca- and Sr-substituted $LaPO_4$. Solid State Ionics, 1995, 77: 240-243.

[124]　Li S, Schonberger F, Slater P. $La_{1-x}Ba_{1+x}GaO_{4-x/2}$: a novel high temperature proton conductor. Chem Commun, 2003: 2694-2695.

[125]　Haugsrud R, Norby T. Proton conduction in rare-earth ortho-niobates and ortho-tantalates. Nat Mater, 2006, 5: 193-196.

[126]　Kreuer K D. On the complexity of proton conduction phenomena. Solid State Ionics, 2000, 136-137: 149-160.

[127]　Nakamura O, Kodama T, Ogino I, et al. High-conductivity solid proton conductors: dodecamolybdophosphoric acid and dodecatungstophosphoric acid crystals. Chem Lett, 1979, 8: 17-18.

[128]　Nakamura O, Ogino I, Kodama T. Temperature and humidity ranges of some hydrates of high-proton-conductive dodecamolybdophosphoric acid and dodecatungstophosphoric acid crystals under an atmosphere of hydrogen or either oxygen or air. Solid State Ionics, 1981, 3-4: 347-351.

[129]　Kreuer K D, Hampele M, Dolde K, et al. Proton transport in some heteropolyacidhydrates a single crystal PFG-NMR and conductivity study. Solid State Ionics, 1988, 28-30, Part 1: 589-593.

[130]　Denisova T A, Leonidov O N, Maksimova L G, et al. Proton mobility in tungstic 12-heteropoly acids.

Russ J Inorg Chem, 2001, 46: 1553-1558.

[131] Sinitsyn V V, Privalov A I, Lips O, et al. Transport properties of $CsHSO_4$ investigated by impedance spectroscopy and nuclear magnetic resonance. Ionics, 2008, 14: 223-226.

[132] Belushkin A V, David W I F, Ibberson R M, et al. High-resolution neutron powder diffraction studies of the structure of $CsDSO_4$. Acta Crystallographica Section B, 1991, 47: 161-166.

[133] Baranov A I, Merinov B V, Tregubchenko A V, et al. Fast proton transport in crystals with a dynamically disordered hydrogen bond network. Solid State Ionics, 1989, 36: 279-282.

[134] Haile S M, Chisholm C R I, Sasaki K, et al. Solid acid proton conductors: from laboratory curiosities to fuel cell electrolytes. Faraday Discuss, 2007, 134: 17-39.

[135] Yamane Y, Yamada K, Inoue K. Superprotonic solid solutions between $CsHSO_4$ and CsH_2PO_4. Solid State Ionics, 2008, 179: 483-488.

[136] Iwahara H, Esaka T, Uchida H, et al. Proton conduction in sintered oxides and its application to steam electrolysis for hydrogen production. Solid State Ionics, 1981, 3-4: 359-363.

[137] Iwahara H, Uchida H, Ono K, et al. Proton conduction in sintered oxides based on $BaCeO_3$. J Electrochem Soc, 1988, 135: 529-533.

[138] Norby T. Solid-state protonic conductors: principles, properties, progress and prospects. Solid State Ionics, 1999, 125: 1-11.

[139] Malavasi L, Fisher C A J, Islam M S. Oxide-ion and proton conducting electrolyte materials for clean energy applications: structural and mechanistic features. Chem Soc Rev, 2010, 39: 4370-4387.

[140] Oesten R, Huggins R A. Proton conduction in oxides: a review. Ionics, 1995, 1: 427-437.

[141] Tanner C W, Virkar A V. Instability of $BaCeO_3$ in H_2O-containing atmospheres. J Electrochem Soc, 1996, 143: 1386-1389.

[142] Babilo P, Haile S M. Enhanced sintering of yttrium-doped barium zirconate by addition of ZnO. J Am Ceram Soc, 2005, 88: 2362-2368.

[143] Serra J M, Meulenberg W A. Thin-film proton $BaZr_{0.85}Y_{0.15}O_3$ conducting electrolytes: toward an intermediate-temperature solid oxide fuel cell alternative. J Am Ceram Soc, 2007, 90: 2082-2089.

[144] Babilo P, Uda T, Haile S M. Processing of yttrium-doped barium zirconate for high proton conductivity. J Mater Res, 2007, 22: 1322-1330.

[145] Shimada T, Wen C, Taniguchi N, et al. The high temperature proton conductor $BaZr_{0.4}Ce_{0.4}In_{0.2}O_3-\alpha$. J Power Sources, 2004, 131: 289-292.

[146] Reichel U, Arons R R, Schilling W. Investigation of n-type electronic defects in the protonic conductor $SrCe_{1-xy}y_xO_{3-\delta}$. Solid State Ionics, 1996, 86-88, Part 1: 639-645.

[147] Kosacki I, Tuller H L. Mixed conductivity in $SrCe_{0.95}Yb_{0.05}O_3$ protonic conductors. Solid State Ionics, 1995, 80: 223-229.

[148] Sharova N V, Gorelov V P. Electroconductivity and ion transport in protonic solid electrolytes $BaCe_{0.85}R_{0.15}O_{3-\delta}$, where R is a rare-earth element. Russ J Electrochem, 2003, 39: 461-466.

[149] Bannykh A V, Kuzin B L. Electrical conductivity of $BaCe_{0.9}Nd_{0.1}O_{3-\alpha}$ in H_2+H_2O+Ar gas mixture. Ionics, 2003, 9: 134-139.

[150] Schober T, Bohn H G. Water vapor solubility and electrochemical characterization of the high temperature proton conductor $BaZr_{0.9}Y_{0.1}O_{2.95}$. Solid State Ionics, 2000, 127: 351-360·

[151] Qi X, Lin Y S. Electrical conducting properties of proton-conducting terbium-doped strontium cerate membrane. Solid State Ionics, 1999, 120: 85-93.

[152] Nomura K, Takeuchi T, Kamo S I, et al. Proton conduction in doped $LaScO_3$ perovskites. Solid State Ionics, 2004, 175: 553-555.

[153] Amezawa K, Kjelstrup S, Norby T, et al. Protonic and native conduction in Sr-substituted $LaPO_4$ studied by thermoelectric power measurements. J Electrochem Soc, 1998, 145: 3313-3319.

[154] Amezawa K, Kitajima Y, Tomii Y, et al. Protonic conduction in acceptor-doped LaP_3O_9. Solid State Ionics, 2005, 176: 2867-2870.

[155] Amezawa K, Tomii Y, Yamamoto N. High-temperature protonic conduction in $La_7P_3O_{18}$. Solid State Ionics, 2004, 175: 569-573.

[156] Haugsrud R, Norby T. High-temperature proton conductivity in acceptor-doped $LaNbO_4$. Solid State Ionics, 2006, 177: 1129-1135.

[157] Malavasi L, Ritter C, Chiodelli G. Investigation of the high temperature structural behavior of $La_{0.99}Ca_{0.01}NbO_4$ proton conducting material. J Alloys Compd, 2009, 475: L42-L45.

[158] Fjeld H, Kepaptsoglou D M, Haugsrud R, et al. Charge carriers in grain boundaries of 0. 5% Sr-doped LaNbO$_4$. Solid State Ionics, 2010, 181: 104-109.

[159] Labrincha J A, Frade J R, Marques F M B. Protonic conduction in La$_2$Zr$_2$O$_7$-based pyrochlore materials. Solid State Ionics, 1997, 99: 33-40.

[160] Omata T, Okuda K, Tsugimoto S, et al. Water and hydrogen evolution properties and protonic conducting behaviors of Ca^{2+}-doped La$_2$Zr$_2$O$_7$ with a pyrochlore structure. Solid State Ionics, 1997, 104: 249-258.

[161] Kendrick E, Islam M S, Slater P R. Atomic-scale mechanistic features of oxide ion conduction in apatite-type germanates. Chem Commun, 2008: 715-717.

[162] Iwahara H, Asakura Y, Katahira K, et al. Prospect of hydrogen technology using proton-conducting ceramics. Solid State Ionics, 2004, 168: 299-310.

[163] Schwandt C, Fray D J. Hydrogen sensing in molten aluminium using a commercial electrochemical sensor. Ionics, 2000, 6: 222-229.

[164] Fukatsu N, Kurita N, Koide K, et al. Hydrogen sensor for molten metals usable up to 1500K. Solid State Ionics, 1998, 113-115: 219-227.

[165] Iwahara H, Uchida H, Maeda N. High temperature fuel and steam electrolysis cells using proton conductive solid electrolytes. J Power Sources, 1982, 7: 293-301.

[166] Kobayashi T, Abe K, Ukyo Y, et al. Study on current efficiency of steam electrolysis using a partial protonic conductor SrZr$_{0.9}$Yb$_{0.1}$O$_{3-a}$. Solid State Ionics, 2001, 138: 243-251.

[167] Hamakawa S, Hibino T, Iwahara H. Electrochemical hydrogen permeation in a proton-hole mixed conductor and its application to a membrane reactor. J Electrochem Soc, 1994, 141: 1720-1725.

[168] Marnellos G, Stoukides M. Ammonia synthesis at atmospheric pressure. Science, 1998, 282: 98-100.

第8章

聚合物电解质

8.1 引言

与液态电解质体系相比，固体电解质具有许多优点：无泄漏、器件易于小型化、安全性更高等。早在 20 世纪 20 年代科学家们就发现无机固体电解质如 AgI 晶体在温度高于 β 相和 α 相的相转化温度（149℃）时具有超离子导电性，率先使"固体电解质"的观念在 1920 年变为现实，之后具有类似晶态的超离子导体（如钠离子的超导体，NASICON）不断被成功开发，室温电导率已经达到 $10^{-3} \sim 10^{-4}$ S/cm 的水平[1]。但是，无机固体电解质的成型加工性能及其体积、界面的可伸缩性差是其一大缺点。而与之相比，高分子材料往往具有许多诱人的性质，如质量轻、机械加工及延展性能好（如所制得的薄膜柔软、聚合物电解质膜体积的伸缩性可使其与电极材料所形成的界面易调控）、能进行多种化学改性等。聚合物电解质在化学电源领域的发展也颇为迅速［如在燃料电池领域的质子交换膜燃料电池（PEMFC）］。而在锂电池领域聚合物电解质的发现却比无机固体电解质要晚得多。1973 年，Wright 教授首先将无机盐溶解于聚氧乙烯［poly(ethylene oxide)，PEO］中形成所谓的聚合物-盐络合物，并发现这种盐络合物在室温下具有 $10^{-8} \sim 10^{-9}$ S/cm 的离子电导率[2]。但随后几年，Wright 教授的发现曾一度被忽视，而同一时期的研究热点——发展以金属锂为负极的二次电池则因为金属锂的不均匀沉积生成的锂枝晶而导致电池存在内部短路起火的安全隐患，因此在 1978 年法国的 Armand 博士提出可以将该类 PEO 聚合物-盐系统用于全固态电池的电解质后，聚合物电解质在随后的高能电池研究过程中逐渐发展成为研究热点之一。

8.2 聚合物电解质的分类及其特点

实际上，聚合物电解质可以适用于多种具有离子导电能力的材料[3]。

① 聚合物-盐络合物（polymer-salt）：盐溶解于极性高分子基体中。

② 增塑电解质（plastic polymer electrolyte）：在溶剂化的聚合物中加入少量高介电常数的有机溶剂或离子液体以增大聚合物的塑性及其电导率。

③ 胶体聚合物电解质（gel-type polymer electrolytes）：该类电解质是将盐先溶解于极性液态溶剂，然后加入到非活性聚合物材料中获得复合物以提高其机械稳定性。

④ 离子橡胶（ionic rubber）：该类电解质含有低温熔融盐和少量高分子聚合物，从结构角度来说，该体系聚合物电解质与胶体电解质类似。该类型聚合物电解质是由 C. A. Angell 最早发现的[4]。

⑤ 单离子导电聚合物电解质（single-ion conducting polymer）：特别是惰性骨架上嫁接阴离子基团的聚电解质如 Nafion®，该体系通常需要合适的溶剂（如水）或增塑剂来获得高的电导率并实现最初的解离获得其质子导电形式，主要用于燃料电池的固体电解质。

表 8-1 列出了一些常见的聚合物电解质与液态电解质的物理化学参数的比较[5]。

表 8-1　常见聚合物电解质与液态电解质的物理化学参数比较

序号	电解质名称	$c/(mol/L)$	$T/℃$	$\sigma_c/(S/cm)$	$D/(cm^2/s)$	$t^{+①}$	ε
1	H_2SO_4水溶液(水溶液)	1.9 0.4	25	$6×10^{-1}$ $2×10^{-1}$	$2×10^{-5}$ $2×10^{-5}$	0.80 0.82	78.8
2	$LiPF_6$-EC/DMC （有机溶液）	1	25	$1×10^{-2}$	$3×10^{-6}$	0.38	41.8
3	离子液体(Im TFSI)	4.0	80	$1×10^{-2}$	$7×10^{-7}$	0.46	—
4	有机胶体 （$LiClO_4$-EC/PC+PAN）	1.5	25	$2×10^{-3}$	—	0.5	65.5
5	聚合物电解质 （PEO-LiTFSI）	1.5	85	$1×10^{-3}$	$1×10^{-7}$	0.41	7.5
6	聚离子液体 （PVBnHexIm TFSI）	2.0	90	$4×10^{-5}$	—	0	
7	交联聚合物 （PAE-XE）	0.9	85	$5×10^{-6}$	—	1	
8	水性聚电解质 （PSS-H_2O）	1.5	25	$2×10^{-2}$		1	27

① t^+ 为锂离子迁移数。

注：DMC 为碳酸二甲酯；EC 为碳酸乙烯酯；Im TFSI 为咪唑-二三氟甲基磺酰亚胺；LiTFSI 为二三氟甲基环酰亚胺锂；PAE-XE 为一种 8 个 EO 单元在交联链、5 个 EO 单元在侧链的聚丙烯酸酯交联化合物；PAN 为聚丙烯腈；PC 为碳酸丙烯酯；PSS 为聚磺苯乙烯；PVBnHexIm TFSI 为 4-乙烯基苯基己基咪唑-二三氟甲基磺酰亚胺。

由于其稳定的物理化学性质，聚合物电解质受到电化学研究者的广泛关注并得到不断发展。在锂离子导电领域，前期研究主要集中在传统聚合物-锂盐络合物（polymer-salt complex，或 salt-in-polymer），这些聚合物的单体中往往包含 N、O、F、Cl 等带有孤对电子的元素，并且通过这些孤对电子与 Li^+ 形成络合物。表

8-2 和表 8-3 列出了几种在聚合物电解质中常用的聚合物骨架材料的分子式、熔点与玻璃化温度以及相关的离子电导率数值[6]。

表 8-2　部分聚合物基体的分子式、玻璃化温度和熔点值

聚合物基体	重复单元	玻璃化温度 T_g/℃	熔点 T_m/℃
聚氧乙烯	$-(CH_2CH_2O)_n$	-64	65
聚氧丙烯	$-[CH(-CH_3)CH_2O]_n$	-60	无（无定形态）
聚二甲基硅氧烷	$-[SiO(-CH_3)_2]_n$	-127	-40
聚丙烯腈	$-CH_2CH(-CN)_n$	125	317
聚甲基丙烯酸甲酯	$-[CH_2C(-CH_3)(-COOCH_3)]_n$	105	无（无定形态）
聚氯乙烯	$-(CH_2CHCl)_n$	82	无（无定形态）
聚偏二氟乙烯	$-(CH_2CF_2)_n$	-40	171
聚偏二氟乙烯-六氟丙烯	$-(CH_2CF_2)_n-[CF_2CF(CF_3)]_m$	-65	135

表 8-3　几种重要的聚合物-盐络合物的电导率值

聚合物电解质	电导率/(S/cm)	温度/℃
$(PEO)_x$-$LiClO_4$	1×10^{-7}	27
PEO-$LiN(CF_3SO_2)_2$	1×10^{-4}	室温
PEO-$LiCF_3SO_3$	1×10^{-9}	40
PEO-$LiBF_4$	1×10^{-6}	25
MEEP-$NaCF_3SO_3$	1×10^{-5}	25
PEO-NH_4I	1×10^{-5}	23
PEO-NH_4ClO_4	1×10^{-5}	30
$(PEO)_8$-$Cu(ClO_4)_2$	2×10^{-5}	25
$(PPO)_{12}$-$NaCF_3SO_3$	1×10^{-5}	45
$(PVAc)$-$LiCF_3SO_3$	1×10^{-9}	40

一般而言，无机盐易于在高分子固体中解离的必要条件是[1]：①无机盐的晶格点阵能或离子解离能低；②高分子的溶剂化作用能（离子-偶极相互作用）较高；③高分子的介电常数较高。一般来讲，离子半径小的阳离子（硬酸）与电荷基本上离域且离子半径大的阴离子（软碱）所组成的离子对具有较低的点阵能。因此纯固态聚合物电解质采用的聚合物基体主要是聚合物链上有强配位能力而空间位置适当的给电子极性基团，如含有醚[7]、酯[8]、硅氧等基团的聚合物，这些基团能帮助聚合物基体与锂盐形成络合物，这其中以 PEO 为代表。而 PEO 对阳离子和阴离子的溶剂化作用能分别与高分子的给体和受体数目有关。聚醚（如聚氧乙烯）的受体数少（10.8，甘醇二甲醚）而给体数多（22，甘醇二甲醚），高于水的给体数（16.4）。因而聚醚优先使阳离子成为溶剂化物。迄今为止，最合适的聚醚结构局限于具有—C—C—O—重复单元的聚醚。因为这种链接顺序能使同一个高分子中的几个醚氧原子与一个阳离子发生配位作用，从而有效地使盐解离，故溶剂化作用是多个醚氧原子的配位能之和，使得材料的介电常数虽然低，但盐的解离度仍相对较高[1]。因此，PEO 的分子结构和空间结构决定了它既能提供足够高的给电子基团密度，又具有柔性聚醚链段，从而能有效地溶解阳离子，被认为是最好的一种聚合物类型盐溶剂。而介电常数的影响则是因为许多常规高分子的离子传导率的对数与

高分子的介电常数（ε）成反比，在这些情况下载流子是掺杂离子，载流子数（n）的表达式为[1]：

$$n = n_0 \exp(-W/2\varepsilon kt) \tag{8-1}$$

式中，n_0 为常数；W 为盐的解离能。

尽管与其它高分子聚合物相比，PEO 的介电常数较高（晶相和无定形相共存时 PEO 的介电常数为 4，而无定形相材料约为 8），但与有机溶剂如碳酸丙烯酯（64.4）相比，却要低得多，因而大量离子簇的形成是这类低介电常数聚合物中存在的严重问题。离子簇存在的状态分为单离子、离子对和三离子缔合体以及进一步的聚集状态。

8.3 聚合物电解质的结构及离子输运机理

8.3.1 PEO 基聚合物电解质的结构

由于结构上的要求，目前适合作为聚合物电解质的基体仅局限于 $-(CH_2CH_2O)_n-$、$-[CH_2CH(CH_3)O]_n-$ 和 $-(CH_2CH_2NH)_n-$ 几类，其中聚氧乙烯（PEO）也叫聚环氧乙烷，分子式为 $-(CH_2CH_2O)_n-$。具有单斜和三斜两种结构，其中单斜晶系的 PEO 属于 $P2_1/a(C_{2h}^5)$ 空间群；点阵常数为 $a=8.05\text{Å}$，$b=13.04$ Å，$c=19.48$ Å，$\beta=125.4°$；每个晶胞中分子链数为 4 个，为螺旋结构（7/2），晶体密度为 1.228g/cm^3。而三斜晶系的 PEO 属于 $P\bar{1}$（C_i^1）空间群；点阵常数为 $a=4.71\text{Å}$，$b=4.44$ Å，$c=7.12$ Å，$\alpha=62.8°$，$\beta=93.2°$，$\gamma=111.4°$；每个晶胞分子链数为 1 个，为平面锯齿结构，晶体密度为 1.197g/cm^3[9]。通常 PEO 以单斜晶系形式存在，常温下 PEO 的结晶度约为 85%，玻璃化温度约为 $-64℃$。之前的研究结果表明，离子的迁移主要发生在聚合物中的无定形相。因此，具有完全无定形相的聚氧丙烯（PPO）常被用作对比研究，但是 PPO 中甲基的空间位阻效应对聚合物-Li^+ 阳离子相互作用及离子电导率均有负面影响。

在 PEO-盐络合物中，PEO 链段上氧的孤对电子通过库仑作用与 Li^+ 发生配位，使得锂盐的阴、阳离子解离，通过该过程可将锂盐"溶解"在 PEO 基体中，这与盐在溶剂中的溶解过程相似，而不同之处在于在盐溶液中离子能在溶液中自由移动，而在 PEO-盐络合物中，由于聚合物链的尺寸较大，离子的自由移动几乎是不可能的。因此，聚合物中离子的迁移需要 PEO 链段能够伸展运动，即短链段的运动导致阳离子-聚合物配位键松弛断裂，阳离子在局部电场作用下扩散跃迁。这种阳离子扩散运动可以在一条链上不同的配位点之间进行，也可以在不同链的配位点之间进行。其基本原理如图 8-1 所示[10]。

相图是理解物质不同物相之间的相互转化及其相关物理、化学特性变化的一个重要途径。通过热分析、X 射线衍射、离子电导率测试以及光学显微镜技术，可以绘出聚合物-盐络合物的相图。对于聚合物-盐体系而言，所得到的相图一般比较复

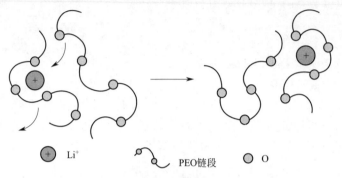

图 8-1   PEO-盐络合物离子迁移示意图[8]

杂，其中包括复合物晶相、聚合物晶相以及溶有无机盐的聚合物无定形相。对于含有小的单价阳离子（如 Li^+）的体系，络合物的化学计量比是 $P(EO_3)$-MX，而对于更大一些的阳离子如 K^+、NH_4^+ 等，计量比为 $P(EO_4)$-MX，而相组成则丰富得多。图 8-2 是 PEO-LiTFSI 的相图[11]。与 PEO-LiClO$_4$ 类似，有 6∶1 晶相的生成但由于聚合物链之间的弱相互作用使得 PEO-盐晶相络合物的熔点最低。

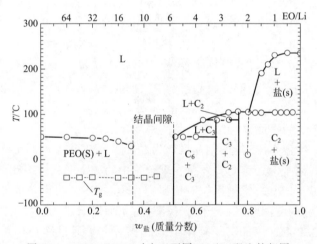

图 8-2   PEO-LiTFSI 对应于不同 EO/Li 配比的相图

众所周知，物质或物相的结构与性能密切相关，因此对聚合物性能改善的前提建立在对聚合物电解质结构深入了解的基础上。X 射线衍射是研究无机晶体材料结构的重要手段，但是在确定聚合物电解质的结构时却遇到了困难，这是因为聚合物电解质通常晶化程度不高，常以部分晶化的粉末或者块体形式存在，其中含有一些分散的微晶。为此，通常需要特殊的 X 射线衍射技术，如专用于纤维材料测试的毛细管装置，并且结合第一性原理（含 Monte-Carlo 模拟）方法对 XRD 全谱进行拟合，另外再结合相应聚合物电解质的中子衍射结果，Bruce 课题组先后获得了 $P(EO)_3$-LiCF$_3$SO$_3$、$P(EO)_3$-LiN(CF$_3$SO$_2$)$_2$、$P(EO)_6$-LiAsF$_6$、PEO-NaCF$_3$SO$_3$ 和 $P(EO)_4$-KSCN 等的结构示意图。结果表明，当阳离子从离子半径为 0.76Å 的 Li^+

到 1.52Å 的 Rb^+ 时，PEO-盐络合物的结构均是两条 PEO 分子链弯曲缠绕形成螺旋链结构，阳离子位于 PEO 螺旋结构中而阴离子位于链外（见图 8-3）[12~15]。

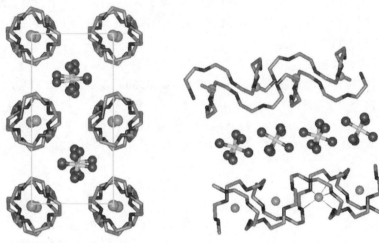

(a) 沿 a 轴方向所看到的结构，Li^+、　　　　(b) 聚合物链构象及其成键示意图
　　AsF_6^- 分别夹杂在聚合物链的中间　　　　（其中细线为 Li^+ 与周围氧原子的配位键）

图 8-3　聚氧化乙烯 $P(EO)_6$-$LiAsF_6$ 的结构图

聚氧乙烯（PEO）基聚合物电解质是目前研究最为系统的一类聚合物电解质，因此下面的基础知识介绍均以这类材料作为主线来进行介绍。

8.3.2　聚合物电解质中离子的输运机理

如本书前几章所介绍的，稳态条件下，离子传导率 σ 可以用以下公式表示：

$$\sigma = F\sum_i n_i Z_i \mu_i \qquad (8-2)$$

式中，F 为 Faraday 常数；n_i 为可游离的 i 离子的电荷数；Z_i 为电荷数，μ_i 为 i 离子的迁移数（迁移速度或淌度）。因此，对于 PEO-盐络合物而言，当盐浓度较高时，所形成的紧密结合的离子对及离子簇数目多，从而导致可移动的离子浓度降低[13]。因此，要实现聚合物电解质高的导电性需要增大式(8-2)中的可移动离子浓度 n 和离子的迁移速度 μ。不过除了上述稳态条件下的物理因素影响外，降低离子传输过程的活化能或提供合适传导的离子传输也是应该考虑的因素。根据聚合物自由体积理论，聚合物中离子传导率的表达式如下[1]：

$$\sigma = \sigma_0 \exp([(-\gamma V_i^* / V_f) - (E_j + W/2\varepsilon)/kT]) \qquad (8-3)$$

式中，E_j 为高分子中离子迁移的活化能；W 为高分子中盐的解离能；ε 为高分子的介电常数；γ 为与离子运动的自由体积相关的一个数学因子；V_i^* 为离子迁移要求的最小空穴尺寸，产生于自由体积的热涨落；V_f 为在高于玻璃化温度（T_g）的温度（T）下每个离子自由体积的平均值[1]：

$$V_f = V_g [f_g + \alpha (T - T_g)] \tag{8-4}$$

式中，V_f、f_g 和 α 分别为 T_g 温度下的相对体积、T_g 温度下每个扩散单元的平均自由体积分数和热膨胀系数。由式(8-4)可见，当含有无机盐的高分子基质中存在高介电环境和足够大的自由体积时，其自由体积对体系离子传导率的贡献就已经很低了，甚至可以忽略不计[1]。

若考虑聚合物电解质中离子电导率与温度之间的关系，虽然经典的 Arrhenius 理论仍然是解释聚合物中链段运动导致的离子迁移的温度关系的重要理论，但是在聚合物中典型的 $\lg\sigma$-$1/T$ 通常用基于 T_g 的方程，即 Vogel-Tamman-Fulcher (VTF) 和 William-Landel-Ferry (WLF) 方程来解释离子在聚合物中的迁移。VTF 主要描述聚合物电解质电导率与温度之间的关系，其表述形式是：

$$\sigma = \sigma_0 \exp\left(\frac{-B}{T - T_0}\right) \tag{8-5}$$

式中，T_0 为参比温度，可以用 T_g 来表示；B 为一个作用因子，它的量纲与能量量纲相同。图 8-4 给出含不同阴离子的 2 种聚合物电解质 $\lg\sigma$-T、$\lg\sigma$-$(T-T_0)$ 的曲线图[5]，从图中可以看出，这些聚合物电解质的离子电导率随温度的变化确实符合 VTF 方程。

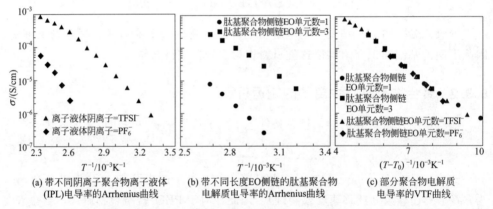

(a) 带不同阴离子聚合物离子液体　　(b) 带不同长度EO侧链的肽基聚合物　　(c) 部分聚合物电解质
(IPL)电导率的Arrhenius曲线　　　　电解质电导率的Arrhenius曲线　　　　电导率的VTF曲线

图 8-4　含不同阴离子的 2 种聚合物电解质的 $\lg\sigma$-T、$\lg\sigma$-$(T-T_0)$ 的曲线

由于 VTF 方程是建立在盐在聚合物中能够完全溶解，且离子的运动是依赖于聚合物链段的半随机运动提供的自由体积，从而使离子在电场作用下发生移动的假设基础上的，因此通常也可通过 Stokes-Einstein 方程将扩散系数与 VTF 方程联系起来。然而该模型并未考虑离子之间的相互作用及其对电导率机理的影响，若仅考虑聚合物分子链段对离子电导率的贡献，也可以从 VTF 方程推论出在室温条件下，玻璃化温度低的聚合物电解质的离子电导率也较高。

在对 PEO 和 PPO 盐络合物研究的基础上，考虑到无定形体系中聚合物分子链运动的弛豫过程，可以用 William-Landel-Ferry（WLF）方程将离子电导率与频率和温度联系起来[1]：

$$\lg \frac{\sigma(T)}{\sigma(T_g)} = \frac{C_1(T-T_g)}{C_2+(T-T_g)} \qquad (8-6)$$

式中，$\sigma(T_g)$ 为 T_g 温度下相关离子的电导率，C_1 和 C_2 分别为离子迁移的自由体积方程中的 WLF 参数。从 WLF 方程可以看出，聚合物电解质的离子电导率主要发生在玻璃化温度 T_g 之上，而在玻璃化温度 T_g 之下，电导率则会快速下降。

基于上述理论可以较好地理解 PEO-盐络合物的导电机理：一方面，PEO 具有比较高的结晶度，能有效传输离子的无定形相比例不高，降低了离子的迁移速率；另一方面，PEO 的介电常数较低，部分盐以离子对形式存在，降低了体系的载流子数目和浓度。因而纯固态 PEO 基聚合物电解质的室温离子电导率非常低，如 PEO-LiClO$_4$ 在室温下的离子电导率仅在 10^{-7} S/cm 数量级。

一直以来，研究者均认为在 PEO 基聚合物电解质中导电区域是无定形区，但 Bruce 等对聚合物电解质结构的研究表明：PEO-盐络合物从晶态到无定形态，虽然聚合物的长程有序遭到破坏，但结构的大部分得以保留。因此，在阳离子-聚合物的次级结构得以保留的情况下，阳离子优先在该短程有序的螺旋结构中发生迁移，而阳离子在螺旋结构之间的迁移是控制步骤[12]。为了证实该理论模型，Bruce 等人[16]系统研究聚合物结构、链长、分散性、末端基团等对晶化聚合物电解质电导率的影响规律，并通过对这些影响因素进行调控与优化，使所获得的晶态聚合物电解质的离子电导率比对应的无定形聚合物电解质高两个数量级。不过，聚合物电解质到底是晶区导电还是非晶区导电还存在一定的争论。例如 Bhattacharyya 等人[17]采用 AFM 的 Cr-Au 探针对聚合物电解质局部区域的电导率进行了表征，结果发现非晶区域电导率远大于结晶区域。通常晶态聚合物电解质导电性差的原因可以作如下解释：聚合物电解质晶粒很小，最大的只有几百纳米；晶粒的取向是随机的，但是锂离子只能在每个晶粒内沿着一维方向运动，而在晶粒之间界面上的迁移很困难。所以，要想提高这一类电解质的电导率，或者把它们做成大单晶，或者设法让锂离子在三维方向上运动[18]。然而，获得聚合物的大单晶在制备上存在相当的难度，而迫使聚合物成规则结构则存在工艺上的可能性：Vorrey 等人[19]研究了将 PEO 基聚合物电解质固定在孔径为 30～400nm 的圆柱形孔中，在孔径为 30nm 时获得的电导率为 2.43×10^{-4} S/cm，比相同组成而不经纳米孔固定的聚合物电解质的电导率高两个数量级，作者认为导电性提高的原因主要在于 PEO 链在孔中的强制取向，似乎也从侧面证实规则结构可能有利于聚合物电解质导电性的提高。

PEO 基聚合物电解质的离子电导率除了与上述因素有关外，研究中还发现 PEO 链段的摩尔质量也会对其离子电导率有显著的影响，图 8-5 为每摩尔 EO 单元含有 (0.093 ± 0.008) mol 锂且在熔点（约 76℃）附近时，PEO/LiTFSI 体系的离子电导率随 PEO 链段摩尔质量大小变化而变化的关系曲线。从该图可以看出，链段摩尔质量在 $10^2 \sim 10^3$ g/mol 时其离子电导率最高，可达 4×10^{-3} S/cm[5]。

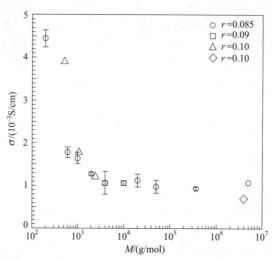

图 8-5　(76±1)℃时不同盐浓度下 PEO 摩尔质量 M 与电导率之间的关系（PEO/LiTFSI 体系）

8.4　全固态聚合物电解质

8.4.1　PEO 体系

PEO（聚氧乙烯）是研究最为广泛的聚合物，但 PEO 基聚合物电解质在室温下电导率仅在 10^{-7} S/cm 数量级。为了既保证聚合物电解质有较好的机械强度，又能提高其导电性能，对其分子链进行接枝改性或是通过填加无机物、有机物进行复合改性是近年来的研究重点，例如人们发现在聚合物电解质中加入纳米级无机填料（Al_2O_3、SiO_2、TiO_2、$BaTiO_3$ 等）可在一个或者几个方面提高其性能，该类聚合物电解质称为纳米复合聚合物电解质（CPE），纳米级无机填料对聚合物电解质的性能影响分述如下。

8.4.1.1　对机械强度的影响

早期在聚合物中加入无机填料的主要目的是提高复合聚合物电解质的机械强度。例如 Riberiro 等人[20]研究了加入 $LiAl_5O_8$ 对 PEO-LiI 体系的影响，DSC 测试表明样品是半晶态的，加入 $LiAl_5O_8$ 后材料的玻璃化温度上升，结晶度下降，机械强度大幅度提高。MacCallum 等人[21]同样发现 SiO_2 的加入也提高了 PEO-$LiCF_3SO_3$ 的机械强度，并且 SiO_2 表面基团对聚合物电解质的机械强度有显著影响[22]。Fan 等人[23]研究了改性 SiO_2 对 PEO($M_w=200$)聚合物电解质的影响，改性方法包括：在表面引入非极性基团烷基、极性基团羟基和醚氧链段。结果表明，流变学性质不但受到添加粉末表面基团类型的影响，也受到添加粉末质量的影响。例如含有极性基团羟基和非极性烷基基团的复合聚合物电解质表现更似液体而非固体，复合物的流变学行为受体系聚合物和 SiO_2 的相互作用控制，从而受 SiO_2 的表面化学控制。在特定的体系中，在表面基团和液体连续相间会存在竞争相互作用。化学性质（如极性）的错配导致表面基团与相邻颗粒的强相互作用。

8.4.1.2　对电导率和迁移数的影响

Croce 等人[24,25]研究了 PEO_8-$LiClO_4$-TiO_2 和 PEO_8-$LiClO_4$-Al_2O_3 体系的电化学性质，结果表明，PEO_8-$LiClO_4$-TiO_2 的室温电导率比 PEO_8-$LiClO_4$ 高三个数量级，提高的主要原因在于分散的微粉影响 PEO 聚合物链的结晶速率，从而增加其周围的无定形区而使电导率上升。PEO_8-$LiClO_4$-10%（质量分数）TiO_2 在 $45\sim$ 90℃ 范围内的迁移数达到 0.6。Sun 等人[26]研究了加入粒径为 $0.6\sim1.2\mu m$ 的铁电 $BaTiO_3$ 的复合聚合物电解质，在 $BaTiO_3$ 质量分数为 1.4% 时，室温电导率为 $1.0\times10^{-5} S/cm$，而不加填料的仅为 $4.0\times10^{-7} S/cm$。电导率提高的原因是铁电材料的自发极化与 PEO 的醚氧原子之间的相互作用使 PEO 链的偶极矩增大从而导致界面区电导率增大，同时铁电颗粒的表面电荷与盐组分的静电相互作用（与中性高分子相比）通过稳定自由离子而有利于盐的溶解，从而导致动力学平衡向自由离子的方向移动。Capiglia 等人[27]对比了不同温度热处理 SiO_2 对复合聚合物电解质电导率的影响，实验结果表明 900℃ 处理的 SiO_2 对电导率的提高效果最好。高温煅烧使电导率提高的原因在于煅烧消除了水分，而水分对颗粒边界支持的离子传递有阻碍作用。由此可见，聚合物-填料界面的化学性质对电解质的电导率起决定作用。对纳米 Al_2O_3 表面改性并作为填料的研究结果表明，就电导率的提高而言，填料表面含有酸性基团的最好，含中性基团的次之，而含碱性基团的与不加相似[28]。基于该结果提出的"有效媒介理论"可以解释为什么纳米级材料的加入也使高温下的电导率得到提高。基于该理论，表面基团的影响途径可分为两种，其一是表面基团充当 PEO 链段和阴离子交联中心，从而降低 PEO 链重组的趋势，因而促使聚合物结构发生变化，预期的影响是增加陶瓷表面 Li^+ 的导电路径；其二是表面基团充当电解质离子物种的 Lewis 酸碱相互作用中心，这使得形成离子对的可能性降低，预期的效果是通过"离子-陶瓷络合物"的形成而提高盐的解离度。这两种效应使得自由离子数量增加，从而使整个温度范围内的电导率增大。Al_2O_3 表面的羟基与锂盐阴离子和 PEO 链间存在的氢键有利于锂盐的溶解和无定形相的增加，从而使电导率和迁移数得到提高。

8.4.1.3　对锂/电解质界面性质的影响

锂/聚合物电解质的界面阻抗与盐、填料的性质以及实验条件有关[29]。PEO-$LiClO_4$ 与金属锂电极的界面阻抗高达 $1000\Omega/cm^2$，而与锂接触存放 30 天的 PEO-$LiN(CF_3SO_2)_2$ 的界面阻抗仅为 $67\Omega/cm^2$。在 50℃ 存放很长时间的 PEO-$LiN(CF_3SO_2)_2$-$BaTiO_3$ 的界面阻抗小于 $50\Omega/cm^2$。对 PEO 基 CPE 的阻抗研究表明，填料的加入使得金属锂的界面阻抗随时间的变化很小，这有利于提高电池的循环寿命[30]。

8.4.2 离子橡胶

1993 年，在研究锂盐浓度与电导率关系的基础上，Angel 等人提出了 "polymer-in-salt" 的概念，即将少量聚合物掺杂到低共熔盐中组成的一种新型聚合物电解质体系[4]。他们制备的 $LiClO_3$-$LiClO_4$/PEO 聚合物电解质体系的电导率随盐浓度的变化规律如图 8-6 所示。该类聚合物电解质在锂盐含量为 10% 时出现一个电导率峰值，而后逐渐下降并在 30% 时达到最低值，此时若锂盐含量进一步增加，则体系进入了 "polymer-in-salt" 的区域，离子电导率又随锂盐含量增加而逐渐提高，达到了 10^{-4} S/cm。这种新型聚合物电解质的出现预示了在一定条件下可使离子长程传输而不再依赖于聚合物链段的弛豫过程，但同时材料体系又具有聚合物的某些特性。

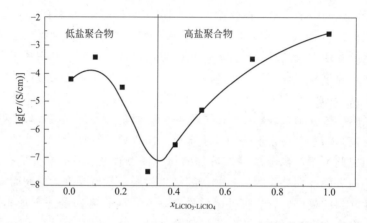

图 8-6 $LiClO_3$-$LiClO_4$/PEO 聚合物电解质电导率随锂盐含量增加的变化

8.4.3 其它基于 E-O 氧化乙烯单元的聚合物电解质

在目前已知的所有结构中，具有 E-O 单元的聚合物最有利于离子解离，而离子可以随无定形区的醚氧链段一起运动从而实现离子的迁移。然而，醚氧结构非常容易变成晶态，因此研究方向之一是如何阻止该行为的发生。为了降低聚合物的有序性，获得较高的电导率，采用的主要方法是提高聚合物非晶态所占比例、非晶态部分的分布均匀性或降低聚合物的玻璃化温度。到现在为止，已先后合成大量其它基于 E-O 氧化乙烯单元的线形、梳状支化、超支化类聚合物等新型聚合物电解质。

我们知道，在 PEO 结构中嵌入其它结构单元可以打乱聚合物的长程有序结构，改善聚合物的结晶性能。如将二甲基二氯硅烷与乙二醇缩聚，可得到无定形聚硅氧烷聚合物，25℃的离子电导率达到 2.6×10^{-4} S/cm[31]。梳状聚合物电解质是在主链没有 PEO 结构的聚合物基体上通过接枝聚醚结构支链从而获得较高的电导率。这类梳状聚合物电解质的结构也可以形象地用"硬骨架-软肢体"的聚合物结构来进行描述，其硬骨架只要保证聚合物电解质有足够的机械强度，而软肢体则可以保证聚合物支链有足够的活动能力，从而获得较高的离子电导率。

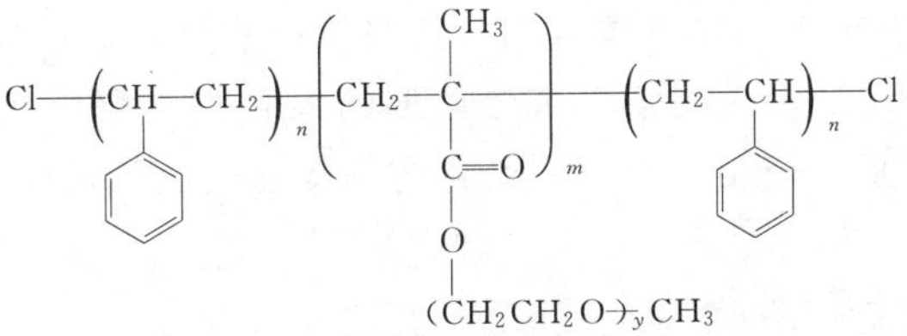

(a)梳状聚合物电解质

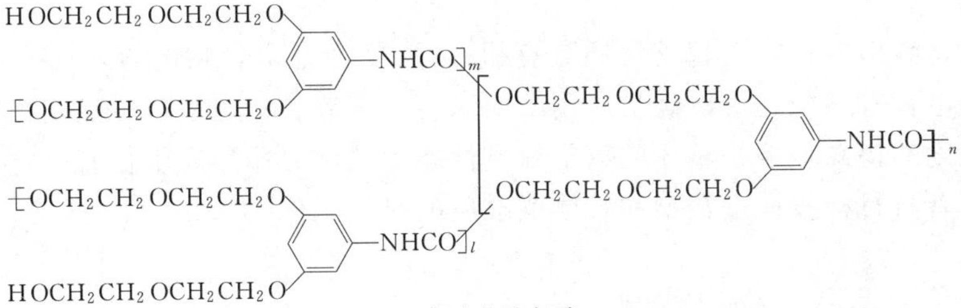

(b)超支化聚氨酯

图 8-7　两种聚合物结构示意图

图 8-7(a)所示是一种具有微观相分离的嵌段共聚物，在该结构中，聚苯乙烯段提供力学性能，而聚醚链段提供离子通道，当 PEO 含量为 80%～90% 时，采用 $LiClO_4$ 为盐时室温电导率可达 10^{-4} S/cm 以上[32]。图 8-7(b)是超支化聚氨酯(HPU)的结构示意图，其电导率约在 10^{-5} S/cm 数量级[33]。

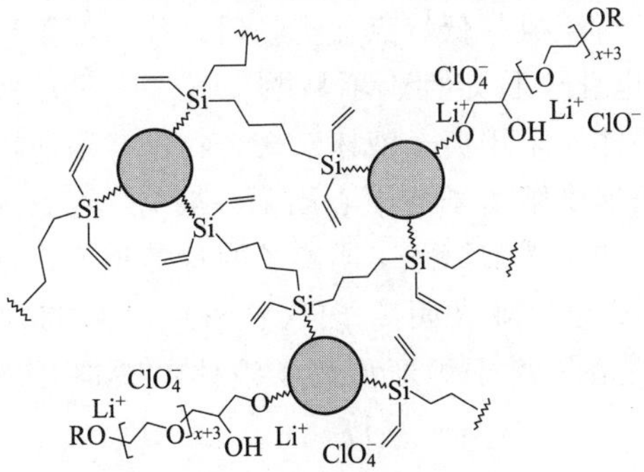

(a) 一种有机物改性陶瓷聚合物电解质($\sigma = 2 \times 10^{-4}$S/cm, RT)

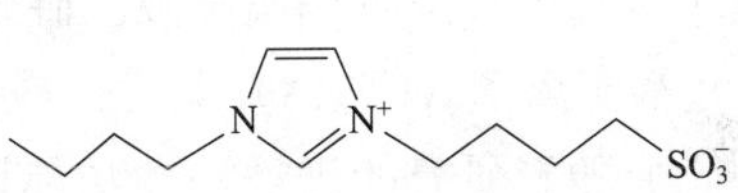

(b) 1-丁基咪唑-3-(正丁基磺酸盐)两性离子($\sigma = 5.6 \times 10^{-5}$S/cm, 30℃)

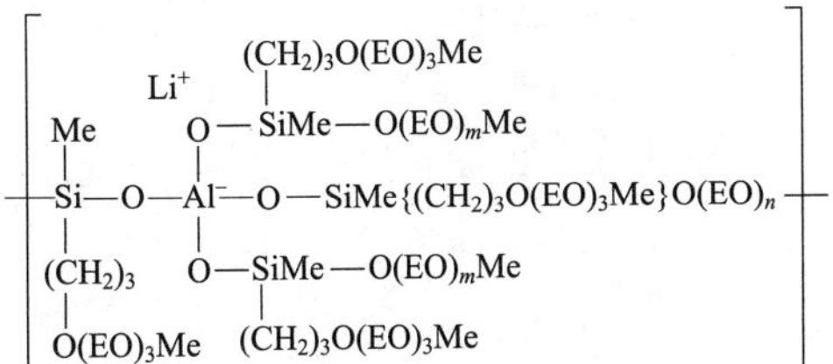

(c) 硅氧基铝酸酯-低聚醚共聚物($\sigma = 3.6 \times 10^{-6}$S/cm, RT)

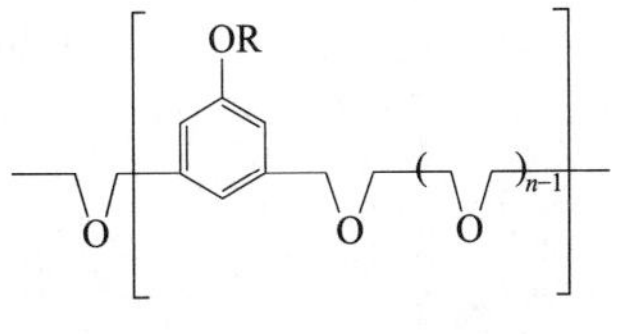

(d) 一类新型聚醚聚合物(R典型值为 —$C_{16}H_{33}$, $n=5$; $\sigma \approx 10^{-6}$S/cm, RT)

图 8-8　几种新型聚合物电解质的结构及电导率

除此之外，还有较多的新型聚合物与盐络合时也展示出了一定的导电性，其中以有机-无机复合结构最引人关注。部分典型的聚合物电解质基体及其电导率如图8-8所示[34~37]。但是，至今尚无一种聚合物基体能完全满足应用的需求。

8.5 胶体电解质体系

无论是线形、梳状、超支化还是有机-无机复合型聚合物电解质，在许多场合材料的导电性等参数还难以满足应用的要求，复合聚合物电解质虽然使得电导率得到一定程度的提高，但是整体的离子导电性能离器件的应用要求仍有一定差距。因此，研究者将目标投向增塑型和胶体电解质的研究工作。

8.5.1 增塑型聚合物电解质

在聚合物电解质中加入少量溶剂可以使聚合物电解质的电导率得到明显提高。如采用聚乙二醇（PEG）加入到 $PEO\text{-}LiCF_3SO_3$ 中，离子电导率随 PEG 含量的增加而增大，但是由于羟基的存在，界面性能随之下降[38]；采用冠醚如 12-冠醚-4，可使 $PEO\text{-}LiBF_4$ 的电导率提高到 7×10^{-4} S/cm，并可使电池的电荷转移阻抗大幅度降低[39]。

近年来，一种完全由阳离子和阴离子所组成的低熔点盐类物质，称为离子液体（ionic liquids，ILs），因其良好的化学和电化学稳定性、不易燃、蒸气压非常低及其良好的热稳定性而引起研究者的广泛关注。采用离子液体对聚合物进行增塑也可使聚合物电解质的性能得到提高。离子液体中阳离子的中心原子一般为 N、P 和 S 原子，其中最常见的为咪唑、吡啶阳离子和季铵阳离子。阴离子的种类很多，如三氟乙酸阴离子（$CF_3CO_2^-$）、二（三氟甲基磺酰）亚胺阴离子[$(CF_3SO_2)_2^-N, TFSI^-$]等。而随着研究的进展，含功能团或多中心阳离子等新型离子液体不断被开发出来。典型的阳离子结构如图 8-9 所示[40]。

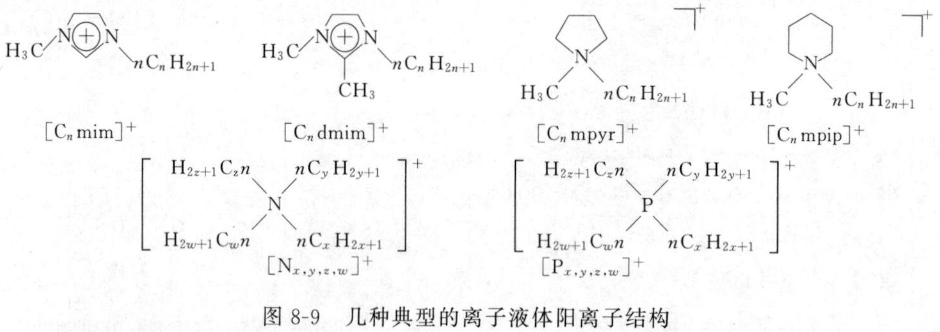

图 8-9　几种典型的离子液体阳离子结构

程琥等人[41]将两种离子液体：1-丁基-4-甲基吡啶-二（三氟甲基磺酸酰）亚胺（简称为 BMPyTFSI），1-丁基-4-甲基咪唑-二（三氟甲基磺酸酰）亚胺（BMImTFSI）加入到聚氧乙烯中分别获得 $P(EO)_{20}$-LiTFSI-xBMPyTFSI 及 $P(EO)_{20}$-LiTFSI-xBMImTFSI 复合聚合物电解质,实验发现,当 $x=1$ 时,这两种复合聚合物电解质的离子电导率均可获得显著改善,最大可达到两个数量级以上,40℃ 下离子电导率可达 10^{-4} S/cm。该类聚合物电解质的电化学稳定窗口可达 5.2V,结果还表明,添加含咪唑基的离子液体要比含吡啶基的离子液体的离子电导率略高。而利用对应的离子液体-聚合物电解质组成的 $LiFePO_4$/Li 电极界面与材料的循环稳定性也有显著提升[42]。Scrosati 等人将 PEO、LiTFSI、N-甲基-N-丁基吡咯-TFSI(PYR$_{14}$TFSI)离子液体以及光引发剂苯唑吩(BPO)混合均匀后,用紫外线照射交联,得到机械强度较好的三组分固体电解质。该电解质的室温电导率接近 10^{-3} S/cm,与金属锂负极的界面稳定,$LiFePO_4$ 正极在该体系中 0.1C 充放电 500 次循环后容量仍然保持在 150mA·h/g 左右[43]。在 PVdF-HFP 中包含了 75% 的 1-n-丁基-2,3-二甲基咪唑-TFSI(PMMITFSI)离子液体和 1.0mol/L LiTFSI 制备的固体聚合物电解质的电导率达到 10^{-3} S/cm 数量级,Li/$LiCoO_2$ 聚合物电池在室温下 150 次循环后电池容量没有明显衰减,电池库仑效率达到 98%[44]。

8.5.2 胶体聚合物电解质

根据聚合物基体的不同,可将胶体聚合物电解质分为聚丙烯腈(PAN)、聚甲基丙烯酸甲酯(PMMA)和聚偏氟乙烯(PVdF)等几大体系。

8.5.2.1 PAN 体系

Appetecchi 等人[45]以 PAN 为聚合物基体、$LiPF_6$ 或 $LiN(CF_3SO_2)_2$ 为盐、(EC-DEC/PC)为溶剂制备的胶体聚合物电解质具有很好的化学和电化学稳定性。一般认为,在胶体电解质中,离子迁移主要发生在溶剂区[46]。但当锂盐溶度增大时,EC+PC 增塑的 PAN 聚合物电解质出现 Li 与 CN 基团的弱络合,而电导率并没有因为络合的出现而明显下降,这表明锂通过沿聚合物链的迁移与在 PC+EC 中的迁移同样有效[47]。

8.5.2.2 PMMA 体系

对 PMMA 胶体电解质的研究表明,聚合物的加入量增加将使胶体电解质的黏度增大,电导率下降,采用不同溶剂的胶体电解质的室温电导率在 $1\sim10$mS/cm[48]。在 PMMA 胶体电解质中,基体与溶剂的相互作用较弱,因此可以将 PMMA 电解质看作是电解质埋在"钝化"的主体聚合物中,由于界面阻抗较高,PMMA 体系不适合金属锂电极[49]。

8.5.2.3 PVdF 体系

PVdF 具有高的电化学稳定性,由于具有强极性的共价键(—C—F),其介电常数高($\varepsilon=8.4$),从而有利于与其混溶的锂盐更大程度地离子化,因而具有较高的载流子浓度。通常 PVdF 在有机溶剂中溶胀得到的胶体聚合物电解质,具有高的电导率和好的温度稳定性。PVdF/HFP 的核磁共振研究表明,聚合物只是充当阳离子的笼子[50]；采用脉冲场梯度测量 PVdF/HFP 胶体电解质中 Li^+ 的扩散系数，其扩散系数的大小与体系中聚合物和溶剂的用量有关，而其中盐的解离程度又与聚合物含量有关，因此表明移动的电荷与聚合物间存在一定程度的相互作用[51]。

胶体聚合物电解质虽然使聚合物电解质的电导率得到提高，但溶剂的引入也使得聚合物体系的机械强度变差，采用共混或共聚聚合物体系可在一定程度上解决该问题。其解决思路是，在共混体系中，一种聚合物或聚合物单元提供稳定的骨架结构，从而提高聚合物电解质的机械强度；而另一种聚合物或聚合物单元与溶解的电解质形成局域的胶体团束，提供锂离子的传导路径。比如，天然橡胶与 PEO 共混[52]、PAN 和 PEO 共混都可以得到 self-standing 膜[53]。共混体系一般还保留胶体电解质电导率高的特点，如 PEO 与 TPU-PEG200 或 TPU-PEG400 共混得到的胶体电解质，室温电导率为 $1.6 \times 10^{-3} S/cm$，并具有较好的电化学稳定性[54]；PEO 与 PAN 共混的电解质体系的室温电导率达到 $2.0 \times 10^{-3} S/cm$[55]。

胶体电解质的第二个缺点是胶体电解质在热力学上是不稳定的，在长期储存，特别是暴露在空气中的情况下，胶体电解质会发生溶剂的渗出，这即是所谓的"胶体脱水收缩作用"。这种变化导致电解质黏度的增大和离子移动性能的降低，从而导致离子电导率的显著下降；同时，金属锂电极与胶体电解质接触后严重钝化，而众所周知的不可控的钝化现象影响锂电极的循环能力，从而最终可能导致严重的安全风险。现在最为成功的胶体技术是由 Bellcore 开发的，他们采用 PVdF 与 HFP 的共聚物基体浸入增塑剂 DBP 中，浇注成膜，然后萃取/活化即得所需的聚合物电解质膜。但是，通过该方法制备的聚合物电解质的电导率达不到锂离子电池的要求，进一步的改进方法是在聚合物电解质中加入纳米级的气相 SiO_2，使得聚合物电解质的室温电导率达到 2mS/cm，以其装配的电池综合性能与液态锂离子电池相当[56]。然而，由于引入了全新的萃取/活化步骤，对电池的性能稳定性和连续生产均有不同程度的影响。近年来，该小组开发出了不用萃取增塑剂制备 PVdF/HFP 膜的方法，称为倒相法，即将挥发性溶剂和非溶剂的共聚物浇注成膜，采用该方法制备的电极叠片组装的电池具有良好的放电速率，该方法的主要优点是该膜可以热复合到电极上而没有明显的孔隙率损失，且省略了萃取步骤[57]。

8.5.2.4 聚电解质

聚电解质（polyelectrolytes）也被称为离子聚合物，日常生活中碰到的许多聚合物分子，如淀粉、蛋白质、氨基酸等本质上均可划分为聚电解质。聚电解质按电离的基团可分为：①聚酸类，电离后成为阴离子高分子，如聚丙烯酸、聚甲基丙烯酸、聚苯乙烯磺酸、聚乙烯磺酸、聚乙烯磷酸等；②聚碱类，电离后成为阳离子高分子，如聚乙烯亚胺 CH_2—CH_2—NH、聚乙烯胺、聚乙烯吡啶等。

在电化学能源体系应用最广的一种聚电解质是目前燃料电池中广泛使用的质子交换膜（proton exchange membrane，PEM）材料，它是质子交换膜燃料电池的核心组件。PEM 材料需要在一定湿度条件下才能表现出良好的离子导电性能。其制备的基本流程是：首先将聚乙烯中的氢原子用氟原子取代，得到聚四氟乙烯（PT-

FE, 也被称为 Teflon); 在 PTFE 的链上加入以 HSO_3 基团结尾的侧链进行磺化。磺化引入的 HSO_3 基团和 H^+ 是靠离子键连接的, 所以侧链末端实际是一种阴离子, 因而最终的结构称为离子聚合物[58]。质子交换膜目前应用最广的是美国杜邦公司的生产的 Nafion® 膜, 其微观结构非常复杂, 且随膜的母体和加工工艺而变化。由于制备过程中的相分离步骤以及主链上 SO_3^{2-} 和 H^+ 的存在使分子间产生强的相互作用, 结果导致在材料的整体结构中侧链呈团簇式排列, 分别形成所谓相对分离的"疏水相"与"亲水相", 此疏水/亲水的微相分离结构特征确保了 PEM 既具有良好的机械性能和化学稳定性, 又可为质子传导提供通道。目前认为 Nafion® 膜传导质子的机理主要有两种, 一种是所谓的"车载机理", 这一机理的关键是它认为质子的输运是通过质子化的水在电场作用下的迁移与扩散, 因此合适的环境湿度是保证 Nafion® 质子电导率必不可少的条件。Nafion® 质子传导的另一个机理是所谓的 Gothuss 机理, 这一机理认为在外界环境湿度较低以及低温条件下, 质子的输运可以通过质子在质子化基团之间的跃迁来实现。在外界湿度良好的 Nafion® 电解质中, 材料的质子电导率可达到 0.1S/cm, 而水含量降低时, 电导率会随之大致成线性关系降低。

除了 Nafion® 外, 含氟质子交换膜还包括 Ballard 公司通过对取代的三氟苯乙烯与三氟苯乙烯共聚得到共聚物, 再磺化制备的 BAM3G 膜[59]; 另外, Dow 化学公司的 XUS-B204 膜、日本 Asahi 公司开发的 Flemion 膜、日本氯化学工程公司开发的 C 膜等也都属于含氟质子交换膜 (全氟磺酸聚合物的结构如图 8-10 所示[60]), 它们都具有相同的疏水聚四氟乙烯主链结构, 不同之处在于末端带有亲水性离子交换基团的支链长度。

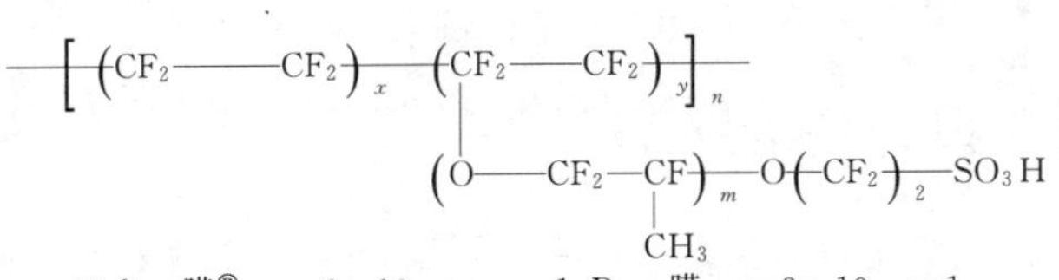

$$\left[(CF_2\!-\!\!-\!\!-CF_2)_x\,(CF_2\!-\!\!-\!\!-CF_2)_y\right]_n$$
$$(O\!-\!\!-\!CF_2\!-\!\!CF)_m O\!-\!(CF_2)_2\!-\!SO_3H$$
$$CH_3$$

Nafion 膜®:$x=6\sim10$, $y=m=1$; Dow 膜:$x=3\sim10$, $y=1$, $m=0$; Flemion 膜和 Aciplex 膜:$x=6\sim8$, $y=0\sim1$, $m=1$

图 8-10 几种含氟质子交换膜的分子结构

全氟磺酸质子交换膜具有质子电导率高和电化学稳定性好的特点, 但也还存在成本高、性能受温度影响明显、某些碳氢化合物如甲醇等的渗透率高等缺点。因此, 开发新型的质子交换膜一直是研究热点之一。目前广泛研究的非氟质子交换膜主要有磺化聚酰亚胺、磺化聚苯并咪唑、磺化聚芳醚砜、磺化聚芳醚酮和磺化聚磷腈等, 它们具有优异的力学性能、热稳定性和化学稳定性。作为质子交换膜使用时, 磺化芳香族质子交换膜具有耐高温性好、甲醇渗透率低、环境友好和成本低等优点。但遗憾的是, 当离子基团含量高时, 膜大多会在水中发生过度溶胀, 从而使力学性能变差, 同样降低了磺化芳香族聚合物的应用潜力。

8.6 聚合物电解质的应用

8.6.1 在锂离子电池上的应用

由于聚合物电解质具有安全性等特殊优势，因此其特别适合用于可充锂电池领域。早在1993年，由3M公司与Hydro Québec联合开发的以锂箔为负极、PEO基电解质和钒氧化物为正极的动力电池容量达到119A·h，并且具有较好的性能：能量密度达到155W·h/kg，放电深度为80%时循环寿命达到600次。但锂聚合物电池计划仍然被搁置很长一段时间，直到最近意大利制造商才将该类型电池用于Bolloré Bluecar电动汽车上：电池电量为30kW·h，并与超级电容联合使用，在城市道路上最长行驶里程为250km，最高时速为130km，目前该出租车在法国的销量已达到2000辆以上。近年来，加拿大Hydroquebec在聚合物电解质可充锂电池领域又取得新的进展，其所制备的Li/接枝PEO基聚合物电解质/LiFePO$_4$电池，能量密度可达130W·h/kg，循环寿命达到2000次。

在商用锂离子电池领域，Bellcore技术最为成功。但在初期应用时，由于制膜过程中所引入的杂质溶剂难以去除、所用聚合物基体与电解液分离而出现软包电池电解液泄漏，导致其应用受到质疑，后来Sony公司推出替代的胶体聚合物电解质方案，并被三洋-汤浅、三星SDI等公司采用。我国的ATL公司通过改进的方法实现了软包装聚合物电解质锂离子电池大规模工业化生产，并成为苹果等智能手机的主要电池供应商。近年来，以智能手机为代表的数码产品和以电动汽车为代表的电动交通工具对高能量密度、高安全性的锂离子电池提出了更高的需求，聚合物电解质将在这些电池体系中展示独特的优势并获得更大的市场空间。

8.6.2 在锂空气电池上的应用[61]

锂空气电池是未来重点发展的化学电源体系之一，其所用的电解质可包括水溶液和非水溶液两种体系，非水溶液体系中存在两个反应：

$$2Li + O_2 \Longrightarrow Li_2O_2 \tag{8-7}$$

$$4Li + O_2 \Longrightarrow 2Li_2O \tag{8-8}$$

式(8-7)所示反应的可逆电压为2.959V，式(8-8)所示反应的可逆电压为2.913V。式(8-7)所示反应是可逆的，而式(8-8)所示反应是不可逆的。根据式(8-7)计算得到的能量密度为3457W·h/kg。水溶液体系的反应如下：

$$4Li + 6H_2O + O_2 \Longrightarrow 4(LiOH \cdot H_2O) \tag{8-9}$$

从热力学数据计算得到的中性溶液中式(8-9)所示反应的电压为3.856V，但是实验测得的数据根据溶液体系不同而不同：1mol/L LiCl + 0.004mol/L LiOH中为3.43V，而在饱和的LiCl和LiOH溶液中为3.0V。如果电池电压为3.0V，则含氧时的能量密度为1910W·h/kg，不含氧时为2371W·h/kg。但是金属锂与水反应剧烈，同时在空气中工作时还面临水对锂的腐蚀、CO_2 侵入、生成高阻抗的氧化物、充放电时的极化大等问题，这些问题采用防水金属锂电极可以部分得以解决。防水金属锂电极采用防水的锂离子导体将金属锂包覆从而避免其与水溶液电解质直接接触。然而部分固体电解质如 NASICON 型 $Li_{1-x}Ti_{2-x}Al_x(PO_4)_3$ (LTAP) 与金属锂接触会发生反应而导致阻抗增大，因此在 LTAP 和金属锂之间必须有一个缓冲层，而聚合物电解质即为最好的缓冲层候选材料之一。具有该结构的锂空气电池体系如图 8-11 所示。

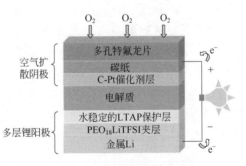

图 8-11　锂空气电池结构示意图

除了 NASICON 型的 LTAP 外，Garnet 型的 $Li_7La_3Zr_2O_{12}$ (LLZ) 也被用于防水电极的制备。具有 Li/PEO$_8$LiTFSI/CH$_3$COOH-LiCH$_3$COO- H$_2$O/(C，空气) 结构的锂空气电池的充放电曲线如图 8-12 所示。

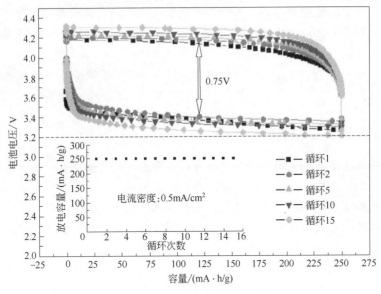

图 8-12　锂空气电池充放电曲线

8.6.3　在电致变色器件中的应用

电致变色（electrochromism）是指材料由于发生了电荷转移（氧化-还原反应）而导致的光学吸收带的变化（即颜色的变化）。电致变色材料按照材料种类可以分为无机电致变色材料和有机电致变色材料。以最为常见的阴极变色的三氧化钨为例，当三氧化钨薄膜被施加负的电压时，发生式(8-10)所示反应，透明的 WO$_3$ 转

变为深蓝色的 H_xWO_3。

$$WO_3 + xH^+ + xe^- \rightleftharpoons H_xWO_3 \tag{8-10}$$

电致变色器件的结构主要包括透明导电层、电致变色层、电解质层、离子储存层。对于实际应用更为方便的固态器件而言，采用全固态电解质层是很合适的一种选择。可用于或者可能用于电致变色器件的聚合物体系包括：醚类体系（如 PEO）、胺类体系（如聚1,2-亚乙基亚胺，PEI）、酯类体系（如聚三亚甲基碳酸酯，PTMC）、氟化体系（如 PVdF）等[62]。采用聚合物电解质所制得的电致变色器件具有无泄漏、稳定及易于运输的优点。

8.6.4 在超级电容器中的应用

超级电容器是一种包括电极双层电容及快速电化学反应赝电容的电化学储能装置，也称为电化学电容器。与常规蓄电池相比，超级电容器具有超长的循环寿命和优异的快速充放性能。

超级电容器的电解质可大致分为水溶液体系、有机（液态）体系、离子液体体系和聚合物电解质体系等。基于高功率型超级电容器对高电导率电解质的要求，用于超级电容器中的聚合物电解质一般为水凝胶聚合物。在各种碱性聚合物水凝胶电解质超级电容器中，以胶体 PAAK（聚丙烯酸钾）-KOH-H_2O 为电解质时，活性炭纤维电极材料的比电容为150F/g；采用 PAAK-KCl-H_2O 为电解质时，$MnO_2 \cdot nH_2O$ 的比电容为168F/g；采用化学交联的 PVA（聚乙烯醇）作为固体电解质基体使用时，不仅具有良好的力学性能，而且还有很好的化学稳定性[63]。

8.6.5 在其它领域中的应用

在燃料电池领域，采用 Nafion® 等为电解质的燃料电池已经实现了产业化。燃料电池尚未获得大规模推广的主要原因在于存在价格过高、催化剂在实际工况和环境下使用时寿命衰减快以及阳极燃料在隔膜中渗透快等问题。

在染料敏化太阳能领域，采用聚合物电解质有望解决液态电解质泄漏、电化学稳定性差、形状可变等问题。研究的聚合物电解质体系有 PEO-NH_4ClO_4、PEO-NH_4I、PVC-PC-$LiClO_4$、PEO-EC-PC-LiI-I_2、PVDF-HFP-TBP-SiO_2、PEO-HBP-$LiN(CF_3SO_2)_2$-$LiPF_6$-$BaTiO_3$、PEG-Al_2O_3-$LiClO_4$ 等，主要包括干固体系和胶体体系，由于电导率高，其中胶体电解质在实际应用中更具价值。

除了以上应用外，聚合物电解质膜还可用于制碱工业、脱盐用的反渗透技术等。

参 考 文 献

[1] Ciardelli F，Tsuchida E，Wöhrle D. 高分子金属络合物. 张志奇，张举贤译. 北京：北京大学出版社，

1999：153.

[2] Fenton D E, Parker J M, Wright P V. Complexes of alkali metal ions with poly (ethylene oxide) . Polymer, 1973, 14：589.

[3] Gray F, Armand M. Polymer electrolytes//Besenhand J O. Handbook of battery materials. germany：Wiley-VCH, 1999：499.

[4] Angell C A, Liu C, Sanchez E. Rubbery solid electrolytes with dominant cationic transport and high ambient conductivity. Nature, 1993, 362：137.

[5] Hallinan Jr D T, Balsara N P. Polymer electrolyte. Annual Review in Mater Res, 2013, 43：503.

[6] Agrawal R C, Pandey G P. Solid polymer electrolytes：materials designing and all-solid-state battery applications：an overview. J Phys D：Applied Phys, 2008, 41：223001.

[7] Armand M B. Polymer solid electrolytes：an overview. Solid State Ionics, 1983, 9-10：745.

[8] Shriver D F, Papke B L, Ratner M A, et al. Structure and ion transort in polymer-salt complexes. Solid State Ionics, 1981, 5：83.

[9] 周恩贵. 聚合物 X 射线衍射. 合肥：中国科学技术大学出版社, 1993：242.

[10] Scrosati B. Lithium batteries：from early stages to the future//Scrosati B, Abraham K M, Schalkwijk W V, et al. Lithium batteries, advanced technologies and applications. Hoboken：John Wiley & Sons Inc, 2013：21.

[11] Lascaud S, Perrier M, Vallke A, et al. Phase diagrams and conductivity behavior of poly (ethylene oxide) -molten salt rubbery electrolytes. Maromolecules, 1994, 27：7469.

[12] Andreev Y G, Bruce P G. Polymer electrolyte structure and its implications. Electrochim Acta, 2000, 45：1417.

[13] Svanberg C, Bergman R, Börjesson L, et al. Diffusion of solvent/salt and segmental relaxation in polymer gel electrolytes. Eleetrochim Acta, 2001, 46：1447.

[14] Andreev Y G, Lightfoot P, Bruce P G. A general monte carlo approach to structure solution from powder-diffraction data：Application to poly (ethylene oxide)$_3$：LiN(SO$_2$CF$_3$)$_2$. J Appl Crystallogr, 1997, 30：294.

[15] MacGlashan G S, Andreev Y G, Bruce P G. Structure of the polymer electrolyte poly (ethylene oxide) 6：LiAsF$_6$. Nature, 1999, 398 (792-794)：29.

[16] Staunton E, Andreev Y G, Bruce P G. Factors influencing the conductivity of crystalline polymer electrolytes. Faraday Discussions, 2007, 134：143.

[17] Bhattacharyya A J, Fleig J, Guo Y G, et al. Local conductivity effects in polymer electrolytes. Advanced Materials, 2005, 17：2630.

[18] 熊焕明. 聚合物-纳米粒子复合电解质. 吉林：吉林大学, 2004.

[19] Vorrey S, Teeters D. Study of the ion conduction of polymer electrolytes confined in micro and manopores. Electrochim Acta, 2003, 48：2137.

[20] Riberiro R, Silva G G, Mohallem N D S. A comparison of ionic conductivity, thermal behavior and morphology in two polymer-LiI-LiAl$_5$O$_8$ composite polymer electrolytes. Electrochim Acta, 2001, 46：1679.

[21] MacCallum J R, Seth S. Conductivity of poly (ethylene oxide) /silica composite films containing lithium trifluorosulphonate. European Polymer Journal, 2000, 36：2337.

[22] Walls H J, Zhou J, Yerian J A, et al. Fumed silica-based composite polymer electrolytes：synthesis, rheology, and electrochemistry. J Power Sources, 2000, 89：156.

[23] Fan J, Raghavan S R, Yu X Y, et al. Composite polymer electrolytes using surface-modified fumed silicas：conductivity and rheology. Solid State Ionics, 1998, 111：117.

[24] Croce F, Appetecchi G B, Persi L, et al. Nanocomposite polymer electrolytes for lithium batteries. Nature, 1998, 394：456.

[25] Appetecchi G B, Croce F, Persi L, et al. Transport and interfacial properties of composite polymer electrolyte. Electrochim Acta, 2000, 45：1481.

[26] Sun H Y, Takeda Y, Imanishi N, et al. Ferroelectric materials as a ceramic filler in solid composite polyethylene oxide-based electrolytes. J Electrochem Soc, 2000, 147：2462.

[27] Capiglia C, Mustarelli P, Quartarone E, et al. Effects of nanoscale SiO$_2$ on the thermal and transport properties of solvent-free, poly (ethylene oxide) (PEO) -based polymer electrolytes. Solid State Ionics, 1999, 118：73.

[28] Croce F, Persi L, Scrosati B, et al. Role of the ceramic fillers in enhancing the transport properties of composite polymer electrolytes. Electrochim Acta, 2001, 46：2457.

[29] Li Q, Sun H Y, Takeda, et al. Interface properties between a lithium metal electrode and poly (ethylene oxide) based composite polymer electrolyte. J Power Sources, 2001, 94: 201.

[30] Scrosati B, Croce F, Persi L. Impedance spectroscopy study of PEO-based nanocomposite polymer electrolyte. J Electrochem Soc, 2000, 147: 1718.

[31] Fonseca C P, Neves S. Characterization of polymer electrolytes based on poly (dimethyl siloxane-co-ethylene oxide) . J Power Sources, 2002, 104: 85.

[32] Niitani T, Shimada M, Kawamura K, et al. Synthesis of Li$^+$ ion conductive PEO-PSt block copolymer electrolyte with microphase separation structure. Electrochem and Solid State Lett, 2005, 8: A385.

[33] Hong L, Cui Y J, Wang X L, et al. Conductivities and spectroscopic studies on hyperbranched polyurethane electrolytes. J Polymer Science Part B-Polymer Physics, 2003, 41: 120.

[34] Popall M, Andrei M, Kappel J, et al. ORMOCERs as inorganic-organic electrolytes for new solid state lithium batteries and supercapacitor. Electrochim Acta, 1998, 43: 1155.

[35] Fujinami T, Mehta M A, Sugie K, et al. Molecular design of inorganic-organic hybrid polyelectrolytes to enhance lithium ion conductivity. Electrochim Acta, 2000, 45: 1181.

[36] Tiyapiboonchaiya C, Pringle J M, Sun J, et al. The zwitterion effect in high-conductivity polyelectrolyte materials. Nature Materials, 2004, 3: 29.

[37] Wright P V, Zheng Y, Bhatt D, et al. Supramolecular order in new polymer electrolytes. Polymer International, 1998, 47: 34.

[38] Ito Y, Kanehori K, Miyauchi K, Kodu T. Ionic conductivity of electrolytes formed from PEO-LiCF$_3$SO$_3$ complex with low molecular weight poly (ethylene glycol) . J Mater Sci, 1987, 22: 1845.

[39] Nagasubramanian G, Di Stefano S. 12-Crown-4 ether assisted enhancement of ionic conductivity and interface kinetics in PEO electrolytes. J Electrochem Soc, 1990, 137: 3830.

[40] Matsumoto H. Recent advances in ionic liquids for lith ium secondary batteries//Jow T R, Xu K, Borodin O, et al. Electrolytes for lithium and lithium—ion batteries. New York: Springer, 2014: 206.

[41] Cheng H, Zhu C B, Huang B, et al. Synthesis and electrochemical characterization of PEO-based polymer electrolytes with room temperature ionic liquids. Electrochim Acta, 2007, 52: 5789.

[42] Zhu C B, Cheng H, Yang Y. Electrochemical characterization of two types of PEO-based polymer electrolytes with room-temperature ionic liquids. J Electrochem Soc, 2008, 155: A569.

[43] Kim G T, Appetecchi G B, Carewska M, et al. UV cross-linked, lithium-conducting ternary polymer electrolytes containing ionic liquids. J Power Sources, 2010, 195: 6130.

[44] Liao K S, Sutto T E, Andreoli E, et al. Nano-sponge ionic liquid-polymer composite electrolytes for solid-state lithium power sources. J Power Sources, 2010, 195: 867.

[45] Appetecchi G B, Croce F, Romagnoli P, et al. High-performance gel-type lithium electrolyte membranes. Electrochem Comm, 1999, 1: 83.

[46] Chai B K, Kim Y W, Shi H K. Ionic conduction in PEO-PAN blends polymer electrolytes. Electrochim Acta, 2000, 45: 1371.

[47] Chu P P, He Z P. Lithium complex in polyacrylonitrile/EC/PC gel electrolyte. Polymer, 2001, 42: 4743.

[48] Sekhon S S, Deepa, Agnihotry S A. Solvent effect on gel electrolytes containing lithium salts. Solid State Ionics, 2000, 136-137: 1189.

[49] Appetecchi G B, Croce F, Scrosati B. Kinetics and stability of the lithium electrode in poly (methylmethacrylate) -based gel electrodes. Electrochim Acta, 1995, 40: 991.

[50] Boudin F, Andrieu X, Jehoulet C, et al. Microporous PVdF gel for lithium-ion batteries. J Power Sources, 1999, 81-82: 804.

[51] Mustarelli P, Quartarone E, Capiglia C, et al. Cation dynamics in PVdF-based polymer electrolytes. Solid State Ionics, 1999, 122: 285.

[52] Yoshizawa M, Marwanta E, Ohno H. Preparation and characteristics of natural rubber/poly (ethylene oxide) salt hybrid mixtures as novel polymer electrolytes. Polymer, 2000, 41: 9049.

[53] Rajendran S, Mahalingam T, Kannan R. Experimental investigations on PAN-PEO hybrid polymer electrolytes. Solid Stat Ionics, 2000, 130: 143.

[54] Du Y L, Wen T C. The feasibility study of composite electrolytes comprising thermoplastic polyurethane and poly (ethylene oxide) . Materials Chemistry and Physics, 2001, 71: 62.

[55] Choi B K, Shin K H, Kim Y W. Lithium ion conduction in PEO-salt electrolytes gelled with PAN. Solid State Ionics, 1998, 113-115: 123.

［56］ Tarascon J M，Gozdz A S，Schmutz C，et al. Performance of Bellcore's plastic rechargeable Li-ion bat-teries. Solid State Ionics，1996，86-88：49.

［57］ Pasquier A D，Warren P C，Culver D，et al. Plastic PVDF-HFP electrolyte laminates prepared by a phase-inversion process. Solid State Ionics，2000，135：249.

［58］ 【英】詹姆斯·拉米尼，安德鲁·迪克斯. 燃料电池系统：原理、设计、应用. 朱红译. 北京：科学出版社，2008：55.

［59］ Basura V I，Beattie P D，Holdcroft S. Solid-state electrochemical oxygen reduction at Pt ｜ Nafion 117 Pt ｜ BAM3GTM407 interfaces. J Electroanal Chem，1998，458：1.

［60］ 姚丙建. 磺化聚苯并噁嗪质子交换膜的合成与性能研究. 济南：山东大学，2014.

［61］ Imanishi N，Yamamoto O. Polymer electrolytes for lithium-air batteries//Scrosati B，Abraham K M，Schalkwijk W V，et al. Lithium batteries：advanced technologies and applications. Hoboken：John Wiley & Sons Inc，2013：217.

［62］ 浦鸿汀，黄平. 电致变色器件用聚合物电解质材料的研究进展. 功能材料与器件学报，2005，11（2）：127.

［63］ Choudhury N A，Sampath S，Shukla A K. Hydrogel-polymer electrolytes for electrochemical capacitors：An overview. Energy Environ Sci，2009，2：55.

第**9**章
嵌脱反应与锂离子电池

9.1 引言

　　嵌脱反应是一类特殊的固态反应，在这类反应中，客体物质（guest，如 Li^+、Na^+、H^+）可以在主体基质（host，如 C、$Li_{1-x}MO_2$、$LaNi_5$）中可逆地嵌入和脱出，而主体基质的晶格结构基本保持不变，主体基质可以为客体物质提供可到达的未占据位置，如四面体、八面体的间隙位置或层状化合物中层与层之间存在的范德华空隙等。反应式可示意性地表达为：

$$x G + \square_x [Hs] \Longleftrightarrow G_x [Hs]$$

所生成的产物为非化学计量化合物 $G_x[Hs]$，被称为嵌入化合物。

　　与其它固态化学反应相比，嵌脱反应并没有发生键的断裂和重排，相反，它需要材料具有一个稳定的框架结构，在反应过程中不会发生变化，并且有足够的空隙和尺寸以利于客体物质的进入和离开。

　　在过去的几十年，这类具有离子嵌入脱出功能的嵌入化合物引起了人们极大的兴趣，已经被作为电极材料广泛应用于二次电池中。

　　锂离子电池是嵌入脱出反应的典型例子。依据前述的嵌入脱出反应，工作之前的锂离子电池中，正极材料可看作是一种嵌入化合物，如 $LiCoO_2$、$LiNi_{1/3}Mn_{1/3}Co_{1/3}O_2$、$LiMn_2O_4$、$LiFePO_4$ 等过渡金属材料，负极是一种主体基质，如碳材料（石墨）和 $Li_4Ti_5O_{12}$ 等，电解液为含有客体物质（锂离子）的有机溶剂。当电池充电时，在电池内部，锂离子从正极材料中脱出进入电解液中，在正极上留下主体基质如 $Li_{1-x}CoO_2$，锂离子通过电解质扩散而嵌入负极材料中，形成嵌入化合物如 Li_xC；在电池外部，电子则通过外电路从正极流向负极进行电荷补偿。放电时则发生与上述相反的过程。在正常的充放电过程中，锂离子的嵌入和脱出基本不会引起电极材料的结构变化，因此从充放电反应可逆性来看，锂离子电池中的电极反应是一个理想的嵌脱反应过程。

锂离子电池在每次充放电过程中，电极材料内的锂离子浓度的变化很大。锂组分的变化影响着电极材料的导电性和相稳定性。锂离子在正负极之间的来回运动能力很大程度上取决于电极材料中的锂扩散动力学和相转变性质及速率。随着锂组分的变化，虽然有少数嵌入材料在全组成范围内体现出固溶体性质，如 $Li_x TiS_2$，但大多数材料在脱嵌锂过程中还是会经历一级相变过程。嵌入化合物的相转变经常是在晶体学上很相近的两相之间进行的。例如锂从 $LiFePO_4$ 中脱出通过一级相变转变为 $FePO_4$，其主结构和 $LiFePO_4$ 具有相同的晶体结构，而锂嵌入石墨过程会导致石墨层堆积从 ABAB 到 AA 的连续变化，类似的变化在层状正极材料中也有，如 $LiCoO_2$。

作为锂离子电池的电极材料，锂在这些过渡金属材料及碳电极中嵌入脱出的热力学、动力学及机理研究非常重要，这些研究关系到锂离子电池的能量密度、功率密度及循环寿命等。

9.2 嵌入脱出反应热力学

9.2.1 吉布斯相律

在一个达到平衡的密闭体系中，吉布斯（Gibbs）相律的表达式为：

$$f = c - p + n$$

式中，f 为系统的自由度；c 为系统的独立组元数；p 为相态数目；n 为外界因素。

在电化学研究中，外界可变的因素只有温度和压强，因此吉布斯相律的表达式可以简化为：

$$f = c - p + 2$$

对于锂离子电池而言，电极材料可以看作是由客体物质（G）和主体基质（Hs）组成的二元体系，即 $c = 2$，而在多数电化学实验中，温度和压强是保持不变的，因此体系的自由度可以进一步简化为：

$$f = (2 - p + 2) - 2 = 2 - p$$

也就是说，在恒温恒压情况下，锂离子电池电极材料的电位变化只与体系的相态数目 p 有关。

随着锂离子的嵌入脱出，如果电极材料发生的是固溶体反应，嵌脱过程中只存在一个相，即 $p = 1$，此时 $f = 1$，电位有一个自由度，即随着锂含量的变化而变化；如果电极材料发生的是一级相变反应，该过程中存在着两个相，即 $p = 2$，此时 $f = 0$，电位的自由度为 0，即不再随着锂含量的变化而发生变化，应保持常数。

9.2.2 锂离子的嵌入脱出热力学

在锂离子电池中，电极材料的研究常常采用半电池体系，即以锂的嵌入化合物

（如 LiMA）为工作电极，锂金属为辅助电极和参比电极，电解液为含有锂盐的有机电解液。充电过程中，在工作电极与辅助电极上分别发生如下的氧化还原反应：

$$LiMA - x\,Li^+ - x\,e^- \rightleftharpoons Li_{1-x}MA$$

$$Li^+ + e^- \rightleftharpoons Li$$

式中，MA 为主体基质，可以是作为正极的过渡金属氧化物、过渡金属磷酸盐等，也可以是作为负极的碳材料、钛酸锂材料等。

从热力学观点来看，嵌入脱出反应的主要特征在于客体物质的浓度是变化的，而作为其宿主的主体基质的空间群和晶格参数是不变的。因此，对于锂离子电池而言，在电化学平衡条件下，电池电压 E 与电极材料中锂化学势之间的关系如下：

$$-zeE = \mu_{Li}^{阴极} - \mu_{Li}^{阳极} \tag{9-1}$$

式中，e 为电子电量；z 为电荷转移数，对于锂离子而言，$z = 1$；$\mu_{Li}^{阴极}$ 和 $\mu_{Li}^{阳极}$ 分别为正、负极中锂的化学势。当以 Li 金属为参比电极时，$\mu_{Li}^{阳极}$ 为锂金属的电极电势，在充放电过程中保持常数，此时电极材料的电压曲线与电极内锂化学势的负数成线性关系，即：

$$E = -\frac{1}{e}\mu_{Li}^{阴极} + 常数 \tag{9-2}$$

另外，对于嵌入材料来说，锂的化学势等于材料自由能对锂含量的导数，即嵌入化合物中的锂化学势在特定的组成 x 下等于该组分下自由能 g 的斜率，即：

$$\mu_{Li} = \frac{\partial g}{\partial x} \tag{9-3}$$

式中，g 为每个 $Li_x MA$ 分子式的自由能；x 为 Li 占据的空位数。

结合式(9-2)和式(9-3)，通过电压的测量可以得到与电极材料热力学性质相关的一些直接信息，包括锂的化学势、吉布斯自由能和其它衍生的性质，如熵的变化等。反过来说，电极材料在晶体结构和化学性质上的任何变化都会影响到材料的吉布斯自由能和锂化学势，造成电压变化。

电压曲线与吉布斯自由能的这种直接关系意味着由锂浓度变化造成的相转变以及相转变的性质在电压曲线上具有明显的特征，如图 9-1 所示[1]。如果嵌锂过程中电极材料生成固溶体，如 $Li_x TiS_2$[见图 9-1(a)]，那么电极材料在整个锂组分变化过程中只存在一个相，根据吉布斯相律，此时电位随着锂含量的变化而变化，在电压曲线上表现为一条平滑倾斜的曲线[见图 9-1(d)]。如果材料从一个贫锂相 α 转变成一个富锂相 β，锂的嵌入伴随着一个一级相变，如 $Li_x FePO_4$，此时自由能曲线变化如图 9-1(b)所示，在局部存在两个极小值（假设主体基质保持同样的晶体结构），在两相共存区，即图 9-1(b)的 x_1 和 x_2 之间，因为两相混合物的自由能处于相 α 和相 β 对应的自由能的公切线上，此时锂化学势是一个常数，这就导致电极材料在电压曲线上出现一个平台，如图 9-1(e)所示。如果材料在嵌锂过程中存在一个稳定的中间相 γ[见图 9-1(c)]，那么在对应的电压曲线上就会出现电压"突降"，如图 9-1(f)中 x_2 和 x_3 之间。在这个稳定中间相中，为了降低体系的能量，锂离子和空位或者有序地占据主体基质的间隙，或者优先占据其中能量较低的间隙位，如尖晶石 $LiMn_2O_4$。

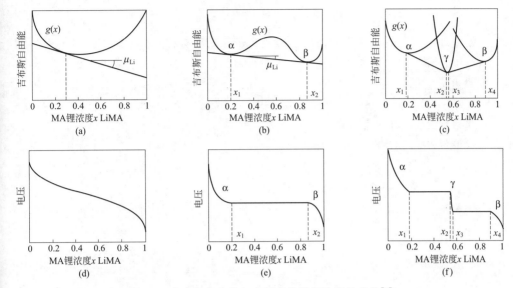

图 9-1　吉布斯自由能与电压曲线随锂浓度的变化[1]

9.2.3　点阵气体模型

研究材料热力学性质，特别是嵌入化合物的化学电位，可以采用点阵气体模型[2]。在理想情况下，这种模型假设离子都被固定在晶格中的特定位置，任何一个位置上的离子数都不会超过一个，材料无论在局域还是整体上都是电中性，占据空位的锂离子之间的相互作用可以被忽略，电子和嵌入离子之间也没有强的相互作用。在这种理想情况下，嵌入化合物的自由能与锂浓度有关而与该锂浓度下的锂离子或缺陷状态无关。

在固态化学中，这种理想模型在研究非化学计量比化合物时经常被认为是一种"热力学理想溶液"。在这种理想模型下，能量的增加只与离子占据位和电子的化学势（μ_e）有关，可以把嵌入原子的化学势简单理解为一个离子的化学势与电子化学势的加和，即：

$$\mu = \mu_i + \mu_e \tag{9-4}$$

式中，μ_i 为离子化学势；μ_e 为电子化学势（通常也称为费米能级）。在类金属中，由于可以将相互作用项独立出来，因此可以认为 μ_e 为常数。当然，这种区分只是一种简单的处理，实际上仍需要考虑离子和电子的相互作用。

根据化学势的定义，化学势（μ）是吉布斯自由能（G）随嵌入离子（n）的变化，因此离子化学势可以分为焓（H）和熵（S）的变量，即：

$$\mu_i = \left(\frac{\partial G}{\partial n}\right)_{T,P} = \frac{\partial H}{\partial n} - T\frac{\partial S}{\partial n} \tag{9-5}$$

对于理想固溶体而言，系统中两物质的体积以及内能均保持不变，因此焓变为零，即：

$$\mu_i = -T \frac{\partial S}{\partial n} \tag{9-6}$$

根据理想点阵气体模型的假设，嵌入离子之间没有相互作用，因此可利用的所有填充位是等价的并被离子随机占据，在这种假设下，在 N_s 个可填充位中，当填充分数达 x 时的熵为：

$$S = -N_s k [x \ln x + (1-x) \ln (1-x)] \tag{9-7}$$

式中，k 为玻尔兹曼常数。

对熵 S 进行偏微分，即偏熵为：

$$\frac{\partial S}{\partial n} = -k \ln \left(\frac{x}{1-x} \right) \tag{9-8}$$

根据式(9-6)和式(9-8)，可以得到理想固溶体中的离子化学势为：

$$\mu_i = kT \ln \left(\frac{x}{1-x} \right) \tag{9-9}$$

根据式(9-9)，式(9-4)可以写成：

$$\mu = \mu_e + kT \ln \left(\frac{x}{1-x} \right) \tag{9-10}$$

结合式(9-1)和式(9-10)，可以得到：

$$E = -\frac{\mu_e + kT \ln \left(\frac{x}{1-x} \right) - \mu_{Li}^0}{e} \tag{9-11}$$

式中，μ_{Li}^0 为每原子金属锂的自由能，为常数。因此，式(9-11)可进一步演变为：

$$E = E^0 - \frac{RT}{F} \ln \left(\frac{x}{1-x} \right) \tag{9-12}$$

实际上，对于多数嵌入化合物来说，晶格中嵌入的离子之间的相互作用是不可忽略的。在式(9-12)中，为了简化离子相互作用的贡献，可以假设每个离子只和它邻近的离子相互作用。根据这种假设，那么化学势的贡献是与离子占有位的分数 x 成比例的，因此式(9-12)可以写成：

$$E = E^0 - \frac{RT}{F} \ln \left(\frac{x}{1-x} \right) + J(x - 0.5) \tag{9-13}$$

式中，J 为相邻离子之间相互作用参数。

E 与 x 及变量 J 之间的关系如图9-2所示。在离子间没有相互作用（$J=0$）、相互排斥（$J<0$）或者很小的吸引作用（$0<J<4RT/F$）时，嵌入/脱出的过程表现为一个单相过程。要注意的是，在这个近似框架内，如果离子间作用力比较大，即 $J>4RT/F$（此时，在 $x=0.5$ 时 E-x 曲线的斜率 dE/dx 为0），可能会导致 E-x 曲线出现极大值和极小值。根据吉布斯相规则，当具有不同组成的两相达到平衡时，化学势为常数。因此，在这两相共存区间（$x_1 < x < x_2$），E-x 曲线应该为常数（图 9-2 中的实线）。

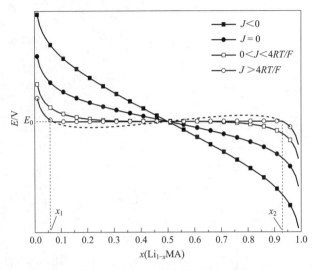

图 9-2　电压 E 与离子浓度 x 及
离子之间相互作用参数 J 之间的关系

9.2.4　影响嵌入脱出反应的因素

如前文提到的，锂嵌入化合物可以被应用于具有高功率高能量密度的先进电池，近 20 年来已经引起人们的广泛兴趣。在这些化合物中，过渡金属氧化物材料如 $LiCoO_2$、$LiMn_2O_4$、$LiFePO_4$、$LiNi_xMn_yCo_zO_2$ 及碳材料如石墨、硬碳和软碳等已经在锂离子电池中得到广泛应用。

图 9-3 给出了石墨、Li_xCoO_2 和 $Li_xMn_2O_4$ 在不同锂含量的电极电位（对金属锂）。从图中可以明显看到，所有材料的电极电位变化都不是如图 9-2 所示那样一个简单的电极电位与锂含量的关系，许多因素如阳离子的有序性、脱嵌过程中的相变以及材料的颗粒尺寸等都会对电极材料的电极电位变化造成较大的影响。

9.2.4.1　阳离子的有序性

Li_xCoO_2 材料是锂离子电池中使用最多的正极材料，是一种典型的层状结构材料。第一性原理的理论计算表明[3]，当晶格中 Li/Co 阳离子有序排列时，层状 CuPt 相的 $LiCoO_2$ 材料平均电压为 3.78V，与实验测量得到的数值接近，而在阳离子随机分布的岩盐相中，其电压为 3.99V，比有序的 CuPt 相具有更高的电压。对于局部长程有序的 CuPt 和 D_4 结构（从尖晶石结构衍生出的立方结构，但是与尖晶石结构不同）的电压，分别比正常的 CuPt 和 D_4 结构高了 0.05V 和 0.01V。以上的这些电压变化主要是因为晶格中阳离子的无序排列造成了 □CoO_2（□表示 Li 完全脱出后形成的空位）的能量增加，并且其能量增加的幅度要比有序 CuPt 相 Li-

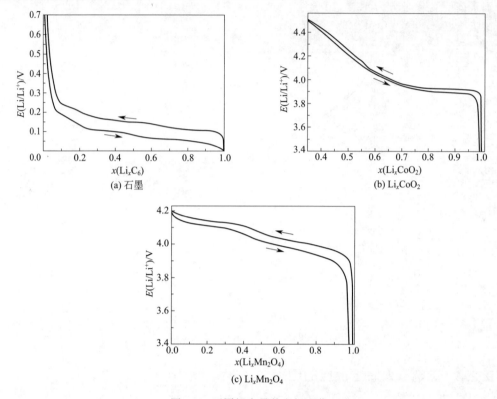

图 9-3 不同锂含量的电极电位

CoO_2更大，因此其平均电压有所提高。

Pyun 等人应用平均场近似的气体点阵模型模拟了 $Li_{1-\delta}Mn_2O_4$ 中锂嵌入过程的热力学[2,4]。在他们的模型中，锰酸锂的立方尖晶石结构形成金刚石晶格，这个结构可以看作 (1/4，1/4，1/4) 处两个互穿的面心立方亚晶格。锂离子之间的相互作用模型需要考虑周围晶格中最相邻的四个离子以及次相邻的 12 个离子。基于这种 Bragg-Williams 近似的点阵气体模型，整个晶格中的锂离子化学势（μ_{Li}）和这两个次晶格中的锂离子化学势（$\mu_{Li,1}$ 和 $\mu_{Li,2}$）如下：

$$\mu_{Li}=\mu_{Li,1}=[U+4J_1(1-\delta)_2+12J_2(1-\delta)_1]-T\{k\ln[\delta_1/(1-\delta)_1]\},$$
$$=\mu_{Li,2}=[U+4J_1(1-\delta)_1+12J_2(1-\delta)_2]-T\{k\ln[\delta_2/(1-\delta)_2]\}$$

式中，U 为 $8a$ 位锂离子位能；$(1-\delta)_i$ 为第 i 个次晶格中锂含量；J_1 和 J_2 分别为最邻近和次邻近的相互作用。

图 9-4 给出了当 $U=4.12eV$，$J_1=37.5meV$（排斥作用），$J_2=-4.0meV$（吸引作用），$T=298K$ 时，$Li_{1-\delta}Mn_2O_4$ 中电极电位与锂含量的曲线以及 $(1-\delta)_1$ 和 $(1-\delta)_2$ 与 $(1-\delta)$ 的关系。电极电位曲线在$(1-\delta)=0.5$ 位置出现了一个明显的电压降，这就是有序分布的锂离子之间强相互作用造成的典型现象。有序-无序相转变发生在 $(1-\delta)_1$ 和 $(1-\delta)_2$ 开始严重偏离 $(1-\delta)$ 时，对应的 $(1-\delta)$ 值

为 0.15 和 0.85。

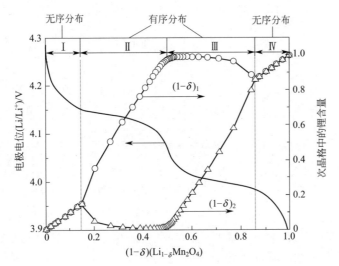

图 9-4 $Li_{1-\delta}Mn_2O_4$ 电极电位与锂含量的曲线以及
$(1-\delta)_1$（○）和 $(1-\delta)_2$（△）与 $(1-\delta)$ 的关系
$(U=4.12eV,\ J_1=37.5meV,\ J_2=-4.0meV,\ T=298K)$[4]

阳离子有序性对电压影响的另一个例子是高压 $LiNi_{0.5}Mn_{1.5}O_4$ 材料。该材料有两种不同的空间群，根据 Ni 在晶格中的位置分别为简单立方 $P4_332$ 和面心立方 $Fd3m$。在 $P4_332$ 结构中，各种阳离子位置固定，锂原子占据四面体 $8a$ 位置，氧原子居于 $8c$ 和 $24e$ 位置，镍原子和锰原子则按 1∶3 比例规则排列，如镍原子居于 $4b$ 位置，锰原子居于 $12d$ 位置，因此该结构也被称为有序结构。而在 $Fd3m$ 结构中，锂原子占据四面体 $8a$ 位置，氧原子占据 $32e$ 位置，镍原子和锰原子则随机占据 $16d$ 位置，阳离子之间的排布相对无序，因而被称为无序结构[5]。无序结构中存在着 Mn^{3+}，这使得材料整体上处于氧缺陷状态以补偿 Mn^{3+} 的形成。两种结构的 $LiNi_{0.5}Mn_{1.5}O_4$ 材料的电化学性能如图 9-5 所示[6]。图 9-5(a)所示的充放电曲线表明，和 $P4_332$ 结构的材料相比，$Fd3m$ 结构的样品由于存在少量 Mn^{3+} 而在 4.0V 有少量的容量；在图 9-5(b)所示的微分曲线中，在 4.5V 以上，$Fd3m$ 的氧化峰分别位于 4.69V 和 4.75V，而 $P4_332$ 的氧化峰位于 4.74V 和 4.77V，并且它们的还原峰位置也明显不同。

9.2.4.2　相变

在锂离子嵌入脱出过程中可能出现两相共存，这是由锂离子之间强相互作用引起的一个热力学现象。Pyun 等人应用 Monte Carlo 方法提出锂离子嵌入 $Li_{1+\delta}[Li_{1/3}Ti_{5/3}]O_4$ 的过程是在贫锂相和富锂相共存的两相平衡中进行的，而锂离子间的排斥嵌入是导致贫锂相和富锂相共存的主要原因[2,7]。图 9-6(a)比较了实验测试的 $Li_{1+\delta}[Li_{1/3}Ti_{5/3}]O_4$ 的 E-$(1+\delta)$ 实验点（开口和封闭圆）和通过 Monte Carlo 方法理论计算的曲线，理论曲线显示在 $(1+\delta)=1.06\sim1.94$ 时存在

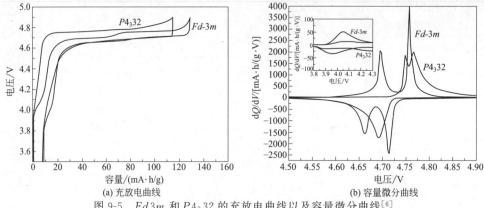

(a) 充放电曲线   (b) 容量微分曲线

图 9-5 $Fd3m$ 和 $P4_332$ 的充放电曲线以及容量微分曲线[6]

着电位平台, 这与实验数据相吻合。在电压平台区域, $8a$ 位置的锂含量 $(1+\delta)_{8a}$ 随着 $(1+\delta)$ 的增大而降低, 而 $16c$ 位的锂含量 $(1+\delta)_{16c}$ 随之增大。

    为了解释贫锂相和富锂相转变过程中 $8a$ 位置和 $16c$ 位置锂含量的变化, 根据 Monte Carlo 方法, 模拟了 $(1+\delta)=1.5$ 时的锂离子分布的局部剖面图, 如图 9-6 (b)所示。很明显, 在 α 相平衡时存在着 β 相, β 相被分散地嵌入到 α 相的矩阵。在此, α 相是指贫锂相, 其中锂离子主要占据 $8a$ 位置, β 相是指富锂相, 其中锂离子主要占据 $16c$ 位, 贫锂相与富锂相的这种交叉分布可以避免锂离子之间的排斥作用而造成晶格能量上升。

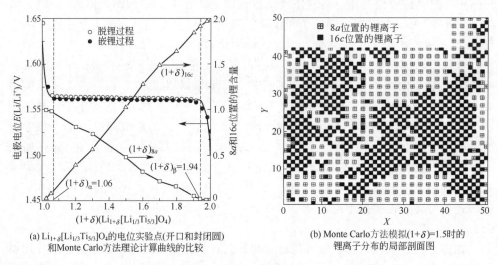

(a) $Li_{1+\delta}[Li_{1/3}Ti_{5/3}]O_4$的电位实验点(开口和封闭圆)   (b) Monte Carlo方法模拟$(1+\delta)=1.5$时的
和Monte Carlo方法理论计算曲线的比较   锂离子分布的局部剖面图

图 9-6 $Li_{1+\delta}[Li_{1/3}Ti_{5/3}]O_4$ 的 Monte Carlo 模拟[7]

9.2.4.3 颗粒尺寸

    前述关于热力学的讨论都是基于理想的晶体材料, 真实存在的材料包含多种缺陷, 缺陷的存在对生成焓、构型熵、稳定性、熔点、硬度、介电、空间电荷层等热力学性质以及输运、储存、相变、反应、激发等动力学过程均有显著影响。

根据热力学方程，实际材料的生成能表达式为[8]：

$$\Delta_f G_{\text{实际材料}} = (\Delta_f H_{\text{实际材料}} - n \Delta_f H_{\text{缺陷}}) - T(\Delta S_{\text{重要缺陷}} + \Delta S_{\text{真实缺陷}} - \Delta S_{\text{理想材料}})$$

对于单晶或者微米级尺寸的颗粒，少量缺陷的存在不会引起本体材料多数原子之间结合能的变化，特别是那些远离缺陷的原子，因此缺陷结构的引入基本上不会引起材料焓的变化。但是当材料达到纳米尺寸时，由于颗粒中含有大量缺陷，本体材料中的大量原子逐渐偏离了原来的理想晶体结构的周期势，此时材料的生成焓会偏离理想结构材料的生成能，此时生成能相对于理想的本体材料会出现一定的差别，其偏差大小取决于缺陷能，相应地，材料的理论电压也会发生变化。

对于纳米材料而言，缺陷能中表面能的影响是不可忽略的。材料表面能 σ 可以通过 $(2\gamma/r)V_m$ 估算，其中 γ 为表面张力，r 为粒子半径，V_m 为摩尔体积。通过开路电压法直接测量表明 25nm 和 2nm 尺寸金红石 TiO_2 表面能的差别引起的电位差为 62mV[9]，而在嵌脱锂过程中，非晶纳米颗粒的 RuO_2 材料的开路电压甚至比多晶材料高 580mV[10]。

颗粒尺寸的影响还表现在嵌脱锂过程中材料固溶体范围的变化。以磷酸铁锂为例，其充放电过程是一个典型的两相反应，可以将这两相分别用富锂相 $Li_{1-\alpha}FePO_4$ 和贫锂相 $Li_\beta FePO_4$ 表示。对于大颗粒的材料，如粒径大约 900nm，磷酸铁锂的固溶体区域非常的小，α 与 β 的值小于 0.02；对于纳米颗粒材料，固溶体的区域会有所扩展，导致两相反应的区域缩短，如图 9-7 所示，当材料粒径降低到约 100nm 时，α 值提高到 0.05，而 β 的值提高到 0.11[11]。

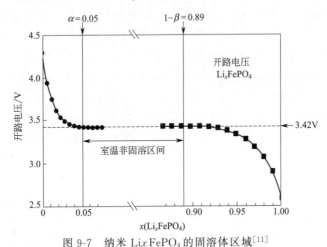

图 9-7　纳米 $Li_x FePO_4$ 的固溶体区域[11]

9.3　嵌入脱出反应动力学

尽管电压曲线可以通过材料的热力学性质得到，但是在锂电池中，决定充放电速度的是动力学性质，如 Li 的迁移率和相转变机理等。锂离子在过渡金属材料和碳材料中的动力学性质已经被广泛研究，因为这对于锂离子电池在高功率领域的应用非常重要，能够有效地提高电池的充放电倍率。锂离子电池中的动力学反应包括电荷转移、相变与新相产生以及各种带电粒子（包括电子、空穴、锂离子、其它阳离子、阴离子）在正极和负极之间的输运。在多数情况下，锂离子嵌脱反应的动力学过程被认为是一种"扩散控制"模式，也就是说，锂离子在电极中的迁移是非常慢的，而其它反应（包括界面传荷过程）要快得多，不会影响到锂离子的迁移。因此，电极中的锂扩散成为了锂嵌入脱出的速度决定步骤，提高电池的实际输出能量密度、倍率特性、能量效率，控制自放电率均需要准确了解和调控离子在材料中的输运特性。

9.3.1　离子在材料中的迁移表征

离子在材料中的迁移行为，通常可以从微观和宏观两个方面考虑，主要使用扩散系数 D 来进行描述。

从微观上考虑锂离子的扩散，可以准确地获得锂离子迁移的本征特点。对于热力学和动力学理想的嵌入化合物，假定每个离子跃迁时的能量势垒 E_a 与周围的锂无序度无关，利用点阵气体模型可以模拟离子的扩散行为并计算扩散系数，扩散系数表达式为[12]：

$$D_J = \rho \lambda^2 \nu^* \exp\left(-\frac{\Delta E}{kT}\right) \tag{9-14}$$

式中，ρ 为一个几何因子，这个因子的数量级为 1，它与间隙位亚晶格的对称性有关；ΔE 为 Li 离子迁移的能量势垒；ν^* 为迁移锂离子在晶格中的振动频率；k 为玻尔兹曼常数；T 为热力学温度；λ 为锂离子一次跳跃的迁移距离。在常温（$T=300K$）情况下，kT 的大小仅为几十个毫电子伏特（meV）。

从上述扩散系数的表达式可以看出，由于能量势垒 ΔE 与扩散系数 D 之间存在指数关系，因此材料中离子的扩散行为主要受离子的迁移势垒 ΔE 影响，由于材料化学组成和晶体结构上的变化导致的能量势垒 ΔE 变化，通过指数关系的传递都会对扩散系数的大小造成很大的影响。目前，通过计算机模拟锂离子的扩散和迁移，利用第一性原理计算的方法，可以从微观上直接计算出锂离子的迁移势垒 ΔE。因此，在很多动力学理论计算中，也可以通过迁移势垒 ΔE 的大小来表征离子的扩散难易程度。

由理论计算方法模拟的离子迁移行为大多数都没有考虑外场的作用，因此得到的扩散系数都是离子的自扩散系数。

从宏观上看，离子的输运是在各种梯度力的作用下，如浓度梯度、化学势梯度、电场梯度所产生的宏观的扩散行为，此时的扩散系数一般称为化学扩散系数。

根据菲克（Fick）定律，物质 i 存在的浓度梯度 c_i 驱动其扩散的过程可以由菲克第一定律和菲克第二定律来描述，即：

$$j_i = -D_i \nabla c_i \qquad\qquad (9\text{-}15)$$

$$\frac{\partial c_i}{\partial t} = \nabla (D_i \nabla c_i) \qquad\qquad (9\text{-}16)$$

菲克第一定律描述了浓度梯度驱动的空间中的物质流,物质 i 将沿其浓度场决定的负梯度方向进行扩散,其扩散流大小与浓度梯度成正比。扩散系数 D 反映了物质 i 扩散的能力,单位是 cm^2/s。菲克第二定律描述了物质 i 在介质中的浓度分布随时间发生变化的扩散。菲克定律是一种宏观现象的描述,它将浓度以外的一切影响物质扩散的因素都包括在化学扩散系数之中。

根据菲克定律,在简化的假设条件下,通过电化学技术可以从理论上推导电极的化学扩散系数 D_i,从而对材料电极过程动力学特征进行研究。

9.3.2 材料中的离子自扩散

从微观上看,在一定的温度下,粒子在凝聚态物质(包括液体和固体)的平衡位置存在着随机跳跃。在一定的驱动力作用下,粒子将偏离平衡位置,形成净的宏观扩散现象。常见的固体扩散机制见表 9-1[13]。在晶体中,由于处于晶格位置的粒子势能最低,而在间隙位置和空位处的势能较高,一般来说,空位扩散所需要的活化能最小,其次是间隙扩散,因此离子在晶体中扩散的微观机制主要包括空位传输机制以及 Frenkel 类型的间隙位传输机制。

表 9-1 常见的固体扩散机制[13]

扩散机制		描述
空位机制 (缺陷)-介质	空位	金属和置换式合金的自扩散
	双空位	通过空位聚集扩散
非空位机制 (缺陷)-介质	间隙	间隙原子尺寸小于晶格原子且占据晶格中的间隙位形成间隙固溶体
	集体输运机制	间隙原子与晶格原子大小相当,扩散时涉及多个原子的同时运动
	推填子机制	集体输运机制的一种,扩散过程中至少有两个原子同时运动
	间隙位-格点位交换机制	间隙原子同时占据间隙位和格点位,通过间隙位和格点位的交换来实现扩散

9.3.3 离子浓度对扩散的影响

除了在离子浓度很低和很高的情况下,一般来说,上述微观扩散系数的表达式对于实际嵌入化合物来说是不够的。在离子浓度处于中间状态时,离子中可能存在着不同程度的短程和长程有序性,因此离子扩散更加复杂。而且,嵌入化合物特有的晶体结构特征会产生复杂的迁移机理,导致离子扩散与离子浓度之间具有很强的依赖性。在这方面,阴离子亚晶格和间隙中阳离子的分布在很大程度上都会影响离子的跃迁机理和迁移壁垒。

$Li_x TiS_2$ 材料是最早用于锂电池中的材料，该材料和目前重要的氧化物嵌入化合物具有类似的结构特征。$Li_x TiS_2$ 可以被合成为层状或尖晶石结构，因为锂空位的无序性，两种结构的 $Li_x TiS_2$ 在室温下都表现为固溶体，这样就可以把晶体结构对锂扩散的影响和其它复杂因素分开，如相变、有序-无序反应和更复杂的涉及电荷极化的电子影响[1,14~16]。

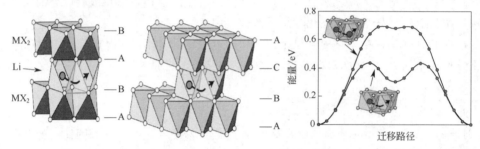

(a) ABAB型和ABCABC型层状结构中锂离子的跃迁　(b) 锂离子在层状结构中不同跃迁机理对应的能量变化

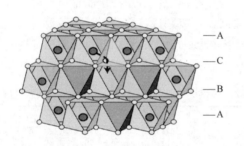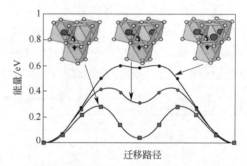

(c) 尖晶石结构中锂离子的跃迁　(d) 锂离子在尖晶石结构中不同跃迁机理对应的能量变化

图 9-8　层状和尖晶石型 $Li_x TiS_2$ 中锂离子跃迁路径及能量变化[1]

在层状和尖晶石结构中的 $Li_x TiS_2$ 中，Li 离子都处于由硫负离子构成的八面体间隙，相邻的八面体之间存在着四面体间隙。根据前述的固体扩散机制，在一个阴离子紧密堆积的晶格中，空位扩散机制所需要的能量最低，因此锂离子最优的扩散路径是通过四面体间隙跃迁到邻近八面体空位的曲线路径，如图 9-8(a)和(c)所示，其中中间四面体间隙的能量取决于它周边相邻阳离子的配位情况。

在层状 $Li_x TiS_2$ 结构中，锂离子通过中间四面体间隙可以跃迁到一个独立的八面体空位中（单空位跃迁），也可以跃迁到两个相邻八面体空位中的其中一个（双空位跃迁），如图 9-8(b)中插图所示。能量第一性原理计算表明，当发生单空位跃迁时，因为中间四面体和另一个已占有的八面体是共面的，这会导致跃迁过程中四面体位锂离子与该八面体位锂离子之间存在强排斥作用，而当发生双空位跃迁时，这种排斥力是不存在的，因此迁移壁垒和单空位跃迁相比明显变小，如图 9-8(b)所示。

在尖晶石结构的 Li_xTiS_2 中，锂在相邻八面体位之间的跃迁也存在着类似的情况。由于尖晶石材料结构的三维性，中间四面体和周围四个八面体相邻。锂不仅可以发生单空位跃迁或双空位跃迁，还可以发生三空位跃迁。按照层状化合物的趋势，随着中间四面体周围八面体空位数的增多，锂离子跃迁过程中的壁垒和中间四面体位的能量是逐渐减小的，如图 9-8(d) 所示。

上述 Li_xTiS_2 材料的例子说明，锂离子跃迁的机制主要是由其所在晶格周围的空位数决定的：在二维层状化合物中主要发生双空位跃迁，在三维尖晶石化合物中主要发生三空位跃迁。也就是说，锂离子跃迁到空位群中的阻碍要远小于跃迁到单一空位中，这个现象意味着锂离子在材料中的扩散主要是通过空位群进行的。这种扩散机理导致即使是对于热力学理想的嵌脱化合物，锂离子的化学扩散系数与它的浓度也存在着很强的依赖性关系。

通过 Monte Carlo 方法可以模拟锂离子在层状和尖晶石结构的 Li_xTiS_2 材料中的扩散情况，图 9-9 给出了扩散系数随锂离子浓度的变化趋势[1,13,14]。对于三维的尖晶石结构，随着锂离子浓度增大，晶格中空位数减少，锂离子扩散系数逐渐变小。对于二维的层状材料，由于锂离子浓度的变化还会引起晶胞参数的明显变化，这也会对锂离子扩散系数造成较大的影响，因此情况较为复杂。当锂离子浓度较低（$x<0.5$）时，虽然晶格中空位数较多，但是晶胞参数 c 值明显变小，这会导致锂离子迁移势垒急剧增大，导致锂离子扩散系数降低。而在锂离子浓度较高（$x>0.5$）时，空位数的降低成为锂离子扩散系数的决定因素。这导致在层状材料中，随着锂离子浓度的变化，锂离子扩散系数呈现中间高、两边低的情况。就空位群跃迁而言，由于三空位跃迁对空位数的要求更高，因此在锂离子浓度较高（$x>0.5$）的区间，三维尖晶石结构中锂离子扩散系数的减小比在二维层状结构中更为快速。

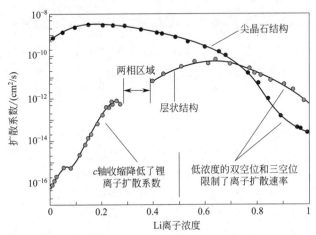

图 9-9　层状和尖晶石型结构 Li_xTiS_2 中扩散系数随锂离子浓度的变化[1]

除了扩散机理差别外，锂离子扩散系数受离子浓度的影响还表现在过渡金属离子的价态上。如在层状化合物 Li_xCoO_2 和 Li_xNiO_2 中，锂离子都是通过双空位机理进行扩散的，如图 9-10 所示，锂跃迁通过的中间四面体与过渡金属的八面体共面。当锂离子浓度发生变化时，会导致过渡金属离子的有效价态发生变化，反过来会影响中间四面体中锂占据位的能量。一般来说，当锂离子脱出时，过渡金属离子价态升高，会导致锂离子迁移势垒的提高，从而降低锂离子扩散系数。对于一些混合过渡金属层状化合物如 $Li_x(Co_{1/3}Ni_{1/3}Mn_{1/3})O_2$ 和 $Li_x(Ni_{0.5}Mn_{0.5})O_2$，因为过渡金属离子之间的电负性差异，情况更加复杂。如在 $Li_x(Ni_{0.5}Mn_{0.5})O_2$ 中，在 x =1 时，镍离子和锰离子分别以 Ni^{2+} 和 Mn^{4+} 形式存在，因此，锂离子通过中间四面体位跃迁时，相邻的八面体可能为镍八面体和锰八面体，通常在通过与镍八面体相邻的中间四面体时，锂离子的迁移势垒要比锰八面体低些[17]。

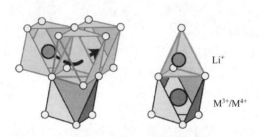

Li^+

M^{3+}/M^{4+}

图 9-10　过渡金属离子的价态对锂离子跃迁的影响[1]

电子效应也会导致扩散系数受到离子浓度的影响。在一些过渡金属氧化物中，随着锂离子的嵌入脱出，过渡金属离子伴随着有效价态的变化会发生 Jahn-Teller 效应，Jahn-Teller 效应造成的材料结构扭曲变化会反过来影响锂离子的迁移势垒。如对于锐钛矿型 Li_xTiO_2，由于 Ti^{4+} 的 Jahn-Teller 效应造成 TiO_6 八面体扭曲，低浓度（$x\approx0$）时锂离子的迁移势垒比高浓度（$x\approx1$）时要更低[18]。

9.3.4　化学扩散系数的电化学测定方法

除了通过理论计算模拟了解锂离子在电极材料中的扩散过程外，从宏观上来说，锂离子化学扩散系数的测定也是评价脱嵌动力学的一个重要参数。电化学研究中，根据 Fick 第二定律，可用多种方法测定锂离子的扩散系数，常用的电化学测试方法有电流脉冲弛豫法（CPR）、电位脉冲弛豫法（PPR）、恒电流间歇滴定法（GITT）、交流阻抗法（EIS）、恒电位间歇滴定法（PITT）和电位阶跃计时电流法（PSCA）等。其中，CPR 技术、PPR 技术、GITT 技术、PITT 技术和 PSCA 技术等适用于控制步骤为扩散控制的电极过程；EIS 技术可以通过不同的频率范围来分析电极过程的速率控制步骤，对于一些速率控制步骤难以确定的电极反应，EIS 技术是一种非常有效的方法。本节从阻抗、电位和电流三个不同方面分别选取其中的 EIS、PSCA 和 GITT 技术进行介绍和比较，具体的推导过程可参考相关专著及文献[19~26]。

9.3.4.1　交流阻抗法（EIS）

交流阻抗技术是电化学测试的重要方法之一，已经在锂离子电池研究中得到了广泛应用。该方法具有频率范围广、对体系扰动小的特点，通过频率可容易地区分电极过程的决速步骤，对于一些决速步骤难以确定的电极反应，EIS 技术是一种非常有效的方法，近来人们越来越多地利用它来研究分析锂离子嵌脱过程的动力学问题，该方法已成为研究电极过程动力学、电极表面现象以及测定电导率和扩散系数的重要工具。

锂离子电池的充放电过程非常复杂，涉及如下步骤：离子在溶液中迁移，离子在电极表面去溶剂化，离子在电极表面的电荷传递和在电极内部的固相扩散等。不同的步骤可以用相应的电子元件来表示，一般而言，离子在溶液中的迁移可以用溶液电阻 R_s 表示，离子在电极表面的电荷传递可以用 $C_{dl}/\!/R_{ct}$ 表示，离子在固相中的扩散可以用 Warburg 阻抗 Z_w 表示，离子在固相中的积累和消耗则用电容 C_{int} 表示。用不同的等效电路模型来描述锂离子的扩散情况，根据模拟分析软件对交流阻抗谱图进行模拟，可以推导锂离子扩散的实际过程。

图 9-11 为简单锂离子电池正极材料阻抗的等效电路及 Nyquist 谱图。如图所示，高频区的半圆对应电荷转移阻抗及电极和电解液之间的界面容抗，低频区的直线对应锂离子在固态电极中扩散的 Warburg 阻抗。

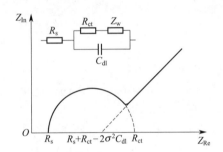

图 9-11　正极材料阻抗的 Nyquist 谱图和等效电路

根据平面电极的半无限扩散阻抗模型可知，Warburg 阻抗 Z_w 可表示为：

$$Z_w = \sigma\,\omega^{-\frac{1}{2}} - j\sigma\,\omega^{-\frac{1}{2}} \qquad (9\text{-}17)$$

式中，σ 为与浓度无关的 Warburg 系数，ω 为角频率。

对于 Fick 第二定律，可以根据平面电极的半无限阻抗模型来求解，结合 Fick 第一定律、EIS 测试条件下的阻抗计算式和 Butler-Volmer 方程可得到 Warburg 系数 σ 的计算公式：

$$\sigma = \left[\frac{V_m(\mathrm{d}E/\mathrm{d}x)}{\sqrt{2}\,nFAD_{Li}^{1/2}}\right] \qquad \left(\omega \gg \frac{2\,D_{Li}}{L^2}\right) \qquad (9\text{-}18)$$

由于在某些电极材料中，当锂离子嵌入时会出现非常平坦的电压平台，如 $LiFePO_4$ 和 $Li_4Ti_5O_{12}$，使得 $\mathrm{d}E/\mathrm{d}x$ 不易准确得到。为了避免利用 $\mathrm{d}E/\mathrm{d}x$ 值，在假定体系中不存在浓差极化时，对式(9-18)可进行一定的变换处理，得到如下的 Warburg 系数等式：

$$\sigma = \frac{RT}{\sqrt{2}\, n^2 F^2 ACD_{Li}^{1/2}} \qquad \left(\omega \gg \frac{2D_{Li}}{L^2}\right) \tag{9-19}$$

式中，σ 为 Warburg 系数；D_{Li} 为锂离子扩散系数；C 为电极中锂的浓度，即电极材料中的锂化学计量 x/材料的摩尔体积 V_m；n 为锂离子传输电子数；A 为电解液与电极之间的横截面积；F 为法拉第常数；R 为气体常数；T 为热力学温度；L 为电极厚度。

Warburg 系数等式的适用范围是 $\omega \gg 2D_{Li}/L^2$，通常电极厚度 L 为 $10^{-2}\,cm$ 数量级，扩散系数 D_{Li} 小于 $10^{-6}\,cm^2/s$ 数量级，因此 ω 应远大于 $10^{-2}\,Hz$，而实际测量的 ω 都能满足此要求。

当然，EIS 技术在应用过程中也有一些缺点，它只适用于阻抗平面图上有 Warburg 阻抗出现的情况，在应用过程中存在着一些假设，如：

① 电极表面的电位是锂活性的量度，因此，电极应当以电子导体为主。

② 扩散的推动力仅是化学梯度，电场忽略不计，因此，电极应具有较好的电导率。

③ 在施加的交流电压的范围内，扩散系数与浓度无关，因此实际施加的电压应当很小，以至于被测量体系的阻抗与电压振幅无关。

除了上面的假设之外，还存在电极面积的近似处理以及电极制作方法的影响等问题。

9.3.4.2　电位阶跃计时电流法（PSCA）

电位阶跃技术是电化学研究中的一种常用方法，也可用于测定锂离子在电极材料嵌入过程中的扩散系数。

由于所研究的电极为多孔电极，是由大量的活性物质颗粒组成的，因此可以将这些颗粒视为半径为 r_0 的类球体，锂离子在这些颗粒上的脱出/嵌入过程的综合表现就是整个电极的充/放电行为。在 PSCA 法中存在以下三个假设：

① 将电极中每个活性物质颗粒作为球状电极处理。

② 电极过程为恒电位阶跃所控制，且阶跃电位很高，因此，阶跃后电极表面锂离子浓度为 0。

③ 因为电极固相中的锂离子扩散速率远小于液相扩散速率，因此，整个电极过程受固相中的锂离子扩散速率所控制。

根据球坐标的 Fick 第二定律的表示式：

$$\frac{\partial c}{\partial t} = D_{Li}\frac{\partial^2 c}{\partial r^2} + 2\frac{D_{Li}}{r} \times \frac{\partial c}{\partial r} \tag{9-20}$$

根据上述假设，存在以下条件：

初始条件：当 $t=0$、$0<r<r_0$ 时，$c(r,0)=c_0$。

边界条件：当 $t>0$、$r=r_0$ 时，$c(r_0,t)=0$；

当 $0<t<\tau$、$r=0$ 时，$c(0,t)=c_0$。

式中，r_0 为颗粒半径；c_0 为阶跃开始前颗粒中锂离子的浓度；τ 为阶跃电位后扩散层从边界延伸到颗粒中心的时间。

在上述初始与边界条件下，求解上面的方程，得到电极中锂离子浓度表达式：

$$c = c_0 \left\{ 1 - \frac{r_0}{r} + \frac{r_0}{r} \text{erf} \left[\frac{r - r_0}{2 \sqrt{D_{Li} t}} \right] \right\} \tag{9-21}$$

由此求解电位阶跃后的电流响应：

$$I = nFAD_{Li} \left[\frac{\partial c}{\partial r} \right]_{r=r_0} = \frac{nFAD_{Li} c_0}{r_0} + \frac{nFAD_{Li}^{1/2} c_0}{\sqrt{\pi}} t^{-1/2} \tag{9-22}$$

式中，n 为得失电子数；F 为法拉第常数；A 为电极面积。

式(9-22)表明，测试工作电极的电流 I 与 $t^{-1/2}$ 之间成线性关系，利用这一特点，可求出颗粒中锂离子的扩散系数。

PSCA 技术测量的是锂离子在电极中的扩散全过程，从锂嵌入电极开始到锂完全扩散为止，因而，反映的是锂离子嵌入电极的平均速度，一般无法得到不同电位条件下的锂离子扩散系数。在实际测试过程中，同样涉及电极粒子的半径、比表面积等参数，这些参数只能通过近似方式确定，使结果产生一定的偏差。

9.3.4.3 恒电流间歇滴定法（GITT）

恒电流间歇滴定技术是稳态技术和暂态技术的综合，它消除了恒电位技术等技术中的欧姆电位降问题，所得数据较为准确，设备简单易行，其基本原理见图9-12。

图 9-12 中 ΔE_t 是施加恒电流 I_0 在时间 τ 内总的暂态电位变化，ΔE_s 是由于 I_0 的施加而引起的电池稳态电压变化。电池通过 I_0 的电流，在时间 τ 内，锂在电极中嵌入，因而引起电极中锂的浓度变化，根据 Fick 第二定律：

$$\frac{\partial c_{Li}(x, t)}{\partial t} = D_{Li} \frac{\partial^2 c_{Li}(x, t)}{\partial x^2} \tag{9-23}$$

初始条件和边界条件为：

$$c_{Li}(x, t = 0) = c_0 \ (0 \leqslant x \leqslant 1) \tag{9-24}$$

$$-D_{Li} \frac{\partial c_{Li}}{\partial x} = \frac{I_0}{AF} \ (x = 0, t \geqslant 0) \tag{9-25}$$

$$\frac{\partial c_{Li}}{\partial x} = 0 (x = 1, t \geqslant 0) \tag{9-26}$$

式中，$x = 0$ 表示电极/溶液界面，其它参数同前所述。当 $\tau \ll L^2 / D_{Li}$ 时，由上述条件可得：

$$D_{Li} = \frac{4}{\pi} \left(\frac{I_0 V_m}{nFA} \right)^2 \left(\frac{dE}{dx} \Big/ \frac{dE}{d\sqrt{t}} \right)^2 \qquad (\tau \ll L^2 / D_{Li}) \tag{9-27}$$

式中，V_m 为活性物质的摩尔体积；A 为浸入溶液中的电极面积；F 为法拉第常数；n 为参与反应的电子数；I_0 为滴定电流值；dE/dx 为开路电位对电极中 Li浓度曲线上某浓度处的斜率；$dE/d\sqrt{t}$ 为极化电压对 $\sqrt{t}$ 曲线的斜率。

GITT 法在应用过程中同样存在一些假设，比如：

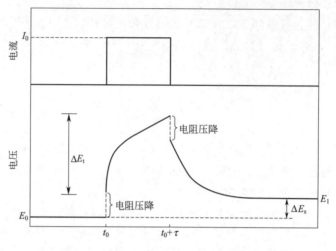

图9-12　GITT技术中一个电流阶跃示意图

① 体系是线性的，即扩散系数不随浓度变化。因此，施加的电流应当很小，以致引起的浓度变化对扩散系数无影响。

② 化学梯度是体系唯一的推动力，电场作用可以忽略。因此，电极材料必须是良导体。

③ 电极材料的摩尔体积 V_m 在嵌脱锂过程中保持不变。而实际上，多数材料的摩尔体积会随着锂嵌入量的增加而增大，因而，GITT法测出的扩散系数可能会低于实际值，而且锂嵌入越多误差越大。

另外，在实际测量中，对于一些具有平坦电压平台的材料，由于无法得到准确的 dE/dx 值，也会对测量造成困扰。当然，和 PSCA 方法一样，GITT法在实际测试过程中，电极面积等参数的近似同样会使结果产生一定的偏差。

9.4　实用电极材料的嵌脱过程

9.4.1　石墨类电极材料

石墨由 sp^2 杂化碳原子组成，为层状结构，石墨晶体的片层结构中碳原子呈六角形排列并向二维方向延伸，沿着 c 轴有规则地堆积，碳碳原子间距0.141nm，层间距0.335nm，层间结合力为范德华力，具有各向异性。

由于石墨的层间结合力远比层内小，且层间距离大，因此在石墨层间容易嵌入一些其它原子、基团或离子，形成石墨层间化合物（GIC）。从理论上说，锂与石墨类碳材料能形成较稳定的插层化合物是因为锂具有三维 2p 轨道，使得一些原子轨道重叠从而稳定。在 GIC 中，每层中嵌入一些其它原子基团或离子的称为一阶

GIC，每隔 $n-1$ 层嵌入一层的称为 n 阶 GIC。锂离子在石墨层间的嵌入-脱出可以发生可逆相变，随着锂含量增加会出现特征的"阶"结构，即锂在石墨层间沿着 c 轴出现周期性分布，每隔几层占据一层，而不是随机均匀分布。电化学嵌锂过程中，随着 Li 的嵌入，锂嵌入化合物按照 1 阶、4 阶、3 阶、2L 阶（稀释的 2 阶）、2 阶和 1 阶的顺序发生相变。在嵌锂过程中石墨逐步生成 LiC_{72}、LiC_{36}、LiC_{27}、LiC_{18} 直至 LiC_6，相应的石墨晶体的层间距由 0.335nm 变为 0.370nm，生成的电位（Li^+/Li）大致为 0.20V、0.14V、0.12V 和 0.09V，如图 9-13 所示[27,28]。其中 4 阶和 3 阶的化合物并不确定，4 阶的化合物范围为 $LiC_{44} \sim LiC_{50}$，3 阶的化合物范围为 $LiC_{25} \sim LiC_{30}$，这两种阶的化合物的相转变应该是连续的，与电压平台之间的平滑过渡相对应。阶结构的形成与层间锂离子的长程静电相互作用及层间的弹性相互作用有关。在 Li-GIC 中，摩尔比最大只能达到 6，即 LiC_6，也就是 1 阶锂石墨层间化合物，其理论比容量为 372mA·h/g。

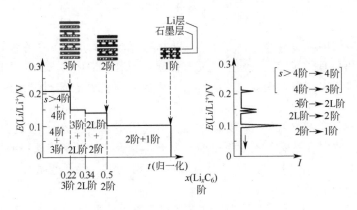

图 9-13　石墨嵌锂的阶结构及对应的嵌锂电位[28]

理论研究表明，锂在碳层间最有可能处于碳环中心的上方位置，锂在两个碳环中心位置间迁移的能量只有约 0.5eV[29]。锂离子在碳材料中的扩散主要是沿着石墨微晶的 Oab 平面，该方向的扩散速率比 c 轴方向大 10^6 倍。锂的嵌入主要是在石墨层边界进行的，由于边界面积小以及碳层间锂离子之间的相互排斥作用，致使 Li^+ 的扩散存在很大的动力学障碍，因此很难以较高的速率进行充电，这就限制了具有高结晶度的人造石墨、天然石墨、高取向热解碳等碳材料在实际中的应用范围。锂离子在碳材料中的扩散系数与很多因素有关，包括碳材料的结构、嵌锂电位、碳电极的表面态、SEI 层性质等。表 9-2 列出了不同石墨材料在不同条件下的锂离子扩散系数[13]。在软碳材料中，锂离子扩散活化能随着石墨化程度的提高而降低，而在无序程度较高的碳材料中，一些微孔和缺陷都可能会阻碍锂离子的扩散。实验结果表明，在石墨类碳材料中，随着锂离子的嵌入，锂离子扩散系数存在三个极小值，这三个值对应着嵌锂过程中碳材料的三个相变[30]。

表 9-2　不同石墨类材料的锂离子扩散系数[13]

碳负极材料	扩散系数/(cm^2/s)	说明	测试技术
天然石墨	$10^{-9} \sim 10^{-10}$:室温测试 $10^{-11} \sim 10^{-10}$:$-35°C$测试	Li-GIC 结构:$P6/mmm$ 低温影响	PSCA
	$10^{-6} \sim 10^{-5}$:1 阶初期 $10^{-7} \sim 10^{-8}$:4 阶、3 阶和 2L 阶 10^{-8}:2 阶→1 阶 10^{-9}:1 阶→2 阶 10^{-10}:2 阶→2L 阶 $1 \times 10^{-11}(2.5V) \sim 4 \times 10^{-10}(0.8V)$	扩散系数与阶结构有关,是一个不连续的变化过程 特征:有序相和无序相,两相区域	EIS
MCMB	$10^{-11.7} \sim 10^{-9.8}$:新模型	测定扩散系数的新技术;需要补充参数	RPG
	$10^{-9.5} \sim 10^{-7.7}$:几何面积 $10^{-9.1} \sim 10^{-11}$:几何面积	需要通过模型计算表面积;使用几何表面积得到的扩散系数趋势不同	GITT
HOPG	1.14×10^{-12},3.84×10^{-11}:块状 1.42×10^{-12},1.82×10^{-11}:粉末 5.36×10^{-12},5.89×10^{-11}:块状	分别在 0.05V 和 0.2V 测量扩散系数	EIS
	0.70×10^{-12},0.30×10^{-11}:粉末		PSCA

在实际应用的碳材料中,除了石墨层间储锂外,由于存在着各种缺陷,如空穴、纳米孔和杂原子等,这些缺陷也能够储锂,而石墨层中多余的空心位置在一定条件下也能够再次储锂,因此一些碳材料的实际容量往往会超过石墨的理论容量。储锂机理包括以下几种。

① 额外体相储锂[31]:在形成 LiC_6 后,石墨层中还存在着大量的孔隙位置没有被占据,这些位置在一定的条件下也能够重新容纳锂,这种额外储锂的最大储锂状态能够达到 Li_2C_6。核磁共振研究发现,在这种情况下,除了通常嵌入的锂外,石墨层间还存在分子态的 Li2 结构。

② 孔储锂[32]:对于具有纳米尺寸的碳材料来说,存在着大量的纳米孔,除了石墨层储锂外,锂还能够以金属、Li_2 及 Li^+/Li_3^+ 的形式在这些纳米孔中储存。孔尺寸的大小对材料的热力学和动力学性能有显著的影响,较小的孔可能引起储锂电压升高并增加储锂量,而较大的孔会使材料具有较好的倍率性能。

③ 表/界面储锂[33]:无序化程度很高的碳材料由大量石墨单层组成,锂可以占据石墨单层两侧最邻近的位置,容量可以达到 $740mA \cdot h/g$,所对应状态的组成为 LiC_3。

④ 杂原子效应储锂[34]:在碳材料的体相或者表面,根据材料制备过程的不同,通常会存在不同含量的 H、N、O、B、P 和 F 等杂原子。这些杂原子可能会在碳材料的体相或者表面产生各种缺陷或官能团,从而提高材料的储锂能力。以氢原子为例,其掺杂到碳材料中通常会产生孔隙,这些孔隙容易吸附锂而储存锂;当碳碳双键部分加氢后,也会储存锂;氢还可以被锂取代而储存锂,但是这些反应基本上都是不可逆的。

对于石墨化类的碳负极,其嵌锂特性与石墨化程度(P)和层间距(d_{002})有着密切的关系[35,36]。由于石墨层之间的范德华力很弱,因此石墨层之间容易出现滑动甚至扭曲翻转而产生错位，降低碳材料的石墨化程度。图 9-14 给出了碳材料容量和面间距 d_{002} 之间的关系。在 d_{002} 值为 0.344nm 时对应的是一种乱层的无序碳，此时碳材料的容量最小；随着 d_{002} 值的减小，碳材料的石墨化程度逐渐增大，碳材料的嵌锂容量迅速增大，而随着 d_{002} 值的增大，碳材料的无序程度增大，碳材料的嵌锂容量也会缓慢提高。在充放电曲线上，石墨化程度高的碳材料具有明显的电位平台且电位平台低，而无序度高的碳材料电位平台高且不明显。一些元素的掺杂也可能影响碳材料的石墨化度而起到改变材料嵌锂特性的作用。如在碳晶格中掺入 N 元素会降低碳材料的可逆电位平台，导致材料的嵌锂容量降低，而掺入 B 元素则可以提高碳材料的电位平台，增加碳材料的嵌锂容量[37,38]。

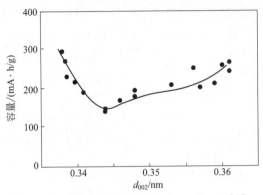

图 9-14　碳材料容量和面间距 d_{002} 的关系[34]

9.4.2　$LiCoO_2$电极材料

$LiCoO_2$ 具有两种不同的结构，虽然都是嵌入式化合物，都可以作为锂离子电池的正极材料，但是由于晶体结构的差异导致电化学性能差异很大。较低温度下（400℃）合成的尖晶石型 $LiCoO_2$ 颗粒为尖角形，松装密度低，循环性能不佳，因此研究较少[39]。相比之下，传统高温（850℃）方法合成的 $LiCoO_2$ 比容量高，具有较好的循环性能且较易制备，已经成为目前消费电子类用高能量密度锂离子电池最主要的正极材料。

高温 $LiCoO_2$ 材料为 $O3$ 结构，氧离子为立方密堆积（ABCABC）。和 9.3.3 节中所述的层状 Li_xTiS_2 类似，锂在层状 $LiCoO_2$ 中的扩散也主要为双空位机理，锂的迁移同样是经由一个相邻的四面体空位，从一个八面体位置跃迁到另一个八面体位置的离子跃迁，锂跃迁的能垒高度大约为 28.7kJ/mol，其中 Li^+ 和相邻 O^{2-} 之间的范德华作用对能垒高度有最大的贡献[40,41]。由于主体结构晶格常数 c 的强烈变化和钴离子有效价态的改变，锂扩散活化能对锂的浓度十分敏感，因而导致了锂离子扩散系数随充电状态的不同而发生几个数量级的变化，不同条件下 Li_xCoO_2 的化学扩散系数如表 9-3 所示[13]。

$LiCoO_2$ 材料在脱嵌锂过程中的相变较为复杂。当 $0.4 < x < 1$ 时，随着锂的脱

出，相邻层间氧原子之间的排斥作用会导致 c 轴逐渐增大，晶胞参数 c/a 由 5.00 增大到 5.14。在这个过程中，Li_xCoO_2 以固溶体的形式连续发生三个微弱的一级相变（见图 9-15），其中两个相变发生在 $x=0.5$ 左右，为有序相和无序相之间的转变，同时伴随着晶格从六方结构扭曲至单斜结构。另一个一级相变发生在锂脱出量 $x=0.75\sim0.93$，该相变主要源于 Co^{3+} 向 Co^{4+} 转变的电子效应而非结构变化，I、II 两相均为六方结构且晶格参数相差不大[28,42~46]。当 $x<0.4$ 时，Li_xCoO_2 在脱锂过程中不再是微弱的一级相变，而是存在着较大的结构变化。如图 9-16 (a) 所示，Li_xCoO_2 中锂离子与钴离子在密堆积的氧原子中存在着三种堆垛排列方式，分别为 O3、O1 以及 O3 和 O1 的混合结构 H1-3，这三种结构对应的自由能与锂浓度的函数关系如图 9-16(b)所示（其中虚线分割区域表示锂离子浓度在此区间范围内时，相应的主结构稳定）。比较这三种晶格模型的自由能可以知道，当锂的浓度 $x=0\sim0.12$ 时，混合结构 H1-3 与 O1 共存；当 $x=0.12\sim0.19$ 时，混合结构 H1-3 是最稳定的；当 $x=0.19\sim0.33$

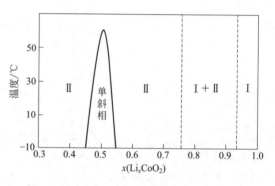

图 9-15　Li_xCoO_2 在 $0.4<x<1$ 的相图[42]

时，混合结构 H1-3 与 O3 共存。由此可以知道，在低锂浓度（$x<0.4$）时，随着锂的脱出，相转变的顺序依次为：H1-3 混合相 + O3 → H1-3 混合相 → O1 + H1-3 混合相。图 9-16(c)所示的计算结果表明，当 Li_xCoO_2 中锂离子脱出至 $x=0.33$ 时，转变为 O3 三方层状结构；继续脱锂至 $x=0.15$ 时，转变为 H1-3 混合结构[47,48]。由于 O1 和 O3 之间结构上的变化较大，此过程预计是不可逆的，这也就是目前高压钴酸锂材料继续往高电压（如大于 4.6V）充电时会出现循环寿命急剧恶化的主要原因之一。

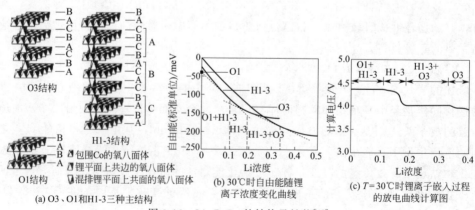

图 9-16　Li_xCoO_2 的结构及性能[47]

表 9-3　不同条件下 Li_xCoO_2 材料的化学扩散系数[13]

钴酸锂材料	扩散系数/(cm²/s)		说明	测试技术
Li_xCoO_2	$1.5×10^{-10}$～$8.0×10^{-8}$(单颗粒) $1.0×10^{-11}$～$1.0×10^{-7}$(单颗粒)		二维层状结构:$R\text{-}3m$ 扩散机理:双空位 $3.85V<E(L_i/L_i{}^+)<4.2V$	PSCA EIS
	$4.0×10^{-11}$～$3.0×10^{-10}(0.45<x<0.7)$ $0.1×10^{-9}$～$1.5×10^{-9}(0.3<x<0.85)$		薄膜电极 单相区:$0.45<x<0.75$ 两相区:$0.75<x<0.93$	PITT EIS
	$9.0×10^{-13}$ (颗粒尺寸:60 nm)		纳米尺寸影响 电位 3.2V	EIS
$Li_{0.5}CoO_2$	(003) $1.9×10^{-12}$(GITT) $1.6×10^{-13}$(PITT) $1.6×10^{-10}$(EIS) $6.4×10^{-13}$(CV)	(104) $3.2×10^{-11}$(GITT) $1.8×10^{-11}$(PITT) $6.0×10^{-9}$(EIS) $7.7×10^{-12}$(CV)	薄膜电极 晶面取向 (003):薄膜厚 $0.31\mu m$ (104):薄膜厚 $1.35\mu m$	多种方法
$LiCo_{1-x}Al_xO_2$	$0.5×10^{-15}$～$3.0×10^{-15}(x=0)$ $8.0×10^{-15}$～$0.5×10^{-14}(x=0.1)$		铝掺杂对结构各向 异性膨胀的抑制作用	EIS
$Li_aNi_{1-x}Co_xO_2$	$8×10^{-9}$～$2×10^{-8}$: $(a=0、0.7、0.8、0.9、0.3<x<0.8)$		扩散系数对 a 和 x 值不敏感	GITT
$C\text{-}LiCoO_2$	$1.21×10^{-10}$:$LiCoO_2$ $1.73×10^{-8}$:C 包覆 $LiCoO_2$)		非晶态包覆提高扩散系数	EIS

　　元素掺杂是钴酸锂材料改性的主要手段之一，合适的掺杂可以抑制钴酸锂脱锂过程中的相变，稳定材料的晶体结构，从而提高材料的循环性能，同时，掺杂还可能改善钴酸锂的导电性能，提高材料的倍率性能。大多数的掺杂都希望能与钴酸锂材料形成固溶体，不同离子与钴酸锂形成固溶体的范围是不同的，因此离子掺杂需要控制合适的掺杂度。理论研究表明，掺杂离子的价态、半径对掺杂浓度及掺杂位置的选择有着较大的影响[49]。图 9-17 给出 Na、K、Rb、Mg、Ca、Sr、Zn、Al、Ga、In、Sc、Y、Zr 和 Nb 等离子对钴酸锂的掺杂情况，这些离子只存在单一价态，可以较准确地反映价态和离子半径对掺杂情况的影响，纵坐标 C 值给出了掺杂后该位置不产生任何点缺陷时的离子掺杂浓度。在 1100K 下，Al 和 Ga 在钴位的掺杂浓度最高，达到了 1‰以上，而 Na 和 Zn 主要掺杂在锂位，也能达到 1‰以上。Mg 离子比较特殊，它在锂位和钴位的掺杂浓度基本相同，都是 0.5‰，其优选的掺杂位主要取决于合成时的条件。在氧化气氛下，Mg 优先掺杂到钴位置，而在还原条件优先掺杂到 Li 位置。和这几种离子相比，其它几种离子的掺杂浓度很低，只有 0.1‰甚至更低。这些离子的掺杂情况表明，在掺杂钴酸锂中，一价和二价离子主要掺杂在锂位，而三价或更高价态的离子主要掺杂在钴位。同时，与锂离子或者钴离子具有相近离子半径的掺杂离子能够在相应位置得到较高的掺杂浓度，而离子半径差异大的离子掺杂浓度明显降低。

　　在实际生产和实验中，已经有多种元素如 Ni、Mn、Mg、Cr、Al、Ti 等被应用于 $LiCoO_2$ 的掺杂[50~59]。$\alpha\text{-}LiAlO_2$ 与 $LiCoO_2$ 的结构类似，且 Al^{3+}(53.5pm)和 Co^{3+}(54.5pm)的离子半径相近，能在较大范围内形成固溶体 $LiAl_yCo_{1-y}O_2$。由

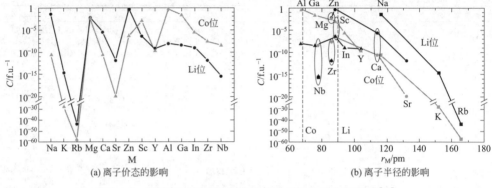

图 9-17　离子价态和离子半径对钴酸锂掺杂浓度的影响[49]

于 Al^{3+} 没有 3d 轨道与氧的 2p 轨道杂化，随着 Al 的掺入，锂离子的脱嵌电位会逐渐升高。Al 掺杂还能够有效抑制 Co 在 4.5V 时的溶解，降低锂离子嵌入时 c 轴和 a 轴的变化，稳定钴酸锂的结构，改善循环性能[52,53]。少量的 Mg 掺杂可以在不改变晶体结构的前提下使材料的电导率从 $1×10^{-3}$ S/cm 提高到 0.5S/cm，原因在于 Mg 离子的掺杂会在 $LiCoO_2$ 中产生少量的 Co^{4+}，即空穴，因此半导体 $LiCoO_2$ 的电导率能够大幅提高[54]。在 Mg 掺杂钴酸锂材料中，由于合成的气氛主要是氧化性气氛，Mg 离子掺杂最初主要占据的是 Co 位，但是经过几次循环后，Mg 离子会从 Co 位逐渐迁移到 Li 位，这与前述的理论研究基本一致[56]。少量掺杂的 Mg 离子能够与氧形成比 Li—O 键更强的 Mg—O 键，稳定钴酸锂的结构，抑制钴酸锂在脱嵌锂过程中可能出现的结构塌陷，因此可以明显提高钴酸锂材料的循环性能。但是 Mg 的掺杂量过大时，会导致 Li 离子部分占据 Co 位，产生严重的离子混排，影响材料的结构稳定性，造成初始容量的降低和循环的衰退[57]。

9.4.3　三元电极材料

和 $LiCoO_2$ 具有相同 $α$-$NaFeO_2$ 型层状结构的 $LiNiO_2$ 具有放电容量高、价格低、对环境污染小等优点，但由于 $LiNiO_2$ 中存在着严重的锂镍混排现象，在脱锂过程中，存在于锂层的部分 Ni^{2+} 被氧化成离子半径更小的 Ni^{3+} 或 Ni^{4+} 时会产生层间局部结构的塌陷，而且，在充放电过程中，$LiNiO_2$ 还会发生一系列的结构变化，特别是较高电压下可能出现不可逆的相转变生成非电化学活性的 NiO_2 相，这些都会造成 $LiNiO_2$ 材料的容量损失和循环性能的迅速衰退。此外，在实际合成中由于 Ni^{2+} 具有 $3d^8$ 电子的分布特性，即使在氧气气氛作用下也很难被氧化为 Ni^{3+}，要生成化学计量比的 $LiNiO_2$ 非常困难。因此到目前为止，镍酸锂并没有太大实用价值，更多的工作主要集中在对它的掺杂改性上，并取得了很大的进展。

为了得到性能更好、更具有实用性的材料，$LiNiO_2$ 的掺杂大多采用多种离子联合掺杂。由于镍和钴是位于同一周期的相邻元素，它们具有相似的核外电子排布，且 $LiCoO_2$ 和 $LiNiO_2$ 同属于 α-$NaFeO_2$ 型化合物，因此可以将钴、镍以任意比例混合并保持产物的层状结构，当 Ni 含量较大时，制得的 $LiNi_{1-x}Co_xO_2$ 兼具 Ni 系和 Co 系材料的优点。Saft 公司选用 $LiNi_{1-y}Co_yO_2$ 作为高比能量与高功率动力型锂离子电池的正极材料，并通过 Al 掺杂大幅度提高了材料的安全性和寿命[60]，近几年来，$LiNi_{1-x-y}Co_xAl_yO_2$ 正极与石墨负极组合的锂离子电池已经被大量应用于 Tesla 纯电动汽车上。另外，将钴、锰以一定比例掺杂入 $LiNiO_2$ 中可得到 $LiNi_xCo_yMn_zO_2$ 三元材料，三种元素发挥各自的作用，材料具有高比容量、循环性能稳定、成本相对较低、安全性能较好等特点。目前，三元材料 $LiNi_xCo_yMn_zO_2$ 已成为研究的热点和重点，其中 $LiNi_{1/3}Co_{1/3}Mn_{1/3}O_2$ 已广泛应用于 3C 及动力锂电池领域。

$LiNi_{1/3}Co_{1/3}Mn_{1/3}O_2$ 正极材料具有与 $LiCoO_2$ 相似的单一的基于六方晶系的 α-$NaFeO_2$ 型层状岩盐结构，空间点群为 $R3m$。锂离子占据岩盐结构（111）面的 $3a$ 位，过渡金属离子随机占据金属层的 $3b$ 位，氧离子占据 $6c$ 位，每个过渡金属原子由 6 个氧原子包围形成 MO_6 八面体结构，而锂离子嵌入过渡金属原子与氧形成 $Ni_{1/3}Co_{1/3}Mn_{1/3}O$ 层[61,62]。因为二价镍离子的半径（0.069nm）与锂离子的半径（0.076nm）接近，所以少量镍离子可能会占据 $3a$ 位，导致阳离子混合占位情况的出现，而这种混合占位使得材料的电化学性能变差[63]。在三元材料的 XRD 谱图中，通常认为当（003）/（104）峰的强度比超过 1.2，且（006）/（012）和（018）/（110）峰呈现明显劈裂时，三元材料的层状结构保持较好，阳离子混排较少，电化学性能也较为优异[64]。

在三元材料中，过渡金属元素 Ni、Co、Mn 分别以 +2、+3、+4 价态存在，Ni 是材料的主要活性组分之一，在充放电过程中，主要是 Ni^{2+} 和 Ni^{4+} 发生相互转换。一般来说，Ni 的存在能使 $LiNi_xCo_yMn_zO_2$ 的晶胞参数 c 和 a 值分别增大，晶胞体积相应增大，有助于提高材料的可逆嵌锂容量。但是过多 Ni^{2+} 的存在会因为与 Li^+ 发生混排现象而使材料的循环性能恶化。Co 也是材料的主要活性组分之一，能有效地稳定材料的层状结构，并抑制 Ni^{2+} 与 Li^+ 之间的混排，从而使锂离子的脱嵌更容易，提高材料的导电性并改善其充放电循环性能。同时，Co 的存在还能够提高氧和材料中主体元素的结合能，抑制材料表面氧化，有助于锂离子的脱嵌，提高材料的高倍率充放电性能。但随着 Co 比例增大，晶胞参数 c 和 a 的值分别减小，使得晶胞体积变小，又会导致材料的可逆嵌锂容量下降。Mn^{4+} 有着良好的电化学惰性，在循环过程中不参与氧化-还原反应，使材料始终保持稳定的结构，这种稳定的层状骨架结构正是材料长期维持良好电化学性能的保障。同时，Mn 的引入还可以大幅度地降低材料的成本，有效改善材料的安全性能。但是 Mn 的含量过大，会增加三价锰存在的概率，从而使材料容易出现尖晶石相而破坏其层状结构[65,66]。所以，合理地调节金属元素的比例，制备性能优良的三元正极材料是科研人员重点研究的方向之一。目前市场上销售的三元材料以 $LiNi_{1/3}Co_{1/3}Mn_{1/3}O_2$ （333 型）和 $LiNi_{0.5}Co_{0.2}Mn_{0.3}O_2$ （523 型）为主，前者循环稳定性和安全性较好，后者容量较高。此外 $LiNi_{0.8}Co_{0.1}Mn_{0.1}$

O_2（811 型）、$LiNi_{0.6}Co_{0.2}Mn_{0.2}O_2$（622 型）、$LiNi_{0.4}Co_{0.2}Mn_{0.4}O_2$（424 型）等也具有各自的优势。

$Li_x Ni_{1/3}Co_{1/3}Mn_{1/3}O_2$ 中，当 Ni^{2+} 与 Co^{3+} 被完全氧化至 +4 价时，其理论容量为 277mA·h/g。在脱锂过程中，会发生 $Ni^{2+}/Ni^{3+}/Ni^{4+}$ 和 Co^{3+}/Co^{4+} 的价态变化，而 Mn 处于稳定的 +4 价，不参与氧化还原反应，起稳定结构的作用，Ni^{2+}/Ni^{4+} 与 Co^{3+}/Co^{4+} 对应的电压分别为 3.8~3.9V 和 4.5V 左右[61,67,68]。在脱锂过程中，当 $x \geqslant 0.35$ 时，O 的 -2 价保持不变；当 $x < 0.35$ 时，O 的平均价态有所降低，有晶格氧从结构中逃逸，化学稳定性遭到破坏。XRD 的分析结果显示在 $Li_x Ni_{1/3}Co_{1/3}Mn_{1/3}O_2$ 中，当 $x \geqslant 0.33$ 时，晶体结构保持 O3 相，而当 $x < 0.33$ 时，可以观测到新相 MO_2 的出现[69]。因此，虽然提高充电的截止电压能有效提高材料的比容量，但会使其循环性能大幅度下降。

在三元材料中，还有一类较为特殊的材料，这类材料比容量高达 250mA·h/g 以上，其通式可用 $xLi_2MnO_3 \cdot (1-x)LiMO_2$（M＝Ni、Co、Mn）表示，其中 $0 \leqslant x \leqslant 1$，这类材料通常被称为富锂正极材料。由于富锂正极材料组成复杂，导致其结构也非常复杂，目前人们对其结构的认识仍然存在分歧。部分研究者认为它是两种层状材料 Li_2MnO_3 和 $LiMO_2$ 的固溶体，分子式也可写为 $Li[Li_{x/3}Mn_{2x/3}M_{(1-x)}]O_2$[70]。与常规层状正极材料如 $LiCoO_2$ 相比，它在过渡金属层中含有一定量的锂形成过渡金属/锂混合层，而氧采取六方密堆积的方式排列，纯锂层和混合层交替排列。但是同时一些实验也证明，在 $xLi_2MnO_3 \cdot (1-x)LiMn_{0.5}Ni_{0.5}O_2$ 中，特别是 $x > 0.1$ 时，该材料由 Li_2MnO_3 和 $LiMnO_2$ 的纳米畴间隔交互生长而成，并不是连续均匀的单相[71,72]。而在 $Li_{1.2}Mn_{0.4}Fe_{0.4}O_2$ 材料中也发现存在着 Li_2MnO_3 和 $LiFeO_2$ 两个独立的相，锂离子在这两相中的嵌入/脱出存在着明显的先后过程[73]。因此，关于 $xLi_{2/3}[Li_{1/3}Mn_{2/3}]O_2 \cdot (1-x)LiMO_2$ 材料的结构，除了固溶体观点外，还存在复合物的观点，即在材料的过渡金属/锂混合层内，锂和过渡金属元素有序排列，形成超晶格结构，该材料是 Li_2MnO_3 组分和 $LiMO_2$ 组分在纳米尺度上的两相均匀混合物。一般认为，在 $xLi_2MnO_3 \cdot (1-x)LiMO_2$ 材料中，Li_2MnO_3 组分能够起到稳定 $LiMO_2$ 层状结构的作用，使富锂型正极材料可以实现 Li^+ 的深度脱出而不会引起结构坍塌，从而得到较高的比容量；而 $LiMO_2$ 反过来可以起到改善 Li_2MnO_3 循环性能的效果[74]。由于材料中使用了大量的 Mn 元素，与三元材料相比，不仅价格低，而且安全性好、对环境友好。

在电化学充放电过程中，富锂正极材料需要充电到高电位（> 4.6V）进行电化学活化后才能实现其高容量特性，其首次充/放电是一个非常复杂的过程。图 9-18 所示为 $0.5Li_2MnO_3 \cdot 0.5LiNi_{1/3}Co_{1/3}Mn_{1/3}O_2$ 典型的首次充/放电曲线[75]。材料在首次充电过程中以电压 4.5V 为界会出现两个明显不同的步骤：在 4.5V 以下，充电曲线与 $LiNi_{1/3}Co_{1/3}Mn_{1/3}O_2$ 相似，此时锂层中的 Li 脱出，同时过渡金属 Ni^{2+} 与 Co^{3+} 发生氧化反应，这部分反应机理与 $LiNi_{1/3}Co_{1/3}Mn_{1/3}O_2$ 一致；在 4.5V 以上，充电曲线出现了不可逆的电位平台，对应于富锂材料的电化学活化，与材料高容量特性及高的首次不可逆容量损失密切相关。目前，关于 4.5V 的电位平台，普遍认为是一个锂脱出伴随晶格析氧的过程，相当于净脱出 Li_2O[76~78]。在该充电平台，富锂材料完成了其电化学活化：随着锂层锂的脱出，氧从材料表面流失，同时过渡金属层的锂迁移至锂层，留下了八面体空位，这些空位由材料表面的过渡金属元素通过协同作用扩散占据，因此，几乎所有的锂均可以脱出，直至过渡金属层中锂占据的八面体空位全部由过渡金属取代。在此过程中锰离子保持 Mn^{4+} 不变，Li/Mn 的有序排布消失，材料本体发生了阳离子重排，其结果是材料中非电化学活性组分得到活化，经过活化之后 Li^+ 可以通过 Mn^{4+} 的还原而回嵌到材料晶格中，从而表现出高放电比容量特性。

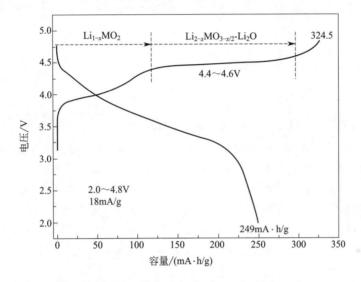

图 9-18　$0.5Li_2MnO_3 \cdot 0.5LiNi_{1/3}Co_{1/3}Mn_{1/3}O_2$
的首次充/放电曲线[75]

关于富锂材料的嵌脱锂过程，除了氧脱出机理外，还存在其它一些机理，如质子交换机理和哑铃结构机理等。质子交换机理认为 4.5V 平台对应的这部分容量是由锂离子与电解液氧化分解产生的质子发生交换而产生的，这种质子交换现象在较高的电池工作温度下更为明显[79]。而哑铃结构机理认为在首次充电至 4.45V 的过程中，锂首先从锂层中脱出[见图 9-19(a)]，由于过渡金属层的锂（Li_{TM}）与锂层中三个八面体位锂（Li_{oct}）共边，当这三个 Li_{oct} 脱出后，锂层中其它八面体位的锂 Li 会迁移到与这个 Li_{TM} 共面的四面体位[见图 9-19(b)]，为了降低材料能量，这个 Li_{TM} 会反向迁移到下一锂层的四面体位中形成哑铃形的 Li-Li 结构[见图 9-19(c)]。充电至 4.8V 的过程中，Li_{oct} 从锂层脱出，而锂层中哑铃结构的锂则不能脱出。放电过程，这些锂层的哑铃结构会阻碍锂离子嵌入到过渡金属层。此外，富锂材料表面层状结构会逐渐向尖晶石结构转变，哑铃结构的存在和表面相的转变是富锂材料不可逆容量损失和倍率性能较差的可能原因[80]。

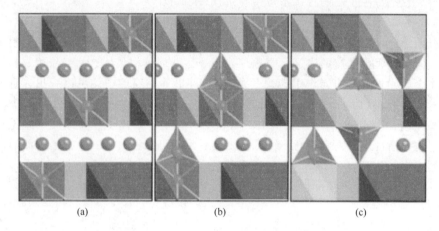

图 9-19　Li-Li 哑铃结构的形成过程[80]

9.4.4　LiMn$_2$O$_4$电极材料

尖晶石 LiMn$_2$O$_4$属于立方晶系，具有 $Fd3m$ 空间群。由于晶胞边长是普通面心立方结构的 2 倍，因此尖晶石结构实际上可以认为是一个复杂的立方结构，包含了 8 个普通的面心立方晶胞，所以每个晶胞中有 32 个氧，占据在 $32e$ 位置上，其中 O 原子构成面心立方紧密堆积（CCP），故此晶胞中有 64 个 $8a$ 四面体空隙和 32 个 $16d$ 八面体空隙。锂占据 CCP 堆积的四面体位置（$8a$）的 1/8，构成 LiO$_4$框架，锰占据 CCP 密堆的八面体位置（$16d$）的 1/2，形成 Mn$_2$O$_4$网络框架。其中四面体晶格 $8a$、$48f$ 和八面体晶格 $16c$ 共面构成互通的三维快速锂离子通道，Li$_x$Mn$_2$O$_4$中 Li 的脱嵌范围是 $0 < x < 2$。

在 $0 < x < 1$ 时，Li$_x$Mn$_2$O$_4$/Li 的电位平台约为 4V，Mn 离子的平均价态为 $3.5 \sim 4$。在 4V 区，该材料具有较好的结构稳定性，晶体保持尖晶石结构。充电时，锂离子从 $8a$ 位经过通道 $8a \rightarrow 16c \rightarrow 8a$ 从三维网络中脱出，同时伴随着 Mn^{4+}含量升高。当锂离子完全脱出后，材料转化成 γ-MnO$_2$，留下了稳定的尖晶石骨架。放电的时候在静电驱动下，锂离子通过通道 $8a \rightarrow 16c \rightarrow 8a$ 首先进入势能低的 $8a$ 空位，从而发生如下转变：

$$[\ ]_{8a}\,[Mn^{4+}]_{16d}\,[O^{2-}]_{32e} \xrightarrow{\ Li^+\ } [Li^+]_{8a}\,[Mn^{4+}Mn^{3+}]_{16d}\,[O^{2-}]_{32e}$$

尖晶石锰酸锂在 4V 平台区域的充/放电可以分为三个过程：当 $0 < x < 0.1$ 时，Li$^+$嵌入到单相 γ-MnO$_2$中；当 $0.1 < x < 0.5$ 时，形成 γ-MnO$_2$ 和 Li$_{0.5}$Mn$_2$O$_4$两相共存区，对应充放电曲线的高压平台约 4.15V；随着 Li$^+$的进一步嵌入会形成新相 LiMn$_2$O$_4$和 Li$_{0.5}$Mn$_2$O$_4$相共存，对应于充/放电曲线的低压平台，约 $4.03 \sim 3.9$V[81]。

在 $1 < x < 2$ 时，$Li/Li_xMn_2O_4$ 电位平台在 3V 左右，锰离子平均价态小于 3.5，此时 Li^+ 嵌入到尖晶石空的八面体 $16c$ 位置，形成 $Li_2Mn_2O_4$。当 Li^+ 在 3V 电压区嵌入/脱出时，Mn^{3+} 会发生严重的 Jahn-Teller 畸变效应，这种效应使得材料结构发生较大的收缩与膨胀，造成材料结构的破坏，并且在充放电过程中还伴随着立方尖晶石相向结构稳定性较差的四方相 $Li_2Mn_2O_4$ 转化，或者在材料表面形成 $Li_2Mn_2O_4$ 相，堵塞了锂离子嵌入和脱出的通道，使得材料在充放电过程中可逆容量下降，循环稳定性降低。

一般认为，除了三价锰离子在电解液中的溶解，Jahn-Teller 效应引起的结构变化是导致尖晶石型 $LiMn_2O_4$ 循环性能劣化的另一个主要因素[85]。抑制 Jahn-Teller 效应的方法主要是掺杂金属阳离子，如 Li^+、Mg^{2+}、Zn^{2+}、Ni^{2+}、Al^{3+}、Co^{3+}、Cr^{3+}、Ti^{4+} 等，掺杂后的结构为 $Li_{8a}[M_xMn_{2-x}]_{16d}O_4$。一方面掺杂金属的 M—O 键能应大于 Mn—O 键能，掺杂金属离子半径比 Mn^{3+} 半径稍小，掺杂后 Mn—O 键变短，材料晶胞参数减小，可以达到稳定材料结构、抑制容量衰减的目的；另一方面，由于掺杂金属离子替代了部分 Mn^{3+}，使锰的平均氧化价态升高，可以抑制 Jahn-Teller 效应。通过掺杂还可以影响材料中金属-氧键的键能，增大尖晶石结构的无序度，从而影响锂离子在材料中迁移的能垒以及锂离子扩散系数。表 9-4 列出了不同嵌锂量及元素掺杂情况下锰酸锂材料的锂离子扩散系数[13]。在众多元素掺杂中，Al、Ti 掺杂取得了较好的效果。以少量 Al 取代少量 Mn 虽然稍微降低了尖晶石 $LiMn_2O_4$ 的可逆容量，但是明显改善了 $LiMn_2O_4$ 在 4V 区的循环性能[82]。对掺 Ti 锰酸锂的研究发现，在深度放电时尖晶石材料 $LiMn_2O_4$ 发生 Jahn-Teller 畸变效应，尖晶石的立方相结构开始向四方相结构转变，材料晶胞参数和体积变化大，导致材料在 2～4.8V 循环时容量迅速衰退，而 $LiMn_{1.5}Ti_{0.5}O_4$ 在深度放电时 Jahn-Teller 畸变受到明显的抑制，$LiMnTiO_4$ 则完全不会发生 Jahn-Teller 畸变，Ti 取代稳定了尖晶石材料的晶格，提高了其电化学循环性能[83]。

表 9-4　不同条件下锰酸锂材料的锂离子扩散系数[13]

锰酸锂材料	扩散系数/(cm²/s)	说　明	测试技术
$Li_xMn_2O_4$	$3.2×10^{-11}$～$1.38×10^{-11}$:单晶	三 D 尖晶石结构:立方 电位:3.8V、3.9V、4.08V	PSC
	$0.7×10^{-8}$～$3.4×10^{-8}$:母粒 $1.0×10^{-10}$～$4.0×10^{-9}$:氧化处理	氧化处理导致更细的颗粒;没有优势 $0.08 < x < 0.96$	EVS,GITT
	$6×10^{-11}$～$5×10^{-10}$(颗粒尺寸:$20\mu m$) $6×10^{-11}$～$5×10^{-10}$(厚度:$10\mu m$)	多孔平板电极与 ESD 薄膜电极比较 $4.07V < 电位 < 4.19V$	PITT
	$1.71×10^{-12}$:未处理样品 $4.67×10^{-13}$:15 圈循环后的样品	SEI 影响:薄膜($0.5\mu m$ 厚),具有纳米尺寸晶粒(100nm)	PSCA
	10^{-10}:高结晶膜(PLD) 10^{-8}:富氧缺陷膜(UVPLD)	薄膜制备过程的影响	CV

锰酸锂材料	扩散系数/(cm²/s)	说　明	测试技术
$LiAl_xMn_{2-x}O_4$	$2.7\times10^{-11}(x=0)$ $2.6\times10^{-12}(x=0.125)$ $8.0\times10^{-12}(x=0.25)$ $4.4\times10^{-12}(x=0.375)$	Al掺杂使扩散通道变窄,降低扩散系数 电位 4.05V	EIS
$Li_yMn_{2-y}O_4$ (M=Co,Cr,Fe,Ni)	$10^{-9}\sim10^{-10}(y=0)$ $1\times10^{-10}\sim5.0\times10^{-8}(y=1/6;Co 或 Cr)$ $6.5\times10^{-10}\sim5.0\times10^{-8}(y=1/6;Fe)$ $2.3\times10^{-11}\sim1.8\times10^{-8}(y=1/6;Ni)$	$0.2<x<0.85$	GITT

9.4.5　LiFePO₄电极材料

1997 年,Goodenough 等人提出橄榄石结构的磷酸铁锂材料 ($LiFePO_4$)[84]。从晶体结构上看,Fe 和 Li 原子分别位于 O 原子八面体中心形成 FeO_6 和 LiO_6 八面体,其中 Li 占据 $4a$ 位,Fe 占据 $4c$ 位;P 原子位于 O 原子四面体中心形成 PO_4 四面体,P 占据 $4c$ 位。从 b 轴方向的视角出发,一个 FeO_6 八面体分别与一个 PO_4 四面体和两个 LiO_6 八面体共边,一个 PO_4 四面体还与两个 LiO_6 八面体共边,而 LiO_6 八面体则沿 b 轴方向共边。

$LiFePO_4$ 晶体结构中,P—O 间作用力最强,其次为 Fe—O,而 Li—O 作用力最弱,Li 嵌入 $FePO_4$ 后会部分失去电子,以离子状态存在于晶体结构中。Li^+ 在 $LiFePO_4$ 晶格中表现为一维离子扩散的特性,(100) 面为 Li 的扩散面,其中 [010] 方向是最易于 Li 扩散的通道[85,86]。但是,锂离子在 [010] 方向扩散并不是直线进行的,而是以曲线路径进行扩散,锂离子通过曲线方式迁移的能垒要比沿直线扩散的能垒低 0.21eV[87]。锂离子扩散在 [010] 与 [100] 方向上性质相异,这使得 (001) 面上产生显著的内应力,非锂离子扩散通道的 [100] 方向上内应力远大于 [010] 方向的内应力,这种内应力对锂离子电池电化学性能产生直接影响,多次充放电循环后,颗粒表面可能会出现许多裂缝。在磷酸铁锂中,锂离子的扩散要比其它层状化合物 ($LiCoO_2$、$LiMn_2O_4$ 等)慢得多,表 9-5 给出了不同条件下通过电化学技术测定的磷酸铁锂的锂离子扩散系数[13]。锂离子扩散系数随 Li_xFePO_4 中 x 的变化从 1.8×10^{-14} cm/s ($x=1$) 变化为 2×10^{-16} cm/s ($x=0$)。

$LiFePO_4$ 的掺杂改性主要分为铁位掺杂和锂位掺杂,复合掺杂可以使用多种元素同时取代铁位和锂位。Chung 等人较早报道了对 $LiFePO_4$ 的阳离子掺杂[88],他们利用高价态的金属离子如 Zr、Ti、Al、W、Nb、Mg 对 $LiFePO_4$ 中的 Li 位进行体相掺杂,由于高价离子的引入,在 FeO_6 子阵列中形成了 Fe^{3+}/Fe^{2+} 混合价态结构,放电时会形成 p 型半导体,据称可以将 $LiFePO_4$ 的电子电导率提高到 10^{-2} S/cm,且使正极材料 $LiFePO_4$ 的高倍率充/放电性能得到很大改善,但其结果存在较大的争议,一些研究者认为该方法制备的 $LiFePO_4$ 的高电导来源于原材料中参与的碳而非体相掺杂,材料表面生成的含 Fe_2P、C 等的包覆层是该材料具有高电导的真正原因[89,90]。第一性原理计算和实验相结合对 LiFePO₄ 的锂位和铁位掺杂元素的研究结果发现，对锂位进行高价离子 Cr^{3+} 掺杂可明显提高材料的电子电导，但由于磷酸铁锂中锂离子沿一维通道扩散，锂位掺杂的高价锂离子将阻塞锂离子的扩散，因此 LiFePO₄ 的倍率性能并没有得到明显的改善[91]，而在锂位掺杂一些一价阳离子更有利于提高 LiFePO₄ 的整体性能[85]。Islam 等人对多价金属离子在锂位和铁位掺杂的溶解能量变化进行了理论计算，结果如图 9-20 所示[87]。计算结果表明，在多价金属离子掺杂磷酸铁锂中，只有二价金属离子在铁位的掺杂从能量上说是有利的，如 Mg^{2+} 和 Mn^{2+} 在铁位的掺杂，而高价金属离子掺杂从能量上来说是不利的，如 Al^{3+}、Zr^{4+}、Nb^{5+}、Ti^{4+} 等在锂位或铁位的掺杂，这个计算结果和部分实验是相符的[90,92,93]。

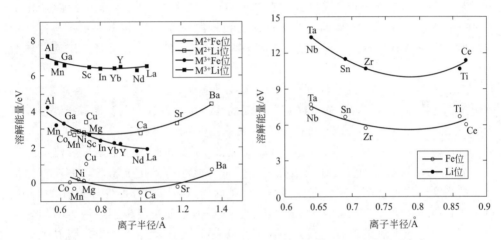

图 9-20　不同价态金属离子进行锂位和铁位掺杂的溶解能量变化[87]

关于掺杂元素取代的位置，多数的文献都是根据离子半径的大小来推测，而离子半径的大小是随其周围的化学环境不同而改变的，所以这种推测可能是不可靠的。和 Mg 掺杂 $LiCoO_2$ 类似，某些金属离子对 LiFePO₄ 掺杂位的选择并不是唯一的，如微量 Mo 掺杂 LiFePO₄ 的研究结果发现，Mo 掺杂原子会同时占据 LiFePO₄ 的锂位和铁位，Mo 的掺杂使得 LiFePO₄ 费米面附近有少量的电子态密度分布，对 LiFePO₄ 的导电性有所改善[94]。

LiFePO₄ 正极材料的充放电过程是一个典型的两相共存反应，其充放电机理大致描述如下。

充电反应：$LiFePO_4 - xLi - xe^- \longrightarrow xFePO_4 + (1-x)LiFePO_4$

放电反应：　$FePO_4 + xLi + xe^- \longrightarrow xLiFePO_4 + (1-x)FePO_4$

充电时，Li 在橄榄石结构的 LiFePO₄ 中发生脱嵌，同时橄榄石结构的 LiFePO₄ 变为异位结构的 FePO₄；放电时，Li 在异位结构的 FePO₄ 表面发生嵌入，异位结构的 FePO₄ 转变为橄榄石结构的 LiFePO₄。Li 在 LiFePO₄ 中脱嵌时，结构的重排非常小。在晶体各个键长中 Fe—O 键长是最小的，对于 LiFePO₄ 和 FePO₄，

Fe—O键长的平均值分别是 0.217nm 和 0.204nm。Fe—O 键长的变化不超过 0.028nm。并且，在晶体结构中，由于 P—O 键的强共价键作用，P—O 键、O—O 键基本是固定的，而且在 PO_4 四面体中 P—O 键和 O—O 键是不发生变化的。这就在很大程度上保证了 $LiFePO_4$ 体系优越的充放电循环性能。

经过多年的研究，关于 $LiFePO_4$ 中 Li 脱嵌机理的理论较多，先后提出了多种脱嵌锂模型。

"核壳结构"是较早期的经典模型。该模型认为锂离子在磷酸铁锂中的脱嵌过程是一个单一的两相反应，该过程形成了 $LiFePO_4$ 和 $FePO_4$ 两相，在此基础上分别衍生出"径向模型（radial model）[84]"和"马赛克模型（Mosaic model）[95]"来解释脱嵌锂中的容量损失。半径模型认为 Li 脱出 $LiFePO_4$ 形成 $FePO_4$ 时，$LiFePO_4$ 和 $FePO_4$ 间存在一个 $LiFePO_4$/$FePO_4$ 界面接口。充电时，随着 Li 的脱出不断进行，该接口逐渐向内核推进，接口的面积不断减小，Li 和电子不断通过新形成的界面以维持有效电流，但 Li 的扩散速率在一定条件下是常数，随着两相界面的缩小，Li 的扩散量最终将不足以维持有效电流，当接口面积达到一个临界面积时，充电过程将终止，位于界面内的 $LiFePO_4$ 由于无法被利用而造成容量损失。放电过程 Li^+ 重新由外向内嵌入时，一个新的环状接口快速向内移动，随着接口面积的减小，同样会在 $LiFePO_4$ 核外留下一条 $FePO_4$ 带，从而造成 $LiFePO_4$ 容量的衰减。这种容量损失主要是受扩散控制引起的，所以可行的办法是尽可能地缩短 Li 扩散路径，如制备纳米粉体或多孔材料，可以减小有效电流密度，加快电化学反应的速度，改善其高倍率性能。马赛克模型同样认为脱嵌过程是 Li 在两相 $LiFePO_4$/$FePO_4$ 接口的脱出、嵌入过程，但充电过程不是如半径模型所认为的均匀地由表及里向内核推进的过程，而是在 $LiFePO_4$ 颗粒的任意位置发生。随着脱出的不断进行，Li 脱出生成的 $FePO_4$ 区域也不断增大，区域边缘交叉接触，部分没有接触的残留 $LiFePO_4$ 被无定形物质包覆，成为容量损失的来源。放电过程也与之类似。材料表面电子结构的研究表明磷酸铁锂充电过程符合半径模型，但是放电过程主要符合马赛克模型。

和"核壳结构"模型不同，"收缩核（shrinking core）[96]"模型认为磷酸铁锂在嵌脱锂过程中，除了两相反应外还可能存在局部的固溶体反应。在放电初始阶段，整个颗粒会先形成贫锂固溶体相 Li_yFePO_4；随后，首先在表面形成富锂的固溶体相 $Li_{1-x}FePO_4$，并随着反应进行向内推进，直至全部形成富锂相 $Li_{1-x}FePO_4$；完全放电时，富锂固溶体单相最终转变为 $LiFePO_4$ 单相。

以上模型的两相反应为各向同性，能够在宏观上解释一些实验现象，但很难用来描述磷酸铁锂微观上的脱嵌锂过程，因为它没有考虑在 $LiFePO_4$ 内 Li 一维运动的各向异性。近年来，随着高分辨技术和模拟计算的发展，基于微观嵌脱锂过程又发展了一些新的嵌脱锂模型。

"多米诺（Domino-cascade）[97]"机制认为，在 $FePO_4$ 和 $LiFePO_4$ 区域之间存在一个边界，这个边界上电荷载体（如 Li^+/空位、Fe^{3+}/Fe^{2+} 局域极化）有较高

的浓度，这将导致在局部存在比两相更高的离子和电子电导率，所以一相在另一相上的增长速度比在一个新区域成核的速度快得多。根据这种模型，当嵌脱锂开始时，Li^+ 和电子成对地沿着 b 轴方向快速插入或脱出，而这个界面区域可以摇动，在晶体内沿 a 轴快速移动，这种在晶体内的移动可以看作像波一样没有任何阻碍，允许 Li^+ 快速嵌脱。该模型可用于解释在材料电子电导、离子电导均很低的情况下，纳米级别结晶完好的颗粒仍可以大电流充/放电的现象。

"2 阶结构（stage-Ⅱ）[98～100]"机制认为，在部分充电的 $LiFePO_4$ 中存在着锂离子隔行脱出的现象，在 a 方向上存在着高度有序的具有 2 阶结构的 $LiFePO_4/FePO_4$ 界面，此现象类似于石墨中的"2 阶"现象。2 阶结构是由锂离子传输动力学导致的热力学亚稳态结构。由于锂离子之间除了直接静电相互作用外，还存在着借助于 Fe^{2+}/Fe^{3+} 氧化-还原电对的间接相互作用，因此锂离子传输动力学条件的限制使得充电时 $LiFePO_4$ 只能采取隔层脱锂而不是更为直观的顺序脱锂。隔层脱锂将产生"2 阶"结构，然而热力学能量最低原理却支持两相分离反应的发生。动力学与热力学条件的相互竞争导致单个 $LiFePO_4$ 颗粒脱锂的中间过程是三相共存的：整个颗粒主要由 $LiFePO_4$ 与 $FePO_4$（或富锂相与贫锂相）组成，而两相之间存在少量的由动力学限制导致的"2 阶"结构。该模型把传统的 $LiFePO_4/FePO_4$ 两相界面扩展到了 $LiFePO_4/2$ 阶$/FePO_4$ 三相共存。

表 9-5　不同条件下的磷酸铁锂的锂离子扩散系数

磷酸铁锂材料	扩散系数/(cm²/s)	说　明	测试技术
$LiFePO_4$	1.6×10^{-9}：[001]，c 轴方向，温度 147℃ $<10^{-10}$：[100]，a 轴方向，温度 146℃ 2.4×10^{-9}：[010]，b 轴方向，温度 146℃	橄榄石结构：$Pnma$ 与晶体方向有关	DC 极化
$Li_{1-x}FePO_4$	$4.97 \times 10^{-16} \sim 9.13 \times 10^{-15}$ $(0.1 < x < 0.9)$ $1.91 \times 10^{-15} \sim 1.29 \times 10^{-14}$ $(0.1 < x < 0.9)$	脱锂的影响	GITT
$LiFe_{1-x}Mn_xPO_4$	$10^{-13} \sim 10^{-12}$ $(0 < x < 0.2)$	Mn 掺杂改变晶体结构	CV
Al 掺杂 $LiFePO_4$	6.0×10^{-8}：[001]，c 轴方向，温度 180℃ 1.0×10^{-9}：[100]，a 轴方向，温度 180℃ 7.0×10^{-8}：[010]，b 轴方向，温度 180℃	晶面取向有关 b、c 面易扩散	DC 极化
C 包覆 Li_xFePO_4	1.27×10^{-16}：$x=0$ 8.82×10^{-18}：$x=0.9$ 5.95×10^{-17}：第 5 圈 5.44×10^{-17}：第 50 圈	未处理样品 $FePO_4$：较低的扩散系数 碳包覆样品 较好的扩散系数	EIS
$Li_{1-x}FePO_4/C$	$2.9 \times 10^{-11} \sim 1.1 \times 10^{-12}$ $(0 < x < 1)$	纳米尺寸影响（300nm）	EIS
$LiZn_{0.01}Fe_{0.99}PO_4$	9.98×10^{-14}：未掺杂样品 1.58×10^{-13}：掺杂样品	Zn 掺杂提高扩散系数 柱效应	EIS

9.4.6　$Li_4Ti_5O_{12}$ 电极材料

$Li_4Ti_5O_{12}$ 是一种白色不导电的晶体，其结构和 9.4.4 节所述的 $LiMn_2O_4$ 相似，同属尖晶石结构，具有 $Fd3m$ 空间群，见图 9-21[101]。

$Li_4Ti_5O_{12}$ 的每一个晶胞由 32 个 O^{2-} 构成面心立方 FCC 点阵，占据在 32e 的

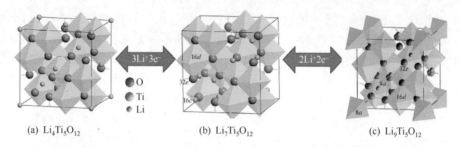

(a) Li₄Ti₅O₁₂   (b) Li₇Ti₅O₁₂   (c) Li₉Ti₅O₁₂

图 9-21 $Li_4Ti_5O_{12}$、$Li_7Ti_5O_{12}$、$Li_9Ti_5O_{12}$ 的结构（空间群 $Fd3m$）

位置，占总数 3/4 的 Li^+ 位于 $8a$ 的四面体间隙中，另外 1/4 的 Li^+ 和 Ti^{4+} 共同占据 $16d$ 的八面体间隙中，其结构式可以写为 $[Li]_{8a}[Li_{1/3}Ti_{5/3}]_{16d}[O_{12}]_{32e}$，晶格常数 $a=0.8364nm$。

    $Li_4Ti_5O_{12}$ 的嵌锂机制有两种。一种较为认同的解释是基于尖晶石型 $Li_4Ti_5O_{12}$ 向岩盐型 $Li_7Ti_5O_{12}$ 转化的两相反应[102]，即嵌入的 Li^+ 和原 $8a$ 位置的 Li^+ 会迁移到邻近的 $16c$ 位置，形成蓝色岩盐相结构的 $[Li_2]_{16c}[Li_{1/3}Ti_{5/3}]_{16d}[O_4]_{32e}$，其容量也主要被可以容纳 Li^+ 的八面体空隙的数量所限制。在该过程中，Li^+ 嵌入是一个两相过程，两相的互变使得该电极电位保持平稳，这种转变在动力学反应中是高度可逆的。另一种解释则基于贫锂 α 相和富锂 β 相两相的共存和互变，认为出现电流平台是因为锂离子间的排斥嵌入导致 α 相和 β 相的共存，表现为一个很宽的电压平台[103]。由于在 Li^+ 嵌入过程中形成了 Ti^{3+}/Ti^{4+} 氧化-还原电对，Ti^{3+} 的出现增强了电极材料的导电性，因此嵌锂后的 $Li_2[Li_{1/3}Ti_{5/3}]O_4$ 电子导电性较好，电导率约为 $10^{-2}S/cm$。

    锂离子在 $Li_4Ti_5O_{12}$ 中具有三维的离子扩散通道。如图 9-22 所示，灰圈代表钛

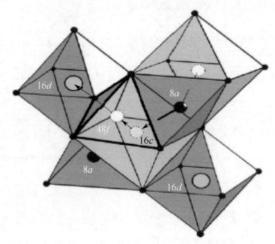

图 9-22 $Li_4Ti_5O_{12}$ 的晶体结构示意图

原子，黑球代表锂原子，虚线环 $16c$ 和 $16d$ 代表可以被临时占据的位置，可能的扩散路径由箭头指示。锂离子可以从 $8a$ 位迁移到 $16c$ 位，反之亦然。$16d$ 与 $16c$ 位共同分享 $48f$ 位为中心的四面体。四面体 $8a$ 位的锂离子可以通过八面体 $16c$ 位迁移到与其连接的两个四面体 $8a$ 位上。由于八面体的 $16d$ 位和 $16c$ 位共同分享着以 $48f$ 位为中心的四面体，因此，除了 $8a \rightarrow 16c \rightarrow 8a$ 的扩散路径外，锂离子也可以通过 $8a \rightarrow 16c \rightarrow 48f \rightarrow 16d$ 的途径进行扩散[104]。在 25℃下，$Li_4Ti_5O_{12}$ 的化学扩散系数约为 2×10^{-8} cm²/s，比碳负极材料中的扩散系数大一个数量级，较高的锂离子扩散系数使得 $Li_4Ti_5O_{12}$ 材料在快速充电方面具有很强的吸引力。

$Li_4Ti_5O_{12}$ 作为锂离子电池负极材料，在充/放电时，锂离子嵌入和脱出对材料结构几乎没有影响。图 9-23 给出了 $Li_4Ti_5O_{12}$ 在 $0 \sim 2V$ 嵌脱锂过程的晶胞参数变化图[105]。随着锂的嵌入，Ti^{4+} 被还原为 Ti^{3+}，$Li_4Ti_5O_{12}$ 的晶胞参数减小；当锂离子脱出时，晶胞参数又恢复到原来的值。通过计算，$Li_4Ti_5O_{12}$ 材料在 $0 \sim 2V$ 的电压之间循环时引起晶胞体积变化小于

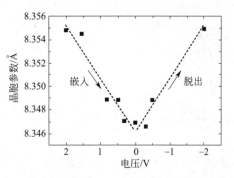

图 9-23　$Li_4Ti_5O_{12}$ 嵌脱锂过程的晶胞参数变化

0.1%，所以 $Li_4Ti_5O_{12}$ 又被称为"零应变"材料。$Li_4Ti_5O_{12}$ 材料的这种特性具有重要意义，能够避免充/放电循环中由于电极材料的来回伸缩而导致结构的破坏，从而提高电极的循环性能和使用寿命，减少了随循环次数增加而带来的比容量大幅度衰减，使 $Li_4Ti_5O_{12}$ 具有比碳更优异的循环性能，且充/放电效率非常高，通常在几千次循环后，还能保持稳定的容量。

在嵌脱锂过程中，$Li_4Ti_5O_{12}$ 相对于金属锂的电极电位为 1.55 V，反应有着十分平坦的充放电平台，超过反应全过程的 90%，这表明两相反应贯穿整个过程，且充/放电的电压接近。在这个过程中，$Li_4Ti_5O_{12}$ 的理论容量是 175mA·h/g。当超过三个单位的 Li^+ 嵌入到 $Li_4Ti_5O_{12}$ 时，由于晶格中八面体 $16c$ 位已经被完全占据，多余的锂离子将嵌入到晶格中的 $8a$、$8b$ 和 $48f$ 位置，对应于低于 1V 的容量，$Li_4Ti_5O_{12}$ 逐渐转换成 $Li_{8.5}Ti_5O_{12}$。有研究发现，$Li_4Ti_5O_{12}$、$Li_7Ti_5O_{12}$ 和 $Li_{8.5}Ti_5O_{12}$ 的生成焓（$\Delta_f H_m$）分别为（6061.45 ± 4）kJ/mol、（6558.45 ± 4）kJ/mol 和（6490.78 ± 4）kJ/mol，基于这些数值，当三个锂离子嵌入到 $Li_4Ti_5O_{12}$ 结构中形成 $Li_7Ti_5O_{12}$ 时，可以提高材料的热力学稳定性[106]。而随着锂离子的进一步嵌入，材料的热力学稳定性虽然略微降低，但是由于 $Li_{8.5}Ti_5O_{12}$ 仍然比 $Li_4Ti_5O_{12}$ 具有更高的热力学稳定性，而且 $Li_{8.5}Ti_5O_{12}$ 和 $Li_7Ti_5O_{12}$ 之间的生成焓差别很小，因此 $Li_7Ti_5O_{12}$ 仍然有可能进一步嵌锂形成 $Li_{8.5}Ti_5O_{12}$。但是第一性原理计算表明，Li^+ 进一步嵌入到 $Li_{8.5}Ti_5O_{12}$ 的结构中是不允许的，因为在这种情况下预测的嵌入电压是负值，会导致 $Li_{8.5}Ti_5O_{12}$ 表面析锂形成金属层。

$Li_4Ti_5O_{12}$不能提供锂源，因此只能与有锂的电极搭配。作为正极时，负极只能是金属锂或锂合金，电池电压仅为 1.5V 左右，故没有被作为正极材料进行研究。作为负极时，由于嵌脱锂过程中具有的晶格体积"零应变"特性，被认为在电动车或混合动力车方面具有很广阔的应用前景，可与正极材料 $LiCoO_2$、$LiMn_2O_4$ 或 5V 的 $LiNi_{0.5}Mn_{1.5}O_4$ 等材料组成全电池，常见的关于 $Li_4Ti_5O_{12}$ 负极与不同正极材料组成的全电池体系如表 9-6 所示。

表 9-6 $Li_4Ti_5O_{12}$ 与不同正极材料组成的全电池体系

电池体系	电池电压/V	电池体系	电池电压/V
$Li_4Ti_5O_{12}/LiNi_{0.8}Co_{0.15}Al_{0.05}O_2$	1.55	$Li_4Ti_5O_{12}/LiMn_2O_4$	2.6
$Li_4Ti_5O_{12}/LiFePO_4$	1.9	$Li_4Ti_5O_{12}/LiNi_{0.5}Mn_{1.5}O_4$	3.2
$Li_4Ti_5O_{12}/Li(Ni_{1/3}Co_{1/3}Mn_{1/3})O_2$	2.3	$Li_4Ti_5O_{12}/LiCoPO_4$	3.2
$Li_4Ti_5O_{12}/LiCoO_2$	2.4	$Li_4Ti_5O_{12}/LiCoMnO_4$	3.5
$Li_4Ti_5O_{12}/LiFe_{0.2}Mn_{0.8}PO_4$	2.45		

对 $Li_4Ti_5O_{12}$ 进行改性主要有表面修饰及离子掺杂两种方式，表面修饰主要是通过表面的一层高导电相物质来提高颗粒表面的电子传导能力，即提高电导率，对材料本体的导电性基本没有影响。因此，要想从内部改善材料的电导率，有效的方式是通过离子掺杂，使得材料内部产生晶格缺陷，进而有效改善材料的电化学性能。离子掺杂除了提高材料内部的导电性、降低电阻和极化外，还有一个重要目的是降低它的电极电位，提高电池能量密度。目前报道过的在 $Li_4Ti_5O_{12}$ 的 Li、Ti、O 位掺杂的阳离子和阴离子主要有：K^+、Mg^{2+}、Zn^{2+}、Ni^{3+}、Al^{3+}、Cr^{3+}、Co^{3+}、Fe^{3+}、Mn^{3+}、Ga^{3+}、Zr^{4+}、Nb^{4+}、Mo^{4+}、V^{5+}、Ta^{5+}、Cl^- 和 Br^- 等，但是掺杂多以可逆循环容量和循环性能的下降作为代价[107]。

参 考 文 献

[1] Anton Van Der Ven, Jishnu Bhattacharya, Belak A A. Understanding Li diffusion in Li-intercalation compounds. Accounts of Chemical Research, 2013, 46 (5): 1216-1225.
[2] Hatchett D W. Solid state electrochemistry I: fundamentals, materials and their application. Journal of the American Chemical Society, 2010, 91 (3): 82-103.
[3] Wolverton C, Zunger A. First-principles theory of cation and intercalation ordering in Li_xCoO_2. Journal of Power Sources, 1999, 82 (82): 680-684.
[4] Kim S W. Thermodynamic approach to electrochemical lithium intercalation into $Li_{1-\delta}Mn_2O_4$ electrode prepared by sol-gel method. Molecular Crystals & Liquid Crystals, 2000, 341 (2): 155-162.
[5] Kim J H, Myung S T, Yoon C S, et al. Comparative study of $LiNi_{0.5}Mn_{1.5}O_{4-\delta}$ and $LiNi_{0.5}Mn_{1.5}O_4$ cathodes having two crystallographic structures: Fd3m and $P4_332$. Chemistry of Materials, 2004, 16 (3): 485-491.
[6] Wang L P, Li H, Huang X J, et al. A comparative study of Fd3m and $P4_332$ "$LiNi_{0.5}Mn_{1.5}O_4$". Solid State Ionics, 2011, 193 (1): 32-38.
[7] Jung K N, Pyun S, Kim S W. Thermodynamic and kinetic approaches to lithium intercalation into Li [$Ti_{5/3}Li_{1/3}$] O_4 film electrode. J Power Sources, 2003, 119 (6): 637-643.
[8] 卢侠，李泓. 锂电池基础科学问题（II）——电池材料缺陷化学. 储能科学与技术，2013，2

(2)：157.

[9]　Palani B，Joachim M. Thermodynamics of nano- and macrocrystalline anatase using cell voltage measurements. Physical Chemistry Chemical Physics Pccp，2010，12（1）：215.

[10]　Delmer O，Balaya P，Kienle L，et al. Enhanced potential of amorphous electrode materials：case study of RuO_2. Advanced Materials，2008，634（20）：501-505.

[11]　Yamada A，Koizumi H，Nishimura S I，et al. Room-temperature miscibility gap in $Li_x FePO_4$. Nature Materials，2006，5（5）：357-360.

[12]　Kutner R. Chemical diffusion in the lattice gas of non-interacting particles. Physics Letters A，1981，81（4）：239-240.

[13]　Park M，Zhang X C，Chung M，et al. A review of conduction phenomena in Li-ion batteries. Joural of Power Sources，2010，195（24）：7904-7929.

[14]　Van der Ven A，Ceder G，Asta M，et al. First principles theory of ionic diffusion with non-dilute carriers. Physical Review B，2001，64（18）：607-611.

[15]　Van der Ven A，Thomas J C，Xu Q，et al. Nondilute diffusion from first principles：Li diffusion in $Li_x TiS_2$. Physical Review B，2008，78（10）：104306.

[16]　Bhattacharya J，Van der Ven A. First-principles study of competing mechanisms of nondilute Li diffusion in spinel $Li_x TiS_2$. Physical Review B Condensed Matter，2011，83（83）：144302.

[17]　Kang K，Ceder G. Factors that affect Li mobility in layered lithium transition metal oxides. Physical Review B，2006，74：094105.

[18]　Borghols W J H，Lützenkirchen-Hecht D，Haake U，et al. The electronic structure and ionic diffusion of nanoscale $LiTiO_2$ anatase. Phys Chem Chem Phys，2009，11（27）：5742-5748.

[19]　田昭武. 电化学研究方法. 北京：科学出版社，1984.

[20]　【美】Bard A J，【美】Faulkner L R. 电化学方法原理和应用. 第2版. 邵元华等译. 北京：化学工业出版社，2005.

[21]　Choi Y M，Pyun S I，Moon S I，et al. A study of the electrochemical lithium intercalation behavior of porous $LiNiO_2$ electrodes prepared by solid-state reaction and sol-gel methods. Journal of Power Sources，1998，72（1）：83-90.

[22]　Pyun S I，Bae J S. The AC impedance study of electrochemical lithium intercalation into porous vanadium oxide electrode. Electrochimica Acta，1996，41（6）：919-925.

[23]　Montella C. Discussion of three models used for the investigation of insertion/extraction processes by the potential step chronoamperometry technique. Electrochimica Acta，2005，（50）：3746-3763.

[24]　Dokko K，Mohamedi M，Umeda M，et al. Kinetic study of Li-ion extraction and insertion at $LiMn_2 O_4$ single particle electrodes using potential step and impedance methods. Journal of the Electrochemical Society，2003，150（4）：A425-A429.

[25]　Wen C J，Boukamp B A，Huggins R A，et al. Thermodynamic and mass transport properties of "Li-Al". Journal of the Electrochemical Society，1979，126（12）：2258-2266.

[26]　Liu P，Wu H Q. Diffusion of lithium in carbon. Solid State Ionics，1996，92（1-2）：91-97.

[27]　Dahn J R. Phase-diagram of $Li_x C_6$. Physical Review B Condens Matter，1991，44（17）：9170-9177.

[28]　高健，吕迎春，李泓. 锂电池基础科学问题（Ⅳ）——相图与相变（2）. 储能科学与技术，2013，2（4）：383.

[29]　Ago H，Nagata K，Yoshizawa K，et al. Theoretical study of lithium-doped polycyclic aromatic hydrocarbons. Bulletin of the Chemical Society of Japan，1997，70（7）：1717-1726.

[30]　Aurbach D，Zaban A，Ein-Eli Y，et al. Recent studies on the correlation between surface chemistry，morphology，three-dimensional structures and performance of Li and Li-C intercalation anodes in several important electrolyte systems. Journal of Power Sources，1997，68（1）：91-98.

[31]　Sato K，Noguchi M，Demachi A，et al. A mechanism of lithium storage in disordered carbons. Science，1994，264（22）：556-558.

[32]　Mabuchi A，Tokumitsu K，Fujimoto H，et al. Charge-discharge characteristics of the mesocarbon microbeads heat-treated at different temperatures. Journal of the Electrochemical Society，1995，142（4）：1041-1046.

[33]　Zheng T，Reimers J N，Dahn J R. Effect of turbostatic disorder in graphitic carbon hosts on the intercalation of lithium. Physical Review B，1995，51（2）：734-741.

[34]　Kaskhedikar N A，Maier J. Lithium storage ion carbon nanostructures. Advanced Materials，2009，21（25-26）：2664-2680.

［35］ Satoh A，Takami N，Ohsaki T，et al. Electrochemical intercalation of lithium into graphitized carbons. Solid State Ionics，1995，80 (3-4)：291-298.

［36］ Tatsumi K，Iwashita N，Sakaebe H，et al. The influence of the graphitic structure on the electrochemical characteristics for the anode of secondary lithium batteries. Journal of the Electrochemical Society，1995，142 (3)：716-720.

［37］ Weydanz W J，Way B M，Vanbuuren T，et al. Behavior of nitrogen-substituted carbon (nzc1-z) in Li/Li (nzc11-z)$_6$ cells. Journal of the Electrochemical Society，1994，141(4)：900-906.

［38］ Way B M，Dahn J R. The effect of boron substitution in carbon on the intercalation of lithium in Li$_x$ (bzc1-z)$_6$. Journal of the Electrochemical Society，1994，141(4)：907-912.

［39］ Gummow R J，Liles D C，Thackeray M M，et al. A reinvestigation of the structures of lithium-cobalt-oxides with neutron-diffraction data. Materials Research Bulletin，1993，28 (11)：1177-1184.

［40］ Van der Ven A，Ceder G. Lithium diffusion mechanisms in layered intercaiation compounds. Journal of Power Sources，2001，s97-98 (7)：529-531.

［41］ Nuspl G，Nagaoka M，Yoshizawa K，et al. Lithium diffusion in Li$_x$CoO$_2$ electode materials. Bulletin of the Chemical Society of Japan，1998，71 (9)：2259-2265.

［42］ Reimers J N，Dahn J R. Electrochemical and insitu X-ray diffraction studies of lithium intercalation in Li$_x$CoO$_2$，Journal of the Electrochemical Society，1992，139 (8)：2091-2097.

［43］ Ohzuku T，Ueda A. Solid-state redox reactions of LiCoO$_2$ (R3m) for 4Volt secondary lithium cells. Journal of the Electrochemical Society，1994，141 (11)：2972-2977.

［44］ Shao H Y，Levasseur S，Weill F，et al. Probing lithium and vacancy ordering in O$_3$ layered Li$_x$CoO$_2$ (x approximate to 0.5)——An electron diffraction study. Journal of the Electrochemical Society，2003，150 (3)：A366.

［45］ Menetrier M，Saadoune I，Levasseur S，et al. The insulator-metal transition upon lithium deintercalation from LiCoO$_2$：Electronic properties and 7 Li NMR study. Journal of Materials Chemistry，1999，9 (5)：1135-1140.

［46］ Marianetti C A，Kotliar G，Ceder G. A first-order Mott transition in Li$_x$CoO$_2$. Nature Materians，2004，3 (9)：627-630.

［47］ Van der Ven A，Aydinol M K，Ceder G. First-principles evidence for stage ordering in Li$_x$CoO$_2$. Journal of the Electrochemical Society，1998，145 (6)：2149-2155.

［48］ Amatucci G G，Tarascon J M，Klein L C. CoO$_2$，the end member of the Li$_x$CoO$_2$ solid solution. Journal of the Electrochemical Society，1996，143 (3)：1114-1123.

［49］ Koyama Y，Arai H，Tanaka I，et al. First principles study of dopant solubility and defect chemistry in LiCoO$_2$. Journal of Materials Chemistry A，2014，2 (29)：11235-11245.

［50］ Julien C，Nazri G A，Rougier A. Electrochemical performances of layered LiM$_{1-y}$M$'_y$O$_2$ (M=Ni，Co；M$'$=Mg，Al，B) oxides in lithium batteries. Solid State Ionics，2000，135：121-130.

［51］ Stoyanova R，Barra A L，Yoncheva M，et al. High-frequency electron paramagnetic resonance analysis of the oxidation state and local structure of Ni and Mn ions in Ni，Mn-codoped LiCoO$_2$. Inorganic Chemistry，2010，49 (4)：1932-1941.

［52］ Myung S T，Kumagai N，Komaba S，et al. Effects of Al doping on the microstructure of LiCoO$_2$ cathode materials. Solid State Ionics，2001，139 (1)：47-56.

［53］ Ceder G，Chiang Y M，Sadoway D R，et al. Identification of cathode materials for lithium batteries guided by first-principles calculations. Nature，1998，392 (6677)：694-696.

［54］ Tukamoto H，West A R. Electronic conductivity of LiCoO$_2$ and its enhancement by magnesium doping. Journal of the Electrochemicla Society，1996，144 (9)：3164-3168.

［55］ Levasseur S，Ménétrier M，Delmas C. On the dual effect of Mg doping in LiCoO$_2$ and Li$_{1+\delta}$CoO$_2$：structural，electronic properties，and 7 Li MAS NMR studies. Chemistry of Materials，2002，14 (8)：3584-3590.

［56］ Luo W B，Li X H，Dahn J R. Synthesis and characterization of Mg substituted LiCoO$_2$. Journal of the Electrochemical Society，2010，157 (7)：A782.

［57］ Cho J. LiNi$_{0.74}$Co$_{0.26-x}$Mg$_x$O$_2$ cathode material for a Li-ion cell. Chemistry of Materials，2000，12 (10)：3089-3094.

［58］ Madhavi S，Rao G V S，Chowdari B V R，et al. Effect of Cr dopant on the cathodic behavior of LiCoO$_2$. Electrochimica Acta，2002，48 (3)：219-226.

［59］ Gopukumar S，Jeong Y，Kim K B. Synthesis and electrochemical performance of tetravalent doped Li-

CoO$_2$ in lithium rechargeable cells. Solid State Ionics, 2003, 159 (3-4): 223-232.

[60] Saft M, Chagnon G, Faugeras T, et al. Saft lithium-ion energy and power storage technology. Journal of Power Sources, 1999, 80 (1-2): 180-189.

[61] Koyama Y, Makimura Y, Ohzuku T, et al. Crystal and electronic structures of superstructural Li$_{1-x}$ [Co$_{1/3}$Ni$_{1/3}$Mn$_{1/3}$]O$_2$ (0≤x≤1). Journal of Power Sources, 2003, 119-121: 644-648.

[62] Koyama Y, Adachi H, Ohzuku T, et al. Solid-state chemistry and electrochemistry of LiCo$_{1/3}$Ni$_{1/3}$Mn$_{1/3}$O$_2$ for advanced Lithium-ion batteries. Journal of the Electrochemical Society, 2004, 151 (10): A1545-A1551.

[63] Whitfield P S, Davidson I J, Stephens P W, et al. Investigation of possible superstructure and cation disorder in the lithium battery cathode material LiMn$_{1/3}$Ni$_{1/3}$Co$_{1/3}$O$_2$ using neutron and anomalous dispersion powder diffraction. Solid State Ionics, 2005, 176 (5-6): 463-471.

[64] Park K S, Cho M H, Jin S J, et al. Structural and electrochemical properties of nanosize layered Li [Li$_{1/5}$Ni$_{1/10}$Co$_{1/5}$Mn$_{1/2}$]O$_2$. Electrochemical and Solid-State Letters, 2004, 7 (8): A239-A241.

[65] Jouanneau S, Eberman K W, Krause L J, et al. Synthesis, characterization, and electrochemical behavior of improved Li[Ni$_x$Co$_{1-2x}$Mn$_x$]O$_2$ (0.1≤x≤0.5). Journal of the Electrochemical Society, 2003, 150 (12): A1637.

[66] Hwang B J, Tsai Y W, Chen C H, et al. Influence of Mn content on the morphology and electrochemical performance of Li[Ni$_{1-x-y}$Co$_x$Mn$_y$]O$_2$ cathode materials. Journal of Materials Chemistry, 2003, 13: 1962.

[67] Yoon W S, Balasubramanian M, Chung K Y, et al. Investigation of the charge compensation mechanism on the electrochemically Li-ion deintercalated Li$_{1-x}$[Co$_{1/3}$Ni$_{1/3}$Mn$_{1/3}$]O$_2$ electrode system by combination of soft and hard X-ray absorption spectroscopy. Journal of the American Chemistry Society, 2005, 127 (49): 17479-17487.

[68] Arinkumar T A, Wu Y, Manthiram A. Factors influencing the irreversible oxygen loss and reversible capacity in layered Li[Li$_{1/3}$Mn$_{2/3}$]O$_2$-Li[M]O$_2$ (M＝Mn$_{0.5-y}$Ni$_{0.5-y}$Co$_{2y}$ and Ni$_{1-y}$Co$_y$) solid solutions. Chemistry of Materials, 2007, 19: 3067.

[69] Choi J, Manthiram A. Role of chemical and structural stabilities on the electrochemical properties of layered LiNi$_{1/3}$Mn$_{1/3}$Co$_{1/3}$O$_2$ cathodes. Journal of the Electrochemical Society, 2005, 152 (9): A1714.

[70] Lu Z, Chen Z, Dahn J R. Lack of cation clustering in Li[Ni$_x$Li$_{1/3-2x/3}$Mn$_{2/3-x/3}$]O$_2$ (0＜x≤1/2) and Li[Cr$_x$Li$_{(1-x)/3}$Mn$_{(2-2x)/3}$]O$_2$ (0＜x＜1). Chemistry of Materials, 2003, 15: 3214.

[71] Kim J S, Johnson C S, Vaughey J T, et al. Electrochemical and structural properties of xLi$_2$M'O$_3$ · (1－x)LiMn$_{0.5}$Ni$_{0.5}$O$_2$ electrodes for lithium batteries (M' ＝Ti, Mn, Zr; 0≤x≤0.3). Chemistry of Materials, 2004, 16: 1996.

[72] Yoon W S, Iannopollo S, Grey C P, et al. Local structure and cation ordering in O3 lithium nickel manganese oxides with stoichiometry Li[Ni$_x$Mn$_{(2-x)/3}$Li$_{(1-2x)/3}$]O$_2$. Electrochemical and Solid-State Letters, 2004, 7: A167.

[73] Kikkawa J, Akita T, Tabuchi M. Real-space observation of Li extraction/insertion in Li$_{1.2}$Mn$_{0.4}$Fe$_{0.4}$O$_2$ positive electrode material for Li-ion batteries. Electrochemical and Solid-State Letters, 2008, 11: A183.

[74] Johnson C S, Li N, Lefief C, et al. Synthesis, characterization and electrochemistry of lithium battery electrodes: xLi$_2$MnO$_3$ · (1－x)LiMn$_{0.333}$Ni$_{0.333}$Co$_{0.333}$O$_2$ (0≤x≤0.7). Chemistry of Materials, 2008, 20: 6095.

[75] Zheng J M, Zhang Z R, Wu X B, et al. The effects of AlF$_3$ coating on the performance of Li[Li$_{0.2}$Mn$_{0.54}$Ni$_{0.13}$Co$_{0.13}$]O$_2$ positive electrode material for lithium-ion battery. Journal of the Electrochemical Society, 2008, 155: A775.

[76] Armstrong A R, Holzapfel M, Novák P, et al. Demonstrating oxygen loss and associated structural reorganization in the lithium battery cathode Li[Ni$_{0.2}$Li$_{0.2}$Mn$_{0.6}$]O$_2$. Journal of the American Chemistry Society, 2006, 128: 8694.

[77] Tran N, Croguennec L, Ménétrier M, et al. Mechanisms associated with the "plateau" observed at high voltage for the overlithiated Li$_{1.12}$(Ni$_{0.425}$Mn$_{0.425}$Co$_{0.15}$)$_{0.88}$O$_2$ system. Chemistry of Materials, 2008, 20: 4815.

[78] Lu Z, Dahn J R. Understanding the anomalous capacity of Li/Li[Ni$_x$Li$_{(1/3-2x/3)}$Mn$_{(2/3-x/3)}$]O$_2$ cells using in situ X-ray diffraction and electrochemical studies. Journal of the Electrochemical Society, 2002, 149: A815.

[79] Robertson A D, Bruce P G. Mechanism of electrochemical activity in Li_2MnO_3. Chemistry of Materials, 2003, 15: 1984.

[80] Xu B, Fell C R, Chi M, et al. Identifying surface structural changes in layered Li-excess nickel manganese oxides in high voltage lithium ion batteries: a joint experi-mental and theoretical study. Energy & Environmental Science, 2011, 4 (6): 2223.

[81] 王兆翔, 陈立泉, 黄学杰. 锂离子电池正极材料的结构设计与改性. 化学进展, 2011, 23 (2): 284-301.

[82] Myung S T, Komaba S, Kumagai N, Enhanced structural stability and cyclability of Al-doped $LiMn_2O_4$ spinel synthesized by the emulsion drying method. Journal of the Electrochemical Society, 2001, 148 (5): A482.

[83] He G N, Li Y X, Li J, et al. Spinel $LiMn_{2-x}Ti_xO_4$ ($x=0.5, 0.8$) with high capacity and enhanced cycling stability synthesized by a modified sol-gel method. Electrochemical and solid-state Letters, 2010, 13 (3): A19.

[84] Padhi A K, Nanjundaswamy K S, Goodenough J B. Phospho-olivines as positive-electrode materials for rechargeable lithium batteries. Journal of the Electrochemical Society, 1997, 144 (4): 1188.

[85] Ouyang C Y, Shi S Q, Wang Z X, et al. First-principles study of Li ion diffusion in $LiFePO_4$. Phys Rev B, 2004, 69 (10): 104303.

[86] Wang L, Zhou F, Meng Y S, et al. First-principles study of surface properties of $LiFePO_4$: surface energy, structure, wulff shape, and surface redox potential. Phys Rev B, 2007, 76 (11): 165435.

[87] Islam M Saiful, Driscoll D J, Fisher C A J, et al. Atomic-scale investigation of defects, dopant, and lithium transport in the $LiFePO_4$ olivine-type battery material. Chemistry Materials. 2005, 17, 5085.

[88] Chung S Y, Bloking J T, Chiang Y M. Electronically conductive phospho-olivines as lithium storage electrodes. Nature Materials, 2002, 1 (2): 123.

[89] Ravet N, Abouimrane A, Armand M. From our readers -On the electronic conductivity of phosphoo-livines as lithium storage electrodes. Nature Materials, 2003, 2 (11): 702.

[90] Delacourt C, Laffont L, Bouchet R, et al. Toward understanding of electrical limitations (electronic, ionic) in $LiMPO_4$ (M=Fe, Mn) electrode materials. Journal of the Electrochemical Society, 2005, 152 (5): A913.

[91] Shi S Q, Liu L J, Ouyang C Y, et al. Enhancement of electronic conductivity of $LiFePO_4$ by Cr doping and its identification by first-principles calculations. Phys. Rev. B, 2003, 68 (19): 195108.

[92] Wang D Y, Li H, Shi S Q, et al. Improving the rate performance of $LiFePO_4$ by Fe-site doping. Electrochimica Acta, 2005, 50 (14): 2955-2958.

[93] Herle P S, Ellis B, Coombs N, et al. Nano-network electronic conduction in iron and nickel olivine phosphates. Nature Materials, 2004, 3 (3): 147.

[94] Wang Z L, Sun S R, Xia D G, et al. Investigation of electronic conductivity and occupancy sites of mo-doped into $LiFePO_4$ by abinitio calculation and X-ray absorption spectroscopy. The Journal of Physical Chemistry C, 2008, 112 (44): 17450.

[95] Andersson A S, Thomas J O. The source of first-cycle capacity loss in $LiFePO_4$. Journal of Power Sources, 2001, 97-98: 498-502.

[96] Srinivasan V, Newman J. Discharge model for the lithium iron-phosphate electrode. Journal of the Electrochemical Society, 2004, 151 (10): A1517.

[97] Delmas C, Maccario M, Croguennec L, et al. Lithium deintercalation in $LiFePO_4$ nanoparticles via a domino-cascade model. Nature Materials, 2008, 7 (8): 665.

[98] Gu L, Zhu C, Li H, et al. Direct observation of lithium staging in partially delithiated $LiFePO_4$ at atomic resolution. Journal of the American Chemistry Society, 2011, 133 (13): 4661.

[99] Suo L M, Han W Z, Lu X, et al. Highly ordered staging structural interface between $LiFePO_4$ and $FePO_4$. Physical Chemistry Chemical Physics, 2012, 14 (16): 5363-5367.

[100] Sun Y, Lu X, Xiao R J, et al. Kinetically controlled lithium-staging in delithiated $LiFePO_4$ driven by the Fe center mediated interlayer Li-Li interactions. Chemistry Materials, 2012, 24 (24): 4693.

[101] Yi T F, Liu H P, Zhu Y R, et al. Improving the high rate performance of $Li_4Ti_5O_{12}$ through divalent zinc substitution. Journal of Power Sources, 2012, 215: 258.

[102] Kubiak P, Garcia A, Womes M, et al. Phase transition in the spinel $Li_4Ti_5O_{12}$ induced by lithium insertion influence of the substitutions Ti/V, Ti/Mn, Ti/Fe. Journal of Power Sources, 2003, 119: 626.

[103] Jung K N，Pyun S，Kim S W. Thermodynamic and linetic approaches to lithium intercalation into Li [$Ti_{5/3}Li_{1/3}$]O_4 film electrode. Journal of Power Sources，2003，119：637.

[104] Wilkening M，Amade R，Iwaniak W，et al. Ultraslow Li diffusion in spinel-type structured $Li_4Ti_5O_{12}$-a comparison of results from solid state NMR and impedance spectroscopy. Physical Chemistry Chemical Physics，2007，9 (10)：1239.

[105] Shu J，Electrochemical behavior and stability of $Li_4Ti_5O_{12}$ in a broad voltage window. Journal of Solid State Electrochemistry，2009，13：1535-1539.

[106] Yi T F，Xie Y，Zhu Y R，et al. Structural and thermodynamic stability of $Li_4Ti_5O_{12}$ anode material for lithium-ion battery. Journal of Power Sources，2013，222：448.

[107] Zhong Z Y，Ouyang C Y，Shi S Q，et al. Abinitio studies on $Li_{4+x}Ti_5O_{12}$ compounds as anode materials for lithium-ion batteries. Chem Phys Chem，2008，9：2104-2108.

第**10**章

氧离子导体及其应用

10.1 引言

当今，人类面临日益严峻的能源危机和环境问题，开发高效清洁的能源转换与利用技术是解决以上问题的有效途径之一。与传统工艺过程相比，基于高温氧离子及离子-电子混合导体材料的固态电化学装置在能源利用效率及环境保护方面有着显著优势。如作为一种替代发电技术，固体氧化物燃料电池具有能量转换效率高、排放低和燃料适应性高等突出优点。与传统低温空气分离制氧技术相比，基于氧离子-电子混合导体的致密陶瓷膜分离技术可以显著降低能耗。此外，混合导体膜反应器还在低碳烃类的选择氧化和制氢反应上有着巨大的价值和广阔的应用前景。这些电化学系统的核心都包含一层氧离子导体致密膜，在膜的一侧为氧化性气氛（通常为空气），另一侧为还原性气氛（H_2 或 CH_4）。它们的性能取决于组成材料的性质，除了高的离子电导外，材料的化学相容性、热相容性和耐久性也是非常重要的。根据电导特性，氧离子导体材料可以分为两类：一类只传导氧离子，电子电导可以忽略，为纯氧离子导体；另一类既可以传导氧离子也可以传导电子，为混合导体。材料的电导特性（纯离子导体或混合导体）决定了其在不同电化学系统中的应用。如固体氧化物燃料电池电解质、氧泵、气体传感器要求材料的氧离子电导尽可能高，电子电导尽可能低（纯氧离子导体）。而固体氧化物燃料电池电极和氧分离陶瓷膜要求材料的氧离子和电子电导都尽可能高（混合导体）。

10.2 氧离子导体结构及传输特性

氧离子导体的电导是高温下氧离子在晶格中定向迁移形成电流而产生的。氧离子在晶格中的定向迁移是在热激发下氧离子从一个晶格位置跃迁到另一个晶格位置，并在电场作用下发生定向迁移。因此氧离子导体的电导率强烈依赖于温度，在高温时可以接近 1S/cm，与液体电解质的离子电导率相当。要在固体材料中获得如此高的氧离子电导率，材料结构必须满足一定的要求。首先晶格中必须有与氧离子已占据位置等同的未占位置（包括氧空位和填隙位置）。其次，氧离子从其占据位置（正常格点位置或间隙位置）迁移到等同未占位置（氧空位或未占间隙位置）所需的能量应尽可能低（<1eV）。氧离子半径较大（1.4Å），通常为晶格中尺寸最大的组分，这么低的迁移活化能初看就是难以达到的。直观地，可以预期较小的阳离子更易于在晶格中迁移而承载电流。但是，在一些非常特殊和开放的晶体结构中，情况并非如此，氧离子可以在晶格中具有高的迁移率而体现出高的氧离子电导率。一些典型氧离子导体材料在空气气氛中总电导率的阿伦尼乌斯曲线如图 10-1 所示。

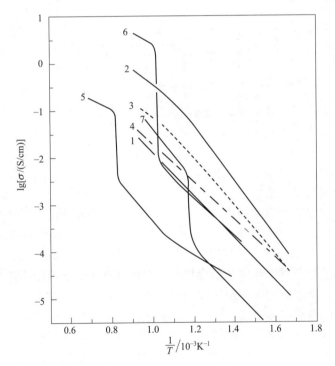

图 10-1　几种典型氧离子导体材料在空气气氛中总电导率的阿伦尼乌斯曲线

1—$Zr_{0.91}Y_{0.09}O_{1.955}$[1]；2—$Bi_{0.75}Y_{0.25}O_{1.5}$[2]；3—$La_{0.9}Sr_{0.1}Ga_{0.8}Mg_{0.2}O_{2.85}$[3]；

4—$Ce_{0.8}Gd_{0.2}O_{1.9}$[4]；5—$Ba_2In_2O_5$[5]；6—δ-Bi_2O_3[6]；7—$La_2Mo_2O_9$[7]

10.2.1　萤石结构材料

萤石型结构氧化物是经典的氧离子导体材料，其研究始于 19 世纪末 Nernst 对掺杂氧化锆高温电导的研究。法拉第发现 F^- 超离子导体计量比为 PbF_2，意味着萤石结构可以传导阴离子。然而，由于不存在具有 $6s^2$ 孤对电子的稳定正四价 M^{4+} 阳离子，所以没有相对应的 MO_2 结构氧化物存在；只有高温 δ-Bi_2O_3 包含 Bi^{3+}：

$6s^2$。因此，早期氧超离子导体的研究工作主要集中在 MO_2 氧化物的 M 位掺杂，以便引入氧空位，或者在 Bi_2O_3 的 Bi 位进行取代以稳定高导电 $\delta\text{-}Bi_2O_3$ 至室温。这些研究工作随后扩展到包含 $0.5A^{3+} + 0.5B^{4+}$ 阳离子有序排列的萤石相关烧绿石结构材料[8]。

萤石结构二元氧化物系统的氧离子传导也许是高温电化学领域研究得最为广泛的课题之一。除了 δ 相 Bi_2O_3，它们基本是通过制备四价金属氧化物（如 ZrO_2 和

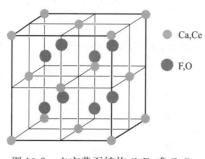

图 10-2　立方萤石结构 CaF_2 或 CeO_2

CeO_2）与低价金属氧化物（其中最为著名的是三价稀土 Ln^{3+}）的固溶体获得。在这些固溶体中，低价阳离子取代的电荷补偿机制是形成阴离子（O^{2-}）空位，所形成氧空位在高温下具有很强的迁移能力。萤石结构容纳高浓度氧空位的能力结合氧空位在高温下的迁移能力是其高氧离子电导率的来源。所有研究工作的一个突出特征是电导率等温线的最大值与异价取代离子含量之间的相关性。

简单分析表明氧离子电导率最大值预期出现在氧离子亚晶格为半填充状态[9]，尽管实验结果显示实际上远低于这一浓度。例如，在 $Zr_{1-x}Y_xO_{2-x/2}$ 中最高氧离子电导率出现的浓度为 $x \approx 0.08 \sim 0.11$，这一值取决于温度、合成路径、前处理过程、纯度等因素。

10.2.1.1　稳定的氧化锆

掺杂稳定立方相氧化锆是目前应用最广泛的氧离子导体材料。常压下，未掺杂的纯氧化锆（ZrO_2）室温下为单斜相，其综合性能较差，应用价值较低。加热过程中，氧化锆在 1170℃ 转变为四方相，随后在 2370℃ 转变为立方相（见图 10-2）。氧化锆应用的主要是掺杂稳定的四方相和立方相材料。四方相在外应力作用下可向单斜相转变，相变过程产生一定的体积膨胀和剪切应变，因而具有非常高的强度和韧性，在结构陶瓷领域得到了广泛应用。掺杂稳定立方相氧化锆由于其高度对称的结构，具有良好的高温氧离子传输性能，作为氧离子导体在高温固态电化学器件中得到了广泛应用。由于 Zr^{4+} 半径较小，无法将高温立方相稳定到室温；同时，纯 ZrO_2 的氧空位浓度很低，并不是良好的氧离子导体材料。通常利用半径较大的低价阳离子（如 Ca^{2+}、Y^{3+}、Sc^{3+} 等）部分取代 Zr^{4+} 来稳定高温立方相到室温，同时在晶格中引入氧空位，以获得高的氧离子电导率。完全稳定立方相结构所需的取代量对于 CaO 为 12%～13%（摩尔分数），对于 Y_2O_3 和 Sc_2O_3 为 8%～9%（摩尔分数），对于其它稀土氧化物一般为 8%～12%（摩尔分数）[10]。如果低价离子的取代量不足以完全稳定立方相结构，则该材料可能形成两个或更多的相的混合物。稳定四方相所需的取代量较低，只需 2%～2.5%（摩尔分数）Y_2O_3 或几种其它稀土氧化物取代[11]。大部分掺杂稳定氧化锆在很宽的温度和氧分压范围内总电导以氧离子电导为主，表现为纯离子导体（离子迁移数 $t_0 \equiv \sigma_0/\sigma \approx 1$）。用可变价金属

氧化物（如 CeO_2、PrO_2 或 TiO_2）来稳定 ZrO_2 将引入部分电子电导，得到混合导体材料。通常，其电子传输数少于 0.1。

在稳定氧化锆基氧离子导体中，离子电导率一般随取代离子含量的增加而先增大后减小。掺杂离子浓度增加会在晶格中引入更多氧空位，加快氧离子的传输；但是随着掺杂离子浓度的进一步增加，氧空位和掺杂阳离子的缺陷缔合变得严重，使氧离子的迁移能力下降，导致电导率降低。掺杂氧化锆基氧离子导体的最高离子电导率通常出现在完全稳定立方相所需的最低取代浓度（通常被称为最低稳定极限）[10,12~15]。这一浓度以及陶瓷电解质的电导率在一定程度上取决于加工过程和微观结构特征。如在 $Zr_{1-x}Y_xO_{2-x/2}$ 和 $Zr_{1-x}Sc_xO_{2-x/2}$ 中观察到的最大电导率分别出现在 $x=0.08\sim0.11$ 和 $x=0.09\sim0.11$ 处。

在掺杂稳定氧化锆中，目前研究和应用最广泛的是 Y^{3+} 和 Sc^{3+} 取代的材料，如 $Y_xZr_{1-x}O_{2-\delta}$（YSZ）和 $Sc_xZr_{1-x}O_{2-\delta}$（ScSZ）。综合价格和性能各方面因素考虑，8%（摩尔分数）Y_2O_3 稳定的氧化锆，在 SOFC 和氧传感器等领域得到了广泛应用。在稀土元素中，由于离子半径较大，La^{3+} 掺杂将导致烧绿石结构 $La_2Zr_2O_7$ 的形成；其中最有吸引力的掺杂离子是 Sc^{3+}，Sc^{3+} 的离子半径（0.101nm）和 Zr^{4+}（0.098nm）非常接近，这使得氧空位束缚能（$\Delta H_t = \Delta H_c + \Delta H_r$）最小，氧空位缺陷缔合焓较低，从而在稳定氧化锆材料中具有最高的离子电导率。

在不同氧化锆基材料体系中都没有发现有杂相在晶界形成，但其阿伦尼乌斯曲线 [$\lg(\sigma_0 T)$ 对 $1/T$] 均在 800℃ 左右出现转折点，在较低温度下表现出较高的活化能（E_a），并且低温下的活化能（E_a）随着取代量的增加而增加[10]。这一行为是取代离子作为有序空位簇形成的成核中心的特征。这样一个聚合过程的最简单模型包括成核中心具有一个临界温度 T，在临界温度 T 之下，随着温度的降低，氧空位不断地被空位簇所束缚；在临界温度 T 之上，氧空位将脱离空位簇溶解进入晶格中氧位。对这一模型的处理类似于将固体溶解到液体溶剂中问题的处理[8]。

10.2.1.2　掺杂氧化铈

除 ZrO_2 外，稀土金属中铈、镨和铽也可以形成萤石结构 RO_2[16]。然而，Pr^{3+}（$4f^2$）和 Tb^{3+}（$4f^8$）的氧化还原能级位于 R-5d 导带和 O-2p 价带的带隙 E_g 之间，并且能量非常接近价带顶部，因此 PrO_2 和 TbO_2 很容易被还原为 RO_{2-x}（$0 \leqslant x \leqslant 0.5$）。$Ce^{4+}$ 相对较为稳定，但其 $4f^1$ 能级同样位于带隙 E_g 之间，在 SOFC 阳极的还原气氛中 CeO_2 可以被还原为 CeO_{2-x}[8]。由于 Ce^{4+} 半径较大，纯 CeO_2 在室温下就具有萤石结构。但是其氧离子空位浓度较低，是一种氧离子、电子和空穴导电率都很低的混合导体。

用低价阳离子（如三价稀土金属 Sm^{3+}、Gd^{3+}、Y^{3+} 或者二价碱土金属 Mg^{2+}、Ca^{2+}、Sr^{2+}、Ba^{2+} 等）部分取代 CeO_2 中的 Ce^{4+}，形成掺杂氧化铈（DCO），可以在晶格中引入一定量的氧空位。DCO 在高温下表现出高的氧离子电导率和较低的电导活化能。为了在二氧化铈中引入氧空位的同时保持 Ce^{4+} 不被还

原为 Ce^{3+}，没有位于 Ce-5d 和 O-2p 能带之间带隙 $4f^N$ 能级的稀土金属离子 R^{3+} 被用于取代铈得到 $Ce_{1-x}R_xO_{2-0.5x}$[17]。掺杂 CeO_2 基氧离子导体在中温的电导率为 $10^{-3} \sim 10^{-1}$ S/cm，比同温度下 YSZ 高 1～2 个数量级（见图 10-1）。在 CeO_2 基氧离子导体中，$Ce_{1-x}M_xO_{2-\delta}$（M＝Gd、Sm，$x=0.10 \sim 0.20$）以及以它们为基础的共掺杂相表现出最高的离子电导率，其中取代离子的浓度被调节到最优化的平均离子半径，以使形成空位簇的趋势降至最低[18]。交流阻抗谱研究表明 $Ce_{0.9}Gd_{0.1}O_{1.95-\delta}$ 材料中空气气氛下体相电导率 σ_0（体相）显示出明显的弯曲，说明其体相电导活化能 E_a 与温度相关[19,20]。表明在掺杂二氧化铈系统中，掺杂离子的作用可能不仅仅是束缚氧空位，而是同时作为形成有序氧空位簇的成核中心。当掺杂离子（如 Gd^{3+}、Sm^{3+}）半径大小与 Ce^{4+} 的半径大小接近时，氧空位和掺杂离子的结合焓降最低，可以获得最高电导率。与大部分陶瓷电解质一样，晶界通常阻碍氧离子的传输，在总阻抗中产生一个额外的晶界阻抗。晶界阻抗取决于样品纯度和掺杂离子在晶界的偏析。

在氧化性或惰性气氛下，掺杂氧化铈的总电导以离子电导为主，电子电导贡献很少，表现为纯离子导体（离子迁移数 $t_0 \equiv \sigma_0/\sigma \approx 1$）[21]。但是，在还原性气氛下（$p_{O_2} < 10^{-8}$ atm，1atm＝101325Pa），部分 Ce^{4+} 会被还原成 Ce^{3+} 并产生一定的 n 型电子电导[22,23]。Ce^{4+} 的还原随温度升高变得更加严重，电子电导也随之提高。由于电子电导的贡献，采用掺杂氧化铈基电解质的 SOFC 会产生内短路，导致开路电压和功率输出降低。Ce^{4+} 的还原同时会产生氧空位以保持电中性，并导致较大的晶格膨胀，产生应力[24]。因此，掺杂氧化铈不能在高温 SOFC 中使用。

在中低温下，掺杂二氧化铈具有较高的氧离子电导率；同时与 SOFC 电极具有很好的化学兼容性，二氧化铈和钙钛矿阴极间稀土离子的相互扩散不会在界面生成阻碍氧离子传输的新相。掺杂氧化铈被认为是很有希望应用于中温 SOFC 的候选电解质；但是，为解决 Ce^{4+} 还原产生电子电导的问题，采用双层电解质结构可能是必需的。在双层电解质结构中，在氧化性气氛中稳定的高氧离子导体位于 SOFC 的阴极侧，阳极侧涂敷一薄层在还原性气氛中具有高稳定性的氧离子导体（如 YSZ）。此外，其应用还面临着烧结温度高、难以致密化等问题。

10.2.1.3　稳定 δ-Bi₂O₃

在自然界已知材料中，立方 δ-Bi_2O_3 具有已知的最高氧离子电导率，中温下比立方 YSZ 高 1～2 个数量级，如 800℃ 下氧离子电导率达到 1S/cm 以上[6,25,26]。然而 δ 相仅在 730℃ 到其熔点（804℃）的很窄温度范围内稳定。纯 Bi_2O_3 在 730℃ 以下热力学稳定的晶态为单斜 α-Bi_2O_3，从立方到单斜的一级相变导致氧离子电导率显著下降。高温 δ-Bi_2O_3 冷却时，在 650℃ 以下，还会出现具有四方结构（β-Bi_2O_3）和体心立方结构（γ-Bi_2O_3）的亚稳态相。室温下，在单斜 α-Bi_2O_3 中发现了氧空位有序。α→δ 的一级相变（730℃）是一个氧空位有序到无序转变的过程。其相变焓是熔融热的 2.7 倍，熵增是从固态到液态总的熵增的 75％，相变过程对应于阴离子亚晶格的熔融[27]，这导致总电导率 σ 三个数量级的急剧增大（见图

10-1)。

立方相 δ-Bi₂O₃ 具有萤石结构，其中氧离子随机占据四分之三面心立方 Bi³⁺ 亚晶格的四面体空隙，剩下 1/4 为氧空位。中子衍射研究表明 δ-Bi₂O₃ 中接近一半的氧离子从四面体的中心位置位移到更靠近其中一个面，即移向与空的八面体共面的两个相邻四面体之间的势能鞍点位置[28]。同时由于 Bi—O 键很弱及 Bi³⁺ 的 $6s^2$ 孤对电子高度极化，进一步降低鞍点瓶颈位置的离子势能，因而氧空位具有很高的迁移率。但是，δ-Bi₂O₃ 冷却时，发生相变导致电导率显著下降，并伴随较大的体积变化，产生较大应力，且导致热循环过程中机械性能恶化。同时，Bi³⁺ 在还原气氛下容易被还原成金属 Bi，导致离子电导率下降，因而限制了 Bi₂O₃ 的应用。

为解决以上问题，必须将高温 δ 相稳定到低温区[8]。Takahashi 等人研究表明通过阳离子部分取代 Bi³⁺ 可以将 δ-Bi₂O₃ 稳定到较低温度[6,29,30]。如通过引入 22%~27%（摩尔分数）WO₃、25%~43%（摩尔分数）Y₂O₃，或者 35%~50%（摩尔分数）Gd₂O₃ 可以把 δ 相稳定温度范围扩展至室温。然而，阳离子取代 Bi 导致电导率降低，最高氧离子电导率出现在稳定 δ 相至室温所需的最低取代浓度，如 Y₂O₃ 掺杂 Bi₂O₃ 在 Bi₀.₇₅Y₀.₂₅O₃ 时出现电导率极大值，与 Y₂O₃ 稳定 ZrO₂ 的电导率规律相似[6]。由于 Bi³⁺ 的离子半径较大，在一定的取代浓度下氧离子迁移率随取代离子（Ln³⁺）的半径增大而增大。但是，最低取代浓度同样随 Ln³⁺ 的半径增大而增大。因此，取代 Bi₂O₃ 体系的最高电导率出现在 Er 和 Y 取代固溶体，Bi₀.₇₅Y₀.₂₅O₁.₅ 和 Bi₀.₈Er₀.₂O₁.₅ 在 650℃ 的电导率分别为 0.11S/cm 和 0.23S/cm。

Bi₂O₃ 基电解质在 SOFC 阳极侧的还原问题可以通过制备双层电解质膜的方法解决，如在电解质阳极侧涂敷一层薄的 YSZ 或者 SDC 电解质有望缓解这一问题。

10.2.1.4 烧绿石

烧绿石可以看作是氧不足萤石结构 (A，B)O₂ 的超结构，其中每单位分子式包含一个氧空位[31]。与理想萤石结构相比，烧绿石结构的主要差别在于其阳离子和氧离子亚晶格的有序化。如图 10-3 所示，立方 A₂B₂O₇ 烧绿石中阳离子形成面心立方阵列，氧离子位于阳离子阵列的四面体空隙。然而，烧绿石中有两种不同的阳离子 A 和 B，它们分别有序地占据 16d(1/2,1/2,1/2) 和 16c(0,0,0) 位置。这一阳离子有序给出三个可以区分的阴离子四面体位置：8b(3/8,3/8,3/8)、48f(x, 1/8,1/8) 和 8a(1/8,1/8,1/8)。在 Oh7-Fd3m 空间群中，48f 位最近邻原子有两个 A 和两个 B，8b 位最近邻原子是 4 个半径较小的 B，而 8a 位最近邻原子是 4 个半径较大的 A。在烧绿石结构中，阴离子 8b 位是空的，可以将其分子式写成 A₂B₂O₆O′，其中 O′ 占据 8b 位，O 占据 48f 位[8]。

既然烧绿石结构是由萤石通过阳离子和氧空位有序化衍生而来，所以降低其结构有序性是获得高离子电导率的关键。决定阳离子有序稳定性的关键变量是阳离子 A 和 B 离子半径的比值 r_A/r_B。较小的 r_A/r_B，可以预期较低的有序-无序转变温度。Gd₂(Ti₁₋ₓZrₓ)₂O₇[32] 是被广泛研究的一种烧绿石结构材料，随着 x 的增大，其结构无序性升高，因而离子电导率显著提高，在 x>0.4 时，为良好的氧离

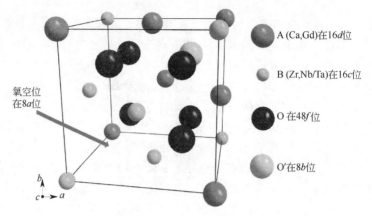

A (Ca,Gd)在16d位

B (Zr,Nb/Ta)在16c位

O 在48f位

O′在8b位

氧空位
在8a位

图 10-3　烧绿石 $Gd_2Zr_2O_7$ 结构

子导体。$Gd_{2-y}Ln_yZr_2O_7$（Ln＝Sm、Nd、La）固溶体同样是良好的氧离子导体。但是，与 YSZ 和 CGO 等相比，烧绿石结构氧化物的离子电导率（1000℃时 $\sigma_0 \approx 10^{-2}S/cm$）仍较低，因而在高温氧离子导体领域应用有限。

10.2.2　氧缺陷钙钛矿结构氧化物

从 $A_2B_2O_6O'$ 烧绿石结构中去掉 O′得到化学式 ABO_3。如果其中 A 和 B 阳离子在体心立方而不是在面心立方阴离子晶格中有序排列，则得到钙钛矿结构。键长不匹配诱导共顶点 $BO_{6/2}$ 八面体位协同旋转，这些旋转使得氧离子从八面体阳离子移动到四面体配位鞍点位置[8]。此外，这一结构可保持高浓度氧离子空位。这些结构特点激发了氧缺陷钙钛矿作为氧离子导体的探索，并将其扩展到具有交替的钙钛矿层和其它层（如 Bi_2O_2）的氧化物。

钙钛矿型复合氧化物（ABO_3）是结构与钙钛矿 $CaTiO_3$ 相同的一大类化合物。钙钛矿结构理想的钙钛矿结构（ABO_3）由共顶点的 BO_6 八面体立方阵列构成（见图 10-4）。A 位阳离子位于 BO_6 八面体形成的十二面体空隙，可以为碱金属、碱土或稀土离子所填充。通常情况下，A 位阳离子半径大于 B 位阳离子半径。在多数情况下，由于较大的 A 位阳离子的存在，BO_6 八面体会发生扭曲或倾斜。钙钛矿结构也可以看作是 AO_3 层的立方密堆积，B 位阳离子位于层间八面体位置［见图 10-4(b)][33]。后者在区分钙钛矿单元的不同结构排列（堆积顺序）上更为容易。对于理想的钙钛矿结构，基于离子的密堆积方式可导出 A、B、O 的离子半径（r）之间应满足如下关系：$r_A+r_O=\sqrt{2}(r_B+r_O)$。钙钛矿结构对 A、B 位阳离子半径的容忍极限由容忍因子（goldschmidt factor）$t=(r_A+r_O)/\sqrt{2}(r_B+r_O)$ 给出，如果在 A 和/或 B 位存在多个阳离子，则可取其平均半径[34]。通常情况下，$0.75<t<1$ 时，ABO_3 可以维持钙钛矿结构；而理想钙钛矿结构仅存在于容忍因子 t 非常接近于 1 的体系中。当偏离太大时，晶格严重扭曲，将导致其它较低的晶体

对称性，如正交、三方对称出现，如当 $t < 0.75$ 时，为钛铁矿结构；当 $t > 1$ 时，以方解石或文石结构存在。

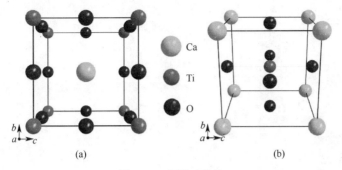

图 10-4　钙钛矿结构

　　由上可见，钙钛矿结构具有很强的稳定性和容忍性，多种不同阳离子可以占据 A、B 位构成了众多理想的或稍有变形的钙钛矿晶体。同时，A 和/或 B 位可以在较大范围内为等价或异价阳离子所取代而维持稳定的钙钛矿结构，元素周期表中约 90% 的金属离子都可以形成钙钛矿型结构。钙钛矿这一稳定的结构可以容忍材料对化学计量比的较大偏离，这一偏离可能来自于 A 和/或 B 位的异价离子取代，也可由材料中存在的可变价过渡金属阳离子的氧化还原引起。钙钛矿结构中非化学计量缺陷主要为氧空位，非化学计量钙钛矿化合物通常可以表示为 $ABO_{3-\delta}$。同时，钙钛矿结构具有理想的立方对称性，允许氧空位在各能量相当的晶体学位置上自由移动。因此，钙钛矿材料具有良好的氧离子电导性能，在高温电化学中具有非常广泛的应用前景。一般认为钙钛矿材料的晶体结构对称性越高，氧离子在晶格的扩散就越容易，因此，在选择 A 位和 B 位离子时尽可能使材料的容忍因子接近 1，以获得高的离子电导率和稳定的结构。

　　依据材料的组成，主要是 B 位阳离子的特性，钙钛矿材料的总电导可以是由离子电导主导（离子导体），也可以是由电子电导主导（电子导体），或离子-电子电导共同作用（混合导体）。钙钛矿材料电子电导的产生主要取决于 B 位阳离子的特性，当 B 位阳离子采用具有单一离子价态的阳离子时，钙钛矿型氧化物主要表现为离子导电性能；而当 B 位阳离子为过渡金属离子时，往往具有较高的电子电导，表现为电子电导为主或混合电导性能。

10.2.2.1　钙铁石结构氧化物

　　$A_2B_2O_5$ 型钙铁石结构氧化物具有与钙钛矿类型氧化物类似的结构。钙铁石结构（见图 10-5）是由 ABO_3 钙钛矿结构通过氧空位有序进入交替的 BO_2 层形成交替的共顶点 $BO_{6/2}$ 八面体层和共顶点 $BO_{4/2}$ 四面体层衍生而来的，其中四面体和八面体沿 c 轴方向共顶点排列。在这一结构中，阳离子 B 同时稳定于四面体与八面体的配位环境，这一现象常出现在主族离子如 Al（Ⅲ）、Ga（Ⅲ）和 Ge（Ⅳ）中[5,8]。$A_2B_2O_5$ 型钙铁石结构氧化物晶格中存在大量氧空位，且氧空位的引入不需要在阳离子子阵列进行异价离子取代，从而消除了结构中氧离子势能的变化，因而具有高的离子电导率。$Sr_2Gd_2O_5$ 和 $Sr_2Dy_2O_5$ 在 600℃ 的离子电导率分别为 $2\times10^{-2}\,S/cm$ 和 $3.65\times10^{-2}\,S/cm^{[35]}$。

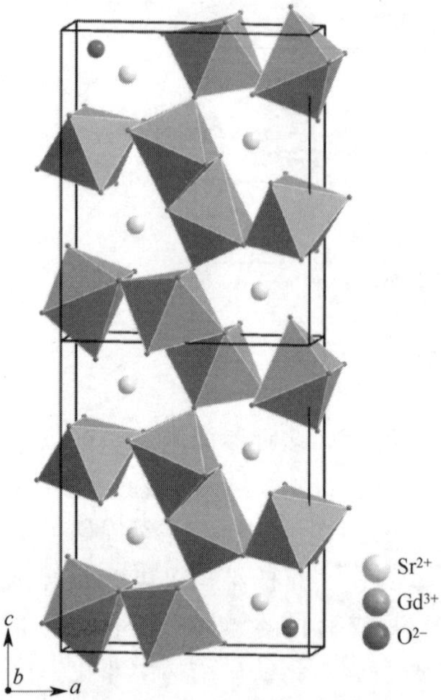

$Ba_2In_2O_5$ 在 930℃ 发生一级有序-无序相转变，930℃ 以上的无序相具有高离子电导率（见图 10-1），为纯氧离子导体。由于其阳离子半径较大可以为氧离子扩散提供最大的自由体积，因而具有较高电导率[5]。阳离子掺杂可以将高电导率的无序相稳定到低温。如用 Ce^{4+} 部分取代 In^{3+} 得到单相 $Ba_3In_2CeO_8$，在室温下为钙铁石结构。由于引入氧空位时 Ce^{4+} 是随机分布的，因而显著提高了材料在 100~450℃ 的离子电导率，明显高于 Gd 取代的 CeO_2 和 YSZ。$Ba_3In_2CeO_8$ 在 500℃ 的离子迁移数达到 0.94。用 Sr^{2+} 和 La^{3+} 部分取代 Ba^{2+} 得到 $(Ba_{0.3}Sr_{0.2}La_{0.5})InO_{2.75}$，也可以在较低温度下获得高的离子电导率，在 800℃ 下达到 0.12 S/cm，高于 $YSZ^{[36]}$。

图 10-5　$A_2B_2O_5$ 型钙铁石结构

（图中标注：Sr^{2+}　Gd^{3+}　O^{2-}，c、b、a 坐标轴）

10.2.2.2　氧缺陷钙钛矿

在试图将 $Ba_2In_2O_5$ 钙铁石氧空位无序相稳定到较低的温度之后，Ishihara[37,38] 和 Goodenough[3,39] 课题组在 A、B 位共掺杂钙钛矿氧离子导体研究上取得了重要进展。通过 A、B 位受主共掺杂衍生而来的 $LaGaO_3$ 基钙钛矿结构氧化物表现出高的离子电导率（高于 YSZ），成为新型氧离子导体电解质材料的重要研究对象。其中 Sr 和 Mg 共掺杂的 $LaGaO_3$，$La_{1-x}Sr_xGa_{1-y}Mg_yO_{3-0.5(x-y)}$（LSGM）具有最高的氧离子电导率。这一材料电导率 σ_0 如图 10-1 所示。氧缺陷立方钙钛矿 $La_{0.9}Sr_{0.1}Ga_{0.8}Mg_{0.2}O_{2.85}$ 在 600℃ 氧离子电导率达到 $\sigma_0>10^{-2}\,S/cm$，在氧分压为 $10^{-20}\,atm<p_{O_2}<0.4atm$ 范围内离子迁移数接近 1[37]。用 10% 的 Nd 取代 La 可以抑制高氧分压下出现的 p 型电子电导[38]。LSGM 钙钛矿不吸水或与水反应，同时在 750℃ 连续运行超过 140h 没有老化的迹象；其热膨胀系数 $\alpha\approx10^{-5}\,K^{-1}$ 与钇稳定氧化锆相近[37]。其离子电导率与 $1/T$ 的关系曲线偏离阿伦尼乌斯式行为，在 $T\approx600$℃ 出现转折点，指示在温度 T 以下有序氧空位簇的聚集。这一电解质材料的另一优点是易于获得高致密度样品。然而，$LaO_{1.5}$-SrO-$GaO_{1.5}$-MgO 相图的单相立方钙钛矿区域非常有限。Huang 等人[40] 仔细研究 $La_{1-x}Sr_xGa_{1-y}Mg_yO_{3-0.5(x-y)}$ 在 800℃ 和 702℃ 时体相氧离子电导率的等值线，指出 x 和 y 的最佳值为 $La_{0.8}Sr_{0.2}Ga_{0.83}Mg_{0.17}O_{2.815}$。并获得了迄今为止文献报道的最高电导率，$La_{0.8}Sr_{0.2}Ga_{0.83}Mg_{0.17}O_{2.815}$ 在 800℃ 的电导率为 0.17S/cm，不仅远远高于该温度下 YSZ 的电导率，也明显高于掺杂

CeO_2 基电解质。在氧分压为 $10^{-20} atm < p_{O_2} < 1 atm$ 范围内，LSGM 的体电导率几乎与氧分压无关，表明材料为纯氧离子导体，电子电导可以忽略。

尽管 LSGM 具有高的氧离子电导率和迁移数，但其作为固体电解质应用也面临着一些问题。首先由于 LSGM 组成相对复杂，单相区域有限，在合成制备过程中很容易生成 $LaSrGaO_4$ 和 $LaSrGa_3O_7$ 杂相，导致材料电导率下降。电子显微镜和交流阻抗谱研究表明 $LaSrGa_3O_7$ 不传导氧离子，从而在 $La_{0.8}Sr_{0.2}Ga_{1-y}Mg_yO_{3-0.5(0.2-y)}$ 的晶界形成阻塞相。相反，在 $x=0.20$、$0.25 < y < 0.3$ 范围内，$LaSrGaO_4$ 杂相对阻抗谱的晶界部分没有贡献[41]。这一现象推测可能是由于烧结过程中形成 $LaSrGaO_4$ 液相有助于改善晶界的接触，从而抑制晶界对氧离子电阻率的贡献。其次，LSGM 中的 Ga 在高温下特别是还原性气氛（如 H_2）中容易挥发，使得烧结和使用过程中电解质膜性能下降。如 $1000℃$ 时在加湿的氢气气氛中，会形成 $La(OH)_3$ 和 $LaSrGaO_4$ 相[42]。由于在中温范围（$600 \sim 800℃$），Ga_2O_3 的挥发并不严重，所以 LSGM 仍有可能作为中温固体氧化物燃料电池的电解质材料。此外，LSGM 与传统电极材料之间的化学相容性也是制约其应用的一个重要因素。如 Ni 是广泛使用的阳极催化剂，但是，在电极制作温度，NiO 与 LSGM 发生反应在阳极/电解质界面生成 $LaNiO_3$，而金属性的 $LaNiO_3$ 不能传导氧离子[43]。目前解决这一问题的途径是在 LSGM 电解质的阳极侧沉积一层薄的具有良好化学兼容性的缓冲层或者使用合理的新型阳极设计。而对于 LSGM 与两种金属性钙钛矿阴极材料 $La_{0.84}Sr_{0.16}MnO_3$（LSM）和 $La_{0.5}Sr_{0.5}CoO_{3-\delta}$（LSC）之间的化学反应研究表明，B 阳离子在阴极/电解质界面的互扩散不会导致电池性能的严重劣化[44]。

10.2.2.3 铋基类钙钛矿（BIMEVOX）氧化物

BIMEVOX 是一类新型的中低温氧离子导体，在 $300 \sim 600℃$ 温度范围其氧离子电导率可达 $10^{-3} \sim 10^{-1} S/cm$。BIMEVOX 类氧离子导体属于铋基类钙钛矿材料，是由 $(Bi_2O_2)^{2+}$ 四面体层和类钙钛矿结构的 $(A_{n-1}B_nO_{3n+1})^{2-}$ 层沿 c 轴方向交替排列而形成的 Aurivillius 结构化合物[8]。其结构通式为 $(Bi_2O_2)^{2+}(A_{n-1}B_nO_{3n+1})^{2-}$，相邻两个 $(Bi_2O_2)^{2+}$ 层间的氧八面体层数用 n 表示。$(Bi_2O_2)^{2+}$ 层由氧原子的平面正方形阵列组成，Bi^{3+} 交替地排列在正方形的上面和下面，位于相邻钙钛矿层中 A 位位置之上。由于在类钙钛矿结构的 $(A_{n-1}B_nO_{3n+1})^{2-}$ 层中存在着大量氧空位，因此 BIMEVOX 在平行于 $(A_{n-1}B_nO_{3n+1})^{2-}$ 层的方向产生氧离子电导。

低于 $604℃$，氧化催化剂 Bi_2MoO_6 为具有 Aurivillius $n=1$ 结构的四方 γ 相（见图 10-6）[45]。$Bi_2VO_{5.5}$ 具有氧不足的 Aurivillius $n=1$ 结构，是由 Bush 和 Venetsev 以及 Debreuille-Gresse 同时独立发现的。加热过程中，$Bi_2VO_{5.5}$ 经历两个相变过程：在 $450℃$，从单斜晶 α 相到正交 β 相；在 $570℃$ 从 β 相到四方 γ 相。Abraham 等人[46]发现四方 γ 相具有最高的氧离子电导率，随后他们通过用其它元素取代钒将空位无序四方相稳定到室温[47]。这些取代稳定的氧离子导体被定义为 BIMEVOX，其中 ME 表示取代的金属原子。并在 BICUVOX-10（$Bi_2V_{0.9}Cu_{0.1}O_{5.35}$）获得了最高的氧离子电导率[48]。这一结构包含稳定四方相至室温所需的最低铜含量。

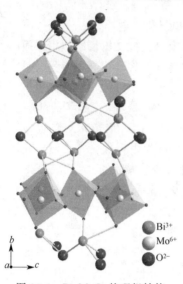

图 10-6 Bi_2MoO_6 的理想结构

Yan 和 Greenblatt[49] 用 $\gamma\text{-}Bi_2V_{0.85}Ti_{0.15}O_{5.425}$ 获得了相似的优异低温氧离子电导率，在 227℃ 时 $\sigma_0 = 4 \times 10^{-4}$ S/cm。Vannier 等人[50] 研究发现平行于结构层方向的氧离子电导率 $\sigma_{0\perp}$ 比 c 轴方向 $\sigma_{0\|}$ 要高约 2 个数量级。

当温度高于 500℃ 时，BICUVOX 在氧分压 $p_{O_2} < 10^{-2}$ atm 以下开始被还原，从而引入 n 型电子电导；同时在 SOFC 阳极还原气氛中，BICUVOX 会发生不可逆还原转变为其它相。但是，在空气气氛中，BICUVOX 为纯离子导体，氧离子迁移 $t_0 \approx 1$，已证明在 437℃ 将其用于分离空气中氧气的效率达到 100%[51]。虽然，将 BICUVOX 陶瓷实际应用于电化学器件面临高化学反应活性、低机械强度和高热膨胀系数的复杂问题，Yaremchenko 等人[52] 发现在氧化性气氛中 BICUVOX 与 $La_{0.7}Sr_{0.3}CoO_{3-\delta}$ 具有化学和机械相容性。要将 BICUVOX 应用于 SOFC，找到一种与电解质阳极侧的沉积层机械性能相容的混合导体材料（例如 SDC）是必需的。

10.2.2.4 钙钛矿结构混合导体材料

研究工作者对 B 为含有过渡金属元素的受主掺杂 $Ln_{1-x}A_xBO_{3\pm\delta}$（Ln＝La、Sm、Gd、Pr、Nd；A＝Ba、Ca、Sr；B＝Fe、Co、Mn、Cu、Ni）钙钛矿的缺陷化学进行了大量研究工作[53~59]。用二价碱土金属离子取代 A 位离子增加氧空位浓度。温度和氧分压决定了电荷补偿机制是通过升高 B 位过渡金属离子的价态还是通过形成离子化的氧空位来实现。热重研究显示，在 $LaCrO_3$、$YCrO_3$ 及 $LaMnO_3$ 等钙钛矿中，本征的非化学计量离子缺陷为阳离子空位，导致氧化学计量过量。Cr 及 Mn 基钙钛矿材料中，A 位低价阳离子取代往往是通过氧化 Cr^{3+}/Mn^{3+} 来实现电荷平衡，而非形成氧空位[60,61]。因而，Cr 及 Mn 基钙钛矿材料往往具有较低的氧离子传导能力，其电导通常以电子电导为主。由于其高的电子电导率和良好的氧电化学还原催化活性以及和电解质 YSZ 良好的热兼容性，Sr 掺杂 $La_{1-x}Sr_xMnO_3$（LSM）钙钛矿材料成为目前高温 SOFC 广泛使用的阴极材料[62~65]。

在 Fe、Co 基钙钛矿材料中，A 位低价阳离子取代时，氧化 Fe^{3+}/Co^{3+} 和生成氧空位两种电荷补偿机制同时存在，因而，同时具有氧离子和电子电导，表现为混合导电性能[53,66~70]。为简单起见，这里假设由 A 位离子取代生成的非本征离子缺陷占主导，即只考虑氧化学计量比不足。此外，氧离子可占据晶体学位置的能量认为是相等的。

为方便下面的讨论，考虑以 $LaFeO_3$ 为主体结构，对其进行受主掺杂。将 Sr-

FeO$_3$固溶到 LaFeO$_3$ 中用固溶反应方程可以表示为：

$$SrFeO_3 \xrightarrow{\text{LaFeO}_3} Sr'_{La} + Fe^{\cdot}_{Fe} + 3O^{\times}_O \qquad (10\text{-}1)$$

因此，Sr^{2+} 的引入导致 Fe^{3+} 氧化为 Fe^{4+} 以实现电荷补偿，这与控制离子价态的 Verwey 原理相符。氧非化学计量程度由以下缺陷反应给出：

$$2Fe^{\cdot}_{Fe} + O^{\times}_O \rightleftharpoons 2Fe^{\times}_{Fe} + V^{\cdot\cdot}_O + \frac{1}{2}O_2 \qquad (10\text{-}2)$$

$$2Fe^{\times}_{Fe} \rightleftharpoons Fe'_{Fe} + Fe^{\cdot}_{Fe} \qquad (10\text{-}3)$$

其对应的反应平衡常数分别为：

$$K_g = \frac{[Fe^{\times}_{Fe}][V^{\cdot\cdot}_O]p^{\frac{1}{2}}_{O_2}}{[Fe^{\cdot}_{Fe}]^2[O^{\times}_O]} \qquad (10\text{-}4)$$

$$K_d = \frac{[Fe'_{Fe}][Fe^{\cdot}_{Fe}]}{[Fe^{\times}_{Fe}]^2} \qquad (10\text{-}5)$$

在高温和较低氧分压下形成的氧空位被认为是双电离的。由式(10-3)中给出的热激发电荷歧化反应反映电子的局域性特征，可以当作等同于通过一个虚拟的能带电离产生电子和电子空穴来处理［参见式(4-38)］。反应的相关自由焓可认为等于有效带隙能量。

在 A/B 位置比固定的情况下，必须满足以下条件：

$$[Fe'_{Fe}] + [Fe^{\cdot}_{Fe}] + [Fe^{\times}_{Fe}] = 1 \qquad (10\text{-}6)$$

其中，电中性条件为：

$$[Sr'_{La}] + [Fe'_{Fe}] = 2[V^{\cdot\cdot}_O] + [Fe^{\cdot}_{Fe}] \qquad (10\text{-}7)$$

在没有扩展缺陷，即点缺陷间不存在相互作用的情况下，通过实验测得平衡常数，式(10-4) 和式(10-5) 可用于构建罗格-温克缺陷图，从该图可推导出可移动离子和电子缺陷电导率的表达式。

Fe 和 Co 基钙钛矿混合导体材料往往具有高的电子电导率。在其广泛应用（如 SOFC 阴极和透氧膜）的高温工作条件下，电子电导往往占主导。例如，La$_{1-x}$Sr$_x$Co$_{1-y}$Fe$_y$O$_{3-\delta}$ 在空气中 800℃ 下电子电导率为 $10^2 \sim 10^3$ S/cm，而离子电导率仅为 $10^{-2} \sim 1$S/cm，离子迁移数为 $10^{-2} \sim 10^{-4}$[71]。在还原性气氛下，可能出现对上述现象的偏离。由于 Co^{4+}/Fe^{4+} 的还原导致 p 型载流子浓度降低，因而电子电导率显著降低[72]。这一现象在跳跃型电导通过最低点转变为 n 型电导时最为严重，假设实验过程中维持较低的氧分压[67,68,73]。如在 1000℃ 时，La$_{0.75}$Sr$_{0.25}$FeO$_{3-\delta}$ 电子电导率最低值出现在氧分压 $p_{O_2} < 10^{-12}$ atm 时[68]。在通常工作温度和氧分压下，钙钛矿混合导体材料的电子电导被认为是 p 型电导，并且通常认为其电导机制是极子的热激发迁移[53]。钙钛矿结构材料中，过渡金属 d 轨道跨过立方体的面直接重叠的程度非常低。电子电导主要通过 B 位离子 B—O—B 键的部分重叠，以所谓的 Zener 双交换机理进行[74]，表示为 B^{n+}—O^{2-}—B$^{(n-1)+}$ → B$^{(n-1)+}$—O$^-$—B$^{(n-1)+}$ → B$^{(n-1)+}$—O^{2-}—B^{n+}，B 位离子的价电子转移通过 B 位离

子的价轨道与 O^{2-} 的价轨道发生强烈相互重叠而得以实现。当材料呈现立方结构时，B—O—B 的键角为 $180°$，此时重叠为最大，因此立方结构的晶体形式对同一材料来说，具有最大的电子导电能力。

10.2.2.5　K_2NiF_4 型类钙钛矿氧化物

K_2NiF_4 型氧化物 $A_2BO_{4+\delta}$ 具有类钙钛矿型层状结构，由 ABO_3 钙钛矿层和 $AO_{1+\delta}$ 岩盐层沿 c 轴方向交替排列而成（见图 10-7）。这一层状结构使得材料的氧计量比具有很大的可调性。事实上，$A_2BO_{4+\delta}$ 型氧化物中可以以不常见的间隙氧离子方式引入过量的氧，从而为常见的氧空位传导机制提供一种很有吸引力的替代机制（间隙氧离子传导机制）[75]。K_2NiF_4 型氧化物中氧计量比为 4，由于 AO 层的空间足够大，其中存在着未占据的间隙位阵列。当 B 位过渡金属离子被氧化时，作为电荷补偿的过量氧离子占据间隙位，此时间隙位被氧离子部分填充，为氧离子提供了扩散通道。K_2NiF_4 型氧化物的特点是可容纳高浓度的间隙氧（如

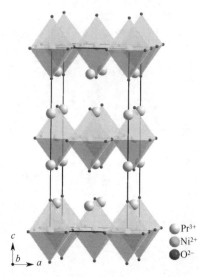

图 10-7　K_2NiF_4 型类钙钛矿 Pr_2NiO_4 结构

$La_2NiO_{4+\delta}$ 中 δ 高达 0.3），因而具有较高的氧扩散系数和表面交换系数[76~79]。K_2NiF_4 型氧化物中研究最多的是 $Ln_2NiO_{4+\delta}$（$Ln=La$、Nd、Pr）系列材料。在 $500\sim800℃$ 范围内，其氧离子扩散与钙钛矿材料相当，其中 $Nd_2NiO_{4+\delta}$ 的电导率较高，利用 ^{18}O 示踪原子测量得到的表面氧交换系数（k）和体扩散系数（D）分别为 2.61×10^{-8} cm/s 和 1.14×10^{-9} cm^2/s[80]。B 位过渡金属离子被氧化的同时，引入 p 型电子电导。在高氧分压下，其电子电导在 $800℃$ 时接近 100 S/cm。因而，K_2NiF_4 型氧化物通常为氧离子-电子混合导体材料。除了高的氧离子迁移速率和高的电子电导外，K_2NiF_4 型氧化物由温度和氧分压变化引起的晶格变化较小，因而热膨胀系数较小[81]。如 La_2NiO_4 的热膨胀系数在 $1.1\times10^{-7}\sim1.3\times10^{-7}$ K^{-1}，与 YSZ、CGO 和 LSGM 等电解质材料具有很好的匹配性。

10.2.3　钼酸镧（$La_2Mo_2O_9$）基氧化物

$La_2Mo_2O_9$（LAMOX）基氧离子导体是 Laccore 等人[7,82]于 2000 年首先报道的，其在 $800℃$ 时的电导率为 0.1S/cm 左右，而且由于其制备工艺简单，原材料价格便宜，因此受到广泛关注。

与 Bi_2O_3 中观察到的相变行为类似，$La_2Mo_2O_9$ 冷却过程中在 $580℃$ 左右发生从高温立方相到低温单斜相的一级相变过程。高温立方相 β-$La_2Mo_2O_9$ 属于 $P2_13$ 空间群，低温相 α-$La_2Mo_2O_9$ 可以近似看成是高温相的 $2\times3\times4$ 超晶格结构。相变导

致离子电导率近 2 个数量级的下降（见图 10-1），并且伴随着晶格常数的突变。β-$La_2Mo_2O_9$ 结构包含 $(La_2O)^{4+}$ 三维阵列和由其分割开的孤立 $(MoO_4)^{2-}$ 单元。Lacorre 等人[7]将 β-$La_2Mo_2O_9$ 与 β-Sn_2WO_4 作了一个有趣的比较，β-$La_2Mo_2O_9$ 与 β-$SnWO_4$ 具有相同的空间结构，都是 $P2_13$ 空间群。β-Sn_2WO_4 中 Sn^{2+} 的 $5s^2$ 孤对电子被投影到每化学式单元的两个阴离子空位，从而使 Sn^{2+} 间彼此静电屏蔽。$5s^2$ 孤对电子占据的空间体积大小可以与 O^{2-} 相比拟。若用 E 表示孤对电子，则可以将其化学式表示为 $Sn_2W_2O_8E_2$，用高价 La^{3+} 取代 Sn^{2+}，Mo^{6+} 等价置换 W^{6+}，由于 La^{3+} 的离子半径与 Sn^{2+} 相近而且不含孤对电子，因此这种取代将会消去结构中的 2 个孤对电子，释放出其占据的 2 个阴离子空位，其中 1 个空位被氧离子所占据用于进行电荷补偿，另 1 个则形成氧空位，这一转换过程可以表示为：$Sn_2W_2O_8E_2 \rightarrow La_2Mo_2O_{8+1}$。$La_2Mo_2O_9$ 的 $(La_2O)^{4+}$ 矩阵，在低温 α 相中两个氧空位之一被用于电荷补偿的氧离子 (O^{2-}) 以有序方式占据，而在高温 β 相中矩阵中的 O^{2-} 变为在两个位置无序随机占据。$La_2Mo_2O_9$ 在不同氧分压下的稳定性研究表明，纯 $La_2Mo_2O_9$ 在 800℃ 以下和氧分压 10 Pa 以上气氛中是稳定的，但在还原性气氛下 Mo^{6+} 会被还原并引入 n 型电子电导[83]。为了稳定高温 β 相到室温并提高材料在还原性气氛中的稳定性，人们对 La 位或 Mo 位的低价和等价离子取代进行了大量研究工作[83~86]。部分取代 La 和/或 Mo 可以有效地抑制相变过程，提高低温电导率，但高温电导（>500℃）通常有所下降。以 $La_2Mo_2O_9$ 为主体结构的化合物被归为 LAMOX 族氧离子导体材料。许多离子（如碱金属 K、Rb；碱土金属 Ca、Sr、Ba；稀土金属 Nd、Gd、Y 等）被广泛研究用于 La 位取代。大部分都能有效地稳定 β 相到室温，同时对材料离子电导率没有明显的影响。其中，Nd 取代在整个固溶范围内都无法稳定 β 相到室温，而 Gd 和 Y 只需少量取代即可稳定 β 相到室温。Mo 位取代研究最多的是 W，W 和 Mo 属于同一主族，W^{6+} 与 Mo^{6+} 的离子半径非常接近（分别为 0.60Å 和 0.59Å），W^{6+} 取代可以在很宽的组成范围内形成固溶体 $La_2Mo_{2-x}W_xO_9$（$x \leqslant 1.6$）。$x > 0.25$ 时就可以将 β-$La_2Mo_2O_9$ 相完全稳定到室温。同时用 W^{6+} 部分取代 Mo^{6+}，还能有效提高材料在还原性气氛中的稳定性。对 Gd、Y 和 Nd 取代 La 及 W 取代 Mo 样品的氧示踪扩散系数测量结果显示其氧离子扩散系数要高于 YSZ 和 LSGM。LAMOX 氧离子导体作为固体电解质材料面临的主要问题是和电极材料间高的化学反应活性以及高的热膨胀系数。

10.2.4 磷灰石结构固体电解质

众多晶态或非晶态不含碱金属阳离子的硅酸盐和锗酸盐具有不可忽略的氧离子和/或质子传导能力，这些材料中的电化学和离子传输现象自 20 世纪 30 年代以来受到研究工作者的广泛关注。然而，对磷灰石结构相 $(Ln, A)_{10-x}M_6O_{26\pm\delta}$（M＝Si 或 Ga）以及它们的衍生物的广泛研究直到 20 世纪 90 年代才开始[87~96]。

与含硅的同类材料相比，磷灰石结构锗酸盐表现出更好的离子传输性能，但是由于锗酸盐容易挥发、倾向于形成玻璃态以及 GeO_2 价格昂贵，因此其实际应用的可能性很低。而以上缺点在磷灰石结构硅酸盐中并不明显，同时由于其低成本和可与 YSZ 相媲美的高氧离子电导率，因而具有较广的实际应用前景。在 $Ln_{10}Si_6O_{27}$（$Ln=La$、Pr、Nd、Sm、Gd、Dy）中，氧离子传输能力随 Ln^{3+} 阳离子半径增大而升高，在 $La_{10}Si_6O_{27}$ 相中达到最高[87,89]。尽管由于烧结时间相对较长或不同工艺路线而导致的实验数据间差异较大，但氧离子电导率最高值均出现在每单位化学式包含超过 26 个氧离子的磷灰石相。这一趋势说明填隙氧离子迁移机制发挥着十分重要的作用，这与计算机模拟结果一致[97,98]。其它影响氧离子扩散的重要因素包括 Ln 亚晶格和 Si 位取代，它们影响材料的晶胞体积，并可能促进由弗仑克尔缺陷机制生成的离子载流子的形成。当磷灰石相中氧含量降低到低于化学计量比时，氧空位机制开始成为主导，同时其离子电导率也明显下降。包含过渡金属的磷灰石结构化合物在较低的氧分压下也可观察到典型的类似效应，虽然在还原性气氛下硅氧化物的挥发和局部表面的分解也会导致电导率的下降[99,100]。

10.3 氧离子导体的应用

氧离子导体材料（包括纯离子导体和离子-电子混合导体材料）在高温固态电化学器件中得到了广泛应用，并在许多新技术领域有着十分广阔的应用前景，如固体氧化物燃料电池、膜反应器、氧传感器等。其应用领域从电力生产到化学品制备（包括热-电联产）、石油化工、医药、冶金及半导体。

10.3.1 固体氧化物燃料电池

固体氧化物燃料电池的工作原理如图 10-8 所示[62]。它由一个致密的氧离子导体电解质膜和两侧的两个多孔电极（阴极和阳极）组成。运行过程中，氧气在阴极被还原为氧离子，氧离子在电流负载下通过固体电解质膜到达阳极，在阳极与燃料（通常为 H_2 和 CO 或碳氢化合物，如 CH_4）反应生成水和二氧化碳，电子通过外电路传输带动负载做功，同时产生部分热能。

固体氧化物燃料电池最大的优势在于其非常高的发电效率（理论上最高效率＞80％）、无污染和灵活的燃料适应性（碳氢化合物可以直接用作燃料，虽然目前需要通过外部或内部重整装置转换为 H_2 和 CO）[101~104]。

固体氧化物燃料电池需要在高温下运行，早期开发出来的 SOFC 工作温度较高，一般在 800~1000℃。SOFC 较高的工作温度带来若干益处，其中最重要的是使得直接应用碳氢化合物作为燃料成为可能，不需要附加复杂而昂贵的外部燃料重整系统，而该系统对于质子交换膜燃料电池系统是必需的。在 SOFC 中，碳氢燃料经催化转化（内部重整）为一氧化碳和氢气（合成气），随后 CO 和 H_2 在阳极经

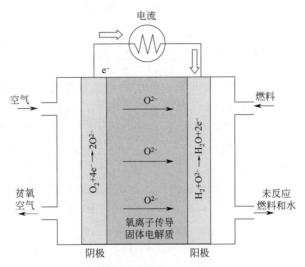

图 10-8　固体氧化物燃料电池的工作原理

电化学氧化生成二氧化碳和水，并产生电能和高品位热能。虽然 SOFC 作为一种发电技术具有许多突出优点，但是其高成本始终制约着其大规模商业化应用。降低固体氧化物燃料电池的运行温度可以降低电池的制造和运行维护成本，对 SOFC 的商业化有着十分重要的意义。降低 SOFCs 的运行温度不但可以允许使用廉价的连接和热交换材料，同时可以减少热循环所带来的相关问题及电池各组分材料在高温下的相互扩散和反应所带来的性能衰退问题，从而延长电池寿命。为满足商业化对低成本和长寿命的要求，研究工作者们一直致力于将 SOFCs 的运行温度由传统的高温（800～1000℃）降低到中低温范围（500～800℃）[105,106]。但是降低运行温度也带来了一系列新的挑战，主要包括：①目前开发的可用于中温 SOFCs 的电解质材料在操作条件下电子电导不可忽略，造成电池内短路，转换效率降低；②传统阴极材料在中低温条件下催化活性低，导致电池输出功率下降；③商业化运行时，通常希望使用碳氢燃料，而传统阳极材料对碳氢燃料裂解具有高催化活性，易形成炭沉积，导致电池性能快速衰减。虽然人们对中低温固体氧化物燃料电池（500～800℃）有着较大的兴趣，但是其实现商业化仍需在电解质及电极材料上取得较大突破。

　　HT-SOFC 中目前最广泛使用的电解质材料为 YSZ，阴极材料通常为 LSM，典型阳极材料为 Ni-YSZ 金属陶瓷，连接材料主要为掺杂铬酸镧（LC）。

　　目前，SOFC 需要达到每平方厘米数百毫瓦的输出功率密度以满足商业化的需求，通常意味着要在较高温度（800～1000℃）下运行。然而，要实现 SOFCs 在商业上的竞争力，材料和制造成本都必须有显著的下降。

　　降低 SOFCs 成本的一种有效的方法是降低运行温度，在这方面四种不同的电池堆设计被发明出来。包括：①管状设计，包括一端封闭结构（西屋公司原型）或两端开口结构；②平面技术；③单体电池分段串联结构；④一体化（monolith）概念（Argonne 国家实验室）。管式设计的主要优点是具有良好的热循环性能以及没有高温密封的要求。与此相反，平面结构可提供较高的体积功率密度。

近年来，SOFCs 技术已经发展为一种应用广泛的发电技术，其系统从便携式设备（如 500W 电池充电器）到小功率系统（例如，5kW 的住宅发电或汽车辅助动力装置）和分布式发电的发电站（如 100～500kW 系统）。固体氧化物燃料电池也可与燃气涡轮机一体化构成大的加压混合系统（几百千瓦到兆瓦级）[103]。

10.3.1.1 固体电解质

SOFC 电解质层的主要作用是隔绝阴、阳极两侧的反应物并传导氧离子。作为 SOFC 的核心部件，固体电解质材料要满足以下基本要求：①高的氧离子电导率及可以忽略的电子电导率；②在宽温度范围（从室温到高温）和高氧分压梯度下（同时在氧化和还原气氛中）具有良好的结构和化学稳定性；③良好的烧结性能；④与电极材料间具有良好的化学兼容性及热匹配性；⑤足够高的机械强度与韧性；⑥便于加工，廉价易得[107,108]。目前氧离子导体电解质材料主要包括萤石结构氧化物（稳定的氧化锆基材料和掺杂氧化铈基材料）、钙钛矿型氧化物（Sr 和 Mg 掺杂镓酸镧）及磷灰石型化合物。

前面已经对氧离子导体固体电解质材料进行了详细的介绍，本部分主要列举几类最主要的电解质膜以及它们应用相关的关键问题。SOFCs 应用过程中产生的两大主要困难涉及对高离子导电率的要求和燃料室与空气室之间的高氧分压梯度。这往往会引发一系列的电解质膜材料问题，如结构上的变化和相分离[109]。典型地，电解质膜必须能在高温下，一侧上是氧化气氛（空气），另一侧是高度还原气氛（甲烷、碳氢化合物，氧分压可低至 10^{-19} bar）的苛刻条件下保持稳定。降低 SOFCs 的运行温度可以有效缓解以上问题，提高 SOFCs 的运行稳定性[110]。

从电解质方面考虑，降低 SOFCs 的运行温度主要有以下两种途径：

① 降低电解质膜的厚度以降低其电阻直到表面反应成为速率决定步骤，但是膜厚度的降低受到工艺条件的限制。

② 开发在低温下具有较高电导率的新型电解质材料。如两种在低温下具有高电导率的电解质材料——掺杂二氧化铈和掺杂镓酸镧作为中低温 SOFCs 电解质材料受到广泛关注。

一般认为，电解质的面积比电阻率（$R_0 = L/\sigma$，L 为电解质膜的厚度，σ 为其电导率）必须低于 $0.15\Omega \cdot cm^2$[111]。在目前成熟的廉价陶瓷制备工艺条件下获得的稳定可靠电解质膜的最低厚度为 $10\sim15\mu m$，因此，电解质材料的电导率必须高于 10^{-2} S/cm。在 500℃下掺杂二氧化铈和掺杂镓酸镧的离子电导率高于这一最低值。

目前，高温 SOFCs（运行温度 800℃以上）最广泛使用的电解质材料为掺杂二氧化锆，如 8%～9%（摩尔分数）Y_2O_3 掺杂完全稳定二氧化锆（YSZ）。但是它的最理想的运行温度范围是 $800\sim1000\text{℃}$，由于 YSZ 的活化能很高，在 $600\sim800\text{℃}$ 范围内，其电导率仅有 $0.001\sim0.03\text{S/cm}$，很难满足中温 SOFC 的操作要求。尽管利用支撑薄膜技术降低电解质层厚度能够使其在 700℃ 勉强应用，但若要将其应用在更低温度下，则其厚度须进一步降低至 $10\mu\text{m}$ 以下，这使得整个电解质层的机械强度受到影响，造成一系列的问题，因此 YSZ 并不适用于中低温 SOFC。

Sc 稳定的氧化锆（$Sc_xZr_{1-x}O_{2-x/2}$，ScSZ）由于其较高的氧离子电导率，被认为是 YSZ 的潜在替代材料[15,112,113]。如 10%（摩尔分数）Sc_2O_3 掺杂的 ScSZ 电导率在 1000℃ 时可达到 0.343S/cm，即使是在 800℃ 时也仍有 0.12S/cm。较高的离子传导率意味着它可以在比 YSZ 运行温度更低的温度下运行。ScSZ 存在的主要问题是材料的合成与制备。ScSZ 粉末经常出现组分不均一的问题，而且必须长时间高温煅烧才能获得足够高的气密性。

对于运行温度在 800℃ 以下的中低温 SOFCs，多种新型氧化物氧离子导体材料被提出作为电解质材料，包括掺杂二氧化铈、镓酸镧（$LaGaO_3$）、铋系氧化物（例如铒掺杂氧化铋或掺杂 $Bi_2VO_{5.5}$ 基化合物）或磷灰石结构 $A_{10-x}(SiO_4)6O_{2\pm\delta}$ 等。然而，目前为止仍没有任何一种材料能够满足中低温 SOFCs 对电解质化学稳定性、氧化还原稳定性和机械稳定性等方面的所有要求。

钙钛矿结构 $La_{1-x}Sr_xGa_{1-y}Mg_yO_{3-\delta}$（LSGM）氧离子导体材料在中低温和较大氧分压范围内具有优异的氧离子导电性能和稳定性，被认为是中低温 SOFC 重要的候选电解质材料。要将 LSGM 用作 SOFC 的固体电解质，不但必须考察材料的机械性能，同时需要考虑电解质和电极间的化学兼容性。如果使用 NiO＋LSGM 复合材料作为阳极，NiO 将被燃料还原为金属 Ni。由于 Ni 对氢气氧化具有优异的催化性能，因此这一阳极设计被用于氢-空气燃料电池。但是，在电极制作温度，NiO 与 LSGM 反应在阳极/电解质界面生成 $LaNiO_3$，而金属性的 $LaNiO_3$ 不能传导氧离子[43]。最初尝试缓解这一问题的途径包括在电解质的阳极侧沉积一薄层 $Sm_{0.2}Ce_{0.8}O_{1.9}$（SDC），用 NiO＋SDC 作为阳极。然而，高温下 LSGM、CeO_2 和 NiO 之间的化学反应显示 La^{3+} 在 LSGM 电解质中非常容易迁移。La 在活度梯度驱动下扩散将改变 LSGM 的组成，导致在 CeO_2-LSGM 界面形成阻碍氧离子迁移的杂相。在界面生成的杂相为 $LaSrGa_3O_7$ 或 $LaSrGaO_4$，杂相种类取决于La 是从 LSGM 扩散出去还是扩散进入 LSGM。因此，SDC 层和 NiO＋SDC 复合阳极性能对制备条件十分敏感。用 $La_{0.4}Ce_{0.6}O_{1.8}$（LCD）替代 SDC 可以降低阳极过电位，选择 LDC 是为了保持在界面两侧 La 具有相同的化学活度[114]。同时 NiO不与 LDC 反应生成 $LaNiO_3$。LSGM 在碳氢燃料中具有很高的稳定性，如果在使用碳氢燃料时为了避免炭沉积用 CuO 替代 NiO，则无须在 LSGM 电解质阳极侧沉积 LDC。

能量色散谱线扫描和交流阻抗谱被用于研究 LSGM 与两种金属性钙钛矿阴极材料 $La_{0.84}Sr_{0.16}MnO_3$（LSM）和 $La_{0.5}Sr_{0.5}CoO_{3-\delta}$（LSC）之间的化学反应。LSC 在阴极氧化性气氛下是离子-电子混合导体；LSM 是纯电子导体，不传导氧离子，因此必须制成多孔电极以便气态 O_2 能够到达 $O_2 + LSM + LSGM$ 三相界面。即使在较低的温度下制备，在 LSC/LSGM 界面仍可观察到显著的 Co 进入 LSGM 和 Ga 进入 LSC 的互扩散。相反，在 LSM/LSGM 界面 Mn 进入 LSGM 和 Ga 进入 LSM 的互扩散非常轻微[44]。但是，B 位阳离子在阴极/电解质界面的互扩散不会导致严重的劣化。监测 LSGM 基 SOFCs 的阴极超电势表明 $SrCo_{0.8}Fe_{0.2}O_{3-\delta}$（SCF）是最佳的混合导体阴极材料[115]。早期的研究也表明，在氧化性气氛中 SCF 在已知混合离子-电子导体材料中具有最高的氧渗透通量[116,117]。而对 SCF 和 $La_{1-x}Sr_xCoO_{3-\delta}$ 的氧渗透性能研究表明，表面反应动力学（O_2 在一侧的化学吸附和在另一侧的脱附）是速率决定步骤，而非体相氧扩散[118]。在 SCF/LSGM/LDC/LDC + Ni SOFC SCF 阴极的表面溅射一层 Pt 可以使阴极过电势降低 40% 证实了这一推论[119]。在 800℃，用 $200\mu m$ 厚 LSGM 作为电解质的干燥 H_2-空气 SOFC 获得了 $1400mW/cm^2$ 的最高输出功率。其性能与用 $10\sim20\mu m$ 厚 YSZ 作为电解质的 H_2-空气 SOFC 相当。

10.3.1.2　阴极

SOFC 阴极也叫空气电极或氧电极，是高温下氧气还原为氧离子的场所。阴极是氧化剂发生电化学还原反应的场所，氧气在阴极侧发生吸附、解离和输运等。阴极材料的电导性能不一样，其界面性质、电极反应和传输过程也存在着显著差异。图 10-9 给出了三种不同结构阴极材料（单相纯电子导体、单相混合导体材料及电子导体-离子导体两相复合混合导体材料）的阴极反应机理模型。在由惰性金属或半导体氧化物制备的多孔电极情况下，电极反应被限制在电子导体相（阴极）、离子导体相（电解质）和气相（空气）之间的所谓三相界面（Triple-phase boundaries，TPBs）［见图 10-9(a)］。阴极反应过程首先是氧气从气相扩散到阴极表面形成吸附氧，然后解离形成化学吸附氧，接着扩散到三相界面得到从阳极传递的电子还原为氧离子，最后氧离子并入电解质膜表面空位并通过电解质扩散到阳极。而使用混合导体作为阴极材料可以将氧的电化学还原反应扩展到整个阴极区域［见图 10-9(b)、(c)］。由于混合导体可以同时传导电子和氧离子，因此氧分子从气相扩散到多孔阴极表面，无须扩散到三相界面，在混合导体阴极表面既可以直接被电化学还原为氧离子，同时也可在集流体/阴极/气相以及电解质/阴极/气相三相界面被还原，氧离子随即并入混合导体阴极表面氧空位，并通过阴极表面或体相传输到阴极/电解质界面进入到电解质内部。由于其显著增大的电极反应面积和离子扩散界面，混合导体阴极材料有望降低阴极极化损失。

在最早期的研究中，Pt、Pb、Rh、Ag 等贵金属通常被采用作为 SOFCs 的阴极材料。但是其价格昂贵且长期稳定性差，不适合用于大规模生产。陶瓷氧化物材料由于其较低的成本和良好的稳定性，成为阴极材料最主要的选择。被研究作为 SOFCs 阴极材料的陶瓷氧化物主要有：钙钛矿结构氧化物[120~123]、K_2NiF_4 结构氧化物[124~126] 和有序双层钙钛矿氧化物[127,128]。目前发展最为成熟的陶瓷阴极材料是 Sr 掺杂锰酸镧（$La_{0.9}Sr_{0.1}MnO_{3-\delta}$，LSM）基钙钛矿，在高温 SOFCs 中得

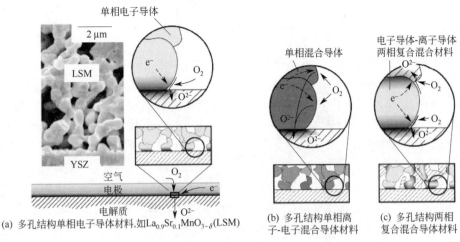

図中标注:
单相电子导体
2 μm
LSM
YSZ
空气
电极
电解质
O^{2-}
e^-
O_2
O^{2-}

(a) 多孔结构单相电子导体材料,如$La_{0.9}Sr_{0.1}MnO_{3-\delta}$(LSM)

单相混合导体
(b) 多孔结构单相离子-电子混合导体材料

电子导体-离子导体两相复合混合材料
(c) 多孔结构两相复合混合导体材料

图 10-9   固体氧化物燃料电池不同阴极结构及其相应反应机理模型[107]

到了广泛应用。LSM 为典型的 p 型半导体,具有很高的电子电导,但是其氧扩散系数非常低,几乎可以认为是纯电子导体。$LaMnO_3$ 基钙钛矿氧化物具有多氧或者缺氧的非化学计量,其表达式通常为 $La_{1-x}A_xMnO_{3\pm\delta}$,其中 A 为二价金属离子。最常见的掺杂离子是 Sr,这是因为 Sr^{2+} 和 La^{3+} 的大小比较匹配,不像其它钙钛矿氧化物。$La_{1-x}Sr_xMnO_{3\pm\delta}$ ($x \leqslant 0.5$) 中 Sr 的掺杂并没有增加其中的氧空位的浓度,而是氧化了 Mn^{3+},可以用如下的反应式来表示:

$$SrMnO_3 \xrightarrow{LaMnO_3} Sr'_{La} + Mn^{\cdot}_{Mn} + 3O^{\times}_O \tag{10-8}$$

上面的这个反应有效地增加了电子空穴的浓度,从而提高了电子电导率。LSM 具有高的电子电导率和良好热稳定性,同时氧气催化还原活性高,与 YSZ、SDC 等常用电解质热匹配性能好,因而一直是高温 SOFC 的最常用阴极材料。但是由于其氧离子电导率较低,随着操作温度降低,LSM 的电化学催化活性下降很大,制约着其在中低温下的应用。此外,高温下 LSM 与电解质 YSZ 反应在界面生成杂相,如温度高于 1200℃ 就生成绝缘相 $La_2Zr_2O_7$ 和 $SrZrO_3$,导致电化学阻抗增大,电池性能下降[129]。降低烧结温度可抑制杂相的生成,但是电池的性能也随之降低。

钙钛矿结构电子-离子混合导体,如 $La_{1-x}Sr_xCoO_3$(LSC)、$La_{1-x}Sr_xFeO_3$(LSF)、$La_{1-x}Sr_xCo_{1-y}Fe_yO_3$(LSCF)、$Sm_xSr_{1-x}CoO_3$(SSC)、$Ba_{1-x}Sr_xCo_{1-y}Fe_yO_3$(BSCF),具有高的氧离子电导率及催化活性,近年来作为中低温 SOFC 阴极材料受到广泛关注。以上材料应用于中温 SOFC 可以获得良好的电化学性能。对于钴基钙钛矿材料,由于 Co 元素比 Mn 更活泼,具有比 Mn 基材料更优异的电化学性能。但是,由于 Co 的存在导致材料热膨胀系数高,与电解质等其它部件很难兼容;同时,Co 在高温下容易挥发以及强碱性碱土金属离子的存在易与 CO_2 发生反应出现中毒等现象导致材料长期稳定性差。因此,发展非钴基钙钛矿阴极材料在中低温 SOFC 中受到了广泛关注。非钴基钙钛矿材料的热膨胀系数显著降低，与电解质材料兼容性好，同时化学稳定性也得到了显著提高；但是，其性能与钴基材料相比也出现明显下降。

除钙钛矿结构材料外，$A'A''B'B''O_{6\pm\delta}$ 型双钙钛矿型氧化物（如 $LnBaCo_2O_{5+\delta}$，$Ln = La$、Pr、Nd、Sm、Eu、Gd、Y）及 K_2NiF_4 型 $A_2MO_{4+\delta}$ 氧化物（如 $Ln_2NiO_{4+\delta}$，$Ln=La$、Pr、Nd），由于具有较强的氧离子扩散能力和高的电子电导率，同时具有较好的热稳定性和化学稳定性，近年来作为 SOFC 的阴极材料受到越来越多的关注。

10.3.1.3 阳极

阳极材料处于燃料的还原气氛中，在固体氧化物燃料电池中主要承担着催化燃料气体氧化反应和电荷转移的作用，因此固体氧化物燃料电池对阳极材料有着特殊的要求。对阳极材料的要求包括：①对燃料气体（H_2、CH_4 等）有高催化活性、高孔隙率和较大活性比表面积；②较高的氧离子和电子电导率以减小电池的内部电阻；③结构稳定性好；④与其它部件高温化学兼容性及热匹配性能好；⑤材料廉价易得并且容易烧结成型。另外，对于采用阳极支撑构型的 SOFC，其阳极支撑体也需要有足够高的机械强度。再者，对于使用碳氢化合物燃料的 SOFC，还要求阳极材料在高温操作时具有良好的抗积炭能力以及含硫气氛下的抗硫中毒能力。为满足这些性能要求，仅有金属材料和少数的陶瓷材料可供选择。

目前阳极材料的主要选择有纯金属材料、导电金属陶瓷材料和混合导体氧化物材料三大类。金属材料主要有 Ni、Co 及贵金属 Ag 等。过渡金属具有很高的催化活性，是阳极材料的理想选择。但是，金属与电解质 YSZ 的热膨胀匹配性差，多次热循环易开裂脱落，阻碍了其单独作为多孔电极层使用。制备导电金属陶瓷复合材料可以部分解决这一问题。导电金属陶瓷复合材料主要是将活性金属分散到电解质材料（如 YSZ）中，让金属颗粒与电解质混合形成复合阳极，使阳极与电池其它部件在热膨胀性能上兼容。使用金属陶瓷复合材料还可有效增大金属/电解质/燃料气的三相反应界面，同时可以避免金属烧结以保持阳极多孔结构。综合考虑催化活性、挥发性、化学稳定性和价格，Ni 是金属阳极的最佳选择。Ni 对 H_2 的催化活性很高因此应用也最为广泛，如 Ni-YSZ 和 Ni-SDC 金属陶瓷是目前应用最为广泛的阳极材料。Ni 基金属陶瓷在使用 H_2 为燃料时具有很好的性能；但是当使用碳氢燃料时，由于 Ni 是碳氢化合物裂解的良好催化剂，导致严重的积炭和硫中毒问题[130]。

为了解决使用碳氢燃料时阳极的积炭问题，研究工作者开展了大量探索工作。主要途径包括降低运行温度，采用金属 Cu、Ag 和 Ru 等替代 Ni 以及开发混合导体氧化物阳极材料等[131~135]。采用金属 Cu、Ag 和 Ru 部分取代 Ni 能够较好地解决积炭问题。由于 Cu 本身不具有催化活性，只作为集流体提供电子电导，因此 Cu 基阳极中还需加入 CeO_2 作为催化剂构成 Cu-CeO_2-YSZ 复合阳极[136]。Cu 基阳极材料存在的问题是 Cu 的熔点过低，易与电解质材料发生反应，且复合阳极在氧化气氛下稳定性较差[132]。

混合导体氧化物材料本身兼具氧离子和电子电导，且对许多碳氢燃料具有高催化活性，同时还具有较好的抗积炭和抗中毒能力等优点，作为阳极材料也越来越受到重视。最近开发的阳极材料如 $LaCrO_3$ 基系列、$SrTiO_3$ 基系列和 Sr_2MgMoO_3 基系列等混合导体氧化物材料表现出良好的性能[137~141]。虽然许多混合导体氧化物阳极材料都具备一定的抗积炭和抗硫中毒能力，但相比于传统的 Ni 基阳极，这些材料在电化学催化活性和电子电导率方面还存在较大的差距，仍有待进一步的研究改善。

10.3.2 致密陶瓷透氧膜反应器

致密陶瓷透氧膜反应器是一种通过分子吸附解离→离子扩散→脱附再生成分子的方式实现气体分离的装置。过去三十年，由于混合导体材料高的离子和电子电导率，混合导体陶瓷透氧膜作为一种潜在的经济、清洁、高效氧气分离装置，受到学术界和工业界的广泛关注，发展迅速。由于只有传导离子可以扩散通过致密膜，因而混合导体陶瓷透氧膜具有非常高（100%）的渗透选择性。此外，虽然需要在足够高的温度下运行（通常高于 700℃），但其具有相当高的渗透性，甚至可与多孔无机膜相当，如钙钛矿混合导体透氧膜的透氧速率可高达 $10mL/(min \cdot cm^2)$ 以上。

混合导体致密陶瓷透氧膜的透氧原理如图 10-10 所示。氧气渗透的驱动力是膜两侧的氧分压差，氧气在高氧分压（通常为空气或压缩空气）一侧表面解离吸附产生的氧离子在氧化学势梯度作用下经过膜体相迁移至氧分压较低（真空或还原性反应物，如 CH_4）一侧表面重新结合为氧气或发生氧化反应。

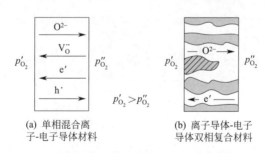

(a) 单相混合离子-电子导体材料

(b) 离子导体-电子导体双相复合材料

图 10-10 致密混合导体致密陶瓷透氧膜工作原理简图

混合导体透氧膜的氧渗透过程包括以下步骤：①高氧分压侧中氧分子经气相扩散到膜表面；②氧分子吸附在膜表面形成吸附氧；③吸附氧在膜表面解离形成化学吸附氧；④化学吸附氧得到电子生成 O^{2-} 并入膜表面层氧空位形成晶格氧；⑤O^{2-} 在体相扩散，而电子（或电子空穴）朝相反（相同）方向输运以维持电荷平衡；⑥O^{2-} 在氧化学势梯度作用下迁移到膜氧分压较低的一侧表面；⑦在低氧分压侧，晶格氧离子与电子空穴在膜表面结合重新形成化学吸附氧；⑧化学吸附氧在膜表面上结合为氧分子并脱附；⑨在低氧分压侧，氧分子从膜表面扩散到气相中。步骤①和⑨是氧分子在气相中扩散过程，与膜的性质无关，活化能低；步骤⑤和⑥涉及O^{2-}与电子-空穴的迁移，需要在高温下才能进行。透氧膜的透氧速率可能由②～⑧中的一个或几个步骤联合控制，当表面交换过程足够快时，氧离子的体相扩散可能成为速率控制步骤，而步骤②～④、⑦和⑧过慢可能导致氧的表面交换反应成为速率控制步骤。在许多情况下透氧过程是由包括表面交换反应和体相扩散过程的多个步骤联合控制的。在高温氧渗透过程中，氧渗透速率与膜两侧的氧分压、膜的厚度、温度、表面形貌及材料的组成等因素有关。

如果膜足够厚，则氧通量主要由氧离子体相扩散决定，根据 Wagner 方程，氧通量与膜厚度、氧分压梯度和温度之间的关系为[142]：

$$J_{O_2} = -\frac{RT}{16F^2L} \int_{\ln p'_{O_2}}^{\ln p''_{O_2}} \frac{\sigma_{el}\sigma_{ion}}{\sigma_{el} + \sigma_{ion}} d(\ln p_{O_2}) \tag{10-9}$$

式中，σ_{el} 和 σ_{ion} 分别为膜材料的电子电导率和氧离子电导率；p'_{O_2} 和 p''_{O_2} 分别为高氧分压侧和低氧分压侧的氧分压；L 为膜的厚度；R、T 和 F 分别为理想气体常数、热力学温度和法拉第常数。由式(10-9)可知，在一定运行温度下，提高膜材料的电导率或降低膜的厚度都可以提高膜的氧通量。

对于由体相扩散控制的透氧过程，氧通量随膜厚度的降低而线性升高。当膜厚度降低到一定程度时，表面氧交换过程开始起作用，氧渗透过程不再由体相扩散单独控制，而是由体相扩散和表面交换过程联合控制，当膜厚度降低到一定程度时甚至完全由表面交换过程控制。当膜的厚度降低到透氧过程由体相扩散控制转变为表面交换反应控制时的厚度被称为膜的特征厚度（L_c）。对于一特定膜材料，其特征厚度可用式(10-10)表示：

$$L_c = \frac{D_s}{k_s} = \frac{D^*}{k_s} \tag{10-10}$$

式中，D^* 为示踪氧离子扩散系数，如果相关作用可以忽略，D^* 等于氧离子自扩散系数 D_s；k_s 为氧表面交换系数。

需要注意的是式(10-10)只有膜两侧在氧分压差较小的有限范围内是有效的。对于特定材料，特征厚度值受工作条件，如氧分压及温度等因素的影响。当膜的厚度低于特征厚度时，透氧过程开始受到表面交换过程部分控制，降低膜厚度将不会带来氧通量的显著升高。此时，虽然降低膜厚度可以提高氧通量，但是氧通量的增加与膜厚度的降低不再成线性关系。当透氧过程完全由表面交换过程控制时，单纯降低膜厚度将无法使氧通量增加。透氧膜的特征厚度与材料的氧离子扩散系数和氧表面交换系数相关。此外，由于膜的表面微观结构会影响氧的表面交换过程，因此膜的特征厚度也受到材料制备方法及膜表面微观结构的影响。不同材料的特征厚度差别很大，可以在几微米到数毫米范围内变化。如 Bouwmeester 等人[143]对 Sr 掺杂 $LaCoO_{3-\delta}$ 和 $LaFeO_{3-\delta}$ 的研究表明其特征厚度为 $20\sim500\mu m$。Fullarton 等人[144]发现许多萤石结构及钙钛矿结构氧离子导体材料的特征厚度都在 $100\mu m$ 左右。

对于氧渗透速率受体相扩散控制的膜材料，降低膜厚度可以提高膜的氧渗透通量；但减小膜厚度来提高氧透量的前提是不能损害膜的致密性与机械强度。当膜厚度降低到低于特征厚度，氧渗透速率受表面交换控制时，不能仅通过降低膜厚来增加氧通量。对于氧渗透速率受表面交换控制的膜材料，可以通过表面修饰、表面处理的方法，如在膜的一侧（空气侧）或两侧表面制备一层多孔层或修饰一层多孔氧交换催化剂（通常为含 Co 的钙钛矿氧化物或贵金属，如 Pt 和 Ag），来提高膜的氧渗透通量[145~147]。高活性氧交换催化剂可以显著提高膜表面氧交换反应速率，消除表面交换过程对透氧速率的影响，使氧渗透过程恢复到体相扩散控制。

10.3.2.1　混合导体透氧膜材料

在实际应用中，要求混合导体致密陶瓷膜兼具高的透氧能力、优良的机械和化学稳定性，具体要求包括：

① 膜材料必须具有足够高的氧通量，Steele 提出只有当膜的氧通量达到 $1mL/(min \cdot cm^2)$（STP）以上时，该材料才具有经济应用前景；

② 材料必须在高温、高氧分压运行环境下具有相当好的长期稳定性，特别是对于 CH_4 部分氧化的高还原性气氛，如 CH_4、CO、H_2 等；

③ 材料必须具有足够高的机械强度，以满足透氧膜反应器的组件安装要求；

④ 材料的成本应尽可能地低，以提高其经济性。

混合导体透氧膜的性能主要取决于膜材料的组成。混合导体透氧膜材料按其相结构组成可分为双相和单相两类混合导体。前者指的是材料由氧离子导体和电子导体两种不同的相混合组成，氧离子和电子在离子导电相和电子导电相中分别传输；后者指的是材料由单一混合导体相组成，氧离子和电子由同一相传输。目前研究最多和最为深入的是单相混合导体透氧膜材料。

（1）双相复合透氧膜材料　双相复合透氧膜材料通常是由萤石结构氧离子导体与具有高电子电导率的氧化物或贵金属（Pt、Pd、Au 和 Ag 等）在纳米尺度上混合成双相材料，分别为氧离子和电子的迁移提供通道，获得良好的氧渗透性能和高的稳定性。双相透氧膜的概念由 Mazanec 等人[148]首先提出，他们在氧离子导体 YSZ 中掺入一定体积比的金属相（Pd、Pt、$In_{0.9}Pr_{0.1}$、$In_{0.95}Pr_{0.05}$），制成双相膜，证明这些双相膜确实具有透氧能力。在双相混合导体中，研究比较多的氧离子导体有：掺杂 ZrO_2、掺杂 CeO_2 和掺杂 Bi_2O_3[149~152]。虽然这一类氧离子导体材料具有优异的化学和机械稳定性，但是其电子电导率非常低，本身几乎没有透氧能力，因此需要进入高电子导电的第二相来传导电子。由于贵金属的引入限制了其应用，人们慢慢研究用低成本电子导电氧化物和混合离子-电子电导氧化物取代贵金属作为电子导电相[153,154]。

双相复合透氧膜材料的最大优点在于可以根据应用的需求，分别选择具有优异的氧离子导电性或者电子导电性，同时具有非常好的化学和机械稳定性的材料作为氧离子和电子传导相，因而具有良好的化学和机械稳定性，可以满足大氧分压梯度、富含 CO_2 环境下工作的需求。其存在的主要问题还是较低的氧渗透通量和有待提高的两相间的匹配兼容性。通过薄膜化的制备工艺，降低双相复合透氧膜厚度，提高膜的氧渗透能力，双相复合透氧膜有望用于构建涉及甲烷燃烧/部分氧化等反应过程的透氧膜反应器。

（2）单相混合导体透氧膜材料　单相混合导体透氧膜材料是指材料为单一离子-电子混合导电相结构。单相混合导体材料是目前研究最多也较为深入的领域，在单相混合导体中离子和电子都在同一相中传输。单相混合离子电子导体材料以钙钛矿型氧化物为主，还包括一些由钙钛矿氧化物衍生出来的材料。1985 年，Teraoka 等人[54,71]率先发现钙钛矿结构的 $La_{1-x}Sr_xCo_{1-y}Fe_yO_{3-\delta}$ 在高温下具有较高的氧渗透能力，这些材料的氧离子电导率高达 1S/cm，电子电导率也在 100S/cm 量级。这些先驱工作引发了人们对钙钛矿型混合导体透氧膜材料的研究热潮，并在此基础上研发出许多具有优良混合电导性能的材料体系。目前，已报道的具有较高混合导电性能的钙钛矿型透氧膜材料主要有：$(Ln, A)(Co, B)O_3$（Ln＝稀土元素，A＝Ca、Sr、Ba，B＝变价金属元素）[56,57,109,116,155]。其中 $SrCo_{0.8}Fe_{0.2}O_3$ 和 $Ba_{0.5}Sr_{0.5}Co_{0.8}Fe_{0.2}O_3$ 最为典型，其所制备的透氧膜在 900℃ 和较小氧分压梯度（如空气/氦气）下即可获得 $1mL/(min \cdot cm^2)$ 的氧渗透通量，就透氧能力而言已达到实用化要求。但是材料的化学稳定性和机械强度较差，因而总体性能仍不能满足工业化的要求。

单相混合导体透氧膜材料较差的化学稳定性和机械强度主要来源于对高氧渗透通量的追求。由钙钛矿材料的结构和组成可知，为满足高氧通量对混合导体高离子和电子电导率的要求，材料中必须含有大量的氧空位和可变价元素。这样不可避免地引入结构和化学的不稳定因素。大量氧空位的存在导致材料结构稳定性差（热膨胀系数大、机械强度低）。同时，由于钙钛矿的 A 位常含有强碱性的碱土金属，膜材料会与空气中的 CO_2、SO_2、H_2O 等反应导致长期稳定性问题。而 B 位的 Co 和其它变价元素在膜反应器运行的高氧分压梯度下很容易被还原。为提高钙钛矿型透氧膜材料稳定性，研究工作者对其进行了掺杂改性，如在 A 位掺杂 La、Ca、Pr、Sm 等来降低体系的碱性或者 B 位掺杂高价金属元素 Zr、Ti、Ta、Nb、Al 等提高材料的化学稳定性。同时开发不含 Co 的材料（如用 Fe 等替代易挥发和还原的 Co）也可以有效提高材料的机械强度和稳定性。掺杂提高材料结构和化学稳定性的同时也降低了其氧渗透能力。同时，进一步研究表明掺杂方法制备的新材料的稳定性仍然无法满足透氧膜反应器在 CH_4、CO 和 H_2 等还原气氛下工作的需求。

另外，K_2NiF_4 型（A_2BO_4）氧化物由于较好的混合导电能力、较低的热膨胀系数和较高的稳定性而受到了人们的关注。最常见的这一类材料为掺杂 La_2NiO_4 和 La_2CuO_4，其中 $La_2Ni_{1-x}Fe_xO_{4+\delta}$ 和 $La_2Cu_{1-x}Fe_xO_{4+\delta}$ 的氧渗透通量在 850℃ 下达到了 $0.13mL/(min \cdot cm^2)$[79]。在 K_2NiF_4 型氧化物的 A 位或 B 位掺杂其它元素来改善氧渗透性能，也是非常普遍的一种方法。

10.3.2.2　混合导体透氧膜技术应用

目前混合导体透氧膜技术主要应用在以下几个方面：纯氧制备、甲烷部分氧化制备合成气、O_2/CO_2 燃烧与 CO_2 捕获封存和煤炭气化技术等。

普遍认为如果可以解决耐用性和可靠性问题，混合导体透氧膜在制氧领域将有着较广的应用前景和市场。氧气是一种十分重要的化学品，位于全球化学品生产的前列。与目前工业化的制氧工艺（如深冷分离和变压吸附）相比，混合导体致密陶瓷透氧膜不但可以显著降低能耗，同时可以节约大量投资和操作成本，带来巨大经济效益。除了用于空气分离制纯氧外，混合导体透氧膜在化工生产领域也有着十分广泛的应用前景，包括低碳烃类的部分氧化和制氢反应，如甲烷部分氧化制合成气和高附加值化学品（乙烷、乙烯）、乙烷氧化脱氢制乙烯等。反应过程中，催化剂可以是膜材料本身或者是以特定形式沉积在膜表面的其它材料。经济核算表明，用混合导体透氧膜反应器转化甲烷制合成气与传统空分法相比可以降低成本 30％以上[156]。

10.3.3　氧传感器

氧传感器是直接将被测气氛中氧含量（化学势）转化为电信号的装置。目前氧传感器及其智能化仪表相关产品，在人们生活的多个领域发挥着重要作用，被广泛应用于国防科研、交通运输、冶金化工、医疗环保、食品酿造、民用家电等诸多领域。氧传感器使用领域已遍及生活的方方面面，其中氧传感器在汽车领域的应用显得尤为突出。氧传感器是汽车电喷发动机控制系统中关键的传感部件，是控制汽车尾气排放、降低汽车对环境污染、提高汽车发动机燃油燃烧质量的关键组成部件[157,158]。随着汽车工业的快速发展，目前全球汽车市场对汽车用氧传感器的需求量已达到每年 1 亿只。

氧传感器主要有浓差电池型氧化锆式、极限电流型氧化锆式和半导体二氧化钛式三种。本部分主要介绍基于氧离子导体固体电解质材料的前两种氧传感器。

近年来，基于固体电解质的氧传感器迅速发展成为各种电化学传感器之首。电解质膜是高温固体电解质氧传感器的核心，其性能直接决定着传感器的工作温度和性能。由于掺杂 ZrO_2 具有优异的化学和热稳定性，且高温下具有良好的氧离子传导能力，能够很好地满足氧传感器固体电解质膜的要求，因此成为目前固体电解质氧传感器最广泛使用的材料。

10.3.3.1　浓差电池型氧传感器

使用 YSZ 或 CSZ 作为电解质的浓差电池型氧传感器是应用得最早也最为简单的一类氧传感器，其本质是一个浓差电池[159]：

$$Pt, p_{O_2(ref)} | YSZ | p_{O_2(sen)}, Pt$$

其结构如图 10-11 所示。浓差电池型氧传感器的核心元件是氧离子导体固体电解质膜（YSZ），在其两侧表面分别覆盖一层多孔 Pt 或 Pt-Ru 电极。一侧腔体填充已知

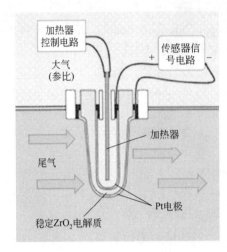

图 10-11　浓差电池型氧传感器工作原理

氧分压 p''_{O_2} 的标准气体（例如空气），另一侧电极与氧分压为 p'_{O_2} 的待测气体相接触，由于两边氧浓度的差异进而产生浓差电势，高温下，当氧离子迁移数大于 0.99 时，电势值可由能斯特方程求出：

$$E=\frac{1}{4F}(\mu''_{O_2}-\mu'_{O_2})=\frac{RT}{4F}\ln(p''_{O_2}-p'_{O_2})$$

(10-11)

式中，E 为传感器的浓差电势，V；μ''_{O_2}、μ'_{O_2} 和 p'_{O_2}、p_{O_2} 分别为氧的化学势和分压；F 为法拉第常数；R 为气体常数，8.314J/(mol·K)；T 为工作温度。因此，通过测量传感器的电势和工作温度就可以求出待测气体的氧化学势（浓度）。通常采用空气（$p''_{O_2}=0.2$atm）、纯氧气或者金属-金属氧化物混合物（如 Cr-Cr_2O_3 体系）作为标准压分压。

10.3.3.2　极限电流型氧传感器

极限电流型氧传感器基于由氧原子扩散所产生的极限电流与阴极侧氧分压的正比关系，利用氧化锆固体电解质氧泵作用原理进行工作[160,161]。极限电流型氧传感器根据扩散障的不同，可以分为孔隙扩散障型（包括小孔扩散障型和多孔扩散障型）和混合导体致密扩散障型等。孔隙扩散障型的典型结构和外围电路如图 10-12(a) 所示，在氧化锆固体电解质膜两侧覆盖多孔 Pt 电极，一侧腔体上开有小孔或微孔层作为扩散障，外界气体通过扩散进入腔体。传感器工作时，在两极上施加一定电压，处于微孔内的电极作为泵电极，气氛中的氧通过扩散进入泵电极，在电势的驱动下从电解质的一侧泵向另一侧。阴极和阳极发生互为相反的电化学反应。

阴极侧：　　　　　　　　　$O_2+4e^-\longrightarrow 2O^{2-}$

阳极侧：　　　　　　　　　$2O^{2-}\longrightarrow O_2+4e^-$

氧气通过小孔或微孔层扩散通量产生的极限电流决定了电池 I-V 曲线的三个特征区域，如图 10-12(b) 所示。

电池外加电压与电流关系为：

$$V=iR+\frac{RT}{4F}\ln\left[\frac{p_{O_2}(阳极)}{p_{O_2}(阴极)}\right]$$

(10-12)

当外加电压较低时（Ⅰ区），电流较小，待测气相主体与阴极区没有浓度差，电化学反应速率由氧离子在固体电解质中的扩散或传荷过程所控制，电流随外加电压增大而线性增大。当外加电压足够大（一般为 0.5～1.5V）时，电流增大到泵氧速度超过氧气通过扩散障的扩散通量时，整个反应变为由氧的扩散所控制，最大电流由正比于待测气氛氧分压的最高氧扩散通量所决定，电流达到了极限稳态值，不

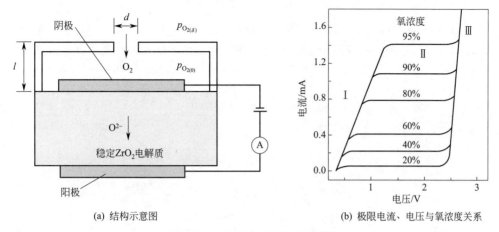

(a) 结构示意图　　　　(b) 极限电流、电压与氧浓度关系

图 10-12　极限电流型氧传感器

再随外加电压变化（Ⅱ区），极限电流为：$i_{\lim}=4FJ_{O_2}$。此时氧的扩散通量为：

$$J_{O_2}=\frac{i}{4F}=\frac{D_{O_2}\left[c_{O_2}(\delta)-c_{O_2}(0)\right]}{\delta}\approx D_{O_2}p_{O_2}/(RT\delta) \tag{10-13}$$

式中，δ 为氧气的有效扩散长度；c_{O_2} 为氧浓度；p_{O_2} 为扩散侧氧分压。

c_{O_2} 与氧摩尔含量 $X_{O_2}^g$ 的关系为：

$$c_{O_2}=\frac{p_{O_2}}{RT}=\frac{X_{O_2}^g p_T}{RT} \tag{10-14}$$

在极限电流区域，阴极区的氧分压将降低到接近 0，即 $c_{O_2}=0$。因此泵电流与被测气相氧分压成线性关系。极限电流型氧传感器正是利用这一关系检测待测气体的氧含量。当外加电压进一步增大时进入Ⅲ区，此时阴极区氧分压极低而出现电子电导，导致电流随外加电压增大而进一步增大。

根据扩散障孔隙大小，气体扩散可以分为分子扩散和 Knudsen 扩散。当扩散障孔径 d（大约为 1000nm）远大于气体分子平均自由程时，气体与孔壁之间的碰撞频率和分子间自由碰撞的频率相比可以忽略，传递过程的阻力来自分子间的碰撞，气体在孔中扩散属于分子扩散，与通常的气体扩散完全相同，并且扩散系数正比于 $T^{1.7}$，而与气相总压成反比；而当扩散障孔径 d（大约为 10nm）远小于气体分子平均自由程时，气体与孔壁之间的碰撞频率远远大于分子间自由碰撞的频率，气体扩散属于 Knudsen 扩散，并且其气相主体扩散系数正比于 $T^{1/2}$；而当扩散障孔径 d 与气体分子平均自由程相当（10～1000nm）时，两种扩散同时存在，气体扩散属于构型扩散，其扩散系数也由两种扩散所占比例而定。

在稳态情况下，根据 Fick 第一定律，气体分子扩散通过小孔的扩散通量为：

$$J_{O_2}=-\frac{D_{O_2}p}{RT}\times\frac{dX_{O_2}}{dx}+X_{O_2}J_{O_2} \tag{10-15}$$

式中，D_{O_2} 和 X_{O_2} 分别为气相主体扩散系数和氧气的摩尔分数。

根据边界条件 $x = 0$，$X_{O_2} = X_{O_2}^g$（待测气体氧气摩尔分数）；$x = 1$，$X_{O_2} = X_{O_2}(0) \ll X_{O_2}^g$（阴极区氧气摩尔分数远小于待测气体氧气摩尔分数，接近于 0）积分可得：

$$J_{O_2} = -\frac{D_{O_2} p_T}{RTl} \ln (1 - X_{O_2}^g) \tag{10-16}$$

从而，

$$i_{lim} = 4FJ_{O_2} = -\frac{4FD_{O_2} p_T}{RTl} \ln (1 - X_{O_2}^g) \tag{10-17}$$

当 $X_{O_2}^g \ll 1$ 时，

$$i_{lim} = 4FJ_{O_2} = -\frac{4FD_{O_2} p_T}{RTl} X_{O_2}^g \tag{10-18}$$

对于 Knudsen 扩散，其扩散通量为（忽略气相主体中对流引起的扩散）

$$J_{O_2} = -\frac{D_{O_2} p}{RT} \times \frac{dX_{O_2}}{dx} \tag{10-19}$$

同理可得，

$$i_{lim} = 4FJ_{O_2} = -\frac{4FD_{O_2} p_T}{RTl} X_{O_2} \tag{10-20}$$

孔隙扩散障型氧传感器在使用过程中存在着一些问题，如在长期使用过程中扩散障内的孔隙会发生孔径变化及堵塞现象，导致传感器性能下降甚至失效。近年来，新型混合导体致密扩散障型氧传感器采用了无孔结构，克服了孔隙扩散障型的上述不足，同时具有性能稳定、工艺简单的优点，成为研究的热点。混合导体致密扩散障型氧传感器采用电子-离子混合导体陶瓷层作化学扩散限流层[162]，混合导体层置于阴极与电解质膜 YSZ 之间，通过其中氧空位的迁移来输送氧，氧气渗透并通过混合导体层的扩散速率低于其在空气中的速率，从而起到扩散限流的作用。

参 考 文 献

[1] Strickler D W, Carlson W G. Electrical conductivity in the ZrO₂-rich region of several M₂O₃-ZrO₂ systems. J Am Ceram Soc, 1965, 48: 286-289.

[2] Huang K, Feng M, Goodenough J B. Bi₂O₃-Y₂O₃-CeO₂ solid solution oxide-ion electrolyte. Solid State Ionics, 1996, 89: 17-24.

[3] Feng M, Goodenough J B. A superior oxide-ion electrolyte. Eur J Solid State Inorg Chem, 1994, 31: 663-672.

[4] Dristine R T B R, Kuech T F. Ionic conductivity of calcia, yttria and rare earth-doped cerium dioxide. J Electrochem Soc, 1979, 126: 264.

[5] Goodenough J B, Ruizdiaz J E, Zhen Y S. Oxide-ion conduction in Ba₂In₂O₅ and Ba₃In₂CeO₈, Ba₃In₂HfO₈, or Ba₃In₂ZrO₈. Solid State Ionics, 1990, 44: 21-31.

[6] Takahashi T, Iwahara H, Arao T. High oxide ion conduction in sintered oxides of the system Bi₂O₃-Y₂O₃. J Appl Electrochem, 1975, 5: 187-195.

[7] Lacorre P, Goutenoire F, Bohnke O, et al. Designing fast oxide-ion conductors based on $La_2Mo_2O_9$. Nature, 2000, 404: 856-858.

[8] Goodenough J B. Oxide-ion electrolytes. Annual Review of Materials Research, 2003, 33: 91-128.

[9] Kilner J A. Fast oxygen transport in acceptor doped oxides. Solid State Ionics, 2000, 129: 13-23.

[10] Badwal S P S. Zirconia-based solid electrolytes-microstructure, stability and ionic-conductivity. Solid State Ionics, 1992, 52: 23-32.

[11] Yoshimura M. Phase-stability of zirconia. Am Ceram Soc Bull, 1988, 67: 1950-1955.

[12] Fergus J W. Electrolytes for solid oxide fuel cells. J Power Sources, 2006, 162: 30-40.

[13] Kharton V V, Naumovich E N, Vecher A A. Research on the electrochemistry of oxygen ion conductors in the former soviet union-I: ZrO_2-based ceramic materials. Journal of Solid State Electrochemistry, 1999, 3: 61-81.

[14] Yamamoto O, Arati Y, Takeda Y, et al. Electrical-conductivity of stabilized zirconia with ytterbia and scandia. Solid State Ionics, 1995, 79: 137-142.

[15] Badwal S P S, Ciacchi F T, Milosevic D. Scandia-zirconia electrolytes for intermediate temperature solid oxide fuel cell operation. Solid State Ionics, 2000, 136: 91-99.

[16] Eyring L. Handbook on the Physics and Chemistry of rare earths: Volume 3. Elsevier, 1979: 337-399.

[17] Riley B. Solid oxide fuel-cells -the next stage. J Power Sources, 1990, 29: 223-238.

[18] Eguchi K, Setoguchi T, Inoue T, et al. Electrical-properties of ceriaA-based ocides and their application to solid ocide fuel-cells. Solid State Ionics, 1992, 52: 165-172.

[19] Arai H, Kunisaki T, Shimizu Y, et al. Electrical-properties of calcia-doped ceria with oxygen ion conduction. Solid State Ionics, 1986, 20: 241-248.

[20] Riess I, Braunshtein D, Tannhauser D S. Density and ionic conductivity of sintered $(CeO_2)_{0.82}$ $(GdO_{1.5})_{0.18}$. J Am Ceram Soc, 1981, 64: 479-485.

[21] Huang K Q, Feng M, Goodenough J B. Synthesis and electrical properties of dense $Ce_{0.9}Cd_{0.1}O_{1.95}$ ceramics. J Am Ceram Soc, 1998, 81: 357-362.

[22] Godickemeier M, Gauckler L J. Engineering of solid oxide fuel cells with ceria-based electrolytes. J Electrochem Soc, 1998, 145: 414-421.

[23] Steele B C H. Appraisal of $Ce_{1-y}Gd_yO_{2-y/2}$ electrolytes for IT-SOFC operation at 500 degrees C. Solid State Ionics, 2000, 129: 95-110.

[24] Atkinson A. Chemically-induced stresses in gadolinium-doped ceria solid oxide fuel cell electrolytes. Solid State Ionics, 1997, 95: 249-258.

[25] Sammes N M, Tompsett G A, Nafe H, et al. Bismuth based oxide electrolytes -Structure and ionic conductivity. J Eur Ceram Soc, 1999, 19: 1801-1826.

[26] Kharton V V, Naumovich E N, Yaremchenko A A, et al. Research on the electrochemistry of oxygen ion conductors in the former Soviet Union-IV: Bismuth oxide-based ceramics. Journal of Solid State Electrochemistry, 2001, 5: 160-187.

[27] Harwig H A, Gerards A G. The polymorphism of bismuth sesquioxide. Thermochim Acta, 1979, 28: 121-131.

[28] Battle P D, Catlow C R A, Drennan J, et al. The structural-properties of the oxygen conducting delta-phase of Bi_2O_3. Journal of Physics C-Solid State Physics, 1983, 16: L561-L566.

[29] Takahashi T, Iwahara H. High oxide ion conduction in sintered oxides of the system Bi_2O_3-WO_3. J Appl Electrochem, 1973, 3: 65-72.

[30] Takahashi T, Esaka T, Iwahara H. High oxide ion conduction in the sintered oxides of the system Bi_2O_3-Gd_2O_3. J Appl Electrochem, 1975, 5: 197-202.

[31] Longo J M, Raccah P M, Goodenough J B. $Pb_2M_2O_{7-x}$ (M=Ru, Ir, Re)——Preparation and properties of oxygen deficient pyrochlores. Mater Res Bull, 1969, 4: 191-202.

[32] Moon P K, Tuller H L. Ionic-conduction in the $Gd_2Tl_2O_7$-$Gd_2Zr_2O_7$ system. Solid State Ionics, 1988, 28: 470-474.

[33] Katz L, Ward R. Structure relations in mixed metal oxides. Inorg Chem, 1964, 3: 205-211.

[34] Goldschmidt V M. Akad Oslo, 1946, A42: 224.

[35] Sammells A F, Cook R L, White J H, et al. Rational selection of advanced solid electrolytes for intermediate temperature fuel-cells. Solid State Ionics, 1992, 52: 111-123.

[36] Kakinuma K, Yamamura H, Atake T. High oxide ion conductivity of $(Ba_{1-x-y}Sr_xLa_y)InO_{2.5+y/2}$ members derived from the $Ba_2In_2O_5$ system. Defects and Diffusion in Ceramics: An Annual

Retrospective Ⅶ, 2005，242-244：159-167.

[37] Ishihara T, Matsuda H, Takita Y. Doped LaGaO$_3$ perovskite-type oxide as a new oxide ionic conductor. J Am Chem Soc, 1994, 116：3801-3803.

[38] Ishihara T, Matsuda H, Takita Y. Effects of rare-earth cations doped for La site on the oxide ionic-conductivity of LaGaO$_3$-based perovskite-type oxide. Solid State Ionics，1995，79：147-151.

[39] Huang K Q, Feng M, Goodenough J B. Sol-gel synthesis of a new oxide-ion conductor Sr-and Mg-doped LaGaO$_3$ perovskite. J Am Ceram Soc，1996，79：1100-1104.

[40] Huang K Q, Tichy R S, Goodenough J B. Superior perovskite oxide-ion conductor；strontium-and magnesium-doped LaGaO$_3$-Ⅰ：phase relationships and electrical properties. J Am Ceram Soc，1998，81：2565-2575.

[41] Huang K Q, Tichy R S, Goodenough J B. Superior perovskite oxide-ion conductor；strontium-and magnesium-doped LaGaO$_3$-Ⅱ：AC impedance spectroscopy. J Am Ceram Soc，1998，81：2576-2580.

[42] Yamaji K, Horita T, Ishikawa M, et al. Chemical stability of the La$_{0.9}$Sr$_{0.1}$Ga$_{0.8}$Mg$_{0.2}$O$_{2.85}$ electrolyte in a reducing atmosphere. Solid State Ionics，1999，121：217-224.

[43] Huang K Q,Feng M,Goodenough J B,et al. Electrode performance test on single ceramic fuel cells using as electrolyte Sr-and Mg-doped LaGaO$_3$. J Electrochem Soc,1997,144：3620-3624.

[44] Huang K Q,Feng M,Goodenough J B,et al. Characterization of Sr-doped LaMnO$_3$ and LaCoO$_3$ as cathode materials for a doped LaGaO$_3$ ceramic fuel cell. J Electrochem Soc,1996,143：3630-3636.

[45] Teller R G,Brazdil J F,Grasselli R K,et al. The structure of gamma-bismuth molybadate,Bi$_2$MoO$_6$,by powder nuetron-diffraction. Acta Crystallographica Section C-Crystal Structure Communications,1984,40：2001-2005.

[46] Abraham F,Debreuillegresse M F,Mairesse G,et al. Phase-transitions and ionic-conductivity in Bi$_4$V$_2$O$_{11}$ an oxide with a layered structure. Solid State Ionics,1988,28：529-532.

[47] Abraham F,Boivin J C,Mairesse G,et al. The bimevox series -a new family of high performances oxide ion conductors. Solid State Ionics,1990,40-1：934-937.

[48] Goodenough J B,Manthiram A,Paranthaman M,et al. oxide ion electrolytes. Materials Science and Engineering B：Solid State Materials for Advanced Technology,1992,12：357-364.

[49] Yan J,Greenblatt M. Ionic conductivities of Bi$_4$V$_{2-x}$M$_x$O$_{11-x/2}$(M＝Ti, Zr, Sn, Pb) solid-solutions. Solid State Ionics, 1995, 81：225-233.

[50] Vannier R N, Mairesse G, Abraham F, et al. Thermal-behavior of Bi$_4$V$_2$O$_{11}$-X-ray-diffraction and impedance spectroscopy studies. Solid State Ionics, 1995, 78：183-189.

[51] Boivin J C, Pirovano C, Nowogrocki G, et al. Electrode-electrolyte bimevox system for moderate temperature oxygen separation. Solid State Ionics, 1998, 113：639-651.

[52] Yaremchenko A A, Kharton V V, Naumovich E N, et al. Physicochemical and transport properties of bicuvox-based ceramics. J Electroceram, 2000, 4：233-242.

[53] Anderson H U. Revies of p-type doped perovskite materialsls for sofc and other applications. Solid State Ionics, 1992, 52：33-41.

[54] Teraoka Y, Zhang H M, Furukawa S, et al. Oxygen permeation through perovskite-type oxides. Chem Lett, 1985：1743-1746.

[55] Tai L W, Nasrallah M M, Anderson H U, et al. Structure and electrical-properties of La$_{1-x}$Sr$_x$Co$_{1-y}$FeYO$_3$：Ⅰ, the system La$_{0.8}$Sr$_{0.2}$Co$_{1-y}$FeYO$_3$. Solid State Ionics, 1995, 76：259-271.

[56] Stevenson J W, Armstrong T R, Carneim R D, et al. Electrochemical properties of mixed conducting perovskites La$_{1-x}$M$_x$Co$_{1-y}$Fe$_y$O$_{3-\delta}$(M＝Sr, Ba, Ca). J Electrochem Soc, 1996, 143：2722-2729.

[57] Shao Z P, Yang W S, Cong Y, et al. Investigation of the permeation behavior and stability of a Ba$_{0.5}$Sr$_{0.5}$Co$_{0.8}$Fe$_{0.2}$O$_{3-\delta}$ oxygen membrane. Journal of Membrane Science, 2000, 172：177-188.

[58] Pena M A, Fierro J L G. Chemical structures and performance of perovskite oxides. Chem Rev, 2001, 101：1981-2017.

[59] Bouwmeester H J M, Burggraaf A J. Chapter 14 dense ceramic membranes for oxygen separation∥Gellings P J, Bouwmeester H J M. The CRC handbook of solid state electrochemistry. CRC Press, 1997.

[60] Carter S, Selcuk A, Chater R J, et al. Oxygen transport in selected nonstoichiometric perovskite-structure oxides. Solid State Ionics, 1992, 53－56, Part 1：597-605.

[61] Mizusaki J, Yamauchi S, Fueki K, et al. Nonstoichiometry of the perovskite-type oxide La$_{1-x}$Sr$_x$CrO$_{3-\delta}$. Solid State Ionics, 1984, 12：119-124.

[62] Minh N Q. Ceramic fuel-cells. J Am Ceram Soc, 1993, 76：563-588.

[63] Sakaki Y, Takeda Y, Kato A, et al. $Ln_{1-x}Sr_xMnO_3$($Ln=Pr$, Nd, Sm and Gd) as the cathode material for solid oxide fuel cells. Solid State Ionics, 1999, 118: 187-194.

[64] Murray E P, Tsai T, Barnett S A. Oxygen transfer processes in (La, Sr) MnO_3/Y_2O_3-stabilized ZrO_2 cathodes: an impedance spectroscopy study. Solid State Ionics, 1998, 110: 235-243.

[65] Kim J D, Kim G D, Moon J W, et al. Characterization of LSM-YSZ composite electrode by AC impedance spectroscopy. Solid State Ionics, 2001, 143: 379-389.

[66] Mizusaki J. Nonstoichiometry, diffusion, and electrical properties of perovskite-type oxide electrode materials. Solid State Ionics, 1992, 52: 79-91.

[67] Mizusaki J, Sasamoto T, Cannon W R, et al. Electronic conductivity, seebeck coefficient, and defect structure of $LaFeO_3$. J Am Ceram Soc, 1982, 65: 363-368.

[68] Mizusaki J, Sasamoto T, Cannon W R, et al. Electronic conductivity, seebeck coefficient, and defect structure of $La_{1-x}Sr_xFeO_3$ ($x=0.1$, 0.25). J Am Ceram Soc, 1983, 66: 247-252.

[69] Mizusaki J, Yoshihiro M, Yamauchi S, et al. Nonstoichiometry and defect structure of the perovskite-type oxides $La_{1-x}Sr_xFeO_{3-\delta}$. J Solid State Chem, 1985, 58: 257-266.

[70] Mizusaki J, Yoshihiro M, Yamauchi S, et al. Thermodynamic quantities and defect equilibrium in the perovskite-type oxide solid solution $La_{1-x}Sr_xFeO_{3-\delta}$. J Solid State Chem, 1987, 67: 1-8.

[71] Teraoka Y, Zhang H M, Okamoto K, et al. Mixed ionic-electronic conductivity of $La_{1-x}Sr_xCo_{1-y}Fe_yO_{3-\delta}$ perovskite-type oxides. Mater Res Bull, 1988, 23: 51-58.

[72] Sekido S, Tachibana H, Yamamura Y, et al. Electric-ionic conductivity in perovskite-type oxides, $Sr_xLa_{1-x}Co_{1-y}Fe_yO_{3-\delta}$. Solid State Ionics, 1990, 37: 253-259.

[73] Bonnet J P, Grenier J C, Onillon M, et al. Influence de La pression partielle d'oxygene sur La nature des defauts ponctuels dans $Ca_2LaFe_3O_{8+x}$. Mater Res Bull, 1979, 14: 67-75.

[74] Zener C. Interaction between the d-shells in the transition metals-Ⅱ: ferromagnetic compounds of manganese with perovskite structure. Physical Review, 1951, 82: 403-405.

[75] Skinner S J, Kilner J A. Oxygen ion conductors. Mater Today, 2003, 6: 30-37.

[76] Skinner S J, Kilner J A. Oxygen diffusion and surface exchange in $La_{2-x}Sr_xNiO_{4+\delta}$. Solid State Ionics, 2000, 135: 709-712.

[77] Skinner S J, Kilner J A. A comparison of the transport properties of $La_{2-x}Sr_xNi_{1-y}Fe_yO_{4+\delta}$ where $0<x<0.2$ and $0<y<0.2$. Ionics, 1999, 5: 171-174.

[78] Kilner J A, Shaw C K M. Mass transport in $La_2Ni_{1-x}Co_xO_{4+\delta}$ oxides with the K_2NiF_4 structure. Solid State Ionics, 2002, 154: 523-527.

[79] Kharton V V, Viskup A P, Naumovich E N, et al. Oxygen ion transport in La_2NiO_4-based ceramics. J Mater Chem, 1999, 9: 2623-2629.

[80] Bassat J M, Burriel M, Wahyudi O, et al. Anisotropic oxygen diffusion properties in $Pr_2NiO_{4+\delta}$ and $Nd_2NiO_{4+\delta}$ single crystals. The Journal of Physical Chemistry C, 2013, 117: 26466-26472.

[81] Yaremchenko A A, Kharton V V, Patrakeev M V, et al. p-type electronic conductivity, oxygen permeability and stability of $La_2Ni_{0.9}Co_{0.1}O_{4+\delta}$. J Mater Chem, 2003, 13: 1136-1144.

[82] Goutenoire F, Isnard O, Retoux R, et al. Crystal structure of $La_2Mo_2O_9$, a new fast oxide-ion conductor. Chem Mat, 2000, 12: 2575-2580.

[83] Georges S, Goutenoire F, Laligant Y, et al. Reducibility of fast oxide-ion conductors $La_{2-x}R_xMo_{2-y}W_yO_9$ ($R=Nd$, Gd). J Mater Chem, 2003, 13: 2317-2321.

[84] Georges S, Goutenoire F, Altorfer F, et al. Thermal, structural and transport properties of the fast oxide-ion conductors $La_{2-x}R_xMo_2O_9$ ($R=Nd$, Gd, Y). Solid State Ionics, 2003, 161: 231-241.

[85] Corbel G, Laligant Y, Goutenoire F, et al. Effects of partial substitution of Mo^{6+} by Cr^{6+} and W^{6+} on the crystal structure of the fast oxide-ion conductor structural effects of W^{6+}. Chem Mat, 2005, 17: 4678-4684.

[86] Georges S, Goutenoire F, Bohnke O, et al. The LAMOX family of fast oxide-ion conductors: overview and recent results. J New Mater Electrochem Syst, 2004, 7: 51-57.

[87] Nakayama S, Kageyama T, Aono H, et al. Ionic conductivity of lanthanoid silicates, $Ln_{10}(SiO_4)_6O_3$ ($Ln=La$, Nd, Sm, Gd, Dy, Y, Ho, Er and Yb). J Mater Chem, 1995, 5: 1801-1805.

[88] Nakayama S, Aono H, Sadaoka Y. Ionic-conductivity of $Ln_{10}(SiO_4)_6O_3$ ($Ln=La$, Nd, Sm, Gd and Dy). Chem Lett, 1995: 431-432.

[89] Nakayama S, Sakamoto M. Electrical properties of new type high oxide ionic conductor $RE_{10}Si_6O_{27}$ ($RE=La$, Pr, Nd, Sm, Gd, Dy). J Eur Ceram Soc, 1998, 18: 1413-1418.

[90] Tao S W, Irvine J T S. Preparation and characterisation of apatite-type lanthanum silicates by a sol-gel process. Mater Res Bull, 2001, 36: 1245-1258.

[91] Arikawa H, Nishiguchi H, Ishihara T, et al. Oxide ion conductivity in Sr-doped $La_{10}Ge_6O_{27}$ apatite oxide. Solid State Ionics, 2000, 136: 31-37.

[92] Abram E J, Sinclair D C, West A R. A novel enhancement of ionic conductivity in the cation-deficient apatite $La_{9.33}(SiO_4)_6O_2$. J Mater Chem, 2001, 11: 1978-1979.

[93] Islam M S, Tolchard J R, Slater P R. An apatite for fast oxide ion conduction. Chem Commun, 2003: 1486-1487.

[94] Tolchard J R, Islam M S, Slater P R. Defect chemistry and oxygen ion migration in the apatite-type materials $La_{9.33}Si_6O_{26}$ and $La_8Sr_2Si_6O_{26}$. J Mater Chem, 2003, 13: 1956-1961.

[95] Marrero-Lopez D, Martin-Sedeno M C, Pena Martinez J, et al. Evaluation of apatite silicates as solid oxide fuel cell electrolytes. J Power Sources, 2010, 195: 2496-2506.

[96] Kharton V V, Marques F M B, Kilner J A, et al. Solid state electrochemistry I. Wiley-VCH Verlag GmbH & Co KGaA, 2009: 301-334.

[97] Tolchard J R, Slater P R, Islam M S. Insight into doping effects in apatite silicate ionic conductors. Adv Funct Mater, 2007, 17: 2564-2571.

[98] Kendrick E, Islam M S, Slater P R. Atomic-scale mechanistic features of oxide ion conduction in apatite-type germanates. Chem Commun, 2008: 715-717.

[99] Shaula A L, Kharton V V, Marques F M B. Oxygen ionic and electronic transport in apatite-type $La_{10-x}(Si, Al)_6O_{26\pm\delta}$. J Solid State Chem, 2005, 178: 2050-2061.

[100] Brisse A, Sauvet A L, Barthet C, et al. Microstructural and electrochemical characterizations of an electrolyte with an apatite structure, $La_9Sr_1Si_6O_{26.5}$. Solid State Ionics, 2007, 178: 1337-1343.

[101] McIntosh S, Gorte R J. Direct hydrocarbon solid oxide fuel cells. Chem Rev, 2004, 104: 4845-4865.

[102] Ormerod R M. Solid oxide fuel cells. Chem Soc Rev, 2003, 32: 17-28.

[103] Minh N Q. Solid oxide fuel cell technology-features and applications. Solid State Ionics, 2004, 174: 271-277.

[104] Yano M, Tomita A, Sano M, et al. Recent advances in single-chamber solid oxide fuel cells: A review. Solid State Ionics, 2007, 177: 3351-3359.

[105] Wachsman E D, Lee K T. Lowering the temperature of solid oxide fuel cells. Science, 2011, 334: 935-939.

[106] Brett D J L, Atkinson A, Brandon N P, et al. Intermediate temperature solid oxide fuel cells. Chem Soc Rev, 2008, 37: 1568-1578.

[107] Adler S B. Factors governing oxygen reduction in solid oxide fuel cell cathodes. Chem Rev, 2004, 104: 4791-4843.

[108] Sun C, Hui R, Roller J. Cathode materials for solid oxide fuel cells: a review. Journal of Solid State Electrochemistry, 2010, 14: 1125-1144.

[109] Bouwmeester H J M. Dense ceramic membranes for methane conversion. Catal Today, 2003, 82: 141-150.

[110] Zhou W, Ran R, Shao Z. Progress in understanding and development of $Ba_{0.5}Sr_{0.5}Co_{0.8}Fe_{0.2}O_{3-\delta}$-based cathodes for intermediate-temperature solid-oxide fuel cells: a review. J Power Sources, 2009, 192: 231-246.

[111] Steele B C H. Material science and engineering: the enabling technology for the commercialisation of fuel cell systems. J Mater Sci, 2001, 36: 1053-1068.

[112] Badwal S P S, Foger K. Solid oxide electrolyte fuel cell review. Ceram Int, 1996, 22: 257-265.

[113] Arachi Y, Sakai H, Yamamoto O, et al. Electrical conductivity of the ZrO_2-Ln_2O_3 (Ln = lanthanides) system. Solid State Ionics, 1999, 121: 133-139.

[114] Huang K Q, Wan J H, Goodenough J B. Increasing power density of LSGM-based solid oxide fuel cells using new anode materials. J Electrochem Soc, 2001, 148: A788-A794.

[115] Huang K, Wan J, Goodenough J B. Oxide-ion conducting ceramics for solid oxide fuel cells. J Mater Sci, 2001, 36: 1093-1098.

[116] Qiu L, Lee T H, Liu L M, et al. Oxygen permeation studies of $SrCo_{0.8}Fe_{0.2}O_{3-\delta}$. Solid State Ionics, 1995, 76: 321-329.

[117] Harrison W T A, Lee T H, Yang Y L, et al. A neutron diffraction study of two strontium cobalt iron oxides. Mater Res Bull, 1995, 30: 621-630.

[118] Huang K Q, Goodenough J B. Oxygen permeation through cobalt-containing perovskites -surface oxygen exchange vs. lattice oxygen diffusion. J Electrochem Soc, 2001, 148: E203-E214.

[119] Wan J H, Goodenough J B. Improved solid oxide fuel cell performance with sputtered Pt catalyst//Singhal S C, Dokiya M. Solid oxide fuel cells Ⅷ. Electrochemical Society Inc: Pennington, 2003, 624-631.

[120] Kenjo T, Nishiya M. LaMnO$_3$ air cathodes containing ZrO$_2$ electrolyte for high temperature solid oxide fuel cells. Solid State Ionics, 1992, 57: 295-302.

[121] Ostergard M J L, Mogensen M. AC-impedance study of the oxygen reduction-mechanism on La$_{1-x}$Sr$_x$MnO$_3$ in solid oxide fuel-cells. Electrochim Acta, 1993, 38: 2015-2020.

[122] Clausen C, Bagger C, Bildesorensen J B, et al. Microstructrual and microchemical characterization of the interface between La$_{0.85}$Sr$_{0.15}$MnO$_3$ and Y$_2$O$_3$-stabilzed ZrO$_2$. Solid State Ionics, 1994, 70: 59-64.

[123] Skinner S J. recent advances in perovskite-type materials for solid oxide fuel cell cathodes. Int J Inorg Mater, 2001, 3: 113-121.

[124] Skinner S J, Kilner J A. Oxygen diffusion and surface exchange in La$_{2-x}$Sr$_x$NiO$_{4+\delta}$. Solid State Ionics, 2000, 135: 709-712.

[125] Boehm E, Bassat J M, Steil M C, et al. Oxygen transport properties of La$_2$Ni$_{1-x}$Cu$_x$O$_{4+\delta}$ mixed conducting oxides. Solid State Sciences, 2003, 5: 973-981.

[126] Mauvy F, Lalanne C, Bassat J M, et al. Electrode properties of Ln$_2$NiO$_{4+\delta}$ (Ln=La,Nd,Pr) -AC impedance and DC polarization studies. J Electrochem Soc, 2006, 153: A1547-A1553.

[127] Chang A, Skinner S J, Kilner J A. Electrical properties of GdBaCo$_2$O$_{5+x}$ for ITSOFC applications. Solid State Ionics, 2006, 177: 2009-2011.

[128] Chen D, Ran R, Zhang K, et al. Intermediate-temperature electrochemical performance of a polycrystalline PrBaCo$_2$O$_{5+\delta}$ cathode on samarium-doped ceria electrolyte. J Power Sources, 2009, 188: 96-105.

[129] Vanroosmalen J A M, Cordfunke E H P. Chemical-reactivity and interdiffusion of (La,Sr)MnO$_3$ and (Zr,Y)O$_2$, solid oxide fuel-cell cathode and electrolyte materials. Solid State Ionics, 1992, 52: 303-312.

[130] Keep C W, Baker R T K, France J A. Origin of filamentous carbon formation from the reaction of propane over nickel. J Catal, 1977, 47: 232-238.

[131] Murray E P, Tsai T, Barnett S A. A direct-methane fuel cell with a ceria-based anode. Nature, 1999, 400: 649-651.

[132] Park S, Vohs J M, Gorte R J. Direct oxidation of hydrocarbons in a solid-oxide fuel cell. Nature, 2000, 404: 265-267.

[133] Gorte R J, Park S, Vohs J M, et al. Anodes for direct oxidation of dry hydrocarbons in a solid-oxide fuel cell. Adv Mater, 2000, 12: 1465-1469.

[134] Zhan Z L, Barnett S A. An octane-fueled olid oxide fuel cell. Science, 2005, 308: 844-847.

[135] Wisniewski M, Boreave A, Gelin P. Catalytic CO$_2$ reforming of methane over Ir/Ce$_{0.9}$Gd$_{0.1}$O$_{2-x}$. Catal Commun, 2005, 6: 596-600.

[136] Kim H, Lu C, Worrell W L, et al. Cu-Ni cermet anodes for direct oxidation of methane in solid-oxide fuel cells. J Electrochem Soc, 2002, 149: A247-A250.

[137] Kim G, Corre G, Irvine J T S, et al. Engineering composite oxide SOFC anodes for efficient oxidation of methane. Electrochem Solid State Lett, 2008, 11: B16-B19.

[138] Jiang S P, Chen X J, Chan S H, et al. (La$_{0.75}$Sr$_{0.25}$)(Cr$_{0.5}$Mn$_{0.5}$)O$_3$/YSZ composite anodes for methane oxidation reaction in solid oxide fuel cells. Solid State Ionics, 2006, 177: 149-157.

[139] Escudero M J, Irvine J T S, Daza L. Development of anode material based on La-substituted SrTiO$_3$ perovskites doped with manganese and/or gallium for SOFC. J Power Sources, 2009, 192: 43-50.

[140] Ruiz-Morales J C, Canales-Vázquez J, Savaniu C, et al. Disruption of extended defects in solid oxide fuel cell anodes for methane oxidation. Nature, 2006, 439: 568-571.

[141] Huang Y H, Dass R I, Xing Z L, et al. Double perovskites as anode materials for solid-oxide fuel cells. Science, 2006, 312: 254-257.

[142] Lin Y-S, Wang W, Han J. Oxygen permeation through thin mixed-conducting solid oxide membranes. AlChE J, 1994, 40: 786-798.

[143] Bouwmeester H J M, Kruidhof H, Burggraaf A J. Importance of the surface exchange kinetics as rate

limiting step in oxygen permeation through mixed-conducting oxides. Solid State Ionics, 1994, 72, Part 2: 185-194.

[144] Fullarton I C, Jacobs J P, van Benthem H E, et al. Study of oxygen ion transport in acceptor doped samarium cobalt oxide. Ionics, 1995, 1: 51-58.

[145] Teraoka Y, Honbe Y, Ishii J, et al. Catalytic effects in oxygen permeation through mixed-conductive LSCF perovskite membranes. Solid State Ionics, 2002, 152-153: 681-687.

[146] Kharton V V, Kovalevsky A V, Yaremchenko A A, et al. Surface modification of $La_{0.3}Sr_{0.7}CoO_{3-\delta}$ ceramic membranes. Journal of Membrane Science, 2002, 195: 277-287.

[147] Zhu X, Cong Y, Yang W. Oxygen permeability and structural stability of $BaCe_{0.15}Fe_{0.85}O_{3-\delta}$ membranes. Journal of Membrane Science, 2006, 283: 38-44.

[148] Mazanec T J, Cable T L, Frye Jr J G. Electrocatalytic cells for chemical reaction. Solid State Ionics, 1992, 53-56, Part 1: 111-118.

[149] Chen C S, Boukamp B A, Bouwmeester H J M, et al. Microstructural development, electrical properties and oxygen permeation of zirconia-palladium composites. Solid State Ionics, 1995, 76: 23-28.

[150] Chen P L, Chen I W. Sintering of fine oxide powders- I : Microstructural evolution. J Am Ceram Soc, 1996, 79: 3129-3141.

[151] Chen C S, Kruidhof H, Bouwmeester H J M, et al. Thickness dependence of oxygen permeation through erbiastabilized bismuth oxide-silver composites. Solid State Ionics, 1997, 99: 215-219.

[152] Chen C S, Burggraaf A J. Stabilized bismuth oxide noble metal mixed conducting composites as high temperature oxygen separation membranes. J Appl Electrochem, 1999, 29: 355-360.

[153] Wang H, Cong Y, Yang W. Investigation on the partial oxidation of methane to syngas in a tubular $Ba_{0.5}Sr_{0.5}Co_{0.8}Fe_{0.2}O_{3-\delta}$ membrane reactor. Catal Today, 2003, 82: 157-166.

[154] Kharton V V, Kovalevsky A V, Viskup A P, et al. Oxygen transport in $Ce_{0.8}Gd_{0.2}O_{2-\delta}$-based composite membranes. Solid State Ionics, 2003, 160: 247-258.

[155] Sunarso J, Baumann S, Serra J M, et al. Mixed ionic-electronic conducting (MIEC) ceramic-based membranes for oxygen separation. Journal of Membrane Science, 2008, 320: 13-41.

[156] Dyer P N, Richards R E, Russek S L, et al. Ion transport membrane technology for oxygen separation and syngas production. Solid State Ionics, 2000, 134: 21-33.

[157] Takeuchi T. Oxygen sensors. Sensors and Actuators, 1988, 14: 109-124.

[158] Riegel J, Neumann H, Wiedenmann H M. Exhaust gas sensors for automotive emission control. Solid State Ionics, 2002, 152: 783-800.

[159] Maskell W C, Steele B C H. Solid state potentiometric oxygen gas sensors. J Appl Electrochem, 1986, 16: 475-489.

[160] Komachiya M, Suzuki S, Fujita T, et al. Limiting-current type air – fuel ratio sensor using porous zirconia layer without inner gas chambers: proposal for a quick-startup sensor. Sensors and Actuators B: Chemical, 2001, 73: 40-48.

[161] Asada A, Yamamoto H, Nakazawa M, et al. Limiting current type of oxygen sensor with high performance. Sensors and Actuators B: Chemical, 1990, 1: 312-318.

[162] Garzon F, Raistrick I, Brosha E, et al. Dense diffusion barrier limiting current oxygen sensors. Sensors and Actuators B: Chemical, 1998, 50: 125-130.

第**11**章
锂离子电池电极材料的理论模拟

本章主要介绍锂离子电池电极材料的物理和电化学性质的理论计算和模拟。重点介绍密度泛函理论和分子动力学方法及其在锂离子电池电极材料研究中的应用。主要内容包括：充放电电压平台的计算、电极材料的结构稳定性和相对稳定性、同质异形体、电极材料中的离子迁移和电极材料的结构预测方法等，电极材料电导部分的讨论请参见第5章。

11.1 材料模拟计算的理论基础

固体材料是由大量原子构成的，处理这样的多粒子体系的出发点是系统的薛定谔方程：

$$H\psi(\boldsymbol{r},\boldsymbol{R})=\mathrm{E}\psi(\boldsymbol{r},\boldsymbol{R}) \tag{11-1}$$

对固体来讲，其哈密顿量 H 是极为复杂的，故对式(11-1) 的直接求解非常困难。考虑到电子比原子核的质量要小 10^3 以上的量级，电子的运动"速度"比原子核要快得多，所以考虑电子的运动时可以认为原子核静止处于某一瞬时的位置。而考虑核的运动时则可以不考虑电子在空间的具体分布，此即玻恩-奥本海默近似，也称为绝热近似。通过绝热近似，可以把电子与原子核的运动分开，从而得到多电子的薛定谔方程：

$$\left[-\sum_i \frac{\hbar^2}{2m_\mathrm{e}}\nabla^2_{r_i}-\frac{1}{2}\sum_i\frac{Ze^2}{|\boldsymbol{r}_i-\boldsymbol{R}|}+\frac{1}{2}\sum_{i\neq i'}\frac{e^2}{|\boldsymbol{r}_i-\boldsymbol{r}_{i'}|}\right]\phi=\left[\sum_i H_i+\sum_{i,i'}H_{ii'}\right]\phi=E\phi$$

$$\tag{11-2}$$

在多电子体系中，困难来自于电子之间的相互作用势。可以看出，通过直接求解式(11-2) 的方法来获得凝聚态物质的性质还是非常困难的。所以，有必要发展出有合理精度的、数值上易解的新的理论和方程。密度泛函理论和 Kohn-Sham 方程就是一个可解且保持较好精度的处理方案，它已经成为凝聚态体系中电子结构与总能计算的有力工具。目前，最重要的、被最广泛使用的材料模拟计算的理论基础就是密度泛函理论。所以，后面将重点介绍该理论（关于哈特利近似和哈特利-福克近似的方法不在此叙述）。

11.2 密度泛函理论

材料由大量的原子构成，而原子由原子核与核外电子组成。当原子核产生的势场被看成外部势场时，那么所有的材料体系都可以被看成是非均匀的电子气，即原子核的自由度不表现出来。Hohenberg 和 Kohn 等人[1,2] 于 1964 年提出了非均匀电子气的理论，这套理论主要基于以下两个基本定理。

定理一：在外部势场 $v(\boldsymbol{r})$ 中相互作用着的束缚电子系统的基态电子密度 $n(\boldsymbol{r})$ 唯一地决定了这一势场。（也可以表述为：不计自旋的全同费米子系统的基态能量是粒子数密度的唯一泛函。）

定理二：能量泛函 $E[n(\boldsymbol{r})]$ 在粒子数不变条件下对正确的粒子数密度函数 $n(\boldsymbol{r})$ 取极小值，并等于基态能量。

第一个定理的核心是：粒子数密度函数 $n(\boldsymbol{r})$ 是决定体系基态物理性质的基本量。也就是说，如果已知体系的粒子数密度，则该体系所有基态性质都可由密度函数唯一地确定。第二个定理的要点则是：在粒子数不变的条件下，能量泛函对粒子数密度求变分即可得到体系的基态能量。

顺着 Hohenberg-Kohn 定理，可以看到能量泛函对粒子数密度的变分是确定系统基态的途径，由此可以导出一组有效的单粒子方程。能量泛函可以表示为：

$$E[n]=\int V_{\text{ext}}(\boldsymbol{r})n(\boldsymbol{r})\mathrm{d}\boldsymbol{r}+T[n]+\frac{1}{2}\iint\frac{n(\boldsymbol{r})n(\boldsymbol{r}')}{|\boldsymbol{r}-\boldsymbol{r}'|}\mathrm{d}\boldsymbol{r}\mathrm{d}\boldsymbol{r}'+E_{\text{xc}}[n] \quad (11\text{-}3)$$

式中，V_{ext} 为体系的外部势；第二项 $T[n]$ 和第三项分别与无相互作用粒子模型的动能项和库仑排斥项相对应；第四项 $E_{\text{xc}}[n]$ 为交换关联相互作用，它包括了相互作用的大部分复杂性。

11.2.1 Kohn-Sham 方程

Hohenberg-Kohn 定理给出了一个变分原理，但是在实际的操作过程中遇到了困难，因为能量泛函的具体表达式式(11-3) 无法获得。1965 年 Kohn 与 Sham [3] 提出了一个解决办法：假想一个已知的与实际体系粒子密度完全相同的无相互作用的 N 粒子体系，并存在正交归一基矢组 $\varphi_i\,(i=1,2,\cdots,N)$，则实际体系的电子密度可写成：

$$n(\boldsymbol{r})=\sum_{i=1}^{N}\,|\,\varphi_i\,|^{\,2} \quad (11\text{-}4)$$

无相互作用粒子体系的动能泛函 $T_{\text{S}}[n]$ 则可表示为：

$$T_{\text{S}}[n]=\sum_{i=1}^{N}\left\langle\varphi_i\,\middle|\,-\frac{1}{2}\,\nabla^2\,\middle|\,\varphi_i\right\rangle \quad (11\text{-}5)$$

那么，实际体系的动能泛函 $T[n]$ 则可用 $T_S[n]$ 来取代。这总是可以的，只需把 $T[n]$ 和 $T_S[n]$ 的差别中无法转换的复杂部分归入到 $E_{xc}[n]$ 中，而 $E_{xc}[n]$ 仍然是未知的。这样，在总粒子数不变的条件下，对总能量相对于密度函数求变分极小，即：

$$\int \delta n(\boldsymbol{r}) \left\{ V_{ext}(\boldsymbol{r}) + \frac{\delta T[n(\boldsymbol{r})]}{\delta n(\boldsymbol{r})} + \int \frac{n(\boldsymbol{r}')}{|\boldsymbol{r}-\boldsymbol{r}'|} d\boldsymbol{r}' + \frac{\delta E_{xc}[n(\boldsymbol{r})]}{\delta n(\boldsymbol{r})} \right\} d\boldsymbol{r} = 0$$

而且考虑到粒子数不变 $\int \delta n(\boldsymbol{r}) d\boldsymbol{r} = 0$，就可以得到所谓的 Kohn-Sham 方程：

$$H_{KS} \varphi_i(\boldsymbol{r}) = \left[-\frac{\hbar}{2m} \nabla^2 + V_{KS}(\boldsymbol{r}) \right] \varphi_i(\boldsymbol{r}) = \varepsilon_i \varphi_i(\boldsymbol{r}) \tag{11-6}$$

其中，

$$V_{KS}(\boldsymbol{r}) = V_{ext}(\boldsymbol{r}) + \int \frac{n(\boldsymbol{r}')}{|\boldsymbol{r}-\boldsymbol{r}'|} d\boldsymbol{r}' + \frac{\delta E_{xc}[n]}{\delta n(\boldsymbol{r})}$$

现在，基态粒子数密度函数可以从式(11-6)求解 φ_i 后，再根据式(11-4)得到。上述方程中，$E_{xc}[n]$ 仍然是未知的。但是在对交换关联泛函作一定的近似之后（见 11.2.2 节），式(11-6)是很容易求解的，而式(11-1)或式(11-2)基本上是无法直接求解的。

上述的理论体系就是所谓的密度泛函理论（density functional theory，DFT）。实际上，密度泛函理论还在不断地发展之中，其内容远远超出上面所叙述到的。这里给出的只是材料模拟所需要的最基本的理论框架。

11.2.2 局域密度近似和广义梯度近似

上述的 Kohn-Sham 方程已经将多电子体系的基态问题形式上转化为有效单电子问题。但是要求解 Kohn-Sham 方程，首先必须知道交换关联能项 $E_{xc}[n]$ 对电子密度 $n(\boldsymbol{r})$ 的泛函形式。然而交换关联能项 $E_{xc}[n]$ 并没有经典的物理量可对应，从而无法直接得到它的密度泛函形式。因此，必须对交换关联能的密度泛函形式作出近似，这里主要介绍局域密度近似和广义梯度近似。

局域密度近似首先由 Kohn 与 Sham 于 1965 年提出[3]，其主要思想是：假定在各个电子附近的小体积元内电子密度是均匀分布的，则实际体系中每个体积元内非均匀电子气对交换关联能的贡献可以近似为具有相同体积元的均匀电子气对交换关联能的贡献。即在这种近似下，交换关联能可表述为：

$$E_{xc}^{LDA} = \int n(\boldsymbol{r}) \varepsilon_{xc}[n(\boldsymbol{r})] d\boldsymbol{r} \tag{11-7}$$

式中，$\varepsilon_{xc}[n]$ 为由均匀电子气模型导出的交换关联能密度。式(11-7)就是所谓的局域密度近似（local density approximation，LDA）。对于磁性或具有开放电子壳层的系统，通常还必须采用局域自旋密度近似（LSDA），相应的交换关联能是自旋电子密度的泛函，即：

$$E_{xc}^{LSDA} = \int [n^{\uparrow}(\boldsymbol{r}) + n^{\downarrow}(\boldsymbol{r})] \varepsilon_{xc}[n^{\uparrow}(\boldsymbol{r}), n^{\downarrow}(\boldsymbol{r})] d\boldsymbol{r} \qquad (11-8)$$

式中，$n^{\uparrow}(\boldsymbol{r})$ 和 $n^{\downarrow}(\boldsymbol{r})$ 分别为自旋向上和自旋向下的电子密度，总电荷密度为两者之和。

目前，常用的 LDA 有 Ceperley-Alder（CA）、Perdew-Zunger（PZ）、Hedin-Lundqvist（HL）等给出的形式。实际的应用已经表明，LDA 取得了很大的成功，但也存在一些系统性的误差，例如，LDA 有高估体系结合能以及低估原子间键长的倾向。

考虑到 LDA 存在的一些缺陷，进一步地对交换关联泛函的表达有了改进，这就是所谓的广义梯度近似（generalized gradient approximation，GGA）。在 LDA 中 $\varepsilon_{xc}[n]$ 只与电子密度分布的局域值有关，而 GGA 还考虑了电子密度梯度 $\nabla n(\boldsymbol{r})$ 对交换关联能的影响。所以，广义梯度近似的形式为：

$$E_{xc}^{GGA} = \int n(\boldsymbol{r}) \varepsilon_{xc}[n(\boldsymbol{r}), \nabla n(\boldsymbol{r})] d\boldsymbol{r} \qquad (11-9)$$

一般情况下，GGA 能够比 LDA 给出更精确的体系基态的物理性质，因此已被广泛应用。目前常用的 GGA 表述主要有 Perdew-Wang（PW91）以及 Perdew-Burke-Ernzerhof（PBE）等给出的形式。

11.2.3　Kohn-Sham 方程的解法

求解 Kohn-Sham 方程对于密度泛函理论的实际应用非常重要。Kohn-Sham 方程可以写为：

$$\left\{ -\frac{1}{2}\nabla^2 + [V(\boldsymbol{r}) + \mu_{xc}(n)] \right\} \psi_i(\boldsymbol{r}) = \varepsilon_i \psi_i(\boldsymbol{r})$$

其中
$$n(r) = \sum_{i=1}^{occ.} \psi_i^*(r) \psi_i(r) \qquad (11-10)$$

首先，Kohn-Sham 方程是一个自洽方程。这是因为式（11-10）可以看成

$$H[\psi^+ \psi] \psi_i(r) = \varepsilon_i \psi_i(r)$$

即在 H （这里的 H 已经不是量子力学中的哈密顿量了）中包含了需要求解的未知的 Kohn-Sham 轨道 ψ_i，故方程是一个自洽方程，必须作自洽求解。自洽方程求解的常见步骤如下：从一组随意给定的 $\{\psi_i^{(0)}\}$ 出发，构造出最初的电荷密度 $n_0(r) = \sum_{i=1}^{occ.} \psi_i^{(0)*}(r) \psi_i^{(0)}(r)$，从而得知 $H[n_0]$，就可以得到以下方程

$$H[n_0(r)] \psi(r) = \varepsilon \psi(r) \qquad (11-11)$$

这个方程就不再是自洽方程了，容易求解（将在下面细述）。求解这一方程可以得到一组新的 $\{\psi_i^{(1)}\}$，从而获得新的方程 $H[n_1(r)] \psi(r) = \varepsilon \psi(r)$。一般来说，该方程的解可能还不是体系的解，但是可以预期，$\{\psi_i^{(1)}\}$ 应该比 $\{\psi_i^{(0)}\}$ 更趋近于最后

的解。所以，可以重复以上过程，直到自洽为止，即一直到$\{\psi_i^{(n+1)}\}$与$\{\psi_i^{(n)}\}$相差很小为止。在实际的操作中，为了数值求解上的收敛性，通常的做法是，使用$\{\psi_i^{(n)}\}$与$\{\psi_i^{(n-1)}\}$的恰当混合来构造猜测的$\{\psi_i^{(n+1)}\}$。

从以上的自洽求解过程可以看出，实际上自洽方程的求解问题最后还是归结为求解一个已知"H"的方程。这里介绍已知"H"的 Kohn-Sham 方程式(11-11)的两类解法：矩阵对角化方法和迭代法。

先介绍标准的矩阵对角化理论。

① 首先，选择一组基集$\{\varphi_i\}$（正交归一或非正交归一），将 Kohn-Sham 轨道ψ用此基集展开，于是有：

$$\psi = \sum_{i=1}^{N} C_i \varphi_i(r)$$

这里对展开作了切断，N取到足够大为止。

② 将上式代入已知"H"的 Kohn-Sham 方程式(11-11)，则：

$$H \sum_{i=1}^{N} C_i \varphi_i(r) = \varepsilon \sum_{i=1}^{N} C_i \varphi_i(r)$$

③ 两边同乘以$\varphi_j^*(r), j=1, \cdots, N$。再对实空间积分，则：

$$\sum_{i=1}^{N} C_i \int \varphi_j^*(r) H \varphi_i(r) \mathrm{d}\boldsymbol{r} = \varepsilon \sum_{i=1}^{N} C_i \int \varphi_j^*(r) \varphi_i(r) \mathrm{d}\boldsymbol{r}$$

标记$\int \varphi_j^*(r) H \varphi_i(r) \mathrm{d}\boldsymbol{r} \equiv H_{ij}$和$\int \varphi_j^*(r) \varphi_i(r) \mathrm{d}\boldsymbol{r} \equiv \delta_{ij}$（这里假设基函数是正交归一的）。则有：

$$\sum_{i=1}^{N} C_i H_{ij} = \varepsilon \sum_{i=1}^{N} C_i \delta_{ij}$$

即：

$$\sum_{i=1}^{N} [H_{ij} - \varepsilon \delta_{ij}] C_i = 0$$

以上方程有非零解的充要条件是其系数行列式为零：

$$|H_{ij} - \varepsilon \delta_{ij}| = 0$$

即：

$$\begin{vmatrix} H_{11} - \varepsilon & H_{12} & \cdots & H_{1N} \\ H_{21} & H_{22} - \varepsilon & \cdots & H_{2N} \\ \cdots & \cdots & \cdots & \cdots \\ H_{N1} & H_{N2} & \cdots & H_{NN} - \varepsilon \end{vmatrix} = 0 \tag{11-12}$$

这样，式(11-11)的解被写成一个标准的矩阵对角化的数学问题，而矩阵的对角化可以使用成熟的计算机程序来完成。

下面简介目前常用的一种迭代法。同样地，首先将ψ用一组基集$\{\varphi_i\}$来展开$\psi = \sum_{i=1}^{N} C_i \varphi_i(r)$。可见，$\psi$是一个$1 \times N$的矩阵，而且$H\psi \rightarrow \psi'$也是一个$1 \times N$的矩阵。

迭代法的做法是：从一组随意给定的 $\{\psi_{nk}^{(0)}\}$ 出发，构造出体系的电荷密度（注意固体的 Kohn-Sham 轨道现在使用了 n, k 角标）$n_0(\boldsymbol{r}) = \sum_{k,n=1}^{\text{occ.}} \psi_{nk}^{(0)} {}^*(\boldsymbol{r}) \psi_{nk}^{(0)}(\boldsymbol{r})$。然后对每一根能带 n 和每一个 k 点使用迭代法。①一般情况下，随意给定的 $\{\psi_{nk}^{(0)}\}$ 还不是 Kohn-Sham 方程的解，所以 $H\psi_{nk}^{(0)} \neq \varepsilon_{nk}^0 \psi_{nk}^{(0)}$，从而就会有剩余矢量 $\Delta\psi_{nk}^{(0)} = H\psi_{nk}^{(0)} - \varepsilon_{nk}^0 \psi_{nk}^{(0)}$。②进一步的猜测可以在上一次猜测的基础上，将上述剩余矢量适当地考虑进去 $\psi_{nk}^{(1)} = \psi_{nk}^{(0)} + \alpha_1 \Delta\psi_{nk}^{(0)}$。但一般地说，仍然有：$H\psi_{nk}^{(1)} \neq \varepsilon_{nk}^{(1)} \psi_{nk}^{(1)}$。但是，新的剩余矢量 $\Delta\psi_{nk}^{(2)}$ 应该比 $\Delta\psi_{nk}^{(1)}$ 小。③重复以上过程，只要方法合适（如共轭梯度法等），剩余矢量应该越来越小，即越来越趋于收敛。当所有能带 n 和所有 k 的 $\psi_{n,k}$ 都经过改进后，就可以重新构造新的电荷密度 $n(\boldsymbol{r})$。再重复以上过程，一直到体系总能量的精度达到要求为止。

迭代法对处理大的固体材料体系（晶体）是非常有用的。在目前的算法水平下，处理大的体系时迭代法的计算速度要比矩阵对角化方法（计算量正比于 N^3）快很多。特别是快速傅里叶变换方法的应用（计算量正比于 $N\ln N$）以及并行计算技术的快速发展，更使迭代法的优势得到发挥。而且，迭代法可以不存储 H 的 $N \times N$ 个矩阵元，即数学上可以做到 $H\psi \rightarrow \psi'$，只需存储 ψ' 的 $1 \times N$ 矩阵元就可以了。当体系很大时，H 矩阵元的数目（数量级约为 N^2）是个大数。

目前常见的第一性原理方法列于表 11-1 中。

表 11-1　基于密度泛函理论的计算机程序（商业/免费）[4]

程序名称	基　　组	势	网　　站
		平面波赝势程序	
ABINIT	平面波基	赝势、PAW①	www. abinit. org
CASTEP	平面波基	赝势	www. tcm. phy. cam. ac. uk/castep/
CPMD	平面波基	赝势	www. cpmd. org
Dacapo	平面波基	赝势	wiki. fysik. dtu. dk/dacapo
FHImd	平面波基	赝势	www. fhi-berlin. mpg. de/th/fhimd
PWscf	平面波基	赝势	www. pwscf. org
VASP	平面波基	赝势、PAW	www. vasp. at
		其它基组赝势程序	
Quickstep	高斯、平面波基	赝势	www. cp2k. org/quickstep
SIESTA	Local/numerical	赝势	departments. icmab. es/leem/siesta
		全电子程序	
CRYSTAL	Local	全电子	www. crystal. unito. it/
FPLO	Local	全电子	www. fplo. de
Gaussian 03	Local	全电子	www. gaussian. com
ADF	Local	全电子	www. scm. com
DMol3	Local/numerical	全电子	dmol3. web. psi. ch
FLAIR	LAPW②	全电子	www. uwm. edu/~weinert/flair. html
QMD-FLAPW	LAPW	全电子	flapm. com
WIEN2K	LAPW	全电子	www. wien2k. at

① PAW 为 projector-augmented wave。

② LAPW 为 linearized augmented plane-wave。

11.2.4 总能量

从密度泛函理论出发，晶体的总能量可以表述为：

$$E_{\text{tot}} = T[n] + E_{\text{ext}} + E_{\text{coul}} + E_{\text{xc}} + E_{\text{N-N}}$$

式中，$T[n]$ 为电子的动能泛函；E_{ext} 为电子与外场的相互作用能；E_{coul} 为电子间的库仑相互作用能；E_{xc} 为电子的交换关联能；$E_{\text{N-N}}$ 为离子间的库仑相互作用能。即：

$$E_{\text{tot}} = T[n] + \int V_{\text{ext}}(\boldsymbol{r})\,\mathrm{d}n(\boldsymbol{r}) + \frac{1}{2}\iint \frac{n(\boldsymbol{r})n(\boldsymbol{r}')}{|\boldsymbol{r}-\boldsymbol{r}'|}\,\mathrm{d}\boldsymbol{r}\,\mathrm{d}\boldsymbol{r}' + E_{\text{xc}} + \frac{1}{2}\sum_{R,R'}{}' \frac{Z_{\text{e}}Z_{\text{e}'}}{|\boldsymbol{R}-\boldsymbol{R}'|}$$

在局域密度近似（LDA）之下，

$$E_{\text{xc}} = \int \varepsilon_{\text{xc}}(n)\,\mathrm{d}n(\boldsymbol{r})$$

而动能项则可以使用式(11-6) 的 Kohn-Sham 方程，将 $V_{\text{KS}}[n]$ 项移到右边，即：

$$T[n] = \sum_i \langle \psi_i | E_i - V_{\text{KS}} | \psi_i \rangle$$

考虑到 $V_{\text{KS}}[n]$ 的形式，则有：

$$E_{\text{tot}} = \sum_i E_i - \frac{1}{2}\iint \frac{n(\boldsymbol{r})n(\boldsymbol{r}')}{|\boldsymbol{r}-\boldsymbol{r}'|}\,\mathrm{d}\boldsymbol{r}\,\mathrm{d}\boldsymbol{r}' + \int [\varepsilon_{\text{xc}}(\boldsymbol{r}) -$$

$$V_{\text{xc}}(\boldsymbol{r})]\,\mathrm{d}n(\boldsymbol{r}) + \frac{1}{2}\sum_{R,R'}{}' \frac{Z_{\text{e}}Z_{\text{e}'}}{|\boldsymbol{R}-\boldsymbol{R}'|} \tag{11-13}$$

以上即为实空间中晶体总能量的计算公式。在总能量的计算中，通常需要将实空间中的形式转换到动量空间，以便于利用快速傅里叶变换的技术，即：

$$E_{\text{tot}} = \sum_i E_i - \frac{\Omega}{2}\sum_{\boldsymbol{K}\neq 0}\rho^*(\boldsymbol{K})V_{\text{coul}}(\boldsymbol{K}) + \Omega\sum_{\boldsymbol{K}}\rho^*(\boldsymbol{K})$$

$$[\varepsilon_{\text{xc}}(\boldsymbol{K}) - V_{\text{xc}}(\boldsymbol{K})] + \frac{1}{2}\sum_{R,R'}{}' \frac{Z_{\text{e}}Z_{\text{e}'}}{|\boldsymbol{R}-\boldsymbol{R}'|} \tag{11-14}$$

式中，Ω 为原胞体积；$\rho^*(\boldsymbol{K})$ 为电子数密度的傅里叶分量；$V_{\text{coul}}(\boldsymbol{K})$、$\varepsilon_{\text{xc}}(\boldsymbol{K})$ 和 $V_{\text{xc}}(\boldsymbol{K})$ 分别为电子间库仑相互作用势、电子交换关联能以及交换关联势的傅里叶分量。

11.3 经典分子动力学和 Car-Parrinello 方法

材料由原子构成，原子则由原子核和核外电子构成。11.2 节中，当原子核产生的势场被看成外场时，所有的材料被看成是非均匀的电子气，也就是说原子核的自由度不表现出来，只剩下电子的自由度。本节论述另外一种方法，即分子动力学（molecular dynamics，MD）方法。与密度泛函理论不同，如果在处理材料时，只留下原子核的自由度，而把电子的自由度去掉（实际上被总结到原子间的相互作用势中了），这时体系将很好地近似满足牛顿的运动方程（原子核的质量较大）。求解这样的经典力学方程的方程组就是所谓的经典分子动力学方法。

可见，经典分子动力学求解的方程就是：

$$M_i \ddot{\boldsymbol{R}}_i = \boldsymbol{F}_i = -\nabla_i U(\boldsymbol{R}_1, \boldsymbol{R}_2, \cdots, \boldsymbol{R}_N) \qquad i = 1, 2, \cdots, N \qquad (11\text{-}15)$$

式中，U 即为原子间相互作用势函数，它是所有原子位置的函数。系统中原子的一系列位形可以通过对上述牛顿运动方程的积分得到（即获得原子的运动细节）。目前有多种方法可以用于求解原子的运动，主要是各种有限差分法，例如 Verlet 算法、Velocity-Verlet 算法、Leap-frog 算法、Beeman 算法、Gear 算法和 Rahman 算法等。

可以看到，分子动力学方法的精度强烈依赖于原子间的相互作用势，只有具备恰当精度的势函数，分子动力学模拟才是有意义的。目前的势函数可以分为对势和多体势。对势认为，原子之间的相互作用是两两之间的相互作用，而与其它的原子位置无关（当然，这只是近似正确的）。例如，对于惰性原子系统，对势可采用 Lennard-Jones 势；对于共价晶体，可以采用 Stillinger-Weber 势等等。显然，在实际的多原子系统中，一个原子位置的变化将会影响空间一定范围内的电子云分布。所以，更准确地说，势函数应该是多体势。目前重要和普遍采用的多体势是嵌入原子势（EAM），它是 1984 年首次由 Daw 和 Baskes 提出的。

对于平衡系统，可以用分子动力学模拟作适当的时间平均来计算一个物理量的统计平均值；对于非平衡系统，发生在一个分子动力学观察时间（通常为 1～100ps）内的物理现象也可以通过分子动力学计算进行直接的模拟。许多在实际的实验中无法获得的微观细节，可以在分子动力学的模拟中很方便地得到。经典的分子动力学方法虽然不如密度泛函理论来得精确，但是它程序简单，计算量小，可以计算的原子数能够大大超过密度泛函理论可以处理的原子数。所以，在材料性质的模拟计算中仍然得到了广泛的应用。

再来介绍 Car-Parrinello 方法。与密度泛函理论和经典的分子动力学方法不同，当原子核（或原子芯）的自由度和电子的自由度都必须保留下来时，就得将 DFT 的方法和经典 MD 的方法结合起来。这里介绍的 Car-Parrinello 方法就是一种将 MD 与 DFT 方法结合起来的方法，通常也被称为从头算的分子动力学（abinitio MD）或第一性原理的分子动力学方法。

从电子和离子的混合系统的多体哈密顿量出发，仍然采用绝热近似。因为离子（或原子芯）的质量较大，运动缓慢，可以近似看作是遵循牛顿力学的经典粒子。而电子的状态则由 11.2 节介绍的 Kohn-Sham 方程描述。Car-Parrinello 方法的关键之处是引入了基于平衡态电子结构的虚构的电子动力学参量。一个电子态可以由一组被占据的轨道 $\psi_i (i = 1, 2, \cdots, n)$ 来表示，这样整个系统普适的 Lagrange 量可以表示为：

$$L = \frac{1}{2} \sum_i \mu \int_\Omega |\dot{\psi}_i|^2 d\boldsymbol{r} + \frac{1}{2} \sum_I M_I \dot{\boldsymbol{R}}_I^2 + \frac{1}{2} \sum_v \mu_v \dot{\alpha}_v^2 - E[\{\psi_i\}, \{R_I\}, \{\alpha_v\}]$$

式中，μ 为电子虚拟的惯性质量；M_I 和 R_I 分别为离子的质量和位置坐标；α_v 为可能的各种外部约束。核的库仑排斥能、电子相互作用的 Hartree 能、交换关联能等都包括在上述方程的 E 项之中。使用 Lagrange 运动方程 $\dfrac{\mathrm{d}}{\mathrm{d}t} \times \dfrac{\partial L}{\partial \dot{\psi}_i^*} - \dfrac{\partial L}{\partial \psi_i^*} = 0$，并考虑电子轨道满足正交归一的条件 $\int_\Omega \psi_i^*(\boldsymbol{r},t) \psi_j(\boldsymbol{r},t) \mathrm{d}r = \delta_{ij}$，Car 和 Parrinello 推出了以下的运动方程：

$$\mu \ddot{\psi}_i(\boldsymbol{r},t) = -\delta E / \delta \psi_i^*(\boldsymbol{r},t) + \sum_k \Lambda_{ik} \psi_k(\boldsymbol{r},t)$$

$$M_I \ddot{\boldsymbol{R}}_I = -\nabla_{\boldsymbol{R}_I} E \qquad (11\text{-}16)$$

$$\mu_v \ddot{\alpha}_v = -(\partial E / \partial \alpha_v)$$

此方程组也称为 Car-Parrinello 方程，它在研究原子尺度下的平衡或非平衡结构，或研究材料体系的动力学特性以及研究有限温度下的电子、离子系统的电子结构和几何结构性质时是非常有效的，所以这一方法在材料模拟的计算中得到了广泛的应用。

在科学研究中，有大量的问题最终归结为在 N 维（N 可能是个大数）空间中寻找某个物理量的极小点，包括全域的极小点和局域的极小点。在材料的稳定结构和亚稳结构的计算中，就是要寻找 $3N$ 维（N 为原子数）空间中的势能面及其极小点。上面介绍的 Car-Parrinello 方法（以及其它的第一性原理分子动力学方法）、经典分子动力学方法以及基于密度泛函理论的各种第一性原理方法都是目前计算势能面的常用工具。

11.4 锂离子电池电极材料电压平台的计算

二十多年来，基于第一性原理的理论计算已经广泛应用于模拟和预测多种化合物的平均锂脱嵌电压，而且取得了很大的成功。尤其是在采用 DFT＋U 方法来考虑材料中过渡金属离子 d 电子的局域化效应的情况下，理论预测的平均电压值与实验值的差别仅在 $0.1\mathrm{V}$ 左右。首次采用第一性原理计算来研究锂脱嵌电压的报道可以追溯到 1992 年[5]。

锂离子电池的开路电压，也就是锂离子电池电极材料之间的平衡电压差，它与锂在正极材料和负极材料中的化学势之差有关，其定义如下：

$$V(x) = -\frac{\mu_{\mathrm{Li}}^{\text{阴极}} - \mu_{\mathrm{Li}}^{\text{阳极}}}{zF} \qquad (11\text{-}17)$$

式中，$\mu_{\text{Li}}^{\text{阴极}}$ 和 $\mu_{\text{Li}}^{\text{阳极}}$ 分别为锂在正极材料和负极材料中的化学势；F 为法拉第常数；z 为在电解质中由 Li 所输运的电量（单位为电子）。

在大多数非电子导电的电解质中，对锂嵌入而言 $z=1$。对电池来说，如果正极和负极材料之间的化学势之差越大，则其开路电压也越高。

根据已有的理论[6]，电极材料的锂离子平均脱嵌电压可按下式计算

$$\overline{V}=-\frac{\Delta G}{\Delta x} \tag{11-18}$$

式中，Δx 为被脱嵌的锂离子的数量，即代表由 Li 所输运的电量（单位为电子）；ΔG 为锂脱嵌前后所形成的两种化合物的 Gibbs 自由能差，$\Delta G = \Delta E + P\Delta V - T\Delta S$。由于脱嵌的过程体积改变和熵的影响很小，因此 Gibbs 自由能差可以近似为零度下的内能差 ΔE。这个近似是合理的，因为 $P\Delta V$ 的数量级在 $10^{-5}\,\text{eV/Li}$ 左右，$T\Delta S$ 的数量级与 $k_\text{B}T$ 相近，而反应后与反应前内能的变化 ΔE 的数量级在 $0.1\sim4.0\,\text{eV/Li}$ 附近。基于这个近似，对于某种材料结构框架（Host），锂离子脱嵌的平均电压可以进一步写成：

$$\overline{V}=-\frac{E_{\text{coh}}(\text{Li}_{x_\text{i}}\,\text{Host})-E_{\text{coh}}(\text{Li}_{x_\text{f}}\,\text{Host})-(x_\text{i}-x_\text{f})E_{\text{coh}}(\text{Li})}{x_\text{i}-x_\text{f}} \tag{11-19}$$

$$\text{Li}_{x_\text{i}}\,\text{Host} \Longleftrightarrow \text{Li}_{x_\text{f}}\,\text{Host} + (x_\text{i}-x_\text{f})\text{Li} \tag{11-20}$$

式中，x_i 和 x_f 分别为锂离子脱嵌前、后相应材料的锂组分；$(x_\text{i}-x_\text{f})$ 代表由 Li 所输运的电量（单位为电子）。因此，要想得到锂的平均脱嵌电压，只需要确定以下三个能量值：$E_{\text{coh}}(\text{Li}_{x_\text{i}}\,\text{Host})$、$E_{\text{coh}}(\text{Li}_{x_\text{f}}\,\text{Host})$ 和 $E_{\text{coh}}(\text{Li})$。其中，金属锂的结合能 $E_{\text{coh}}[\text{Li}]$ 是相对于负极为锂的体材料来计算的，即采用金属锂作为负极来计算的平均脱嵌电压，但显然也很容易获得对应于其它负极材料的电压值。

图 11-1 给出了 $Pmn2_1$ 相正硅酸盐材料 Li_2MSiO_4 与橄榄石型 $Pnma$ LiMXO_4

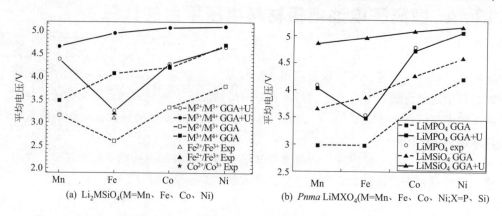

图 11-1　Li_2MSiO_4 与 $Pnma$ LiMXO_4 平均脱嵌电压[7,8]

(M＝Mn、Fe、Co、Ni；X＝P、Si) 的第一性原理计算的平均锂脱嵌电压。计算使用 GGA＋U 与标准 GGA 方法，同时给出了已有实验数据作对比。可以看出，GGA＋U 的理论电压预测与实验值符合良好。

11.5 锂离子脱嵌过程中的相稳定性及结构演化

电极材料在锂离子脱嵌过程中的相稳定性研究，对于分析与理解电极材料在充放电过程中的结构演化有着重要的作用。11.4 节中，给出了锂离子电池充放电电压平台的计算方法［式(11-19)］。而这一计算方法的前提条件是必须清楚在锂离子脱嵌过程中的稳定结构相。

为了研究非化学计量配比材料结构相的相对稳定性，可以引入以下的形成能 (formation energy) 公式[7]：

$$\Delta E_x(x_i, x_t) = E[\text{Li}_x \text{Host}] - [\alpha E(\text{Li}_{x_i} \text{Host}) + (1-\alpha)E(\text{Li}_{x_t} \text{Host})]$$

(11-21)

其中 $\alpha = (x - x_t)/(x_i - x_t)$，而 $x_i \geq x \geq x_t$。相对应的反应式是：

$$\text{Li}_x \text{Host} \Longleftrightarrow \alpha \text{Li}_{x_i} \text{Host} + (1-\alpha) \text{Li}_{x_t} \text{Host}$$

(11-22)

若 $\Delta E_x(x_i, x_t)$ 为负值，那么 $\text{Li}_x \text{Host}$ 结构相相对于 $\text{Li}_{x_i} \text{Host}$ 和 $\text{Li}_{x_t} \text{Host}$ 两个相是稳定的；反之，如果 $\Delta E_x(x_i, x_t)$ 为正值，则从能量上预示，$\text{Li}_x \text{Host}$ 结构相会更倾向于发生相分离，成为 $\text{Li}_{x_i} \text{Host}$ 和 $\text{Li}_{x_t} \text{Host}$ 的两相混合物。

要理解上述结论，可以通过给相对稳定性公式(11-21) 作一简单的证明来实现。

假设 $\Delta E_x(x_i, x_t) = E(\text{Li}_x \text{Host}) - [\alpha E(\text{Li}_{x_i} \text{Host}) + (1-\alpha)E(\text{Li}_{x_t} \text{Host})] < 0$ 成立（约定所有结合能均取为负值），那么反应的方向将是：

$$\text{Li}_x \text{Host} \Longleftarrow \alpha \text{Li}_{x_i} \text{Host} + (1-\alpha) \text{Li}_{x_t} \text{Host}$$

或者说 $\text{Li}_x \text{Host}$ 将是稳定相，它不会分解为 $\text{Li}_{x_i} \text{Host}$ 和 $\text{Li}_{x_t} \text{Host}$ 相。

反之，若 $\Delta E_x(x_i, x_t) = E(\text{Li}_x \text{Host}) - [\alpha E(\text{Li}_{x_i} \text{Host}) + (1-\alpha)E(\text{Li}_{x_t} \text{Host})] > 0$，那么 $\text{Li}_x \text{Host}$ 将不再是稳定相，能量上预示它可能分解为 $\text{Li}_{x_i} \text{Host}$ 和 $\text{Li}_{x_t} \text{Host}$ 结构相。

来看 α 的值：因为 Li 的数量在式(11-22) 的两边是一样的，所以

$$N \times x = N \times \alpha \times x_i + N \times (1-\alpha)x_t \quad (N \text{ 是原胞数})$$

容易得出 $\alpha = (x - x_t)/(x_i - x_t)$。从式(11-22) 也可以看出：$1 \geq \alpha \geq 0$。所以：

当 $\alpha = (x - x_t)/(x_i - x_t) \geq 0$ 时，推得 $x \geq x_t$。

当 $\alpha = (x - x_t)/(x_i - x_t) \leq 1$ 时，推得 $x \leq x_i$。

最后得出：$x_i \geq x \geq x_t$。证毕。

GGA+U	Mn	Fe	Co	Ni
$\Delta E_{1.5}(2,0)$	0.038	-0.267	-0.052	-0.055
$\Delta E_1(2,0)(A)$	-0.131	-0.850	-0.401	-0.215
$\Delta E_1(2,0)(B)$	0.025	-0.613	-0.177	-0.071
$\Delta E_1(2,0)(C)$	-0.142	-0.744	-0.318	-0.116
$\Delta E_{0.5}(2,0)$	-0.121	-0.397	-0.196	-0.139
$\Delta E_{1.5}(2,1)(A)$	0.109(C)	0.158	0.149	0.053
$\Delta E_{0.5}(1,0)(A)$	-0.050(C)	0.028	0.005	-0.032

注：表中 A、B、C 对应三种不同的 $LiMSiO_4$ 可能锂-空位构型（见图 11-2）。

以低温 $Li_3 PO_4$ 结构（$Pmn2_1$）的正硅酸盐 $Li_2 MSiO_4$（M＝Mn、Fe、Co、Ni）正极材料为例，表 11-2 中列出了由式(11-21) 计算得到的不同非化学计量结构相相对于脱嵌前后结构的形成能 $\Delta E_x(x_i, x_t)$。如上述的讨论所见，这一形成能可以明显地显示出不同结构相的相对稳定性。若 $\Delta E_x(x_i, x_t)$ 为负值，说明 $Li_x MSiO_4$ 结构相对于 $Li_{x_i} MSiO_4$ 和 $Li_{x_t} MSiO_4$ 两个相是稳定的；反之，如果为正值，则说明从能量上显示 $Li_x MSiO_4$ 更倾向于发生相分离，成为 $Li_{x_i} MSiO_4$ 和 $Li_{x_t} MSiO_4$ 的两相混合物，即式(11-22) 的反应将由左向右进行。

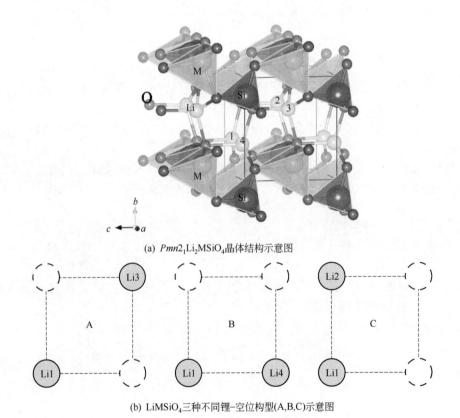

(a) $Pmn2_1 Li_2 MSiO_4$ 晶体结构示意图

(b) $LiMSiO_4$ 三种不同锂-空位构型(A,B,C)示意图

图 11-2　$Li_2 MSiO_4$ 晶体结构及三种不同锂-空位构型示意图

表 11-2 给出了 $Li_x MSiO_4$ 材料的 GGA＋U 的计算结果。对于 $LiMnSiO_4$，构型 C 在能量上比构型 A 还低 0.011eV，为最稳定构型。需要指出的是，构型 C 是严重偏离正交的结构；而对于铁、钴、镍体系，$LiMSiO_4$ 最稳定构型均为构型 A；在所有四个体系中，最不稳定的均为构型 B。对于锰、铁、钴、镍体系，$LiMSiO_4$ 最稳定构型与最不稳定构型的能量差分别为：0.167eV、0.237eV、0.224eV 和 0.144eV。这些结果也与此前的理论计算结果（0.17eV、0.24eV、0.22eV 和 0.19eV）相符。另一方面，这里所研究的所有非化学计量比的化合物 $Li_x MSiO_4$，除了锰体系的 $\Delta E_{1.5}(2,0)$ 和 $\Delta E_1(2,0)(B)$ 以外，相对于 $Li_2 MSiO_4/MSiO_4$ 的形成能均为负值（稳定）。然而，除了锰体系的 $\Delta E_{0.5}(1,0)(C)$ 和镍体系的 $\Delta E_{0.5}(1,0)(A)$，$\Delta E_{1.5}(2,1)$ 和 $\Delta E_{0.5}(1,0)$ 均为正值（不稳定）。也就是说，$LiMSiO_4$ 是稳定存在的非化学计量化合物，而 $Li_{1.5} MSiO_4$ 则倾向于分解成 $Li_2 MSiO_4$ 和 $LiMSiO_4$ 两相混合物。因而，在 $2>x>1$ 区域内，不会有额外的电压平台。已有的实验放电曲线图也证实了从结构稳定性上得到的结论。对于 $Li_{0.5} MSiO_4$，锰体系 $\Delta E_{0.5}(1,0)(C)$ 为 $-0.050eV$，而镍体系 $\Delta E_{0.5}(1,0)$ (A) 为 $-0.032eV$。尽管这两个相对能量为负值，但考虑到其绝对值很小，因而在室温下它们仍很可能会发生相分离。因此，基于 GGA＋U 的计算结果，$Li_2 MSiO_4$ 材料只有两个平均电压平台，分别对应于 $2\geqslant x\geqslant 1$ 和 $1\geqslant x\geqslant 0$ 区域。为了验证 $Li_2 MSiO_4$ 脱嵌过程所形成的中间相 $Li_x MSiO_4$ 存在与否，仍需要进行进一步的电化学与 X 射线衍射实验。基于如上相稳定性的分析，可以理解不同材料体系在充放电过程中的结构演化以及相应稳定相组分（$x=2，1，0$）及结构，为后续的电压平台计算奠定了必要的基础。

需要特别指出的是，标准的 LDA/GGA-DFT 方法预测得到的电子是过度离域化的；特别是对含有 d 或 f 电子的强关联体系（如过渡金属氧化物），它们无法准确地描述体系中的库仑关联效应[8]。关于这方面的研究已经有很多报道。研究结果显示[7]，对于低温 $Li_3 PO_4$ 结构的 $Li_2 MSiO_4$，GGA 计算同样无法准确处理 d 电子的局域化性质，对于相稳定性更是可能给出错误的定性结果。因此，若想准确地讨论和分析锂离子脱嵌过程中不同锂组分的结构相稳定性，首先得确保所采用计算方法的合理性和准确性。最新结果显示，采用杂化泛函的密度泛函理论计算，同样可以较好地描述电极材料体系的电子性质，且能得到较准确的电压值[9]。因而，对于电极材料的研究，GGA＋U 和杂化泛函方法都是较可行的选择。

11.6 材料相变的理论描述

在锂离子电池电极材料等电化学体系中，材料的结构相变是一个普遍存在的现象。相变是一个多方面因素相联系的合作现象。当体系的某个量（例如温度、压力等等）发生连续的变化时，体系的结构和物理性质将会发生整体的变化，这就是发生了相变。相变的理论描述主要分为平均场理论和朗道提出的二级相变理论。平均场理论在解释多种相变时是成功的，例如 Bragg 和 Williams 提出的合金无序-有序相变理论就是基于平均场的理论。著名的 BCS（Bardeen-Cooper-Schrieffer）超导理论也是一种平均场理论。朗道的相变理论则是一种基于热力学原理的唯象理论，是对多种平均场理论的统一描述。

相变的理论描述中有两个相互紧密联系的重要概念，即对称破缺和序参量。相变的发生通常就伴随着某种对称性的破缺。对称性是指在一些操作下，某些物理量的不变性（这里的不变性可以不仅仅是结构的不变性，关于对称性的理论即群论）。在量子力学中，一个物理体系是通过其哈密顿量来描述的，因此体系的对称性就与哈密顿量在某些操作下的不变性密切相关。当宏观条件改变时，如温度或压力的增大或者外加一磁场，体系原来的某种对称操作将不再是体系的对称操作，这种现象就称为对称破缺（也存在一种系统哈密顿量一直保持不变的自发对称破缺）。朗道的相变理论显示，不同晶态之间的转变，是不能在连续的方式下进行的。即体系的对称性不可能逐渐地改变，要么具有某个对称元素，要么不具有该元素，二者只能居其一。大多数的相变都伴随突然的对称性的变化（但是金属-绝缘体的相变就没有明显的对称性破缺）。

另一个重要的概念是序参量（它是对一个体系相变的定量描述）。当系统的对称性从高对称相转变到低对称相时，系统的某一个物理量（称为序参量）将从高对称相中的零值转变为低对称相中的非零值。在晶体材料的结构相变中，如果有原子相对于高对称相中的平衡位置发生了位移，那么序参量就应该取为原子相对于平衡位置的偏离量。（在铁电体中，序参量应取为电极化矢量。总之，序参量可以是标量、矢量或张量，即序参量可能是多分量的。）序参量作为宏观的热力学量，它应该是一些微观量的系综平均值。这样，使用序参量表示系统的对称性，可以把高对称相视为无序相，低对称相视为有序相。系统的对称性仅仅在序参量变为非零值时才会发生；而序参量的非零值无论多小，都会引起对称性的降低。所以，系统对称性的变化是突变的，但是序参量的变化可以是突变的或是连续的。如果在温度 T_c 处升温或降温，序参量出现不连续的跃变，这样的相变称为一级相变；而如果相变中序参量在相变点是连续变化的，则称为二级相变（也称为连续相变）。二级相变中，相变前后的两相所具有的对称群是相关的，低对称相的对称群一定是高对称相的对称群的子群。而在一级相变中，高对称相的对称群与低对称相的对称群可以毫无联系，也可以是群与子群的关系。基于相变在锂离子电池电极材料中的重要性，在这里，仅仅简单介绍了相变的理论描述，相变过程的数学处理不在本书讨论的范围。

基于密度泛函理论对材料相变进行的第一性原理数值计算，可以为理论研究相变现象提供很好的帮助。严格地讲，对相变过程的完整理解需要整个势能面的信息，由于体系的自由度通常都是比较大的，因此计算整个势能面通常是不可能的。但是，第一性原理的计算方法在寻找能量极小点（包括全域的极小点和局域的极小点）方面能够提供强有力的工具。计算一小部分势能面（在理解相变路径方面非常重要）再加上能量极小点的信息在理解材料的相变方面往往起着至关重要的作用。

第一性原理的计算除了可以给出材料结构相变时的几何结构变化信息，还可以给出电子结构变化的具体细节。以 $LiFePO_4$ 相变的第一性原理方法计算为例，反铁磁的 $Pnma$ 结构（类橄榄石结构）是 $LiFePO_4$ 体系的基态结构，计算表明 $Pnma$ 结构在 3.3GPa 的压力下会转变成 $Cmcm$ 结构。这个结果和实验符合得很好。随着压力的增大，Fe 离子磁矩缓慢减小，没有发生突然的变化，这一点和氮化铁的情况相反；O 的 2p 轨道和 P 的 3p 轨道杂化形成强的 σ 键，而 Li 的 2s 轨道几乎不参与轨道杂化，这有助于 Li 离子在充放电过程中的嵌入和脱出；体系的极化主要来自于 Fe 的 3d 电子，而 O 原子的极化几乎可以忽略。Fe 的 3d 轨道和 O 的 2p 轨道之间存在明显的杂化，这种杂化的形式在压力的作用下没有发生改变。

11.7 电极材料的稳定性分析

在锂离子电池的电极材料中，有些电极材料可能有相当多的同质异形体（polymorph，即组成的元素相同但是结构不同）。由于这些同质异形体的存在，在电池材料的充放电过程中可能伴随复杂的结构相变，这使得某些电极材料的计算模拟带有相当的复杂性。这里以 Li_2FeSiO_4 为例，讨论正极材料同质异形体的密度泛函理论研究，阐述结构相对电化学性能的影响，同时简单介绍理论研究同质异形体的方法。

Li_2FeSiO_4 是最早被发现的也是研究最为广泛的硅酸盐正极材料。与其它硅酸盐的家族成员相比，Li_2FeSiO_4 表现出了更为优良的电化学性能。Li_2FeSiO_4 具有多种同质异形体结构，其中，迄今实验直接合成的相主要有三种，空间群分别为 $Pmn2_1$、$P2_1/n$ 和 $Pmnb$。已发现的同质异形体均属于四面体结构，主要差别在于其 LiO_4、FeO_4 和 SiO_4 四面体排布顺序及连接方式不同。在 $Pmn2_1$ 结构中，FeO_4 与 LiO_4 四面体间仅通过共角方式连接；在 $P2_1/n$ 结构中，FeO_4 四面体与其相邻的一个 LiO_4 四面体通过共边方式连接；而在 $Pmnb$ 结构中，FeO_4 四面体则与其相邻的两个 LiO_4 四面体通过共边方式连接。FeO_4 和 LiO_4 四面体连接方式的不同是这三种 Li_2FeSiO_4 同质异形体晶体结构上最为显著的差别。Li_2FeSiO_4 晶体的三种同质异形体如图 11-3 所示。

表 11-3　Li_2FeSiO_4 同质异形体的晶格常数列表[10,11]

项　目	$Pmn2_1$		$P2_1/n$		$Pmnb$	
	理论模拟	实验测量	理论模拟	实验测量	理论模拟	实验测量
$a/Å$	6.322	6.2695(5)	8.286	8.231(2)	6.340	6.2855(4)
$b/Å$	5.394	5.3454(6)	5.087	5.0216(1)	10.763	10.6594(6)

项 目	Pmn2₁		P2₁/n		Pmnb	
	理论模拟	实验测量	理论模拟	实验测量	理论模拟	实验测量
$c/Å$	4.994	4.9624(4)	8.317	8.2316(2)	5.101	5.0368(3)
$\beta/(°)$	90.00	90	98.93	99.27(1)	90.00	90
$V/(Å^3/f.u.)$	85.14	83.15(2)	86.61	83.94(1)	87.03	84.36(1)

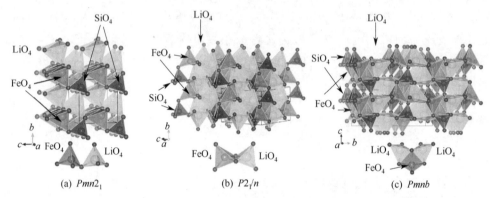

图 11-3　Li_2FeSiO_4 晶体的三种同质异形体（LiO_4、FeO_4 和 SiO_4 四面体已标出）[10]

表 11-3 显示同质异形体的理论模拟（GGA＋U）与实验测量晶格常数最大误差小于 0.1Å，而晶体平衡体积误差则在 3.6% 之内，表明 GGA＋U 方法可以很好地模拟出 Li_2FeSiO_4 同质异形体的晶体结构，这为进一步的结构特性和电化学性能研究提供了基础。图 11-4 给出了这三种同质异形体结构中 Fe—O 键与 Si—O 键的平均键长及键长的变化范围，而表 11-4 中列举了 FeO_4 四面体的形变量 Δ，其中 Δ 的计算公式为：

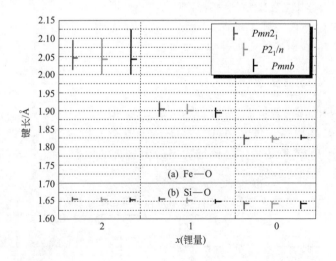

图 11-4　Li_xFeSiO_4 中 （a）Fe—O、（b）Si—O 键长分布图

$$\Delta = \frac{1}{4} \sum_{n=1}^{4} [(d_n - \langle d \rangle)/\langle d \rangle]^2 \qquad (11\text{-}23)$$

式中，$\langle d \rangle$ 为 FeO_4 四面体中 Fe—O 平均键长。

表 11-4　$Li_x FeSiO_4$ 同质异形体结构中 FeO_4 四面体的形变 Δ

Δ		$Pmn2_1$	$P2_1/n$	$Pmnb$
$Li_2FeSiO_4\,(x=2)$	理论模拟[10]	2.6×10^{-4}	3.4×10^{-4}	6.2×10^{-4}
	实验测量[11]	2.3×10^{-4}	9.9×10^{-4}	12.8×10^{-4}
$LiFeSiO_4\,(x=1)$	理论模拟[10]	5.9×10^{-5}	2.8×10^{-5}	1.8×10^{-5}
$FeSiO_4\,(x=0)$	理论模拟[10]	2.8×10^{-5}	5.4×10^{-6}	3.7×10^{-6}

如图 11-4 所示，三种 Li_2FeSiO_4 同质异形体中 Si—O 键平均键长及键长的变化幅度都很相近，说明这三种同质异形体拥有相似的 Si—O 成键性质。与 Si—O 键相比，三种同质异形体中的 Fe—O 平均键长更长，且键长变化幅度更大，表示这三种同质异形体中 Fe—O 键的成键性质与 Si—O 键非常不同。Sirisopanaporn 等人通过实验对不同 Li_2FeSiO_4 同质异形体中 FeO_4 四面体的性质进行了研究，结果表明 FeO_4 四面体周围环境的不同会导致 FeO_4 四面体本身形变的不同[11]。理论模拟结果[10]表明，$Pmn2_1$、$P2_1/n$ 和 $Pmnb$ 三种 Li_2FeSiO_4 同质异形体的 Fe—O 键平均键长基本相同，而 Fe—O 键的键长变化幅度以及 FeO_4 四面体的形变程度却并不相同。其中 FeO_4 四面体的形变量排序为 $Pmn2_1 < P2_1/n < Pmnb$，与实验观察结果相符合，其中 $Pmnb$ 结构中的 FeO_4 四面体形变明显大于前两者。在 $Pmnb$ 中，FeO_4 四面体与相邻的两个 LiO_4 四面体通过共边相互连接。为了能够与边长较小的 LiO_4 四面体的边长相匹配，FeO_4 四面体就有了一定程度上的形变。计算所得 FeO_4 四面体的四条 Fe—O 键长度分别为 2.000Å、2.000Å、2.425Å 和 2.125Å，其中两个 Fe-O 键明显收缩，而一个 Fe—O 键则明显伸长。这样的键长变化加剧了 $Pmnb$ 结构中 FeO_4 四面体的形变。

如前所述，在三种同质异形体中，$Pmnb$ 的 FeO_4 四面体形变程度最大。研究表明这样的 FeO_4 四面体形变缩短了 $Pmnb$ 结构中锂、铁离子之间的距离（约为 2.8 Å），同时增强了锂、铁离子间的库仑排斥作用，因此降低了 $Pmnb$ 结构的稳定性。根据这一分析，可以推断，更大的 FeO_4 四面体形变会导致更低的结构稳定性。然而总体说来，Li_2FeSiO_4 各同质异形体之间的相对稳定性（能量差）相差很小（见图 11-5）。因此，实验上合成的 Li_2FeSiO_4 样品很可能是拥有多种同质异形体结构的混合物。此外，Li_2FeSiO_4 各同质异形体的平衡体积并不相同，因此理论推断实验上可能可以采取控制合成温度和合成压强的方法分离这些 Li_2FeSiO_4 同质异形体。例如，$Pmn2_1$ 结构具有最小的平衡体积，因此实验上可以通过降低温度提高压强的办法分离出这一结构；而对于具有最大平衡体积的 $Pmnb$ 结构，则需采用高温合成的办法得到。事实上，这一理论猜想已经很好地被实验所验证。通过控制合成温度和合成方法，Sirisopanaporn 等人成功地分离出了这三种 Li_2FeSiO_4 同质异形体。

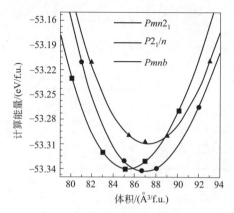

图 11-5 Li_2FeSiO_4 同质异形体总能-体积曲线

Li_2FeSiO_4 正极材料拥有多种同质异形体。实验与理论研究均表明，不同同质异形体结构中 FeO_4 四面体周围环境的不同会导致 FeO_4 四面体本身形变的不同，进而影响相应材料的结构稳定性和锂离子脱嵌电压。具体地说，对于拥有相同 x 的 Li_xFeSiO_4 （$x = 2$，1，0）的各个结构相，更高的 FeO_4 四面体形变将导致更低的结构稳定性。另一方面，对于所有三种 Li_2FeSiO_4 同质异形体，其 Si—O 键在锂离子脱嵌过程中基本保持不变。稳定的 Si—O 键能够起到保证材料循环过程中结构稳定的作用。

11.8 电极材料中的离子迁移

研究锂离子在电极材料中的扩散对改进锂离子电池的性能非常重要。材料中的离子扩散可以利用第一性原理计算来进行估计。扩散是一种与原子在化学势梯度中的输运相关的非平衡现象。然而，当动力学现象在偏离平衡态不太远的情况下，在两个平衡态间演化时，其动力学参数（如扩散系数）可以通过考虑平衡态附近的涨落衰减来获得[12]。

考虑热力学平衡附近的相关涨落可导出 Kubo-Green 公式：

$$D = \left(\frac{\langle N \rangle}{\langle (\delta N)^2 \rangle}\right) \frac{1}{\langle N \rangle d} \int_0^{\infty} \left\langle \sum_{i=1}^{N} v_i(0) \sum_{i=1}^{N} v_j(t) \right\rangle dt \tag{11-24}$$

$$D = \frac{\partial (\mu_{Li}/k_B T)}{\partial \ln x} \lim \left[\frac{1}{2dt} \left\langle \frac{1}{N} \left(\sum_{i=1}^{N} r_i(t) \right)^2 \right\rangle \right] \tag{11-25}$$

式中，N 为锂离子的数目；δN 为在参考体积内锂离子数目的涨落；v 为粒子速度；x 为锂位占据数；d 为结构（扩散空间）的维度；r 为粒子位置坐标。

锂离子有大量的时间存在于晶体学上明确定义的平衡位置附近，而只有很少的一部分时间出现于邻近平稳态间的路径上。因而，锂离子的运动可以看作是一系列离散的跃迁，可用随机的方式来模拟。对于锂离子在邻近平衡位置间的跃迁频率，过渡态理论（transition state theory）给出了一个很好的近似。过渡态理论将一典型原子在实际跃迁前的许多动态轨迹转化成了一个可评估原子执行一次跃迁平均速率的概率频率。在过渡态理论中，跃迁频率为：

$$\varGamma = v^* \exp(\frac{-E_{\mathrm{m}}}{k_{\mathrm{B}} T}) \tag{11-26}$$

这也就是对于化学反应速率非常著名的 Arrhenius 表达式。

式中，前置因子 v^* 为尝试频率；E_{m} 为初态与过渡态的能量差，即活化能，或称势垒；k_{B} 为玻尔兹曼常数；T 为温度。

对于前置因子 v^*，可以作如下的简单估计：原子的典型振动周期为 $0.1 \sim 1\mathrm{ps}$，因此每秒有 $10^{12} \sim 10^{13}$ 次振动。换言之，若不求严格数值解，尝试频率 $v^* = 10^{12} \sim 10^{13}\,\mathrm{s}^{-1}$ 可认为是一个合理的估计。

同时，已有多种基于第一性原理的方法可以用来寻找离子扩散的过渡态及计算其相应的势垒。弹性带方法（elastic band method）可用于确定两个能量稳定的端点间的最小能量路径（minimum energy path，MEP）。在这个方法中，利用初态与终态均匀插值得到的中间态（计算中称之为"图像"）根据能量面（energy landscape）进行弛豫。但它们受到了所谓的"弹性带"（elastic band）的限制，以保证其不会完全弛豫回到稳定的两个端点（初态、终态）。在能量面（第一性原理能量）上弛豫后的几个中间态，会沿着最小能量路径，并给出相应的活化能。然后，弹性带方法并不能得到准确的活化能。为了改进弹性带方法，Hannes Jónsson 及其合作者提出了"微动弹性带（nudged elastic band，NEB）方法"[13]，这也是目前对于密度泛函理论的平面波计算而言，在寻找过渡态时最为常用的方法。该方法考虑了如何调整一组图像（中间态）并使其向着 MEP 移动。以下列出 NEB 方法的几个特点[14]。

① NEB 计算的目的在于确定一组原子坐标（图像），进而定义连接两个稳定端点（初态、终态）间的最小能量路径。

② NEB 方法使用力的投影方法找到最小能量路径，在该投影方法中，由势能引发的真实力垂直于该微动变形带，而弹簧力平行于该微动变形带。

③ NEB 是一个迭代最小化方法，需要一个最小能量路径的初始估值。初始估值与真实最小能量面之间的差别对 NEB 计算的收敛速度有很大的影响。

④ 在表示两个稳定端点之间的路径时，所使用的图像数量越多，就能给出越精确的最小能量面的描述，但同时也会增加计算成本，加重计算负担。在 NEB 计算中的每一个迭代过程中，必须对两稳定端点以外的每一个图像进行一个 DFT 计算。

在 NEB 基础上还发展了一些其它计算过渡态的方法，包括 CI-NEB（climbing image nudged elastic band method）。CI-NEB 方法对基本 NEB 进行了改进，使得在计算收敛后可以直接精确地得到位于鞍点的图像，从而可以得到更为准确的活化能。

利用晶体结构的对称性，分析并计算所有可能且不等效锂离子跃迁路径的活化能后，可利用式(11-27)估算出沿该路径的扩散系数：

$$D = a^2 v^* \exp(\frac{-E_m}{k_B T}) \tag{11-27}$$

式中，a 为跃迁距离。

采用 NEB 方法研究电极材料中锂离子迁移的报道已有很多。Morgan 等人[15] 的研究发现了橄榄石型 LiMPO$_4$（M＝Mn、Fe、Co、Ni）中锂离子的一维扩散。Zhang 等人[16] 研究了 Na$^+$ 替位对 Li$_2$CoSiO$_4$ 中 Li$^+$ 扩散的影响，详细分析了锂离子在 $Pmn2_1$ Li$_2$CoSiO$_4$ 结构中的二维扩散通道，以及 Li 位 Na 替位对锂离子扩散的改善。

11.9 电极材料的结构预测方法

2011 年 6 月，美国总统奥巴马宣布启动了"材料基因组计划"。其目标是通过高通量的计算模拟，结合可靠的实验和计算数据，帮助美国企业把发现、开发、生产和应用先进材料的速度提高一倍，从而促进美国制造业的复兴，保持美国的全球竞争力。其中，麻省理工学院 G. Ceder 教授研究组正是利用"材料基因工程"的思想来研究新的锂离子电池正极材料。他们利用高通量的计算模拟以及资料挖掘技术，结合已知的可靠实验数据（如 ICSD 结构数据库），采用离子替换的方式，用理论模拟方式尝试尽可能多的真实或未知材料，预测物质的晶体结构，并已取得了一定的成果。

2011 年 7 月开始，我国也启动了有关材料基因组计算的科学研究和相关布置。如何更好地发挥材料计算模拟与高通量计算在包括锂离子电池电极材料在内的新材料研究中的作用，是这一计划的核心环节之一。接下来介绍三种新近开发的材料结构预测新方法。

11.9.1 结构单元网络搜索方法

仍以硅酸盐正极材料为例。对于已知硅酸盐（Li$_2$MSiO$_4$，M＝Mn、Fe、Co…）的各个结构相，已有了较好的理论和实验理解。然而，为了更好地认识与分析实验中容量衰退等问题，改进材料的电化学性能，仍需要进一步分析和理解晶体的结构，并探索可能稳定存在的各个同质异形体。这里介绍一个基于局域结构单元的寻找材料同质异形体的方法，即结构单元网络搜索方法（motif-network scheme）[17]。

大量的实验结果显示，硅酸盐正极材料（Li$_2$MSiO$_4$，M＝Mn、Fe、Co…）晶体是四面体结构，并表现出了丰富的同质异形体现象。这些都具有四面体结构的同质异形体的主要差异在于四面体位中阳离子的分布。基于这个独特的结构特性，Zhao 等人[17]开发了一种基于遗传算法的快速结构单元网络搜索方法，用于探索研究硅酸盐材料（A_2MSiO_4，A＝Li、Na；M＝Mn、Fe、Co）的复杂晶体结构。

在这一方法中，首先采用经典势与遗传算法搜索具有四面体特征的硅结构，而后按特定规则产生 A、M、Si、O 的分布（见图 11-6），从而产生 A_2MSiO_4 的晶体结构，最后再用第一性原理计算优化来得到最终的晶体结构。其产生规则为：对于给定的四面体结构，从一个氧原子出发，确定其位置（四面体中心）后，将其四个最近邻原子随机定为两个 A 原子、一个 M 原子及一个 Si 原子；而后，A、M、Si 的最近邻原子都指定为氧原

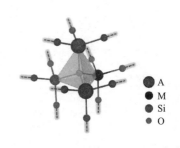

图 11-6　四面体结构产生示意图[17]

子；以此方式迭代下去，直至四面体结构中的所有位置均被合理占据为止。结构搜索时经典势的使用，使得这个方法只需要消耗非常少的时间。然而，结果显示，此方法可以很容易地找到已有实验报道与理论报道（例如，材料工程数据库[18]）的所有结构相（见图 11-7），同时也预测到了一些能量相当、甚至更为稳定的新结构。Zhao 等人根据结构中 M-Si-O 框架的特征，对搜索得到的结构进行了分类，分为 3D 框架、2D 框架和 1D 框架结构（见图 11-7 和图 11-8）。结果显示，对于 LMS 与 LFS，2D 框架结构更为稳定；而对于 LCS 以及 Na 的系统（NMS、NFS、NCS）则更倾向于 3D 框架结构。这些信息可以为实验的材料合成与制备，特别是混合过渡金属离子体系的选择，提供有用的指导。这一快速有效的结构单元网络搜索方法，也可以很容易地拓展应用于类似的材料体系，并用于复杂晶体结构的广泛搜索。

11.9.2　用于晶体结构预测的自适应的遗传算法

利用已知元素的特性来有目的地改变材料的性能，建立材料的组分-结构-性能之间的定量关系是实现材料设计和生产从传统经验式的"炒菜"法向科学化方法转变的关键。显然，离子替换方法的局限性在于，预测的晶体结构受限于已有的结构数据库，因而很难预测到完全未知的结构。而 11.9.1 节所介绍的结构单元网络搜索方法只针对特定结构的单元，若更为全面地研究多元复杂材料体系的晶体结构，则需要高效、精确的晶体结构预测方法。

仅仅基于材料化学组分的晶体结构预测，长期以来都是理论固体物理和材料科学的挑战性课题之一。近年来，随着遗传算法（GA）、随机搜索算法与粒子群算法等方法的发展和改进，仅根据化学组分就从理论上确定晶体结构（特别是对单质或二元简单材料体系）的研究已经获得了很多进展。总的来讲，晶体结构预测方法的开发，一方面需要适合于探索相空间的高效率计算算法；另一方面，由于需要研究的相空间一般都非常大，因而也需要能用于快速能量计算的准确的原子间相互作用势。基于经

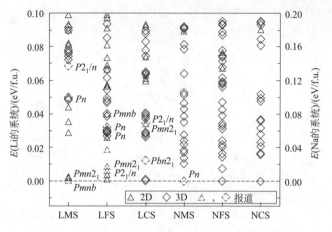

(a) Li_2MnSiO_4(LMS)、Li_2FeSiO_4(LFS)、Li_2CoSiO_4(LCS)和Na_2MnSiO_4(NMS)、Na_2FeSiO_4(NFS)、Na_2CoSiO_4(NCS)晶体结构相对能量

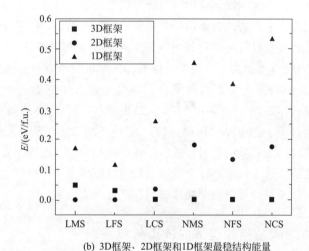

(b) 3D框架、2D框架和1D框架最稳结构能量

图 11-7 晶体结构相对能量及 3D 框架、2D 框架和 1D 框架最稳定结构能量[17]
(图中每个系统各自的最稳定结构能量设置为零)

典相互作用势的计算有速度快的特点，可应用于大体系的计算模拟，但其精确度较差；而基于密度泛函理论的计算能得到非常精确的结果，可对于大范围的结构搜索而言其计算量又太大。为了实现高精确度、大范围的晶体结构搜索，最近，Wu 等人[19]开发了一种自适应遗传算法（adaptive genetic algorithm，AGA）的晶体结构预测方法（见图 11-9）。这一全新的方法以一种很有效的方式，同时继承了经典相互作用势计算的快速和 DFT 计算的高精确度。在这一方法中，辅助的经典相互作用势被用于结构相空间的快速勘查；同时，在 GA 搜索过程中，势参数一直根据第一性原理计算的结果自适应地调节（程序运行中自动实时调节，而非分步手动调节）；而 GA 搜索得到的结构，则用 DFT 计算评估，并实时用于指导辅助经典相互作用势的调节。相比以前的 GA 方法（直接结合 DFT 和 GA 的方法），此算法不仅提高了计算效率，

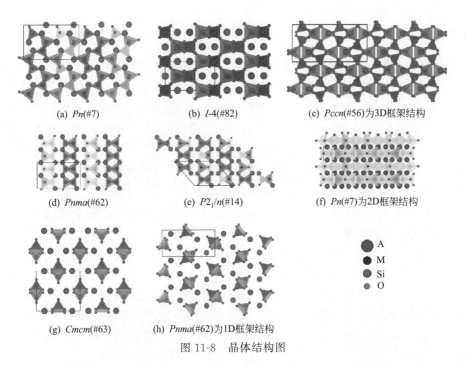

(a) *Pn*(#7) (b) *I*-4(#82) (c) *Pccn*(#56)为3D框架结构

(d) *Pnma*(#62) (e) *P*2₁/*n*(#14) (f) *Pn*(#7)为2D框架结构

(g) *Cmcm*(#63) (h) *Pnma*(#62)为1D框架结构

A
M
Si
O

图 11-8　晶体结构图

更重要的是大大降低了计算量和对计算机内存的需求，且仍保持 DFT 的精确度。AGA 方法已成功应用于 TiO_2 表面、$SrTiO_3$ 表面与晶界，超高压下 SiO_2、H_2O 以及 Mg-Si-O 硅酸盐系统的结构预测与分析，同样可应用于锂离子电池电极材料的结构预测（多元复杂材料体系），从而可以更为深入地研究电极材料体系的多形态及相关性质，探索具有更好电化学性能的新型电极材料体系。

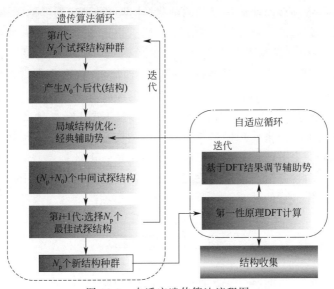

遗传算法循环

第*i*代：
N_p个试探结构种群

产生N_0个后代(结构)

局域结构优化：
经典辅助势

(N_p+N_0)个中间试探结构

第*i*+1代：选择N_p个
最佳试探结构

N_p个新结构种群

迭代

自适应循环

迭代

基于DFT结果调节辅助势

第一性原理DFT计算

结构收集

图 11-9　自适应遗传算法流程图

11.9.3 基于材料中"结构单元"的结构预测方法

前面已经指出，硅酸盐正极材料（Li_2MSiO_4，M＝Mn、Fe、Co…）的晶体结构属于四面体结构，并有丰富的多态现象。不仅仅是 Li_2MSiO_4，最新报道还显示 Na_2MnSiO_4 也是四面体结构。这些四面体可以被看成是这些材料所具有的特征性的"结构单元"。这里介绍的结构预测方法充分利用锂离子电池正极材料中普遍存在的氧四面体或八面体，将这些四面体或八面体直接作为不变的"结构单元"，并通过随机数来产生出随机结构。当产生的随机结构样本足够多时，就应该给出（预测出）足够准确的低能量结构。具体的做法如下。

① 将锂离子电池正极材料中的多面体作为"结构单元"，在整个结构搜索中它们都被看成是不变的单元（这些四面体或八面体可以在空间中转动或平移，但是整体不会破坏掉）。

② 利用大量的随机数来产生大量的随机结构：每个原子的位置需要 3 个随机数，每个四面体或八面体需要 5 个随机数（含一个重心位置需要的 3 个随机数和描述方位角需要的 2 个随机数）。

③ 使用嵌入原子势（EAM）或其它经典势方法计算各随机结构的能量。由于嵌入原子势方法计算能量的速度非常快，所以可以筛选非常大量的由随机数产生的结构（例如：可以处理 10 亿个数量级的随机数）。EAM 原子势的使用是本方法快速有效的基础（当然也可以使用其它的原子间相互作用势）。

④ 去除大量的高能量的随机结构样本。选取适当数目的低能量结构，继续在 EAM 框架下对各个结构的原子位置进行弛豫。

⑤ 最后一步，在 EAM 结构弛豫的基础上，作密度泛函理论下的第一性原理计算（含原胞形状和多面体结构单元的弛豫），即可预测出最后的结构。

高效、低计算量的能量计算方法决定了以上快速搜索方法的有效性。嵌入原子势（EAM）的使用就成为该方法能够高效的关键点。锂离子电池正极材料通常都是复杂的过渡金属氧化物（如硅酸铁盐或磷酸铁盐），获取这类材料的 EAM 势相当困难。目前的做法是借助前面介绍的自适应的遗传算法（AGA），在多个局域极小点附近拟合出多个 EAM 相互作用势，再把这些 EAM 势尽量多地使用到材料结构的随机寻找当中。产生并扫描足够多的材料结构样本，是能够预测出尽可能多的低能量结构的另一个关键点。由于 EAM 方法快速，因此通常可以处理 10 亿个数量级的随机数。而且，最终可留下适当数量的低能量结构，再使用密度泛函理论的第一性原理方法作最后的计算。

参 考 文 献

[1] Hohenberg P，Kohn W. Inhomogeneous electron gas. Phys Rev，1964，136：B864-B871.
[2] 谢希德，陆栋. 固体能带理论. 上海：复旦大学出版社，1998.

[3] Kohn W, Sham L J. Self-consistent equations including exchange and correlation effects. Phys Rev, 1965, 140: A1133-A1138.

[4] Hafner J, Wolverton C, Ceder G. Toward computational materials design: the impact of density functional theory on materials research. MRS Bulletin, 2006, 31: 659-665.

[5] Reimers J N, Dahn J R. Application of abinitio methods for calculations of voltage as a function of composition in electrochemical cells. Phys Rev B, 1993, 47: 2995-3000.

[6] Aydinol M K, Kohan A F, Ceder G, Cho K, Joannopoulos J. Abinitio study of lithium intercalation in metal oxides and metal dichalcogenides. Phys Rev B, 1997, 56: 1354-1365.

[7] Wu S Q, Zhu Z Z, Yang Y, Hou Z F. Structural stabilities, electronic structures and lithium deintercalation in $Li_x MSiO_4$ (M=Mn, Fe, Co, Ni): A GGA and GGA+U study. Computational Materials Science, 2009, 44: 1243-1251.

[8] Zhou F, Cococcioni M, Kang K, Ceder G. The Li intercalation potential of $LiMPO_4$ and $LiMSiO_4$ olivines with M=Fe, Mn, Co, Ni. Electrochem Commun, 2004, 6: 1144-1148.

[9] Zhang P, Zheng Y, Wu S Q, Zhu Z Z, Yang Y. Hybrid density functional investigations of $Li_2 MSiO_4$ (M=Mn, Fe and Co) cathode materials. Computational Materials Science, 2014, 83: 45-50.

[10] Zhang P, Hu C H, Wu S Q, Zhu Z Z, Yang Y. Structural properties and energetics of $Li_2 FeSiO_4$ polymorphs and their delithiated products from first-principles. Phys Chem Chem Phys, 2012, 14: 7346-7351.

[11] Sirisopanaporn C, Masquelier C, Bruce P G, Armstrong A R, Dominko R. Dependence of $Li_2 FeSiO_4$ electrochemistry on structure. J Am Chem Soc, 2011, 133: 1263-1265.

[12] De Groot S R, Mazur P. Non-equilibrium thermodynamics. New York: Dover Publications, 1984.

[13] Jónsson H, Mills G, Jacobsen K W. Nudged elastic band method for finding minimum energy paths of transitions//Berne B J, Ciccotti G, Coker D F. Classical and quantum dynamics in condensed phase simulations. Singapore: World Scientific, 1998.

[14] Sholl D S, Steckel J A. Density functional theory: a practical introduction. Hoboken: John Wiley&Sons, Inc, 2009.

[15] Morgan D, Van der Ven A, Ceder G. Li conductivity in $Li_x MPO_4$ (M=Mn, Fe, Co, Ni) olivine materials. Electrochem Solid-State Lett, 2004, 7: A30-A32.

[16] Zhang P, Li X D, Wu S Q, Zhu Z Z, Yang Y. Effects of Na substitution on Li ion migration in $Li_2 CoSiO_4$ cathode material. J Electrochem Soc, 2013, 160: A658.

[17] Zhao Xin, Wu Shunqing, Lu Xiaobao, et al. Fast motif-network scheme for extensive exploration of complex crystal structures in silicate cathodes. Eprint Arxiv, 2015, 5: 15555.

[18] Jain A, Ong S P, Hautier G, Chen W, Richards W D, et al. The materials project: a materials genome approach to accelerating materials innovation. APL Materials, 2013, 1: 011002.

[19] Wu S Q, Ji M, Wang C Z, Nguyen M C, Zhao X, Umemoto K, Wentzcovitch R M, Ho K M. An adaptive genetic algorithm for crystal structure prediction. J Phys: Condens Matter, 2014, 26: 035402.

第12章

固态电极/电解质材料的表征技术

　　认识固态电极/电解质材料的晶相或局域结构，材料中的缺陷及其离子的占位与传输过程，嵌基材料中离子嵌脱过程中相应的离子价态变化与局域结构变化，材料结构与其电化学性能的关系等，均离不开合适的结构表征技术与实验测试方法，而这一点对于在发展中的固态电化学学科尤为重要。我们知道，许多理论模型的建立与实验规律的总结应建立在合适的实验事实的基础上或是经过实验结果的检验。从另一角度看，正是众多固态电化学技术与实验方法的不断发展，才使得系统研究固态电化学过程及其相关材料成为可能。如果将人们已经采用过的多种实验方法进行归纳与总结，可以把这些实验方法分为电化学方法、衍射法、吸收谱法、波谱学法、振动光谱及显微谱学技术等。本章主要根据电化学方法及非电化学方法分类来进行逐一介绍。

12.1　电化学表征技术

12.1.1　循环伏安(CV)法

　　循环伏安（CV）法可以探测物质的电化学活性、测量物质的氧化还原电位、考察电化学反应的可逆性和反应机理，以及用于反应速率的半定量分析等，因此，循环伏安法已成为研究材料电化学性质的最基本手段之一。循环伏安法一般采用三电极体系，首先选择不发生电极反应的某一电位为初始电位 E_1，控制电极电位按指定的方向和速度随时间线性变化，当电极电位扫描至某一电位 E_2 时，再以相同的速率逆向扫描至 E_1，同时测定响应电流随电极电位的变化关系。根据 CV 图中的峰电位和峰电流，可以分析研究电极在该电位范围内发生的电化学反应，鉴别其反应类型、反应步骤或反应机理，判断反应的可逆性，以及研究电极表面发生的吸附、钝化、沉积、扩散、偶合等化学反应。由于该方法具有迅速、方便、提供信息较多的特点，因此，它是电化学研究方法中的重要测试方法和技术手段。

在循环伏安（CV）技术中电位扫描速度对于所获得的信号有非常大的影响，如果电位扫描速度过快，那么双层电容的充电电流和溶液欧姆电阻对的作用会明显增大，不利于分析所获取的电化学信息；如果扫描速度太慢，则由于电流的降低，检测的灵敏度也会降低。然而采用循环伏安法研究稳态电化学过程时，电位扫描速度必须足够慢，以保证体系处于稳态。通常在锂离子电池体系中，由于锂离子在材料中的扩散速率非常缓慢，因此一般使用比较慢的电位扫描速度。

在对电极充放电循环的研究中，利用循环伏安曲线的氧化还原峰可以推测与预估电极材料在充放电过程中的充放电平台；利用氧化还原电量（峰面积）的比值，可以判别电极反应的可逆性。图 12-1 所示为 $LiMn_2O_4$ 和 $LiAl_{0.05}Mn_{1.95}O_4$ 电极在 55℃、0.1mV/s 扫描速度下的循环伏安曲线[1]。两个电极都有两对十分对称的氧化还原峰（Ⅰ，Ⅱ），对应于 Li^+ 嵌入/脱出时 $Mn^{3+/4+}$ 的氧化还原反应。两个电极的两对氧化还原峰的峰强比 I_a/I_c 等于 1，反映了锂离子在两种材料中可逆的嵌入/脱出过程。$LiAl_{0.05}Mn_{1.95}O_4$ 材料Ⅰ和Ⅱ氧化还原峰的阳极和阴极峰的电位差（E_a-E_c）比 $LiMn_2O_4$ 低，表明 Li 离子在 $LiAl_{0.05}Mn_{1.95}O_4$ 中的嵌入/脱出过程更接近平衡态。随着循环次数的增加，$LiMn_2O_4$ 电极的峰电位差（E_a-E_c）逐渐增大，峰电流值（I_a、I_c）降低，体系电化学极化逐渐增大；$LiAl_{0.05}Mn_{1.95}O_4$ 电极的峰电位差值几乎不变，峰电流变化也十分微弱。循环伏安曲线的结果说明 Al 掺杂的尖晶石锰酸锂表现出更稳定的电化学性能。

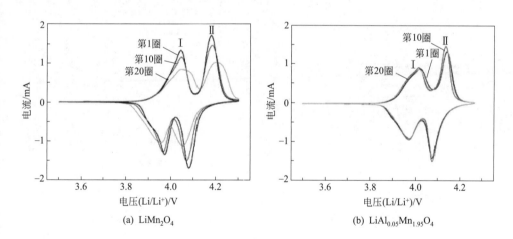

(a) $LiMn_2O_4$ (b) $LiAl_{0.05}Mn_{1.95}O_4$

图 12-1　$LiMn_2O_4$ 和 $LiAl_{0.05}Mn_{1.95}O_4$ 电极在 55℃、
3.5～4.3V 电位区间下的循环伏安曲线（扫描速度为 0.1mV/s）

循环伏安法中，峰电流 I_p 的大小可通过 Randles-Sercik 方程计算：

$$I_p = 0.4463nFA\,c_{O_x}^0 v^{1/2}\sqrt{\frac{nFD_{O_x}}{RT}}$$

式中，n 为发生氧化还原反应的电荷转移数；A 为电极面积；$c_{O_x}^0$ 为氧化物的起始浓度；v 为循环伏安测试时的扫描速度；D_{O_x} 为氧化物物种的扩散系数。通过该方程可求解离子在材料中的扩散系数。Wang 等人[2]利用该方法研究了 Li 离子在 $LiMn_2O_4$ 材料中的扩散系数，如图 12-2 所示。将得到的峰电流值和扫描速度的二次方根进行线性拟合，计算得到 Li 离子在多孔球状 PS-$LiMn_2O_4$ 和非孔球状 NS-$LiMn_2O_4$ 材料中的扩散系数分别为 $4.61×10^{-10} cm^2/s$ 和 $1.66×10^{-10} cm^2/s$。

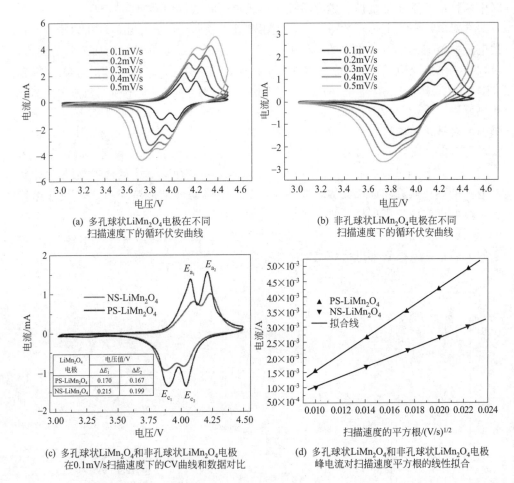

(a) 多孔球状 $LiMn_2O_4$ 电极在不同
扫描速度下的循环伏安曲线

(b) 非孔球状 $LiMn_2O_4$ 电极在不同
扫描速度下的循环伏安曲线

(c) 多孔球状 $LiMn_2O_4$ 和非孔球状 $LiMn_2O_4$ 电极
在 0.1mV/s 扫描速度下的 CV 曲线和数据对比

(d) 多孔球状 $LiMn_2O_4$ 和非孔球状 $LiMn_2O_4$ 电极
峰电流对扫描速度平方根的线性拟合

图 12-2　多孔球状 $LiMn_2O_4$ 和非孔球状 $LiMn_2O_4$ 电极的循环伏安曲线、数据对比及线性拟合

12.1.2　交流阻抗（AC）法

交流阻抗（alternative impedance，AC）法即通常所说的电化学阻抗谱测试方法（electrochemical impedance spectrum，EIS），它是电化学研究方法中最常用的测试方法之一。它的工作原理是在平衡电极电位附近，施加一个小振幅的正弦波交流激励信号（电压或电流信号），当体系达到交流稳定状态后，测量所研究电极体

系的电位/电流或阻抗/导纳,通过分析测量体系中输出的阻抗、相位和时间的变化关系,从而获得电极反应的一些相关信息,如欧姆电阻、吸脱附、电化学反应、表面膜(如 SEI 层)以及电极过程动力学参数等。由于以小振幅的电信号对体系进行扰动,一方面避免了对体系产生大的影响,另一方面也使扰动与响应之间近似成线性关系,从而可以简化各种参数的数学处理过程。此外,该方法为频域测量方法,可以通过所得到的很宽频率范围内的阻抗谱来研究电极系统,所以在研究动力学信息及电极界面结构方面较常规电化学方法有很大优势。

从交流阻抗谱图可以获得电极表面化学反应的丰富信息,但是由于分析交流阻抗数据时要通过电极体系等效电路的拟合来获得有关的反应参数,给阻抗谱分析带来一定的难度和数据的不确定性。为了确保交流阻抗实验数据分析的可靠性,需要准确选择符合所研究电极体系的等效电路。近年来,交流阻抗法被广泛应用于锂离子电池材料的研究。图 12-3 所示为锂离子电池 $0.3Li_2MnO_3 \cdot 0.7LiMn_{1/3}Ni_{1/3}$ $Co_{1/3}O_2$ 正极的电化学阻抗谱测试的 Nyquist 图和其相应的等效电路图[3]。与大多数锂离子电池正极材料相似,Nyquist 图由三部分组成:高频区和中频区各出现一个半圆,低频区则为一条斜线。目前普遍认为,高频区的半圆反映了 Li 离子通过电极界面膜(SEI 膜)的阻抗,中频区的半圆反映了电极/电解液界面的传荷阻抗和双电层电容,低频区的斜线与锂离子在电极材料中的扩散有关。

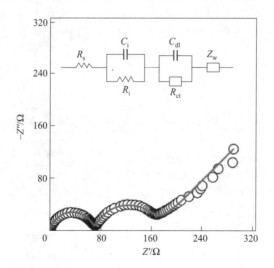

图 12-3　锂离子电池正极材料 $0.3Li_2MnO_3 \cdot 0.7LiMn_{1/3}Ni_{1/3}Co_{1/3}O_2$
首次循环后的 Nyquist 图及等效电路图

对锂离子电池体系而言,由于电极与电解液之间的相互作用,电解液可能在电极表面发生氧化或者还原反应,形成钝化膜,造成电极界面阻抗的增大,导致电池性能的衰退。利用电化学阻抗谱,可以跟踪界面阻抗随实验条件的变化,有助于了解电极/电解液界面的物理性质,即发生的电化学反应。由于电极/电解液界面 SEI 膜的形成、生长以及消失可以通过电化学阻抗谱高频区半圆的出现、增大和减小来体现，所以阻抗谱是研究 SEI 膜的有力工具。图 12-4 所示为 Li/石墨电池首次脱锂过程不同电压下的 EIS 谱，传荷过程在高于 0.8V 时几乎观察不到，此时石墨完全脱锂且没有电化学反应发生[4]。首圈和第 10 圈循环 SEI 膜电阻的拟合数据结果及微分容量与电压的关系如图 12-5 所示。当循环次数达到第 10 圈，即 SEI 膜形成完全时，锂化过程 R_{SEI} 在 0.07V 附近明显提高，脱锂化过程 R_{SEI} 在 0.1V 附近恢复到初始值，这对应于锂化和脱锂化过程中石墨体积的膨胀和收缩。由于 SEI 在首次循环开始形成，因此首次循环 R_{SEI}-E 关系更加复杂。0.15V 前，锂化尚未开始，R_{SEI} 随电压降低缓慢增大，此时形成的 SEI 膜电阻较大。R_{SEI} 在 0.15～0.04V 随电压降低迅速减小，与第 10 圈的数据结果相反，说明此时形成的 SEI 膜电导性高，可以补偿石墨体积膨胀造成的界面膜阻抗的增大。脱锂化过程中，R_{SEI} 在 0.1V 附近迅速降低，且高于 0.3V 时几乎保持不变。因此可以推断，在该电池研究体系 SEI 膜的形成以 0.15V 为界线分为两个区域。同时，在完全锂化的状态下（0V 附近），第 10 圈循环的 R_{SEI} 比首圈循环低很多，可能是随着循环 SEI 膜形成得更完善，从而导致 R_{SEI} 降低[4]。

另外，通过对比不同材料的阻抗数据，可以分析锂离子电池正极材料电化学性能差异的机制。图 12-6 所示为 AlF_3 包覆与未包覆处理的 Li［$Ni_{0.8}Co_{0.15}Al_{0.05}$］$O_2$ 正极材料与 C 负极构成的全电池的 Nyquist 图。数据表明，两种材料体系界面膜电阻相对稳定，长期循环过程中变化不大，但采用 AlF_3 包覆的材料电池与未作包覆处理的材料相比，传荷阻抗随着循环的进行增加较小，从而对电池性能的提高有一定的贡献[5]。

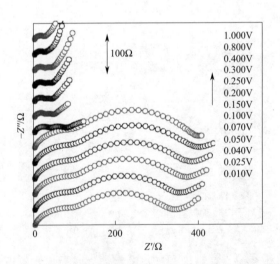

图 12-4 Li/石墨电池首次脱锂过程不同电压下的 EIS 谱
［电解液：1mol/L $LiPF_6$ 的 EC/EMC（质量比 3∶7）溶液］

除此之外，交流阻抗法也被应用于锂离子电池材料中 Li^+ 扩散系数的测定。如图 12-7（a）所示为不同条件下制备的 Li［$Li_{0.14}Mn_{0.47}Ni_{0.25}Co_{0.14}$］$O_2$ 材料电极

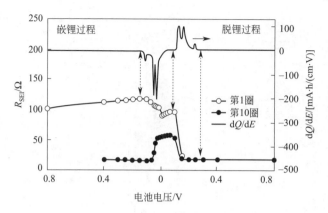

图 12-5 Li/石墨电池微分容量和 R_{SEI} 与电压的相关性曲线

[电解液：1mol/L LiPF$_6$ 的 EC/EMC（质量比 3∶7）溶液]

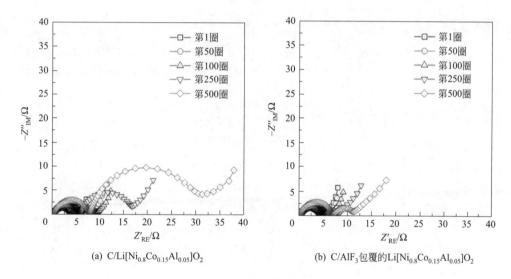

(a) C/Li[Ni$_{0.8}$Co$_{0.15}$Al$_{0.05}$]O$_2$　　　　(b) C/AlF$_3$ 包覆的 Li[Ni$_{0.8}$Co$_{0.15}$Al$_{0.05}$]O$_2$

图 12-6　C/Li [Ni$_{0.8}$Co$_{0.15}$Al$_{0.05}$]O$_2$ 和 C/AlF$_3$ 包覆的 Li [Ni$_{0.8}$Co$_{0.15}$Al$_{0.05}$]O$_2$

电池在 55℃，分别在第 1 圈、第 50 圈、第 100 圈、

第 250 圈及第 500 圈循环充电至 4.2V 时的 Nyquist 图

的电化学阻抗谱 Nyquist 图和等效电路图，图 12-7（b）所示为四个电极在 0.1～0.01Hz 频率范围内阻抗实部 Z_r 与 $\omega^{-1/2}$（ω 为频率）的相关性曲线[6]。根据图 12-7（b）所示曲线和式(12-1)可以得到锂离子在材料中扩散的 Warburg 因子 σ，σ 为 Z_r 与 $\omega^{-1/2}$ 相关曲线的斜率。

$$Z_r = k - \sigma \omega^{-1/2} \tag{12-1}$$

进而，锂离子在材料中的扩散系数可以通过式(12-2)求得：

$$D_{Li} = 0.5 R^2 T^2 / n^4 A^2 F^4 C^2 \sigma^2 \tag{12-2}$$

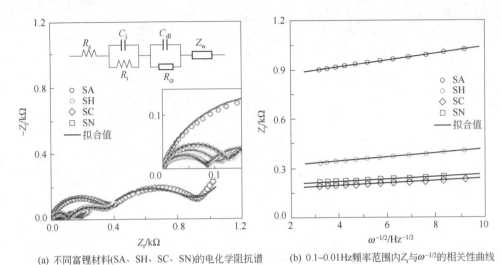

(a) 不同富锂材料(SA、SH、SC、SN)的电化学阻抗谱　　(b) 0.1~0.01Hz频率范围内 Z_r 与 $\omega^{-1/2}$ 的相关性曲线

图 12-7　不同富锂材料的电化学阻抗谱和 $0.1\sim0.01\,\text{Hz}$ 频率范围内 Z_r 与 $\omega^{-1/2}$ 的相关性曲线

式中，n 为锂离子转移的电子数；A 为电极的反应面积；R 为气体常数；T 为热力学温度；F 为法拉第常数；C 为不同程度嵌锂化合物中锂的浓度。

12.1.3　恒电流间歇滴定(GITT)法

目前，锂离子电池的正负极材料绝大部分选用可以脱嵌锂离子的化合物，充/放电过程中的主要步骤是锂离子在正负极材料中的嵌入和脱出，因此，测定锂离子在正负极材料中的扩散系数具有十分重要的意义。锂离子扩散系数的电化学测量方法主要有交流阻抗(AC)技术、循环伏安(CV)技术、电位阶跃(PSCA)技术、电流脉冲弛豫(CPR)技术、恒电流间歇滴定(galvanostatic intermittent titration technique，GITT)技术等。

恒电流间歇滴定技术由 W. Weppner 和 R. A. Huggins 等人于 1977 年提出，是一种综合稳态与暂态技术的测试方法[7]。它消除了恒电位间歇滴定技术等方法中很难避免的欧姆电位降、测试设备简单、数据准确，因此被作为测定锂离子电池正负极材料中锂离子扩散的一种标准方法。其原理是在电极上施加一定时间的恒电流，记录并分析在该电流脉冲后的电位响应曲线，其原理图如图 12-8 所示[7]。对于处于热力学、动力学平衡状态的电极，在其平衡电位 E_0 在 t_0 时刻施加一个恒定电流 I_0，电极界面处锂离子首先发生扩散，产生锂离子浓度梯度，同时电极电压发生变化（升高或降低）。经过时间 τ，终止施加电流，电极内部锂离子通过扩散达到平衡浓度，同时电极电压恢复到一个新的平衡电压 E_1。施加电流时电极产生的 IR 与施加电流和电极界面有关。当电极恢复至平衡态后，上述过程可以再次进行，直至发生相转变或电解液的分解。在有电流脉冲施加的时间 τ 内，电极中锂的

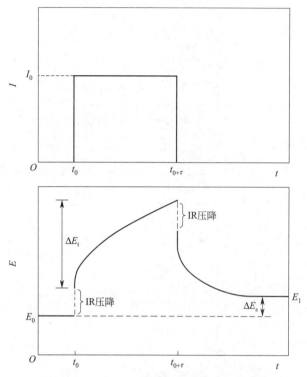

图 12-8　恒电流间歇滴定技术原理示意图

(图中仅表示出一个电流阶跃，ΔE_t 是施加恒电流 I_0 在时间 τ 内
总的暂态电位变化，ΔE_s 是由于 I_0 的施加而引起的电池稳态电压变化)

浓度（c）变化可以根据 Fick 第二定律得到：

$$\frac{\partial c(x,t)}{\partial t} = D\,\frac{\partial^2 c(x,t)}{\partial x^2} \tag{12-3}$$

已知初始条件和边界条件：

$$c(x,t=0) = c_0 \qquad (0 \leqslant x \leqslant L) \tag{12-4}$$

$$-D\,\frac{\partial c}{\partial x}\Big|_{x=0} = \frac{I_0}{Szq}(t \geqslant 0) \tag{12-5}$$

$$\frac{\partial c}{\partial x}\Big|_{x=L} = 0 (t \geqslant 0) \tag{12-6}$$

当 $t \ll L^2/D$ 时，根据式（12-3）～式（12-6）可以得到：

$$\frac{\mathrm{d}c(x=0,t)}{\mathrm{d}\sqrt{t}} = \frac{2I_0}{Szq\,\sqrt{D}\,\pi} \tag{12-7}$$

式中，S 为电极面积；z 为锂离子电荷数；q 为单位电荷；D 为锂扩散系数。如果施加电流时材料颗粒的摩尔体积变化可以忽略，那么锂浓度相对于化学计量 δ

的变化可以表示为：

$$dc = \frac{N_A}{V_m} d\delta \qquad (12\text{-}8)$$

式中，N_A 为阿伏伽德罗常数；V_m 为电极材料的摩尔体积。

由式(12-7) 和式(12-8) 并将两边同时乘以 dE 可以得到：

$$\frac{dE}{d\sqrt{t}} = \frac{2V_m I_0}{SFz\sqrt{D}\pi} \times \frac{dE}{d\delta} \quad (t \ll L^2/D) \qquad (12\text{-}9)$$

式中，F 为法拉第常数；$\dfrac{dE}{d\sqrt{t}}$ 为极化电压对 $t^{1/2}$ 作图的曲线斜率；$\dfrac{dE}{d\delta}$ 为库仑滴定曲线的斜率，可以通过稳态电压对材料组成作曲线求得。这样，可以得到锂离子化学扩散系数为：

$$D = \frac{4}{\pi}\left(\frac{V_m}{SFz}\right)^2 \left[I_0 \left(\frac{dE}{d\delta}\right) \Big/ \left(\frac{dE}{d\sqrt{t}}\right)\right]^2 \qquad (t \ll L^2/D) \qquad (12\text{-}10)$$

当施加电流很小时，平衡态电压的变化值 ΔE_s（$= E_1 - E_0$）也很小，$\dfrac{dE}{d\delta}$ 可以看作常数，即可以用平均值 $\dfrac{\Delta E_s}{\Delta \delta}$ 表示。同时，施加一次电流脉冲并达到新的稳态后，产生的化学计量变化 $\Delta\delta$ 可以通过电流计算：

$$\Delta\delta = \frac{I_0 \tau m_B}{z M_B F} \qquad (12\text{-}11)$$

式中，m_B 和 M_B 分别为电极材料的质量和原子量。

结合式(12-10) 和式(12-11)，扩散系数 D 可以表示为：

$$D = \frac{4}{\pi}\left(\frac{M_B V_m}{m_B S}\right)^2 \left[\frac{\Delta E_s}{\tau\left(\frac{dE}{d\sqrt{t}}\right)}\right]^2 \qquad (t \ll L^2/D) \qquad (12\text{-}12)$$

当在电流脉冲区间内 E 与 $t^{1/2}$ 线性相关时，式(12-12) 可以进一步简化得到：

$$D = \frac{4}{\pi\tau}\left(\frac{M_B V_m}{m_B S}\right)^2 \left(\frac{\Delta E_s}{\Delta E_t}\right)^2 \qquad (\tau \ll L^2/D) \qquad (12\text{-}13)$$

GITT 技术目前已被广泛用于测定锂离子电池材料中的 Li$^+$ 扩散系数，如 LiCoO$_2$[8,9]、LiNiO$_2$[9]、LiMn$_2$O$_4$[10,11] 及其它脱嵌型锂离子电极材料[12~15]。图 12-9 所示为 Li$_{1.131}$Mn$_{0.504}$Ni$_{0.243}$Co$_{0.122}$O$_2$ 材料 GITT 测试参数与数据结果[16,17]。该实验中施加电流脉冲 10min 随后有 40min 的间歇过程（电极处开路电位）。由图 12-9（c）可以看出 E 与 $t^{1/2}$ 成线性相关，因此可以采用式(12-13) 进行计算，得到不同充放电状态下的锂离子扩散系数，如图 12-9（d）和（e）

所示。

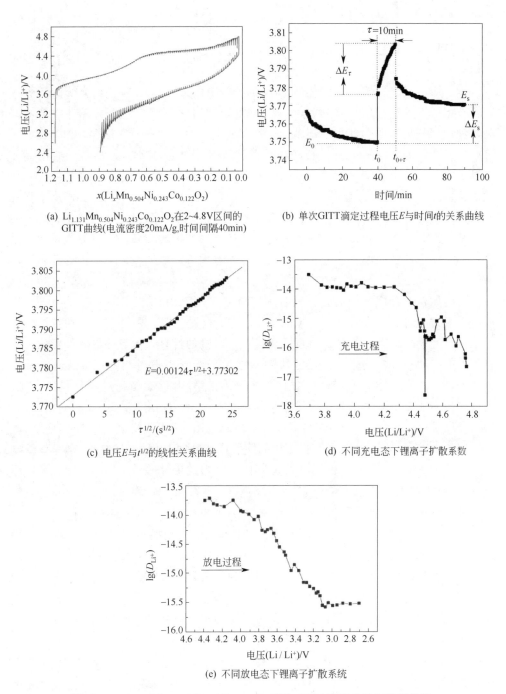

(a) $Li_{1.131}Mn_{0.504}Ni_{0.243}Co_{0.122}O_2$在2~4.8V区间的GITT曲线(电流密度20mA/g,时间间隔40min)

(b) 单次GITT滴定过程电压E与时间t的关系曲线

(c) 电压E与$t^{1/2}$的线性关系曲线

(d) 不同充电态下锂离子扩散系数

(e) 不同放电态下锂离子扩散系统

图12-9 $Li_{1.131}Mn_{0.504}Ni_{0.243}Co_{0.122}O_2$材料GITT测试参数与数据结果

12.2 光子衍射技术

12.2.1 X射线衍射技术

X射线衍射（XRD）方法是固态材料研究中最常用的结构表征方法。随着计算机技术的发展和应用，以及X射线源强度、衍射仪分辨率及其检测器性能的提高，利用多晶衍射数据进行复杂晶体材料（如多晶粉末样品）的深度结构分析成为可能。晶体的周期性结构使其能够对所照射的X射线产生衍射效应，特定的晶面组成决定了其特定的衍射特征，从而能够在衍射谱图上反映出材料的晶体结构。衍射谱图主要由衍射方向和衍射强度两部分组成，衍射方向取决于晶体的晶胞参数和空间群，衍射强度取决于原子种类及其分布，包括原子分数坐标、占有率、热振动参数等。因此，通过测试衍射谱图，可以指认材料的物相归属，计算晶胞参数，以及得到晶体中原子的位置和分布等微观信息，有关XRD方法的详细介绍可参见第2章。

当固体材料合成好以后，研究者大多首先采用XRD方法对其进行结构表征，通过衍射谱图对这些材料进行初步的物相鉴定和特征比较。但是对于一些容易受外界条件（温度、压力、溶剂、电场及磁场等）影响的材料，一旦外界条件变化，材料的性能或状态也会发生变化。另外传统的X射线粉末衍射技术一般只研究最终得到的材料，并不能监控到材料的制备过程或化学/电化学循环过程材料的变化，也就是说不能获得有关反应动态过程中材料结构变化的信息。为了解决这些问题，人们发展了研究这些（电）化学过程的原位（in situ）XRD技术。

原位XRD技术可以得到某些特殊条件下材料的即时信息。例如，在锂离子电池中，原位XRD技术可以检测热处理条件下材料的结构变化。Koga等人采用原位XRD技术研究了$Li_{1.20}Mn_{0.54}Co_{0.13}Ni_{0.13}O_2$材料在首先预热处理至500℃后的形成和降解过程[18]。如图12-10所示，500℃和800℃之间主要的衍射峰可以归属于α-$NaFeO_2$型层状结构，随着温度升高衍射峰增强，说明粉末结晶度和离子有序程度增强。随着温度逐渐提高至940℃，23°～28°间新的衍射峰强度增强，但主体的层状结构几乎不发生变化。并且，尖晶石相衍射峰在940℃出现，随温度变化尖晶石衍射峰强度和位置发生变化，说明继续的升温过程使新生成的尖晶石相含量增加，组成也发生变化。降温过程中，部分层状结构得以恢复，但尖晶石相存在于材料中成为第二种相结构。图12-11所示为已经充/放电的$MnPO_4$/$LiMnPO_4$电极和$MnPO_4 \cdot H_2O$粉末的原位高温XRD图，测试在超纯Ar气氛中从30℃升温至534℃的条件下进行[19]。图12-11（c）表明，放电态的$LiMnPO_4$电极在整个测试温度范围内都相当稳定。但充电态的$MnPO_4$电极XRD谱［见图12-11(a)］在高于180℃时发生明显的变化。在180～470℃，$MnPO_4$电极的XRD谱中可以观察到一些相转变；当温度高于 470℃ 时，$MnPO_4$ 被还原成 $Mn_2P_2O_7$，其结构与图 12-11 (b) 中 $MnPO_4 \cdot H_2O$ 的结构相似。

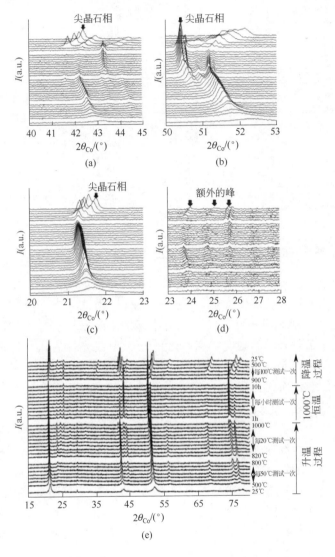

图 12-10　25～1000℃ 热处理过程的原位 XRD 谱

（材料首先在 500℃ 热处理了 5h，热处理条件：升温速率 4℃/min，1000℃ 恒温 10h，降温速率 10℃/min）

传统 X 射线由装有静止或者旋转的阳极和阴极的 X 射线管产生。在高电位下，阴极产生的电子加速打向阳极，影响阳极靶的高能电子产生 X 射线。但是大部分加速电子的能量转变成热量，导致能量效率极低。另外，需要源源不断的冷却水来降低阳极温度，防止靶材熔化。

20 世纪 60 年代，国际上基于自由电子加速器装置的同步辐射技术研究成功，

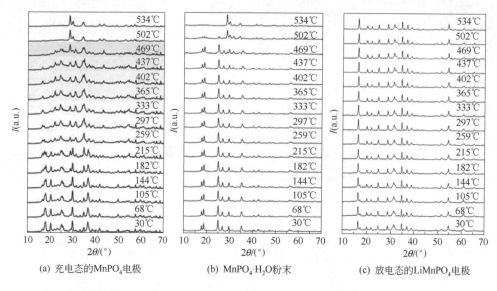

（a）充电态的MnPO₄电极　　　（b）MnPO₄·H₂O粉末　　　（c）放电态的LiMnPO₄电极

图 12-11　超纯 Ar 气氛下的原位高温 XRD 谱图（升温速率 5℃/min）

同步辐射光源成为一种更强的 X 射线光源。在同步辐射装置中，电子或正电子在密闭的带有磁场的环形轨道中加速，所发射出的 X 射线光束方向与运行轨道方向相切。与传统的 X 射线源相比，同步辐射中不需要对阳极进行冷却，热损失明显减少，因此同步辐射光源的亮度特别高。传统 X 射线光源的几个特征谱线叠加在一个连续的背景中，而同步辐射光源电子束强度随着波长在整个红外-紫外-可见-软 X 射线范围内的变化而变化[20]，所需要的特征谱线可以用单色器获得。同步辐射光源的另一个特征是具有高极化性，瞬时电子轨道平面中线性偏振度为 100%，在所有波长中大约为 75%[20,21]。同步辐射光源具有脉冲时间的特征，电子能量随着时间逐渐减弱，必须对其进行能量恢复，电子脉冲时间间隔与存储环和运行模式参数有关。除了以上的特征，在超高真空条件中产生的同步辐射光源光子能量分布窄，光通量、光子角分布和光谱分布可以定量分析，因此，同步辐射光源也被用作辐射剂量的标准光源。同步辐射光源的详细介绍可参阅其它相关论著[22]。

　　现在，同步辐射技术已经被广泛应用于锂电池及其相关材料体系研究中，特别是用于原位研究电化学过程中材料结构的转变。例如，Yang 等人利用同步辐射技术研究了 $Li_{1-x}CoO_2$ 电极首次充电过程中新相的形成及相转变现象[23]。测试电池以 C/10 电流（C 为电池的充/放电小时率，1C=1 小时率，即 1 小时完成电池的恒流充/放电过程）从 3.5V 充电至 5.2V，如图 12-12 所示。充电过程中共记录 12 次测试数据，图 12-13 所示为相应的原位 XRD 谱。因为采用强的同步辐射光源，得到的 XRD 谱信噪比好，分辨率高。他们的结果指出，材料从初始的六方相 H1 变成六方相 H2 前会出现中间相 H2a，这个现象可以从图 12-13 中（003）、（107）以及（108）峰的变化中观察到。当有一半的 Li 脱出后，可观察到单斜相 M1［见图

12-13(b)]。随着充电的进行，最终转变成六方相 O1。Yang 等人也研究了 LiMn$_2$O$_4$ 及其衍生物的结构变化[24~28]。例如，他们报道了富锂的 Li$_x$Mn$_2$O$_4$ 材料相转变的研究结果[25]。当以 C/6 电流充电时，图 12-14(a) 中的衍射峰在 $x=0.41$ 和 $x=0.09$ 时开始分别变宽和变窄，说明这一区域中两相共存并有相转变发生。然而，当电流密度降低为 C/10 时 [见图 12-14(b)]，$x=0.9$ 时衍射峰宽化，$x=0.60$ 和 $x=0.55$ 时可以观察到明显的峰分裂。当 Li 含量降低至 0.4 时，衍射峰中出现新相。另外，这种三相行为同样可以在放电过程中观察到。基于这些结果，他们推断通过增加 Li 的含量无法抑制尖晶石 Li$_x$Mn$_2$O$_4$ 的相转变，并且充电电流大小必须被严格控制才能观察到结构变化，这是因为快速充电可以掩盖材料的相转变过程，导致结论并不可信。尽管 Liu 等人于 1998 年提出了三相模型[29]，但他们利用非原位 XRD 技术并没有在放电至 Li 含量接近 0.5 时观察到两相共存区域。因此，他们误将两相共存区域当作单相区。当 LiMn$_2$O$_4$ 被用于 3V 区时，该材料会因 Jahn-Teller 畸变效应发生严重的体积变化，破坏材料结构的完整性，导致迅速的容量衰退。已有的研究表明，阳离子取代可以有效提高该材料在 4V 区的稳定性，但在低电压区该方法并不十分有效。非原位 XRD、原位 XRD 以及选区电子衍射（SAED）结果均表明了在低电位区材料结构将发生立方相向四方相的转变过程[27,30~32]。2013 年，Wang 等人报道了 Ti^{4+} 对该材料进行掺杂改性的结果[33]。尽管 Mn 的平均价态在高价离子掺杂后会低于原来的 +3.5 价，可能导致更多 Mn^{2+} 的生成及更严重的 Jahn-Teller 畸变效应，但实验结果表明 Ti^{4+} 的引入明显改善了材料的结构稳定性。原位 XRD 数据表明：在整个电化学循环过程中，材料中四方相的形成受到显著的抑制，当一半的 Mn 被 Ti 取代后通过原位 XRD 谱观察，即使材料放到 2V 电位区也没有形成四方相（见图 12-15），因此，通过优化 Ti 的含量可以实现最好的 Li 储存性能。

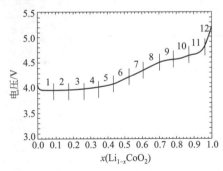

图 12-12　Li｜Li$_{1-x}$CoO$_2$ 电池以 C/10 电流在 3.5~5.2V 的充电曲线

　　毫无疑问，X 射线粉末衍射技术是研究材料的重要基础表征手段，随着原位电化学技术和同步辐射技术的发展，X 射线粉末衍射技术的应用也更加广泛。将 X 射线粉末衍射技术和其它非原位及原位技术（如 NMR、拉曼光谱、Mössbauer 谱及电子显微技术等）结合，将实现对材料行为及本质特征更好的表征。

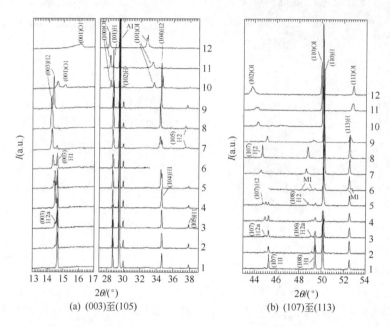

图 12-13 Li$_{1-x}$CoO$_2$ 正极六方相结构在（003）至（105）和（107）至（113）区域以 C/10 电流在 3.5～5.2V 首次充电时的原位 XRD 谱（13°～54°每次采谱时间 50min，λ＝1.195Å）

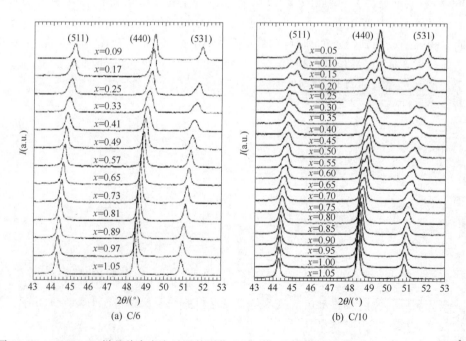

图 12-14 Li$_x$Mn$_2$O$_4$ 样品首次充电过程的原位 XRD 谱（每次的采谱时间 32min，λ＝1.195Å）

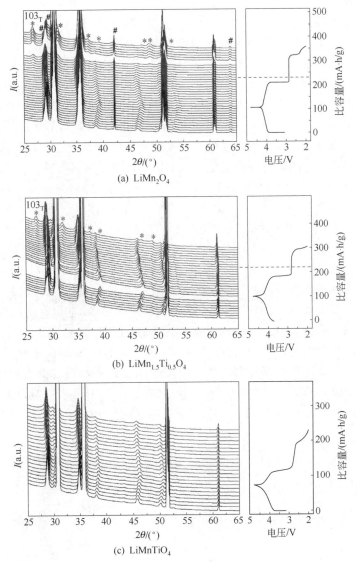

图 12-15　$LiMn_2O_4$、$LiMn_{1.5}Ti_{0.5}O_4$ 及 $LiMnTiO_4$
电极首次充放电循环的原位 XRD 谱 （$\lambda = 1.2398\text{Å}$）

T—四方相对称结构；＊—四方相；♯—背景峰

12.2.2　中子衍射技术

中子衍射以中子流为入射束照射材料，当材料晶面符合布拉格条件时中子产生衍射，经记录得到中子衍射图。由于中子本身不带电，不与原子核周围的电子发生相互作用，只有当与原子核碰撞时才会改变运动方向。因此，中子可以穿透更深的距离。与普通 X 射线衍射相比，中子衍射具有中子能穿透较大深度的特点，适用于对大块试样进行测定。目前世界各地建立不少高强度的中子源（我国的散裂中子源目前在广东东莞建设），中子衍射技术因此也被应用于越来越多的实验研究之中。X 射线作用于电子，X 射线中与衍射峰强度相关的波形因子 f_i 与原子中的电子数目相关；而中子衍射作用于原子核，其原子散射长度 b_i 取决于同位素。与 X 射线相比，中子衍射在锂离子电池研究中有几个明显的优势[34]：①元素周期表中具有特定散射长度的相邻元素具有更大的散射对比度，如过渡金属 Ni、Mn、Co 的散射长度分别为 $10.3fm$、$-3.73fm$ 和 $2.49fm$；②对轻元素如 H、D、Li 的灵敏度更高，因而可以确定轻元素在晶格中的位置。另外，中子衍射的深度穿透能力可以实现对正极和负极同时进行检测。鉴于以上优点，中子衍射不仅可以准确地确定电极/电解液材料的结构，还可以用于电极反应过程的原位研究。

超离子导体 $Li_{10}GeP_2S_{12}$ 是一种新型锂离子电池固体电解质，室温下该材料的最高离子电导率高达 $12mS/cm$[35]，它比目前广泛应用的有机液体电解液具有相当甚至更高的电导率。同时这种固态电解质的电势窗口更宽，分解电位甚至超过了 5V，但该电解质在空气中不稳定。采用中子衍射方法研究该材料的结构，结构精修结果表明其单胞具有四方 $P4_2/nmc$ 结构。图 12-16(a) 所示为该材料的框架结构和对离子电导有贡献的锂离子分布，图 12-16 (b) 所示为共边的 LiS_6 八面体和 $(Ge_{0.5}P_{0.5})S_4$ 四面体构成的一维链状结构。这些链由 PS_4 四面体进行共角连接。图 12-16 (c) 给出了锂离子可能的传输路径，例如 $16h$ 位 LiS_4 四面体和 $8f$ 位 LiS_4 四面体参与离子电导过程。有研究者认为锂离子在 c 轴方向沿着曲折的传导路径扩散。根据中子衍射的精修结果，尽管 Ge 和 P 在 $(Ge_{0.5}P_{0.5})S_4$ 四面体 $4d$ 位的位置并不确定，但 $16h$ 位有 11/16 的 Li 离子，$8f$ 位有 5/8 的 Li 离子占据。

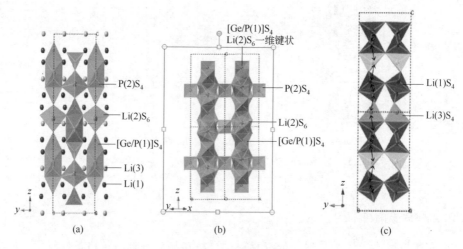

图 12-16　$Li_{10}GeP_2S_{12}$ 材料结构及锂离子通道示意图

另外，原位中子衍射方法也被应用于定量分析连续的加热/冷却过程以及等温退火条件下相形成和结构演化过程。如 Cai 等人利用原位中子衍射技术研究了尖晶石 LiNi$_{0.5}$Mn$_{1.5}$O$_4$ 的合成过程[36]。主要结果如图 12-17 和图 12-18 所示。图 12-17 表明 Ni 和 Mn 的有序程度可以通过控制 700℃ 处理材料时的退火时间来进行调节。图 12-18 表明所烧制的材料随温度变化发生相转变的现象。当温度高于 750℃ 时，伴随着 O$_2$ 的释放，LiNi$_{0.5}$Mn$_{1.5}$O$_4$ 尖晶石相开始分解形成岩盐相。而冷却时随着 O$_2$（晶格氧）重新进入晶格，岩盐相又转变成尖晶石相。

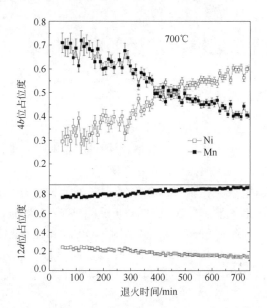

图 12-17 700℃ 退火处理时 Ni 和 Mn 分别在 4b 位和 12d 位的占位度（空间群 $P4_3$32）

［有序过程从 $t=50$min 时开始，$t=50$min 前 Ni 和 Mn 在 16d 位（空间群 $Fd3m$）

随机分布，Ni 占 25％，Mn 占 75％］

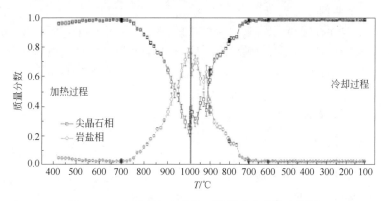

图 12-18 尖晶石相和岩盐相随温度变化的含量图

　　由于氢具有大量的非相干中子散射截面，因此样品中氢的存在会导致测试样品中子衍射图案的信噪比降低。锂离子电池隔膜和有机碳酸酯电解液含有大量氢，这给原位中子衍射研究锂离子电池体系带来了不少的困难。因此，至今为止，中子衍射技术也大都用于一些传统材料的非原位测试，如 $LiCoO_2$[37]、$LiMn_2O_4$[38,39]、$Li_4Ti_5O_{12}$[40]和石墨[41]的研究。为了避免隔膜和电解液中氢的吸收作用，大部分的研究都需要采用一种特别设计的电化学电池进行原位中子衍射实验[34,37,38,40,41]以及使用同位素取代的电解液以抑制氢对中子的吸收。预期今后人们将会更多地开展锂离子电池在电化学循环过程中的原位中子衍射研究。

12.3　高分辨扫描电镜及透射电镜技术

12.3.1　高分辨扫描电镜

12.3.1.1　引言[42,43]

　　20 世纪 60 年代中期扫描电子显微镜（SEM）的出现，使人类观察微小物质的能力有了质的飞跃。SEM 主要是利用二次电子信号成像来观察样品的表面形态，即用极狭窄的电子束去扫描样品，电子束与样品的相互作用将产生各种后续效应，如样品的二次电子发射。收集二次电子能够得到样品表面放大的形貌像，这个图像是在样品被扫描时按时序建立起来的，即使用逐点成像的方法可获得样品的放大像。扫描电子显微技术是表征材料的表面形貌和尺寸大小的重要手段，它突破了光学显微镜由于可见光波长造成的分辨率限制，而且放大的倍数大大提高，能够为材料微观的高分辨研究提供直接的实验证据。如通过与 X 射线能量散射分析仪联用，还可以对样品微区进行元素成分分析，从而能获得试样成分的定性、半定量，甚至定量结果。SEM 方法的原理及其方法可参见有关参考书[42,43]，这里不再赘述。

12.3.1.2　应用实例

　　近年来，SEM 在锂离子电池电极材料的研究方面得到了广泛的重视与应用，已经成为材料表征的一种基本方法。特别是新型场发射型扫描电镜具有极高的分辨率和放大倍数，所以非常适合分析材料，尤其是纳米材料形貌和组态。图 12-19 所示为一种硅纳米线负极材料的形貌，直径为 80nm 左右[44]。

　　扫描电镜还可以用于材料的晶粒尺寸以及晶粒取向测量。20 世纪 90 年代以来，基于 SEM 的电子背散射花样的晶体微区取向和晶体结构的分析技术取得了较大的发展，并已在材料微观组织结构及微织构表征中广泛应用，该技术也被称为电子背散射衍射（简称 EBSP）或取向成像显微技术等。EBSP 主要用于单晶体的物相分析，同时提供花样质量、置信度指数、彩色晶粒图，可用于单晶体的空间位向测定，两颗单晶体之间夹角的测定，可做出特选取向图、共格晶界图、特殊晶界图，同时提供不同晶界类型的绝对数量和相对比例，即多晶粒夹角的统计分析、晶粒取向的统计分析以及它们的色彩图和直方统计图，还可作晶粒尺寸分布图，将多颗单晶非空间取向投影到极图或反极图上可作二维组织结构的分析，也可以作三维

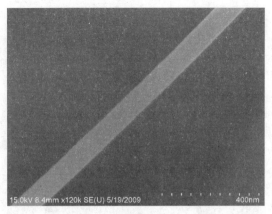

图 12-19 单根硅纳米线 SEM 图

的 ODF 分析[45,46]。

不过，EBSP 回音测试条件亦容易受到各种限制，只有在所测单晶体完整并且没有应力的情况下才会产生背散射衍射花样，试样必须平整并且始终要保持与入射角 70°的空间位向关系，这样才能保证衍射锥面向接收的探测器，否则，探测器接收不到衍射信号。也就是说当试样存在应力时不宜作 EBSP 分析，试样粗糙不平时也不可以做 EBSP 分析。另外，背散射电子的信息来自于试样表层几个纳米的深度、几个微米的宽度，因而，EBSP 只能作几个微米以上晶粒的分析。

利用扫描电镜联用 X 射线能谱仪，可以很快地完成所有元素的 X 射线能谱图，通过鉴别图谱中各个峰的能量来判断该峰所对应的元素，峰高与元素的含量成正比，可实现元素表面分布的定性与半定量分析。图 12-20 所示为表面包覆铜的硅纳米线形貌及对应的元素成分分析[47]。从图 12-20 可以看出该材料含有硅、铜和氧 3 种元素，同时软件也可以自动给出硅、铜和氧对应的质量分数。

另外还可以进行快速的多元素线扫描和面扫描测量，观察材料的元素分布情况。图 12-21 所示为铜包覆硅纳米线负极材料 EDS 元素分布图[47]，由图可知有铜元素的存在并且铜的分布比较均匀，图 12-22 所示为碳包覆 Na_2FePO_4F 正极材料 EDS 分析各元素分布图[48]，可知碳的分布比较均匀。

12.3.2 高分辨率透射电镜技术

12.3.2.1 引言和原理[42]

透射电子显微镜中像的形成可理解为一个光学透镜（物镜）的成像。图 12-23 所示为利用光学透镜表示电子显微成像过程的光路图。具有一定波长 λ 的电子束入射到晶面间距为 d 的晶体时，在满足布拉格条件：$2d\sin\theta = \lambda$ 的特定角度（2θ）处产生衍射波。这个衍射波在物镜的后焦面上会聚成一点，形成衍射点。在电子显微镜中，这个规则的衍射花样经其后的电子透镜在荧光屏上显示出来，即所谓的电子

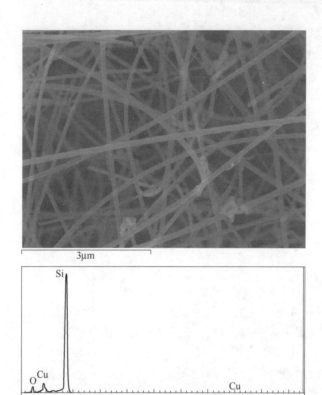

图 12-20　铜包覆硅纳米线 SEM 图及对应的 EDS 元素分析谱图

(a) 电子图像1　　　　　　(b) SiKa1　　　　　　(c) CuKa1

图 12-21　铜包覆硅纳米线负极材料 EDS 元素分布图

衍射花样。之后，衍射波继续向前运动时，衍射波合成，在像平面上形成放大的像，即电子显微像。通常，将生成衍射花样的后焦面上的空间称为倒易空间，这种倒易空间在数学上可以用傅里叶变换（Fourier transform，FT）来表示。

　　整个成像过程也可以简单描述为，电子从透射电镜电子枪中射出，经过光学系统聚焦以后，照射在样品表面，因为样品的厚度一般要小于 $0.1\mu m$，所以电子束能透过样品，由于在样品不同位置电子束透过率不同，所以就可以得到样品的截面

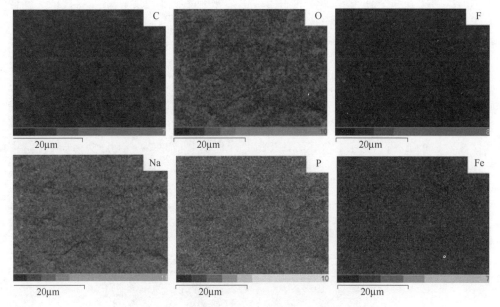

图 12-22　Na_2FePO_4F/C 正极材料 EDS 分析各元素分布图

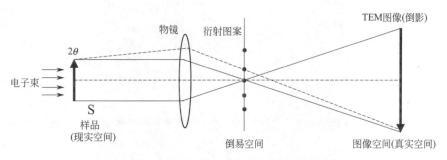

图 12-23　透射成像过程光路示意图

图像。透过样品的电子束经过光学系统的聚焦以后成像在显示屏上，再用照相机或者电荷耦合检测器记录下样品的图像即可。

　　在透射电子显微镜中，调节电子透镜（改变透镜焦距）时，就能够很容易地观察到电子显微像（实空间的信息）和衍射花样（倒易空间的信息），这样，利用这两种观察模式就能很好地获取这两类信息。在电子衍射花样中选择感兴趣的衍射波，调节透镜就能得到电子显微像，这样就能有效识别夹杂物和观察晶格缺陷。在后焦面插入大的物镜光阑时，可以使两个以上的波合成（干涉）成像，称为高分辨电子显微方法。高分辨电子显微像是来源于电子受到物质的散射，接着受到电子透镜像差的影响，发生干涉成像的衬度。因此电子透镜成像的效果与物质成分、结构等有很大关系。现代的高分辨电镜点分辨率已达到 0.1nm，它不仅可以获得材料中晶胞排列的信息，还可能确定晶胞中原子的位置。更重要的是，高分辨电子显微镜的研究对象还可以是非周期性的晶体结构，如准晶、非晶等，还可以直接观察材料中的空位、位错、层错等晶体缺陷。

12.3.2.2 应用

透射电镜可实现 TEM 成像，对样品进行一般的形貌观察，电子选区衍射 SAED 可对样品进行物相分析，确定材料的物相、晶系，甚至空间群。图 12-24 为碳包覆硅纳米线负极材料的透射电镜图，由图可知该纳米材料表面包覆有一层厚度为 10～15nm 的物质[44]。图 12-25 为单根核壳结构 $NiSi_x/Co_3O_4$ 纳米线的 TEM 图、相对应的 SAED 衍射谱图和 HRTEM 图[49]。图 12-25(a) 可观察该核壳结构的形貌，图 12-25(b) SEAD 谱图可证实尖晶石型多晶 Co_3O_4 的存在，3 个典型的环对应于立方相 Co_3O_4 （JCPDS 7482120）的 （111）、（220）、（311）晶面，图 12-25(d) 的 HRTEM 可观察到非常清晰的晶格条纹，晶面间距为 0.46nm，对应于立方相 Co_3O_4 （111）方向的晶面间距。

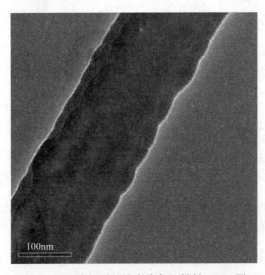

100nm

图 12-24　碳包覆硅纳米线负极材料 TEM 图

透射电镜结合能谱 EDS 分析，可对样品的微区化学成分进行分析。图 12-26 (a) 是单根碳包覆硅纳米线的扫描透射电子显微图像，图中标示的直线 mn 为能谱线扫描的轨迹[44]。图 12-26(b) 是能谱峰强度对相应点的位置图，可以清楚地反映这种材料的空间形貌，按直线 mn 扫描，首先在硅纳米线的边缘出现的是 C 谱峰的增强，紧接着才出现 Si 谱峰的增强。同时当扫到硅纳米线的另一边缘时，先出现 Si 谱峰的减弱，接着才出现 C 谱峰的减弱。这充分说明了碳包覆后材料表面覆盖了一层碳，根据 C、Si 谱峰增强或减弱的位置差可以看出碳层的厚度大约为 10nm。图 12-27 是单根核壳结构 $NiSi_x/Co_3O_4$ 纳米线的面扫描 EDS 谱图，从图可知，该材料内部是由 Ni 及 Si 的合金组成的核，外部是由 Co 和 O 的化合物组成的壳，很好地证明了该材料的核壳结构。

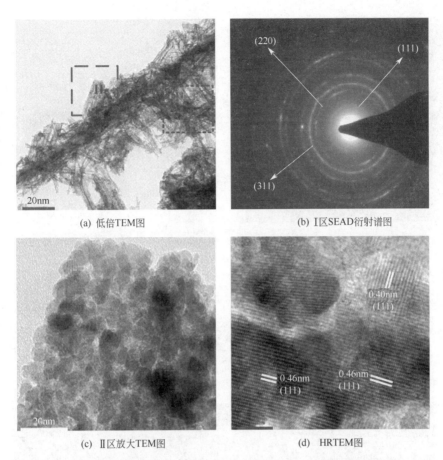

(a) 低倍TEM图

(b) Ⅰ区SEAD衍射谱图

(c) Ⅱ区放大TEM图

(d) HRTEM图

图 12-25　单根核壳结构 $NiSi_x/Co_3O_4$ 纳米线的 TEM 图像分析

如前面所述，常规的透射电子显微镜技术可以得到关于电极/固体电解质/隔膜材料的一些微观结构信息，但是通过这些技术所获得的图像均在微米或者纳米尺度。对于运用原子/离子开展可控的化学反应或是设计功能材料的化学与材料领域的研究人员，一直都梦想着借助一些实验工具直接看到材料中的原子、离子，随着高分辨率透射电子显微镜（HRTEM）及扫描透射电子显微镜（STEM）技术的发明，这些原来遥不可及的梦想已变成了现实。

与其它原位技术相比，原位透射电镜技术提供了一个独特的工具，即在高空间分辨率下观测电极材料的局部变化过程[50,51]。图 12-28 是原位 TEM 电化学测试装配示意图[50]。其中图 12-28(a) 是研究负极的纳米电池装配图，电池组成部分包括电子可穿透的负极（例如纳米线或者纳米粒子），可耐受真空的电解质体系（例如离子液体、聚合物或固态电解质），稳定的锂源以及集流体。图 12-28(b) 是纳米电池的负极嵌锂过程演示图。当电压施加在集流体上驱动电子以及锂离子流经整个回路时，可以实时地观测到纳米结构负极在锂化过程中所发生的结构变化。

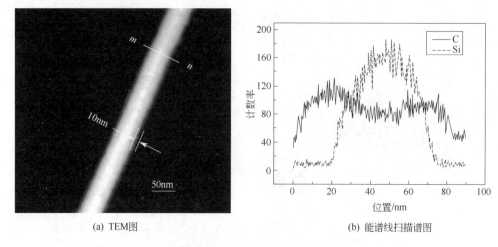

(a) TEM图   (b) 能谱线扫描谱图

图 12-26　单根碳包覆硅纳米线

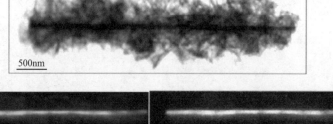

图 12-27　单根核壳结构 $NiSi_x/Co_3O_4$ 纳米线面扫描 EDS 谱图

图 12-29 是单根（112）硅纳米线的各向异性膨胀及粉化 TEM 图[52]。图 12-29(a)、(b) 显示了硅线沿轴向和径向的逐步锂化过程。从锂化纳米线中心位置的白色对照可以看出径向的膨胀是不均匀的。图 12-29(c) 是锂化纳米线中心位置粉化的放大图。图 12-29 (d) 是锂化（112）硅纳米线沿着（112）轴向观察的哑铃形横截面示意图，造成中心位置粉化的原因是环向应力以及沿着（110）方向比沿着（111）方向膨胀更厉害。

借助原位 TEM 电化学的建立以及结合非原位 TEM 的结果，人们可以更清晰地观测到硅和锗的锂化过程并且发现它们之间存在很多的不同之处，例如硅是各向异性膨胀而锗是各向同性膨胀[52~54]。造成差异的原因可能是不同方向如 Si（110）、Si

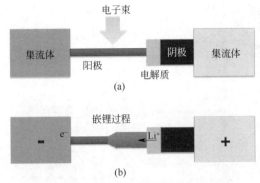

图 12-28　原位 TEM 电化学测试装配示意图

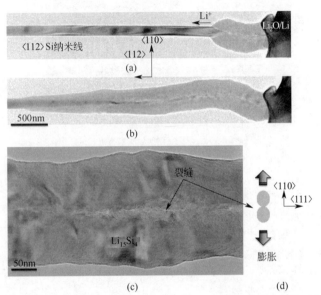

图 12-29　单根（112）硅纳米线的各向异性膨胀及粉化 TEM 图[52]

（100）、Si（111）所受的起始电压以及锂化速度不同，而锗体系则没有这么显著的变化，图 12-29 就显示硅纳米线沿径向的膨胀是各向异性的。同样的，磷酸铁的锂化过程也被发现是各向异性的，它遵循的是一个相界面转移机理[55]。相界面被证明是平行于（010）平面以及沿着与锂离子扩散方向一致的（010）方向移动。

　　除了原位 TEM 电化学技术研究纳米结构材料，球差校正 STEM 结合 EELS 光谱研究电极材料技术在最近十年有了很大的进展[55,56]。Shao-Horn 等人首次报道观测到 $LiCoO_2$ 中的 Co 和 O 原子以及间接地观测到了 Li 原子[57]，同时近期一个新的关于脱锂化的 $Li_{1-x}CoO_2$ 研究也被报道[58]，该工作研究了不同的脱锂状态以及关联的相状态。Chung 等人报道了 $LiFePO_4$ 的原子尺度可见的反位缺陷[59]。在他们的工作中，他们演示了有序橄榄石结构 $LiFePO_4$ 的 Li 位被无序的 Fe 原子占据。这样的交换缺陷在相对较低的温度下似乎局部地聚集在晶格中，即使总浓度相当低。还有类似的例子，如 $LiMn_2O_4$[60]、$LiNi_{0.8}Co_{0.15}Al_{0.05}O_2$[61]、$Li_5Ti_5O_{12}$[62,63]、$Li_{1.2}Mn_{0.4}Fe_{0.4}O_2$[64]、富锂层状氧化物[65~67]。图 12-30[68]和图 12-31[68]展示了 Li_2MnO_3 初始状态以及充电到 4.8V 后原子的 ABF 像，这些图片显示了 Li_2MnO_3 初始状态的非完美晶体结构以及充电后的脱锂位置。

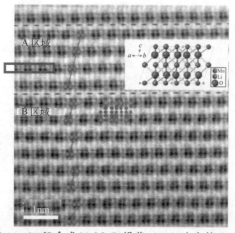

图 12-30　800℃合成 Li_2MnO_3 沿着（110）方向的 ABF 像

（内嵌图：Li_2MnO_3 单个晶胞的原子组态排列示意图）[68]

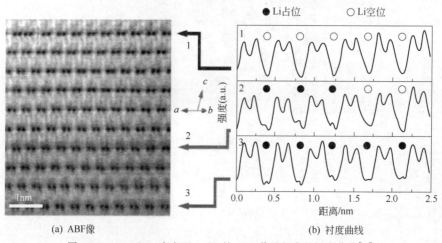

(a) ABF 像　　　　　　　　　　　(b) 衬度曲线

图 12-31　Li_2MnO_3 充电至 4.8V 的 ABF 像及相应的衬度曲线[68]

电极材料的界面问题是一个非常重要的研究课题，它影响到电极材料特别是正、负极材料的电化学性能如电极长期循环稳定性以及热稳定性，但是材料界面结构、组成非常复杂，很难准确定量或直观地表征。STEM 技术的应用提供了电极材料表面结构变化的确凿证据[69~71]。Abraham 等人[69]首次报道通过 TEM 观察到 $LiNi_{0.8}Co_{0.2}O_2$ 循环后的类 NiO 结构，并且认为这种新结构直接导致材料电化学性能的改变，如氧的损失以及电极阻抗的增大，并且发现正极材料的表面包覆可以抑制这种结构相变。Xu 等人[70]发现 $Li_{1.2}Ni_{0.2}Mn_{0.6}O_2$ 高电压循环后表面生成了一个新的尖晶石相，很显然，这种表面变化会导致电极的不可逆容量损失以及差的循环稳定性。图 12-32 和图 12-33 也证实了这种结果，从图中可以清晰地看出，原始材料的体相和表面区域的晶格排序是一样的，但是经过循环后表面结构和体相结构变得明显不同，例如可观察到阳离子随机堆叠排列以及表面有机层的存在，事实上，阳离子随机堆叠排序会导致表面元素的偏析。Boulineau 等人[71]也提供了类似富锂材料表面 Mn-Ni 偏析的证据。

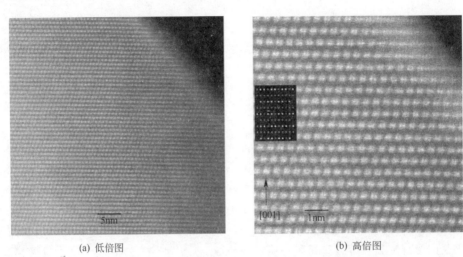

(a) 低倍图   (b) 高倍图

图 12-32   Li $(Ni_{1/5}Li_{1/5}Mn_{1/5})O_2$ 初始状态下体相和表面沿（100）方向的高分辨 STEM 图

[图（b）中的内嵌图是锂离子（灰色）以及过渡金属（白色）阳离子沿轴向排列及堆积的示意图]

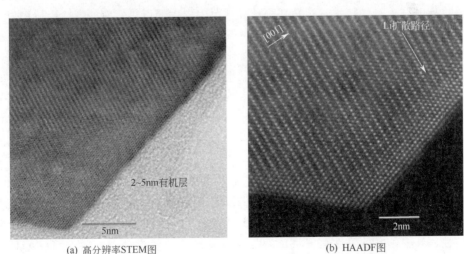

(a) 高分辨率STEM图   (b) HAADF图

图 12-33   Li $(Ni_{1/5}Li_{1/5}Mn_{1/5})O_2$ 电化学循环后体相和表面区域

沿着（110）晶带轴的高分辨率 STEM 图以及对应的 HAADF 图

12.4 热分析

热分析方法是指在程序控温和一定环境气氛（如氮、氩及氧气）控制条件下，测量试样的某种物理性质与温度或恒温下与时间关系的一类研究方法。常用的热分析方法有热重分析法（TGA）、导数热重法（DTG）、差热分析法（DTA）、差示扫描量热法（DSC）、热机械分析法（TMA）以及动态热机械分析法（DMA）等。

12.4.1 热分析方法介绍

热重法（thermogravimetry analysis，TGA）是指在程序控温和一定气氛下，测量试样的质量与温度或恒定温度条件下质量与时间关系的技术。记录 TG 曲线对温度或时间的一阶导数，表示质量变化速率，称为 DTG 曲线，是对热重数据的重要补充。样品在加热过程中发生分解或与环境气氛发生反应时，样品质量将发生变化，则在 TGA 曲线上会出现台阶，或者在 DTG 曲线上出现一个峰。热重分析法可以用于研究物质的质量变化、分解反应、成分分析、热稳定性、腐蚀/氧化、反应机理和纯度检测等。

差热分析法（differential thermal analysis，DTA）是指在程序控温和一定气氛下，测量试样和参比物温度差与温度或时间关系的技术。差热分析可以用于试样的熔点、相转变温度等各种特征温度的测量。

差示扫描量热法（differential scanning calorimeter，DSC）是指在程序控温和一定气氛下，测量流入/流出试样和参比物的热流或输入试样和参比物的加热功率与温度或时间关系的技术。选择在测试温度范围内无任何热效应的惰性样品作为参比，将试样的热流与参比比较而测定出其热行为，这就是所谓的差示。测量试样与参比的热流（或者功率）差变化，比只测定试样的绝对热流变化更灵敏精确。DSC 仪器与 DTA 相似，差别在于 DSC 的支架上装有两组补偿加热丝，试样在热反应时发生的热量变化，由于及时输入电功率而得到补偿，因此实际记录的是两只电热补偿的热功率之差随温度或时间的变化关系。差示扫描量热仪有功率补偿式和热流式两种。DSC 可用于研究物质的相转变温度、相转变热熔、相图、结晶、玻璃化温度、反应机理和纯度检测等。

同步热分析将热重分析 TGA 与差热分析 DTA 或者差示扫描量热 DSC 结合为一体，在同一次测量中利用同一样品可同步得到热重与差热信息。与单独的 TGA 与 DTA 或 DSC 测试相比较，同步热分析具有如下显著优点：①消除称重量、样品均匀性、升温速率一致性、气氛压力与流量差异等因素影响，TGA 与 DTA/DSC 曲线对应性更佳；②根据某一热效应是否对应质量变化，有助于判别该热效应所对应的物化过程（如区分熔融峰、结晶峰、相变峰与分解峰、氧化峰等）；③在反应温度处知道样品的当前实际质量，有利于反应热熔的准确计算。

通常测量样品质量的变化并不能很好地表征样品的化学成分及其结构的变化，因此也衍生了热分析与其它技术联用的技术，例如热重-质谱联用及热重-红外光谱联用等，以下主要介绍热重与质谱联用技术。

热重与质谱联用（thermogravimetry-mass spectrometer，TG-MS）技术，主要的特点在于它可以利用质谱法在线分析热重分析过程中生成气体产物的性质，从而可以用来表征反应产物的种类，进而阐明热分解的具体过程。考虑到在电池材料研究中，主要用于无机分子的质量检测，因此研究中采用的四极质谱仪测量范围为 $1 \sim 300$ 原子质量单位。从热重分析仪进入质谱仪的气体分子先通过电子流轰击或者其它方式使其离子化，形成不同质荷比 m/z 的离子，然后由磁场和静电场将形成的正分子离子和碎片离子依照 m/z 值分离，通过对场强扫描，使 m/z 不断增大的离子分别到达检测器，测量出各种离子的强度。在 TG-MS 联用时，通过石英毛细管将热重与质谱连接以保证质谱的真空度能够达到 10^{-5} mbar，测量时需将毛细管加热以防止气体凝结。TG 试样中逸出的一小部分气体被吸进 MS。由于 MS 具有很高的灵敏度，可测量从百万分之一到百分之几浓度的组分，因而只需 1% 左右的逸出气体。为了得到高质量质谱数据，需要控制载气流速，从而保证高的样品气深度。热重与质谱联用技术可应用于：热降解（氧化、热解）、蒸发和升华、基体中添加剂的检测、原料和产物的表征、吸附/解吸附行为和化学反应（催化、合成、聚合）的研究。

12.4.2 热分析实验条件选择

升温速率是热分析实验中一个重要的因素，选择合适的升温速率才能得到理想的实验结果。对 DSC 实验而言，快速升温容易产生热反应滞后，样品内温度梯度增大，反应峰（平台）分离能力下降，而且对 DSC 的基线漂移影响较大。慢速升温有利于反应峰（平台）的相互分离，使得 DSC 曲线呈多重峰，DTA 曲线呈现平台，但是灵敏度下降。对于 TG 测试，过快的升温速率有时会检测不到某些中间产物的信息，一般采用较慢的升温速率。对于 DSC 测试，在传感器灵敏度足够的情况下，一般也以较慢的升温速率为佳。对于不同的电极/电解质材料最好先做几组实验进行比较分析，找出优化的升温速率，对于 TGA 和 DSC 实验，升温速率通常为 $10 \sim 20$ K/min。

在选择测试样品的质量范围时，少量试样有利于试样内温度的均衡，减小样品内的温度梯度，测得的特征温度较低、更真实；有利于气体产物扩散，减少化学平衡中的逆向反应；相邻峰（平台）分离能力增强，但 DSC 灵敏度有所降低，影响测试结果。试样量大时，可以提高 DSC 灵敏度，但会增大内部温度降，使得峰形加宽，热效应或反应向高温漂移。在保持灵敏度足够的条件下，一般采用较少的样品量。

良好的样品制备有助于获得最佳的实验结果。样品堆积紧密有利于内部导热，减小温度梯度，但不利于与气氛接触及气体产物扩散，影响化学平衡。样品应与坩埚底部保持良好接触，从而能够获得尖锐的热效应峰、良好的峰分离能力。对于块状样品可以先研磨成粉末，使其在坩埚底部平铺，这样可以保证良好的接触，同时可以增大比表面积，加速表面反应。对于强放热性样品，可以采用惰性物质（比如 Al_2O_3 粉末）将样品稀释。

热分析仪器需要在特定气氛条件下进行测试，通常情况下采用动态气氛，气体以一定的流量流入炉体。动态气氛根据反应需要分为惰性气氛（He、N_2、Ar）、氧化性气氛（O_2、空气）、还原性气氛（H_2、CO）以及腐蚀性气氛（Cl_2、F_2、HCl）等，在实际测试过程中还可以实现气体的混合与切换。常用惰性气氛的导热性顺序如下：$He \gg N_2 > Ar$。导热性良好的气氛可以减小样品内部温度梯度，获得尖锐的峰形，提高分辨率，反应向低温漂移，但会降低灵敏度。一般尽可能选择样品实际使用环境的气氛。气体流速过慢，有可能会提高反应产物分压，会使反应向高温移动。提高气体流量，有利于减少逆反应，但会带走较多的热量，降低灵敏度。通常气体流速控制为 20～100mL/min。气体流量会影响到升温过程中的浮力、对流以及湍流，从而造成热重基线的漂移。因此，在 TGA 测试过程中必须确保气体流量的稳定性，不同的气氛需要做单独的基线加以修正。

坩埚是热分析实验的试样容器，它不仅可以使样品与炉体或者传感器不直接接触，避免支架或传感器受污染，同时它本身在测试条件下也应该为惰性，即在通常情况下，坩埚不与待测样品发生任何反应，因此合理选择坩埚材料尤为重要。例如有时使用铜坩埚对样品的氧化起催化作用，促进氧化反应的发生，并且铜本身也易氧化。常用的热分析坩埚有 PtRu 坩埚、Al_2O_3 坩埚、Al 坩埚。PtRu 坩埚具有良好的导热性能，可以获得较好的 DSC 数据，但在高温下会与某些金属反应形成低共熔合金，有粘连的危险，这可以通过内嵌 Al_2O_3 薄衬套解决，或者在坩埚底部加入一层 Al_2O_3 粉末。Al_2O_3 坩埚使用温度范围宽，对绝大部分样品稳定，但其传热性、灵敏度、热阻、时间常数、峰分离能力等较 PtRh 坩埚差。Al 坩埚在低温测试时可与 PtRh 坩埚相媲美，且具有价格优势和良好的密封性能，但只能在 600°C 以下使用。此外，还有特殊坩埚：如耐中压坩埚和高压坩埚，它们对一些在某一温度易产生大量气体及易发生热分解反应的材料尤为适合，如经过充/放电循环的正极材料与电解液的混合物体系。总之实验过程中应根据温度范围、反应类型选择不同的坩埚。在实验过程中还可以对坩埚加盖以防止样品溅出，而且可以改善坩埚内温度的分布，使得反应体系的温度均匀分布。

12.4.3 热分析方法在锂离子电池材料研究中的应用

热重分析（TG）及差热分析（DSC）在锂离子电池材料研究中可以用于指导确定材料的预处理温度及烧结温度、材料和电解液的热稳定性研究和复合材料的碳含量分析等。

Lv 等人采用 TG-MS 联用研究 Li_2FeSiO_4 前驱体的分解过程[72]。图 12-34 是采用溶胶-凝胶法制备的 Li_2FeSiO_4 前驱体的 TG-MS 曲线，通过 TG-MS 可以把整个温度区间分成三部分，即室温到 150℃、150～500℃ 以及 500～800℃，分别标记为 R1、R2、R3。前驱体有物理吸附水从而导致在 R1 温度区间有 5%（质量分数）的质量损失。在 R2 温度区间有 65%（质量分数）的质量损失，这是由于有机基团的分解，在 MS 数据上可以看出明显的 CO_2 峰。DTA 在 590℃ 左右有一个大的放热峰，但此时没有明显的质量损失，这对应于 Li_2FeSiO_4 的成相。在 790℃ 以下有 CO 的析出峰，而且有稍微的质量损失，这对应于碳与 Li_2FeSiO_4 的反应。基于 TG-MS 数据，他们选择 400℃ 的预烧温度和 600℃ 的烧结温度。这里选择 400℃ 作为预烧温度而不是 500℃ 是由于在 TG 测试过程中升温速率较快导致反应滞后，而从 DTA 数据可以看出质量变化速率最大值在 350℃ 左右，因此 400℃ 的预烧温度能够保证反应物中有机基团的分解完全。

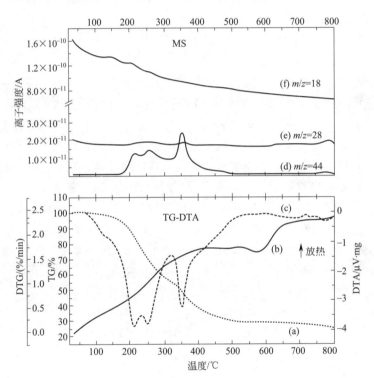

图 12-34　采用溶胶-凝胶法制备的 Li_2FeSiO_4 前驱体的 TG-MS 曲线[72]

复合材料的碳含量分析除了可以用元素分析仪进行测试，热重分析也是一种有效的手段。碳含量的热重分析一般需要在空气气氛下进行，使得碳完全分解形成 CO_2，同时需要了解样品的最后分解产物。图 12-35 是 $LiFePO_4$/石墨烯复合材料的 TG 曲线[73]。由于 $LiFePO_4$ 在空气中升温会氧化生成 $Li_3Fe_2(PO_4)_3$ 和 Fe_2O_3，从而导致增重 5.07%。从 TG 曲线可以计算得到 $LiFePO_4$/SG 和 $LiFePO_4$/UG 样品分别增重 3.57%（质量分数）和 3.6%（质量分数）。因此，$LiFePO_4$/SG 和 $LiFePO_4$/UG 样品的碳含量分别为 1.5%（质量分数）（5.07%－3.57%）和

1.47%（质量分数）（5.07%－3.6%）。

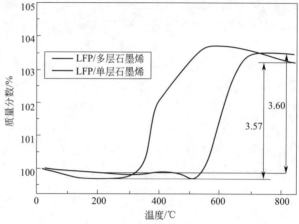

图 12-35　LiFePO₄/石墨烯复合材料的 TG 曲线[73]

　　差示扫描量热法也用于研究电解液、不同脱嵌锂态电极材料以及电解液与电极材料相互作用的热稳定性。这些样品（特别是含有电解液的情况下）在进行 DSC 测试时一般采用高压坩埚，否则在升温过程中电解液会挥发，并被吹扫气体带出坩埚外，而并没有参与反应。高压坩埚能够将样品完全密封在坩埚中，在整个实验过程中，不会有任何组分逸出到坩埚外，从而保证样品能够达到真正反应温度。一般在测试前后需分别称重坩埚与样品的质量，来检测坩埚的气密性。

　　Zheng 等人采用 DSC 研究了原始和 AlF₃ 包覆 Li［Li₀.₂ Mn₀.₅₄ Ni₀.₁₃ Co₀.₁₃］O₂ 样品的热稳定性[74]。从图 12-36 可以看出，AlF₃ 包覆不仅可以提高分解温度，而且可以减小放热量。相对于原始样品 206.6℃ 的分解温度和 924.5J/g 的放热量，AlF₃ 包覆样品的分解温度提高至 223.8℃，而放热量减小至 538J/g。这一结果表明 AlF₃ 包覆可以抑制电极与电解液的反应，提高材料的安全性能。

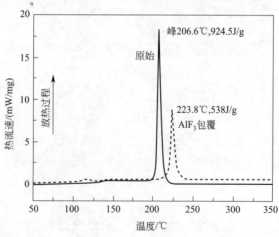

图 12-36　4.8V 充电态的原始和 AlF₃ 包覆 Li［Li₀.₂ Mn₀.₅₄ Ni₀.₁₃ Co₀.₁₃］O₂ 样品的 DSC 曲线[74]

12.5 微分电化学质谱

12.5.1 DEMS介绍

微分电化学质谱（differential electrochemical mass spectroscopy，DEMS）是一种用于原位检测电极表面生成挥发性产物的技术[75]。DEMS主要由质谱仪、涡轮分子泵和电解池组成（见图12-37、图12-38）。微分电化学质谱分析过程如下：在工作电极表面生成的挥发性产物，会聚集到电解池的出口，透过聚四氟乙烯的薄膜和一个多孔的金属垫片进入到质谱的真空腔中。经过离子源对挥发性产物进行电离，电离产物经过适当的电场加速后进入到四极杆（质量分析器）按不同的质荷比（m/e）进行分离，通过对不同m/e的离子流进行检测、放大、记录（数据处理），得到产物的质谱图，从而实现对电化学反应过程中气体产物产量和种类的在线检测和分析。

为了获得良好的产物离子的分析信号，就必须避免整个测量过程中离子的损失，因此实验中应尽可能保持所有样品分子和离子存在和经过的部位、器件处于高真空状态。一般而言，高的真空度可以防止检测离子在真空腔中的累积损失，以实现更好的在线检测。实验测试前，一般应先启动仪器并稳定仪器背景30min左右，以得到水平的一条实验基线，然后再进行质谱采样。除了仪器真空度会对质谱信号的检测有影响外，实验温度（包括电解池的反应温度）也是很重要的一个实验参数，所以要尽量保证质谱仪在恒温下进行工作。

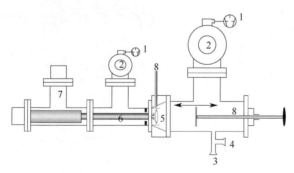

图12-37 微分电化学质谱的结构示意图

1—旋转泵；2—涡轮分子泵；3—与电解池相连；4—与校准孔相连；5—离子源；

6—四极杆；7—次级电子倍增管（检测器）；8—线性驱动

就微分电化学质谱方法的测试原理而言，产物的生成速率可通过相应的电流I_i进行检测，I_i与所测物种i的流量J_i（$J_i=\mathrm{d}n/\mathrm{d}t$，mol/s）成正比关系。因而：

$$I_i = K°J_i \tag{12-14}$$

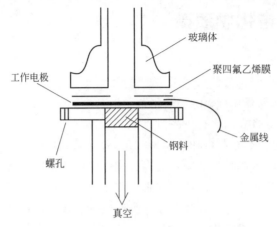

图 12-38　DEMS 电解池结构图

$K°$为常数，它与质谱仪的设定参数和物种的电离概率有关。若假定 i 为电化学生成的物种，J_i 为感应电流，则：

$$J_i = NI_F / (nF) \tag{12-15}$$

式中，n 为电子数；F 为法拉第常数；N 为转移效率，即检测到的物种生成量与总生成量之比。N 可能小于 1，因部分产物可能从电极表面扩散到电解液中。当电流效率不等于 100% 时，I_F 必须由当前效率下的产物取代，因而：

$$I_i = (K^*/z)I_F, K^* = K°N/F \tag{12-16}$$

通常先通过已知的电化学反应对所用仪器进行合理校正，就可得到 K^* 和 $K°N$。

12.5.2　DEMS 应用

近三十年来，DEMS 这一实验技术已广泛应用于电化学、催化化学及材料科学等领域。该技术在锂离子电池领域主要用于检测电池中生成的挥发性气体产物（如电解液分解产物）等，通常在电极材料表面，碳酸酯基电解液在充放电循环过程中均可能发生一定的氧化还原过程，继而导致气体的生成，如氢气、一氧化碳、二氧化碳、甲烷、乙烯或丙烯。在反应的初始阶段产物量相对较少，在其它常规技术（如色谱技术）难以检测的情况下，DEMS 作为一种新型的原位检测技术，被认为是研究锂离子电池电化学反应机理的有效手段[76]。

DEMS 技术首先应用于电解液与石墨碳负极界面产物的研究[77~81]。如图 12-39 所示，在 1mol/L LiClO$_4$/EC（碳酸乙烯酯）＋DMC（二甲基碳酸酯）电解液和石墨电极体系的充放电过程中，通过对乙烯（$m/z=27$）和氢气（$m/z=2$）的质量变化过程进行在线分析，发现在 $0.8\sim0.3$V（Li/Li$^+$）之间，仅首次充电过程可检测到 EC 发生还原分解生成乙烯。而氢气则在 1.3V（Li/Li$^+$）就已开始生成且浓度较高，第二次循环时虽然其含量显著下降，电位也负移至 0.8V，但仍可检测到。因而推测证明尽管在第一次循环后水和 EC 分解产物覆盖在石墨表面，阻止了 EC 的进一步还原分解，但不能完全抑制 H_2 的生成。Spahr 等人则使用 DEMS 技术研究 TIMREX® SLX50 石墨在高温处理前后不同的 SEI 膜形成机理[82]。Holzapfel 通过对比石墨电极和纳米硅/石墨混合电极在 $1mol/L$ $LiPF_6$-EC/DMC-2％VC 电解液中的乙烯及氢气信号，发现纳米硅的加入减少了锂离子电池中的气体压力累积，从而提高了电池的安全性[83]。

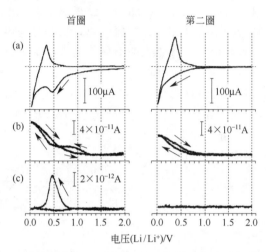

图 12-39　（a）石墨电极在 $1mol/L$ $LiClO_4$/EC＋DMC（约 $250 \times 10^{-6} H_2O$）
首圈和第二圈的 CV 曲线（扫描速率 $0.4mV/s$）；（b）氢气和
（c）乙烯的质谱-电化学循环伏安联用法曲线

对于正极材料体系，尤其是正极表面电解液分解产物部分的研究始于 1999 年，主要集中在复合正极材料表面有机碳酸酯电解液的分解产物。在早期的工作中[84]，通过检测不同电位下 CO_2 的生成变化来研究 $LiNiO_2$、$LiCoO_2$ 和 $LiMn_2O_4$ 正极材料在电解液中的电化学行为。例如在 PC 基类的电解液中，均检测到 CO_2 信号，但 $LiNiO_2$ 电极在 $4.2V$（Li/Li^+）就能够检测到 CO_2；而 $LiCoO_2$ 和 $LiMn_2O_4$ 电极在 $4.8V$（Li/Li^+）才能获得明显的信号，并检测到其它易挥发的分解产物。由此可知充电态的 $LiNiO_2$ 对电解液具有较强的氧化能力。在 EC/DMC 电解液中，仅 $LiNiO_2$ 电极在 $4.2V$（Li/Li^+）检测到 CO_2。这表明 PC 在正极表面较 EC/DMC 更容易被氧化。

2006 年，Novak 课题组首次将 DEMS 用于层状氧化物中晶格氧（$m/z = 32$）脱出的检测[85]，对于 Li_2MnO_3-$LiMO_2$（如 Li[$Li_{0.2}Ni_{0.2}Mn_{0.6}$]O_2）富锂材料而言，这是首次得到这类材料充到高电压时会发生氧"逸出"的直接证据，结果如图 12-40（a）所示。当电位升至 $4.5V$ 时，氧气开始释放，同第二次循环的充电平台 [见图 12-40（b）] 相对应。作者认为当氧气从表面脱出时，过渡金属离子将从过渡金属层的八面体位迁移到锂层产生空位，与此同时过渡金属离子从表面扩散到体相填补空位，直到所有八面体空位被过渡金属离子占据，氧气才停止释放。充电到 4.5V 的平台被认为对应于 Li_2O 从电极结构中脱出的过程，导致层状 MO_2 电极结构中 M 八面体位点几乎全部由过渡金属占据，MO_2 结构支持锂离子的可逆脱嵌。因此，DEMS 结果提供了强有力的证据支持富锂材料 Li_2O 的脱出机理。Mantia 等人利用 DEMS 方法对化学计量配比和富锂的 Li_{1+x}（$Ni_{1/3}$ $Mn_{1/3}$ $Co_{1/3}$）$_{1-x}$ O_2 (NMC) 材料之间的差异进行了研究[86~88]。此外，原位 DEMS 技术也被应用于研究其它正极材料体系，如对于 $LiFeO_2$，DEMS 结果显示在此电池体系中，高电压下材料中的"氧原子"并不是直接以 O_2 气体脱出，而是先与电解液反应，锂离子嵌入/脱出过程伴随着材料中 Li^+ 和 H^+ 的交换，随后脱 H_2O[89]。同样 DEMS 技术可用于富锂层状氧化物正极材料"脱氧"机制的研究，有利于对材料的"激活"机理的理解，例如对不同表面包覆材料脱氧过程气体种类和数量进行对比，如原始材料和 AlF_3 包覆 Li［$Li_{0.2}Mn_{0.54}Ni_{0.13}Co_{0.13}$］$O_2$，DEMS 结果显示在包覆材料体系中，检测到更多的是氧分子而不是二氧化碳分子。证明了 AlF_3 层对维持电极/电解液界面稳定性具有很重要的作用[90]。

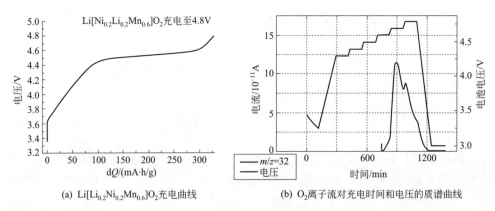

(a) $Li[Li_{0.2}Ni_{0.2}Mn_{0.6}]O_2$充电曲线

(b) O_2离子流对充电时间和电压的质谱曲线

图 12-40　Li［$Li_{0.2}Ni_{0.2}Mn_{0.6}$］O_2 充电曲线及 O_2 离子流对充电时间和电压的质谱曲线[85]

此外，DEMS 技术在非水 $Li-O_2$ 电池研究领域得到了广泛应用[91~93]。按照 $Li-O_2$ 电池的放电机理，其在放电过程中在正极表面形成 Li_2O_2，且在充电条件下能可逆分解，从而进行持续循环。Chen 等人[93]对氧电极在二甲基甲酰胺电解液中的可充性与稳定性进行了分析。他们首先通过 FTIR、粉末 X 射线衍射（PXRD）、NMR 等技术联用对材料表面电解液充放电后的生成物进行检测。而为了探索更具体的反应机理，特别是电解液的稳定性，他们引入了 DEMS 原位检测技术，实验结果见图 12-41，可见首圈充电过程中仅有 O_2 释放，而没有检测到由 HCO_2Li 和 CH_3CO_2Li 分解产生的 CO_2 和 H_2O，说明首圈放电过程中仅存在少量的电解液分解。在第五圈放电过程中有 NO 和 H_2O 生成。而在其后的充电过程中，在 3.3V 电位下基本没有 O_2 峰，3.7V 和 4V 的 O_2 峰也向高电位偏移。DEMS 数据表明，在充电过程中除电解液分解产物的氧化外，主反应是 Li_2O_2 可逆氧化还原。

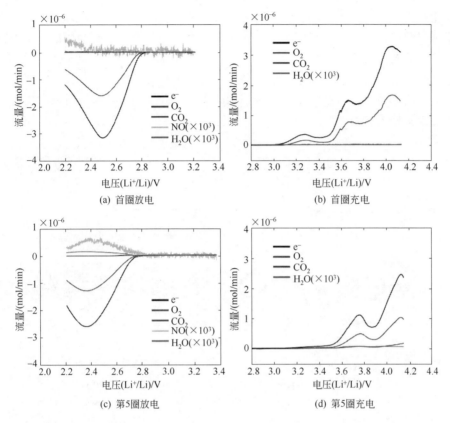

图 12-41 Li-O_2 电池在 0.1mol/L LiClO₄-DMF 电解液分解产物的原位 DEMS 分析

在燃料电池领域，DEMS 技术已广泛应用于甲醇氧化反应产物、中间物及反应动力学的研究[94~99]。例如 Seiler 等人研发出一种专用于燃料电池研究的微分电化学质谱仪，他们通过在电解池的气体排放口放置聚四氟乙烯膜将液体与真空室有效隔离[100]。Nakagawa 等人则在燃料电池中插入质谱仪的毛细管探头对局部阳极气体成分进行分析[101]。另外，将 DEMS 与电化学原位红外光谱进行联用技术探究，可同时研究甲醇在 Pt 催化条件下所产生的 CO_2、甲酸、甲醛和甲酸甲酯。而通过研发具有双带电极通道的微分电化学质谱流动池，不仅可以检测电池内产生的气体和挥发性组分，而且可以同时检测液相中甲醇氧化产物，如通过质谱检测 CO_2、甲酸甲酯及电化学方法检测甲酸。如图 12-42 所示，与甲醛氧化相似，甲醇氧化电位同样开始于 0.6V，即 CO 吸附电位。随后产生 CO_2 和甲酸甲酯，而甲酸的信号有所差别，有效地验证了人们的猜想，甲醇与溶液中的甲酸反应生成甲酸甲酯并不是同相化学反应，而是直接界面反应[102,103]。对 CO_2 进行标定后，CO_2 生成的库仑效率高达 80%，远远高于甲醛的直接氧化效率，这证明了 CO_2 主要通过 CO 吸附氧化生成，而不是经过甲醛中间物[99]。例如通过与甲醇在 Pt 电极上的氧化反应循环伏安图相对应，利用 DEMS 技术研究中间产物 CO_2、HCOOH 随电位的变化行为。实验结果如图 12-43 所示，其中质荷比为 $m/z=60$ 的信号，与甲醇转化为甲酸甲酯的反应过程相对应，证明氧化反应中间产物甲酸的生成。所测得的离子流峰形与法拉第电流相对应，可以看出甲酸甲酯较 CO_2 在较低电位开始生成。Jusys 等人则利用 DEMS 技术研究一定条件下真实的高表面积甲醇燃料电池催化过程。通过质谱数据可直接检测到甲酸甲酯的存在，并可结合法拉第电流对甲醛和甲酸进行定量检测[94]。

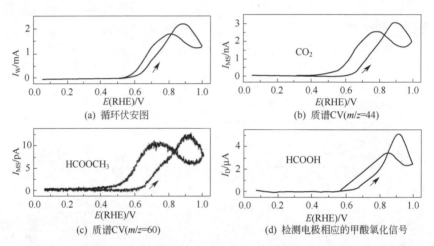

图 12-42　循环伏安图、质谱 CV（MSCV）及检测电极相应的甲酸氧化信号

[电极为 Pt/C 1mol/L 甲醇＋0.1mol/L H_2SO_4，扫描速度 5mV/s，
检测电极电势（PtPb/C）＋0.4V]

12.6 固体核磁共振波谱技术

12.6.1 固体核磁共振介绍

核磁共振（nuclear magnetic resonance，NMR）是在外磁场（B_0）作用下磁矩不为零的原子核自旋共振吸收一定频率的射频（B_1）从低能态跃迁到高能态的物理过程。原子核吸收的射频 B_1 频率与核自旋的状态密切相关，因此通过分析特定核的 NMR 谱图可以表征该核周围的局部环境以及物理化学状态等信息。在固体 NMR 中核自旋存在强自旋相互作用，其内部相互作用的总哈密顿量 H_0 可简单表示为：

$$H_0 = H_{CS} + H_D + H_Q$$

式中，H_{CS}、H_D、H_Q 分别为化学位移各向异性、偶极-偶极相互作用和核四极矩相互作用哈密顿算符。在液体中，由于分子的快速无规则运动使得这些相互作用平均为零，因此液体 NMR 谱图具有很高的分辨率，然而由于固体材料结构框架

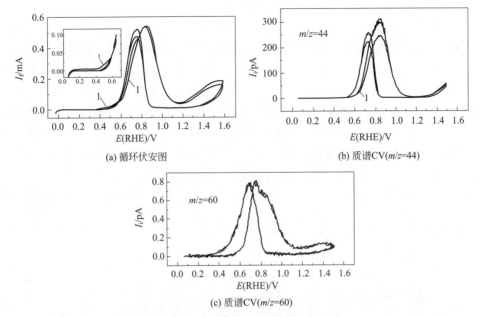

(a) 循环伏安图

(b) 质谱CV(*m/z*=44)

(c) 质谱CV(*m/z*=60)

图 12-43　循环伏安图及质谱 CV（MSCV）

（光滑多晶 Pt 表面，"1"表示首圈循环过程，插图为低电位下的法拉第电流放大图）

稳定，这些相互作用强得多，导致固体 NMR 谱峰严重宽化，影响谱图分辨率。

在高分辨固体 NMR 中，一般采用高转速魔角旋转（magic angle spining，MAS）[104,105]技术（见图 12-44）完全或部分消除这些相互作用，进而窄化固体 NMR 谱线线宽，获得高分辨固体 NMR 谱图，同时当旋转速率低于相互作用时，在距离各向同性峰间隔整数倍旋转速率处会产生旋转边带峰，旋转边带包含与结构相关联的化学位移各向异性和偶极-偶极相互作用的信息，相互作用越强，旋转边带信号也越强。由于固体 NMR 谱各向同性峰和旋转边带包含材料的微观结构信息，因此通过固体 NMR 表征，即可对固态材料

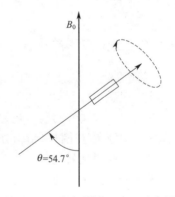

图 12-44　魔角旋转(MAS)示意图

的结构进行详细的分析。另外，固体 NMR 波谱技术是目前唯一的原子级别微观动力学表征手段。该技术具备无损、可定量、检测较为迅速、分辨率较高等优点，目前已在无机、有机、高分子和生物大分子材料研究中得到广泛应用。

NMR 波谱技术在鉴定物质种类、微观结构以及动力学研究方面的优越性，使其在锂离子电池材料方面的应用日益广泛。固体 NMR 在锂离子电池材料研究中最普遍的观测核是 ^{6}Li 和 ^{7}Li。^{6}Li（$I=1$）核与 ^{7}Li 核相比具有较小的旋磁比和四极矩耦合常数，因此 ^{6}Li NMR 谱图具有较高的分辨率，但 ^{6}Li 核的自然丰度低

（7.59%），往往需要^{6}Li富集才能获得具有良好信噪比的谱图。^{7}Li（$I=3/2$）核的自然丰度高（92.41%），但由于其具有较大的旋磁比和四极矩耦合常数，以及相对较强的偶极-偶极相互作用，因此在同样的魔角旋转转速下，相比于^{6}Li MAS NMR谱其峰宽较宽且具有更强的旋转边带，谱图分辨率较低，往往需要更高的旋转速率才能获得良好的分辨率谱图，这对实验的硬件条件提出了更高的要求。除了Li核之外，在锂离子电池材料，以及电化学循环过程中电池材料结构或表面形成的含锂或不含锂的物质的研究中，也经常采用一些其它的核进行研究，获取更加全面的材料结构信息，这些常用核的一些自旋性质的基本信息如表12-1所示。

表 12-1　锂离子电池研究中一些常用核的自旋性质

核自旋	自旋量子数	自然丰度/%	磁矩① $(\mu_N)/(J/T)$	旋磁比 $/[10^7\,rad/(s\cdot T)]$	四极矩② $/fm^2$	频率比/%
^{1}H	1/2	99.98	4.8373	26.7522	—	100.000
^{6}Li	1	7.59	1.1625	3.9372	−0.0808	14.7161
^{7}Li	3/2	92.41	4.2041	10.3977	−4.01	38.8638
^{13}C	1/2	1.07	1.2166	6.7283	—	25.1450
^{15}N	1/2	0.37	−0.4905	−2.7126	—	10.1367
^{19}F	1/2	100	4.5533	25.1815	—	94.0940
^{23}Na	3/2	100	2.8630	7.0808	10.4	26.4519
^{29}Si	1/2	4.68	−0.9618	−5.3190	—	19.8672
^{31}P	1/2	100	1.9600	10.8394	—	40.4807

①核磁子 $\mu_N=5.0507866\times10^{-27}$ J/T。

②1fm$=10^{-15}$ m。

12.6.2　固体核磁共振在锂离子电池材料微观结构分析中的应用

　　NMR的一个很重要的作用就是用于物质的定性定量表征，而且其对材料微观结构非常敏感，特别对于非晶态材料是一个非常有用的结构表征手段。这里主要从顺磁性材料、金属性材料、抗磁性材料和原位固体NMR波谱技术四个方面简单介绍固体NMR在电池材料结构分析中的应用。

12.6.2.1　顺磁性材料

　　大部分锂离子电池正极材料是顺磁性的。一般而言，抗磁性材料诸如Li_2CO_3、Li_2O和LiF等的^{6,7}Li化学位移范围很窄（±10），然而顺磁性材料中，^{6,7}Li受到周围顺磁核（过渡金属离子等）未成对电子的影响，谱峰宽化，且化学位移范围增大，达到正负几百甚至几千。这对谱图的采集和解析都造成了很大的困难，然而也正是这种效应提供了这些材料的框架结构和微观化学环境等的丰富信息。未成对电子与核的超精细相互作用可分为两种，一种是通过空间的电子-偶极相互作用，另一种是通过化学键的费米接触相互作用。电子与核的电子-偶极相互作用和核与核的偶极-偶极相互作用类似，其导致谱峰宽化，但不会影响化学位移，这种谱宽增宽可通过高速魔角旋转消除。通常电子与核的偶极相互作用相比于目前仪器能达到的魔角旋转速率大得多，所以在锂离子电池正极材料的NMR谱中往往会产生一系列的旋转边带。旋转边带和电子与核之间的取向和距离等微观结构特征相关，通过对旋转边带的分析也可以获取材料的局域结构信息。电子与核之间的距离越短，电子与核的偶极相互作用越强，旋转边带越强。比如，通过 ^{6,7}Li NMR 谱的旋转边带分析，结合晶相结构中 Li 和 Fe 位的取向和距离，可以对不同空间群的 Li_2FeSiO_4 晶相进行详细的分析[106]。

大量关于费米接触相互作用与微观结构关系的研究[107~112]表明，存在两种不同的影响谱峰位移的未成对电子自旋密度转移机理，即离域机理和极化机理。以 M-O-Li 为例（假设 M 离子不成对电子位于 t_{2g} 轨道），当 Li、O 和顺磁性离子 M 的 t_{2g} 电子轨道重叠时，即 M-O-Li 的键角为 90°时，M 的自旋密度通过 O 的 2p 轨道传到 Li 的 2s 轨道上，这种自旋密度传递的结果是传递正的自旋密度，Li 峰的位移为正，图 12-45（a）所示称为离域机理。另一种是极化机理，当 M-O-Li 的键角为 180 度时，M 的未成对电子将另一个轨道极化，从而通过 O 的 2p 轨道将自旋密度传递到 Li 的 2s 轨道上，这种传递的结果是传递负的自旋密度，Li 峰的位移为负，如图 12-45（b）所示。因此锂离子电池正极材料 ^{6,7}Li NMR 谱峰的化学位移与自旋密度重叠状况也就是材料结构直接相关，通过化学位移可以对材料中 Li 核周围局部结构包括键长键角、过渡金属价态以及占位等信息进行详细的分析。比如 Li_2MnO_3 中 Li 峰的费米接触位移（1500）来自于 12 组键角接近 90°的 Li-O-Mn^{4+}[113]，然而在 $La_2(LiMn)_{0.5}O_4$ 中存在的接近 180°的 Li-O-Mn^{4+} 产生的费米接触位移为－60～－125[114]。

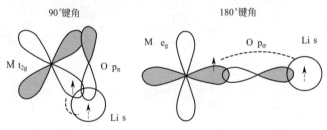

(a) 离域机理

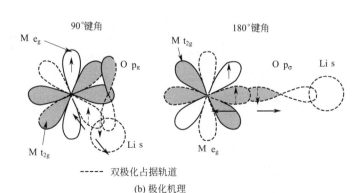

----- 双极化占据轨道

(b) 极化机理

图 12-45　自旋密度转移机理[107]

这里以锂/钠离子电池正极材料 $Na_3V_2(PO_4)_2F_3$ 的固体核磁共振波谱研究为例[115]，简单介绍固体核磁共振在锂/钠离子电池顺磁性材料研究中的应用。该材料属于四方晶系，$P42/mnm$ 空间群，含有两个钠位，材料中钒为 V^{3+}，两个外层未成对电子位于 t_{2g} 轨道上，根据前述过渡金属离子上的未成对电子对化学位移的影响因素，Na-O (F)-V 的键角越接近 90°，从 V^{3+} 上转移至 Na^+ 的自旋密度越高，^{23}Na NMR 化学位移正移越大。表 12-2 所示为 Na1 和 Na2 周围键长、键角数据，表中显示 Na1 位受到的未成对电子影响比 Na2 位大得多。因此图 12-46 所示该材料的 ^{23}Na NMR 谱峰 125 和 78 可分别归属为 Na1 和 Na2 位的 NMR 信号。除了对锂/钠离子电池电极材料的结构表征外，固体核磁共振技术往往用于电极材料的充/放电机理研究，获取材料在充放电过程中的局域结构变化、Li/Na 嵌入脱出定量分析等信息。图 12-46 是 $Na_3V_2(PO_4)_2F_3$ 材料在充电过程中的非原位 ^{23}Na MAS NMR 谱图，从图中可明显地观测到在充电过程中 Na1 和 Na2 位的脱出顺序，而且通过谱峰面积积分还可以获得定量信息，为理解该材料充放电过程中的结构变化提供有力的支持。

表 12-2　$Na_3V_2(PO_4)_2F_3$ 材料中 Na-O(F)-V 键长、键角

Na 位	键长/Å	键角/(°)
Na1	3.2	94.2
		88.4
		91.4
		126.5
Na2	3.4	104.0
		88.2
		124.8

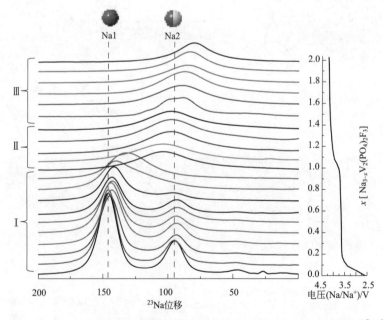

图 12-46　$Na_3V_2(PO_4)_2F_3$ 材料在不同充电状态下的 ^{23}Na MAS NMR 谱[115]

12.6.2.2 金属性材料

锂离子电池负极材料往往具有金属性，即含有自由移动的电子。该类材料的核自旋取向和自由电子会在静磁场中产生一个相对于核的"额外"的场强，产生奈特（Knight）位移。奈特位移可正可负，而且位移不随着温度的改变而改变，而费米接触位移一般随着温度的升高而减小。在锂离子电池碳负极材料中，Li_xC 的 [6,7]Li 位移与嵌入锂所形成的 Li-C 合金化程度密切相关，因此通过 [6,7]Li 的位移即可判断锂的嵌入状态，进而研究碳和硅等负极材料的电化学循环过程。对于不同的碳结构，嵌入不同锂量的奈特位移也不同，因此 NMR 技术也应用在对 MCMBs、硬碳和碳纤维等材料不同碳结构的研究中[116~119]。比如，完全嵌锂的硬碳的 ^{7}Li NMR 峰位移分别位于 50、17 和 0，这三个谱峰分别归属为碳层间、非晶型区域以及 SEI 膜中的锂位。

以硅负极为例，硅负极在放电过程（半电池）中，随着嵌锂过程的进行，形成不同的 Li-Si 合金，通过固体核磁共振，可以获得硅负极在不同放电深度下形成的 Li-Si 合金类型并可得到定量信息。图 12-47 所示为硅负极在不同放电状态下的 ^{7}Li MAS NMR 谱图[120]。图中显示在放电电压高于 110mV 时可观测到归属为抗磁性环境中的 Li（固体电解质界面层，SEI 层）的 0ppm 谱峰，随着放电深入，出现 6ppm 和 18ppm 谱峰，分别归属为孤立的 Si 离子和含有 Si—Si 键的 Si 簇附近的 Li 位。因此从不同放电态的 NMR 谱图中可以很容易地观察到锂离子电池 Si 负极在放电过程中生成的 Li-Si 合金类型以及不同合金的比例等信息。

12.6.2.3 抗磁性材料

在锂离子电池的研究中，固体电解质界面（SEI）膜对锂离子电池的电化学性能有着非常重要的影响。这种介于电极材料与电解液之间的界面非晶态物质的结构和成分非常复杂，而且暴露在空气中极易发生变化，用常规的检测手段很难获得定性定量结果。但是通过对 SEI 膜 [1]H、[6,7]Li、[13]C、^{19}F 和 ^{31}P 等不同核的原位与非原位 NMR 波谱表征，可以比较精确地对 SEI 膜进行分析。由于来自电极材料体相和表面 SEI 层的 ^{7}Li 的自旋-自旋弛豫时间有很大差别，通过 NMR 波谱技术可以选择性地获取表面 SEI 层中的 [7]Li 信号，并且对 SEI 层含量进行估算[121]。然而由于 SEI 层中锂盐的化学位移范围很窄，因此通过 [6,7]Li MAS NMR 很难分辨这些锂盐（见图 12-48）[122]。目前，通过 [1]H、[13]C、^{19}F 和 ^{31}P NMR 谱图，结合二维 NMR 实验（比如 CP、EXSY 以及 2D HETCOR）等是一个非常有效的可以对锂离子电池材料表面的 SEI 层组分进行详细分析的方法。比如通过 ^{19}F 和 ^{31}P NMR 谱图可以很容易地分辨出存在于 SEI 膜中的 $LiPF_6$、$PO_3F_2^-$、$PO_2F_2^-$ 和 LiF 等分解产物[121~123]。

12.6.2.4 原位固体 NMR 波谱技术

非原位固体 NMR 波谱技术的优势在于利用 MAS 技术，获取具有高分辨率的谱图。但是非原位表征很难捕捉到锂离子电池的电极材料在电化学循环过程中产生的亚稳态的结构或不稳定产物。为了更好地理解电极材料随着充放电过程的转变过程，原位固体 NMR 波谱技术非常有用[120,124~126]。但由于采集图谱时样品中有电

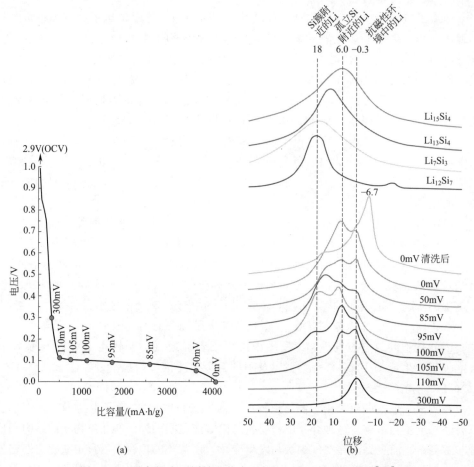

图 12-47　硅负极在不同放电状态下的 ^{7}Li MAS NMR 谱图[120]

流通过且电池组成中含有金属，所以样品难以在静磁场中进行魔角旋转，谱图由于受到偶极相互作用、化学位移各向异性等的影响谱峰宽化，使得谱图的解析比较困难，限制了原位固体 NMR 波谱技术的应用。但是如果选择合适的材料体系，原位固体 NMR 波谱的信息还是比较丰富的。图 12-49 所示为石墨/Li 电池首次放电的原位 ^{7}Li NMR 静态图谱[126]。从图中可知，随着锂离子的嵌入形成了不同比例的 Li_xC_y，化学位移因此随之发生变化。

12.6.3　离子扩散动力学研究

　　NMR 波谱技术不仅可以用于研究锂离子电池材料结构以及充放电过程，而且可以获取材料中的离子扩散动力学相关信息，NMR 在这方面的应用举例如下。

12.6.3.1　NMR 峰形分析

　　在固体材料中，原子核的运动快慢对 NMR 谱峰峰形有很大的影响，因此，通

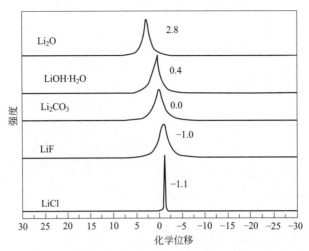

图 12-48　采用布鲁克 700MHz 核磁共振谱仪获得的可能在
SEI 层中存在的一些无机化合物的 ^{7}Li NMR 谱[122]

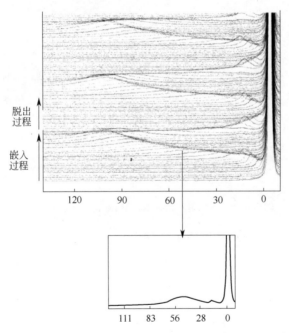

图 12-49　锂嵌入碳材料的原位静态 ^{7}Li NMR 谱图[126]

过 NMR 峰形的变化可以获得待测原子核的动力学信息。

　　图 12-50 所示是固体电解质材料 $Li_7La_3Zr_2O_{12}$ 中心谱峰半高宽随温度的变化[127,128]。在低温时，由于材料的自旋运动较慢，^{7}Li 自旋间的偶极-偶极相互作用、化学各向异性作用等相对较大，^{7}Li NMR 的各向同性峰一般表现为非常复杂的高斯线型，而且谱峰较宽。当升高温度时，锂离子的运动性增强，偶极-偶极相互

作用以及化学各向异性的影响减弱，^{7}Li NMR 谱峰线宽窄化，而且谱峰将由高斯型转变为洛伦兹型。当温度进一步升高时，^{7}Li NMR 的峰宽将达到最窄，锂离子的快速运动已经完全消除了偶极-偶极相互作用等的影响。通过这种对峰宽逐渐变窄过程的分析，可以获取峰宽-温度曲线，根据 Abragam 等人的 Ad Hoc 形成原理，利用 Waugh 和 Fedin 公式拟合出锂离子跃迁的活化能，即：

$$E_a^{WF} = 1.617 \times 10^{-3} T_c$$

$$\delta(T) = \sqrt{\delta_0^2 \frac{2}{\pi} \arctan[s\delta(T)\tau_0^{MN}\exp(E_a^{MN}/k_B T)] + \delta_\infty^2}$$

式中，T_c 为峰宽窄化温度转折点，K；s 为拟合常数；k_B 为玻尔兹曼常数。值得注意的是，通过这种方法得到的活化能值与谱峰半高宽的测量密切相关，该值只能作为参考值。

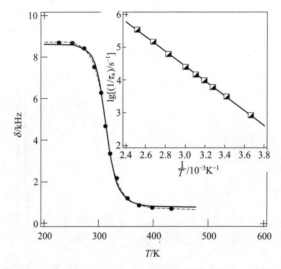

图 12-50　固体电解质材料 Li$_7$La$_3$Zr$_2$O$_{12}$ 中心谱峰半高宽随温度的变化[128]

12.6.3.2　变温自旋-晶格弛豫时间 T_1 分析

在固体核磁共振中一个重要的测量结果就是弛豫时间，其与自旋的运动性密切相关。根据 Bloembergen、Purcell 和 Pound 对自旋晶格弛豫速率 $R_1(1/T_1)$ 的描述，自旋晶格弛豫速率与温度的关系可以用下式表示：

$$R_1 \propto \exp[E_{a,low}/(k_B T)] \quad (T \ll T_{max})$$

$$R_1 \propto \omega_{0(1)}^{\beta} \exp[-E_{a,high}/(k_B T)] \quad (T \gg T_{max})$$

式中：ω 为频率；β 为频率峰的对称性，其值在 $1 \sim 2$。R_1 值通常先随着温度的升高而增大，当温度达到 T_{max} 时 R_1 值达到最大值，随后 R_1 值随着温度的升高而下降。在温度达到 T_{max} 时，对应的速率 τ_c^{-1} 理论上就是自旋的平均跃迁速率 τ^{-1}，且与核的拉莫尔频率 ω 相等，因此通过 Einstein-Smoluchowski 方程计算出自扩散系数 D_{sd}：

$$D_{sd} = a^2/(6\tau)$$

式中，a 为跃迁距离的近似值。

12.6.3.3　二维交换谱（2D EXSY）

二维核磁共振谱图是了解锂离子电池电极材料中 Li 位之间的相互作用或者 Li 的扩散通道的一个重要手段，根据二维交换谱可以获取电极材料结构中不同锂位之间的离子交换信息，并且可以计算出不同锂位之间的交换速率[130~132]。以 $Li_5V(PO_4)_2F_2$ 为例，其不同混合时间下的 2D EXSY 谱图如图 12-51 所示，图中的交叉峰表明了锂离子在不同位置之间的交换现象。通过改变混合时间，可以得到一系列不同的 2D EXSY 谱图，通过单指数函数对交叉峰面积与混合时间进行拟合，即可获得 Li 位之间跃迁的相关时间和跃迁速率。而后通过变温实验，根据阿伦尼乌斯方程，即可得到锂离子在不同位置之间跃迁的活化能。值得一提的是，这种方法尚有很大的缺陷，在顺磁性材料中由于顺磁性过渡金属的影响，自旋核的 T_1 和 T_2 值一般较低，如果 T_1 或者 T_2 值小于 Li 位之间的跃迁速率，2D EXSY 实验将无法获取离子交换信息。而且由于 ^6Li 相对于 ^7Li 具有更长的弛豫时间，因此二维谱往往采用 ^6Li 核进行实验。

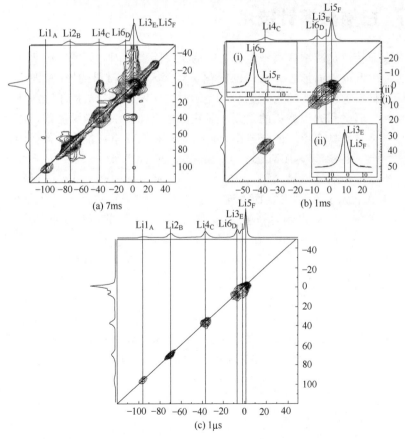

图 12-51　$Li_5V(PO_4)_2F_2$ 材料在旋转速率 40kHz 获取的 ^6Li 2D EXSY 谱图[129]

12.6.4 核磁共振成像（NMRI）技术

核磁共振成像（NMRI）是利用 NMR 原理，依据所释放的能量在物质内部不同结构环境中衰减的不同，通过外加梯度磁场检测所发射出的电磁波，即可得知构成这一物体原子核的位置和种类，据此绘制出物体内部结构图像的一项技术。通过 ^1H 成像技术，NMRI 已经在生物、药物和医学研究中得到了广泛的应用。近年来，NMRI 技术已被应用于观测锂离子电池电极材料的微结构形成以及锂离子在电极材料中的分布（如锂枝晶）[133]。但是由于梯度场的设置以及电池电极材料产生的峰宽较大等原因，降低了 NMRI 技术的空间分辨率，限制了传统型 NMRI 技术在电池领域的应用。目前，一种新兴的利用高场强边缘的场强梯度的偏离场强成像（STRAFI）技术已经部分克服了上述问题[134,135]，大大提高了 NMRI 技术的空间分辨率。

综上所述，采用固体 NMR 技术对锂离子电池材料进行研究，可以获取电极材料和 SEI 膜的微观结构以及动力学等方面信息，对理解材料充放电机理、结构与电化学性能之间的关系等有很大的帮助。

12.7 扫描微探针技术

电极表面特性是影响锂离子电池性能的重要因素，因此研究电极表面，尤其是充放电过程中电极表面形貌、结构的变化，对深入理解材料的嵌/脱锂机理，进一步设计优化材料有着重要的指导意义。光学显微技术很早就被用于观测研究电极材料表面形貌，但受到光波波长的限制，所获图像只能提供微米尺度的表面信息。扫描电子显微镜虽然具有更高的分辨率，但大多必须在真空环境下工作，难以进行原位观测[136,137]。1981 年，IBM 公司 G. Binning 和 H. Rorher 利用量子力学中的隧道效应，研发了扫描隧道显微镜（scanning tunneling microscopy，STM），第一次实时观察到单个原子在物质表面的排列状态以及与表面电子行为有关的物理性质[138,139]。两位科学家也因这一重大发明获得 1986 年的诺贝尔物理学奖。1986 年，Binning、Quate 和 Gerber 在 STM 基础上又发展了可工作于绝缘体表面的原子力显微镜（atomic force microscopy，AFM）[140]。除了具有对材料表面进行原子尺度的成像能力外，AFM 可实现对表面各种力的测量，因此 AFM 和 STM 成为最具代表性的扫描微探针技术。

通常 STM 和 AFM 技术对工作环境无特别要求，尤其是可以浸在电解质溶液中对样品进行测量，探测过程对样品无损坏，是电化学界面结构探究中重要的研究手段。本节将简要介绍 STM 和 AFM 两种扫描微探针技术的原理、仪器和实验方法及其在原位固体电极材料研究中的应用。

12.7.1 扫描隧道显微镜（STM）

STM 具有原子级分辨率，横向分辨率为 0.1nm，纵向分辨率为 0.01nm，可以观测和定位单个原子。此外，在低温（4K）下，可以利用探针尖端精确操纵原子，因此它在纳米科技中既是重要的测量工具，又是加工工具。1986年，Sonnenfeld和Hnasma第一次把STM运用到溶液体系，很快发展成为固/液界面原位表征的重要手段[141]。

12.7.1.1　STM 的工作原理[142,143]

STM的工作原理是基于量子力学中的隧道效应。当具有电势差的两个导体之间的距离足够小时，电子将以一定的概率穿透两导体之间的势垒，并从一端向另一端跃迁，跃迁形成的电流称为隧道电流（见图12-52）。目前隧道效应理论大多源于Bardeen的隧道电流理论[144]，可以简单地描述为：当一个非常尖的金属针尖（理想情况下认为只有一个原子的曲率半径）靠近到距样品0.4～1nm时，它们的电子波函数会在一定程度上交叠。这时在一定的外电场（偏压）作用下，电子会穿过针尖、样品之间的位垒从一端流向另一端，形成隧道电流。

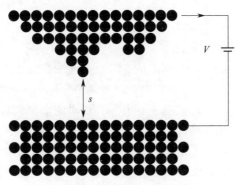

图 12-52　隧道电流的产生

它既不是法拉第过程，也不会产生化学变化。隧道电流（i_{tun}）的简单表达形式为：

$$i_{tun} = AV\exp(-2\beta\chi) = V/R_{tun} \qquad (12\text{-}17)$$

式中，A 为常数；V 为探针、基底之间的偏压；χ 为探针、基底间距；$\beta \approx 0.1\text{nm}^{-1}$；$R_{tun}$ 为隧道结构的有效电阻，一般为 $10^9 \sim 10^{11}\Omega$。

由式(12-17)可知，隧道电流 i_{tun} 与电流和样品间的距离 χ 成指数关系，当保持其它参数不变时，χ 每减小0.1nm，隧道电流约增大一个数量级。这种指数变化关系正是STM具有如此高的分辨率的根本原因。因此，根据隧道电流的变化，就可以得到样品表面微小的高低起伏变化的信息，如果同时对 $x\text{-}y$ 方向进行扫描，就可以直接得到样品的表面三维形貌图。

12.7.1.2　STM 仪器和实验方法

STM仪器可分为两部分：一是机械部分，包括STM针尖、三维扫描控制器、振动隔离器和粗调定位器；二是控制系统，包括STM电路、计算机接口、显示设备以及控制软件等。

针尖是 STM 的核心部件之一，针尖的大小、形状和化学性质不仅影响着扫描隧道显微镜图像的分辨率和图像的形状，而且也影响着测定的电子态。制备性能优异的针尖结构是扫描隧道显微技术需要解决的主要问题之一。如针尖的宏观结构应使得针尖具有高的弯曲共振频率，从而可以减少相位滞后，提高采集速度。如果针尖的尖端只有一个稳定的原子而不是有多重针尖，那么隧道电流就会很稳定，而且能够获得原子级分辨的图像。针尖的化学纯度高，就不会涉及系列势垒。例如，针尖表面若有氧化层，则其电阻可能会高于隧道间隙的阻值，从而导致针尖和样品间产生隧道电流之前，二者就会发生碰撞。目前针尖的材料主要有金属钨丝、铂-铱合金丝等。钨针尖常用电化学腐蚀法制备。而铂-铱合金针尖则多用机械成形法，一般可用剪刀剪切而成。当针尖表面覆盖一层氧化层，或吸附一定的杂质时，可能造成隧道电流不稳、噪声大和扫描隧道显微镜图像重现性差。因此，每次实验前，都要对针尖进行处理，一般用化学法清洗，去除表面的氧化层及杂质，保证针尖具有良好的导电性。

针尖的移动通过压电扫描器（piezos）控制，常使用压电陶瓷材料作为三维扫描控制器件。它能以简单的方式将 $1mV \sim 1000V$ 的电压信号转换成十几分之一纳米到几微米的位移。有效的振动隔离是 STM 达到原子分辨率的必备条件之一。由于 STM 原子分辨的样品表面像的典型起伏约为 0.1Å，因此外界振动对 STM 的干扰必须降到 0.01Å。振动隔离装置主要由弹簧和涡流阻尼器组成。涡流阻尼器由一片铜片和一组磁铁片构成，铜片和磁铁片两两相间。当铜片和磁铁片发生相对运动时，铜片中感生的涡流会产生阻尼力，阻碍它们的相对运动。

粗调定位器是 STM 的重要组成部分。STM 压电扫描器的 z 向伸缩范围一般小于 2mm，安全可靠地将针尖、样品间距从毫米减少到微米，是 STM 顺利工作的前提。通常采用三维压电惯性步进器作为粗调定位器，把压电扫描器放置在惯性步进器上，既能粗调针尖、样品间距，又能选择样品的扫描区域。

扫描隧道显微镜是一个纳米级的随动系统，因此电子学控制系统也是一个重要的部分。扫描隧道显微镜要用计算机控制步进电机的驱动，使探针逼近样品，进入隧道区，而后要不断采集隧道电流，在恒电流模式中还要将隧道电流与设定值相比较，再通过反馈系统控制探针的进与退，从而保持隧道电流的稳定。所有这些功能，都是通过电子学控制系统来实现的。由于仪器工作时针尖与样品的间距一般小于 1nm，同时隧道电流与隧道间隙成指数关系，因此任何微小的振动都会对仪器的稳定性产生影响。必须隔绝的两种类型的扰动是振动和冲击，其中振动隔绝是最主要的。隔绝振动主要从考虑外界振动的频率与仪器的固有频率入手。

在扫描隧道显微镜的软件控制系统中，计算机软件所起的作用主要分为"在线扫描控制"和"离线数据分析"两部分。在扫描隧道显微镜实验中，计算机软件主要实现扫描时一些基本参数的设定、调节，以及获得、显示并记录扫描所得数据图像等。计算机软件将通过计算机接口实现与电子设备间的协调共同工作。离线数据分析是指脱离扫描过程之后的针对保存下来的图像数据的各种分析与处理工作。常用的图像分析与处理功能有：平滑、滤波、傅里叶变换、图像反转、数据统计、三维生成等。

　　根据针尖与样品间相对运动方式的不同，STM 有两种工作模式：恒流模式和恒高模式（见图 12-53）。恒流模式是通过反馈回路在偏压不变的情况下保持隧道电流恒定。利用压电陶瓷控制针尖在样品 x-y 方向扫描，而 z 方向的反馈回路控制隧道电流的恒定。当样品表面突起时，针尖就会向后退，以保持隧道电流的值不变，这样探针在垂直于样品方向上高低的变化就反映出了样品表面的起伏。恒流模式是扫描隧道显微镜最常用的一种工作模式。以恒流模式工作时，由于 STM 的针尖随着样品表面的起伏而上下运动，因此不会因表面起伏太大而撞到样品表面，所以恒流模式适用于观察表面起伏较大的样品。恒高模式指在扫描过程中切断反馈回路保持针尖的高度不变，记录隧道电流值的大小。在恒高模式中，针尖的 x-y 方向仍起着扫描的作用，而 z 方向则保持绝对高度不变。由于针尖与样品表面的相对高度会随时发生变化，因而隧道电流的大小也会随之明显变化，通过记录扫描过程中隧道电流的变化也可得到样品表面态密度的分布。恒高模式的特点是扫描速度快，能减少噪声和热漂移的影响，但要求样品表面较平，幅度应小于 1nm。值得一提的是，现代的 STM 一般不再严格区分恒流模式和恒高模式，而是通过调节反馈增益的大小来改变 STM 探针纵向运动的灵敏度，以取得满意的 STM 图像。

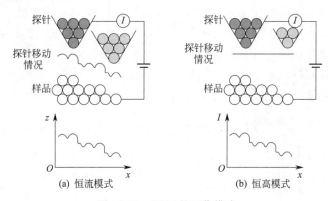

图 12-53　STM 的工作模式

12.7.1.3　STM 在固体电极材料研究中的应用

　　由于 STM 具有原子级高分辨率，并能实时观测表面三维图像，并且具有对工作环境无特别要求、操作方便等特点，因此在表面科学、材料科学、生命科学等领域均有广泛应用。作为一种原子尺度的测量工具，STM 可以实时对探测材料表面形貌进行成像，因而可以直接观察到表面缺陷、表面重构、表面吸附体的形态和位置，以及由吸附体引起的表面重构等。图 12-54 是用 STM 观察到的硅表面原子排列的图案。

　　1986 年，Sonnefeld 和 Hnasma 首次在电解质溶液中获得原子分辨的高序石墨（HOPG）的 STM 图像。20 世纪 90 年代后，原位 STM 技术趋于成熟，其在锂离

图 12-54　硅表面原子排列 STM 图

子电池充/放电过程中电极材料形貌、结构变化以及负极 SEI 层生长情况研究中的应用也越来越广泛。

　　图 12-55 是一个典型的电化学 STM 结构图。其中，工作电极水平安装在配有对电极和参比电极的小电解池底部，扫描探针位于工作电极上方。工作电极电势（E_{we}）和探针电势（E_t）由双恒电势仪分别独立控制。E_{we} 选择在发生所感兴趣的反应电势下，而 E_t 调节到所要求偏压的电势下。由于只有隧道电流对 STM 是有意义的，所以探针上的电极反应是不受欢迎的。这样探针需要用玻璃或聚合物封住，只有尖端很小部分露出。如果有必要，实际露出的面积可通过将探针在一已知溶液中测量极限电流并利用公式来估算。探针电势也要选在无电极反应的范围。工作电极表面上的电解液厚度要小，只有探针而非针座或压电体与溶液接触。这样配置很难保证电解质溶液不含氧，除非整个电解池和 STM 头置于惰性环境，如加一个玻璃罩。

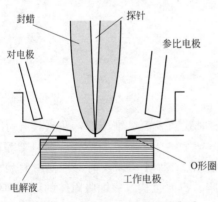

图 12-55　电化学 STM 结构图[145]

　　尖晶石 $LiMn_2O_4$ 材料具有原料丰富、成本低、环境友好等优势，是备受关注的锂离子电池阴极材料之一。但是该材料在循环过程中容量衰减快，尤其是在电压较高的情况下。Doi 等人[146]采用脉冲激光测试技术合成 $Li_{1.01}Mn_{1.99}O_4$ 材料，沉积在金基底上。其在 $3.50\sim4.09V$ 及 $4.04\sim4.25V$ 区间的循环伏安曲线如图 12-56 所示。显而易见，高电压区间的容量衰减速度高于低电压区间。

　　他们认为 $Li_{1.01}Mn_{1.99}O_4$ 材料在高电压区间充放电时，伴随着 $Li_{1.01}Mn_{1.99}O_4$ 的溶解和沉积，而这一表面形貌的变化被认为是该材料循环性能衰减较快的可能原因之一。STM 测试结果为这一猜想提

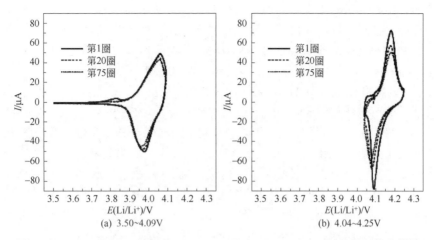

图 12-56 $Li_{1.01}Mn_{1.99}O_4$ 在 3.50～4.09V 及 4.04～4.25V 区间的循环伏安曲线

供了相应的证据。图 12-57 和图 12-58 分别是 $Li_{1.01}Mn_{1.99}O_4$ 材料在 3.50～4.09V 及 4.04～4.25V 电压区间循环 1 次、10 次及 20 次后的原位 STM 图。可以明显地看到，当材料在 4.04～4.25V 区间循环时，表面生成了直径约 100nm 的圆形小球，这些小球几乎完全覆盖了原先较大颗粒的表面。当材料在低电压区间充/放电时，表面形貌变化较小。

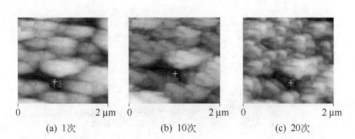

图 12-57 $Li_{1.01}Mn_{1.99}O_4$ 在 3.50～4.09V 电压区间循环后的原位 STM 图

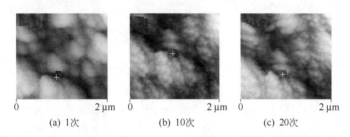

图 12-58 $Li_{1.01}Mn_{1.99}O_4$ 在 4.04～4.25V 电压区间循环后的原位 STM 图

研究人员应用原位 STM 技术对负极材料充/放电过程中表面钝化层的生长情况进行了大量的研究。石墨具有储量丰富、价格便宜、导电性能好等优势，是已经商业化的锂离子电池负极材料。众所周知，负极材料表面的 SEI 层对材料有一定保护作用，使材料结构不容易崩塌，延长电极材料的循环寿命。但同时，SEI膜在产生过程中会消耗一部分锂离子，使得材料库伦效率降低。因此，研究石墨负极表面SEI层的生长也是一个重要的课题。Inaba等人运用原位STM技术，深入研究了HOPG在EC-DEC电解液体系中钝化层的生长情况[147,148]。

图12-59是开路电位下HOPG表面STM图以及A、C之间的高度曲线。A、B之间是一片平整光滑的平面，B和C之间约有30Å的高度差，称为"台阶"。当该电极电压降为1.1V，并在EC-DEC电解液中浸泡0.5min、4min以及13min后，电极表面发生了明显变化。当电极在1.1V的电压下，在电解液中浸泡0.5min后，原先光滑平整的表面上出现了第一个"山形"结构［见图12-60（a）］，通过高度曲线测定，其高度约为10Å，延长浸泡时间，这一"山形"结构并未发生明显变化。当延长浸泡时间至4min时［见图12-60（b）］，在靠近"台阶"的地方出现了第二个"山形"结构，高度约为8Å。继续延长浸泡时间至13min［见图12-60（c）］，第二个"山形"结构进一步扩散，并伴随有部分石墨层的剥落。

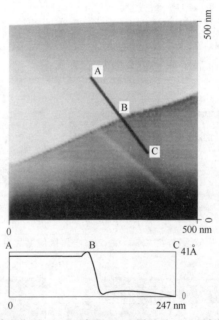

图12-59　开路电位下HOPG表面STM图以及A、C之间的高度曲线

基于上述原位STM探测到的HOPG材料表面变化情况，他们绘制了更为直观的模型图（见图12-61）。他们认为，溶剂化的锂离子首先嵌入离"台阶"较远的A处，而后再嵌入"台阶"附近的B处，B处的表面钝化层会进一步扩散并伴随着部分石墨层的剥落。

具有原子级分辨率的STM一经问世便在表面科学、生命科学、材料科学等领域发挥了重要作用。原位STM技术在电化学领域更是有着无可替代的作用，但STM技术存在一定局限性。首先，在恒流模式下，有时对样品表面微粒之间的某

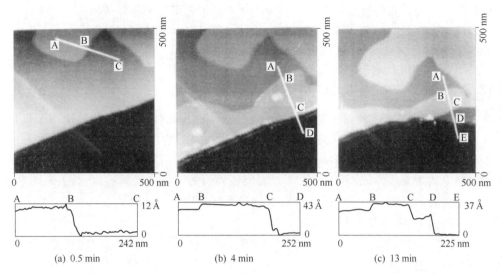

图 12-60　1.1V 电压下 HOPG 在电解液中浸泡后表面 STM 图及表面高度曲线

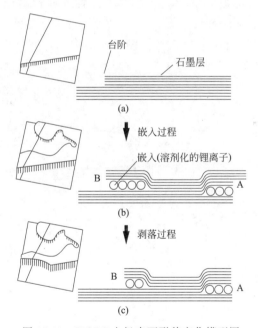

图 12-61　HOPG 电极表面形貌变化模型图

些沟槽不能够准确探测，与此相关的分辨率较差。在恒高工作模式下，从原理上这种局限性会有所改善。但只有采用非常尖锐的探针，其针尖半径应远小于粒子之间的距离，才能避免这种缺陷。因而针尖形状的不确定性往往会给仪器的分辨率和图像的认证与解释带来许多不确定因素。其次 STM 所观察的样品必须具有一定程度的导电性，对于半导体，观测的效果就差于导体；对于绝缘体则根本无法直接观察。如果在样品表面覆盖导电层，则由于导电层的粒度和均匀性等问题又限制了图像对样品真实表面的分辨率。针对这一问题，Binning 等人于 1986 年研制成功了 AFM，很好地弥补了 STM 这方面的不足。

12.7.2 原子力显微镜(AFM)

AFM 是在 STM 基础上发展起来的新一代表面探测仪器。STM 只能用于导体材料的表面探测，且要求材料表面较为平整，在一定程度上限制了其应用。1986 年，Binning、Quate 和 Gerber 开发了可测定绝缘体表面的原子力显微镜。除了原子水平上的表面成像能力外，AFM 在表面各种力的测量方面具有巨大的潜力，在各种粗糙表面形貌、结构的探测中也发挥了重要作用。

12.7.2.1　AFM 的原理[149,150]

AFM 主要是利用力成像的原理反映样品表面形貌，其原理如图 12-62 所示。将探针装在弹性微悬臂的一端，微悬臂的另一端固定，当探针在样品表面扫描时，针尖分子与样品表面分子之间的相互作用就会引起微悬臂的形变。通过照射在悬臂尖端的激光束的反射光发生偏转，由光电二极管阵列检测微悬臂的弹性形变量 ΔZ，再测得微悬臂的弹性系数为 k，由 $F = k\Delta Z$ 可求出样品-针尖间相互作用 F。完整的悬臂探针放置于受压电扫描器控制的样品表面，在三个方向上以精度水平 0.1nm 或更小的步宽进行扫描。

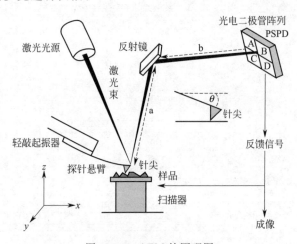

图 12-62　AFM 的原理图

作用力与距离的关系曲线如图 12-63 所示。如此，当在样品 Oxy 平面内扫描时，根据针尖-样品相互作用与间距的关系可得到样品表面的高度变化信息，对样品表面进行定域扫描便可得到此区域的表面形貌。

12.7.2.2　AFM 仪器和实验方法

AFM 的成像模式主要有三种，分别为接触式（contact mode）、非接触式（non-contact mode）及敲击式（tapping mode）。三种工作模式在力-距离曲线上的分布如图 12-64 所示。

（1）接触模式　在接触模式下，扫描过程中，针尖与样品始终"接触"（见图 12-65），针尖与样品间距在小于零点几纳米的斥力区域。接触模式又可细分为恒力模式和恒高模式。当探针沿着 Oxy 平面扫描时，样品表面的高低起伏使得针尖与样品间距发生变化，同时它们之间的作用力也会发生变化。恒力测量模式则是不断调整针尖与样品之间的距离以保持针尖与样品之间作用力不变，由此得到样品表面的具

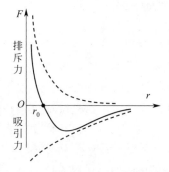

图 12-63　作用力与距离的关系曲线

体信息。而当已知样品表面非常平滑时，可以使针尖与样品之间距离保持恒定，这时针尖与样品之间作用力的大小就直接反映了表面的高低，这种方法称为恒高模式。接触模式可用于气体和液体环境，适合粗糙表面，具有扫描速度快、分辨率高等优势，是唯一能够获得原子分辨率图像的 AFM 测试模式。但是对针尖和样品损坏都比较大，且在空气中测试时，样品表面吸附液层的毛细作用使针尖与样品之间的黏着力很大，横向力与黏着力的合力导致图像空间分辨率降低。

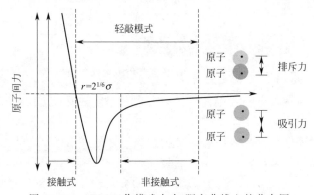

图 12-64　AFM 工作模式在力-距离曲线上的分布图

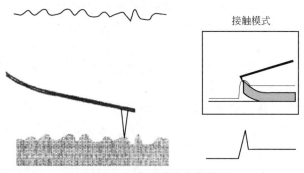

图 12-65　AFM 接触成像模式

（2）非接触模式　在非接触模式探测中，针尖在样品表面上方几到几十纳米的

吸引力区域振动，主要检测范德华力和静电力等长程力的变化情况，对样品没有破坏作用（见图12-66）。针尖与样品之间的作用力比接触式小，但其力梯度为正且随针尖与样品之间距离减小而增大。当针尖以共振频率驱动的微悬臂接近样品表面时，由于受到递增的力梯度作用，微悬臂的有效共振频率减小，因此在给定共振频率处，微悬臂的振幅将减小很多。振幅的变化量对应于力梯度量，因此对应于针尖与样品间距。反馈系统通过调整针尖与样品之间的距离使得微悬臂的振幅在扫描时保持不变，就可以得到样品的表面形貌像。非接触模式在探测过程中针尖与样品之间没有接触，因此不会破坏样品，也不会污染针尖，特别适合于研究较软物体的表面。但是这种模式扫描速度慢，且由于探测过程针尖与样品分离，横向分辨率低，也不适合在空气和液体环境下探测。

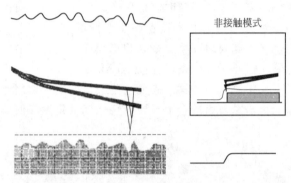

图 12-66　AFM非接触成像模式

（3）敲击模式　敲击模式是介于接触模式和非接触模式之间的扫描方式，是一个杂化的概念。探测时，微悬臂在样品表面上方以一定的频率振动，针尖只是周期性短暂地接触（轻敲）样品表面。当针尖扫描到样品突出区域时，悬臂共振受到的阻力增大，振幅随之减小；而当针尖通过样品凹陷区域时，悬臂振动受到的阻力减小，振幅随之增大（见图12-67）。悬臂振幅的变化经检测器检测并输入控制器后，反馈回路通过改变 z 方向上的压电陶瓷管电压，调节针尖和样品的距离，使悬臂振幅保持恒定。因此通过记录 z 方向压电陶瓷管的移动就得到样品表面形貌图。敲击模式综合了接触模式和非接触模式各自的优势，由于针尖与样品有接触，分辨率几乎与接触模式一样好；又因为接触短暂，对样品的损坏和对针尖的污染都相应减小。轻敲模式适合于分析柔软、黏性和脆性的样品，并适合在液体中成像，是目前 AFM 探测中最常用的一种操作模式。

12.7.2.3　AFM 在固体电极材料研究中的应用

原子力显微镜比一般的显微镜具有更高的分辨率，且对工作环境无特别要求，可以在电解质环境下探测。扫描隧道显微镜要求待测样品必须为导体，原子力显微镜可用于半导体甚至是绝缘体材料表面的探测。我们知道，目前锂离子电池用的固体电极材料多为半导体材料，因此，原子力显微镜在原位固体电极材料的研究中有更广阔的应用发展前景。

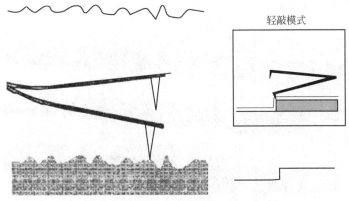

图 12-67　AFM 轻敲模式

图 12-68 是常用的原位 AFM 测试池装置。以金属锂为对电极和参比电极，工作电极沉积在集流体上，并用 O 形圈控制工作电极与电解液的接触面积[151~153]。

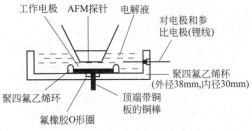

图 12-68　原位 AFM 测试池装置

图 12-69 是在 Ni 基底上采用电子束刻蚀（electron beam lithography，EBL）法合成的不同直径大小的 Si 纳米柱的三维 AFM 图[154]。从开路电位放电至 250mV、10mV 以及充电到 2V 的电压下，Ni 基底以及 Si 纳米柱的形貌都发生了变化。

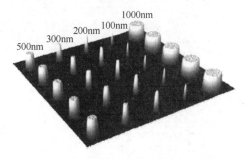

图 12-69　Si 纳米柱的三维 AFM 图

如图 12-70 所示，放电到 250mV 后，Ni 基底上出现了沉积金属锂产生的新的纳米柱，不再如开路电位下那么平滑。随着放电电压降低至 10mV，Ni 基底上的沉积金属锂增多，Si 纳米柱的上表面由开路电位下的平面变成圆锥形。当充电到 2V 后，Si 纳米柱的上表面重新恢复成平面，Ni 基底上的沉积金属锂有所减少但并未完全消失[154]。

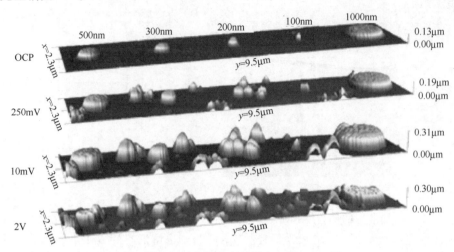

图 12-70　Si 纳米柱放电过程中三维 AFM 图

图 12-71 是由原位 AFM 探测得到的，直径为 1000nm、500nm 及 200nm 的 Si 纳米柱在前两次循环过程中充/放电到不同电位时的体积膨胀及高度变化情况[154]。原子力显微镜所探测得到的，材料充/放电过程中在纳米尺度上的一些定性形貌变化以及定量的体积膨胀、高度变化等信息是其它任何现代表征手段所无法替代的，在固体电极材料研究中日益发挥着重要作用。

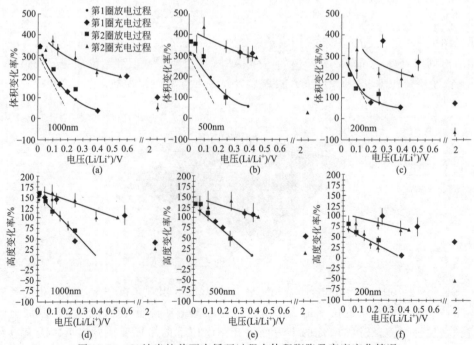

图 12-71　Si 纳米柱前两次循环过程中体积膨胀及高度变化情况

总之，原子力显微镜是在扫描隧道显微镜的基础上发展起来，同时弥补了扫描隧道显微镜不能探测绝缘体材料的新型高分辨率表面探测仪器，它的很多结构及器件都与扫描隧道显微镜相似。此外，在扫描隧道显微镜基础上发展起来的各种新型探针显微镜还有很多，如侧向摩擦力显微镜（lateral force microscopy，LFM）、磁场力显微镜（magnetic force microscope，MFM）、静电力显微镜（electric force microscope，EFM）、表面电势显微镜（surface potential microscope，SPM）、导电原子力显微镜（conductive atomic force microscope，CAFM）等，它们虽然目前在固体电极材料的研究中运用较少，但在其它材料、机械、生物学等领域发挥着重要作用。

12.8 原位红外和拉曼光谱技术

红外光谱和拉曼光谱均属于振动光谱，它们源于分子中化学键不同振动和转动能级对外加光子的吸收，通过光谱分析可以直接获得分子结构（主要是分子官能团）的信息。红外光谱是红外光子与分子振动、转动的量子化能级共振产生吸收而产生的特征光谱曲线；而拉曼光谱是一种散射光谱，能提供材料中振动、转动以及低频激发的非弹性散射的信息。这两种方法均是从物质分子角度研究分子价键、官能团振动和转动能级跃迁状态的重要方法，相关谱学数据可用于确定分子结构和计算化学键键能、键长、键角等，还可用于研究物相结构变化、稳定性、表面现象和反应机理。

12.8.1 电化学原位红外光谱简介

常规的电化学研究方法以电信号为激励手段和检测手段，难以准确鉴别复杂体系的各反应物、中间物和产物并解释电化学反应机理。近年来，由谱学方法与常规电化学方法结合产生的谱学电化学技术发展迅速，并已成为在分子水平上现场表征和研究电化学体系的重要手段。

20世纪80年代初，Bewick等研究者首先将电化学原位红外光谱成功运用于原位观测固-液界面的电化学过程，在检测表面吸附物种、中间产物和最终产物，以及研究反应分子在电极表面成键、配位、取向和转化过程中发挥了重要的作用[155,156]。但是由于电极表面吸附分子或基团极少，溶剂和电解质对红外线吸收以及红外光束反射时的能量损失，红外光谱用于原位检测仍存在一定困难。为解决上述困难，通常采取薄层窗片，采用差谱法提高信噪比，进行电位调制、偏振调制、傅里叶变换等实现微弱信号的检测等，从而获得与电位变化有关的分子水平上的信息。电化学和红外光谱法密切结合形成三种主要的电化学原位红外光谱方法，包括电化学调制红外光谱法（EMIRS）、差示归一化界面傅里叶变换红外光谱法（SNIFTIRS）和红外吸收反射光谱法（IRRAS）。

图12-72是电化学原位红外光谱反应池的结构示意图，其工作原理基于差示归

一化界面傅里叶变换红外光谱法技术（SNIFTIRS）。电化学反应池处在密闭无氧无水的环境中，工作电极表面在水平方向，因此与传统的 SNIFTIRS 相比，该反应池所需的电解液更少。电势变化得到的信号记作 R_E/R_0，其中 R_E 为工作电极表面的反射信号，R_0 通常为开路电位时的背景信号。

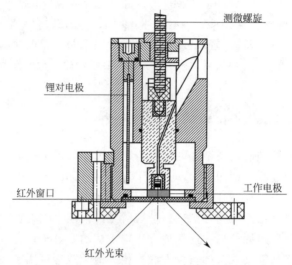

图 12-72　电化学原位红外光谱反应池结构示意图[157]

12.8.2　电化学原位拉曼光谱简介

随着拉曼光谱技术的迅速发展，近 20 年来拉曼谱学电化学方法得到了巨大的发展。特别是随着将共聚焦显微拉曼技术应用于电池及其相关电极材料领域，研究者们进一步开辟了许多新的应用技术，这些新技术的应用能更好地研究电池材料、电极、电解液，以及电极-电解液界面的性质。拉曼光谱技术是分析电极材料和电解液的重要工具，它可以进行无损、原位测定和时间分辨测定。

电化学原位拉曼光谱法，是利用物质分子对入射光所产生的频率发生较大变化的散射现象，单色入射光（包括圆偏振光和线偏振光）激发受电极电位调制的电极表面，测定散射回来的拉曼光谱信号（频率、强度和偏振性能的变化）与电极电位或电流强度等的变化关系。电化学原位拉曼光谱法的测量装置主要包括拉曼光谱仪和原位电化学拉曼池两个部分，类型主要有普通拉曼光谱仪、显微拉曼光谱仪和傅里叶变换拉曼光谱仪。

图 12-73 是 Novak 等人设计的电化学原位拉曼光谱测试中电化学反应池的结构示意图[158]。电化学原位拉曼光谱测量装置包括拉曼光谱仪和电化学拉曼池两个部分。拉曼光谱仪主要部件包括激发光源、收集系统、分光系统和检测系统。光源一般采用能量集中的激光光源，该装置采用法国 DILOR 公司生产的 LABRAM 共聚焦显微镜，该仪器使用波长为 531nm 的 Kr^+ 激光源，为避免破坏电极表面，激光

功率通常为 3～4mW。原位电化学池一般包括工作电极、辅助电极和对电极。为避免腐蚀性溶液和气体腐蚀仪器，拉曼池必须配备光学窗口的密封体系；为避免溶液信号的干扰，应采用薄层溶液（电极与窗口间距为 0.1～1mm）。

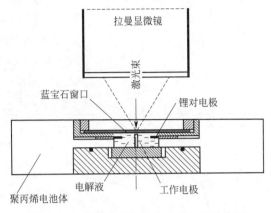

图 12-73　电化学原位拉曼光谱反应装置图

12.8.3　原位红外和拉曼光谱技术在锂离子电池中的应用

12.8.3.1　正极材料

Julien 等人对锂离子电池正极材料锂锰氧化物的振动光谱特性作了大量的研究工作[159～162]。他们使用红外和拉曼技术表征了不同锰氧化物的晶格振动，用原位红外和拉曼技术表征了各种锰氧化物在充/放电过程中的结构变化。

$LiMn_2O_4$ 是一种重要的锂离子电池正极材料，具有高的电压平台（3.9～4.1V），比容量为 90～120mA·h/g。空间群为 $Fd3m$ 的 $LiMn_2O_4$ 具有 9 个光学振动模式，其中 5 个（$A_{1g}+E_g+3F_{2g}$）具有拉曼活性，四个（F_{1u}）具有红外活性。图 12-74 是室温下 $LiMn_2O_4$ 的 Raman 和 FTIR 谱图。$LiMn_2O_4$ 的 Raman 谱图的主要特征是在 625cm^{-1}（A_{1g}）、583cm^{-1}（E_g）、483cm^{-1}、382cm^{-1} 和 295cm^{-1}（F_{2g}）处有吸收峰；同时在 198cm^{-1} 处有一个宽化的弱峰。其中 A_{1g} 对应 MnO_6 八面体中 Mn—O 键的对称振动。强的 Mn—O 化学键构成稳定的三维空间结构，使得锂离子可以发生可逆脱嵌。

$LiMn_2O_4$ 的红外光谱的特征是在 615cm^{-1} 和 513cm^{-1} 处有两个强吸收峰，在低频区 420cm^{-1}、355cm^{-1}、262cm^{-1}、225cm^{-1} 处有四个弱的吸收带。$LiMn_2O_4$ 材料 Raman 和 FTIR 谱中各谱峰位置所对应的对称模式和振动模式见表 12-3[163]。

表 12-3　$LiMn_2O_4$ 的拉曼谱峰和红外谱峰的位置及其对应的振动模式

拉曼位移/cm^{-1}	红外位移/cm^{-1}	对称元素	指　　认
	225(w)	E_u	δ(Mn—O)
300(w)	262(w)	$F_{1u}^{(4)}$	δ(O—Mn—O)
	355(w)	$F_{1u}^{(3)}$	δ(O—Mn—O)

拉曼位移/cm^{-1}	红外位移/cm^{-1}	对称元素	指　认
382(w)		$F_{2g}^{(3)}$	$\delta(Li—O)$
	420(w)	F_{2u}	$\nu_s(Li—O)$
426(w)		E_g	$\nu_s(Mn—O)+\nu_s(Li—O)$
483(m)		$F_{2g}^{(2)}$	$\nu(Mn—O)$
	513(s)	$F_{1u}^{(2)}$	$\nu(Mn—O)$
583(sh)		$F_{2g}^{(1)}$	$\nu_s(Mn—O)$
	615(s)	$F_{1u}^{(1)}$	$\nu_{as}(Mn—O)$
625(s)		A_{1g}	$\nu_s(Mn—O)$
	680(sh)	A_{2u}	$\nu(Mn—O)$

注：w 为弱；m 为中等；sh 为肩峰；s 为强。

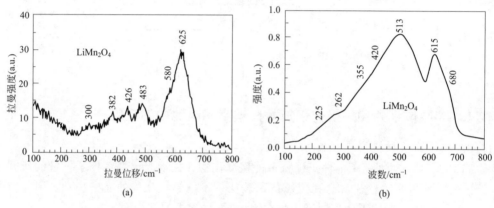

图 12-74　LiMn$_2$O$_4$ 室温下的 Raman 和 FTIR 光谱

　　室温下 LiMn$_2$O$_4$ 的充电过程（见图 12-75）所对应的 Raman 谱图见图 12-76。充电过程中（从 A 到 G），Raman 光谱变化呈现以下特征：4.1V 以上 Raman 谱峰呈增强趋势；当电压从 2.96V 升高至 4.10V 时，Li$_x$Mn$_2$O$_4$ 的 Raman 谱峰与母体 LiMn$_2$O$_4$ 类似；随着锂离子的脱出，580cm^{-1} 处的肩峰逐渐增强，但 A$_{1g}$ 能带的 λ-LiMn$_2$O$_4$ 相保持不变；同时，随着锂离子的逐渐脱出，600cm^{-1} 处出现一个新峰并不断增强。以上谱峰中，625cm^{-1} 处的能带峰来自 MnO$_6$ 中 Mn—O 的对称伸缩振动，脱锂过程中，该峰的位置和半峰宽基本不发生变化。该峰对应于 Oh$_7$ 光谱空间群的 A$_{1g}$ 对称性，其半峰宽与 LiMn$_2$O$_4$ 中阴、阳离子键长和多面体扭曲有关。583cm^{-1} 处峰强增加主要是由于 Mn^{3+}/Mn^{4+} 比例发生变化。382cm^{-1} 处的能带峰可归为 F$_{2g}$ 振动模式的激活。

12.8.3.2　负极材料

　　锂离子电池中碳材料是一种常用的负极材料，在电池的充/放电循环过程中，碳材料的结构变化是一个重要的问题，而拉曼光谱特别适用于研究碳材料的结构变化。目前商业锂离子电池采用的负极材料是石墨，其具有较高的比容量（290～350mA·h/g）。石墨是一种典型的层状物质，空间群为 D_{6h}^4。石墨具有两个拉曼

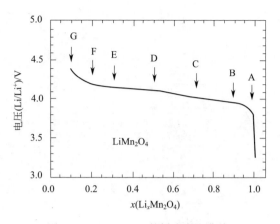

图 12-75　$LiMn_2O_4$ 的恒流充电曲线

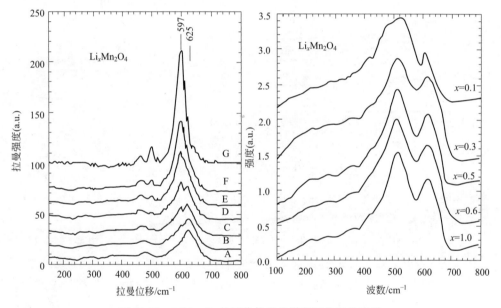

图 12-76　$LiMn_2O_4$ 的原位拉曼光谱和原位红外光谱

活性振动模式，分别是 $42cm^{-1}$（E_{2g_1}）和 $1580cm^{-1}$（E_{2g_2}）。$1580cm^{-1}$ 的振动模式容易测量且随着嵌锂量的增加发生明显的位移。图 12-77 是 Migge 等人研究的石墨在充/放电过程中的原位拉曼光谱变化。

由图 12-77（a）可知，当充电至 0.5V 时锂离子开始嵌入石墨层，此时石墨层间距开始增大但结构并未改变。由于锂离子的影响，$1580cm^{-1}$ 处的拉曼峰向高波数移动。

由图 12-77（b）可见，随着锂嵌入量的增大，开始形成 LiC_{27}。LiC_{27} 相中有两种不同的石墨层，一种不与嵌入的锂层接触，而另一种与嵌入的锂离子直接接触，

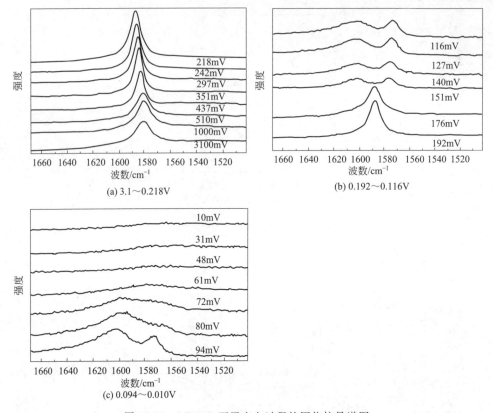

图 12-77　LF-18D 石墨充电过程的原位拉曼谱图

这就导致 $1580cm^{-1}$ 处的 E_{2g} 边带首先发生宽化，最后分裂成两个带，分别在 $1575cm^{-1}$ 和 $1600cm^{-1}$ 处。

从 0.094V 到 0.010V 的充电过程逐渐形成了 LiC_{12}。由原位拉曼谱图 12-77 (c) 中可以看出，双边带消失，这是由于充电到最后形成了 LiC_6，而嵌入的锂层具有很高的导电性，能强烈吸收拉曼光。因而随着锂嵌入量的增大，拉曼光谱的信噪比逐渐降低直至信号消失。因此拉曼光谱只适合研究低锂嵌入量或中等锂嵌入量的石墨。

12.8.3.3　表面固体电解质（SEI）层

在锂离子电池中，电解液在负极表面还原分解，在负极表面形成一层钝化层，该钝化层可有效阻止溶剂分子通过，而锂离子可以通过该层自由地嵌入与脱出，被称为固体电解质界面层（solid electrolyte interface），即 SEI 层。SEI 层对电池的不可逆容量、循环性能、嵌锂稳定性等都有重要影响。在电解液中添加少量成膜添加剂，可使其在电极表面优先发生反应，产物覆盖在电极表面，形成一层优良的 SEI 膜。常见的成膜添加剂主要有碳酸亚乙烯酯（VC）、氟代碳酸乙烯酯（FEC）、亚硫酸乙烯酯（ES）等。

Santner 等人利用电化学原位红外光谱法研究了在 THF 基电解液中，添加剂丙烯腈（AN）在 GC 表面形成 SEI 层的过程[164]。

差示归一化界面傅里叶变换红外光谱法 SNIFTIRS 中，纵坐标 $R(\nu) = R_E(\nu)/R_0(\nu)$，正峰表示浓度减小，负峰表示浓度增大。由图 12-78 可看出，随着电位的降低，不饱和腈类 C—H 键的变形振动（970cm^{-1}）以及不饱和 C≡N 的拉伸振动（2225cm^{-1}）逐渐减弱，而饱和 C≡N 的拉伸振动（2242cm^{-1}）逐渐增强。这充分证明了 AN 在电极表面发生了还原。

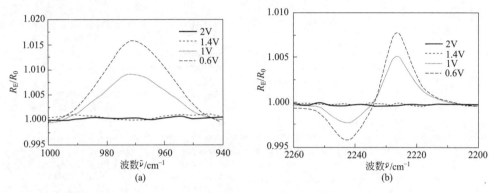

图 12-78　AN 特征峰的电化学原位 SNIFTIRS

参 考 文 献

[1]　Xiao L，Zhao Y，Yang Y，et al. Enhanced electrochemical stability of Al-doped LiMn$_2$O$_4$ synthesized by a polymer-pyrolysis method. Electrochimica Acta，2008，54：545.

[2]　Wang Y，Shao X，Xu H，et al. Facile synthesis of porous LiMn$_2$O$_4$ spheres as cathode materials for high-power lithium ion batteries. Journal of Power Sources，2013，226：140.

[3]　Yu C，Li G，Guan X，et al. Composites Li$_2$MnO$_3$ · LiMn$_{1/3}$Ni$_{1/3}$Co$_{1/3}$O$_2$：Optimized synthesis and applications as advanced high-voltage cathode for batteries working at elevated temperatures. Electrochimica Acta，2012，81：283.

[4]　Zhang S S，Xu K，Jow T R. EIS study on the formation of solid electrolyte interface in Li-ion battery. Electrochimica Acta，2006，51：1636.

[5]　Lee S H，Yoon C S，Amine K，et al. Improvement of long-term cycling performance of Li[Ni$_{0.8}$Co$_{0.15}$Al$_{0.05}$]O$_2$ by AlF$_3$ coating. Journal of Power Sources，2013，234：201.

[6]　Zhang X H，Luo D，Li G S，et al. Self-adjusted oxygen-partial-pressure approach to the improved electrochemical performance of electrode Li[Li$_{0.14}$Mn$_{0.47}$Ni$_{0.25}$Co$_{0.14}$]O$_2$ for lithium-ion batteries. Journal of Materials Chemistry A，2013，1：9721.

[7]　Weppner W，Huggins R A. Determination of the kinetic parameters of mixed-conducting electrodes and application to the system Li$_3$Sb. Journal of the Electrochemical Society，1977，124：1569.

[8]　Hong J S，Selman J R. Relationship between calorimetric and structural characteristics of lithium-ion cells Ⅱ. Determination of Li transport properties. Journal of the Electrochemical Society，2000，147：3190.

[9]　Choi Y M，Pyun S I，Bae J S，et al. Effects of lithium content on the electrochemical lithium intercalation reaction into LiNiO$_2$ and LiCoO$_2$ electrodes. Journal of Power Sources，1995，56：25.

[10]　Chitra S，Kalyani P，Mohan T，et al. Characterization and electrochemical studies of LiMn$_2$O$_4$ cathode materials prepared by combustion method. Journal of Electroceramics，1999，3：433.

[11]　Amdouni N，Gendron F，Mauger A，et al. LiMn$_{2-y}$Co$_y$O$_4$ （0≤y≤1）intercalation compounds synthesized from wet-chemical route. Materials Science and Engineering B，2006，129：64.

[12] Bai J, Gong Z, Lu D, et al. Nanostructured 0.8Li$_2$FeSiO$_4$/0.4Li$_2$SiO$_3$/C composite cathode material with enhanced electrochemical performance for lithium-ion batteries. Journal of Materials Chemistry, 2012, 22: 12128.

[13] Croy J R, Gallagher K G, Balasubramanian M, et al. Examining hysteresis in composite xLi$_2$MnO$_3$ · $(1-x)$ LiMO$_2$ cathode structures. The Journal of Physical Chemistry C, 2013, 117: 6525.

[14] Yu H, Wang Y, Asakura D, et al. Electrochemical kinetics of the 0.5Li$_2$MnO$_3$ · 0.5LiMn$_{0.42}$Ni$_{0.42}$Co$_{0.16}$O$_2$ "composite" layered cathode material for lithium-ion batteries. RSC Advances, 2012, 2: 8797.

[15] Sun Y K, Chen Z, Noh H J, et al. Nanostructured high-energy cathode materials for advanced lithium batteries. Nature Materials, 2012, 11: 942.

[16] Shi S J, Tu J P, Tang Y Y, et al. Synthesis and electrochemical performance of Li$_{1.131}$Mn$_{0.504}$Ni$_{0.243}$ Co$_{0.122}$O$_2$ cathode materials for lithium ion batteries via freeze drying. Journal of Power Sources, 2013, 221: 300.

[17] Deiss E. Spurious chemical diffusion coefficients of Li$^+$ in electrode materials evaluated with GITT. Electrochimica Acta, 2005, 50: 2927.

[18] Koga H, Croguennec L, Mannessiez P, et al. Li$_{1.20}$Mn$_{0.54}$Co$_{0.13}$Ni$_{0.13}$O$_2$ with different particle sizes as attractive positive electrode materials for lithium-ion batteries: insights into their structure. The Journal of Physical Chemistry C, 2012, 116: 13497.

[19] Choi D, Xiao J, Choi Y J, et al. Thermal stability and phase transformation of electrochemically charged/discharged LiMnPO$_4$ cathode for Li-ion batteries. Energy& Environmental Science, 2011, 4: 4560.

[20] Mobilio S, Balerna A. Italian Physical Society Conference Proceedings, 2003.

[21] Shenoy G. Basic characteristics of synchrotron radiation. Journal of Structural Chemistry, 2003, 14: 3.

[22] Winick H. Synchrotron radiation sources: a primer. Singapore: World Scientific, 1995.

[23] Yang X Q, Sun X, McBreen J. New phases and phase transitions observed in Li$_{1-x}$CoO$_2$ during charge: in situ synchrotron X-ray diffraction studies. Electrochemistry Communications, 2000, 2: 100.

[24] Mukerjee S, Thurston T R, Jisrawi N M, et al. Structural evolution of Li$_x$Mn$_2$O$_4$ in lithium-ion battery cells measured in situ using synchrotron X-ray diffraction techniques. Journal of the Electrochemical Society, 1998, 145: 466.

[25] Yang X, Tang W, Kanoh H, et al. Synthesis of lithium manganese oxide in different lithium-containing fluxes. Journal of Materials Chemistry, 1999, 9: 2683.

[26] Xia Y Y, Sakai T, Fujieda T, et al. Correlating capacity fading and structural changes in Li$_{1+y}$Mn$_{2-y}$ O$_{4-\delta}$ spinel cathode materials: a systematic study on the effects of Li/Mn ratio and oxygen deficiency. Journal of the Electrochemical Society, 2001, 148: A723.

[27] Sun X, Yang X Q, Balasubramanian M, et al. In situ investigation of phase transitions of Li$_{1+y}$Mn$_2$O$_4$ spinel during Li-ion extraction and insertion. Journal of the Electrochemical Society, 2002, 149: A842.

[28] Chung K Y, Yoon W S, Lee H S, et al. Comparative studies between oxygen-deficient LiMn$_2$O$_4$ and Al-doped LiMn$_2$O$_4$. Journal of Power Sources, 2005, 146: 226.

[29] Liu W, Kowal K, Farrington G C. Mechanism of the electrochemical insertion of lithium into LiMn$_2$O$_4$ spinels. Journal of the Electrochemical Society, 1998, 145: 459.

[30] Lee Y S, Lee H J, Yoshio M. New findings: structural changes in LiAl$_x$Mn$_{2-x}$O$_4$. Electrochemistry Communications, 2001, 3: 20.

[31] Lee Y S, Yoshio M. Unique aluminum effect of LiAl$_x$Mn$_{2-x}$O$_4$ material in the 3V region. Electrochemical and Solid-State Letters, 2001, 4: A85.

[32] He G, Li Y, Li J, et al. Spinel LiMn$_{2-x}$Ti$_x$O$_4$ ($x = 0.5$, 0.8) with high capacity and enhanced cycling stability synthesized by a modified sol-gel method. Electrochemical and Solid-State Letters, 2010, 13: A19.

[33] Wang S, Yang J, Wu X, et al. Toward high capacity and stable manganese-spinel electrode materials: a case study of Ti-substituted system. Journal of Power Sources, 2014, 245: 570.

[34] Liu H, Fell C R, An K, et al. In-situ neutron diffraction study of the xLi$_2$MnO$_3$ · $(1-x)$LiMO$_2$($x =$ 0, 0.5; M=Ni, Mn, Co) layered oxide compounds during electrochemical cycling. Journal of Power Sources, 2013, 240: 772.

[35] Kamaya N, Homma K, Yamakawa Y, et al. A lithium superionic conductor. Nature materials, 2011, 10: 682.

[36] Cai L, LiuZC, An K, et al. Unraveling structural evolution of LiNi$_{0.5}$Mn$_{1.5}$O$_4$ by in situ neutron diffraction. Journal of Materials Chemistry A, 2013, 1: 6908.

[37] Sharma N，Peterson V K. Insitu neutron powder diffraction studies of lithium-ion batteries. Journal of Solid State Electrochemistry，2012，16：1849.

[38] Berg H，Rundlov H，Thomas J O. The $LiMn_2O_4$ to λ-MnO_2 phase transition studied by in situ neutron diffraction. Solid State Ionics，2001，144：65.

[39] Cai L，An K，Feng Z，et al. In-situ observation of inhomogeneous degradation in large format Li-ion cells by neutron diffraction. Journal of Power Sources，2013，236：163.

[40] Colin J F，Godbole V，Novak P. In situ neutron diffraction study of Li insertion in $Li_4Ti_5O_{12}$. Electrochemistry Communications，2010，12：804.

[41] Wang X L，An K，Cai L，et al. Visualizing the chemistry and structure dynamics in lithium-ion batteries by in-situneutron diffraction，Scientific Reports，2012，2：747.

[42] 周玉，武高辉. 材料分析测试技术——材料 X 射线与电子显微分析. 哈尔滨：哈尔滨工业大学出版社，1998.

[43] 常铁军，祁欣. 材料近代分析测试方法. 哈尔滨：哈尔滨工业大学出版社，1999.

[44] Chen H X，Dong Z X，Fu Y P，et al. Silicon nanowires with and without carbon coating as anode materials for lithium-ion batteries. Journal of Solid State Electrochemistry，2010，14：1829-1834.

[45] 周谊军，倪献娟，夏兆所，等. EBSD 研究取向硅钢晶粒取向和晶界结构. 电子显微学报，2009，28（1）：15-19.

[46] 付勇军，蒋奇武，金文旭，等. 取向硅钢高温退火样品晶粒尺寸、取向及磁性能关系的研究. 电子显微学报，2010，229（1）：704-708.

[47] Chen H X，Xiao Y，Wang L，et al. Silicon nanowires coated with copper layer as anode materials for lithium-ion batteries. Journal of Power Sources，2011，196：6657.

[48] Wu X B，Zheng J M，Gong Z L，et al. Sol-gel synthesis and electrochemical properties of fluorophosphates $Na_2Fe_{1-x}Mn_xPO_4F/C$（$x=0$，0.1，0.3，0.7，1）composite as cathode materials for lithium ion battery. Journal of Materials Chemistry，2011，21：18630.

[49] Chen H X，Zhang Q B，Wang J X，et al. Improved lithium ion battery performance by mesoporous Co_3O_4 nanosheets grown on self-standing $NiSi_x$ nanowires on nickel foam. Journal of Materials Chemistry A，2014，2：8483.

[50] Huang J Y，Zhong L，Wang C M，et al. In situ observation of the electrochemical lithiation of a single SnO_2 nanowire electrode. Science，2010，330：1515.

[51] Liu X H，Liu Y，Kushima A，et al. In situ TEM experiments of electrochemical lithiation and delithiation of individual nanostructures. Advanced Energy Materials，2012，2（7）：722.

[52] Goldman J L，Long B R，Gewirth A A，et al. Strain anisotropies and self-limiting capacities in single-crystalline 3D silicon microstructures：models for high energy density lithium-ion battery anodes. Advanced Functional Materials，2011，21：2412.

[53] Lee S W，McDowell M T，Choi J W，et al. Anomalous shape changes of silicon nanopillars by electrochemical lithiation. Nano Letters，2011，11（7）：3034.

[54] Liu X H，Zheng H，Zhong L，et al. Anisotropic swelling and fracture of silicon nanowires during lithiation. Nano Letters，2011，11（8）：3312.

[55] Zhu Y J，Wang J W，Liu Y，et al. In situ atomic-scale imaging of phase boundary migration in $FePO_4$ microparticles during electrochemical lithiation. Advanced Materials，2013，25（38）：5461.

[56] Huang R，Ikuhara Y. STEM characterization for lithium-ion battery cathode materials. Current Opinion Solid State and Materials Science，2012，16（1）：31.

[57] Yang S H，Croguennec L，Delmas C，et al. Atomic resolution of lithium ions in $LiCoO_2$. Nature Materials，2003，2：464.

[58] Lu X，Sun Y，Jian Z L，et al. New insight into the atomic structure of electrochemically delithiated O_3-$Li_{1-x}CoO_2$（$0 \leqslant x \leqslant 0.5$）nanoparticles. Nano Letters，2012，12（12）：6192.

[59] Chung S Y，Choi S Y，Yamamoto T，et al. Atomic-scale visualization of antisite defects in $LiFePO_4$. Physical Review Letters，2008，100（12）：3436.

[60] Huang R，Ikuhara Y H，Mizoguchi T，et al. Oxygen-vacancy ordering at surfaces of lithium manganese（Ⅲ，Ⅳ）oxide spinel nanoparticles. Angewandte Chemie International Edition，2011，50（13）：3053.

[61] Zheng S J，Huang R，Makimura Y，et al. Microstructural changes in $LiNi_{0.8}Co_{0.15}Al_{0.05}O_2$ positive electrode material during the first cycle，Journal of the Electrochemical Society，2011，158（4）：A357.

[62] Kitta M，Akita T，Tanaka S，et al. Characterization of two phase distribution in electrochemically-lithiated spinel $Li_4Ti_5O_{12}$ secondary particles by electron energy-loss spectroscopy. Journal of Power Sources，

2013, 237: 26.

[63] Sun Y, Zhao L, Pan H L, et al. Direct atomic-scale confirmation of three-phase storage mechanism in $Li_4Ti_5O_{12}$ anodes for room-temperature sodium-ion batteries. Nature Communications, 2013, 4: 1870.

[64] Kikkawa J, Akita T, Tabuchi M, et al. Real-space observation of Li extraction / insertion in $Li_{1.2}Mn_{0.4}Fe_{0.4}O_2$ positive electrode material for Li-Ion batteries. Electrochemicals and Solid-State Letters, 2008, 11 (11): A183.

[65] Bareño J, Balasubramanian M, Kang S H, et al. Long-range and local structure in the layered oxide $Li_{1.2}Co_{0.4}Mn_{0.4}O_2$. Chemistry of Materials, 2011, 23 (8): 2039.

[66] Jarvis K A, Deng Z Q, Allard L F, et al. Understanding structural defects in lithium-rich layered oxide cathodes. Journal of Materials Chemistry, 2012, 22: 11550.

[67] Ito A, Li D C, Sato Y, et al. Cyclic deterioration and its improvement for Li-rich layered cathode material $Li[Ni_{0.17}Li_{0.2}Co_{0.07}Mn_{0.56}]O_2$. Journal of Power Sources, 2010, 195 (195): 567.

[68] Wang R, He X Q, He L H, et al. Atomic structure of Li_2MnO_3 after partial delithiation and re-lithiation. Advanced Energy Materials, 2013, 3 (10): 1358.

[69] Abraham D P, Twesten R D, Balasubramanian M, et al. Surface changes on $LiNi_{0.8}Co_{0.2}O_2$ particles during testing of high-power lithium-ion cells. Electrochemistry Communications, 2002, 4 (8): 620.

[70] Xu B, Fell C R, Chi M F, et al. Identifying surface structural changes in layered Li-excess nickel manganese oxides in high voltage lithium ion batteries: a joint experimental and theoretical study. Energy&Environmental Science, 2011, 4: 2223.

[71] Boulineau A, Simonin L, Colin J F, et al. First evidence of manganese-nickel segregation and densification upon cycling in Li-rich layered oxides for lithium batteries. Nano Letters, 2013, 13 (8): 3857.

[72] Lv D P, Wen W, Huang X K, et al. A novel Li_2FeSiO_4/C composite: synthesis, characterization and high storage capacity. Journal of Materials Chemistry, 2011, 21: 9506.

[73] Yang J L, Wang J J, Tang Y J, et al. $LiFePO_4$/graphene as a superior cathode material for rechargeable lithium batteries: impact of stacked graphene and unfolded graphene. Energy Environmental Science, 2013, 6: 1521.

[74] Zheng J M, Zhang Z R, Wu X B, et al. The effects of AlF_3 coating on the performance of $Li[Li_{0.2}Mn_{0.54}Ni_{0.13}Co_{0.13}]O_2$ positive electrode material for lithium-ion battery. Journal of the Electrochemical Society, 2008, 155 (10): A775.

[75] Munk J, Christensen P A, Hamnett A, et al. The electrochemical oxidation of methanol on platinum and platinum + ruthenium particulate electrodes studied by in-situ FTIR spectroscopy and electrochemical mass spectrometry. Journal of Electroanalytical Chemistry, 1996, 401: 215.

[76] Li J, Yao W, Meng Y S, Yang Y. Effects of vinyl ethylene carbonate additive on elevated-temperature performance of cathode material in lithium ion batteries. The Journal of Physical Chemistry C, 2008, 112: 12550.

[77] Imhof R, Novák P. In situ investigation of the electrochemical reduction of carbonate electrolyte solutions at graphite electrodes. Journal of the Electrochemical Society, 1998, 145: 1081.

[78] Joho F, Rykart B, Imhof R, et al. Key factors for the cycling stability of graphite intercalation electrodes for lithium-ion batteries. Journal of Power Sources, 1999, 81-82: 243.

[79] Lanz M, Novák P. DEMS study of gas evolution at thick graphite electrodes for lithium-ion batteries: the effect of γ-butyrolactone. Journal of Power Sources, 2001, 102: 277.

[80] Novák P, Joho F, Lanz M, et al. The complex electrochemistry of graphite electrodes in lithium-ion batteries. Journal of Power Sources, 2001, 97-98: 39.

[81] Yao W H, Zhang Z R, Gao J, et al. Vinyl ethylene sulfite as a new additive in propylene carbonate-based electrolyte for lithium ion batteries. Energy&Environmental Science, 2009, 2: 1102.

[82] Spahr M E, Buqa H, Würsig A, et al. Surface reactivity of graphite materials and their surface passivation during the first electrochemical lithium insertion. Journal of Power Sources, 2006, 153: 300.

[83] Holzapfel M, Buqa H, Hardwick L J, et al. Nano silicon for lithium-ion batteries. Electrochimica Acta, 2006, 52: 973.

[84] Imhof R, Novák P. Oxidative electrolyte solvent degradation in lithium-ion batteries: an in situ differential electrochemical mass spectrometry investigation. Journal of the Electrochemical Society, 1999, 146: 1702.

[85] Armstrong A R, Holzapfel M, Novák P, et al. Demonstrating oxygen loss and associated structural reorganization in the lithium battery cathode $Li[Ni_{0.2}Li_{0.2}Mn_{0.6}]O_2$. Journal of the American Chemical So-

ciety，2006，128：8694.

[86] Mantia F L，Rosciano F，Tran N，et al. GEI ERA 2007 Conference. Cagliari：Springer，2007：893.

[87] Mantia F L，Rosciano F，Tran N，et al. Quantification of oxygen loss from Li_{1+x} ($Ni_{1/3}$ $Mn_{1/3}$ $Co_{1/3}$)$_{1-x}O_2$ at high potentials by differential electrochemical mass spectrometry. Journal of the Electrochemical Society，2009，156：A823.

[88] Mantia F L，Rosciano F，Tran N，et al. Direct evidence of oxygen evolution from Li_{1+x} ($Ni_{1/3}$ $Mn_{1/3}$ $Co_{1/3}$)$_{1x}O_2$ at high potentials. Journal of Applied Electrochemistry，2008，38：893.

[89] Armstrong A R，Tee D W，Mantia F L，et al. Synthesis of tetrahedral $LiFeO_2$ and its behavior as a cathode in rechargeable lithium batteries. Journal of the American Chemical Society，2008，130：3554.

[90] Zheng J M，Zhang Z R，Wu X B，et al. The effects of AlF_3 coating on the performance of $Li[Li_{0.2}$ $Mn_{0.54}Ni_{0.13}Co_{0.13}]O_2$ positive electrode material for lithium-ion battery. Journal of the Electrochemical Society，2008，155：A775.

[91] McCloskey B D，Bethune D S，Shelby R M，et al. Solvents' critical role in nonaqueous lithium-oxygen battery electrochemistry. Journal of Physical Chemistry Letters，2011，2：1161.

[92] McCloskey B D，Speidel A，Scheffler R，et al. Twin problems of interfacial carbonate formation nonaqueous LiO_2 batteries. The Journal of Physical Chemistry Letters，2012，3 (8)：997.

[93] Chen Y，Freunberger S A，Peng Z，et al. Li-O_2 battery with a dimethylformamide electrolyte. Journal of the Americal Chemical Society，2012，134：7952.

[94] Jusys Z，Behm R J. Methanol oxidation on a carbon-supported Pt fuel cell catalyst——a kinetic and mechanistic study by differential electrochemical mass spectrometry. The Journal of Physical Chemistry B，2001，105：10874.

[95] WangH S，Baltruschat H. DEMS study on methanol oxidation at poly- and monocrystalline platinum electrodes：the effect of anion，temperature，surface structure，Ru adatom，and potential. The Journal of Physical Chemistry C，2007，111：7038.

[96] Wang H，Alden L，DiSalvo F J，et al. Electrocatalytic mechanism and kinetics of SOMs oxidation on ordered PtPb and PtBi intermetallic compounds：DEMS and FTIRS study. Physical Chemistry Chemical Physics，2008，10：3739.

[97] Wang H，Alden L R，DiSalvo F J，et al. Methanol electrooxidation on PtRu bulk alloys and carbon-supported PtRu nanoparticle catalysts：a quantitative DEMS study. Langmuir，2009，25：7725.

[98] Cuesta A，Escudero M，Lanova B，et al. Cyclic voltammetry，FTIRS，and DEMS study of the electrooxidation of carbon monoxide，formic Acid，and methanol on cyanide-modified Pt (111) electrodes. Langmuir，2009，25：6500.

[99] Wang H，Rus E，Abruña H C D. New double-band-electrode channel flow differential electrochemical mass spectrometry cell：application for detecting product formation during methanol electrooxidation. Analytical Chemistry，2010，82：4319.

[100] Seiler T，Savinova E R，Friedrich K A，et al. Poisoning of PtRu/C catalysts in the anode of a direct methanol fuel cell：a DEMS study. Electrochimica Acta，2004，49：3927.

[101] Masdar M S，Tsujiguchi T，Nakagawa N. Mass spectroscopy for the anode gas layer in a semi-passive direct methanol fuel cell using porous carbon plate：Part II. relationship between the reaction products and the methanol and water vapor pressures. Journal of Power Sources，2009，194：618.

[102] Wang H，Löffler T，Baltruschat H. Formation of intermediates during methanol oxidation：a quantitative DEMS study. Journal of Applied Electrochemistry，2001，31：759.

[103] Baltruschat H. Differential electrochemical mass spectrometry. Journal of the American Societyfor Mass Spectrometry，2004，15：1693.

[104] Andrew E R，Bradbury A，Eades R G. Nuclear magnetic resonance spectra from a crystal rotated at high speed. Nature，1958，182：1659.

[105] Lowe I. Free induction decays of rotating solids. Physical Review Letters，1959，2：285.

[106] Mali G，Sirisopanaporn C，Masquelier C，et al. Li_2FeSiO_4 polymorphs probed by ^6Li MAS NMR and ^{57}Fe mössbauer spectroscopy. Chemistry of Matericals，2011，23：2735.

[107] Carlier D，Ménétrier M，Grey C，et al. Understanding the NMR shifts in paramagnetic transition metal oxides using density functional theory calculations. Physical Review B，2003，67 (17)：174103.

[108] Grey C P，Dupré N. NMR studies of cathode materials for lithium-ion rechargeable batteries. Chemical Reviews，2004，104：4493.

[109] Key B，Morcrette M，Tarascon J M，et al. Pair distribution function analysis and solid state NMR

studies of silicon electrodes for lithium ion batteries: understanding the (de) lithiation mechanisms. Journal of the American Chemical Society, 2011, 133 (3): 503.

[110] Kim J, Middlemiss D S, Chernova N A, et al. Linking local environments and hyperfine shifts: a combined experimental and theoretical ^{31}P and ^{7}Li solid-state NMR study of paramagnetic Fe (Ⅲ) phosphates. Journal of the American Chemical Society, 2010, 132: 16825.

[111] Zhang Y, Castets A, Carlier D, et al. Simulation of NMR fermi contact shifts for lithium battery materials: the need for an efficient hybrid functional approach. The Journal of Physical Chemistry C, 2012, 116: 17393.

[112] Castets A, Carlier D, Zhang Y, et al. Multinuclear NMR and DFT calculations on the LiFePO$_4$ · OH and FePO$_4$ · H$_2$O homeotypic phases. The Journal of Physical Chemistry C, 2011, 115: 16234.

[113] Mustarelli P, Massarotti V, Bini M, et al. Transferred hyperfine interaction and structure in LiMn$_2$O$_4$ and Li$_2$MnO$_3$ coexisting phases: mA XRD and ^{7}Li NMR-MAS study. Physical Review B, 1997, 55: 12018.

[114] Lee Y J, Grey C P. Determining the lithium local environments in the lithium manganates LiZn$_{0.5}$Mn$_{1.5}$O$_4$ and Li$_2$MnO$_3$ by analysis of the ^{6}Li MAS NMR spinning sideb and manifolds. The Journal of Physical Chemistry B, 2002, 106: 3576.

[115] Liu Z G, Hu Y Y, Dunstan M T, et al. Local structure and dynamics in the Na ion battery positive electrode material Na$_3$V$_2$ (PO$_4$)$_2$F$_3$. Chemistry of Materials, 2014, 26: 2513.

[116] Tatsumi K, Conard J, Nakahara M, et al. ^{7}Li NMR studies on a lithiated non-graphitizable carbon fibre at lowtemperatures. Chemical Communications, 1997, 7: 687.

[117] Dai Y, Wang Y, Eshkenazi V, et al. Lithium-7 nuclear magnetic resonance investigation of lithium insertion in hard carbon. Journal of the Electrochemical Society, 1998, 145: 1179.

[118] Guérin K, Ménétrier M, Février-Bouvier A, et al. A ^{7}Li NMR study of a hard carbon for lithium-ion rechargeable batteries. Solid State Ionics, 2000, 127: 187.

[119] Fujimoto H, Mabuchi A, Tokumitsu K, et al. ^{7}Li nuclear magnetic resonance studies of hard carbon and graphite/hard carbon hybrid anode for Li ion battery. Journal of Power Sources, 2011, 196: 1365.

[120] Key B, Bhattacharyya R, Morcrette M, et al. Real-time NMR investigations of structural changes in silicon electrodes for lithium-ion batteries. Journal of the American Chemical Society, 2009, 131: 9239.

[121] Dupré N, Martin J F, Guyomard D, et al. Detection of surface layers using ^{7}Li MAS NMR. Journal of materials chemistry, 2008, 18: 4266.

[122] Meyer B M, Leifer N, Sakamoto S, et al. High field multinuclear NMR investigation of the SEI layer in lithium rechargeable batteries. Electrochemical and Solid-State Letters, 2005, 8: A145.

[123] Leifer N, Smart M C, Prakash G K S, et al. ^{13}C solid state NMR suggests unusual breakdown products in SEI formation on lithium ion electrodes. Journal of the Electrochemical Society, 2011, 158: A471.

[124] Trease N M, Zhou L, Chang H J, et al. In situ NMR of lithium ion batteries: bulk susceptibility effects and practical considerations. Solid State Nuclear Magnetic Resonance, 2012, 42: 62.

[125] Poli F, Kshetrimayum J S, Monconduit L, et al. New cell design for in-situ NMR studies of lithium-ion batteries. electrochemistry communications, 2011, 13: 1293.

[126] Letellier M, Chevallier F, Clinard C, et al. The first in situ ^{7}Li nuclear magnetic resonance study of lithium insertion in hard-carbon anode materials for Li-ion batteries. Journal of Chemical Physics, 2003, 118: 6038.

[127] Buschmann H, Dölle J, Berendts S, et al. Structure and dynamics of the fast lithium ion conductor "Li$_7$La$_3$Zr$_2$O$_{12}$". Physical Chemistry Chemical Physics, 2011, 13: 19378.

[128] Kuhn A, Narayanan S, Spencer L, et al. Li self-diffusion in garnet-type Li$_7$La$_3$Zr$_2$O$_{12}$ as probed directly by diffusion-induced ^{7}Li spin-lattice relaxation NMR spectroscopym. Physical Review B, 2011, 83: 094302.

[129] Cahill L S, Iriyama Y, Nazar L F, et al. Synthesis of Li$_4$V(PO$_4$)$_2$F$_2$ and ^{6,7}Li NMR studies of its lithium-ion dynamics. Journal of Materials Chemistry, 2010, 20: 4340.

[130] Davis L J M, Heinmaa I, Goward G R. Study of lithium dynamics in monoclinic Li$_3$Fe$_2$(PO$_4$)$_3$ using ^{6}Li VT and 2D exchange MAS NMR spectroscopy. Chemistry of Materials, 2009, 22: 769.

[131] Cahill L S, Chapman R P, Kirby C W, et al. The challenge of paramagnetism in two-dimensional ^{6,7}Li exchange NMR. Applied Magnetic Resonance, 2007, 32: 565.

[132] Cahill L S，Chapman R P，Britten J F，et al. ^{7}Li NMR and two-dimensional exchange study of lithium dynamics in monoclinic $Li_3V_2(PO_4)_3$. The Journal of Physical Chemistry B，2006，110：7171.

[133] Bhattacharyya R，Key B，Chen H，et al. In situ NMR observation of the formation of metallic lithium microstructures in lithium batteries. Nature Materials，2010，9（6）：504.

[134] Tang J A，Dugar S，Zhong G M，et al. Non-destructive monitoring of charge-discharge cycles on lithium ion batteries using ^{7}Li stray-field imaging. Scientific Reports，2013，3：2596.

[135] Tang J A，Zhong G M，Dugar S，et al. Solid-state STRAFI NMR probe for material imaging of quadrupolar nuclei. Journal of Magnetic Resonance，2012，225：93.

[136] 张礼. 近代物理学进展. 北京：清华大学出版社，1997.

[137] 白春礼，付宝鹏. 来自微观世界的新概念. 北京：清华大学出版社，2000.

[138] Binning G，Rohrer H，Gerber C，et al. Tunneling through a controllable vacuum gap. Applied Physics Letters，1982，40（2）：178.

[139] Binning G，Rohrer H，Gerber C，et al. Surface studies by scanning tunneling microscopy. Physical Review Letters，1982，49：57.

[140] Binning G，Quate C F，Gerber C. Atomic force microscope. Physical Review Letters，1986，56（9）：930.

[141] Sonnenfeld R，Hnasma P K. Atomic-resolution microscopy in water. Science，1986，232：211.

[142] 吴辉煌. 电化学. 北京：化学工业出版社，2004.

[143] 【美】Bard A J，Faulkner L R 著. 电化学方法原理和应用. 邵元华等译. 北京：化学工业出版社，2005.

[144] Bardeen J. Tunnelling from a many-particle point of view. Physical Review Letters，1961，6：57.

[145] Lalmi B，Oughaddou H，Enriquez H，et al. Epitaxial growth of a silicene sheet. Applied Physics Letters，2010，97（22）：223109.

[146] Doi T，Inaba M，Iriyama Y，et al. Electrochemical STM observation of $Li_{1+x}Mn_{2-x}O_4$ thin films prepared by pulsed laser deposition. Journal of the Electrochemical Society，2008，155（1）：A20.

[147] Inaba M，Kawatate Y，Funabiki A，et al. STM study on graphite/electrolyte interface in lithium-ion batteries：solid electrolyte interface formation in trifluoropropylene carbonate solution. Electrochimica Acta，1999，45：99.

[148] Inaba M，Siroma Z，Kawatate Y，et al. Electrochemical scanning tunneling microscopy analysis of the surface reactions on graphite basal plane in ethylene carbonate-based solvents and propylene carbonate. Journal of Power Sources，1997，68（2）：221.

[149] 黄德欢. 纳米技术与应用. 上海：中国纺织大学出版社，2001.

[150] Meyer E. Atomic force microscopy. Progress in Surface Science，1992，41：3.

[151] Ramdon S，Bhushan B，Nagpure S C. In situ electrochemical studies of lithium-ion battery cathodes using atomic force microscopy. Journal of Power Sources，2014，249：373.

[152] Clemencon A，Appapillai A T，Kumar S，et al. Atomic force microscopy studies of surface and dimensional changes in Li_xCoO_2 crystals during lithium de-intercalation. Electrochimica Acta，2007，52：4572.

[153] Beaulieu L Y，Cumyn V K，Eberman K W，et al. A system for performing simultaneous in situ atomic force microscopy/optical microscopy measurements on electrode materials for lithium-ion batteries. Review of Scientific Instruments，2001，72：3313.

[154] Becker C R，Strawhecker K E，Mcallister Q P，et al. In situ atomic force microscopy of lithiation and delithiation of silicon nanostructures for lithium ion batteries. ACS Nano，2013，7：9173.

[155] Bewick A. In-situ infrared spectroscopy of the electrode/electrolyte solution interphase. Journal of Electroanalytical Chemistry and Interfacial Electrochemistry，1983，150（1-2）：481.

[156] Nichols R J，Bewick A. SNIFTIRS with a flow cell：the identification of the reaction intermediates in methanol oxidation at Pt anodes. Electrochimica Acta，1988，33（11）：1691.

[157] Novak P，Panitz J C，Joho F，et al. Advanced in situ methods for the characterization of practical electrodes in lithium-ion batteries. Journal of Power Sources，2000，90（1）：52.

[158] Panitz J C，Joho F，Novak P. In situ characterization of a graphite electrode in a secondary lithium-ion battery using Raman microscopy. Applied Spectroscopy，1999，53（10）：1188.

[159] Banov B，Momchilov A，Massot M，et al. Lattice vibrations of materials for lithium rechargeable batteries V. Local structure of $Li_{0.3}MnO_2$. Materials Science and Engineering：B，2003，100（1）：87.

[160] Julien C M，Camacho-Lopez M A. Lattice vibrations of materials for lithium rechargeable batteries：Ⅱ.

lithium extraction-insertion in spinel structures. Materials Science and Engineering：B，2004，108 (3)：179.

[161] Julien C M，Gendron F，Amdouni A，et al. Lattice vibrations of materials for lithium rechargeable batteries. Ⅳ：ordered spinels. Materials Science and Engineering：B，2006，130 (1-3)：41.

[162] Julien C M，Massot M. Lattice vibrations of materials for lithium rechargeable batteries Ⅲ：lithium manganese oxides. Materials Science and Engineering：B，2003，100 (1)：69.

[163] Julien C M，Massot M. Lattice vibrations of materials for lithium rechargeable batteries Ⅰ：lithium manganese oxide spinel. Materials Science and Engineering：B，2003，97 (3)：217.

[164] Santner H J，Korepp C，Winter M，et al. In-situ FTIR investigations on the reduction of vinylene electrolyte additives suitable for use in lithium-ion batteries. Analytical and Bioanalytical Chemistry，2004，379 (2)：266.

索　引

A

β-Al_2O_3　223，225，226，230
β''-Al_2O_3　223，226，227
Arrhenius 方程　177
Arrhenius 曲线　223
阿伏伽德罗常数　191
暗场像　137

B

$Ba_{0.5}Sr_{0.5}Co_{0.8}Fe_{0.2}O_3$　332
BIMEVOX　317
$Bi_2V_{0.9}Cu_{0.1}O_{5.35}$　317
半导体　144
半金属（semimetal）　144
鲍林法则　54
本征缺陷　120
泵电流　335
表面包覆　171
表面电子态　158
表面交换　330
表面交换系数　320
玻尔兹曼方程　155
玻璃化转变温度　220
玻璃态硫化物　218
玻璃碳　156
玻璃陶瓷　218，220
薄膜电池　221
补偿机制　126，135
不同配位多面体连接规则　55
不完全类质同象　56
布朗运动　173
布洛赫定理　142

C

$CaTiO_3$　314

$CaZr_{0.9}In_{0.1}O_{3-\delta}$　236
CH_4　322
材料结构预测　362
掺杂　131，138
掺杂氧化锆　309
掺杂氧化铈　311
差分电荷密度　163
成核中心　312
赤铜矿　49
传输机理　217
传输通道　217
纯氧离子导体　308
磁矩　137
磁控溅射法　12
催化　318
错位缺陷　123

D

带电缺陷　124
单相反应　226
单相混合导体透氧膜　332
导电金属陶瓷　328
导通面　223
德拜宽度　221
等价类质同象　56
缔合缺陷　122
缔合中心　124
点缺陷　119
点群　42
点阵气体模型　269
典型晶体结构　60
电导率　154
电极材料　284
电价规则　54
电压平台　351